生态学研究

广西滨海湿地

梁士楚　编著

科 学 出 版 社

北　京

内 容 简 介

本书较为系统地论述了广西滨海湿地的基本特征。从地质地貌、气候、土壤、水文等方面探讨了广西滨海湿地的形成条件与特点；提出了广西滨海湿地的分类原则和分类系统，并描述了红树林、海草床、盐沼、互花米草、河口、珊瑚礁等主要滨海湿地类型的基本特征；分析了广西滨海湿地中的藻类植物、红树植物、海草植物、浮游动物、底栖动物、珊瑚、鱼类、两栖爬行类、昆虫、鸟类、哺乳动物等生物类群的组成特点；从生物、土地、旅游、科教等方面概括了广西滨海湿地资源类型及其开发利用的现状；探讨了广西滨海湿地退化的特征、驱动力及其评价指标体系；分析了广西滨海湿地保护管理的现状和对策。

本书可供从事湿地学、生态学、环境科学、海洋科学等学科的研究人员，林业、农业、水资源、生态旅游等领域的工作者，以及自然保护区的管理人员和大专院校的师生阅读和参考。

图书在版编目（CIP）数据

广西滨海湿地/梁士楚编著. —北京：科学出版社，2018.5

（生态学研究）

ISBN 978-7-03-057367-4

Ⅰ. ①广… Ⅱ. ①梁… Ⅲ. ①海滨–沼泽化地–生态环境–研究–广西 Ⅳ. ①P942.670.78

中国版本图书馆 CIP 数据核字（2018）第 094187 号

责任编辑：张会格 赵小林/责任校对：严 娜 贾娜娜

责任印制：张 伟/封面设计：刘新新

科学出版社出版

北京东黄城根北街 16 号

邮政编码：100717

http://www.sciencep.com

北京东华虎彩印刷有限公司印刷

科学出版社发行 各地新华书店经销

*

2018 年 5 月第 一 版 开本：787×1092 1/16

2018 年 5 月第一次印刷 印张：28

字数：652 000

定价：198.00 元

（如有印装质量问题，我社负责调换）

丛 书 序

生态学是当代发展最快的学科之一，其研究理论不断深入、研究领域不断扩大、研究技术手段不断更新，在推动学科研究进程的同时也在改善人类生产生活和保护环境等方面发挥着越来越重要的作用。生态学在其发展历程中，日益体现出系统性、综合性、多层次性和定量化的特点，形成了以多学科交叉为基础，以系统整合和分析并重、微观与宏观相结合的研究体系，为揭露包括人类在内的生物与生物、生物与环境之间的相互关系提供了广阔空间和必要条件。

目前，生态系统的可持续发展、生态系统管理、全球生态变化、生物多样性和生物入侵等领域的研究成为生态学研究的热点和前沿。在生态系统的理论和技术中，受损生态系统的恢复、重建和补偿机制已成为生态系统可持续发展的重要研究内容；在全球生态变化日益明显的现状下，其驱动因素和作用方式的研究备受关注；生物多样性的研究则更加重视生物多样性的功能，重视遗传、物种和生境多样性格局的自然变化和对人为干扰的反应；在生物入侵对生态系统的影响方面，注重稀有和濒危物种的保护、恢复、发展和全球变化对生物多样性影响的机制和过程。《国家中长期科学和技术发展规划纲要（2006—2020 年）》将生态脆弱区域生态系统功能的恢复重建、海洋生态与环境保护、全球环境变化监测与对策、农林生物质综合开发利用等列为生态学的重点发展方向。而生态文明、绿色生态、生态经济等成为我国当前生态学发展的重要主题。党的十八大报告把生态文明建设放在了突出的地位。如何发展环境友好型产业，降低能耗和物耗，保护和修复生态环境；如何发展循环经济和低碳技术，使经济社会发展与自然相协调，将成为未来很长时间内生态学研究的重要课题。

当前，生态学进入历史上最好的发展时期。2011 年，生态学提升为一级学科，其在国家科研战略和资源的布局中正在发生重大改变。在生态学领域中涌现出越来越多的重要科研成果。为了及时总结这些成果，科学出版社决定陆续出版一批学术质量高、创新性强的学术著作，以更好地为广大生态学领域的从业者服务，为我国的生态建设服务，《生态学研究》丛书应运而生。丛书成立了专家委员会，以协助出版社对丛书的质量进行咨询和把关。担任委员会成员的同行都是各自研究领域的领军专家或知名学者。专家委员会与出版社共同遴选出版物，主导丛书发展方向，以保证出版物的学术质量和出版质量。

我荣幸地受邀担任丛书专家委员会主任，将和委员会的同事们共同努力，与出版社紧密合作，并广泛征求生态学界朋友们的意见，争取把丛书办好。希望国内同行向丛书踊跃投稿或提出建议，共同推动生态学研究的蓬勃发展！

丛书专家委员会主任

2014 年春

前　言

滨海湿地是处于海洋和陆地之间过渡地带的湿地类型，同时也是人类活动较为频繁的区域。因此，滨海湿地受海洋、陆地和人为干扰的多重影响，是脆弱的生态敏感区。滨海湿地是湿地的主要类型之一，它既是重要的物质资源，也是重要的环境资源，它的变化影响着区域乃至世界生态、环境、资源、经济、社会的可持续发展。根据《湿地公约》，滨海湿地可以划分为永久性浅海水域、海草床、珊瑚礁、基岩海岸、沙滩或砾石与卵石滩、河口水域、滩涂、盐沼、潮间带森林湿地、咸水或碱水潟湖、海岸淡水潟湖、海滨岩溶洞穴水系等类型，它们在世界沿海各国或多或少都有分布，且发挥着不可替代的作用。

广西滨海地区位于我国大陆海岸的最西端，地处广西南部，濒临北部湾北部；大陆海岸线东起广东、广西交界的洗米河口，西至中国与越南交界的北仑河口，全长1628.59km；在行政区划上，从东到西分别隶属北海市、钦州市和防城港市。广西滨海湿地可划分为自然湿地和人工湿地两大类型，其中自然湿地主要有基岩海岸湿地、沙石海滩湿地、淤泥质海滩湿地、盐水沼泽湿地、红树林湿地、浅海水域湿地、潮下水生层湿地、珊瑚礁湿地、河口水域湿地、三角洲湿地、沙洲/沙坝湿地、沙岛湿地、海岸性咸水湖湿地等类型；人工湿地主要有养殖塘湿地、盐田湿地等类型，湿地总面积约258 985hm^2。滨海湿地物种多样性较高，现已知的种类如藻类植物有48科97属376种，维管植物有33科60属77种，浮游动物有65科103属165种，底栖动物有220科476属807种，珊瑚有10科22属55种，鱼类有75科175属352种，昆虫有98科221属297种，鸟类有59科163属350种。滨海湿地资源丰富，包括食用、药用、饲用、原材料、养殖、盐田、旅游等类型，科学合理地开发利用这些滨海湿地资源可为北部湾（广西）经济区的发展奠定重要基础。

近年来，随着广西滨海地区城市、工业、海水养殖业、旅游业等的快速发展，湿地被围垦、湿地环境被破坏乃至消亡、环境污染加剧等现象时有发生。因此，正确认识和掌握广西滨海湿地的生态和功能特征并对其进行合理开发和保护管理具有十分重要的意义，这也是编写本书的主要目的。限于研究者对滨海湿地概念理解、湿地动植物界定等差异的影响及相关研究基础的不足，有关广西滨海湿地的研究还有许多工作需要开展和进一步深入进行。本书是在收集、分析和整理有关文献资料的基础上，结合编著者及其研究组多年来的研究成果编写而成，目的在于抛砖引玉，为进一步系统地掌握广西滨海湿地特征提供参考。

本书共分为11章。第一章概述了广西滨海湿地的地貌、气候、土壤、水文、生物多样性等自然条件；第二章论述了广西滨海湿地的定义、研究进展、形成条件与特点、分类原则和分类系统、主要类型及其分布；第三章概述了广西滨海湿地的动植物组成特征，包括藻类植物、维管植物、湿地植被及其分类系统、浮游动物、底栖动物、珊瑚、鱼类、两栖爬行类、昆虫、鸟类、哺乳动物等；第四章概述了广西红树林湿地的基本特征，包括红树林湿地的自然条件、植物组成、动物组成，以及红树林的分布面积、基本特点、分类系统、主要类型及其群落学特征和半红树林及其主要类型的群落学特征；第五章概述了广西海草床湿地的基本特征，包括海草的生境条件和种类，以及海草床的分布面积、主要类型及其群落学特征、动物组成等；第六章概述了广西滨海盐沼湿地的基本特征，包括滨海盐沼湿地的定义、类型、主要植被类型及其群落学特征等；第七章概述了广西互花米草湿地的基本特征，包括互花米草的引种及其扩散、分布面积、形态可塑性和生物量、生理生态特性、繁殖生态等；第八章概述了广西河口湿地的基本特征，包括入海河流及主要河口特征，重点描述南流江口、大风江口和北仑河口湿地的地貌、气候、水文、植物组成、动物组成等；第九章概述了广西珊瑚礁湿地的基本特征，重点描述涠洲岛珊瑚礁湿地的自然条件、分布面积、种类组成等；第十章探讨了广西滨海湿地的退化特征及其驱动力，包括滨海湿地退化的现状、自然驱动力、人为驱动力、评价体系等，重点分析红树林湿地、珊瑚礁湿地、海草床湿地、河口湿地、滩涂湿地的退化特征及其驱动力；第十一章概述了广西滨海湿地的资源类型、传统利用模式、保护管理现状和对策。书中还附有60多张有关广西滨海湿地的照片。动植物种类的中文名和拉丁学名主要参阅 *Flora of China*（http://foc.eflora.cn/）、《中国生物物种名录》（2016版）（中国科学院生物多样性委员会，2016）、《中国海洋生物名录》（刘瑞玉，2008）等。

本书的相关研究及出版得到了广西自然科学基金重大项目（2012GXNSFEA053001）、广西自然科学基金项目（2014GXNSFAA118071）、珍稀濒危动植物生态与环境保护教育部重点实验室、广西高校野生动植物生态学重点实验室等的联合资助。在野外调查和研究过程中，曾得到广西沿海各地自然保护区工作人员等的大力支持和协助；参加野外调查的人员有吴汝祥、李桂荣、姚贻强、黄安书、田丹、田华丽、巫文香、杨晨玲、田丰、漆光超、李丽香等；有关互花米草的研究主要由覃盈盈、甘肖梅等完成；书稿校对得到姜勇、韦花孩等的大力支持；广西善图科技有限公司提供河口方面影像数据。在此表示衷心的感谢！

鉴于作者水平有限，不足之处在所难免，恳切希望同行和读者批评指正。

梁士楚

2017年5月于广西桂林

目　录

第一章　广西滨海湿地自然环境概况

第一节　地理位置与行政区域

广西滨海地区位于我国大陆海岸的最西端，地处广西南部，濒临北部湾北部；大陆海岸线东起广东、广西交界的洗米河口，西至中国与越南交界的北仑河口，全长1628.59km（孟宪伟和张创智，2014）；在行政区划上，从东到西分别受北海市、钦州市和防城港市管辖，土地面积$2.04\times10^4km^2$，海域面积$12.93\times10^4km^2$（胡宝清和毕燕，2011）。

一、北海市

北海市地处20°26′N～21°55′N和108°50′E～109°47′E，呈东南西三面临海的半岛状，东起与广东省湛江市接壤的英罗湾，西至与钦州市毗邻的大风江，南濒北部湾，北接玉林市，土地总面积$3337km^2$。境内地势从北向南倾斜，东北为丘陵，中部为南流江小平原，其余部分为合浦台地。平均海拔10～15m，滨海最高点为西南端的冠头岭，海拔120m。大陆海岸线东起合浦县山口镇的洗米河口，西至大风江口，全长528.16km，占广西大陆海岸线长度的32.43%。海岸类型有沙质海岸、沙坝-潟湖海岸、淤泥质海岸、基岩海岸、红树林海岸等。海湾自东向西主要有英罗湾、沙田港、铁山港、营盘港、白龙港、西村港、沙虫寮港、电白寮港、南沥港、廉州湾等。潮间带滩涂总面积约$701.21km^2$，主要类型有沙滩、沙泥混合滩、泥滩、红树林滩等，其中沙滩面积最大，约$478.72km^2$，占滩涂总面积的68.27%，其次是沙泥混合滩，约$67.75km^2$，占9.66%（表1-1）。海岛数量70个、海岛面积$71.88km^2$，海岛岸线长153.44km（表1-2）。境内有大小河流93条，总长558km，流域总面积$2324km^2$，其中入海河流主要有那交河、南流江等（表1-3）。近海潮汐除铁山港属不正规全日潮外，其他区域都属于正规全日潮，平均潮差2.53m，最大潮差5.87m（李树华等，2001a，2001b）。气候属南亚热带海洋性季风气候，年平均气温22.9℃，全年最热月（7月）最高气温为37.1℃，最冷月（1月）最低气温为2℃，多年平均降水量1670mm。

北海市行政区划分为海城区、银海区和铁山港区3个区及合浦县1个县。

表1-1　广西海岸潮间带滩涂类型及其分布面积统计表（单位：km^2）

滩涂类型	北海市	钦州市	防城港市
草滩	2.7628（0.394）	2.8002（1.125）	0.2877（0.061）
沙岛	0.2626（0.037）	—	—
茂密的红树林滩	23.6557（3.374）	15.7684（6.336）	47.5631（10.155）
稀疏的红树林滩	12.7946（1.825）	6.8307（2.745）	5.9974（1.281）
沙滩	478.7201（68.270）	107.8766（43.346）	295.7126（63.138）
河口边滩	4.7019（0.671）	—	—

续表

滩涂类型	北海市	钦州市	防城港市
河口心滩	2.519（0.359）	—	—
泥滩	45.6848（6.515）	9.3346（3.751）	12.1733（2.599）
沙泥混合滩	67.7547（9.662）	68.5757（27.554）	29.3632（6.269）
岩滩	0.8601（0.123）	3.0115（1.210）	5.1794（1.106）
碎石-沙砾滩	1.9938（0.284）	2.4573（0.987）	3.9487（0.843）
养殖区	52.9523（7.552）	26.1385（10.503）	57.1441（12.201）
潮水沟	3.3066（0.472）	0.7237（0.291）	0.6674（0.142）
潟湖	0.63（0.090）	—	—
人工围垦	2.6152（0.373）	5.3568（2.152）	10.3202（2.203）
合计	701.2142（100.001*）	248.8740（100）	468.3571（99.998*）

注：资料来源于孟宪伟和张创智（2014）；括号内的数字表示占潮间带滩涂总面积的百分比；“—”表示无分布

*合计不等于100%是因为有些数据进行过舍入修约

表1-2　广西海岛的数量、面积和岸线长度

行政区	北海市	钦州市	防城港市	合计
海岛数量/个	70（6）	304（5）	335（5）	709（16）
海岛面积/km^2	71.88（68.60）	41.34（33.69）	42.37（34.74）	155.59（137.03）
岸线长/km	153.44（103.29）	259.52（82.70）	258.21（82.07）	671.17（268.06）

注：资料来源于孟宪伟和张创智（2014）；括号内数字为有居民海岛的数据

表1-3　广西沿海主要入海河流及其水文特征

河流名称	干流长/km	流域面积/km^2	年径流深/mm	多年平均年径流量/亿m^3	流经主要县市	主要支流
那交河	72	654	1000	6.5	博白县、合浦县	樟村河、蕉林河、潭莲河
南流江	285	9232	843	77	北流市、玉林市、博白县、浦北县、合浦县	洪朝江、定川江、丽江、合江、马江、武利江
大风江	139	1888	975	18.4	灵山县、钦州市	黄垌江、充包江、那丽河、丹竹江、打吊江、清香江、松木山河、长江、黄水江、白鹤江、九河
钦江	195	2391	728	17.4	灵山县、钦州市	田岭河、太平水、丁屋江、沙埠江、灵山河、大塘河、那隆水、旧州江、西屯河、新坪水、青塘河、三踏水
茅岭江	123	2909	750～2000	32	防城港市、钦州市	板城江、那蒙江、大寺江、大直江
防城河	84	895	1600～2500	18.3	防城港市	老屋江、西江、大坝江、大菉江、那梭江、龙头石江、大王江
北仑河	67	830	1200～2500	17	防城港市	江口河、滩散河、黄关河、那良河、马路河

注：资料来源于广西大百科全书编纂委员会（2008a）

二、钦州市

钦州市地处21°35′N～22°41′N和107°27′E～109°56′E，北与南宁市接壤，东与北海市和玉林市相连，南临北部湾，西与防城港市毗邻，土地总面积10 842.74km^2。境内地势由东北向西南倾斜，地貌类型主要有山地、丘陵、台地、平原、滩涂等。山地主要分布在东北部和西北部，如东北部有六万大山和罗阳山，西北部有十万大山；北部和西部属中丘陵区，交错在山地和平原、台地之间，除少数山地和高丘陵外，一般海拔在250m左右；中部属低丘、台地、盆地和河谷冲积平原区，以低丘和河谷平原为主；东部属低丘陵区；南部属低丘滨海岗地、平原区，如钦江三角洲属冲积平原，面积达135km^2，低丘台地一般海拔10～80m。大陆海岸线东起大风江口，西至茅岭江口及龙门岛，全长562.64km，占广西大陆海岸线长度的34.55%。海岸类型有沙质海岸、淤泥质海岸、基岩海岸、红树林海岸等。钦州湾岸线蜿蜒曲折，湾内形成众多小港湾，西从龙门起有龙门港、沙井港、钦州港、丝螺港、三娘湾等。潮间带滩涂总面积248.87km^2，主要类型有沙滩、沙泥混合滩、泥滩、红树林滩等，其中沙滩面积最大，约107.88km^2，占滩涂总面积的43.35%，其次是沙泥混合滩，约68.58km^2，占27.55%（表1-1）；海岛数量304个，海岛面积41.34km^2，海岛岸线长259.52km（表1-2）。流域面积100km^{2}以上的河流有32条，其中属西江水系的有7条，直流入海的有25条，主要有钦江、大风江、茅岭江等（表1-3），多年平均地表水资源量为104.4亿m^3（周倩，2014）。近海潮汐属于正规全日潮，平均潮差2.40m，最大潮差5.52m（李树华等，2001a，2001b）。气候属南亚热带海洋性季风气候，年平均气温22℃，全年最热月（7月）平均气温为28.3℃，最冷月（1月）平均气温为13.4℃，多年平均降水量2055.8mm。

钦州市行政区划分为钦南区、钦北区、钦州港经济技术开发区、三娘湾旅游管理区4个区，以及灵山县和浦北县2个县。

三、防城港市

防城港市地处20°36′N～22°22′N和107°28′E～108°36′E，东与钦州市毗邻，南濒北部湾，东北靠南宁市，北和西北邻崇左市，西与越南接壤，土地总面积6181km^2。境内地势中间高、南北低，地貌类型以丘陵、中山、低山、滩涂为主。中部为十万大山山脉，海拔在800m以上的山峰有75座，最高山峰为薯良岭，海拔1462m，其次是久宝山，海拔1448m。东南多为低山、丘陵、平原和盆地，西北为中、低山和台地。海岸曲折，多港湾、半岛和岛屿。大陆海岸线东起防城区的茅岭江，西至北仑河口，全长537.79km，占广西大陆海岸线长度的33.02%。海岸类型有淤泥质海岸、沙质海岸、基岩海岸、红树林海岸等。沿海岸线自东至西有茅岭港、企沙港、江山港、白龙港、珍珠港、潭吉港、竹山港等。潮间带滩涂总面积约468.36km^2，主要类型有沙滩、沙泥混合滩、泥滩、红树林滩等，其中沙滩面积最大，约295.71km^2，占滩涂总面积的63.14%，红树林滩约53.56km^2，占11.44%，沙泥混合滩约29.36km^2，占6.27%（表1-1）；海岛数量335个、海岛面积42.37km^2，海岛岸线长258.21km（表1-2）。近海潮汐属正规全日潮，平均潮差2.45m，最大潮差5.39m（李树华等，2001a，2001b）。气候属南亚热带湿热季风气候，年平均气温22℃，全年最热月（7月）平均气温为28.2℃，最冷月（1月）平均气温为13.7℃，多年平均降水量约2600mm。境内大小河流有47条，其中入海河流主要有茅岭江、防城江、北仑河等（表1-3）。

防城港市行政区划为港口区和防城区 2 个区，以及上思县 1 个县，代管 1 个县级市——东兴市。

第二节 地 貌

广西滨海地区与湿地的形成、发育和演化密切相关的海岸地貌类型主要有滨海陆地地貌、基岩海岸地貌、沙质海岸地貌、淤泥质海岸地貌、生物海岸地貌、水下地貌、人工海岸地貌等。

一、滨海陆地地貌

广西海岸陆上地区总的地势是西北高、东南低，地貌大致以钦州市犀牛脚为界，分为东、西两部分，各自具有不同的地貌特征。东部地区主要为第四系湛江组和北海组沙砾、泥沙层组成的古洪积-冲积平原，地势平坦，略向南倾斜；西部地区主要由下古生界志留系和中生界侏罗系的沙岩、粉沙岩、泥岩及不同时期侵入岩体构成的丘陵多级基岩剥蚀台地。受陆上地貌的控制，东、西两部分的海岸类型及其特征也表现出明显差异。东部地区是以侵蚀-堆积的沙质夷平岸为主，岸线平直，海成沙堤广泛发育；西部地区主要为微弱充填的曲折溺谷湾海岸，岸线蜿蜒曲折，港湾众多。在海岸陆上地区总有一些地带，通常称为滨海陆地或者潮上带，正常的潮汐不能到达，大部分时间裸露于海面之上，仅在大潮或风暴潮时才被海水暂时性淹没，通常受陆上河流的侵蚀和堆积作用。潮上带那些由基岩及其风化产物组成的坡地、由海浪堆积的海岸沙坝和连岛坝或者由风力堆积在海岸沙坝、平原和坡地上的沙丘和沙席，生长着旱生植物，均不属湿地，而冲积和海积成因的平原因富含水分或季节性渍水，则属于湿地（赵焕庭和王丽荣，2000）。潮上带平原通常是由浪蚀台地、水下浅滩升出海面或者由波浪、沿岸流直接堆积而成。广西沿岸的入海河流有那交河、南流江、大风江、钦江、茅岭江、防城河、北仑河等（表 1-3），如南流江在廉州湾流入北部湾，其河床两侧形成了较大面积的全新世冲积平原。海积平原面积约 350km^2，若以钦州犀牛脚为界，东部面积较大，约占总面积的 2/3，西部约占 1/3；高程一般为 1.5～2m，也有的低于高潮位 1m 左右，但均有人工堤或海滨沙堤保护；表层沉积物多为灰色或灰黑色淤泥质沙或沙质淤泥，因受海水影响，其中多含有孔虫。海积平原可分为 3 类：①由海滨沙堤或连岛沙坝保护而形成的海积平原，实际上由潟湖转化而来，如北海的大墩海-白虎头、福成、白龙圩、垌尾、企沙半岛的赤沙等地，这些平原多处于海岸的突出部位，波浪作用占优势；②发育在鹿角形海湾的顶部或两侧及剥蚀低丘之间，是鹿角湾填充的结果，如西部白龙半岛及东部丹兜湾一带，这些地方波浪作用微弱，潮汐作用占主导地位；③主要由人工堤或由人工堤和海滨沙堤共同保护下形成的平原，如西部江平地区和钦州湾东侧大榄坪，中部的大风江两侧和犀牛脚大环，东部的竹林盐场、北暮盐场及铁山港两侧（广西大百科全书编纂委员会，2008b）。

二、基岩海岸地貌

基岩海岸是指基底 75%以上是岩石和砾石、植被盖度＜30%的硬质海岸，包括岩石性沿海岛屿、海岩峭壁。基岩海岸通常是处于高波能的岸段，一些区域近陆一侧还有海蚀崖、海蚀平台、海蚀洞等海蚀地貌发育。

广西的基岩海岸主要见于北海市的冠头岭、铁山港、涠洲岛和斜阳岛，钦州市的龙门群岛和犀牛脚，防城港市的白龙半岛（广西壮族自治区海岸带和滩涂资源综合调查领导小组，1986c；广西大百科全书编纂委员会，2008b）。由于潮汐和波浪对基岩岸坡的侵蚀削平作用，通常在海蚀崖前方形成向海倾斜的岩滩，高潮时岩滩被海水淹没，低潮时大片露出。冠头岭的岩滩滩面向海倾斜 5°～10°，凹凸不平，前缘入水，背接陡崖，宽 50～100m，长 2000m 左右（李开颜和傅中平，1999）。涠洲岛的岩滩主要见于岛东岸的石盘滩和石角嘴、北岸的北港、西北岸的西角及后背塘等潮间浅滩，呈长条带状、岛状断断续续分布，退潮时露出海面，长 300～1000m，宽 40～100m，由玄武岩及沉凝灰岩组成；由玄武岩组成的岩滩的表面常见大小不等的岩块，局部突起基岩，呈不规则状分布，高低不平，局部低洼处堆积有细岩砾、沙砾和生物碎屑，玄武岩具球状风化特征；由沉凝灰岩组成的岩滩则较为平坦，松散的沉积物亦较少（亓发庆等，2003）；岩滩上还有各种冲击坑，坑内生长有活珊瑚、牡蛎、藤壶、虾蟹等生物（朱同兴等，2005）。白龙半岛的岩滩主要分布在沿岸海蚀崖之下，宽 100～300m，所占面积比较小（中国海湾志编纂委员会，1993）。

三、沙质海岸地貌

沙质海岸是指主要由沙和少量砾石形成的海岸，通常可以划分为一般沙质海岸、具有陡崖的沙质海岸和沙坝-潟湖海岸 3 种类型。广西的沙质海岸主要分布在垌尾至高德、北海大墩海至营盘、江平巫头、沥尾一带，其岸线平直，沙堤广泛发育，沙堤后缘或直接为北海组的海蚀陡崖，或在沙堤与古海蚀崖间有宽度不等的海积平原。沙坝-潟湖海岸仅见于北海外沙和高德外沙，由滨外坝或沙嘴封闭的潟湖范围较小，陆上没有河流注入或只有很小的溪流注入，现多已辟为渔港，仅以狭窄的潮汐汊道与海相通。

四、淤泥质海岸地貌

淤泥质海岸是指主要由淤泥形成的海岸。广西的淤泥质海岸沿海各地都有分布，主要见于海湾和河口地区，尤其以北海市合浦西段海岸、钦州市茅尾海海岸等区域较为常见。

五、生物海岸地貌

生物海岸生物生长繁盛，是海岸发育的主导因素，可以划分为红树林海岸和珊瑚礁海岸。其中，红树林海岸主要见于英罗湾、丹兜湾、铁山港、南流江口、大风江口、钦州湾、珍珠港等地；珊瑚礁海岸见于涠洲岛和斜阳岛。

六、水下地貌

广西的水下地貌类型较多，分布较广，与滨海湿地形成、发育和演化密切相关的主要有河口沙坝、潮流沙脊、水下三角洲、水下岸坡等。

（一）河口沙坝

河口沙坝是受河口水流和海洋潮流的共同影响而形成的，主要分布于南流江、茅岭江、钦江等河口地带，是河流和潮流共同作用的产物，一般在低潮时露出，高潮时被淹没。例如，南流江河口沙坝数量较多但规模不大，长数百米至 2000m，宽数十米至数百米，沙坝顺水流方向展布，有的在水下，仅海潮低落时露出，有的则大部分时间露出，高潮时被淹没，沉积物以中细沙为主；茅岭江口外的河口沙坝规模较大，最大长度约 2.3km，最大宽度约 1km，组成物质为中沙和细沙，泥质含量为 0～14%，重矿物含量为 2.31%～2.72%。

（二）潮流沙脊

潮流沙脊是在潮流作用下发育在近岸浅海中的线状沙体，其延伸方向与潮流方向一致，沙体呈平行排列或指状伸展，常呈脊、槽相间排列，主要分布于钦州湾和铁山港。钦州湾潮流沙脊发育在湾颈（龙门港）以南的出口处，其中规模较大的老人沙长 7.5km、宽 0.7km，低潮时大部分露出水面，与相邻的沟槽水深相差 6～7m，沉积物主要为细沙。铁山港一带潮流沙脊十分发育，港的北段深入内陆，水域狭窄，潮成沙体狭长，较小；港的南段出口处潮成沙体规模较大，如淀洲沙、东沙、高沙头等都是较大的沙体，组成物质多为细中沙。

（三）水下三角洲

水下三角洲位于低潮位以下，主要是由河流携带的大量泥沙在河口区域沉积而形成。广西沿海的水下三角洲主要见于南流江、钦江和茅岭江的入海口。南流江的水下三角洲位于北海半岛西部，水深 3～10m，呈舌状向海突出，其外界距岸 8～12km，最远达 24km，表面坡度平缓，一般不足 1‰，其东侧邻近北海潮流槽附近，坡度变陡，可达 4‰；表层沉积物近岸潮滩为沙泥沉积，低潮线附近为沙质物，在前三角洲的广大地区则为泥质沉积。钦江、茅岭江复合三角洲水下部分除发育广阔的潮间浅滩外，还形成潮流脊。

（四）水下岸坡

水下岸坡主要因洋流作用而形成。广西沿岸水下岸坡的特点是东部宽阔且水深，一般宽 8～12km，其外缘水深 8～15m；西部窄且水浅，一般宽 0.6～0.8km，其外缘水深 5～10m。水下岸坡的坡度近岸较陡，一般为 0.2‰～1.0‰，向海坡度逐渐变缓，为 0.1‰～1.0‰。水下岸坡表层为沙质物质所覆盖，在西部向海则变为泥质沉积；而在东部，其外缘为古滨海平原，均为沙质沉积物（刘敬合等，1992）。

七、人工海岸地貌

人工海岸地貌是由人为因素改变海洋自然属性而形成的海貌类型，最常见的是人工围堤、拦海大坝、港口、码头等。通常，修筑堤围将海滩围垦成养殖场、农田、盐田或者其他用地。例如，北海、企沙、江平等地修筑的堤围将海滩围垦成盐田及农田；北暮盐场为了扩大耕地和盐田，修筑的拦海堤坝长 7～10km；营盘港、铁山港等地兴修人工堤围作为养殖场。

第三节　气　　候

广西近岸及海岛地处南亚热带海洋性季风区，气候特点是季风明显、温差小、干湿季节分明、无严寒天气、灾害性天气多（广西大百科全书编纂委员会，2008b；何如等，2010）。

一、气温

广西近岸及海岛各地年平均气温为 21.1～24.2℃，其地域分布特点是海岛最高，海岸东段（合浦、北海）较海岸西段（钦州、防城、防城港、东兴）高，气温大致呈由南向北递减的趋势。各地气温均以 7 月最高，1 月最低。涠洲岛 7 月平均气温最高，达 29.0℃；钦州 1 月平均气温最低，为 13.4℃。极端最高气温为 35.8（涠洲岛）～38.4℃（东兴），极端最低气温为–1.8（钦州）～2.9℃（涠洲岛）。

二、降水量

广西近岸及海岛各地年平均降水量为 1385.4（涠洲岛）～2770.9mm（东兴），其中海岸西段远远多于海岸东段，近岸地带多于内陆和海岛；雨量高值区位于东兴，自此往东逐渐减少；夏半年（4～9 月）为雨季，降水量占全年降水总量的 81%～87%，冬半年（10～翌年 3 月）为干季，降水量仅占年降水量的 13%～19%。各地降水最密集的月份为 6～8 月，期间降水量占全年总量的 55%～64%。

三、日照

广西近岸及海岛各地年日照时数为 1539.8（东兴）～2232.5h（涠洲岛）。地域分布特点是：涠洲岛最多，其次是东部沿岸区，西部沿岸区最少。防城、东兴在 1550h 以下，其中东兴最少，为 1539.8h。北海、涠洲岛在 2000h 以上，以涠洲岛最多，全年日照时数达 2232.5h。其余各地为 1640.6～1925.0h。各地的日照时数以冬季最少，仅占全年日照时数的 15%～17%；春季次少，占全年日照时数的 18%～23%；钦州、合浦、北海、涠洲岛夏季多于秋季，东兴、防城、防城港秋季多于夏季。

四、蒸发量

广西近岸及海岛平均年蒸发量为 1443.0～1840.1mm，其地域分布特点是：涠洲岛区最大，东部沿岸区次之，海岸西岸最小。涠洲岛、北海、防城港在 1800mm 以上，其余各地在 1760mm 以下。除防城和防城港秋季蒸发量大于夏季蒸发量之外，大部分地区以夏季最大，秋季次之，春季较小，冬季最小。其中防城冬季蒸发量最小，为 266.8mm；涠洲岛夏季蒸发量最大，达 576.9mm（表 1-4）。

表 1-4　广西近岸区的蒸发量（单位：mm）

季节	西部沿岸区				东部沿岸区		涠洲岛区
	东兴	防城港	防城	钦州	合浦	北海	涠洲岛
冬季	230.1	338.6	266.8	293.2	309.4	323.4	310.3
春季	307.7	401.5	360.6	389.2	424.1	441.6	405.5
夏季	455.2	513.7	474.5	513.9	533.0	548.8	576.9
秋季	450.0	575.5	495.9	492.1	490.4	526.3	538.3
年平均蒸发量	1443.0	1829.3	1597.8	1688.4	1756.9	1840.1	1831.0

注：资料来源于孟宪伟和张创智（2014）

五、风

广西近岸及海岛各地年主导风向为北风或偏北风，冬季盛行偏北风，夏季盛行偏南风；年平均风速为1.9（东兴）～4.6m/s（涠洲岛），其地域分布特点是，海岛比海岸线一带大；平均风速随着离海岸线距离的增加而迅速减小，各地平均风速差异较悬殊。大部分地区以冬季平均风速最大，夏季较小；涠洲岛冬季平均风速最大，达5.3m/s。

六、相对湿度

广西近岸及海岛气候湿润，年平均相对湿度为79%～82%，其地理分布较均匀，无明显干湿区之分，各地数值的大小差异甚小。其中防城港最小，为79%；东兴、涠洲岛最大，为82%；其余各地均为81%。大部分地区相对湿度以秋季最小，冬季次之；除北海、涠洲岛春季大于夏季外，其余各地均为夏季大于春季。

第四节　土　　壤

广西海岸陆上土壤主要有砖红壤、水稻土等（曾洋等，2012），潮间带土壤主要有滨海盐土和酸性硫酸盐土（广西土壤肥料工作站，1993）。

一、滨海盐土

滨海盐土是滨海地区盐渍淤泥发育而成的土壤，其盐分主要来自海水中可溶性盐在土体中浸渍累积。广西的滨海盐土分布于北海市、钦州市和防城港市的潮滩地带，包括潮滩盐土、草甸潮滩盐土和滨海盐土3种类型。其中，潮滩沙质盐土主要分布在低潮带至中潮带，面积51 723hm^2；潮滩壤质盐土主要分布在中潮带至高潮带，面积13 306hm^2；潮滩黏质盐土主要分布在滩涂的高潮线地带，特别是港湾或海汊接近内陆的地方，面积3005hm^2。草甸滨海沙质盐土在低潮线附近，面积1863hm^2；草甸滨海壤质盐土在中潮带至高潮带，面积3348hm^2。石灰质滨海盐土零星分布于沿海潮间带，面积374hm^2；砾质石灰性滨海盐土沿海港湾侵蚀海岸的滩涂上有零星分布，面积1341hm^2，详见表1-5（蓝福生等，1993；广西大百科全书编纂委员会，2008a）。

表1-5　广西滩涂土壤类型和面积

土壤类型		面积/hm^2	占土类比例/%
红树林潮滩盐土	红树林潮滩沙质盐土	1 950	2.25
	红树林潮滩壤质盐土	3 977	4.59
	红树林潮滩黏质盐土	3 233	3.73
	小计	9 160	10.57
潮滩盐土（光滩）	潮滩沙质盐土	51 723	59.66
	潮滩壤质盐土	13 306	15.35
	潮滩黏质盐土	3 005	3.47
	小计	68 034	78.48

续表

土壤类型		面积/hm^2	占土类比例/%
草甸滨海盐土（草滩）	草甸滨海沙质盐土	1 863	2.15
	草甸滨海壤质盐土	3 348	3.86
	草甸滨海黏质盐土	2 501	2.88
	小计	7 712	8.89
滨海盐土	石灰质滨海盐土	374	0.43
	砾质滨海盐土	73	0.08
	砾质石灰性滨海盐土	1 341	1.55
	小计	1 788	2.06
合计		86 694	100

注：资料来源于蓝福生等（1993）

二、酸性硫酸盐土

广西滨海湿地的酸性硫酸盐土分布在生长有滨海红树林的潮滩上，所以也称红树林潮滩盐土，总面积约 9160hm^2，占潮滩总面积的 10.57%，可以划分为沙质硫酸盐土、壤质硫酸盐土和黏质硫酸盐土 3 种类型（表 1-5）。这类土壤主要分布在港湾海滩之内高潮线附近的地方，多位于滨海盐土的内缘。集中连片较大面积的有珍珠港至江平一带，约 666.7hm^2，英罗湾约 100hm^2，钦州七十二泾约 267hm^2，其他呈零星分布。土壤多呈灰色或蓝黑色，泥土稀烂，大部分为淤泥质，质地多为壤土或黏土（喻国忠，2007）。

第五节　水　　文

一、入海河流

广西沿海主要的入海河流有那交河、南流江、大风江、钦江、防城河、茅岭江、北仑河等，其中最大流量的入海河流为南流江，其次为钦江、防城河。北仑河为中越两国的界河（表 1-3）。

二、近海水文

（一）海水温度

广西近海春季表层海水温度 16.92～20.82℃，平均 18.83℃；底层海水温度 17.28～21.29℃，平均 19.04℃，高于表层；表层和底层的海水温度都呈现西北近岸低、东南远岸高，其中防城湾水域最低。夏季表层海水温度 30.5～32.7℃，平均 31.5℃；底层海水温度 30.2～31.6℃，平均 30.9℃，低于表层；表层和底层的海水温度都呈现近岸高、远岸低。秋季表层海水温度 26.0～28.0℃，平均 27.1℃；表层海水温度呈现东部高、西部低；底层温度分布规律与表层接近，基本为东部高、西部低。冬季表层海水温度 16.7～19.4℃，平均 17.6℃；近岸区域水温相对较低，远岸水域较高；底层海水温度 16.7～19.7℃，平均 17.6℃，与表层接近；表层和底层的海水温度都呈现近岸低、远岸高（孟宪伟和张创智，2014）。

（二）海水盐度

广西近海春季表层海水盐度25.56～33.37，平均31.82，呈现近岸低、远岸高；底层海水盐度25.83～33.06，平均31.96，呈现北低南高。夏季表层海水盐度13.85～32.84，平均26.44，呈现近岸低、远岸高；底层海水盐度27.15～32.74，平均31.74，呈现北低南高。秋季表层海水盐度27.65～31.40，平均为30.12，呈现近岸低、远岸高；底层海水盐度27.95～31.70，平均30.60，分布趋势与表层接近。冬季表层海水盐度30.78～32.34，平均31.56，呈现北低南高；底层海水盐度30.57～32.39，平均31.55，与表层接近，分布趋势与表层海水类似（孟宪伟和张创智，2014）。

（三）潮汐

广西沿海的潮汐，主要是由西太平洋传入南海，经北部湾口进入北部湾而形成的。因受地形地貌、河口地面径流的注入等各种环境因素的综合影响，各岸段及港口所具有的各分潮半潮差均不同，所以构成了其独特的潮汐特征。广西近海潮汐类型可划分为正规全日潮和不正规全日潮两大类；除铁山港属不正规全日潮外，其他区域都属于正规全日潮。

（四）潮差

广西海岸属于强潮型海岸，也是北部湾的最大潮差区，最大涨潮潮差为7.03m（石头埠站），最大落潮潮差为6.25m（石头埠站），平均潮差为2.13～2.52m；分布特点是沿岸大、近海小，东部比西部大、湾内比湾外大。从各月份变化来看，平均潮差一般是3月最小，12月最大（张桂宏，2009）。

（五）潮流

广西海湾区春季潮流类型系数1.5～8.6，可划分为不正规半日潮流、不正规全日潮流和正规全日潮流3种类型，并因地、因层而异。例如，珍珠港湾外表层为不正规全日潮流，中层和底层为正规全日潮流，湾内为不正规全日潮流；防城港均为正规全日潮流；钦州湾均为不正规全日潮流；铁山港湾口为不正规全日潮流，湾内均为不正规半日潮流。近海不同季节、不同水层的潮流类型系数介于1.55～6.82。在秋季、冬季，不同水层都属于不正规全日潮流；在夏季、春季，不同水层的潮流类型可能会有所差异。海湾主要分潮流的$|K|$值均为湾外和湾口的较大，表明各港湾湾外或湾口的潮流运动具有一定的旋转性。湾内的$|K|$值均不足0.30，多数都在0.10以下，表明港湾内的潮流运动以往复流为主。近海各层不同季节的潮流（O_1、K_1和M_2分潮）椭圆率绝对值普遍较小，表明广西近海潮流形式介于往复流和旋转流之间，更偏向于往复流。在大潮期，海湾区测得的涨潮最大流速及其流向分别为1.14m/s和330°；落潮最大流速及其流向分别为1.31m/s和131°。涨、落潮最大流速均出现在钦州湾龙门水道上口表层。涨、落潮相比，除珍珠港外，各海湾均为落潮最大流速大于涨潮最大流速。在小潮期，各海港湾的最大流速依旧出现在龙门水道上口，其涨、落潮最大流速和相应的流向分别为1.03m/s、327°和1.17m/s、174°。近海4个季节各层实测最大流速值分别为19.2～103.0cm/s和42.1～90.1cm/s。四季最大流速都出现在表层，并且

随水深逐渐增大而减小；从季节对比来看，总体上，最大流速秋季明显较大而夏季较小（孟宪伟和张创智，2014）。

（六）余流

广西沿岸与港湾的余流通常由径流、季风、潮汐不对称与北部湾湾流等多种因素所致，其中湾流所致余流较稳定；径流和季风所致余流具有明显的季节变化；潮致余流因受港湾地形影响，随大、小潮而变，较复杂，并在湾内、湾外各具特点。湾内余流在冬末春初时节，由于江河入湾径流少，湾内余流主要由偏北风与东北偏东风所致，并含潮致余流的组分较高；又因大、小潮对湾域地形的淹没度不同，引起潮致余流的强度不一，通常大潮期的潮致余流强度比小潮期的强，故在大潮期各港湾的余流显得更加复杂。在小潮期，除珍珠港的余流与大潮期的指向相同外，其余各港湾各层都指向外海。大、小潮相比，在总体上各港湾都表现为小潮期的余流流向较单一，多向湾口流动，余流速度比大潮期大。这是因为大潮期的潮致余流组分高，而潮致余流和风致余流的流向不一，故使合成后的余流速度减小。湾外余流反映了冬季广西沿岸的余流状况，不论大潮，还是小潮期间，表层和中层因受冬末春初偏北风和东北风影响，各站余流均朝偏南向或西南向流动；而底层主要受北部湾湾流影响，其余流由东向西多朝偏西向流动。近海余流在春季，各层余流数值均不大，量值均不超过 5cm/s。各层余流流向指向西北偏西，上层呈右旋转向，下层则是左旋变化；在夏季，各层的余流流速小，在 5.6～9.1cm/s 变化，随水深增大呈左旋偏转的变化，余流流向向南；在冬季，各层的余流数值在 1.4～6.9cm/s 变化，余流基本随水深增大逐渐减小，各层流向则在 60°～68°顺时针变化（孟宪伟和张创智，2014）。

（七）波浪

广西近海春季波高 0.1～0.3m，最大波高见于廉州湾和铁山港外侧海域，在廉州湾和铁山港之间及珍珠湾外侧海域波高较小；夏季波高 0.3～4.5m，最大波高见于铁山港西侧，并由此向西逐渐降低；冬季波高 0.2～2.0m，最大波高见于近海的东部和西部，而在中部的廉州湾外，波高较小。春季波向变化较大，在防城湾和珍珠湾外总体上呈现西南方向，并向深水区转为正南方向；廉州湾外的浅水区呈正北方向，在深水区呈西北方向；在铁山港外呈东南方向。夏季波向总体呈东南方向，在珍珠湾以西为西南方向。冬季波向总体呈东南方向（孟宪伟和张创智，2014）。

第六节　生物多样性

一、植物多样性

广西滨海湿地植物主要有藻类植物和被子植物两大类群。据不完全统计，广西滨海湿地的藻类植物有 7 门 8 纲 30 目 48 科 97 属 376 种（含亚种、变种、变型或未定种，下同），其中蓝细菌门（Cyanobacteria）有 1 纲 2 目 3 科 3 属 4 种，硅藻门（Diatomeae）有 2 纲 8 目 21 科 65 属 324 种，定鞭藻门（Prymnesiophyta）有 1 纲 1 目 1 科 1 属 1 种，褐藻门（Phaeophyta）有 1 纲 3 目 4 科 7 属 15 种，甲藻门（Dinophyta）有 1 纲 6 目 9 科 10 属 18 种，红藻门（Rhodophyta）有 1 纲 7 目 7 科 8 属 10 种，绿藻门（Chlorophyta）有 1 纲 3 目 3 科 3 属 4 种；维管植物有 33 科 60 属 77 种，包括红树植物 7 科 10 属 10 种，半红树植物 6 科 8 属 8 种，海草植物 4

科 5 属 8 种，红树林伴生植物有 12 科 18 属 22 种，其他种类有 13 科 22 属 29 种。

二、动物多样性

广西滨海湿地动物主要有浮游动物、底栖动物、珊瑚、鱼类、昆虫、鸟类等。据不完全统计，浮游动物有 5 门 11 纲 22 目 65 科 103 属 165 种，其中刺胞动物门（Cnidaria）有 3 纲 8 目 27 科 38 属 60 种，栉板动物门（Ctenophora）有 2 纲 2 目 2 科 2 属 2 种，节肢动物门（Arthropoda）有 3 纲 9 目 31 科 54 属 88 种，毛颚动物门（Chaetognatha）有 1 纲 1 目 2 科 5 属 6 种，尾索动物门（Urochordata）有 2 纲 2 目 3 科 4 属 9 种；底栖动物有 10 门 22 纲 56 目 220 科 476 属 807 种，其中刺胞动物门有 1 纲 2 目 4 科 4 属 4 种，纽形动物门（Nemertea）有 1 纲 1 目 1 科 1 属 1 种，线虫动物门（Nematoda）有 1 纲 1 目 1 科 1 属 1 种，环节动物门（Annelida）有 1 纲 8 目 36 科 76 属 134 种，星虫动物门（Sipuncula）有 2 纲 2 目 2 科 2 属 2 种，软体动物门（Mollusca）有 5 纲 20 目 92 科 202 属 357 种，节肢动物门有 3 纲 6 目 52 科 138 属 240 种，腕足动物门（Brachiopoda）有 1 纲 1 目 1 科 1 属 2 种，棘皮动物门（Echinodermata）有 5 纲 11 目 23 科 35 属 47 种，脊索动物门（Chordata）有 2 纲 4 目 8 科 16 属 19 种；珊瑚有 10 科 22 属 55 种；鱼类有 17 目 75 科 175 属 352 种，其中海鲢目（Elopiformes）有 2 科 2 属 2 种，鳗鲡目（Anguilliformes）有 6 科 10 属 25 种，鲱形目（Clupeiformes）有 3 科 15 属 25 种，鼠鱚目（Gonorhynchiformes）有 1 科 1 属 1 种，鲑形目（Salmoniformes）有 1 科 1 属 1 种，灯笼鱼目（Myctophiformes）有 2 科 2 属 2 种，鮟鱇目（Lophiiformes）有 1 科 1 属 2 种，鲻形目（Mugiliformes）有 1 科 4 属 11 种，鲇形目（Siluriformes）有 3 科 3 属 5 种，银汉鱼目（Atheriniformes）有 1 科 1 属 1 种，颌针鱼目（Beloniformes）有 3 科 5 属 11 种，刺鱼目（Gasterosteiformes）有 3 科 4 属 9 种，海蛾鱼目（Pegasiformes）有 1 科 1 属 1 种，鲉形目（Scorpaeniformes）有 3 科 14 属 20 种，鲈形目（Perciformes）有 36 科 96 属 198 种，鲽形目（Pleuronectiformes）有 4 科 7 属 22 种，鲀形目（Tetraodontiformes）有 4 科 8 属 16 种；昆虫有 13 目 98 科 221 属 297 种，其中弹尾目（Collembola）有 1 科 1 属 1 种，蜻蜓目（Odonata）有 2 科 5 属 5 种，蜚蠊目（Blattaria）有 1 科 1 属 1 种，螳螂目（Mantodea）有 1 科 3 属 3 种，竹节虫目（Phasmida）有 1 科 1 属 1 种，直翅目（Orthoptera）有 12 科 27 属 32 种，同翅目（Homoptera）有 10 科 16 属 18 种，半翅目（Hemiptera）有 9 科 19 属 23 种，鞘翅目（Coleoptera）有 14 科 28 属 32 种，脉翅目（Neuroptera）有 2 科 2 属 3 种，鳞翅目（Lepidoptera）有 21 科 67 属 95 种，膜翅目（Hymenoptera）有 13 科 32 属 54 种，双翅目（Diptera）有 11 科 19 属 29 种；鸟类有 17 目 59 科 163 属 350 种，其中䴙䴘目（Podicipediformes）有 1 科 2 属 2 种，鹈形目（Pelecaniformes）有 3 科 3 属 5 种，鹳形目（Ciconiiformes）有 3 科 13 属 22 种，雁形目（Anseriformes）有 1 科 8 属 24 种，隼形目（Falconiformes）有 3 科 13 属 26 种，鸡形目（Galliformes）有 1 科 2 属 3 种，鹤形目（Gruiformes）有 3 科 10 属 17 种，鸻形目（Charadriiformes）有 10 科 32 属 77 种，鸽形目（Columbiformes）有 1 科 2 属 4 种，鹃形目（Cuculiformes）有 1 科 6 属 13 种，鸮形目（Strigiformes）有 1 科 5 属 8 种，夜鹰目（Caprimulgiformes）有 1 科 1 属 2 种，雨燕目（Apodiformes）有 1 科 1 属 2 种，佛法僧目（Coraciiformes）有 3 科 5 属 7 种，戴胜目（Upupiformes）有 1 科 1 属 1 种，䴕形目（Piciformes）有 1 科 1 属 1 种，雀形目（Passeriformes）有 24 科 58 属 136 种。

第二章　广西滨海湿地及其分类系统

滨海湿地处于海洋与陆地过渡的地带，受海洋、陆地和人为干扰的多重影响。由于滨海湿地处于人类高强度经济活动的区域，受人为活动影响比较大，是比较脆弱的生态敏感区。因此，正确认识和掌握滨海湿地的生态和功能特征，以及对其进行合理开发利用和保护管理具有十分重要的意义。

第一节　滨海湿地的定义

滨海湿地的定义及其分类体系的建立是滨海湿地研究的重要基础。国内外学者对于滨海湿地定义已有不少的描述，但至今还没有一个能被普遍接受的科学定义，目前多数的滨海湿地定义是参照湿地概念中有关海洋的内容而定的。

一、国外的滨海湿地定义

滨海湿地地处海陆的交错地带，是一个“边缘地区”（Levenson，1991）。美国鱼类与野生动物管理局（Fish and Wild Life Service，FWS）将滨海湿地狭义地定义为主要包括潮间带湿地，而美国海洋与大气管理局（National Oceanic and Atmospheric Administration，NOAA）则将滨海湿地广义地定义为包括在河口水域周围或毗邻海水的流域或排水区域内的湿地（Field et al.，1991）。一些学者认为，滨海湿地是指发育在海岸带附近并且受海陆交互作用的湿地，广泛分布于沿海海陆交界、淡咸水交汇地带，是一个高度动态和复杂的生态系统（WERG，1999）。

二、《湿地公约》的滨海湿地定义

根据《湿地公约》，滨海湿地是指海陆交互作用下经常被静止或流动的水体所浸淹的沿海低地、潮间带滩地，以及低潮时水深不超过 6m 的浅水水域。滨海湿地的下限为海平面以下 6m 处，习惯上常把下限定在大型海藻的生长区外缘；上限为大潮线之上与内河流域相连的淡水或半咸水湖沼，以及海水上溯未能抵达的入海河的河段。

三、中国的滨海湿地定义

陆健健（1996）将滨海湿地定义为海平面以下 6m 至大潮高潮位之上与外流江河流域相连的微咸水和淡浅水湖泊、沼泽及相应河段间的区域。赵焕庭和王丽荣（2000）认为滨海湿地是指沿海岸线，在波浪和潮流为主要动力作用下改造的原地基岩或泥沙堆积的倾斜平地，其在潮汐周期内被海水周期性淹没，或在风暴潮时暂时淹没，或经常处于浅层海水之下（据 1971 年《湿地公约》定为水深 6m 以浅），其上生长和栖息着各种海陆生物。恽才兴和蒋兴伟（2002）认为，滨海湿地是指海陆交互作用下经常被静止或流动的水体所浸淹的沿海低地、潮间带滩地及低潮时水深不超过 6m 的浅水水域。曹磊等（2013）认为滨海湿地是陆地和海洋生态系统之间复杂的自然综合体，它包括在海陆交互作用下被水体浸淹的沿海低地、潮间带滩地，以及低潮时水深不超过 6m 的浅海水域、盐沼、滩涂等。王爱军和陈坚（2016）认为滨海湿地范围包括沿海岸线分布的低潮时水深不超过 6m 的滨海浅水区和受海洋影响的陆域过饱和低地。国家海洋局 908 专项办公室（2006）认为滨海湿地是沿海岸线分布、低潮时水深不超过 6m 的滨海浅水区域到陆域受海水影响的过饱和低地的一片区域。滨海湿地的法律定义在《中华人民共和国海洋环境保护法》第 95 条释义中指出，滨海湿地是指低潮时水深浅于 6m 的水域及其沿岸浸湿地带，包括水深不超过 6m 的永久性水域、潮间带（或洪泛地带）和沿海低地等。国家海洋局（2005）发布的滨海湿地是指海平面以下 6m 至大潮高潮位之上与外流江河流域相连的微咸水和淡浅水湖泊、沼泽及相应的河段间的区域。本书的滨海湿地主要是指受海水影响的潮上带湿地、河口、潮间带，以及低潮时水深不超过 6m 的永久性浅海水域。

第二节　广西滨海湿地的研究进展

有关广西滨海湿地的研究目前主要体现在生态环境特征、类型与动态、污染与生态评价、功能与合理开发利用、保护与管理等方面。

一、滨海湿地生态环境研究

（一）地质地貌研究

1. 总体地质地貌研究

广西壮族自治区海岸带和滩涂资源综合调查领导小组（1986c）认为广西海岸地势总体上呈现西北高、东南低，大致以钦州市犀牛脚为界，分为东、西两部分，并各自具有不同的地貌特征；东部地区主要为第四系湛江组和北海组沙砾、泥沙层组成的古洪积-冲积平原，地势平坦，略向南倾斜；西部地区主要由下古生界志留系和中生界侏罗系的砂岩、粉砂岩、泥岩及不同时期侵入岩体构成的丘陵多级基岩剥蚀台地。两地区海岸类型及其特征也表现出明显差异：东部地区以侵蚀-堆积的沙质夷平岸为主，岸线平直，海成沙堤广泛发育；西部地区主要为微弱充填的曲折溺谷湾海岸，岸线蜿蜒曲折，港湾众多；广西海岸带地貌按成因可划分为侵蚀-剥蚀地貌、洪积-冲积地貌、河流冲积地貌、河海混合堆积地貌、海蚀地貌、海积地貌、水下沉积地貌、生物海岸地貌和人工地貌九大类。莫永杰（1987）认为北海半岛至白龙半岛的海岸地形明显受北东—南西、北西—南东向两组构造线所控制，为港湾式海岸；大约在北纬 21°40′以北是海岸山地，以南是浅海和岛屿；在入海河流河口地段被沉积物充填的发育为三角洲平原或水下三角洲，未被充填的呈现溺谷湾形态；海岸地形总的趋势是北高南低，以丘陵为主。叶维强等（1990）认为广西滨海地貌大体以钦州犀牛脚为界，东部以侵蚀-堆积的沙质夷平岸为主，西部则主要是微弱充填的曲折溺谷湾岸。莫永杰（1990）较为系统地分析了广西溺谷湾海岸的地貌特征，认为广西溺谷湾海岸地貌主要由铁山港、大风江、钦州湾、防城港和珍珠港构成，其中铁山港和大风江属台地型溺谷湾，钦州湾、防城港和珍珠港属山地型溺谷湾。刘敬合和黎广钊（1993）论述了广西沿岸港湾口门、潮流三角洲及其潮流三角洲上的边缘坝、拦门浅滩、潮流沙脊、潮流冲刷槽等次级地貌形态特征和展布规律，并讨论了潮流三角洲的形成过程。

2. 北海海岸地质地貌研究

莫永杰（1988a）把北海海岸地貌划分沙坝-潟湖和基岩岬角两大类型，并认为沿岸泥沙主要来源于松散的北海组和湛江组地层。刘敬合和黎广钊（1992）根据地貌成因形态分类原则，把廉州湾海底及周边地貌分为陆地地貌、岸滩地貌和海底地貌三大类型，并论述了侵蚀剥蚀残丘、洪积-冲积平原、海积-洪积平原、海积平原、沙坝-潟湖、海蚀崖、海蚀平台、水下三角洲、潮流冲刷槽和古滨海平原等地貌单元的形态、特征及其展布规模。邓朝亮等（2004a）探讨了铁山港湾的潮间浅滩、潮流深槽、潮流沙脊、水下拦门浅滩、水下岸坡和海底平原等水下动力地貌的形态特征及其成因，并结合沉积物的粒度、碎屑重矿物的分布特征，阐述了泥沙来源及运移趋势，认为铁山港湾泥沙来源主要有波浪侵蚀海岸及地表水切割、冲刷沿岸地层来沙和陆域径流来沙等两个方面，泥沙呈现由湾内向海方向运移的趋势。朱同兴等（2005）论述了北海现代海岸各种环境的自然地理分带、地质营力、沉积物及生物生态等特征，指出环境能量直接决定了环境类型、沉积物类型及生物组合类型；海岸环境据其能量可划分为高能海滩、低能海湾、中能岩质潮滩和沙质潮滩、低能泥质红树林潮滩及高能潮上沙丘等 6 种沉积类型；混合沉积作用主要发育于高能海滩和中能潮滩沉积环境内。

3. 钦州海岸地质地貌研究

李乃芳和叶维强（1988）对钦州犀牛脚海岸特征进行了分析，指出主要的海岸地貌类型有侵蚀-剥蚀地貌、洪积-冲积平原、河流冲积地貌、海积地貌、海蚀地貌、水下地貌等；犀牛脚地貌大体可划分为东、西两大部分，分界线大致在海尾碗到三娘湾附近，其中东部从海尾碗至沙角，滨海沙堤比较发育，以沙质海岸为主，海积平原和海积-冲积平原分布较广。刘敬合和叶维强（1989）认为钦州湾是广西沿岸典型的鹿角湾，湾内岸线曲折、港汊众多，湾中岛屿林立；内、外湾沙体发育，这些沙体从成因上可以划分为河口沙坝、潮流脊和浪成沙体，湾口两侧为沙质海滩和沙堤；钦州湾的潮滩极为发育，如南定坪，占沿岸面积的 80%，潮滩宽 5～7km，坡度 1‰，潮滩高部生长茂盛莎草、红树林，低处以甲壳类生物为主。黎广钊等（2001）指出钦州湾水下动力地貌主要有潮间浅滩、河口沙坝、潮沟、潮流沙脊、潮流深槽、水下拦门浅滩、水下斜坡等类型，并对这些水下地貌类型的形成及其空间分布和沉积物组成进行了分析，同时探讨了动力地貌形成原因、机制及海岸动态变化趋势。邓朝亮等（2004b）根据钦州湾沿岸的岩性、地貌、水动力条件、岸线稳定性和人工改造利用现状等多种因素，将钦州湾海岸地貌划分为基岩岬角、沙质海岸、泥质海岸、生物海岸和人工改造海岸 5 种类型。

4. 防城港海岸地质地貌研究

林宝荣（1985）根据防城湾地区河口的地貌特征和地层、古生物及 ^{14}C 年龄资料，论述了这一地区全新世以来的海侵过程及河口三角洲的演变过程，认为该地区在全新世中期

6000 年前开始接受海侵，然后在两次海面波动过程中形成两期三角洲，随着海侵的发展，河口后退，第一期三角洲形成于 1800 年前，分布在防城河口–5m 以内至牛头岭地区，第二期即现代三角洲分布在将军岭以北至针鱼岭的防城湾顶。高振会和黎广钊（1995）分析了北仑河口各种动力地貌特征、钻孔沉积层序及其沉积环境变化特点，认为北仑河口经历了全新世以前至全新世早期受到风化剥蚀阶段，形成古河道；全新世中期海平面上升，海水侵入古河道，形成河口湾；全新世中晚期河口湾被充填，形成湾内沙坝；全新世晚期，逐渐形成海积平原、滨海沙堤、河口沙坝、潮流沙脊、潮流沟槽，从而形成现代的北仑河口区地貌态势。陈波等（2011）认为北仑河口的地貌构成基本以沙质黏土或粉沙质黏土层为主，易于冲刷及动力再塑，从成因上来看地貌总体上主要有剥蚀地貌、冲积地貌、海积地貌、水下地貌、人工地貌五大类型。

5. 涠洲岛地质地貌研究

莫永杰（1989）基于海岸地貌成因、动力条件、海平面变化等因素分析了涠洲岛海岸地貌的发育过程，指出涠洲岛海岸的主要类型有侵蚀海岸、堆积海岸、珊瑚海岸等，自晚更新世以来涠洲岛处于连续上升状态。刘敬合等（1991）认为涠洲岛是第四纪玄武岩岩浆喷发时在水下堆积而形成的，在构造上受东北、西北、东南向断裂的控制，地形南高北低，可划分为丘陵区、海积平原区、现代海滩区、珊瑚岸礁区和海底平原区 5 个不同地貌区，其中湿地地貌类型有沙堤、海蚀崖、海蚀洞、海蚀平台、珊瑚礁、潮间沙滩、海底平原等。亓发庆等（2003）认为涠洲岛由第四纪玄武岩浆喷发时在水下堆积而形成。该岛经受长期的地质作用和演变过程，形成了各种各样的地貌类型，主要有火山地貌、流水地貌、海蚀地貌、海积地貌、珊瑚岸礁地貌、海积–冲积地貌、重力地貌、人工地貌等类型，总的地貌特征是南部沿岸以海蚀地貌为主，北部沿岸以海积地貌和珊瑚礁地貌为主。林镇凯（2013）分析了涠洲岛的海岸地貌特征及其塑造过程，认为涠洲岛海岸地貌主要分为四大单元：海积地貌、海蚀地貌、珊瑚礁地貌和人工地貌，基底为早更新世以来喷发的玄武岩和火山碎屑岩。

（二）沉积物与三角洲沉积研究

1. 滩涂和海湾沉积研究

莫永杰（1988b）分析了钦州湾潮滩沉积特征，指出钦州湾具有良好的封闭条件，同时又具有河流输沙入湾的有利因素，沉积物主要有粉沙质黏土、沙—粉沙—黏土、细沙等；自低潮带向高潮带，物质变细，分选变差，重矿物含量减少，造成这种差异的主要因素是动能。叶维强（1989）对钦州湾潮滩沉积进行了研究，认为钦州湾是广西海岸带发育较好的淤泥质海岸，其地形、地貌决定了海湾的发育，内湾发育潮滩，外湾发育潮流脊及沙滩，其沉积物为细沙和中粗沙。潮滩的物质主要来源于钦江、茅岭江及海岸和海湾内的侵蚀–削蚀物，其主要特点是沉积物分选差，原生沉积构造不发育，生物扰动作用强烈。由于环境条件不同，南定坪、果子山两潮滩在沉积物粒度、重矿物、微体古生物、生物组合、沉积构造等方面有显著不同。刘敬合和叶维强（1989）认为滨海地貌与沙矿有直接关系，一般沙矿床主要产于沙质海岸、沙坝–潟湖海岸、三角洲海岸内，生物海岸、泥质海岸不成矿。

广西滨海沙矿主要有北海银滩玻璃石英砂、江平沥尾锆石-钛铁沙、巫头金红石-锆石沙等。张伯虎等（2011）探讨了钦州湾海域表层沉积物的分布规律及其作用机制，指出钦州湾海域表层沉积物在横向上，自西向东呈现出西部粗、东部细，分选程度西部好于东部的特征；在纵向上，沉积物粒径呈现由内向外粒径从粗到细的特征，大致在 5m 水深处存在一个明显的界限，该水深以浅区域的沙含量较高，且主要为沉积沙等较粗物质；该水深的深区域以粉沙质黏土为主，沙含量较低。黄鹄等（2011b）基于北海银滩剖面高程与沉积物变化的资料分析，得出银滩沉积物类型为沙，并以细沙、中沙为主，沉积物分选性较好；沉积物中沙的百分含量和中值粒径自陆向海逐渐减小，而极细沙的百分含量则逐渐增加；银滩横向剖面沉积物可区分为后滨、滩面和内滨 3 个沉积单元，其中后滨沉积物在风的作用下以跃移质为主，滩面沉积物因波浪形成的冲流作用而具有双向运动的性质，内滨沉积物主要受控于波浪和潮流的联合驱动作用而以跃移质组分为主。黄向青等（2013）在调查现有沉积物分布和地貌背景下，研究了钦州湾—北海近岸水域表层沉积物重金属与有机质分布特征，得出重金属平均含量为 0.039～47.100ppm①，有机质平均含量 0.85%，空间变异性均比较大，犀牛脚至三娘湾近岸、北海港区是多种重金属的聚集区域，空间梯度往往也比较大；不同类型沉积物中，重金属向细颗粒聚集效应明显，含量最大增幅达 153%；重金属含量分布与地貌类型也有一定关系，沉积了较多细颗粒物质的水下斜坡，重金属含量普遍要高。

2. 河口和三角洲沉积研究

梁文等（2001）分析了南流江水下三角洲沉积物类型特征及其分布规律，发现该地区由于海流是以近南北向的往复流为主，沉积物粒级分区是以近南北向排列，在南流江汊道口门沿岸至北海港潮流深槽一带，海流沿岸线转向，两条带状沉积物粒级分布，与海流转向方向一致；南流江汊道口内的海流最强，沉积物粒度较粗，主要为砾石—粗沙—中沙；南流江汊道口门沿岸和北海港潮流深槽附近，潮流流速较小（<20cm/s），沉积物粒度较细，主要为黏土质粉沙。陈波等（2007）分析了廉州湾南流江水下三角洲大浅滩和潮流深槽的物质组成、泥沙来源、地貌组合、沉积物特征及三角洲大浅滩和潮流深槽的形成原因，认为三角洲大浅滩主要是南流江径流输沙和长期堆积外推形成的，潮流深槽的形成则与水动力条件和地形、地貌条件密切相关联，南流江水下三角洲经历相当长的时间演变后，三角洲大浅滩和潮流深槽这两种主要地貌类型的形状变化基本稳定。蒋磊明等（2008）分析了廉州湾水体中的悬沙浓度分布、重矿物比值沿程变化和沿岸动力地貌特征等因素，探讨了廉州湾三角洲泥沙运移状况与海洋动力条件的关系，得出廉州湾水体中的悬沙浓度南部低于北部，从东北向西南和自北向南递减，在南流江入海汊道口门附近为浓度高值区；密度较小的重矿物物质大量沉积在廉州湾潮间带上、下部，密度较大的物质主要沉积在河床、潮下带及湾口门附近；廉州湾南部北海半岛绕过冠头岭形成指向东北的水下沙嘴，南流江水下三角洲呈舌状向海突出，中部较深，向两翼变浅。潮流、径流和波浪是廉州湾三角洲泥沙运移的主要动力因素，廉州湾内泥沙运移总趋势为自东北向西南，但北海半岛沿岸向东北运移。甘华阳等（2012）对滨海湿地表层沉积物中碳、氮和磷元素含量、分布及其影响因素进行了调查和分析，得出表层沉积物中总氮、总磷和总有机碳的平均含量分别为

① $1ppm=1\times10^{-6}$，下同

（373±355）μg/g、（232.28±157.34）μg/g 和 0.45%±0.46%；铁山港顶部、南流江口、大风江口、钦江口和茅岭江口较细的表层沉积物中的总氮、总磷和总有机碳含量较高；钦江口、钦州港区、防城港、企沙港区和珍珠湾东北部的沉积物有机质含量受到了强烈的陆源影响。陈宪云等（2015）分析了北仑河口北冲西淤的形成及其环境因素的影响，发现北仑河口的泥沙主要来源于两个方面：一是北仑河及其周边小河径流挟沙；二是潮流和波浪联合作用掀沙，径流挟沙比潮流和波浪掀沙大。夏季汛期，由径流带入的泥沙大部分在航道附近落淤，形成河口大片浅滩。

（三）气候研究

伍时华（2000）对北海市气候资源的开发利用及气候灾害防灾减灾对策进行分析，认为北海市气候冬半年（10 月至翌年 3 月）主要受偏北季风控制，夏半年（4～9 月）主要受偏南季风和热带天气系统影响；气候的优势是“一足一强一多”，即热量足、光照强、雨量多。何如等（2010）基于近岸及海岛的 7 个气象台站的观测资料，分析了 1953～2008 年广西近岸及海岛的气候特征与气候变化规律，得出其气候特点是气候温暖、热量丰富、降水丰沛、干湿分明、日照适中、风能资源丰富、灾害频繁、旱涝突出；随着全球变暖，广西近岸及海岛的气候也发生了明显变化，气温显著升高，年降水量增多，年日照时数减少，极端气候事件造成的灾害损失呈增大趋势。许文龙等（2012）以防城港市 1955～2009 年气温实际观测数据为基础，采用线性倾向估计最小二乘法、Mann-Kendall 法和累积距平法，分析了防城港市气温变化的特征及其突变情况，发现近 55a 来防城港市年平均气温变化呈现明显上升的趋势，夏、秋、冬季的平均气温均有明显的增温趋势，仅春季增温趋势不明显；防城港市夏季、冬季和全年平均气温均先后在 20 世纪 80 年代发生了突变，秋季是在 20 世纪 70 年代末突变，春季则没有发生突变；冬季从 20 世纪 80 年代中期开始由偏低阶段过渡到偏高阶段，年平均、春季、夏季、秋季均为 20 世纪 90 年代中后期才开始由偏低阶段过渡到偏高阶段。

（四）近海水文及水动力研究

李树华（1986）对钦州湾潮汐和潮流进行了数值计算，认为钦州湾的日潮流比较强，尤其是龙门港附近一带，计算的全日潮流最大流速达 43cm/s，最大半日潮流为 25cm/s；整个湾内以全日潮为主，全日潮比半日潮约大 1 倍。陈波（1996）分析了廉州湾海区潮余流的特性，指出廉州湾的潮流为不正规日潮，落潮流大于涨潮流，落潮流速 104cm/s，涨潮流速 88cm/s；余流以风海流为主导地位，海面在西南风的作用下，海水向湾内东北部流动，海面在东风和东南风的作用下，海水向西流动，余流最大流速仅为 29.3cm/s。陈波和侍茂崇（1996）对廉州湾潮流和风海流进行了数值计算，指出廉州湾落潮流大于涨潮流，最大落潮流速 78cm/s，最大涨潮流速 55cm/s，强流区位于北海市地角镇以外海域；风海流随风向不同而改变，当海面盛行西南风时，海水流向湾内东北部，至湾顶沿岸后返向西南流动，当海面盛行东风及东南风时，海水又向西流动。陈波等（2001）对广西沿岸主要海湾余流场进行了数值模拟，得出余流场流型和流速变化直接与风力的强度和风力作用的方向有关；在湾口开阔海区，风力作用强度加强，余流流速较大；在湾顶狭窄海区，风力作用强度减弱，余流流速较小；余流的最大流速为 10～15cm/s，最小流速为 1～2cm/s。李树华等（2001b）

根据 1986 年和 1996 年的实测资料，较为系统地分析了铁山港、北海港、钦州湾和防城港港湾的潮流及余流特征。张桂宏（2009）根据广西滨海地区各海洋水文测站多年的实测资料，对潮汐类型、潮差、历时、平均海面、潮流、波浪等潮汐特性进行了分析，得出广西沿海岸段的潮汐有不正规全日潮和正规全日潮两种类型；潮差分布特点是沿岸大、近海小，东部比西部大、湾内比湾外大；潮历时的变化规律是涨潮历时比落潮历时长，涨落潮平均历时差西部长于东部，涨、落潮平均历时西部长于东部；平均海面上半年低、下半年高，沿海海面东西部相差不大，河口大于外海，湾内略高于湾外；波浪由风浪、混合浪、涌浪组成，以风浪为主，波浪随季风变化较为明显。

（五）湿地土壤研究

蓝福生等（1993）将广西滩涂土壤划分为滨海盐土 1 个土类，红树林潮滩盐土、潮滩盐土、草甸滨海盐土和滨海盐土 4 个亚类，以及红树林潮滩沙质盐土、红树林潮滩壤质盐土、红树林潮滩黏质盐土、潮滩沙质盐土、潮滩壤质盐土、潮滩黏质盐土、草甸滨海沙质盐土、草甸滨海壤质盐土、草甸滨海黏质盐土、石灰质滨海盐土、砾质滨海盐土和砾质石灰性滨海盐土 12 个土属。杨继镐等（1994）分析了北海市海岸沙土、潮滩沙质盐土、潮滩沙壤盐土和潮滩黏质盐土的理化性质，并探讨了这些土壤与土壤上树种中的常量、微量元素及其供求之间的关系。喻国忠（2007）分析了广西滨海酸性硫酸盐土的分布及其理化性质。

（六）近海水化学研究

韦蔓新等（2000）分析了北海湾总氮（total nitrogen，TN）、总溶解氮（dissolved total nitrogen，DTN）、颗粒有机氮（particulate organic nitrogen，PON）、溶解有机氮（dissolved organic nitrogen，DON）等各种形态氮的分布变化规律及其与环境因素的关系，认为北海湾水域各形态氮的含量变化随季节而异，表现为春夏季高而秋冬季低；区域变化以南流江口海域含量较高，北海、合浦沿岸海域次之，其他海域较低；影响北海湾各形态氮含量变化的主要环境因子是盐度和化学需氧量（chemical oxygen demand, COD），其次是悬浮物和叶绿素 a，pH 和溶解氧（dissolved oxygen，DO）对其影响较小。韦蔓新等（2003）根据 1988～1999 年 8 个航次对北海水域的调查资料，从无机氮的分布特征及三态氮的百分组成着手，分析了无机氮的变化规律，得出该水域无机氮含量具有春季明显高于冬季的分布特点，但三态无机氮的转化程度不高，与该水域无机氮的供应源以沿岸排污为主要输入途径有关；10a 间无机氮的含量变化无论是整个海域还是局部海域，均是春季变幅远大于冬季，但在组成上春季硝态氮明显低于冬季，铵态氮则与此相反，这与各时期不同季节氮的补充与消耗途径及转化速率不同有关。韦蔓新等（2011）对北海珍珠养殖区和非养殖区磷的循环特征及其生态效应进行了分析，发现该海域磷的储量不高，无论是养殖区还是非养殖区均表现为有机态磷和无机磷含量明显偏低；除颗粒态磷外，其他形态磷表现为秋季明显高于春季，突出体现了生物释放的补充影响作用；在磷的形态转化上，春季是以颗粒态磷和无机磷为主，秋季则以溶解态磷和无机磷为主；不同形态磷的区域性差异各具特色，对于养殖区，春季突出体现了生物释放的补充影响作用，秋季却在盐度差极小的情况下突出了陆源输入的影响；而非养殖区尽管受生物的释放作用影响较小，但在往复流水动力作用影响下，突出了海洋自身的补充影响作用，陆源的增补影响只在春季才从颗粒态磷的分布中体现出来。甘华阳等（2012）对滨海湿地水体中营养盐，以及碳、氮和磷元素含量、分布及其影响因素进行了调查和分析，并评价了水体富营养化水平，得出水体中的溶解无机氮（dissolved inorganic nitrogen, DIN）、活性磷酸盐和化学需氧量平均含量分别为（211.84±37.44）μg/L、（11.01±12.11）μg/L 和（0.92±0.32）mg/L。

二、滨海湿地类型与动态变化研究

（一）滨海湿地分类系统研究

李桂荣和梁士楚（2007）把广西滨海湿地划分为浅海、滩涂、河口和海岸性湖泊四大类，其基本类型有浅海水域、潮下水生层、珊瑚礁、岩石性海岸、沙石海滩、淤泥海滩、红树林、河口水域、潮间沼泽、三角洲/沙洲、沙坝-潟湖 11 种。李学杰等（2010）为了突出滨海的特点，首先将滨海湿地划分为潮上带湿地、潮间带湿地和潮下带湿地三大类型，其次将各带湿地再划分为若干类型，其中潮上带湿地划分为河流湿地、湖泊湿地、养殖水塘和水渠、盐田 4 种类型，潮间带湿地划分为红树林、沙（砾）滩、泥滩 3 种类型，潮下带湿地划分为珊瑚礁、海草区、浅海水域 3 种类型。何东艳等（2014）把广西滨海湿地划分为滩涂、红树林、水域、水田、水库坑塘、养殖水面 6 种类型。梁士楚等（2014）把广西滨海湿地划分为自然湿地和人工湿地两大类，其中自然湿地包括浅海水域、潮下水生层、珊瑚礁、基岩海岸、沙石海滩、淤泥质海滩、潮间盐水沼泽、红树林、河口水域、河口三角洲/沙洲/沙岛、海岸性咸水湖 11 种基本类型，人工湿地包括养殖塘和盐田两种基本类型。

（二）滨海湿地动态变化研究

黄鹄等（2007）利用不同时段的遥感影像、数字化地形图和历史航空像片，在地理信息系统（geographic information system，GIS）平台上提取广西海岸滩涂的变化资料并对其进行了分析，得出近 50a 来广西海岸滩涂的变化特征为：滩涂面积经历了由加速递减（1955～1977 年）、滩涂面积变化基本不变（1978～1988 年）到滩涂面积再次递减的 3 个阶段（1988 年以来），其中滩涂面积变化最大的是沙砾质滩涂，其次是红树林滩涂，这两类滩涂面积减少得最多、递减速率最快，这些变化和人类开发活动密切有关。李学杰等（2010）通过对日本对地观测卫星（advanced land observing satellite，ALOS）遥感影像的解译，得出北部湾滨海湿地主要包括：红树林 7092hm^2、水塘 35 190hm^2、盐田 5371hm^2、河流 6680hm^2、湖泊水库 5054hm^2，认为北部湾沿岸红树林分布较丰富，是我国红树林分布的重要地区之一，从最西部北仑河口至最东部的安铺港均有分布，其中丹兜湾—英罗湾区最丰富，其次为北仑河口、铁山港、珍珠港等地区；养殖水塘以南流江口区最多，其次为大风江口区；盐田主要分布于西部的江平、企沙和犀牛脚等地，以及东部的西村港至英罗湾地区。黄鹄等（2011a）基于历史图件对比方法和 Bruun 法则对北海银滩岸线的侵蚀进行了评估和预测，得出银滩在近 30a 内海岸侵蚀达 10.40m/a，其中人类活动作用是造成海岸侵蚀的主要因素，人类活动对岸线位置蚀退的影响贡献为 98%；海平面上升导致岸线蚀退的贡献仅为 2%。刘鑫（2012）基于遥感（remote sensing，RS）和地理信息系统技术对铁山港地区 4 个时期的 Landsat 卫星遥感数据进行处理，分析了该地区海岸线近 20a 来

（1987～2006 年）的变化特征，发现海岸线总体处于向海推进状态，其变化主要受人为因素影响，岸线的变化主要表现在铁山港与丹兜湾湾顶两侧，以养殖开发、港口码头建设为主。何东艳等（2014）基于面向对象的信息提取方法，利用 1990 年、2000 年和 2010 年 Landsat TM 遥感影像数据，提取广西海岸滨海湿地信息，并对其空间分布及其变化进行了研究，得出广西海岸 3 个时期自然湿地在湿地类型构成中占绝对优势，其面积占湿地总面积的比例分别为 66.96%、65.65%和 64.90%；1990～2010 年，研究区滨海湿地面积呈平稳增长态势，其面积由 3138.08km^2 增加到 3165.77km^2；湿地类型中养殖水面增幅最明显，其面积比例由 1990 年的 3.19%增加到 2010 年的 6.15%；1990～2010 年，广西海岸滨海湿地变化明显，湿地之间、湿地与非湿地之间的相互转化频繁，受人为活动影响干扰突出。

三、浅海水域湿地研究

（一）环境因子及污染研究

韦蔓新等（2002）根据 1983 年、1990 年和 1998～1999 年平水期（春、秋季）的调查资料，分析了钦州湾水域的营养盐状况及其与环境因子的关系，得出钦州湾营养盐含量变化显著，无机氮明显递增趋势，无机磷则与此相反；陆源输入的多寡和浮游植物的丰度是导致钦州湾无机氮、无机磷、硅含量变化的主要因素。韦蔓新和何本茂（2003a，2004，2006，2008，2009，2010）对钦州湾海水多种环境因子含量、分布特征、污染状况及浮游植物进行了较为系统的分析，发现钦州湾海水中油类多具有春夏季明显高于秋冬季、开发初期明显高于中后期的分布特征；与环境因子之间的关系以秋季较为密切，冬季次之，春夏季较差，其中物理过程及营养盐的降解作用占主导控制地位，生物过程次之；铜、铅、锌、镉和汞等重金属含量具有不同的变化特点，但具有相似的平面分布特征，高值区多出现在湾中部及外湾海域，而内湾海域含量较低，这种分布特征的形成主要受来自陆源输入、沉积物向上覆水释放输入、生物体循环转化过程输入及沉积类型和沉积环境的影响，钦州湾较强的陆源径流和潮海流等水动力过程在其中起了重要影响作用；化学需氧量具有开发初期明显偏低、中期明显偏高、后期略有下降的变化特征；在季节变化上呈现春夏季高、秋季适中、冬季较低的特点，在区域分布上随着季节变化差异较大，这种分布特征的形成与化学需氧量的补充与消减途径随季节变化较大有关，同时水体的自净条件在其中也起了重要作用；溶解氧的含量变化并不大，且均在一类海水标准范围内，其季节变化是以冬季最高、春季次之、夏秋季较低；浮游植物在开发初、中期时的生物量呈现明显上升的趋势，而在开发盛期则呈现明显下降的趋势；随着时间进程，海水盐度呈现下降趋势，水温多呈上升趋势，pH 多呈下降趋势。蓝文陆和彭小燕（2011）于 2003～2010 年对铁山港湾进行了 22 个航次的调查，分析了海水中硝酸盐氮、亚硝酸盐氮、氨氮、无机氮、活性磷酸盐和活性硅酸盐 8a 的浓度变化和季节变化特征，得出铁山港附近海域无机氮浓度为 0.21～47.86μmol/L，活性磷酸盐的浓度为 0.01～0.71μmol/L，活性硅酸盐的浓度为 4.29～124.29μmol/L；营养盐在各年度空间分布和季节变化上没有呈现出一致性，总体上营养盐呈现出从那交河口及内湾向湾外递减的空间分布特征，季节变化总体上呈现出无机氮丰水期明显高于平水期和枯水期、硅酸盐在丰水期和平水期浓度较高而枯水期较低、磷酸盐在各水期变化不大的特征。营养盐浓度呈现出先增加后回落的趋势，其长期变化主要受径流、陆源污染和营养盐再生等影响。

（二）生物多样性研究

1. 浮游植物研究

王大鹏等（2012）对北海营盘新珍珠贝养殖区海域的浮游植物种类和分布进行了调查和分析，发现浮游植物有 36 属 82 种；春季、夏季、秋季、冬季的优势种分别为细柱藻属（*Leptocylindrus*）、海链藻属（*Thalassiosira*）、角毛藻属（*Chaetoceros*）和菱形藻属（*Nitzschia*）。各季节浮游植物数量为 2.8×10^4～9.6×10^4 个/L，均位于同一数量级，Shannon-Wiener 指数为 2.54～2.94，Pielou 指数为 0.47～0.55。

2. 大型底栖动物研究

王宗兴等（2010）记载钦州湾大型底栖动物有 58 种，其中多毛类有 35 种，甲壳动物有 7 种，软体动物有 10 种，棘皮动物有 2 种，其他类群动物有 4 种，优势种为蛇杂毛虫（*Poecilochaetus serpens*）和色斑刺沙蚕（*Neanthes maculata*）。王迪等（2011）记载钦州湾及附近海域大型底栖动物有 94 种，隶属 8 门 62 科，以软体类最多，其次为多毛类；春、夏季优势种变化不大，秋、冬季优势种变化较大，如春季优势种为皱纹蛤（*Periglypta puerpera*）、刺足掘沙蟹（*Scalopidia spinosipes*）和独齿围沙蚕（*Perinereis cultrifera*），夏季优势种为皱纹蛤、刺足掘沙蟹和持真节虫（*Euclymene annandalei*），秋季优势种为曲波皱纹蛤（*Periglypta chemnitzii*）和网纹纹藤壶（*Amphibalanus reticulatus*），冬季优势种为肋蜎螺（*Umbonium costatum*）和皱纹蛤；底栖动物平均总密度和平均总生物量分别为 439 个/m^2 和 115.14g/m^2。

3. 鱼类研究

叶富良等（1993）记载防城沿海鱼类有 115 种，隶属 14 目 63 科 91 属，其中软骨鱼类有 5 种，占总种数的 4.3%，硬骨鱼类有 110 种，占 95.7%，以鲈形目鱼类占优势，有 68 种；暖水性鱼类有 99 种，占 86%，暖温性鱼类有 16 种，占 14%，无冷温性鱼类。王倩等（2006）记载合浦儒艮自然保护区及其邻近水域鱼类有 57 种，隶属 14 目 41 科，其中硬骨鱼类有 55 种，占总数的 96.49%，软骨鱼类有 2 种，占 3.51%；暖水性鱼类有 41 种，占 71.93%；生态类型中底层鱼类有 37 种，占 64.91%。梁士楚等（2014）记载广西近海海域鱼类有 373 种，隶属 2 纲 25 目 105 科 224 属，其中鰕虎鱼科的种类最多，有 15 属 28 种，分别占总属数和总种数的 6.70%和 7.51%；其次是鲹科的种类，有 11 属 21 种，分别占 4.91%和 5.63%。

4. 哺乳类研究

王倩（2006）对北海水域中华白海豚（*Sousa chinensis*）的种群数量、分布和人为活动影响等进行了研究，发现中华白海豚在沙田海域有 11 群 68 头，大冠沙、冠头岭及大风江口海域有 8 群 39 头，北海沙田沿岸至大风江口一带是中华白海豚连续活动海域；从不同年龄段个体所占的比例来看，该海域的中华白海豚是以中青年个体及幼体数量较多，年龄结构合理，是具有较强增长潜力的种群。

四、滩涂湿地研究

（一）生态环境和面积动态研究

广西滩涂生态环境特征目前主要涉及滩涂类型、物质组成性质、面积动态等方面，如广西壮族自治区海岸带和滩涂资源综合调查领导小组（1986a）将广西沿海滩涂划分为岩滩、沙滩、沙砾滩、淤泥滩、沙泥滩等类型，面积分别为13.17km^2、555.15km^2、4.33km^2、170.83km^2、186.93km^2。蓝福生等（1993）对广西沿海滩涂土壤资源的数量和质量进行了综合分析评价。黄鹄等（2005）基于不同时段的遥感影像、数字化地形图和历史航空像片，分析了1955～2004年广西海岸滩涂的变化特征，得出滩涂面积变化最大的是沙滩，岩滩略有减少。

（二）大型底栖动物研究

广西滩涂大型底栖动物目前主要涉及大型底栖动物种类组成、区系特征、栖息密度、生物量与生产力等方面，如袁秀珍（1998）记载北海市涠洲岛潮间带底栖贝类有137种，隶属2纲8目43科89属，其中腹足纲有73种，占总数的53.28%；瓣鳃纲有64种，占46.72%。何斌源等（2004）探讨了环境扰动对钦州港潮间带大型底栖动物群落的影响，记载大型底栖动物有70种，包括软体动物贝类38种、甲壳类18种、多毛类5种、鱼类4种及其他类群的动物5种，其中贝类为主要的优势类群，珠带拟蟹守螺（*Cerithidea cingulata*）为丰度和生物量上的主要优势种。庄军莲等（2009）记载茅尾海潮间带生物有81种，隶属7门9纲43科68属，其中贝类16科27种，甲壳类12科27种，多毛类9科19种，其他类6科8种；平均生物栖息密度呈现高潮带＞中潮带＞低潮带，总平均生物量呈现中潮带＞高潮带＞低潮带。李永强（2011）记载广西海岸潮间带的无脊椎动物、鱼类和其他类动物有13门178科324属525种，其中软体动物有73科151属269种，节肢动物有39科77属110种，环节动物多毛类有18科34属59种，棘皮动物有12科13属15种；不同生境中，沙滩的无脊椎动物、鱼类及其他类动物种数有283种，泥沙滩有266种，岩礁有184种，淤泥滩有160种。谢文海等（2013）记载北海沿岸南沥、高德港和大冠沙潮间带贝类有79种，隶属2纲9目36科67属，其中南沥8目20科31属31种，高德港7目19科28属31种，大冠沙9目21科38属38种；北海贝类属印度—西太平洋区，以东海和南海热带亚热带暖水种为主要分布种。何斌源等（2013a）记载廉州湾光滩大型底栖动物有136种，群落次级生产力为16.16g/(m^2·a)。

（三）滩涂资源开发利用研究

广西滩涂资源开发利用目前主要涉及滩涂利用方式、利用现状、存在问题、合理开发利用对策和途径等方面，如简王华和吴少良（2000）探讨了浅海滩涂养殖业的现状及存在问题，并提出合理利用发展的对策，其中存在的主要问题是：利用形式单一，利用率低；海涂养殖科技含量不高，管理水平较低；盲目开发及利用不当导致资源浪费；生态环境日渐恶化。王大鹏等（2014）对广西沿海21个滩涂养殖集中区的生态环境压力进行了评估，得出乌泥滩涂增殖区、鹿耳环-大灶江口滩涂养殖区、三娘湾-大风江口养殖区、犀牛脚-麻兰岛滩涂养殖区、江山半岛东侧滩涂养殖区、珍珠港滩涂养殖区对生态环境的压力最高。

李英花等（2016）分析了广西海岸滩涂开发利用现状和存在的问题，指出养殖是广西最重要的滩涂开发利用方式之一，围海养殖面积达 7319hm^2。

五、红树林湿地研究

（一）红树林生态环境研究

1. 气候因子研究

有关广西红树林气候因子方面的研究相对较少，目前主要涉及红树林分布地气候和群落内小气候的特征，如黄承标等（1999）对英罗湾红海榄（*Rhizophora stylosa*）和木榄（*Bruguiera gymnorrhiza*）两种红树群落内及空旷地气象要素进行了对比研究，发现红海榄和木榄两个种群 7 月的日平均光照强度分别比空旷地减少 81.9%和 49.8%；平均风速分别降低 64.7%和 67.7%；红海榄群落内气温和相对湿度的日较差比空旷地和木榄群落内显著增大。

2. 土壤因子研究

广西红树林土壤因子的研究目前主要涉及机械组成、有机质、盐分、pH、营养元素、酶、碳通量等及其环境因子之间的关系，如广西壮族自治区海岸带和滩涂资源综合调查领导小组（1986d）对广西海岸红树林的生境条件、种类组成、群落类型及特征等进行了较为系统的调查和研究，发现广西红树林多为软底型红树林，沉积物以粉沙质黏土、沙-粉沙质黏土为主，主要分布于溺谷湾及三角洲海岸的潮间带上部。罗旋（1986）分析了合浦英罗湾红树林 0～2cm、2～20cm、20～40cm 和 40～60cm 4 个层次潮滩土的机械组成、盐分组成、pH，以及氮、磷、钾等养分含量。温肇穆（1987）对海榄雌（*Avicennia marina*）群落、秋茄树（*Kandelia obovata*）群落、蜡烛果（*Aegiceras corniculatum*）群落、红海榄群落、木榄群落土壤的有机质、氮、磷、铁、锰、锌、铜、硼养分及盐分组成进行了分析，认为影响红树林木本植物分布和生长的化学因子主要是植物本身对化学环境的适应性、土壤的组成和海水中盐分的含量。范航清等（1993d）分析了北海大冠沙沙生海榄雌群落土壤的机械组成、有机碳和腐殖质含量及其变化规律，发现砾粒的平均含量为 22.9%～61.7%，沙粒的平均含量为 54.3%～91.9%；不同土层有机碳和腐殖质含量呈现向陆林带＞中间林带＞向海林带＞光滩中的平滩；由向陆林带到向海林带，土壤的粉粒、黏粒含量和有机质含量随着群落树高和生物量的下降而降低，木榄、红海榄只偶见于向陆林带，蜡烛果和秋茄树可生长到中间林带，这种分带现象部分地取决于土壤的质地和有机质含量。蓝福生等（1994）分析了广西红树林与土壤的关系，指出潮间带上红树植物的生态分布及红树林通过生物积累和循环、生物积盐及严重酸化作用使基质土壤的理化性质受到较大影响；木榄群落生长的土壤多为壤质-黏质，盐分含量较高，养分丰富；红海榄群落生长的土壤多为壤质-黏质，盐分和养分含量比木榄群落低，但均高于其他类型红树林生长的土壤；蜡烛果群落分布面积大，土壤为沙质壤土-壤土，盐分及养分含量差异较大；秋茄树群落生长的土壤多为壤质沙土或沙质壤土，盐分和养分含量较低；海榄雌林分布面积也较大，土壤沙质、盐分和养分含量最低；老鼠簕林分布于海湾尾部河口以至延伸到内陆几米至几十米的溺谷沿岸，为淡咸混合的水沼环境条件，土壤多为壤质-黏质，盐分含量较低，有机质和养分含量差异较大。何斌等（2001）对英罗湾红树植物群落主要演替阶段土壤的化学性质进行了比较分析，发现随着群落进展演替，土壤全氮、全磷、碱解氮、有效磷、盐分、全硫、水溶性硫含量和交换性酸度均呈明显增长趋势，土壤有机质及富里酸和胡敏酸含量也有相同规律，土壤pH则呈现相反的趋势，说明红树植物群落的进展演替能增加土壤的养分含量，同时由于群落类型，特别是建群种的不同，土壤化学性状的变化呈现逐渐性和跳跃性的变化特征，而土壤化学性状的变化影响着红树植物对环境的适应，并为红树植物的进展演替提供了先决条件。何斌等（2002a，2002b）对英罗湾不同红树植物群落土壤的主要性质进行了较系统的研究，发现英罗湾不同红树植物群落土壤理化性质和酶活性均存在明显差异，土壤黏粒、粉粒含量和有机质、全氮、水解氮、全磷、速效磷及盐分含量为：木榄群落＞红海榄群落＞秋茄树群落＞蜡烛果群落＞海榄雌群落；土壤蔗糖酶、蛋白酶、脲酶、酸性磷酸酶4种水解酶和过氧化氢酶的活性大小顺序为：红海榄群落＞木榄群落＞秋茄树群落＞蜡烛果群落＞海榄雌群落，多酚氧化酶则与此相反；土壤养分含量和土壤水解酶及多酚氧化酶活性均随土壤深度而降低，过氧化氢酶则呈相反趋势。温远光等（2002）认为从内滩海堤到外滩（无红树林的光滩），土壤的机械组成、养分和盐分含量均存在明显的梯度变化，0～20cm土壤的有机质、全氮、水解氮、全磷、速效磷、全盐分别是1.11%～6.67%、0.021%～0.136%、41.6～203.7mg/kg、0.0087%～0.0309%、2.78～14.32mg/kg和10.20‰～31.12‰；土壤沙粒、粉粒和黏粒分别是57.3%～89.6%、8.1%～29.0%和2.3%～13.7%，除土壤沙粒含量与距离呈正相关外，其他测定因子均表现为负相关关系。梁士楚和王伯荪（2003）基于土壤粒径-质量分布资料分析了英罗湾红树林区木榄群落土壤粒径分布的分形特征，得出土壤粒径分布分形维数为2.78～2.90，分形维数大小与土壤中的细黏粒、盐分和有机质的含量呈显著正相关，与沙粒的含量呈显著负相关；不同质地的土壤，其粒径分布的分形维数呈现沙壤＜轻黏土＜中黏土的变化；土壤的质地类型、含盐量、有机质含量等是决定木榄群落土壤粒径分布分形维数的主要因子。梁士楚等（2003a）分析了英罗湾红树林土壤粒径分布的分形特征，得出土壤粒径分布的分形维数为2.6837～2.8834；不同质地土壤的分形维数呈现沙壤土＜轻壤土＜中壤土＜重壤土＜轻黏土的规律；外滩红树林土壤的分形维数低于中滩和内滩，土壤分形维数与其盐分和有机质含量呈显著正相关；群落类型、土壤质地、滩位、含盐量、有机质含量等是影响英罗湾红树林土壤分形维数的主要因子。何琴飞等（2011）对钦州湾中盐区的光滩和4个红树林类型，以及高盐区的光滩和2个红树林类型的土壤容重、饱和持水量、土壤有机质、全氮、速效磷、速效钾、全盐量、pH、有效铜、有效锌等进行了分析，发现不同类型的红树林土壤因子不同；与光滩相比，红树林能改变其生长的土壤理化性状，加重土壤盐渍化和酸化，有利于重金属的沉积，同时也增加了土壤有机质和养分含量，提高了土壤肥力。何琴飞等（2013）分析了钦州湾14个红树林类型土壤的pH，以及有机质、速效氮、速效磷、速效钾、全盐等含量，发现不同类型红树林的土壤因子不同，影响红树林的主要土壤因子是全盐量、速效氮和pH。田丹等（2011）采用WEST-1011便携式土壤通量测量仪对英罗湾不同红树植物群落土壤的CO_2和CH_4排放通量特征及其与气温的关系进行了测定，发现各群落土壤CH_4排放通量的值都较小，为-2～$3\mu mol/(m^2 \cdot s)$；红海榄群落、木榄群落CO_2日排放通量变化很小，而秋茄树群落CO_2日排放通量变化比较明显，最大值出现在19:00，为$5.001\mu mol/(m^2 \cdot s)$，蜡烛果群落$CO_2$日排放通量变化也明显，最大值出现在11:00，为$8.325\mu mol/(m^2 \cdot s)$；红海榄群落和木榄群落土壤$CH_4$排放通量与气温呈不显著的正相关关系，与秋茄树群落呈现极其显著的负相关关系，与蜡烛果群落呈显著的负相关关系；红海榄群落、木榄群落、秋茄树群落和蜡烛果群落的土壤 CO_2 排放通量均呈不显著的负相关关系。莫莉萍等（2015）测定了茅尾海红树林土壤的有机碳储量，发现不同类型红树林的土壤有机碳含量大小顺序为：海榄雌+蜡烛果+秋茄树混交群落＞蜡烛果群落＞光滩，海榄雌+蜡烛果+秋茄树混交群落、蜡烛果群落和光滩 0～50cm 土层有机碳储量分别为 142.79t/hm^2、47.25t/hm^2 和 47.21t/hm^2。

3. 沉积物因子研究

有关广西红树林沉积物因子方面的研究相对较少，目前主要涉及沉积率、沉积物机械组成等方面，如隋淑珍和张乔民（1999）分析了北海红树林潮滩沉积物的特征，认为北海红树林潮滩是以沙、砾为主，其含量大于 80%。梁文和黎广钊（2002a）认为广西红树林多为软底型红树林，沉积物以粉沙质黏土、沙-粉沙质黏土为主，主要分布于溺谷湾及三角洲海岸的潮间带上部；北海大冠沙海榄雌稀疏灌丛属硬底型红树林，其沉积物中沙和砾的含量通常占 80%以上，硬底型红树林海岸通常有由暴风浪形成的海岸沙脊；红树林一开始是追随海岸沉积过程，生长后再促进淤积过程，而不是先生长红树林，再开始海岸淤积过程的。邢永泽等（2014）对海榄雌群落、秋茄树群落和木榄群落沉积物进行了粒度分析，得出这 3 种红树植物群落沉积物类型均以沙和粉沙为主，随着红树植物群落生长状况变差，沙的含量逐渐上升，粉沙和黏土含量逐渐下降，沉积物粒径分布趋势均为沙＞粉沙＞黏土＞砾；木榄群落和秋茄树群落沉积物不同深度沉积物粒径分布规律一致，但与海榄雌群落存在差异；3 种红树植物群落的沉积物粒度频率曲线均呈现为双峰或多峰形态；沉积物粒度分布是影响红树群落演替的重要因素之一。夏鹏等（2015）以考虑/未考虑沉积物压实作用为研究情景，探讨了典型红树林区的沉积速率，发现未考虑压实作用下的沉积速率是考虑压实作用下沉积速率的 1.00～1.34 倍（平均 1.12 倍），压实作用明显；压实沉积速率为 0.16～0.78cm/a，其底层压实沉积速率与潮滩地表高程抬升速率相等；无论是否考虑压实作用，茅尾海红树林区的地表高程抬升速率均大于相对海平面上升速率，这与近期茅尾海的淤积现象相符；考虑压实作用下，英罗湾和丹兜湾红树林区的地表高程抬升速率小于相对海平面上升速率。

4. 海平面因子研究

有关广西红树林海平面因子方面的研究相对较少，目前主要涉及红树植物生境高程、海平面上升对红树林在潮滩上分布的影响等方面，如王雪和罗新正（2013）基于相对海平面变化、地表沉积及海堤分布，利用平均潮位、平均大潮高潮位数据，借助航天飞机雷达地形测绘（shuttle radar topography mission，SRTM）数字高程模型，预测了未来 100a 海平面上升对防城港市珍珠港红树林分布的影响，得出在绝对海平面上升的低（0.28m/100a）、中（0.36m/100a）和高（0.43m/100a）3 种模式下，红树林的向海边界分别向海推进了 70m、56m 和 46m，面积分别增加了 280hm^2、225hm^2、187hm^2；红树林的向陆边界由于海堤的阻碍而保持稳定，红树林的向海边界因沉积速率大于相对海平面上升速率而向海扩展。李莎莎等（2014）探讨了海平面上升对钦州湾红树林脆弱性的影响，得出在近 40a 广西海平面平均上升速率（0.29cm/a）和联合国政府间气候变化专门委员会（Intergovernmental Panel on

Climate Change，IPCC）预测的 B1 情景（0.18～0.38cm/a）下，钦州湾红树林在各评估时段表现为不脆弱。而在 IPCC 预测的 A1FI 情景（0.26～0.59cm/a）下，至 2050 年研究区域 41.3%红树林为低脆弱，至 2100 年增加至 69.8%。刘亮等（2012）调查了防城港市东湾渔洲坪、石角和交东海榄雌、蜡烛果、秋茄树和木榄 4 种红树植物天然种群的生境高程，发现石角和交东的蜡烛果主要分布在高程 15～40cm 和 33～36cm，秋茄树主要分布在高程 43～60cm 和 37～51cm，木榄主要分布在高程 94～106cm 和 111～119cm；海榄雌在高程 60～80cm 时，树高最高达 220cm，且分布密集；蜡烛果在高程 20～40cm 时，树高最高达 200cm，且分布密集；秋茄树在高程 40～80cm 时，树高最高达 200cm，且分布密集；木榄在高程 60～100cm 时，树高最高达 280cm，且分布密集；4 种红树植物天然林临界滩涂高程分别为：蜡烛果为–7cm、秋茄树为 33cm、海榄雌为 23cm 和 26cm、木榄为 44cm，对应的浸淹时间分别为 8.5h、7.0h、7.0h、6.0h。

5. 生态因子综合作用研究

叶维强和庞衍军（1987）分析了广西红树林与气候、底质、水化学及其他生物之间的关系。李信贤等（1991a）分析了广西红树林建群种分布与滩位生境的关系，认为在潮间带的建群种主要是海榄雌、秋茄树、蜡烛果、红海榄和木榄，这些种类在广西海岸的地理分布主要受冬温及淡水河流分布的制约，因而出现了地理上的间断分布；在潮间带的分布又受制于土壤质地、养分状况、环境盐度和潮汐泛滥程度，以及红树植物自身对盐渍生境的适应性，呈现出带状分布序列。梁士楚（2000）分析了广西主要红树林分布区年平均气温、极端最高气温、极端最低气温、年平均降水量、年平均相对湿度、年平均蒸发量、潮汐类型、平均潮差、最大潮差、平均海面、海水温度、海水盐度、海水 pH 等生境特征。

6. 水体营养研究

韦蔓新等（2013）探讨了铁山港红树林区水体的营养盐水平、结构与环境、生物因子的相互关系，发现氮、磷、硅营养盐含量表现为硅、氮含量较高，磷含量较低，季节变化多呈春、夏季高，秋、冬季低的特征，陆源输入、养殖排废和红树林区凋落物的释放补充对水体营养盐含量和结构的变化起关键作用。氮、磷的含量变化对水体的初级生产力和浮游动、植物生物量的影响比硅明显。磷为水体营养盐的限制因子，氮呈富足状态，而硅是最丰富的营养盐。水体的营养水平为春季显著富营养状态，夏季中营养状态，秋、冬季均处于贫营养状态。

（二）红树林区植物研究

1. 浮游植物研究

有关广西红树林水域浮游植物的研究相对较少，目前主要涉及浮游植物种类、数量及其动态等方面，如陈坚等（1993a）对英罗湾红树林区水体浮游植物的种类组成及其数量分布进行了调查和研究，发现硅藻有 93 种，甲藻有 3 种，蓝藻有 1 种；春夏季（6 月）和秋冬季（11 月）的浮游植物分别有 53 种和 80 种，说明英罗湾红树林区浮游植物种类组成的季节差别较大；在种类数和细胞数量上，都以硅藻占绝对优势；优势种有窄隙角毛藻威尔变种（*Chaetoceros affinis* var. *willei*）、短孢角毛藻（*Chaetoceros brevis*）、扁面角毛藻（*Chaetoceros compressus*）、拟旋链角毛藻（*Chaetoceros pseudocurvisetus*）、距端根管藻（*Rhizosolenia calcar-avis*）、覆瓦根管藻（*Rhizosolenia imbricata*）、菱形海线藻（*Thalassionema nitzschioides*）、伏氏海毛藻（*Thalassiothrix frauenfeldii*）等；浮游植物平均细胞总量为 1759.8×10^3 个/m^3，11 月的平均细胞总量达 3419.0×10^3 个/m^3，这主要是由窄隙角毛藻威尔变种、扁面角毛藻、覆瓦根管藻和距端根管藻等优势种的数量剧增所致；6 月的平均细胞总量仅为 100.5×10^3 个/m^3；浮游植物细胞总量分布以红树林外 500m 海域最大，平均值为 2616.4×10^3 个/m^3，其次为红树林向海林缘处，平均值为 2392.0×10^3 个/m^3，林内平均细胞总量较大的是堤坝闸口处和潮沟交汇处，数量分别为 1993.1×10^3 个/m^3 和 1563.7×10^3 个/m^3。

2. 底栖硅藻研究

有关广西红树林底栖硅藻的研究相对较少，目前主要涉及红树林底栖硅藻种类及其生境特征等方面，如范航清等（1993b）对红树植物茎部附着物、立地土壤、潮沟土壤和腐叶的底栖硅藻进行了取样分析，共鉴定出 159 个种和变种，隶属 39 属，其中菱形藻属有 26 种，舟形藻属（*Navicula*）有 23 种，双壁藻属（*Diploneis*）有 14 种，双眉藻属（*Amphora*）有 14 种，圆筛藻属（*Coscinodiscus*）有 12 种，它们的生态幅较宽，可生活于近海岸水域和半咸水中；数量较多的种多属于卵形藻属（*Cocconeis*）、双眉藻属和曲壳藻属（*Achnanthes*）；具槽直链藻（*Melosira sulcata*）是红树植物茎表的主要附生种类，淤土或泥沙表面多数是羽纹纲中具单壳缝和双壳缝的种类。

3. 红树植物研究

关于广西红树植物研究主要体现在如下 3 个方面。

第一，红树植物种类及其特征研究，包括红树植物种类、幼苗形态因子数量特征及其生物量、胚轴萌发特性、数量拟合模型等方面，如高蕴璋（1981）记载 9 科 11 属 12 种，把南方碱蓬（*Suaeda australis*）、双穗雀稗（*Paspalum distichum*）等草本植物列为红树植物。林鹏和胡继添（1983）记载 8 科 12 属 12 种，以红树科植物占优势。李信贤等（1991b）记载 4 科 21 属 22 种，把伞序臭黄荆（*Premna serratifolia*）、凹叶女贞（*Ligustrum retusum*）等列为红树植物。范航清（1995a）记载 7 科 10 属 10 种。林鹏（1997）记载 7 科 10 属 11 种，包括卤蕨（*Acrostichum aureum*）和尖叶卤蕨（*Acrostichum speciosum*）两种卤蕨属植物。宁世江等（1995）记载 14 科 19 属 20 种，把凹叶女贞、苦槛蓝（*Pentacoelium bontioides*）、伞序臭黄荆等耐盐或喜盐种类也列为红树植物。梁士楚（1999）记载红树植物有 8 科 11 属 11 种，半红树植物有 4 科 5 属 5 种。梁士楚（2011）记载 13 科 17 属 17 种，其中真红树植物 11 种和半红树植物 6 种；造成这种差异的原因主要是各学者对红树植物定义的理解不同。梁士楚（1995）对英罗湾红树林内的木榄、秋茄树、红海榄、海榄雌和蜡烛果 5 种红树植物幼苗的株高、胚轴长度、茎高、基径、节数、叶数、根高、根长、叶面积等形态因子的数量特征及生物量进行了测定，发现了不同种类的红树植物幼苗生物生态学特性的差异，加上生境条件的不同，致使各种红树植物幼苗的形态数量特征及生物量产生差异；在红树植物幼苗的生长过程中，胚轴的长度和生物量主要取决于其在胎生苗成熟时的伸长长度和质量，而与其他器官的相关性不显著；根的生长高度受胎生苗的固着深度和土壤的理化性质的制约，与其他器官的相关性也不明显；根长和株高、基径和叶面积之间呈现相关生长的性质。梁士楚（1996a）发现海榄雌一年生幼苗的株高、基径、根长、呼吸根高、叶面积，以及根、茎、枝、叶、胎生苗和全株生物量等计量指标呈现算术平均值＞中值＞众值组段中点的规律，符合正偏态分布，节数、叶数、呼吸根数、胎生苗数等计数指标的算术平均值和中值相等，二者大于或等于众值组段中点；海榄雌一年生幼苗能生长指状呼吸根及开花、结果和发育胎生苗，而且胎生苗成熟后直接萌发形成新的幼苗，这对掌握作为先锋红树植物海榄雌的拓殖性能具有重要的理论意义。梁士楚（1998）应用分形几何学的原理和方法对木榄幼苗的形态特征和生物量进行了研究，发现叶片面积与叶片长度、叶片鲜重与叶片长度、叶片鲜重与叶片面积、基径与株高，以及根、茎、枝、叶和全株生物量与株高之间存在着显著分形关系。陆道调和温远光（1999）对英罗湾红树林区红海榄、木榄、秋茄树、蜡烛果和海榄雌 5 个树种的立木生长过程进行了研究，并建立了关于立木树高、胸径、材积与年数间隔的灰色预测模型。莫竹承和范航清（2001a）采用秋茄树和木榄浸出液对木榄胚轴萌发进行化感作用栽培试验，发现木榄（除枝条外）和秋茄树浸出液可提高木榄胚轴发芽率；木榄根浸出液延迟发芽而秋茄树浸出液则加快发芽；在各器官中，根浸出液明显促进胚轴萌根，使萌根率达 100%，并加快出根，而枝条浸出液则抑制萌根，其中秋茄树枝浸出液可使胚轴萌根率为 0；木榄+秋茄树群落的化感物质总体上有利于木榄的天然更新。莫竹承等（2001）对木榄和红海榄胚轴进行了品质检测，并进行了不同盐度海水水培和淡水沙培试验，发现与盐度为 20 和 30 的高盐度海水相比较，10 以下的低盐度海水对木榄胚轴萌根和发芽有明显促进作用，使始萌根日缩短 5～6d，平均萌根日缩短 4.8～7.1d，萌根率提高 6.8%～25.5%，并且较早开始发芽；红海榄胚轴萌根的最佳盐度条件为 20 左右的高盐度，此时的萌根率和平均萌根率分别达到 90%和 68%，淡水条件下红海榄的萌根率只有 40%；木榄胚轴连续萌根率具有双峰值现象，红海榄胚轴顶端的发芽可能会受下胚轴曝光的抑制。

第二，红树植物种群生态研究，包括分布格局及其与环境因子关系、遗传多样性与遗传分化，以及高度结构、胸径结构、冠层结构、年龄结构及其分形特征等方面，如梁士楚（2001）采用方差/均值比率法、游程法和点到点距离比率法测定了北海海岸沙生海榄雌种群的分布格局类型，同时对该种群的平均拥挤度进行刀切法估计，发现海榄雌种群的分布格局主要受自身的生物学特征和微地形影响，呈随机或集群分布。温远光等（2002）发现英罗湾红树植物种群随着与海堤距离的加大，红树植物种群的分布出现明显的差异；在距岸 240～340m 的滩面，以蜡烛果种群的重要值最高，为 91.66～175.02；在距岸 40～230m 的滩面，红海榄种群占据明显优势，其重要值为 110.66～264.86；在距岸 0～30m 的滩面，以木榄种群占优势，其重要值为 213.16～250.53；海榄雌种群和秋茄树种群的重要值都较低，这主要是它们的种群密度低所致。梁士楚和王伯荪（2002a，2002b）探讨了山口红树林区木榄种群高度结构和冠层结构的分形特征，发现木榄种群的高度结构的计盒维数为 1.61～1.90，信息维数为 1.63～1.84，分形维数的高低主要与幼树个体的数量、个体的集聚程度和高度层次结构的复杂程度等密切相关；计盒维数定量描述种群占据垂直空间的能力和程度，而信息维数揭示种群高度层次细节的尺度变化强度和个体高度分布的非均匀性程度；木榄三年生枝条的计盒维数为 1.22～1.55，这些维数值揭示了分枝结构的复杂程度及占据生态空间和利用生态空间的能力；20～50 年生木榄树冠格局的分形维数为 2.21～2.54，表明叶片对树冠的填充程度较低，该树种具有阳生的性质；随着种群个体年龄的增长，树冠被叶片填充的程度出现了由高到低的变化，其分形维数相应地呈现由高到低的动态变化特征；种群植冠层的计盒维数为 1.47～1.61，计盒维数越大，表明种群植冠层的空间结构越松散，透光的空斑块越多。梁士楚等（2003b）分析了山口红树林区木榄种群的个体空间关联程度及其尺度变化的特征，发现木榄种群个体空间关联的无标度区为 1.26～14.46m，相应的关联维数为 1.36～1.61；集群型的木榄种群的关联维数比随机型的高，关联维数的大小实际上也反映了木榄种群个体间竞争的强弱程度。梁士楚等（2008）发现木榄个体年龄与其胸径之间呈现显著的线性关系，英罗湾多数木榄种群是以年龄为 20～35a 的个体为主，占个体总数的 65%～80%；少数木榄种群是以年龄为 5～15a 的个体居多，约占 75%；多数木榄种群缺乏树龄为 10a 以下的个体；英罗湾木榄种群属于增长型，最大个体年龄小于 70a；在水平空间上，木榄种群的年龄结构呈现不同程度的、不规则的斑块状镶嵌分布，即由不同年龄阶段的个体斑块镶嵌而成；处于不同年龄阶段的各种个体群斑块相互镶嵌，形成了种群的空间格局。姚贻强等（2008）基于生态位宽度、生态位重叠和 Hegyi 竞争模型，探讨了木榄和红海榄种内及种间的相互关系，发现木榄和红海榄生态位宽度相似和生态位重叠高，它们能长期共存，但生存竞争激烈，在近岸区域以木榄占据微弱优势。姚贻强等（2009）探讨了珍珠港木榄种群的高度结构、胸径结构、冠幅结构和分布格局的特征，发现木榄种群个体的高度多数是 2～4m，胸径多数是 10～20cm 或 30～50cm；种群冠幅结构受密度、个体对空间竞争等的影响较大，冠幅直径与种群密度呈现显著负相关（$r=-0.911$）；种群分布格局多数为集群分布，少数为随机分布，幼苗和幼树呈集群分布，中树和大树呈随机分布。潘文等（2012）采用随机扩增多态性 DNA-聚合酶链反应（RAPD-PCR）方法探讨了广西 3 种不同生境下蜡烛果种群的遗传多样性和遗传分化特征，发现不同生境中蜡烛果 RAPD 扩增多态百分率为 20.2%，不同生境蜡烛果种群之间的遗传距离分别为 0.195、0.169 和 0.260，平均遗传距离为 0.208；同一种群不同个体的扩增多态百分率最高为 37.28%，其次为 20.93%，最小的为 19.32%；Shannon's 遗传多样性指数 3 个种群分别为 0.331、0.225 和 0.170，其大小顺序与多态百分率的结果一致；种群内遗传多样性比率为 62.3%，种群间遗传多样性比率为 37.7%，说明广西 3 种不同生境的蜡烛果种群的遗传变异大部分存在于种群内，种群间遗传变异较小。李丽凤和刘文爱（2013）分析了竹山红树林组成种群的分布格局，发现蜡烛果种群呈集群分布，海榄雌种群、秋茄树种群、海漆（*Excoecaria agallocha*）种群和老鼠簕（*Acanthus ilicifolius*）种群呈随机分布。

第三，红树植物群落生态研究，包括群落类型及其分类系统、群落学特征、群落动态、群落数量分类与排序等方面，如林鹏和胡继添（1983）记载广西红树林的群落类型有海榄雌群落、蜡烛果群落、秋茄树-蜡烛果群落、红海榄群落、木榄群落、木榄-蜡烛果群落、蜡烛果-海漆稀树群落和红海榄+秋茄树-蜡烛果群落等。李信贤等（1991b）根据生态、外貌原则将广西红树林划分为 10 个群系 19 个群落，各类型在滩涂上的生态序列，从外滩（低潮带）、中滩、内滩（高潮带）至潮上带（海岸），依次分布潮间带红树林（海榄雌林、秋茄树群落、蜡烛果群落、红海榄群落、木榄群落）和海岸半红树林，这是各滩位的土壤质地、养分、盐度等环境因子与红树林建群植物生态特性相结合形成的，也是各类型红树林的形成和发展的演替过程。宁世江等（1995）按生态外貌和优势种的原则，将广西海岛红树林划分为 8 个群系和 11 个群落；组成群落的优势红树植物有木榄、红海榄、秋茄树、蜡烛果、海榄雌和海漆 6 种，主要群落类型有木榄群落、木榄+红海榄群落、红海榄群落、红海榄+秋茄树群落、秋茄树群落、秋茄树+蜡烛果群落、秋茄树+海榄雌群落、蜡烛果群落、海榄雌群落、海榄雌+蜡烛果群落、海漆群落等，群落外貌由单叶、革质、全缘、中型叶的高位芽植物决定，群落层次结构简单，单层或两层。宁世江等（1996a）调查了防城港市山心岛、巫头岛和沥尾岛特殊环境条件下植被的性质及主要类型，其中红树林群落类型有海榄雌群落、秋茄树群落、蜡烛果群落、老鼠簕群落和海漆群落。梁士楚（2000）从生境条件、种类组成、类型、外貌、结构、物种多样性和演替等方面系统地分析了广西红树植物群落的生态特征；建群种有海榄雌、蜡烛果、秋茄树、红海榄、木榄、海漆、老鼠簕和银叶树（*Heritiera littoralis*）8 种，主要群落可划分为 8 个群系 15 个群落类型；群落外貌由单叶、革质、中型叶的高位芽植物决定，群落层次结构简单，单层或两层，组成群落的红树植物的物种多样性较低；随着海平面的相对降低和土壤理化性质的改善，红树植物群落具有向陆生植物群落演化的趋势。梁士楚和张炜银（2001）采用主分量分析（principal component analysis，PCA）、无偏主分量（detrended principal component，DPC）和非度量多维调节（nonmetric multidimensional scaling，NMDS）等方法对英罗湾红树植物群落进行了排序，发现群落具有明显的非线性结构，NMDS Ⅰ 轴从左到右反映的环境梯度变化大致表现为：滩位从外滩、中滩到内滩，土壤质地由泥沙质、淤泥质到稍硬化或半硬化淤泥质，土壤含盐量和有机质含量由低到高，这与英罗湾的红树植物群落的水平空间分布从外滩、中滩到内滩形成比较明显的生态分布系列密切相关。刘镜法（2002）探讨了广西银叶树林的生境条件和群落学特征，发现广西的银叶树仅见于防城港市的渔沥岛、山心岛、江平江口、黄竹江口等地。李春干（2003）从资源管理的角度对红树林分布、群落类型结构，以及林分盖度、树高等林分结构特征进行了分析和评价，认为广西红树林在整个海岸带上的分布较为均匀，74.4%的红树林分布于海堤外侧，蜡烛果群落、海榄雌群落、秋茄树-蜡烛果群落和海榄雌+蜡烛果群落为优势群落，61.9%的红树林盖度大于 70%，78.1%的红树林平均高度小于 2.0m。梁士楚等（2004）从生境条件、种类组成、类型、外貌、结构、物种多样性、演替等方面较为系统地分析了北仑河口自然保护区红树植物群落的生态特征，得出红树植物种类有 11 科 14 属 14 种，其中真红树有 10 种，半红树有 4 种；真红树群落可划分为 8 个群系 14 个群落类型，建群种有卤蕨、海榄雌、蜡烛果、秋茄树、木榄、海漆、老鼠簕和银叶树 8 种，半红树林有 2 个群系 2 个群落类型，建群种为黄槿（*Hibiscus tiliaceus*）和海杧果（*Cerbera manghas*）；群落物种多样性的 Simpson 指数（D）为 1.09～5.34，Shannon-Wiener 指数（H）为 0.25～2.56，种间机遇率（PIE）为 0.08～0.82 和均匀度（E）为 0.25～0.95。刘镜法（2005）对北仑河口自然保护区的老鼠簕群落生境特征、地理分布、外貌和结构及其保护管理进行了研究。梁士楚（2011）把广西红树林划分为真红树林和半红树林两大类型，其中真红树林主要有木榄群系、红海榄群系、秋茄树群系、蜡烛果群系、海榄雌群系、海漆群系、老鼠簕群系、无瓣海桑（*Sonneratia apetala*）群系、卤蕨群系等类型，半红树林主要有银叶树群系、黄槿群系、桐棉（*Thespesia populnea*）群系、水黄皮（*Pongamia pinnata*）群系、海杧果群系、苦郎树（*Clerodendrum inerme*）群系等类型。李丽凤等（2013）认为钦州湾红树植物群落的优势种为蜡烛果、海榄雌和秋茄树，从低潮滩到高潮滩群落的演替规律为：老鼠簕+卤蕨+蜡烛果群丛→海榄雌群丛、海榄雌+蜡烛果群丛、蜡烛果群丛、蜡烛果+海榄雌群丛→蜡烛果+秋茄树+老鼠簕群丛→秋茄树-蜡烛果群丛、秋茄树-海榄雌群丛、秋茄树-蜡烛果+海榄雌群丛→秋茄树群丛。李丽凤和刘文爱（2013）发现北仑河口竹山村红树林群落从内滩到外滩的演替规律为：蜡烛果群丛、蜡烛果+海榄雌群丛→桐花+海榄雌-秋茄树+海漆-蜡烛果+老鼠簕+卤蕨群丛、海榄雌+蜡烛果群丛→蜡烛果群丛、桐花+海榄雌群丛。在较小面积的滩面内集中了相对较多的群落类型，以蜡烛果群丛和蜡烛果+海榄雌两种群落为主，呈低矮的单层灌木状。

（三）红树林区动物研究

1. 浮游动物研究

有关广西红树林水域浮游动物的研究相对较少，目前主要涉及浮游动物种类及其季节动态等方面，如陈坚等（1993c）记载英罗湾红树林区的浮游动物有 26 种，其中水母类有 11 种，桡足类有 6 种，枝角类、樱虾类和毛颚类各 2 种，介形类、磷虾类和被囊类各 1 种；从季节上看，春夏季（6 月）和秋冬季（11 月）出现的浮游动物分别有 21 种和 17 种，数量较多的种类为球型侧腕水母（*Pleurobrachia globosa*）、拟细浅室水母（*Lensia subtiloides*）、汉森莹虾（*Lucifer hanseni*）等。

2. 两栖爬行动物研究

有关广西红树林区两栖爬行动物的研究相对较少，目前主要涉及生境类型、种类组成、分布型、分布区、多样性等方面，如张良建等（2013）对北仑河口红树林及其附近的两栖爬行动物进行了调查，发现两栖动物有 1 目 4 科 14 种，爬行动物有 2 目 7 科 18 种；两栖爬行动物分布型主要以东洋型为主，分布区主要以华南区与华中区共有物种为主。

3. 大型底栖动物研究

有关广西红树林大型底栖动物的研究相对较多，目前主要涉及种类组成、密度、生物量等及其与环境因子之间的关系，如韦受庆等（1993）记载山口红树林区有 111 种大型底栖动物，其中贝类有 49 种，甲壳类有 44 种，鱼类有 11 种和其他动物有 7 种；年平均密度为 301.33 个/m^2，年平均生物量为 147.20g/m^2。赖廷和和何斌源（1998）记载广西红树林区大型底栖动物有 262 种，隶属 10 门 16 纲 89 科 168 属，其中软体动物种类最多，有 117 种，占总种数的 44.66%，包括双壳纲 61 种，腹足纲 53 种，头足纲 3 种；范航清等（2000）记载北海市大冠沙红树林区大型底栖动物有 31 种，隶属 4 门 7 纲 21 科，其中软体动物有 18 种，节肢动物有 10 种，环节动物有 1 种，星虫动物有 2 种；软体动物和甲壳动物共 28 种，占总种数的 90.32%，构成大冠沙红树林区大型底栖动物的主要组成部分。周浩郎等（2014）分析了红树蚬（*Gelonia coaxans*）分布密度与潮高、底质和红树根际等环境因子的关系，发现红树蚬多见于高潮带，红树蚬分布密度从高潮位向低潮位递减；沉积物紧实度和盐度是影响红树蚬分布的主要因素。何祥英等（2012）记载北仑河口红树林区大型底栖动物有 8 门 10 纲 46 科 106 种，其中软体动物有 49 种，甲壳类有 36 种，多毛类有 10 种，其他动物有 11 种；平均生物量为 103.09g/m^2，平均密度为 196 个/m^2，优势种为珠带拟蟹守螺。

4. 固着动物及污损动物研究

广西红树林固着动物及污损动物研究目前主要涉及种类组成、密度、生物量、危害部位、危害程度等及其与环境因子之间的关系，如陈坚等（1993b）研究了北海市大冠沙海榄雌树上大型固着动物的种类组成、数量分布及其对植物体的危害，发现海榄雌树上大型固着动物有10种，隶属3门4纲6科，其中在海榄雌植株上的主要种类为白条地藤壶（*Euraphia withersi*）、红树纹藤壶（*Amphibalanus rhizophorae*）、褶牡蛎（*Alectryonella plicatula*）和黑荞麦蛤（*Xenostrobus atratus*）4 个种；危害程度最大的是白条地藤壶，其生物量占固着动物总生物量的比例为 72.3%～100%；固着动物对植物的危害程度（以固着动物与植物的生物量比值计）呈现向海林带（21.68×10^{-2}）＞中间林带（7.88×10^{-2}）＞向陆林带（0.01×10^{-2}）；同一林带的植株受害程度为较低树层大于较高树层。范航清等（1993a）记载广西沿海红树林树上固着动物有 3 门 4 纲 6 属 11 种，其中藤壶、牡蛎和黑荞麦蛤为主要危害种类，并认为开阔海岸红树林较封闭港湾红树林更易遭受固着动物危害，固着动物附着概率呈现蜡烛果＞秋茄树＞红海榄＞海榄雌，固着动物种类由海缘到陆缘、由树低层到高层呈减少趋势。何斌源和赖廷和（2000）记载英罗湾向海林带蜡烛果茎上的污损动物有 9 种，主要种类为白条地藤壶、红树纹藤壶、黑荞麦蛤和团聚牡蛎（*Saccostrea glomerata*）；污损动物在茎上的附着高度随树龄和树高增大而增大，不同树龄植株上的污损动物种群和动物总量的密度均以 4 龄树最大；污损动物的密度分布先随树层升高而逐渐升高，达到最大密度后呈现下降趋势；除 0～20cm 树层外，其余树层上的种群密度大小表现为：白条地藤壶＞红树纹藤壶＞黑荞麦蛤＞团聚牡蛎；污损动物的生物量以 20～40cm 树层的最大，其后则随树高增大而递减，红树纹藤壶是低树层生物量的优势种，白条地藤壶则是高树层的优势种。何斌源（2002a）通过挂板实验和蜡烛果树上调查，发现污损动物有 27 种，优势种为红树纹藤壶、白条地藤壶、黑荞麦蛤和团聚牡蛎。庆宁和林岳光（2004）记载防城港东湾海榄雌树上的污损动物有红树纹藤壶、网纹纹藤壶、白条地藤壶、黑荞麦蛤、难解不等蛤（*Enigmonia aenigmatica*）、覆瓦牡蛎（*Parahyotissa imbricata*）、褶牡蛎、团聚牡蛎和棘刺牡蛎（*Saccostrea echinata*）9 种，其中白条地藤壶、红树纹藤壶、黑荞麦蛤和团聚牡蛎为优势种。

5. 游泳动物研究

广西红树林水域游泳动物研究目前主要涉及种类组成、物种多样性、生物量、数量和动态等及其与环境因子之间的关系，如范航清等（1998）记载游泳动物 49 种，隶属 42 属 35 科 3 纲，其中头足纲 4 科 4 属 4 种，甲壳纲 3 科 3 属 3 种，硬骨鱼纲 28 科 35 属 42 种；常见且数量多的有中华小公鱼（*Stolephorus chinensis*）、四点青鳞（*Herklotsichthys quadrimaculatus*）、棘背小公鱼（*Stolephorus tri*）、眶棘双边鱼（*Ambassis gymnocephalus*）、边鱵（*Hyporhamphus limbatus*）、黑斑鲾（*Leiognathus daura*）、黑背圆颌针鱼（*Tylosurus melanotus*）、白氏银汉鱼（*Allanetta bleekeri*）和长毛明对虾（*Fenneropenaeus penicillatus*）。何斌源（1999）记载夏季珍珠港、英罗湾红树林鱼类分别有 19 科 23 属 27 种、15 科 20 属 24 种。何斌源等（2001）记载英罗湾红树林区鱼类有 76 种，隶属 36 科 59 属，其中林缘有 42 种，潮沟有 54 种，鱼类种数潮沟多于林缘。何斌源（2002b）调查了英罗湾红树林潮沟潮水中游泳动物的季节变化，发现游泳动物有 70 种，包括软体动物 5 种、甲壳动物 11

种和鱼类 54 种；春季、夏季、秋季和冬季出现的游泳动物种数分别为 37 种、40 种、33 种和 31 种。何斌源和范航清（2002）对英罗湾红树林潮沟潮水中鱼类多样性进行了分析，发现鱼类有 54 种，隶属 29 科 44 属；各季节出现的鱼类种数及优势种明显不同，如春季有 30 种，优势种为斑鰶（*Konosirus punctatus*），夏季有 30 种，优势种为前鳞骨鲻（*Osteomugil ophuyseni*），秋季有 26 种，优势种为眶棘双边鱼，冬季有 22 种，优势种为鹿斑鲾（*Leiognathus ruconius*）。黄德练等（2013a，2013b）对钦州港红树林水域鱼类的种类组成、优势物种和物种多样性进行了分析，发现鱼类有 65 种，隶属 12 目 33 科 54 属，以鲈形目种类为主，占总种数的 58.46%；鰕虎鱼科的种类及其个体数量都最多，种类有 13 种，占总种数的 20%，个体数量占总个体数的 40.35%；优势物种为青斑细棘鰕虎鱼（*Acentrogobius viridipunctatus*）、乌塘鳢（*Bostrichthys sinensis*）和眶棘双边鱼；鱼类群落的 Margalef 指数为 1.86～5.30，Simpson 指数为 0.07～0.46，Shannon-Wiener 指数为 2.10～4.05，Pielou 指数为 0.45～0.87。刘超等（2013）对山口红树林区内稚幼鱼的种类组成、优势种和物种多样性进行了调查和分析，共采获稚幼鱼 40 种，隶属 8 目 24 科，均为硬骨鱼类；各季节优势种变化较大，林缘潮滩优势种春季为前鳞骨鲻和花鲈（*Lateolabrax japonicus*），夏季为短吻鲾（*Leiognathus brevirostris*）和斑鰶，秋季为印度小公鱼（*Stolephorus indicus*），冬季为前鳞骨鲻，林内潮沟优势种春季为眶棘双边鱼和斑鰶，夏季为犬牙细棘鰕虎鱼（*Acentrogobius caninus*），秋季为短吻鲾，冬季为前鳞骨鲻和纹缟鰕虎鱼（*Tridentiger trigonocephalus*）；林缘潮滩 Margalef 指数为 1.83，Shannon-Wiener 指数为 1.50，Pielou 指数为 0.53，林内潮沟 Margalef 指数为 1.63，Shannon-Wiener 指数为 1.46，Pielou 指数为 0.58。常涛等（2014，2015）对钦州茅尾海红树林潮沟的仔稚鱼的种类组成、数量分布、物种多样性及其与主要环境因子之间的相互关系进行了分析，共获仔稚鱼 24 种，隶属 8 目 15 科 18 属，以近海暖水性为主，个体数量以爪哇拟鰕虎鱼（*Pseudogobius javanicus*）最多，占总个体数的 53.29%，其次为美肩鳃鳚（*Omobranchus elegans*），占 28.49%；仔稚鱼物种组成的时间变化明显，物种数和个体数均表现为秋季最低，春季最高；Margalef 指数 7 月最低（0.76），其他月份相对较高，Shannon-Wiener 指数 9 月和 10 月最低（0.75），5 月最高（1.67），Pielou 指数 9 月最低（0.36），3 月最高（0.67）；仔稚鱼物种数及爪哇拟鰕虎鱼个体数与潮位（高/低潮）存在显著性差异，美肩鳃鳚个体数与潮型（全日潮/半日潮）存在显著差异；仔稚鱼总个体数与温度存在显著正相关。梁士楚等（2014）记载广西红树林区鱼类有 103 种，隶属 11 目 39 科 68 属，其中鰕虎鱼科的种类最多，有 8 属 12 种，分别占总属数和总种数的 11.76%和 11.65%，其次是鲾科的种类，有 2 属 10 种，分别占 2.94%和 9.71%，三是鲹科的种类，有 3 属 7 种，分别占 4.41%和 6.80%。

6. 昆虫研究

广西红树林区昆虫研究目前主要涉及种类组成、物种多样性及其与环境因子之间的关系，如蒋国芳和洪芳（1993）记载山口红树林区昆虫有 133 种，隶属 13 目 68 科，包括 1 个新种，即北部湾蚱（*Tetrix beibuwanensis*）。蒋国芳和周志权（1996）对钦州港红树林昆虫群落及其多样性进行了研究，发现昆虫种类较少，有 20 种，优势种为黑褐圆盾蚧（*Chrysomphalus aonidum*）、白囊蓑蛾（*Chalioides kondonis*）等；昆虫群落的多样性和均匀性在各季节均较低。蒋国芳（1997）记载山口红树林区昆虫有 194 种，其中春季有 69 种，隶属33科63属，优势种为双齿多刺蚁（*Polyrhachis dives*）、青园粉蝶台湾亚种（*Cepora nadina* subsp. *eunama*）、意大利蜂（*Apis mellifera*）等；夏季有166种，隶属67科142属，优势种为黄柑蚁（*Oecophylla smaragdina*）、竹木蜂（*Xylocopa nasalis*）、果马蜂（*Polistes olivaceus*）、白背飞虱（*Sogatella furcifera*）等，秋季有94种，隶属40科80属，优势种为黄柑蚁、哀弓背蚁（*Camponotus dolendus*）、白带黛眼蝶中泰亚种（*Lethe confusa* subsp. *apara*）、隆叉小车蝗（*Oedaleus abruptus*）等；冬季有33种，隶属18科30属，优势种为小红瓢虫（*Rodolia pumilla*）、花胫绿纹蝗（*Aiolopus tamulus*）、园粉蝶（*Cepora* spp.）、北部湾蚱等。周善义和蒋国芳（1997）记载英罗湾红树林区的蚁科昆虫有17种，包括1个新种，即山口细长蚁（*Tetraponera shankouensis*）。陆温等（2000）记载山口红树林区的蝶类有7科30属46种，以粉蝶科、蛱蝶科的种类较多，分别占总种数的26.1%和23.9%；不同季节的蝴蝶种类和数量分布不均匀，春季、夏季、秋季、冬季的蝴蝶种数分别有15种、36种、39种、11种，常见的种类春季为美眼蛱蝶（*Junonia almana*）、珐蛱蝶指名亚种（*Phalanta phalantha* subsp. *phalantha*）、橙粉蝶台湾亚种（*Ixias pyrene* subsp. *insignis*）、达摩凤蝶（*Papilio demoleus*）等，夏季为酢浆灰蝶指名亚种（*Pseudozizeeria maha* subsp. *maha*）、幻紫斑蛱蝶台湾亚种（*Hypolimnas bolina* subsp. *kezia*）、波蛱蝶（*Ariadne ariadne*）、青粉蝶海南亚种（*Valeria anais* subsp. *hainanensis*）等，秋季为虎斑蝶指名亚种（*Danaus genutia* subsp. *genutia*）、青粉蝶海南亚种、紫灰蝶（*Chilades lajus*）、黑脉园粉蝶指名亚种（*Cepora nerissa* subsp. *nerissa*）等，冬季为黑脉园粉蝶指名亚种、无标黄粉蝶西南亚种（*Eurema brigitta* subsp. *rubella*）、达摩凤蝶等。蒋国芳等（2000）探讨了英罗湾红树林昆虫群落及其多样性特点，发现昆虫种类有195种，主要优势种为黑褐举腹蚁（*Crematogaster rogenhoferi*）、东京弓背蚁（*Camponotus tokioensis*）、三条蛀野螟（*Dichocrocis chorophanta*）等；群落多样性内滩高于中滩和外滩，潮汐和风暴对昆虫群落多样性的影响是决定群落结构水平的重要因素，内滩、中滩和外滩影响多样性的主要成分是均匀性。

7. 鸟类研究

广西红树林鸟类研究目前主要涉及生境类型、种类组成、物种多样性、分布格局、数量及其动态、区系特点、活动情况等方面，如周放等（2002）记载广西沿海红树林区水鸟有115种，其中候鸟有102种，包括夏候鸟13种、冬候鸟64种和旅鸟25种；斑嘴鹈鹕（*Pelecanus philippensis*）、卷羽鹈鹕（*Pelecanus crispus*）、海鸬鹚（*Phalacrocorax pelagicus*）、黄嘴白鹭（*Egretta eulophotes*）、黑鹳（*Ciconia nigra*）、黑头白鹮（*Threskiornis melanocephalus*）、白琵鹭（*Platalea leucorodia*）、黑脸琵鹭（*Platalea minor*）、中华秋沙鸭（*Mergus squamatus*）、灰鹤（*Grus grus*）、铜翅水雉（*Metopidius indicus*）等是国家重点保护动物，黑脸琵鹭是世界上最濒危的鸟类之一。李相林等（2006）根据地貌沿着水平梯度，将鸟类生境划分为滩涂、红树林、虾塘、农田和树林灌丛5种类型，应用α多样性指数、β多样性指数探讨了北仑河口自然保护区内冬季鸟类的多样性，发现5种生境的鸟类多样性大小顺序为：树林灌丛＞红树林＞农田＞虾塘＞滩涂；随着生境沿着水平梯度由滩涂逐渐向树林灌丛过渡，生境间物种数呈现增加的趋势，共有种逐渐减少，而新增加和减少的物种则逐渐增多，反映出沿着水平梯度，生境间的差异逐渐增大。李相林（2007）记载北仑河口红树林区鸟类有115种，隶属8目33科，其中留鸟有57种，夏候鸟有11种，冬候鸟有45种，旅鸟有2

种。王志高（2008）记载北仑河口红树林区鸟类有 43 种，隶属 7 目 18 科，Shannon-Wiener 指数和指数分别为 2.250 和 0.623。许亮等（2012）记载山口红树林区夏季鸟类有 25 种，Shannon-Wiener 指数为 2.8874，指数为 0.8289。马艳菊等（2011）记载北仑河口自然保护区秋冬季水鸟有 46 种，隶属 5 目 9 科，其中以红树林生境为主的有 4 种，主要为鹭类；以养殖塘生境为主的有 20 种，主要为鸻鹬类；以农田生境为主的有 5 种，主要为鹭类；以滩涂生境为主的有 27 种，主要为鸻鹬类；以沙滩生境为主的有 10 种，主要为鸥类。周放等（2010）记载广西红树林区鸟类有 343 种，隶属 16 目 58 科 152 属，其中鹬科的种类最多，有 14 属 37 种，分别占总属数和总种数的 9.21%和 10.79%，其次是莺科的种类，有 6 属 27 种，分别占 3.95%和 7.87%，再次是鸭科的种类，有 7 属 22 种，分别占 4.61%和 6.41%；旅鸟有 38 种，留鸟有 91 种，夏候鸟有 40 种，冬候鸟有 170 种，迷鸟有 4 种；属于国家级保护物种的有 52 种，其中国家一级保护物种有 3 种，国家二级保护物种有 49 种，国际自然保护联盟（International Union for Conservation of Nature，IUCN）红色名录物种有 21 种，其中极危种有 1 种，濒危种有 5 种，易危种有 10 种，近危种有 5 种。

（四）红树林微生物研究

广西红树林微生物研究目前主要涉及分离、鉴定、活性筛选、病害等方面，如黄泽余等（1997）调查了山口、钦州、北仑河口等沿海红树林的病害情况，发现红树林病害主要是由病原真菌引起的叶部病害，如海漆炭疽病、木榄赤斑病等，红树林真菌病害的发生与不同地域、树种、潮水、盐度及潮汐带有关，并且呈现从低潮线向岸线增加的趋势。周志权和黄泽余（2001）分析了山口、钦州和北仑河口 3 个主要红树林分布区的病原真菌及其生态学特点，共鉴定红树林病原真菌 14 属 26 个种（菌株），其中主要种类为炭疽菌（*Colletotrichum*）、拟盘多毛孢菌（*Pestalotiopsis*）、交链孢菌（*Alternaria*）和叶点霉菌（*Phyllosticta*），Margalef 指数为 2.8265～4.7004，Shannon-Wiener 指数为 0.9718～1.2768，Pielou 指数为 0.9005～0.9158；红树林病原真菌分布的主要特点是：高潮地带的较低潮地带的多，尤以河口最多；侵染寄主的部位主要集中在树冠上部，叶斑病最常见，枝梢病害次之，根茎部的病害很少；桐花和海漆的病害种类最多，红海榄和老鼠簕最少。梁静娟等（2006）从红树林淤泥中分离筛选到 270 株海洋细菌，有 13 株能产生抑制肿瘤细胞生长的活性物质，其中 1 株 PLM4 被初步命名为短小芽孢杆菌，其培养上清液对人喉癌细胞 Hep-2 的生长抑制率为 63.9%，该菌产生的抑制肿瘤细胞生长的活性物质为多糖。骆耐香等（2009）分析了防城港红树林根系土壤放线菌的多样性，从防城港海岸红树林根系土壤样品中分离出多株典型放线菌菌株，并成功地提取了总 DNA。魏玉珍等（2010）从山口红树林区 8 种真红树植物和 5 种半红树植物的根、茎、叶及胚轴等组织样品中分离得到 118 株放线菌，并对其中的 77 株筛选阳性菌株进行了初步分类，得出 44 株属于链霉菌属（*Streptomyces*），25 株属于小单孢菌属（*Micromonospora*），3 株属于糖丝菌属（*Saccharothrix*），3 株属于诺卡氏菌属（*Nocardia*），1 株属于拟诺卡氏菌属（*Nocardiopsis*），1 株属于伦茨氏菌属（*Lentzea*）。陈森洲等（2010）从山口和大冠沙红树林海泥中筛选、分离和提取了 10 株典型放线菌菌株总 DNA，用放线菌通用引物对 16S rDNA 进行 PCR 扩增，对扩增结果进行 DNA 序列测定，得出 10 株典型放线菌菌株中 8 株属于链霉菌属，2 株属于拟诺卡氏菌属。骆耐香等（2010）从北海及防城港红树林根系土壤中分离出放线菌并提取其总 DNA，用放线菌通用引物对获得菌株的 16S rDNA 进行 PCR 扩增，对获得的扩增产物进行 DNA 序列测定及菌株鉴定，分离出了 15 株典型放线菌菌株，其中 12 株为链霉菌属和 3 株为拟诺卡氏菌属。廖振林等（2010）从北海红树林土壤中分离、筛选了 10 株典型放线菌菌株，提取基因组 DNA，进行 16S rDNA PCR 扩增与测序，并构建进化树，其中 8 株为链霉菌属，2 株为拟诺卡氏菌属。肖胜蓝等（2011）从山口 8 种红树植物的根、茎、枝和叶上分离出了 104 株内生真菌，其中叶片中共分出 43 株菌，数量最多。洪亮等（2012）对从山口、防城和北海红树林分离的 498 株细菌和 299 株真菌进行活性检测，得出 157 株细菌具有抗白色念珠菌（anti-*Candida albicans*）活性，占总分离细菌数的 31.5%，88 株真菌具有抗白色念珠菌活性，占总分离真菌数的 29.4%。黄大林等（2013）从防城港珍珠湾、钦州茅尾海和七十二泾红树林根部 10cm 土壤中分离得到 368 株放线菌，其中 3 株初步鉴定为链霉菌属细菌和小单孢菌属细菌，它们抗菌活性较好，具有开发抗菌、抗肿瘤新药的潜力。

（五）红树林数量及动态研究

广西红树林数量及其动态研究目前主要涉及斑块数量、面积动态、驱动力等方面，如范航清（1996）为了解沙丘移动的规律及其对红树林的动态变化影响，从 1992 年 4 月到 1995 年 7 月对一处于发育初期的活跃沙丘进行实地观测，发现 30 多年前沙丘才开始在林内发育和移动；沙丘高可达 88cm，每年移动 12.64m，在 4～7 月大潮期移动尤其迅速；沙丘在 3.25a 面积扩大了 2.44 倍，86%的海榄雌植株因被沙丘埋没而死亡。李春干（2004）对广西红树林的空间分布、群落类型和盖度、树高等级等进行了分析评价，发现连片分布、面积大于 0.1hm^2 的红树林斑块有 863 个，总面积 8374.9hm^2；以蜡烛果群落、海榄雌群落、秋茄树-蜡烛果群落和海榄雌+蜡烛果群落最为常见，面积分别占红树林总面积的 33.5%、27.1%、14.3%和 10.7%；盖度以 0.7～1.0 的面积居多，占 61.9%；盖度为 0.40～0.69 的面积占 31.5%；盖度为 0.40 以下的面积仅占 6.6%；78.1%的红树林平均高度＜2.0m。黄鹄等（2005）分析了 1955～2004 年广西红树林的变化特征，将其划分为如下的 3 个时期：①1955～1977 年，这一时期红树林被破坏速度较快，面积由 9351.18hm^2 减少到 8288.68hm^2，共减少 1062.50hm^2，平均每年减少 48.30hm^2，主要原因是围垦；②1977～1988 年，这一时期红树林被破坏速度最快，面积减少 3617.29hm^2，平均每年减少 328.84hm^2，主要原因是围垦和港口建设；③1988～2004 年，这一时期红树林趋于增加，面积由 4671.39hm^2 增加到 7066.40hm^2，共增加 2395.01hm^2，平均每年增加 149.69hm^2，主要原因是人工林面积在扩大。陈凌云等（2005）应用遥感信息分析了广西红树林的动态变化特征，发现其演化趋势是：1955～1988 年呈衰减的趋势，共减少 4679.79hm^2，平均每年减少 141.81hm^2；1988～2004 年呈递增趋势，共增加 2395.05hm^2，平均每年增加 149.69hm^2；变化的原因主要是人为因素影响。朱耀军等（2013）基于 1991～2010 年 Landsat TM 遥感影像、相关专题图并结合立地调查，英罗湾红树林总面积表现为先减少后增加的趋势，净损失量约 7%。莫权芳和钟仕全（2014）对铁山港和英罗湾 1977～2010 年的红树林变迁动态特征及主要驱动因子进行了分析，1977 年、1986 年、1998 年、2000 年、2005 年、2008 年、2009 年和 2010 年的红树林面积分别为 404.24hm^2、1166.34hm^2、2209.71hm^2、1860.48hm^2、2259.53hm^2、2784.21hm^2、2364.48hm^2 和 2380.78hm^2，红树林面积呈先增加后减少再增加，总体呈波动增长的趋势；引起这种波动变化的主要原因是围海造田、围海养殖、城市建设与发展及建立红树林自然保护区。代华兵和李春干（2014）基于航空像片、SPOT1-5、ALOS 等中高分辨率遥感图像，得出 1960/1976 年[①]、1990s[②]、2001 年、2007 年和 2010 年广西红树林面积分别为 9062.5hm^2、7430.1hm^2、7015.4hm^2、6743.2hm^2、7054.3hm^2，斑块数量分别为 1020 个、829 个、1094 个、1718 个、1712 个，斑块平均面积分别为 8.9hm^2、9.0hm^2、6.4hm^2、3.9hm^2、4.1hm^2；1960～2010 年红树林面积减少了 22.16%，斑块数量增加了 67.84%，斑块平均面积减少了 53.93%；广西红树林呈现面积先持续减少后小幅增加、斑块数量先大幅减少后大幅增加并趋于稳定、斑块严重碎化后趋于稳定的趋势；养殖塘和盐田建设、围垦、城市扩张与工程建设、人工造林是导致红树林面积和斑块数量变化的主要原因。王俊杰等（2016）采用多时相遥感卫星影像提取广西廉州湾 1990 年、1998 年、2004 年、2008 年和 2015 年红树林空间分布信息，定量分析得出 1990～2015 年红树林面积呈现“增长→下降→增长”趋势。

（六）红树林物质与能量研究

1. 植物化学元素与生物循环研究

温肇穆（1987）认为红树林富集氯和钠，属高含量钠的植被类型，它们叶子中的总灰分和氯、钠、硫的高含量反映了滩涂生态环境的特征；每一种红树林植物都有一种或几种元素含量特别高或特别低，分属于不同的化学型：海榄雌，氯＞钠＞氮＞钾（磷）型；秋茄树，氯＞钠＞氮＞钾（中锰）型；蜡烛果，氯＞钠＞氮＞钾（铁型）；红海榄，氯＞钠＞氮＞钙型；木榄，氯＞钠＞钙＞氮型；海漆，氯＞钾＞氮＞钠（中钙）型。郑文教和林鹏（1992）分析了英罗湾红海榄群落对氯、钠的吸收、分布和生物循环，得出群落氯、钠的库存总量分别为 349.39g/m^2 和 279.85g/m^2，年吸收量分别为 40.18g/m^2 和 26.56g/m^2，年存留量分别为 11.40g/m^2 和 9.15g/m^2，年归还量分别为 28.78g/m^2 和 17.41g/m^2，循环系数分别为 0.72 和 0.66，周转期分别为 12a 和 16a，富集率分别为 2.18 和 1.80。林鹏等（1993）分析了英罗湾红海榄群落的钾、钙、镁的吸收、分布及其生物循环，得出群落钾、钙、镁的库存总量分别为 46.26g/m^2、276.33g/m^2、50.43g/m^2，年吸收量分别为 4.46g/m^2、17.46g/m^2、4.81g/m^2，年存留量分别为 1.67g/m^2、10.83g/m^2、1.39g/m^2，年归还量分别为 2.79g/m^2、6.63g/m^2、3.42g/m^2，富集率分别为 1.81、1.20、1.80，周转期分别为 17a、42a、15a。尹毅和林鹏（1993a）分析了英罗湾红海榄群落的氮、磷含量及其生物循环，得出群落氮、磷总量分别为 221.15g/m^2、13.27g/m^2，年吸收量分别为 12.91g/m^2、1.27g/m^2，年存留量分别为 7.04g/m^2、0.65g/m^2，年归还量分别为 5.86g/m^2、0.61g/m^2，富集率分别为 1.11、1.60，周转期分别为 38a、22a。郑文教等（1995a）分析了英罗湾红海榄群落锰、镍元素的累积和生物循环，得出红海榄植物体不同部位锰、镍元素的含量分别为 6.56～47.9μg/g、0.27～2.89μg/g，群落锰、镍元素的现存储量分别为 430.39g/m^2、30.88mg/m^2，林地残留物锰、镍储量分别为 1776.9μg/m^2、60.3μg/m^2；群落锰、镍元素的年吸收量分别为 53 692.0μg/m^2、1627.7μg/m^2，

① “1960/1976 年”为因 1960 年的航空像片不能覆盖整个广西海岸线，采用 1976 年的航空像片补充，其数据年度用“1960/1976 年”表示

② “1990s”为因 1989 年卫星影像不能覆盖整个广西海岸线，采用 1991 年和 1995 年的卫星影像补充，其数据年度用“1990s”表示

年归还量分别为 39 653.1μg/m²、573.4μg/m²，年存留量分别为 14 038.9μg/m²、1054.0μg/m²，流动系数锰＞镍，周转期锰、镍分别为 11a、54a。郑文教等（1995b）分析了英罗湾红海榄群落碳、氢、氮含量和现存储量，得出碳、氢、氮含量范围分别为 43.86%～51.65%、4.35%～5.72%、0.28%～1.44%，群落碳、氢、氮现存量分别为 14 117.7g/m²、1446.4g/m²、158.5g/m²，群落年净固定碳为 798.51g/m²、结合氢为 86.31g/m²、吸收氮为 12.33g/m²，其中用于群落增长而年存留碳、氢、氮分别为 441.22g/m²、45.01g/m²、5.37g/m²，年均凋落物输出碳、氢、氮分别为 357.29g/m²、41.30g/m²、6.96g/m²。梁士楚等（1996）对木榄、秋茄树、红海榄、海榄雌、蜡烛果幼苗的氮、磷、钾、钠、氯进行了分析，得出氯和钠的含量较高，氯和钠、氯和钾，以及氮和磷含量之间存在着显著的相关性，富集系数以氮较高。何斌等（2002a）分析了英罗湾 5 个主要演替阶段红树植物群落优势种地上部分氮、磷、钾、钙、镁、钠、氯的含量，群落元素积累量及其与土壤肥力的关系，得出红树植物不同器官元素含量大小为：氮、磷、钾呈现花果＞叶＞枝＞皮＞干，钙呈现皮＞枝、叶＞花果＞干，镁呈现花果＞叶＞皮＞枝＞干，钠、氯呈现叶、花果＞皮＞枝＞干；同一器官中各元素含量均以氯、钠最多，其次是氮、钙、钾，然后是镁，最少是磷；随着进展演替，红树植物群落优势种的氮、磷、钾含量呈明显减少趋势，钙、钠和氯含量（除木榄）则呈现相反的趋势，而镁含量缺乏明显的规律性；7 种元素在群落里的积累量大小顺序为红海榄群落（428.24g/m²）＞木榄群落（296.42g/m²）＞秋茄树群落（283.19g/m²）＞蜡烛果群落（134.20g/m²）＞海榄雌群落（74.71g/m²），其趋势是随着进展演替而增大；不同演替阶段红树植物群落优势种的氮、磷、钾、钙 4 种营养元素含量和群落元素总积累量与土壤肥力因素密切相关。

2. 群落生物量与生产力研究

尹毅和林鹏（1992）对英罗湾红树林区红海榄群落的凋落物进行了测定，得出红海榄群落凋落物量为 631.26g/m²，其中落叶 561.50g/m²，即落叶在红海榄群落物质归还中起着关键性作用；在年凋落物中，叶、花、果（含胚轴）、枝分别占总量的 88.95%、3.68%、3.08%、4.26%；凋落物量在高温高湿季节明显高于低温干燥季节。林鹏等（1992）测定了英罗湾 70 年生红海榄群落的生物量和生产力，得出群落生物量为 29 158.0g/m²，其中地上部分为 19 621.2g/m²，地下部为 9536.8g/m²，支柱根生物量占群落总生物量的 25.28%，是红海榄重要的组成部分，也是红海榄不同于其他植物的特点；群落净初级生产量为 1537.1g/m²，其中年凋落物量为 631.3g/m²。尹毅等（1993）测定了大冠沙海榄雌群落的现存生物量及其与环境之间的关系，得出群落生物量为 5272.2g/m²，其中地上部分为 2690.2g/m²，地下部分为 2582.0g/m²，地下部分中 94.8%的根分布于地面以下 0～60cm 层；由于不同滩面的环境因素差异较大，其群落生物量有所差异，内滩、中滩和外滩的群落生物量分别为 11 424.0g/m²、2585.3g/m² 和 1806.3g/m²。郑逢中等（1996）分析了英罗湾红海榄凋落物的月动态，得出群落年平均凋落物量为 772g/m²，其中落叶量高达 624g/m²，叶、花、果、枝凋落物量占总凋落物量的百分率分别为 80.83%、2.09%、13.54%、3.54%。宁世江等（1996b）测定了钦州龙门岛群蜡烛果群落地上部分的生物量，得出 5 年生、17 年生、20 年生的蜡烛果群落地上部分生物量分别为 3743.5g/m²、7279.0g/m²、8817.1g/m²，年均生产量分别为 748.7g/(m²·a)、428.2g/(m²·a) 和 440.9g/(m²·a)。温远光（1999）测定得出英罗湾红树植物群落优势种群平均单株生物量为木榄（30.95kg/株）＞红海榄（16.56kg/株）＞秋茄树（4.27kg/株）＞海榄雌（3.92kg/株）＞蜡烛果（0.37kg/株），群落生物量的大小顺序为红海榄群落（92.336t/hm^2）＞木榄群落（75.175t/hm^2）＞秋茄树群落（62.757t/hm^2）＞蜡烛果群落（29.772t/hm^2）＞海榄雌群落（17.011t/hm^2），群落生产力的大小顺序为红海榄群落[11.472t/(hm^2·a)]＞秋茄树群落[9.157t/(hm^2·a)]＞木榄群落[5.138t/(hm^2·a)]＞蜡烛果群落[4.407t/(hm^2·a)]＞海榄雌群落[1.477t/(hm^2·a)]，生物量和生产力及其器官分配的特点反映了红树植物对潮滩特殊生境的适应。曹庆先等（2010b，2011）基于红树林 TM 影像和红树林群落样地调查数据，对红海榄、木榄、海榄雌、蜡烛果、秋茄树及混合（不分树种）红树林生物量进行了遥感估算。

3. 群落能量及其动态研究

尹毅和林鹏（1993b）测定了英罗湾红海榄各组分的热值、落叶热值月变化、群落能量现存量及群落年能量固定量，得出红海榄各组分热值之间有一定差异，波动范围为17.28～18.67kJ/g，落叶热值 10 月高达 18.19kJ/g，2 月低至 17.30kJ/g，与鲜叶相比，落叶热值的波动较小，红海榄群落能量现存量为 52 万 kJ/m^2；通过凋落物带走的能量年总量为 1.12 万 kJ/m^2；群落年能量固定量为 2.73 万 kJ/m^2，其中群落年净增长的能量为 1.61 万 kJ/m^2，占总固定量的 58.9%，而能量固定量中其余部分占 41.1%，以凋落物的形式向环境输送，这些能量是海湾河口生态系统中其他生物赖以生存和发展的重要能量基础。卢昌义等（1994）分析了英罗湾红海榄群落落叶分解过程中能量的动态变化，发现落叶分解过程叶残留叶片的热值逐渐上升，而总能量因残叶质量减少而呈不断下降的趋势。郑文教等（1995b）分析了英罗湾红海榄群落年能量净生产量为 31 227kJ/m^2。郑逢中等（1996）分析了红海榄群落年凋落物能量为 1.40 万 kJ/m^2，这些凋落物能量是邻近河口海湾水生生物的重要能量来源。

（七）红树林服务功能及其价值评估研究

广西红树林生态系统服务功能及其价值评估研究目前主要涉及服务功能分类体系的建立、服务功能的价值评估、能值分析等方面，例如，刘镜法等（2006）估算北仑河口自然保护区红树林生态系统的年经济价值为 7441.89 万元，其中有机质生产价值为 709.78 万元、固定 CO_2 价值为 1598.61 万元、释放 O_2 价值为 342.67 万元、防风消浪护堤价值为 1962.9 万元、保护土壤价值为 1147.54 万元、动物栖息地价值为 490.40 万元、营养循环价值为 49.38 万元、污染物降解价值为 33.94 万元、病虫害防治价值为 12.43 万元、休闲价值为 267 万元和文化价值为 827.24 万元。伍淑婕（2007）参考 Costanza 的分类体系，建立了广西红树林生态系统服务功能分类体系，包括资源功能、环境功能与人文功能三大类，各类再分为实物利用功能、资源服务功能、护岸功能、维护环境功能、景观美学功能、文化艺术源泉功能、精神和信仰功能等七小类的分类体系，为量化具体的服务功能及其退化程度奠定了理论基础。伍淑婕和梁士楚（2008a）采用条件价值法，通过支付意愿调查，对广西红树林湿地的非使用价值进行了评估，得出广西红树林的非使用价值为 37.61 亿元，其中存在价值 16.66 亿元，遗产价值 10.94 亿元和选择价值 10.01 亿元；人均支付意愿值为 50 元，总支付意愿率为 59.2%；除年龄与支付意愿无关外，性别、职业、文化程度、技术职称、收入水平、了解程度、偏爱程度等都与支付意愿呈极显著相关关系；性别与 WTP 值相关，但不显著，而其他因素与 WTP 值呈现极显著相关。李婷婷等（2009）应用生态经济系统能值分析理论，定量分析了广西沿海红树林的生态效益及系统内的物流和能流，得出红树林投入量太阳能值为 2.60×10^{20}sej，产出量太阳能值为 17.25×10^{20}sej，初级生产力为 2.72×10^{20}sej，不可再生资源为 36.26×10^{20}sej，资本产出中的生态服务、生态旅游和科研工作太阳能值分别为 4.36×10^{20}sej、2.51×10^{20}sej、1.59×10^{19}sej，合计 7.03×10^{20}sej，产出量是投入量的 6.63 倍。蒋隽（2013）采用市场价值法、旅行费用法、成果参照法、替代花费法、恢复与防护费用法、影子工程法和专家评估法，得出山口红树林生态自然保护区红树林渔业产品贡献价值为 13 022.6 万元；防城港 GEF 示范区红树林生态系统服务价值为 67 307.7 万元，提供实物产品 49 694.3 万元，环境维护价值 16 601.4 万元，资源服务价值 1009 万元，其中提供实物产品功能占 74%，环境维护功能占 25%，资源服务功能只占 1%。

（八）红树林病虫害研究

广西红树林病虫害研究目前主要涉及害虫种类、生活习性、生活史、危害特征、危害情况、害虫天敌、防治途径等方面，如范航清和邱广龙（2004）报道危害北部湾海榄雌的主要害虫是广州小斑螟（*Oligochroa cantonella*）幼虫、双纹白草螟（*Pseudcatharylla duplicella*）幼虫和三点广翅蜡蝉（*Ricania* sp.）成虫，其中广州小斑螟可导致林木 73%的叶面积危害。黄泽余和周志权（1997）发现山口、钦州、防城 3 个红树林区 6 种红树植物受到炭疽病菌的侵染，主要引致叶斑，偶也危害枝梢、胚轴，引起枯萎，在不同树种上表现的症状不同。李德伟等（2010）对蜡烛果毛颚小卷蛾（*Lasiognatha cellifera*）虫态的形态特征进行了描述，发现广西北部湾地区 1a 发生 12 代，世代重叠；以 2～3 龄幼虫在蜡烛果叶片上卷叶越冬，3 月上旬开始羽化为成虫，1～2d 后即交配产卵，平均每雌产卵量 76 粒，历期 2～4d，幼虫历期 11～15d，蛹历期 7～8d，成虫寿命约 6d；该虫有两个明显的危害高峰期，分别出现在春季和秋季。刘文爱和范航清（2010a）采用国际有害生物危险性分析方法（pest risk analysis，PRA）对危害红树林的主要害虫进行了风险性评价，发现广州小斑螟、蜡烛果毛颚小卷蛾、小蓑蛾（*Acanthopsyche subferalbata*）、海榄雌蛀果螟（*Dichocrocis* sp.）及 4 种蚧壳虫为中度危险，其余为低度危险，褐蓑蛾（*Mahasena colona*）、黄枯叶蛾（*Trabala vishnou*）接近中度危险。刘文爱和范航清（2010b）对危害秋茄树的矢尖盾蚧（*Unaspis yanonensis*）、考氏白盾蚧（*Pseudaulacaspis cockerelli*）、椰圆盾蚧（*Aspidiotus destructor*）和黑褐圆盾蚧 4 种盾蚧的形态特征、危害特征、危害情况等进行了调查研究。刘文爱和范航清（2011a）对广州小斑螟在海榄雌林内的空间分布情况进行了调查研究，其在海榄雌林中空间分布型为聚集分布。刘文爱和范航清（2011b）通过对北海、山口、钦州、防城港 4 个红树林区蓑蛾的发生规律、行为习性、耐水淹等特性进行了调查研究，发现蜡烛果遭受蓑蛾危害最严重，木榄和红海榄的蓑蛾危害较轻，蓑蛾发生程度钦州＞防城港＞北海＞山口，种群呈现以钦州为中心向东西两个海岸带扩散的规律；各种蓑蛾耐水淹能力依次为：蜡彩蓑蛾（*Chalia larminati*）＞小蓑蛾＞白囊蓑蛾＞褐蓑蛾，耐饥饿能力依次为：蜡彩蓑蛾＞小蓑蛾＞白囊蓑蛾＞褐蓑蛾，蓑蛾初孵幼虫的爬行速度依次为：白囊蓑蛾＞褐蓑蛾＞蜡彩蓑蛾＞小蓑蛾。张文英等（2012）发现迹斑绿刺蛾（*Latoia pastorlis*）在钦州红树林区 1a 发生 4 代，有世代重叠现象；以蛹在茧内越冬，翌年 4 月中旬成虫开始羽化，第

1 代幼虫为害期发生在 4 月下旬到 6 月下旬；第 4 代幼虫 11 月上旬开始结茧化蛹越冬；成虫具有较强趋光性，成虫夜间羽化率达到 98.6%，以晚上 24:00 前居多；成虫羽化后第 2 天交尾，雌虫产卵量为 35～183 粒，雄虫平均寿命 6.7d，雌虫平均寿命 8.1d。邓艳等（2012a）对绿黄枯叶蛾的取食行为和取食量进行了研究，发现绿黄枯叶蛾幼虫喜食无瓣海桑、尾巨桉（*Eucalyptus urophylla*×*Eucalyptus grandis*），拒食秋茄树、蜡烛果；幼虫 5 龄，1～3 龄幼虫具有聚集性，4 龄幼虫开始分散取食；1～2 龄幼虫取食量少，3～5 龄取食量占整个幼虫期取食量的 98.12%，其中 5 龄幼虫的取食量占整个幼虫期取食量的 74.52%；幼虫期平均取食无瓣海桑叶片 178.94cm^2/头。邓艳等（2012b）对钦州康熙岭红树林区无瓣海桑主要害虫及其寄生性天敌进行了调查研究，发现害虫种类有 4 目 13 科 21 种，其中绿黄枯叶蛾、木麻黄胸枯叶蛾（*Streblote castanea*）、迹斑绿刺蛾、白囊袋蛾和荔枝茸毒蛾（*Dasychira* sp.）是主要害虫，且均为食叶类害虫；绿黄枯叶蛾和木麻黄胸枯叶蛾的寄生性天敌有 2 目 4 科 8 种，其中绿黄枯叶蛾卵的寄生蜂，寄生率达 67.3%。邓艳等（2012c）对钦州康熙岭红树林区绿黄枯叶蛾的形态特征、生物学特性和天敌进行了调查研究，发现其 1a 发生 4～5 代，每代发育历期平均为 57.64d，卵、老熟幼虫及蛹均可越冬；12 月开始出现越冬卵、幼虫和蛹。李惠芳（2013）调查了北海滨海国家湿地公园红树林害虫情况，发现主要害虫有广州小斑螟、小蓑蛾、海榄雌潜叶蛾、瘿螨、海榄雌蛀果螟、三点广翅蜡蝉、胸斑星天牛（*Anoplophora malasiaca*）、丽绿刺蛾、考氏白盾日蚧等。范航清等（2014）对北海市草头村和银滩红树林团水虱危害区进行群落、周边生产活动、环境等调查研究，两地受害红树林面积分别为 1.33hm^2 和 1.0hm^2，其中死亡面积分别为 0.23hm^2 和 0.27hm^2；危害红树林的蛀木生物主要是光背团水虱（*Sphaeroma retrolaeve*）和有孔团水虱（*Sphaeroma terebrans*），平均高潮线以下的红树植株板状根、基茎、树干、树枝是团水虱攻击的主要部位；放养家鸭、虾塘排放有机物和消毒剂、人为捕获经济动物等可能是团水虱暴发的触发因子。在虫害生态监测与管理方面，曹庆先等（2010a）以 ArcView 为平台，设计开发基于 GIS 的广西红树林虫害信息管理系统，包括基础数据库维护、信息录入、虫害发生时空查询、空间分析、害虫特征查询、害虫种类检索、系统管理 7 个子系统。李伟和罗杰（2013）基于广西沿海的自然资源、社会经济条件、红树林资源及虫害现状，分析了红树林虫害综合治理设施建设的可行性，提出了基础设施建设的主要内容、技术依托、效益分析、保障措施等。

（九）红树林污染研究

1. 红树植物重金属含量研究

郑文教等（1996）测定了英罗湾红海榄群落重金属铜、铅、锌、镉、铬元素的累积及其动态，植物体不同部位元素的含量：铜为 0.433～1.21μg/g、铅为 0.369～1.88μg/g、锌为 2.94～7.66μg/g、镉为 0.020～0.233μg/g、铬为 0.330～0.562μg/g，群落铜、铅、锌、镉、铬的现存储量分别为 28.73mg/m^2、25.25mg/m^2、143.68mg/m^2、3.14mg/m^2、14.61mg/m^2。

2. 大型底栖动物金属含量研究

何斌源等（1996）测定了英罗湾红树林区大型底栖动物中重金属铜、铅、锌和镉的含量，发现各类动物重金属平均含量锌和镉以软体动物、铜以甲壳动物、铅以星虫类最高，少数大型底栖动物已受到镉或铅的污染。赖廷和和邱绍芳（1998）研究了英罗湾红树林区大型底栖动物中汞含量的分布规律，发现汞含量潮沟动物大于林内动物，以沉积物为食、以底内型生活的种类汞含量较高，动物汞含量超标率为14.29%。

3. 沉积物和土壤污染研究

何斌源等（1996）测定了英罗湾红树林区沉积物中重金属铜、铅、锌和镉的含量，发现沉积物重金属含量比潮沟的高，沉积物中的重金属含量与有机质含量呈显著正相关关系，部分沉积物已受到镉和铅的污染。赖廷和和邱绍芳（1998）研究了英罗湾红树林区沉积物中汞含量的分布规律，发现英罗湾潮沟沉积物汞平均含量大于林内，部分沉积物已受到汞污染。陈燕珍等（2007）测定了英罗湾内滩和中滩红树林土壤的锰、铬、镉、铅、铜和锌6种重金属元素的含量，发现土壤中各种重金属含量的大小顺序为锰＞铬＞锌＞铅＞铜＞镉，中滩高于内滩。林慧娜等（2009）分析了北海大冠沙红树林表层沉积物硫的分布特征及其影响因子，发现全硫含量为0.176%±0.044%，硫含量与有机质含量、盐度显著正相关，与pH显著负相关；沉积物粒径分布对全硫含量有一定影响，但相关性不显著。丁振华等（2010）分析了北海大冠沙红树林表层沉积物甲基汞的分布特征及影响因子，发现甲基汞含量为（1.86±1.04）ng/g，甲基化比例为7.13%；与其他红树林湿地沉积物相比较，大冠沙红树林沉积物甲基汞污染较为严重；工业和水产养殖业输入的废水导致了较高的甲基化程度，增加甲基汞污染风险，即外源输入是大冠沙红树林湿地沉积物中的甲基汞污染的主要原因。

（十）红树林孢粉学研究

广西红树林孢粉学研究目前主要涉及孢粉组成及其与沉积环境、气候因子、群落类型等之间的关系，例如，王开发等（1998）对英罗湾红树林区木榄群落、秋茄树群落、红海榄群落、蜡烛果群落和海漆群落表土孢粉进行了系统分析，得出红树林表土孢粉能正确反映其植被组成，红树类孢粉在组合中占40%～70%；红树类花粉比例从群落中心向群落内外侧降低；红树林孢粉组合指示年均气温21～25℃、降水量1400～2000mm、土壤盐度4.6%～27.8%、有机质3%～5%的生态环境。李珍等（2002）对英罗湾红树林区蜡烛果、木榄、红海榄、秋茄树和海漆5个单优种群落，以及北海垌尾海榄雌群落表土中的孢粉进行了调查研究，并建立了红树林孢粉-气候因子的转换函数，由此可获得钻孔所记录的年平均温度、最高温度、最低温度、年降水量等气候环境指标及其变化。李珍和张玉兰（2012）利用广西不同海岸带的孢粉谱与沉积环境，以及红树林孢粉谱与不同群落之间的关系，对英罗湾红树林海岸钻孔孢粉记录的区域性植被及海岸带演化过程进行了研究，可以识别出明显的几个阶段：在晚更新世末，当前的英罗湾红树林海岸处于陆相环境，区域性植被以南亚热带常绿阔叶林为主，局地表现为以*Artemisia*和Poaceae为主的草地；全新世初期，红树林植物*Excoecaria agallocha*、*Bruguiera gymnorrhiza*和*Aegiceras corniculatum*、*Kandelia obovata*等的花粉出现，但孢粉浓度极低，说明该海岸带已处于受潮汐或海流作用的区域但尚未发育红树林；8.5cal.kyr BP之后，该区域广泛发育红树林，群落组成由*Excoecaria agallocha*-*Rhizophora stylosa*依次演替为*Bruguiera gymnorrhiza*-*Rhizophora stylosa*-*Aegiceras* *corniculatum*，*Rhizophora stylosa-Aegiceras corniculatum*，这一序列总体呈现出在千年尺度上由高潮滩群落向低潮滩群落演替的规律。周锐（2014）对英罗湾红树林区 3 个典型柱状样进行了高密度的 ^{210}Pb 年代测定、粒度测试及孢粉分析，探讨了英罗湾地区近百年来红树林海岸带的变迁和红树林群落的发育、演替及其对环境的响应，得出近百年来英罗湾地区北部和东部红树林出现以前是水动力较强的潮沟环境，随着滩面高程的增加，潮沟逐渐向潮沟边滩演化，滩面水动力减弱，红树林开始发育；英罗湾周围没有大型河流注入，因而缺乏沉积物来源，所以滩面的升高可能是由潮沟的横向摆动造成的；英罗湾红树林群落的演替主要受到局部滩面高程的影响，随着滩面高程的变化，英罗湾红树林群落的演替过程大致可分为 3 个阶段，前期为耐盐耐贫瘠土壤的红树林先锋植物海榄雌群落；中期是蜡烛果群落、秋茄树群落及红海榄群落；后期是木榄群落和海漆群落。

（十一）红树林恢复与重建研究

1. 宜林地与造林布局研究

李信贤等（1991a）根据潮间带主要生境因子与红树植物适应性的分析，对广西海滩红树林主要建群种的造林布局进行了规划，认为海榄雌、秋茄树、蜡烛果、红海榄和木榄是主要的造林树种，其中红海榄和木榄人工造林宜布局在东段海岸的英罗湾、铁山港和西段海岸的防城港以西；海榄雌适应性广，是先锋红树林树种，但在有淡水调节的淤泥质的内滩上生长更好；蜡烛果抗寒性较强，最佳的宜林地是土壤为淤泥、低含盐量、退潮后滩面上仍有一定淡水调节的滩位；秋茄树属拒盐性树种，人工造林宜布局在中潮带附近。何斌源和莫竹承（1995）认为滩面高程是造林成功与否的关键因子，滩位也是一个重要因子，造林时应重视滩面高程和滩位的选择；草本植物，如盐地鼠尾粟（*Sporobolus virginicus*）、大米草（*Spartina anglica*）、互花米草（*Spartina alterniflora*）等，往往比红树植物促进淤积、抬高滩面的功能更强，可作为红树林造林的先锋植物，以提高造林成功率。莫竹承（2002）根据气温差异将广西红树林宜林地划分为泛热带中温区和泛热带低温区两个立地类型区，每一类型区又可根据海岸类型划分为溺谷湾、河口三角洲和开阔海岸 3 个类型组，每一类型组又可根据潮滩位置（高潮带、中潮带和低潮带）与盐土类型（沙质、壤质和黏质盐土）的组合分为 9 种立地类型；泛热带低温区应选用耐寒等级序列中Ⅰ～Ⅲ级的植物种类造林，泛热带中温区应选择Ⅰ～Ⅳ级的植物种类造林。何斌源和赖廷和（2007）发现小高程（320～330cm）生境对红海榄幼苗茎高生长有微弱促进作用，340cm 以上高程组幼苗茎高随滩涂高程增加而增大，中等高程（350～370cm）有利于幼苗茎节数的增长，滩涂高程越低，幼苗叶数、叶面积和叶保存率越低，因此建议将当地平均海平面线作为广西沿海红海榄胚轴造林的宜林临界线。赖廷和和何斌源（2007）发现小高程和大高程均促进木榄幼苗茎高度的增长，中等高程则起抑制作用，叶数、叶面积与叶保存率随淹水程度加大而急剧下降，因此建议木榄胚轴造林的宜林临界线高程不低于当地平均海面以上 21cm。蒋燚等（2011）选择盐度、潮滩位置和土壤质地 3 个主要因子，对钦州湾沿海宜林滩涂立地类型进行了划分，共分为高盐区、中盐区和低盐区 3 个立地区，高盐高潮带组、高盐中潮带组、高盐低潮带组、中盐高潮带组、中盐中潮带组、中盐低潮带组、低盐高潮带组、低盐中潮带组和低盐低潮带组 9 个立地组，高盐高潮带黏土类型、高盐高潮带黏壤土类型、高盐高潮带沙壤土类型、高盐中潮带黏土类型、高盐中潮带黏壤土类型、高盐中潮带沙壤土类型、高盐低潮带黏土类型、高盐低潮带黏壤土类型、高盐低潮带沙壤土类型、中盐高潮带黏土类型、中盐高潮带黏壤土类型、中盐高潮带沙壤土类型、中盐中潮带黏土类型、中盐中潮带黏壤土类型、中盐中潮带沙壤土类型、中盐低潮带黏土类型、中盐低潮带黏壤土类型、中盐低潮带沙壤土类型、低盐高潮带黏土类型、低盐高潮带黏壤土类型、低盐高潮带沙壤土类型、低盐中潮带黏土类型、低盐中潮带黏壤土类型、低盐中潮带沙壤土类型、低盐低潮带黏土类型、低盐低潮带黏壤土类型、低盐低潮带沙壤土类型和杂草类型 28 个立地类型，认为不同树种对滩涂立地条件有不同要求，不同立地类型的造林技术不同，准确划分滩涂立地类型，有利于滩涂树种的选择、提高造林成活率。

2. 造林技术研究

陈建华（1986）、莫竹承等（1995）、陈乃明和樊东函（2011）从采种、育苗、造林、幼林管护等方面总结了提高红树林人工林质量的技术方法。何斌源等（1995a）探讨了光因子对几种红树植物胚轴根萌发及生长的影响，发现长光照处理促进胚轴提早萌根和根的生长；何斌源等（1995b）对红海榄海上育苗和移栽技术进行了试验，得出育苗袋幼苗的存活率（70%）比自然状态直播的幼苗存活率（林下 10%和光滩 40%）高，移栽幼苗几乎没有受到固着动物的危害。莫竹承和范航清（2001b）根据种苗来源将红树林造林方法划分为天然苗造林、胚轴造林和容器苗造林 3 种类型，认为每种方法都有各自的适用范围，其中胚轴造林简单易行，成本仅为容器苗造林的 21%、天然苗造林的 27%，是大规模造林的首选方法。莫秋霜（2011）从选种、采种育苗、定植造林、建种子园、繁殖育苗等方面探讨了红树林种苗引种和选种技术。

3. 次生林改造研究

莫竹承等（1999）探讨了在次生红树灌木林（海榄雌+蜡烛果群落）改造中施肥及除灌两种抚育措施及其组合对红树植物木榄、红海榄幼树生长的影响，发现除灌可使木榄树高生长提高 16.5%，基径生长提高 38.9%，幼树叶面积提高 43.3%；施肥可使红海榄树高生长提高 9.7%，基径生长提高 14.3%，叶面积提高 37.4%。

4. 污损动物危害和造林管护研究

何斌源和莫竹承（1995）认为固着动物对红树造林的危害很大，应当采取防治措施，造林后的管理工作十分重要。何斌源等（2013b，2014a）认为构建“盐沼草-红树协同生态修复体系”对于光滩红树林防污损有较高的应用价值。曾春阳等（2013）调查了钦州市滩涂造林的保存率、高度、地径、叶片数等，分析了海浪、气候、人为活动、垃圾及藤壶附着物等因素对红树林幼苗生长的影响，提出了加强对红树林的管护、及时补植等是提高造林成效的对策措施。

（十二）红树林资源开发利用研究

广西红树林开发利用研究目前主要涉及资源类型、传统利用现状、活性物质提取与分析、合理开发利用模式与途径等方面，如梁士楚（1993）在分析广西红树林资源概况的基础上，提出了发展红树林生态养殖、开展红树林生态景观旅游等开发利用途径。范航清等（1993c）探讨了裸体方格星虫（*Sipunculus nudus*）、弓形革囊星虫（*Phascolosoma arcuatum*）、合浦珠母贝（*Pinctada fucata* subsp. *martensii*）、文蛤（*Meretrix meretrix*）、锯缘青蟹（*Scylla serrata*）、长毛明对虾、乌塘鳢、杂食豆齿鳗（*Pisodonophis boro*）、大弹涂鱼（*Boleophthalmus pectinirostris*）、弹涂鱼（*Periophthalmus cantonensis*）、青弹涂鱼（*Scartelaos viridis*）、鱚鱼（*Sillago* spp.）、大鳞鲅（*Liza macrolepis*）、鲻（*Mugil cephalus*）等广西红树林区的主要经济动物生态养殖模式。何海鲲（1997）基于山口红树林区的旅游资源及其开发利用现状，提出了合理开发红树林旅游资源和发展生态旅游的设想。梁士楚（1999）、梁士楚和罗春业（1999）对广西红树林资源的特点、合理开发和可持续利用进行了探讨，认为基围养殖、围网养殖和封滩轮育等是红树林区生态养殖的主要模式。王继栋等（2006a，2006b，2006c，2007）对采自北海红树林植物榄李（*Lumnitzera racemosa*）、蜡烛果、海漆和海杧果样品进行了生物活性物质的分离、纯化和鉴定。席世丽等（2011）对北海红树林生态系统中植物的传统利用和保护情况进行了调查研究，发现传统利用植物有 19 科 22 种，其中可食用植物有 6 种，药用植物有 8 种，作为木材、薪材等利用的植物有 12 种。邓业成等（2012）对防城港海岸的卤蕨、木榄、红海榄、秋茄树、海漆、榄李、蜡烛果、海榄雌、水黄皮、苦郎树、银叶树、苦槛蓝、老鼠簕和海杧果 14 种红树林植物枝叶等植物成分进行了提取和分离，并进行了动物病原菌的抑菌活性检测，发现苦郎树、海漆、海榄雌、苦槛蓝、银叶树和榄李具有比较广谱的抗菌活性。李丹等（2012，2013）对沿海的木榄、红海榄、海漆、蜡烛果、无瓣海桑、海榄雌、水黄皮、秋茄树、海杧果、榄李、桐棉和黄槿 12 种红树林植物样品进行微生物分离培养，并结合抗肿瘤筛选和化学分析筛选，进行了次级代谢产物结构分析和活性评价。袁婷等（2012）对采自山口红树林区桐棉叶样品进行了挥发油化学成分的提取和鉴定，共检测出 44 种化合物，鉴定了其中 37 种，占挥发油总量的 89.75%，其主要成分分别是 1,2,3,5,6,8a-六氢化-4,7-二甲基-1-（1-甲乙基）-,（1S-*cis*）-臭樟脑（16.14%）、α-金合欢烯（13.16%）、*n*-棕榈酸（8.52%）、1-甲基-4-（5-甲基-1-亚甲基-4-己烯）-,（S）-环己烯（8.12%）等。秦汉荣等（2016）认为蜡烛果、木榄、无瓣海桑、海榄雌、秋茄树、苦郎树等红树植物可为蜜蜂提供花蜜和花粉，供蜜蜂繁殖和生产，并对蜡烛果的地理分布及面积、开花期与泌蜜特点、蜜蜂产品、蜂群管理、养蜂价值等进行了较为系统的分析和评估，为广西滨海地区特色蜜源红树植物的开发利用奠定了基础。

（十三）红树林保护管理研究

1. 存在问题研究

目前红树林湿地保护管理面临的主要问题：第一是生态系统及其功能退化，其成因包括自然因素和人为因素两大方面，例如，范航清（1995b）分析了人为利用对广西海岸红树林生态的影响，认为广西红树林生态系统的破坏首先来源于城市化、建造虾塘和在林区挖取海洋底栖经济动物，其次来自护堤、放牧、采集饵料和果实、旅游、水体污染、水土流失，围垦红树林发展农业和盐业、索取薪材和绿肥、采集中药材等已不再是危害红树林的重要因素，放养家禽和蜜蜂的活动对红树林的危害不大。范航清和黎广钊（1997）评估了海堤修建对广西沿海红树林的影响，认为堤前红树林的恢复受到海堤维护时强烈的人为干扰。

黎遗业等（2008）认为圈围砍伐、乱挖滥捕、畜禽踩踏等是影响广西红树林生态系统的主要因素。王道波和周晓果（2011）认为围垦养殖、滥砍滥伐、挖取可食用无脊椎动物、放牧和家禽养殖、过量收集饵料等是造成北海银滩红树林生态系统退化的主要因素。胡霞等（2013）定量分析了广西红树林生态承载力在北部湾经济区开发前后的变化情况，认为广西红树林生态承载力整体呈上升趋势，生态系统弹性力和人类活动潜力总体呈上升趋势，资源供给能力和环境纳污能力总体呈下降趋势，说明北部湾经济区的发展主要对红树林的环境纳污能力造成了一定影响，但对红树林生态承载力影响不大。李阳（2014）认为广西红树林遭受破坏的自然因素包括外来物种互花米草和无瓣海桑的威胁、病虫害、海洋灾害的威胁，人为因素包括大规模开发、污染威胁、围海造塘等。第二是法律、法规、政策和管理体系不健全，例如，李星群和文军（2007）认为广西红树林保护管理存在的主要问题是：多头管理、各行其是、协调困难、经费投入无保障、规划与建设管理存在较大差距、法律与政策体系不够健全、科学研究与技术支撑体系滞后等。陆明（2008）认为广西红树林保护和旅游开发利用存在的主要问题：资金缺口大，无固定的资金来源；重开发，轻管理；宣传不到位，没有专门旅游推广；开发过度，保护不力等。

2. 措施与对策研究

何海鲲（1996）针对山口红树林资源的传统利用状况、利用方式和潜在危害性，提出了坚持和遵循“保护第一”和“三控制”原则不动摇、做好开发利用的引导工作、制定科学和完善的管理制度、协调地方政府部门共同管理等管理对策。刘伦忠和莫竹承（2001）针对法律法规不完善和管理上的混乱，提出林业部门应为红树林管理与保护的主管部门，同时应加快建立红树林自然保护区，加速红树林资源恢复，加强科学研究和宣传教育。梁维平和黄志平（2003）基于广西红树林的种类、群落、分布、数量、质量、生境和生态经济与社会价值等分析，提出了严格执法、加强林地管理、明确职责、保护现有资源、植树造林、加强宣传教育、重视科研、增加投入等保护和发展对策。李星群和文军（2007）针对广西红树林保护管理存在的主要问题，提出了如下的保护管理对策：理顺管理体制，保障资金投入；健全法制，依法治林；引进人才，提高科研水平；强化管理，合理利用；加大宣传与公众参与力度；实行社区共管，构建和谐社会等。陆明（2008）针对提高广西红树林生态旅游的开发和保护水平，提出了应该在资金的筹措和使用、自然保护区的经营和管理、市场定位、旅游产品的开发上采取措施，从发展生态旅游的角度把广西的红树林资源充分保护和利用起来。黎遗业等（2008）提出了应该通过政府正确引导、加大宣传教育、加强自然保护区的管理、优先发展生态旅游、增加科研投入、重视综合开发等措施，可以实现广西红树林生态系统的生态开发与保护，创造更好的生态、经济和社会效益。刘秀等（2009）基于钦州湾红树林资源现状及存在的问题，提出了科学选择宜林地、改进造林技术、加强造林基础研究、加大宣传力度等今后发展红树林的建议。刘永泉等（2009）在分析茅尾海红树林自然保护区保护现状和面临问题的基础上，提出了完善红树林生态保护的法律、法规与政策，提高自然保护区管护能力和执法水平，与地方部门建立有效的管理协调机制，社区参与共管，加强对红树林病虫害的防治和野生动物疫情的监测，开展必要的科学研究，建立信息系统，适度开展生态旅游，建立水禽救护中心，加大对保护红树林的宣传与教育力度等保护管理对策。王道波和周晓果（2011）针对北海银滩红树林生态旅游开发过程中存在的问题，提出了村民合理参与红树林生态旅游开发和保护的设想；通过让村民直接参与景区的规划和建设、经营和管理及评估和监督，提高村民主人翁意识和参与意识，减少纠纷，同时对村民进行生态旅游培训，提高村民保护红树林的生态意识。覃延南（2007）对广西红树林保护措施做了比较系统的评价，提出了建立红树林自然保护区、营造人工红树林、抓好红树林管护工作、重视科研和增加科技投入等红树林保护及建设措施。覃玲玲（2011）结合北部湾经济区发展规划和广西红树林湿地保护现状，提出了加强红树林自然保护区建设、加强红树林湿地的恢复和建设、编制红树林湿地保护规划、提高污染治理水平、发展循环经济和生态产业、完善法律制度、强化公众参与等保护与发展红树林湿地的对策。李阳（2014）提出了加强对外来物种和病虫害的研究、构建海岸地下水系监测体系、加大对自然保护区内养殖用海的清理整治、聘请当地有威望的村干部和族长作为护林员、加大法律法规宣传力度、开展高科技远程监视系统建设、处理好保护与开发之间的关系等加强广西红树林生态系统保护工作的建议。

六、珊瑚礁湿地研究

（一）珊瑚礁生态环境研究

1. 地质地貌研究

王国忠等（1987）分析了涠洲岛珊瑚岸礁现代碳酸盐和陆源碎屑的混合沉积作用，认为涠洲岛珊瑚岸礁建立在火山岩之上，以块状珊瑚为主，形成礁格架，枝状珊瑚仅居次要地位；存在两个物源区：一是珊瑚生长带和礁坪是礁缘碳酸盐的物源区，二是火山岩海岸是陆源碎屑物源区。叶维强等（1988）探讨了涠洲岛珊瑚礁海岸及第四纪沉积特征，认为该岛是第四纪玄武岩喷发时在水下堆积而成的火山碎屑岩岛，其珊瑚礁大约形成于3100年前。莫永杰（1988c）探讨了涠洲岛珊瑚岸礁的沉积特征，认为涠洲岛珊瑚岸礁发育于火山岩，在岸礁区有两个沉积带：珊瑚生成带和火山岩海底礁坪；陆地的有机废物移到海底而珊瑚移到陆地，但在水能和环境的影响下，它们形成混合沉积，这种沉积主要分布在岸礁的平面和海滩底部；由于属于岸礁形成早期，涠洲岛约从3100年前就一直不断生长，涠洲岛的海滩岩石位于高于海平面5m的位置。刘敬合等（1991）认为涠洲岛珊瑚礁形成于3100年前，在岛的北、东部发育最好，南、西部较差，其最重要特征是礁源碳酸盐和陆源碎屑的混合沉积作用。

2. 气候研究

谭宗琨等（2008）分析了1956～2005年涠洲岛的气候变率，发现涠洲岛近50a来年平均气温呈现上升的趋势，其中在持续保持原始生态环境下年平均气温上升了0.615℃，年降水量增加了119.6mm；引发涠洲岛气候突变的原因主要是气候的自然变化，而且在一定程度上真实地反映了该区域气候要素对全球气候变暖的响应。廖秋香等（2012a，2012b）分析了涠洲岛的气候基本特征，认为涠洲岛上气候温和、阳光充足、雨量充沛。涠洲岛1981～2010年年平均气温为23.3℃，最热月平均气温为29.0℃，最冷月平均气温为15.5℃，历年极端最高气温为35.8℃，极端最低气温为2.9℃；年平均降水量为1449.8mm，降水日为 145.2d，其中 4～10 月降水较多，为 1261.4mm，占全年降水量的 87%；年平均 8 级以上大风日数为 22.2d。气温呈上升的趋势，热带气旋对降水量影响比较大。

3. 海水理化性质研究

黎广钊等（2004）分析了涠洲岛珊瑚礁海区的海洋物理和海水化学因素，认为该海区的水温、水深、光照、波浪、海流、潮汐、pH、盐度、溶解氧、磷酸盐等生态环境条件都适合珊瑚礁的生长和发育。史海燕和刘国强（2012）对涠洲岛珊瑚礁海域生态环境现状进行了评价，认为涠洲岛珊瑚礁海域溶解氧和化学需氧量都在Ⅰ类水质范围内波动，未出现超一类水质现象，反映出涠洲岛海域整体的水质状况良好。汤超莲等（2013）根据涠洲岛珊瑚样品资料和海洋站实测的盐度、pH、潮位、最大波高及珊瑚普查历史资料，得出涠洲岛多年平均盐度为 32.1，海水 pH 为 8.00～8.23，均在珊瑚生长合适范围内。

4. 基底类型研究

黎广钊等（2004）分析了涠洲岛珊瑚的基底主要有基岩、珊瑚礁块、珊瑚沙砾屑 3 种类型，其中涠洲岛沿岸水下露出的基岩主要有玄武岩、火山角砾岩、沉凝灰岩等，在涠洲岛北部、东部和西南部等沿岸水深 2～13m 的海域均见到珊瑚生长在这些基岩上，而且珊瑚生长良好，可形成密集的珊瑚生长带；在涠洲岛水下礁坪和原生礁区中较大的礁块上生长有珊瑚，北部和东部水深 1.0～10.5m 海底的次生礁块或原生礁块上生长有不十分茂盛的珊瑚；在涠洲岛沿岸浅水区的珊瑚碎屑沉积的基底上也可以生长珊瑚，如北部公山背沿岸和西南滴水村沿岸水下礁坪带大片珊瑚碎屑分布区域，其上发育有十分茂盛的鹿角珊瑚。总之，涠洲岛沿岸的珊瑚一般固着于基岩、珊瑚礁块或砾石之上，局部区域的沙砾上也生长有稀疏或零星的珊瑚。

5. 浮游动植物研究

韦蔓新等（2005）探讨了涠洲岛珊瑚礁生态系统中浮游动植物与环境因子之间的关系，认为岛区浮游动植物的分布具有明显的区域性和季节性，珊瑚礁生态系统具有较高的初级生产力，浮游动植物季节交替现象显著，水温、盐度、氮、磷、硅、营养盐对浮游植物的种类组成及数量变动影响明显，但对浮游动物的影响不大，氮是浮游植物的限制因子。

（二）珊瑚研究

广西珊瑚研究目前主要涉及种类组成、种群结构、活珊瑚盖度、生长率等方面。在种类组成方面，不同学者和在不同的年代报道的种类数量有所不同（邹仁林，2001；王欣和黎广钊，2009；梁士楚等，2014；周浩郎和黎广钊，2014；王文欢等，2016），如涠洲岛珊瑚种类邹仁林等（1998）和邹仁林（2001）记载 1964 年和 1984 年分别有 8 科 22 属 32 种和 8 科 23 属 35 种，黄金森和张元林（1986，1987）记载 21 属 45 种，梁文等（2010a，2010b）记载 10 科 22 属 46 种和 9 个未定种。在种群结构方面，梁文和黎广钊（2002b）、梁文等（2011）分析了涠洲岛珊瑚的种群结构及其空间分布特征，认为涠洲岛珊瑚分布自岸向海分为沙砾及珊瑚断枝带、石珊瑚稀疏带、石珊瑚繁盛带、柳珊瑚繁盛带 4 个生物地貌带，石珊瑚分布较多的石珊瑚繁盛带主要分布于−5～−1.39m 的水深处，石珊瑚形态组合以块状/

亚块状与板块状为主要类型。在活珊瑚盖度方面，莫永杰（1989）记载涠洲岛珊瑚生长带的活珊瑚覆盖率占 20%～80%，礁坪沉积带的活珊瑚局部零星分布；王国忠等（1991）记载涠洲岛东南部向海方向活珊瑚覆盖率自 20%增至 50%～70%，南湾内稀疏生长未能发育成礁，西南部礁坪覆盖率高达 90%，珊瑚生长带覆盖率达 70%；黄晖等（2009）记载涠洲岛北部北港活珊瑚覆盖率达 33.2%，西南部为 35.3%，南湾只有 5.7%，东部造礁石珊瑚很少；梁文等（2010b）记载涠洲岛活珊瑚覆盖率西北部为 25.3%，东北部为 24.58%，东南部为 17.58%，北部为 12.1%，西南部为 8.45%；周浩郎等（2013）记载 2007 年秋至 2008 年春涠洲岛活石珊瑚平均覆盖率为 16.5%，变化范围是 0.3%～49.2%，各属活石珊瑚的平均覆盖率是 0.01%～5.21%，覆盖率最低的是刺叶珊瑚属（*Echinophyllia*），最高的是角蜂巢珊瑚属（*Favites*），其下依次是滨珊瑚属（*Porites*）、蔷薇珊瑚属（*Montipora*）和牡丹珊瑚属（*Pavona*）。在珊瑚生长率方面，汤超莲等（2013）发现涠洲岛珊瑚生长率（6～8mm/a）大于海平面上升率（2.2mm/a），涠洲岛最大潮差为 450～500cm，夏季白天遇低潮时，会增加珊瑚白化概率。

（三）珊瑚礁湿地退化及其驱动力研究

广西珊瑚湿地退化及其驱动力研究目前主要涉及珊瑚礁的健康状况、白化、天敌、退化驱动力等。在健康状况方面，周浩郎和黎广钊（2014）从生态结构、生态功能、压力及社会经济等方面对涠洲岛珊瑚礁健康进行了评估，得出涠洲岛珊瑚礁处于衰退中的亚健康状态；陈刚（2001～2009）、陈刚等（2016）认为涠洲岛周边不同区域的珊瑚礁生态状况有较大差异，如竹蔗簝和牛背坑的珊瑚礁较为稳定，而公山的珊瑚礁健康状态较差。在珊瑚白化方面，汤超莲等（2010）分析了 1966～2010 年涠洲岛珊瑚热白化的海面温度（sea surface temperature，SST）指标变化特征，发现涠洲岛珊瑚热白化的最热周平均 SST 值为 31.6℃或最热日平均 SST 值为 32℃。周雄等（2010）分析了 1960～2009 年涠洲岛冬季珊瑚冷白化 4 种 SST 指标的变化特征，发现珊瑚冷白化的 SST 值为极端低海温（SST_{MIN}）≤13.2℃或最冷周海温（SST_{MCW}）≤14.0℃。郑兆勇等（2011）发现涠洲岛出现珊瑚白化的周热度指数（degree heating week，DHW）指标为 6.0℃·周。在珊瑚天敌方面，陈天然等（2013）发现涠洲岛珊瑚的大型侵蚀生物主要有双壳类、海绵、藤壶、蠕虫等，同时微型生物也有侵蚀的痕迹。在退化驱动力方面，余克服等（2004）认为温度是影响珊瑚礁生态系统发育的重要因素，自 20 世纪 80 年代后期以来，涠洲岛 SST 上升比较明显，其月平均最高 SST 的持续上升将使涠洲岛珊瑚生长处于一种非常敏感的边缘，加上人类活动（建筑取材、炼油、旅游、捕鱼、养殖等）对涠洲岛珊瑚礁的潜在不利影响，会导致珊瑚礁的退化。周浩郎和黎广钊（2014）认为过度捕捞、污染、物理损伤（踩踏、抛锚、水下工程等）和大尺度环境变化（如气候异常）等是造成涠洲岛珊瑚礁衰退的主要原因。

（四）珊瑚及珊瑚礁开发利用研究

广西珊瑚及珊瑚礁的开发利用研究目前主要涉及生态旅游、有效成分分离和功效鉴定、价值评估等方面，如潘荫昶和庞润福（2001）、岑博雄（2003）等认为涠洲岛珊瑚礁具有很高的观赏价值，是开发海底观光极为宝贵的资源。徐石海等（2003）对涠洲岛的佳丽鹿角珊瑚（*Acropora pulchra*）的化学成分进行了分析，鉴定出 7 个化合物，并确立结构为十五酸十七酯（Ⅰ）、正十六碳醇（Ⅱ）、鲨肝醇（Ⅲ）、1-正十六酸甘油酯（Ⅳ）、*N*-1-羟基甲基-2-羟基-（E,E）-3,7-十七碳二烯基十六酸酰胺（Ⅴ）、胸腺嘧啶（Ⅵ）、尿嘧啶（Ⅶ），其中鲨肝醇具有升高白细胞抗放射线的作用，临床上可预防白细胞和血小板的减少，还能促进乳酸杆菌的生长及抗体的形成。刘亮和吴姗姗（2015）通过游客调查问卷，以潜水价格、潜水条件等为主导因素，分析了涠洲岛珊瑚礁环境质量变化所产生的价值损益，发现当环境质量提升时，人均获益399元/a；当环境质量略有下降时，人均将会损失561元/a；而当珊瑚礁环境质量下降较大时，人均损失将达到918元/a。

（五）珊瑚礁生态系统保护管理研究

梁文和黎广钊（2002b）针对涠洲岛珊瑚礁现状，提出了解决历史问题、开展生态保护教育和普及公众意识、立法管理、建立自然保护区、资源规划开发等保护措施。黄晖等（2009）通过分析涠洲岛珊瑚礁区面临的生存威胁，提出建立珊瑚礁自然保护区、普及珊瑚礁知识、提高人们的保护意识、实行造礁石珊瑚生存总体环境质量控制等保护和管理涠洲岛珊瑚礁的建议，以期建立可持续的生态旅游开发与新型的生态保护生态管理体系。

七、海草床湿地研究

（一）海草生态环境研究

广西沿岸海草生态环境研究目前主要涉及潮滩位置、海洋水文、水质、基质条件等方面，如范航清等（2007）记述广西海岸海草在中潮带、低潮带和潮下带都有分布。柳娟等（2008）应用环境质量分级与评价的模糊综合-加权平均复合模型对合浦海草示范区海水水质现状进行了综合评价，发现沙田码头和石头埠排污口附近的海水水质较差，分别为Ⅲ级水质和Ⅱ级水质，其他区域水质为Ⅰ级。韦蔓新等（2012a，2012b）分析了铁山港海草生态区各种形态氮的含量及其变化特征，发现不同形态氮的含量变化具有海草生态区特点，总氮含量明显偏高，溶解无机氮含量却显著偏低，依次排列为：总氮＞溶解态氮＞溶解有机氮＞颗粒态氮＞溶解无机氮；其中总氮、颗粒态氮和溶解无机氮均为春夏季明显高于秋冬季，溶解态氮则呈夏秋季高、冬春季低的特征，只有溶解有机氮表现为夏季高、秋冬季次之、春季最低。无机态氮具有春夏季明显高于秋冬季的特征，其中春、夏、秋季以陆源输入影响为主，冬季以海区自身氮的补充影响为主；溶解无机氮的组成变化受水温影响较明显，水温较高的春夏季主要以硝态氮为主，分别占溶解无机氮的57.91%和73.00%，秋冬季则以铵态氮为主，分别占溶解无机氮的78.23%和50.59%。何本茂等（2012）探讨了铁山港海草生态区水体自净能力与水动力特征及生物、化学因子之间的关系，发现铁山港海草生态区具有较强的水体自净能力。蓝文陆等（2013）记述合浦榕根山海草床所在海区的水温为18.0～30.5℃，盐度为25.2～30.4，pH为8.05～8.27，溶解氧为7.6～9.0mg/L，海草床位置距岸50～100m，低潮时完全裸露于滩涂之上。

（二）海草种类及其特征研究

广西沿岸海草种类及其特征研究目前主要涉及种类组成、分类学特征、解剖学特征、生物量与生产力等方面。在种类组成方面，陈永宁（2004）记载合浦海草场分布的海草主要有：二药藻（*Halodule uninervis*）、矮大叶藻（*Zostera japonica*）、喜盐草（*Halophila ovalis*）和贝克喜盐草（*Halophila beccarii*）4 种，其中二药藻和矮大叶藻隶属眼子菜科；喜盐草和贝克喜盐草隶属水鳖科；范航清等（2007）记载广西北部湾沿海有矮大叶藻、针叶藻（*Syringodium isoetifolium*）、二药藻、喜盐草和贝克喜盐草 5 种，并对其形态特征进行了描述；宁耘等（2009）记载北海市铁山港海域有矮大叶藻、二药藻、喜盐草和贝克喜盐草 4 种海草；梁士楚（2011）记载 6 种，隶属 4 科 5 属。范航清等（2011）记载 8 种，隶属 4 科 5 属。在分类学特征方面，范航清等（2007）描述了矮大叶藻、针叶藻、二药藻、喜盐草和贝克喜盐草 5 种海草的根状茎、叶、花、果、种子等的鉴别特征。在解剖学特征方面，谢伟东等（2013）对广西北部湾沿岸的矮大叶藻、二药藻和喜盐草 3 种主要海草的茎叶结构进行了解剖，发现 3 种海草的叶片结构和根状茎均有发达的气腔组织，叶肉及皮层细胞数量较少，且胞间隙明显；叶肉及皮层中夹杂有纤维群，皮层薄壁细胞均有不同程度的木质化现象；维管束结构简化，主要起机械支持作用而非输导作用；这些特征反映出海草对海洋环境中海浪和潮汐冲击、光等胁迫的高度适应。在生物量与生产力方面，李森等（2009）采用收获法和改进的 Zieman 标记法测定了北海竹林海草床二药藻、矮大叶藻和喜盐草 3 个种群的生物量和叶片生产力，得出总生物量大小顺序为：二药藻[（198.99±22.19）g DW/m^2]＞矮大叶藻[（184.89±21.24）g DW/m^2]＞喜盐草[（110.71±12.23）g DW/m^2]；二药藻、矮大叶藻、喜盐草地下部分生物量占各自总生物量的比例分别为 69.68%、47.59%、56.33%；幼叶、成熟叶、衰老叶的生物量分别是矮大叶藻（9.99±0.33）g DW/m^2、（26.24±2.34）g DW/m^2、（38.02±1.94）g DW/m^2；喜盐草（7.31±1.50）g DW/m^2、（21.19±6.25）g DW/m^2、（19.85±3.05）g DW/m^2；矮大叶藻的叶片生产力[（2.05±0.15）g DW/（m^2·d）]大于二药藻[（0.34±0.37）g DW/（m^2·d）]。邱广龙等（2013a）调查了防城港珍珠湾贝克喜盐草的种群特征及土壤种子库储量，发现不同月份间该种群的面积、覆盖率、直立茎密度、生物量、繁殖器官密度等差异明显，均呈现先增大后减小再增大的趋势；面积、盖度、地下生物量和总生物量的最高峰值出现在 10 月底，而直立茎密度和地上生物量峰值最高峰值出现在 8 月初；贝克喜盐草有明显雌蕊先熟现象，雌花发育高峰期（8 月初，5404 朵/m^2）早于雄花发育高峰期（8 月底，2189 朵/m^2）；地上与地下生物量之比值（1.95～0.53）随种群的发育而逐渐减小；在生长高峰期，贝克喜盐草种群有较大的分布面积（21.4hm^2），较高的盖度（55%）、直立茎密度（21 602 茎/m^2）及生物量（70.583g DW/m^2）；贝克喜盐草果实含种子为 1～4 粒（平均为 2.22 粒）；1 月、3 月和 4 月土壤种子库密度分别为 5749 粒/m^2、5652 粒/m^2、2728 粒/m^2，3～4 月土壤种子库种子损失率高达 104 粒/(m^2·d)。

（三）海草床地理分布及其数量动态研究

广西沿岸海草床地理分布及其面积动态研究目前主要涉及海草床的分布地点、面积及其动态变化、环境驱动因素等方面。例如，范航清等（2007）指出广西沿岸海草床面积约 640hm^2，其中合浦约 540hm^2，防城港珍珠港约 100hm^2，北海极少。黄小平等（2006）研究发现广西北部湾海草主要分布在合浦附近海域、珍珠港海域等，其中，合浦海草床主要分布在铁山港和英罗湾的西南部，基本上分成 8 块斑状分布，各斑块的面积为 20～250hm^2，总面积约 540hm^2；底质类型为细沙质；主要种类为喜盐草和矮大叶藻，还有少量二药藻和贝克喜盐草，喜盐草为优势种；珍珠港海域的海草种类主要为矮大叶藻，还有少量的贝克喜盐草，海草床面积约 150hm^2。宁耘等（2009）记载北海铁山港海域的海草床主要分布在英罗湾、山寮九合井底、榕根山、淀洲沙沙背、淀洲沙下龙尾、北暮盐场 6 个滩涂上，海草受破坏严重。蓝文陆等（2013）调查和监测合浦沙田镇附近榕根山的海草床，发现从 2001～2005 年榕根山海草床的面积从 13.3hm^2 增加到 17.1hm^2，但是 2006 年以后海草床的面积开始减少，至 2011 年面积已减少到不足 1hm^2，榕根山海草床衰退主要是由海水水质变化、互花米草入侵及鸭子放养引起的。

（四）海草生态系统服务功能及其价值评估研究

李颖虹（2004）评估了合浦海草床的服务功能及其经济价值。韩秋影等（2007a）综合运用生态经济学、资源经济学等基本理论和方法，对合浦海草生态系统的服务功能进行了价值评估，认为合浦海草生态系统服务功能主要体现在水产养殖、滩涂渔业、近海渔业、护堤减灾、气候调节、科学研究、生态系统营养循环、净化水质价值等方面，合浦海草生态系统的服务功能价值约为 6.29×10^5 元/（a·hm^2），其中间接利用价值最大，为 4.47×10^5 元/（a·hm^2），占总经济价值的 70.97%；其次为非利用价值，为 1.54×10^5 元/（a·hm^2），占 24.52%；最少的是直接利用价值为 2.84 万元/（a·hm^2），仅占总经济价值的 4.51%。

（五）海草床退化、恢复与重建研究

广西海草床退化、恢复与重建研究目前主要涉及退化成因、退化损失、恢复与重建技术、种植管理措施等方面，如黄小平等（2006，2007）认为合浦和珍珠港海域海草床生境受到的威胁主要是修建虾塘、海水养殖、围网捕鱼、毒虾、电虾、炸鱼、挖贝、耙螺、拖网、人为污染、开挖航道及台风等。范航清等（2007）认为滩涂养殖、围网捕鱼、毒虾、电虾、炸鱼、挖贝、耙螺、底网拖渔、人为污染、开挖港池航道等人为干扰，以及海平面上升、海水水温升高、台风、悬浮物等自然因素是影响海草的主要因子。韩秋影等（2007b）以海草床的食物生产、调节大气、生态系统营养循环、净化水质、维持生物多样性和科学研究功能作为指标体系，对人类活动造成合浦海草床生态系统的价值损失进行了估算，得出从 1980～2005 年，合浦海草床由于人类活动造成的价值损失为 34 657.95 万元，损失率为 71.97%；直接利用价值增加了 4452.88 万元，而间接利用价值损失为 39 110.83 万元，损失率高达 81.82%；说明合浦海草床主要服务功能已经受到了严重破坏，人类对合浦海草床的开发利用强度增大趋势明显。韩秋影等（2008）调查了利益受损渔民的接受赔偿意愿，对从事挖沙虫、挖螺渔民的补偿强度为 3443 元/（户·a）较为合适，建议采取资金补偿、智力补偿和政策补偿等多种补偿方式相结合，以保证合浦海草示范区的顺利实施。邱广龙等（2014）从草源地选择、种类配置、恢复地选择与整理、草源采集与定植及恢复后的监管措施等方面，探讨了广西潮间带海草的移植恢复技术；认为矮大叶藻、喜盐草与贝克喜盐草是最适宜作为海草移植恢复的种类；草块移植法是比较适用的方法。

（六）海草床保护与管理

广西海草床保护与管理研究目前主要涉及退化成因、退化损失、恢复与重建技术、种植管理措施等方面，李颖虹等（2007）在分析海草床退化原因的基础上，对合浦海草床的保护管理提出了加强立法执法工作、制定正确的方针和政策、积极开展宣传教育工作、加

强海草研究、建立海草信息库、鼓励居民开辟致富新渠道等措施。宁耘等（2009）认为铁山港海域海草受破坏严重，主要是人为因素和自然因素的破坏，针对破坏因素提出加强立法和执法、将海草床纳入合浦儒艮自然保护区的管理范围、广泛开展宣传教育活动、加强海草管理部门的建设、防止陆源和海源物质污染海域、加强海草研究等保护该海域海草的措施和建议。曹庆先等（2012）为了加强广西海草的保护与管理，提高了海草管理的科技水平与工作效率，设计研发了广西海草资源 GIS 信息管理平台，该平台包含基础信息维护、数据编辑、空间分析、空间查询、数据输出、系统管理 6 个子系统。邱广龙等（2013b）基于 SeagrassNet 监测方法，针对广西北部湾海草生态系统的特殊性与典型性，提出了适合于广西北部湾海草床的生态监测方案。

八、盐沼湿地研究

（一）互花米草研究

1. 生物生态学特征研究

广西互花米草研究目前主要涉及形态特征、生物量、有性繁殖、生理生态等方面及其与环境之间的关系。在形态特征方面，覃盈盈等（2009a）测定了合浦山口红树林区淤泥质、泥沙质和沙质 3 种不同生境条件下互花米草的形态因子数量特征，发现互花米草单株的形态因子以泥沙质中的长势最好，其株高、基茎、叶长、叶数的生长量均高于淤泥质、沙质中的植株。在生物量方面，覃盈盈等（2008）对山口红树林区互花米草有性繁殖期（6～11月）的生物量动态变化进行了研究，发现在繁殖初期不同营养器官的生物量随时间呈现不同程度的增加，但在繁殖后期，根、茎和叶的生物量的增长率均出现负值，其中根生物量和叶生物量的负增长导致茎生物量出现负增长；地下部分生物量远小于地上部分生物量，生物量在各器官的分配除 6 月外呈现茎＞叶＞根＞繁殖器官；地下部分生物量占总生物量的比例随着时间呈现下降的趋势，其中根系生物量比例从 6 月的 28.9%下降到 11 月的 14.0%；繁殖器官生物量的比例不大，随时间呈现增加的趋势。覃盈盈等（2009a）测定了合浦山口红树林区互花米草的生物量，得出淤泥质、泥沙质和沙质 3 种不同生境条件下互花米草的密度分别为 95 株/m^2、87 株/m^2 和 63 株/m^2，生物量分别为 578.823g/m^2、475.316g/m^2 和 219.541g/m^2。从泥沙质、淤泥质到沙质，叶、茎生物量均逐渐递减，但沙质的根生物量均值要大于淤泥质；在淤泥质和泥沙质中，各器官生物量的大小顺序都为叶＞根＞茎，但是在沙质中为根＞叶＞茎。在有性繁殖方面，覃盈盈和梁士楚（2009）探讨了合浦山口红树林区互花米草种群有性繁殖期花器数目，以及种子产量构成因子的分配对策，调查并统计不同生境条件（淤泥质、泥沙质和沙质）下互花米草种子成熟期结实器官的形态、数量特征及饱满种子的百粒重，发现单株互花米草在泥沙质生境中长势最好，互花米草结实器官各形态因子在沙质生境中生长大于在淤泥质和泥沙质生境中，但结实器官的数量特征则是以淤泥质生境中的互花米草占优势，沙质生境中的其次，泥沙质生境中的最低；3 种生境中小穗顶端的种子饱满程度远高于小穗底部；生境条件较好时，互花米草营养生长相对旺盛，但小穗的结实率下降；当生境条件较差时，情况相反。在生理生态方面，覃盈盈等（2009b）对山口红树林区壤质海滩上互花米草从午间退潮到天黑这一特定时间段，其叶片气孔导度及相应环境因子的变化进行了测定和分析，发现互花米草不同叶位的叶片气孔导度不同，在垂直方向上其排序大致呈现：植株中上部＞顶部＞中下部＞下部的趋势；叶片气孔导度与光强、叶温呈幂函数关系，与时间、相对湿度呈负指数函数关系；在相对湿度为50%～60%时，气孔导度最大，随着湿度的增加，气孔呈现关闭的趋势，气孔导度变小；互花米草植株中部的叶片对整个植株光合产物积累的贡献较大；各种环境因子对互花米草气孔的开闭存在交互作用。康浩等（2009）探讨了不同盐浓度下互花米草CO_2响应曲线及其参数的变化情况，发现盐浓度为100mmol/L时，互花米草光合作用各项参数达到最大值，说明此浓度比较适合其生长和繁殖；盐浓度高于300mmol/L时，其CO_2响应曲线、蒸腾速率（transpiration rate，Tr）、气孔导度（stomatal conductance，Gs）、最大Rubisco（ribulose-1,5-bisphosphate carboxylase/oxygenase，核酮糖-1,5-二磷酸羧化/加氧酶）羧化速率（V_{cmax}）和最大电子传递速率（J_{max}）显著低于对照组，说明高盐浓度对互花米草的生长产生了抑制作用。甘肖梅等（2009）测定了合浦山口红树林区泥沙质土壤生长的互花米草水势日变化，同步测定光量子通量密度、温度、湿度情况，并分析互花米草叶水势的变化规律及其与气象因子之间的关系，发现互花米草叶水势受光量子通量密度、气温及相对湿度的影响，其中温度对互花米草叶水势的影响最大，而光量子通量密度和湿度对叶水势的影响则相对较小，互花米草水势日变化与这3个气象因子间相关性极显著。李佳枚（2011）探讨了重金属镉对互花米草生长及生理特性的影响，发现随着镉浓度的增大，互花米草的株高、叶长、叶宽和茎粗与对照组之间存在显著差异；膜透性、丙二醛（malondialdehyde，MDA）和脯氨酸均在镉浓度为0.3mmol/L时存在低剂量效应，其后随镉浓度的增大而增大。超氧化物歧化酶（superoxide dismutase，SOD）、过氧化物酶（peroxidase，POD）和过氧化氢酶（catalase，CAT）活性随镉浓度的增加也发挥到最大程度。石贵玉等（2012）探讨了不同盐浓度对互花米草细胞膜透性、丙二醛含量和光响应曲线特征参数的变化特征，发现当盐浓度低于300mmol/L时，互花米草细胞膜透性和MDA含量与对照组无显著差异；其较高的最大光合速率（maximum photosynthesis rate，A_{max}）[＞30μmol/(m^2·s)]，表观量子效率（apparent quantum yield，AQY）（＞0.05mol/mol Photons），以及较低的暗呼吸速率（dark respiration rate，R_{day}）[＜1.5μmol/（m^2·s）]和光补偿点（light compensation point，LCP）[＜20μmol/（m^2·s）]为其有机物质积累、竞争、建立种群并扩散提供条件；当盐浓度高于500mmol/L时，互花米草膜透性和MDA含量显著上升，最大光合速率和表观量子效率显著下降，暗呼吸速率和光补偿点上升，表明细胞膜和光合作用有关酶受到迫害，抑制了其正常生长；盐胁迫下互花米草光合速率降低，但蒸腾速率的显著下降提高了单叶水分利用效率，从而部分缓解了渗透势变化对细胞的迫害，为其生存和生长提供条件。石贵玉等（2013）探讨了不同浓度镉胁迫对互花米草生理生化的影响，随着镉浓度的增大，互花米草叶、根生物量逐渐降低，膜透性及MDA、SOD、POD酶活性随着镉浓度的增加而增加，其酶抗性也发挥到最大程度。随着镉浓度的增加，互花米草的光合特性发生较大变化，净光合速率、胞间CO_2和气孔导度都下降和减少。

2. 数量动态研究

互花米草是1979年合浦县科委与南京大学合作，首先在广西东海岸合浦县山口镇山角海滩和党江镇沙蛹船厂海滩分别引种了0.67hm^{2}和0.27hm^2，目前不断向广西西海岸扩散，目前已经到达大风江口，而且面积也在不断扩大（莫竹承等，2010；潘良浩等，2016）。

3. 与红树林关系研究

李武峥（2008）调查了山口红树林区互花米草的引种、分布现状、扩散途径及趋势、所引发的生态问题，发现由于互花米草的泛滥生长，不仅侵占了山口红树林生态自然保护区内的宜林滩涂，而且部分互花米草还侵占了红树林区的边缘地域或林间空隙地，造成了互花米草与红树林争夺生存空间的严峻问题，因此提出控制和治理山口红树林区互花米草的适应性对策。

4. 对动物危害研究

赵彩云等（2014a，2014b）探讨了互花米草入侵对滨海湿地大型底栖动物的生态危害，发现不同的互花米草群落土壤中的大型底栖动物物种组成不同，如入侵 20 年以上的互花米草群落与其他互花米草群落土壤中的大型底栖动物群落结构相似度很低；大型底栖动物物种生物量随着互花米草群落入侵时间的延长而降低，且这种差异与互花米草密度显著相关（$P<0.05$）；大型底栖动物物种多样性的变化与互花米草密度显著相关。

5. 防治研究

覃盈盈和梁士楚（2008）建议采取以下措施对互花米草进行防治：物理防除，如对互花米草进行拔除、挖掘、遮盖、水淹、火烧、割除、碾埋等；化学防治，如使用对水生生物低毒的化学除草剂；生物防治，如利用昆虫、寄生虫、病原菌等天敌；生物替代技术，如根据植物群落演替的自身规律，利用有经济或生态价值的本地植物取代互花米草；综合治理，如将上述各项技术进行有机结合，在治理初期可采用机械方法和化学方法，但在长期维持上则采用有效的生态学治理技术。陈圆等（2012）分析了广西沿海互花米草的入侵历史、现存面积、分布特点、扩散速度及途径，及其对广西海洋生态系统的影响，并提出了应对互花米草扩散的措施和方法。莫竹承等（2012）为了正确实施生物替代法防除互花米草，构建由光照、盐度和土壤质地组合的生境条件，对互花米草与乡土红树林树种秋茄树和木榄进行生境适应性试验，发现在双层遮荫条件下（光照度<300lx）互花米草 90d 内便全部死亡，而秋茄树与木榄幼苗能够正常生长；秋茄树和木榄均适宜在适当遮荫和泥质土壤下生长，前者偏向于淡水而后者偏向于海水条件。

（二）茳芏研究

广西茳芏（*Cyperus malaccensis*）研究目前主要涉及形态特征、种群密度、生物量与生产力、植物化学元素等方面及其与环境之间的关系，如潘良浩（2011）对钦州茅尾海盐沼植物茳芏的株高、密度和生物量季节动态进行了测定，其中茳芏地上生物量、地下生物量和总生物量的最大值分别为（2802.3±887.0）g/m^2、（1590.8±641.8）g/m^2 和（3753.7±1022.6）g/m^2。潘良浩等（2012）分析了钦州茅尾海茳芏及沉积物有机碳、全氮和全磷的分布特征及其季节动态，发现茳芏种群有机碳、全氮和全磷含量呈现地上部分高于地下部分，有机碳含量的季节变化规律为春季和冬季低、夏季和秋季高，全氮含量和全磷含量的季节变化规律为春季和冬季高、夏季和秋季低；茅尾海茳芏生产力主要受氮元素限制。潘良浩等（2015）基于钦州茅尾海测量数据，以高度（*H*）和密度（*D*）两个形态因子作为自变量，构建了茳芏生物量估测幂函数模型。

（三）其他盐沼植被研究

除了互花米草和茳芏外，人们对广西沿岸其他盐沼植物的专门性研究很少，主要见于其他文献中的零星描述，涉及植被类型及其特征等方面，例如，李信贤（2005）描述了以沟叶结缕草（*Zoysia matrella*）、补血草（*Limonium sinense*）等为建群种的群落学特征。梁士楚等（2014）描述了以卤蕨、厚藤（*Ipomoea pes-caprae*）、海马齿（*Sesuvium portulacastrum*）、薄果草（*Dapsilanthus disjunctus*）、盐地鼠尾粟、钻苞水葱（*Schoenoplectus subulatus*）等为建群种的群落学特征。

九、河口湿地研究

（一）河口生态环境研究

广西河口湿地生态环境研究目前主要涉及地质地貌、水文、水质、沉积物等方面，如孙和平和业治铮（1987）分析了南流江河口区沉积物的特征及其分布，发现南流江河口有4个水动力区，各动力区的沉积物类型、平均粒径、碎屑重矿物含量、有机碳含量等沉积特征均受水动力强弱控制而有明显差异；三角洲沉积相可划分三角洲平原相、三角洲前缘相和前三角洲相。高振会和黎广钊（1995）调查和分析得出北仑河口动力地貌有剥蚀丘陵、残丘、冲积平原、冲积-海积平原、海积平原、沙堤、沙滩、淤泥滩、红树林滩、河口沙坝、潮流沙脊、潮沟及人工地貌。邱绍芳等（2003）通过对南流江口和北仑河口的环境变化特征分析得出，江河径流、沿岸风浪流、周期性潮流是这两个河口地区环境变化的主要动力影响因素之一，三者的叠加不但使河口的大小、位置、形态等发生变化，而且造成海（河）岸及河道的严重侵蚀。陈波等（2011）认为北仑河口的地形地貌发生了较大改变，深槽、沙嘴、拦门沙等地形在形态、大小和布局上发生了较大的变化，主航道中心线明显向北侧偏移，这主要是由自然因素与人为作用两个方面造成的，自然因素主要为风、浪、潮及径流的共同作用，人为因素主要为海岸植被减少、沙洲围垦与人工挖沙及海岸防护设施年久失修等，两大类因素相互作用，促进北仑河口的岸滩演变。郑斌鑫等（2012）、董德信等（2013）分析了北仑河口潮流和余流特征。陈敏等（2012）根据2008年对北仑河口海域16个站位的海水铜、铅、锌、镉、砷、总铬、总汞、pH、无机氮、活性磷酸盐和油类等污染因子的调查和分析，得出北仑河口海域海水水质污染较为严重，主要发生在春季和夏季，铅和汞是主要污染物，且海水存在富营养化问题（主要是氮），同时还有油类的污染威胁。陈宪云等（2015）发现北仑河口的泥沙主要来源于两个方面：一是北仑河及其周边小河径流挟沙，二是潮流和波浪联合作用掀沙；径流挟沙比潮流和波浪掀沙大；夏季汛期，由径流带入的泥沙大部分在航道附近落淤，形成河口大片浅滩；受潮流影响的主航道，偏向中国一侧，在上游供沙少的情况下，不断加大河底冲刷，造成河口北冲西淤的发展态势。

（二）河口生物多样性研究

广西河口生物多样性研究目前主要涉及浮游植物、浮游动物、大型底栖动物、游泳动物、鸟类等方面。在浮游植物方面，中国海湾志编纂委员会（1993）记载大风江口浮游植物有 48 种，其中硅藻 22 属 46 种，甲藻属 2 种。陈敏等（2011）记载北仑河口的硅藻有 144 种，隶属 56 个属，其平均细胞丰度为 8.89×10^6 个/m^3，变化范围为 $3.08\sim28.04\times10^6$ 个/m^3，3 月硅藻的平均细胞丰度最大；3 月、5 月、8～11 月主要的优势种分别为菱形藻（*Nitzschia* sp.）、翼根管藻纤细变型（*Rhizosolenia alata* f. *gracillima*）、拟旋链角毛藻、细弱海链藻（*Thalassiosira subtilis*）、中国盒形藻（*Biddulphia sinensis*）等。在浮游动物方面，中国海湾志编纂委员会（1993）记载大风江口浮游动物有 52 种，其中桡足类有 21 种，水母类有 13 种，毛颚动物有 4 种。在大型底栖动物方面，中国海湾志编纂委员会（1993）记载底栖生物有 56 种，其中甲壳动物有 18 种，多毛类和软体动物各有 11 种，底栖鱼类有 10 种。何祥英等（2012）对北仑河口红树林湿地的大型底栖动物进行了调查，发现大型底栖动物有 106 种，隶属 8 门 10 纲 46 科，其中软体动物有 49 种，甲壳类有 36 种，多毛类有 10 种，其他类有 11 种，优势种为珠带拟蟹守螺，平均生物量为 103.09g/m^2，平均密度是 196 个/m^2。许铭本等（2015）调查了北仑河口竹山沿岸潮间带大型底栖动物的生态特征，发现大型底栖动物有 63 种，其中软体动物有 29 种，甲壳动物有 18 种，多毛类有 12 种，其他类有 4 种，优势种为珠带拟蟹守螺、短指和尚蟹（*Mictyris brevidactylus*）、智利巢沙蚕（*Diopatra chiliensis*）和艾氏活额寄居蟹（*Diogenes edwardsii*）；平均生物量为 155.06g/m^2，平均栖息密度为 343.8 个/m^2；Shannon-Wiener 指数平均值为 2.27，Pielou 指数平均值为 0.48，Margalef 指数平均值为 3.53。在游泳动物方面，中国海湾志编纂委员会（1998）记载北仑河口游泳动物有 46 种，其中鱼类有 23 种，头足类有 3 种，甲壳类有 20 种。在鸟类方面，周放等（2005）记载南流江河口鸟类有 158 种，隶属 15 目 47 科，其中水鸟有 75 种，陆生鸟类有 83 种；以冬候鸟为主，共 80 种，占总种数的 50.6%；留鸟、旅鸟和夏候鸟各有 32 种、31 种和 15 种。李相林（2007）记载北仑河口及其邻近区域的鸟类有 115 种，隶属 8 目 33 科，其中留鸟 57 种，夏候鸟 11 种，冬候鸟 45 种，旅鸟 2 种。马艳菊等（2011）记载北仑河口及其附近湿地秋冬季水鸟有 46 种，隶属 5 目 9 科，其中国家Ⅱ级保护水鸟 1 种，世界濒危水鸟 3 种，39 种被列入《中华人民共和国政府与日本政府保护候鸟及其栖息环境的协定》（简称《中日候鸟保护协定》），19 种被列入《中华人民共和国政府与澳大利亚政府保护候鸟及其栖息环境的协定》（简称《中澳候鸟保护协定》）。

（三）河口红树林生态研究

广西入海河口红树林生态研究目前主要涉及生境特征、分布面积、种类组成、群落结构、演替动态等方面，例如，范航清和何斌源（2001）记载红树植物有卤蕨、木榄、秋茄树、海榄雌、蜡烛果、海漆和老鼠簕 7 种，主要群落类型有卤蕨群落、蜡烛果群落、海榄雌群落、老鼠簕群落、海漆-蜡烛果群落和海漆-蜡烛果+老鼠簕+卤蕨群落等类型。刘镜法（2005）对北仑河口、江平江口和黄竹江口老鼠簕群落的生态环境特点、分布面积、群落学特征等进行了较为系统的研究。邓晓玫等（2011）记载合浦那交河河口红树植物有 6 科 6 属 6 种，群落类型有阔苞菊（*Pluchea indica*）群落、蜡烛果群落等类型。李丽凤和刘文爱（2013）调查了北仑河口竹山海岸红树林的群落学特征，发现红树林从内滩到外滩的演替规律为蜡烛果、蜡烛果+海榄雌群丛→桐花+海榄雌-秋茄树+海漆-蜡烛果+老鼠簕+卤蕨、海榄雌+蜡烛果→蜡烛果、桐花+海榄雌；种群分布格局为蜡烛果呈集群分布，海榄雌、秋茄树、海漆、老鼠簕呈随机分布。

（四）河口恢复、重建和保护研究

广西入海河口恢复、重建和保护研究目前主要涉及生态环境、湿地植被等方面。在生态环境恢复和保护方面，陈波和邱绍芳（1999a）根据北仑河口北侧岸滩资源的保护现状提出岸滩资源保护的原则及保护的途径，建议采用人工整治和生态整治的方法稳定河道和促淤保滩，防止北仑河口北侧河岸资源流失。陈波等（2011）认为北仑河口的地形地貌发生了较大改变，深槽、沙嘴、拦门沙等地形在形态、大小和布局上发生了较大的变化，主航道中心线明显向北侧偏移，这主要是由自然因素与人为作用两个方面造成的，自然因素主要为风、浪、潮及径流的共同作用，人为因素主要为海岸植被减少、沙洲围垦与人工挖沙，以及海岸防护设施年久失修等，两大类因素相互作用，促进了北仑河口的岸滩演变。因此，提出北仑河口海岸需要增高和加固海堤，修筑丁坝和离岸堤等促淤保滩工程，防止风暴潮和巨浪等对海堤和内陆的破坏；需要加大红树林等护岸林的保护与种植力度，实施红树林生物工程；需要科学合理规划海洋工程、围垦工程及人工挖沙的选址；需要落实年久失修海堤的除险加固工程等措施来控制和削弱北仑河口航道北偏等不利影响。在湿地植被恢复与重建方面，范航清和何斌源（2001）认为应用工程方法提高滩涂高程和引入红树林新品种是北仑河口红树林生态恢复的关键。何斌源等（2014b）探讨了盐沼草-海榄雌混种减轻污损动物危害的生物防治效果，在北仑河口竹山村“五七”堤岸段滩涂上移植海榄雌与茳芏、沟叶结缕草、芦苇和水葱（*Schoenoplectus tabernaemontani*）4种盐沼草进行混种，发现沟叶结缕草和茳芏能快速生长和扩展，缓流、促淤能力高于长势较差的水葱和芦苇；海榄雌+茳芏、海榄雌+沟叶结缕草混种均可有效减轻污损动物对海榄雌苗木危害；由此认为“盐沼草-红树林协同生态修复体系”对于营造人工红树林有较高的应用价值。

十、潟湖及其动态研究

（一）潟湖的形成和演化研究

黎广钊等（1999a，1999b）通过分析北海外沙潟湖钻孔岩芯的硅藻、有孔虫和孢粉，发现全新世地层中有8个硅藻组合带，5个孢粉组合带和5个有孔虫组合；结合^{14}C测年资料与沉积物特征，认为该潟湖全新世地层可划分为早全新世、中全新世、晚全新世；植被演替为混有落叶阔叶林的亚热带常绿阔叶林→亚热带常绿林→亚热带、热带常绿阔叶林→混杂有中、北亚热带落叶阔叶林的南亚热带季风雨林→南亚热带常绿阔叶林；气候演变依次为热湿偏凉干→热湿→炎热潮湿→热湿偏凉→热湿；沉积相发展顺序为河漫滩相→河口沼泽相→河漫滩相→河口沼泽相→河口湾相→潟湖相→河口湾相→潟湖相。

（二）潟湖退化及其成因研究

徐海鹏等（1999）讨论了北海市银滩海岸旅游开发对潟湖的影响，人工干扰银滩潟湖西部因吹沙填海而成为荒沙地，潟湖东部的涨潮流不能直达湖内区，使潟湖日渐淤积，失去了岸带潟湖承受涨落潮流和调节岸带的功能，潟湖的汊道进出口航道淤浅阻塞，影响航运。翁毅和蒋丽（2008）探讨了旅游开发活动对北海银滩沙坝-潟湖景观体系及其稳定性的影响，发现在旅游活动的影响下银滩沙坝-潟湖景观发生了衰退，面积萎缩。

十一、滨海湿地环境污染与生态评价研究

（一）水体污染物及其污染程度研究

滨海湿地水体污染物与污染程度的研究目前主要涉及有机物、油类、重金属、营养盐等方面，如韦蔓新和何本茂（1989）基于 1984 年 7 月和 1985 年 1 月北海港岸段海水中环境污染物的调查资料，探讨了该岸段水域中一般有机污染物、油类、有机氯农药、汞、铜、铅、锌、镉和砷的含量分布状况，发现该岸段海水中油类含量较高，多数区域已受到了油类的污染；锌、汞和一般有机污染物含量次之，一些区域已出现轻度污染状况；有机氯农药、铜、铅、镉、砷含量较低，除个别区域外，均在国家Ⅰ类海水范围内。覃秋荣和龙晓红（2000）根据 1991～1996 年北海市近岸海域水质监测资料，认为廉州湾水质较差，受无机氮污染较重，廉州湾的营养水平明显高于南部近岸海域，部分海域属富营养类型。造成廉州湾部分海域富营养化的原因：一是南流江和大风江两大入海河流携带的陆源营养物质；二是北海市和合浦县排放的工业废水和生活污水；三是水体中有机体的分解，使营养盐再循环。宁耘（2009）根据北海市、钦州市和防城港市 1996～2008 年的入海污染物监测和统计数据，分析了入海污染物的变化情况，发现入海污染物呈现增长的趋势。蒙珍金和覃盈盈（2009）根据 2008 年 6～10 月 3 个航次的监测，分析了防城港市珍珠湾海域营养盐的变化特征，对其活性磷酸盐、活性硅酸盐、溶解无机氮、pH、盐度、溶解氧、化学需氧量和叶绿素 a 等进行了分析，发现该海域营养盐随月份呈现不同的变化规律，活性磷酸盐是浮游植物生长的限制因子；该海域属贫营养水平，水质开始受到污染。甘华阳等（2013）根据 2009 年 4～5 月对广西沿岸滨海湿地水体的调查结果，分析了水体的营养盐含量和富营养化程度，发现廉州湾西部西场海区和茅尾海区海水水体呈较严重的富营养化，大规模的海水养殖可能是造成水体严重富营养化的主要原因。李萍等（2011）根据廉州湾养殖区 2009 年 5 月、8 月、10 月和 2010 年 5 月、8 月、10 月 6 个航次的海水营养盐监测数据，分析了该养殖区生态环境中溶解无机氮和溶解无机磷的分布特征，发现廉州湾养殖区溶解无机氮和溶解无机磷（dissolved inorganic phosphorus，DIP）平均含量分别为 0.210mg/L 和 0.033mg/L；营养盐主要来源于陆源径流和养殖区自身产生的污水；秋季富营养化程度大于夏季，且富营养化程度逐年增大。雷富等（2013a）根据 2011 年 10 月从钦州茅尾海采集的 19 个海水样品，分析得出该海域海水中铜、铅、锌、镉、汞、砷的平均浓度分别为 2.2μg/L、2.3μg/L、17.4μg/L、0.13μg/L、0.047μg/L、0.43μg/L，其中海水中的铅平均含量超过国家Ⅰ类海水水质标准，各种重金属单因子污染程度依次为铅＞汞＞锌＞铜＞镉＞砷。雷富等（2013b）根据 2010 年 6 月对广西近岸海域海水中的重金属（铜、铅、锌、镉、汞和砷）的调查数据，得出该海域海水中铜、铅、锌、镉、汞、砷的平均含量分别为 1.7μg/L、1.1μg/L、19.3μg/L、0.13μg/L、0.043μg/L、1.51μg/L，其中海水中的铅平均含量超过国家Ⅰ类海水水质标准，各种重金属单因子污染程度依次为铅＞锌＞汞＞铜＞镉＞砷。姜发军等（2013）根据 2010 年 12 月对广西近岸海域海水的重金属的调查数据，得出该海域海水中铜、铅、锌、镉、汞、砷的平均含量分别为 0.7μg/L、2.1μg/L、19.9μg/L、0.05μg/L、0.071μg/L、0.76μg/L，其中海水中的铅、汞平均含量超过国家Ⅰ类海水水质标准，各种重金属单因子污染程度依

次为铅＞汞＞锌＞铜＞镉=砷。雷富等（2014）根据 2010 年 6 月从广西近岸海域采集的 46 个海水样品中，分析得出该海域中海水平均单项污染程度依次为铅＞无机磷＞无机氮=锌＞汞＞pH＞溶解氧＞化学耗氧量＞油类＞铜＞镉＞DDT＞砷＞总铬，其中铅和无机磷平均含量超过国家Ⅰ类海水水质标准，海水处于清洁状态。罗万次等（2014）根据 2011 年 11 月从广西北仑河口附近海域在大潮期采集的 20 个海水样品和在小潮期采集的 17 个海水样品，分析得出该海域在大潮期海水平均单项污染程度依次为铅＞锌＞汞＞溶解氧＞化学耗氧量＞无机氮＞pH＞铜＞油类＞镉＞无机磷＞砷＞铬，在小潮期海水平均单项污染程度依次为无机磷＞无机氮＞油类＞溶解氧＞pH＞化学耗氧量＞锌＞汞＞铅＞铜＞镉＞砷＞铬，海水在大潮期处于较清洁状态，但在小潮期处于轻污染状态。张少峰等（2014）根据 2008 年廉州湾主要排污口溶解无机氮、溶解无机磷、化学需氧量污染物排放通量，基于 FVCOM（finite volume coastal ocean model）模型建立了高分辨率的廉州湾三维潮流数值模型及溶解无机氮、溶解无机磷、化学需氧量迁移-转化动力学模型，模拟了廉州湾溶解无机氮、溶解无机磷、化学需氧量污染物浓度分布，模拟结果与 2009 年 6 月监测结果相比较具有较高的一致性。2009 年 6 月，廉州湾溶解无机氮的浓度分布呈现中部海域低、近岸海域高的特征；溶解无机磷的浓度主要是受到排污的影响，南流江口及城市排污口附近海域的溶解无机磷浓度较高；廉州湾化学需氧量受到南流江高化学需氧量排放量的影响较大，廉州湾北部海域的化学需氧量浓度要明显高于南部海域，廉州湾口门两侧浓度值较低。

（二）表层沉积物污染物及其污染程度研究

关于滨海湿地表层沉积物污染的研究主要测定重金属，少数为总有机碳、总氮和总磷的含量、空间分布、污染程度等方面，如夏鹏等（2008）通过分析 2006 年 4～5 月采集的 39 个潮间带表层沉积物样品中的重金属含量及其空间分布特征，探讨了北海潮间带沉积物中重金属的污染状况及其潜在的生态危害，发现北海潮间带重金属的平均质量分数为：锌（69.81mg/kg）＞铅（16.58mg/kg）＞铜（12.76mg/kg）＞砷（9.08mg/kg）＞镉（0.22mg/kg）＞汞（0.07mg/kg），其中廉州湾和英罗湾的重金属质量分数相对较高，而铁山湾和银滩段的相对较低，多数岸段潮间带沉积物还保持清洁状态，且其潜在生态危害较轻，多属轻微生态危害。甘华阳等（2012）基于 2009 年 4～5 月采集的样品，分析了广西沿岸滨海湿地表层沉积物中碳、氮和磷元素含量、分布及其影响因素，并评价了表层沉积物的污染状况，发现铁山港顶部、南流江口、大风江口、钦江和茅岭江口较细的表层沉积物中的总氮、总磷和总有机碳含量较高，钦江口、钦州港区、防城港、企沙港区和珍珠湾东北部的沉积物有机质含量受陆源影响较大；除了钦州湾顶部的龙门港区、大风江口中部和铁山港顶部西北角一小部分区域的表层沉积物中的总有机碳、总氮和总磷含量分别略高于 1%、550μg/g 和 600μg/g，已被明显污染，而处于最低级别或严重危害级别，会对部分底栖生物产生影响外，其他绝大部分区域都属安全级别，为清洁或部分已被轻微污染。雷富等（2013a）根据 2011 年 10 月对钦州茅尾海表层沉积物中重金属的调查数据，发现该海域表层沉积物中的铜、铅、锌、镉、汞、砷的平均含量分别为 18.1×10^{-6}μg/L、26.3×10^{-6}μg/L、56.7×10^{-6}μg/L、0.19×10^{-6}μg/L、0.056×10^{-6}μg/L、9.60×10^{-6}μg/L；重金属的污染程度呈现铜＞砷＞铅＞镉＞锌＞汞，潜在危害程度呈现镉＞汞＞砷＞铜＞铅＞锌。雷富等（2013b）根据 2010 年 6 月对广西近岸海域表层沉积物中重金属的调查数据，发现该海域表层沉积物中的铜、铅、锌、镉、汞、砷的平均含量分别为 9.5×10^{-6}μg/L、20.0×10^{-6}μg/L、39.0×10^{-6}μg/L、0.05×10^{-6}μg/L、0.05×10^{-6}μg/L、9.49×10^{-6}μg/L；重金属的污染指数呈现砷＞铅＞汞=铜＞锌＞镉，潜在危害程度呈现汞＞砷＞镉＞铅＞铜＞锌。姜发军等（2013）根据 2010 年 12 月对广西近岸海域表层沉积物中重金属的调查数据，发现表层沉积物中的铜、铅、锌、镉、汞、砷的平均含量分别为 9.3×10^{-6}μg/L、19.2×10^{-6}μg/L、28.8×10^{-6}μg/L、0.12×10^{-6}μg/L、0.047×10^{-6}μg/L、6.91×10^{-6}μg/L；重金属的污染程度呈现砷＞铅＞铜＞镉=汞＞锌，潜在危害程度呈现镉＞汞＞砷＞铅＞铜＞锌。雷富等（2014）根据 2010 年 6 月采集的 24 个表层沉积物样品的测定数据，发现该海域表层沉积物中平均单项污染指数大小顺序为砷＞石油类＞铅＞铬＞锌＞汞=铜＞有机碳＞DDT＞镉＞多氯联苯＞硫化物，平均含量单项污染指数均小于 1，主要污染物为砷、石油类、铅、铬，沉积物质量环境状况良好。罗万次等（2014）根据 2011 年 11 月从北仑河口附近海域在大潮期采集的 10 个表层沉积物样品，分析得出表层沉积物中平均单项污染指数大小顺序分别为石油类＞铅＞镉＞硫化物＞有机碳＞锌＞铜＞砷＞汞＞铬，均达到国家一类沉积物标准，主要污染物为石油类、铅、镉，沉积物质量环境状况良好。

（三）生态风险研究

陈作志等（2011）利用生态风险综合指数对广西北部湾海洋生态风险进行了评价，发现 2009 年秋季广西北部湾近岸海域生态环境质量较好，大部分生态系统风险指标等级均处于“中低”或“较低”水平，整体处于低风险状态；生态风险分布具有明显的空间异质性，离岸水域生态系统的风险综合指数较低，越靠近港湾内，风险状态等级越高。雷富等（2013a，2013b）、姜发军等（2013）评估了广西近岸海域表层沉积物中重金属污染的生态风险，认为重金属潜在生态风险性比较低，主要潜在生态风险因子为汞、砷和镉。

（四）生态环境承载力研究

石洪华等（2012）根据广西沿海 2006～2007 年的调查资料，对珍珠港、防城港、廉州湾、钦州湾、铁山港 5 个海湾的环境承载力进行了定量分析，得出环境承载力钦州湾最高，珍珠港最低，廉州湾、铁山港和防城港处于中等水平。

（五）生态环境健康评价研究

赖俊翔等（2014）根据 2011 年 11 月对北仑河口近岸海域海洋的调查资料，对该海域生态系统的健康状况进行分析与评价，得出水环境健康指数、沉积环境健康指数、生物残毒健康指数、栖息地健康指数、生物健康指数分别为 11.73、10.00、9.00、10.00、14.24，海域生态系统健康指数为 54.97，说明北仑河口近岸海域水环境和沉积环境都处于健康状态，未受到生物残毒污染，而栖息地和生物指标分别处于亚健康和不健康状态；虽然水环境判定为健康状态，但其健康指数已接近亚健康标准阈值，且已呈现富营养化。总体上，北仑河口近岸海域的生态环境处于亚健康状态。

十二、滨海湿地功能及其合理开发利用研究

（一）生态系统服务功能和价值评估研究

孟祥江等（2012）在借鉴湿地生态系统服务分类的基础上，构建了广西滨海湿地生态服务价值评价体系，对 2001 年和 2009 年广西滨海湿地生态系统服务价值进行了评价和对比分析，得出 2001 年和 2009 年广西滨海湿地生态系统生态服务总价值分别为 506.70 亿元和 328.36 亿元，2009 年湿地生态服务价值较 2001 年下降了 178.34 亿元，下降比例为 35.20%；造成湿地生态服务价值下降的主要原因是湿地面积的大幅减少，面积从 2001 年的 333 346hm^2减少到 2009 年的 261 018.11hm^2，减少了 21.70%。彭在清等（2012）利用滨海湿地生态系统服务价值评价框架体系，对北海市湿地生态系统服务价值进行了全面评价，得出 2009 年北海市滨海湿地生态系统生态服务总价值为 33.07 亿元，其中物质产品价值 10.85 亿元，生态服务价值 22.22 亿元。赖俊翔等（2013）参照《千年生态评估项目》的生态系统服务分类体系，构建了广西近海海洋生态系统服务功能体系，以 2010 年为评价基准年，采用市场价格法、替代成本法、成果参照法等评估方法对广西近海海洋生态系统的 10 个核心服务价值进行了估算，得出广西近海海洋生态系统服务总价值为 6.5228×10^{10} 元/a，相当于 2010 年广西全区国内生产总值（gross domestic product，GDP）的 6.82%，其中调节服务价值最大，占 60.87%，其次为文化服务，占 27.74%，供给服务价值较小，占 11.38%；各亚类服务价值的排序为：气体调节＞食品供给＞气候调节＞污染物处理＞旅游娱乐＞基因资源供给＞干扰调节＞科研文化＞生物控制＞原材料供给。

（二）湿地资源及其开发利用研究

有关广西滨海湿地资源及其开发利用的研究主要体现在植物资源、生态旅游、养殖业、盐业等方面。在植物资源方面，滕红丽等（2008）对广西滨海生态过渡带的药用植物及其可持续利用对策进行了研究，发现药用植物有 396 种，以清热解毒药、祛风湿药等为主，部分红树植物在民间长期作为药用，认为应保护生态过渡带药用植物的生境和多样性，在此基础上充分发掘这些药用植物在抗菌、抗病毒、抗肿瘤及促进免疫等方面的作用，培育优质药源。在旅游资源方面，邓鸿飞（1986）将北海市的旅游区划分为 3 个区域，一是大陆沿海海滨旅游区，二是东北部水库山岭旅游区，三是海岛旅游区，其中冠头岭的基岩海岸、大墩海至银滩海滩、垌尾海滩、涠洲岛的珊瑚礁和基岩海岸等属于滨海湿地；凌常荣（2003）对钦州七十二泾的旅游资源特征进行了分析和评价，将其划分为主类 7 类、亚类 12 类和基本类型 19 类，包括水域、红树林、水鸟等景观类型；程胜龙等（2010）对广西滨海旅游资源开发价值和潜在开发价值的空间分布、组合进行了定量分析，发现广西滨海旅游资源类型丰富，现实价值和潜在开发价值高，其中涠洲岛-斜阳岛、北仑河口自然保护区、北海银滩沙滩、山口红树林生态自然保护区、金滩沙滩、企沙渔港、三娘湾沙滩等旅游资源具有高开发价值和高潜在开发价值，目前已发展成为广西滨海旅游的主要景区，这些资源是广西滨海旅游建设的重点；天堂滩-蝴蝶岛沙滩、大平坡沙滩、珍珠港珍珠养殖区、涠洲岛沙滩、潭篷古运河、龙门-七十二泾旅游度假区、渔洲坪城市红树林等高潜在开发价值旅游资源，其自身蕴含的旅游开发价值还没有充分发挥出来，是广西滨海今后旅游业拓

展的主要潜在旅游区；开发价值最集中的区域主要在京族三岛、江山半岛、企沙半岛、北海市及涠洲岛等，潜在开发价值最集中的地区依次为涠洲岛、京族三岛-江山半岛区、企沙半岛、山口-沙田区、钦南-茅尾海区、三娘湾-犀牛脚区、钦州-龙门群岛区等。在养殖业方面，邓朝亮等（2004b）认为茅尾海沿岸应该成为渔业、水产养殖及水产加工的重点开发区，同时也应该成为红树林生态、湿地沼泽生态、牡蛎养殖生态特别保护区。在盐业方面，李秀存和杨澄梅（1997）利用北海竹林盐场的产量资料和相关的气象资料，分析了北海海盐生产的状况、盐产量与气象条件的关系，指出北海具有丰富的海盐生产原料资源和气候资源，并提出了增加海盐产量的措施；黄招扬（2008）以北海市铁山港区北暮盐场为例，探讨了广西海水晒盐业的发展情况，描述了北暮盐场海水晒盐工艺流程，同时针对广西海水晒盐工艺现状，提出了一些合理的开发利用建议。

十三、滨海湿地资源保护与管理研究

关于广西滨海湿地资源保护与管理的研究除了针对浅海水域、滩涂、红树林、珊瑚礁、海草床、盐沼、河口、潟湖等具体的湿地类型之外，从景观、区域或广西滨海湿地整体角度，主要体现在珍稀濒危动物、海岸工程、海洋灾害、旅游资源、生态环境保护措施与对策等方面。在珍稀濒危动物方面，邓超冰和廉雪琼（2004）分析了广西北部湾海域有儒艮（*Dugong dugon*）、中华白海豚、江豚（*Neophocaena phocaenoides*）及其他海豚等珍稀海洋哺乳动物的现状，认为过度捕捞、人为伤害、生存环境的人为缩小、海草的破坏等是儒艮、中华白海豚成为濒危物种的主要原因，建议开展基础性科学研究、做好宣传教育和加强管理工作。在海岸工程方面，庄军莲（2011）分析了广西涉海工程项目建设现状及其对海洋环境的影响，提出了严格控制填海面积、选择合理的填海方式、确保涉海工程排污达标、加强涉海工程施工及营运期环境质量状况监测与管理、采取适宜的生态补偿机制及生态修复措施等海洋环境保护建议；蓝锦毅（2011）分析了港口资源开发利用现状和港口建设对广西海洋生态环境的影响，提出了合理布局、合理施工、控制污染、制定危险品储运应急预案、采取合理海洋生态资源恢复及补偿措施等防治海洋生态环境污染的对策措施。在海洋灾害方面，陈宪云等（2013）对1949～2010年发生在广西滨海地区的主要海洋灾害及其影响进行了分析，认为风暴潮灾害最严重，造成的损失最大，直接危及国家财产、沿海人民生命生活安全及社会经济的可持续发展；其次是赤潮灾害和海水入侵灾害；气候变化与人类活动是引发这些灾害的主要影响因素，提出应采取工程与生态相结合的立体防护体系，提高海岸自然抗灾能力，将灾害损失及风险降至最低。在旅游资源方面，梁文和黎广钊（2003）、李兆华和付其建（2010）等针对北海市滨海旅游资源的特征及存在的主要问题，提出了进一步开发与保护的设想和措施，以期为北海市滨海旅游资源的开发与保护提供借鉴。李兆华等（2006）分析了广西滨海旅游发展现状和存在的问题，提出了建立我国环北部湾地区的旅游无障碍合作机制并加强与东盟各国的旅游合作、加大旅游项目与海外客源市场的开发力度、强化旅游开发中的环境保护意识、大力倡导生态旅游等对策与建议。李世玲和任黎秀（2008）通过分析北海银滩旅游度假区以往规划管理中存在的问题，以生态观念为指导，提出了以保护优先、发展个性景观、进行补偿性景观设计、合理布置观景休闲格局并推行生态管理等规划措施。戴艳平（2012）针对广西北部湾区域旅游资源特点和旅游市场的实际情况，提出应注重以差异性、相似性为基点，以区域一体化为核心，在坚持地方性和独特性、市场性与综合性相结合的原则下，探讨从规划、区域合作、滨海旅游可持续发展等方面对北部湾滨海旅游资源进行深度开发的途径。在生态环境保护措施与对策方面，李凤华和赖春苗（2007）针对广西滨海地区环境状况、存在问题及成因，提出了实施经济与环境协调发展、加强陆上入海污染源的监督管理、控制海水养殖污染、控制海上流动污染源及海洋油气资源开发污染、防止海水入侵、防治互花米草入侵、强化重点海域的综合整治和管理等保护对策。郑大雄（2010）分析了防城港市的近岸海域环境状况及环境治理项目的建设情况，提出了近岸海域生态保护的主要措施有合理规划、协调发展、把好项目准入关、做好污染源整治、加强环境执法力度、强化综合管理等。吴黎黎和李树华（2010）通过分析广西滨海湿地的现状及其退化原因，认为开垦和改造、近海污染、生物资源过度利用、生物入侵等是造成广西滨海湿地面积减少和生物多样性下降的主要原因，建议尽快完善滨海湿地生态环境保护法律法规体系、加强滨海湿地自然保护区建设、协调经济开发和滨海湿地恢复与保护、加强滨海湿地生态系统恢复技术研究等。曾广庆（2010）在分析广西滨海环境的质量状况、资源条件和承载能力的基础上，从环境保护角度提出了实施经济与环境协调发展、发展循环经济和全面推行清洁生产、健全环保管理体制和实施区域环境统一管理、加强监控和应用技术研究、加强环境宣传教育和提高全社会环保意识、建立多元化投资机制和增加环保投入等建议。陈圆和梁群（2014）通过分析广西近海生态现状和北部湾经济发展形势所形成的生态压力，指出广西滨海地区目前面临着海洋生态系统衰退严重、外来生物危害突显、气候异常生态效应显现、滨海-浅海-近海生态系统的协同退化等问题，提出了制定海洋生态文明建设战略与政策、保护和修复重要生态敏感区、加强生态监测与预警能力建设、提高机构的生态管理能力、促进可持续发展、重视科技支撑作用、提高海洋生态保护意识、加强海洋生态保护和建设的合作等建议。2014 年 11 月 28 日广西壮族自治区第十二届人民代表大会常务委员会第十三次会议通过的《广西壮族自治区湿地保护条例》为滨海湿地资源的保护与管理奠定了重要基础。

第三节　广西滨海湿地的形成条件与特点

广西滨海湿地资源丰富，类型多种多样，天然湿地和人工湿地相互交错，形成了功能作用独特的生态景观。滨海湿地的形成和发展是地质构造运动、气候变化、环境变迁及人为因素之间综合作用的结果，它是一个动态和连续变化的过程。在各种内外驱动力的作用下，滨海湿地具有多样化和复杂化的特征。

一、滨海湿地的形成条件

广西滨海湿地的形成与演替过程同时经受着自然与人为两种不同性质的驱动力的影响。滨海湿地位于海洋与陆地环境的过渡地带，因此地质地貌条件、气候条件，以及入海河流、地下水流、潮汐、波浪、潮流等海洋水文条件，在湿地的形成、发育、演替直至消亡的全过程中都起着直接而重要的作用。其中，水文条件控制着湿地的化学和生物学过程，水文条件的变化会对滨海湿地的生态环境产生决定性的影响。

（一）地质地貌条件

地质地貌因素是制约湿地形成、发育的主要因素，它既为湿地发育提供了构造背景与空间，又制约着湿地的分布与发育。地质构造奠定了海岸带地貌的基本格架，是湿地形成的基础，它控制了湿地空间分布格局。广西海岸带地处新华夏系第二沉降带的西南部分，由于新华夏系构造体系与 EW 向构造带的截接复合，NE 向和 NW 向两组断裂相互交错，把海岸带分割成许多断块和断陷盆地。特别是东兴—灵山、合浦—北流两组 NE 向压扭性断裂带及其伴生次一级 NW 向张扭性断裂构造，它们所围限的断块间发生差异活动，使区内隆起与断陷相间排列，由东向西，即沙田半岛、北海半岛、犀牛脚半岛、企沙半岛、白龙半岛，以及相间的南康断陷、南流江断陷、大风江谷地、钦州断陷、防城断陷、江平断陷。自中、新生代以来，由于印支运动、燕山运动、喜马拉雅运动的影响，断陷又经历多次的下陷和回返上升，沿着断裂破碎带及其旁侧羽状断裂发育成断陷盆地。这些地质构造运动奠定了广西海岸地貌形态的基础，特别是溺谷湾海岸地貌的形成。广西溺谷湾海岸地貌主要由铁山港、大风江、钦州湾、防城港、珍珠港构成。其特点是岸线曲折，破碎，以峡谷的形状伸入内陆。根据地貌类型，可划分台地型溺谷湾和山地型溺谷湾两种，铁山港、大风江属前者，钦州湾、防城港、珍珠港为后者。溺谷湾受构造控制，岸线走向与 NE 和 NW 向构造断裂带一致，而海平面相对上升使溺谷湾得到改造和发育。根据钻孔和 ^{14}C 资料，广西溺谷湾是在 5000～6000a 以前形成的（莫永杰，1990）。在这些溺谷湾中，湾汊众多，形成了面积大小不等、底质条件不同的潮滩，从而孕育了复杂多样的滨海湿地类型。

1. 铁山港

铁山港湾地处广西沿岸东部与广东安铺港连接。整个港湾形似鹿角状，伸入内陆 34km，湾口朝南敞开，宽阔，呈喇叭状，口门宽 32km，全湾岸线长 170km，其中人工海岸 70km 左右。海湾面积 340km^2，是广西第二大海湾。海湾地形北高南低，自陆向海倾斜，海底坡度平缓（0.5‰～2.0‰），水深 0～20m。整个海湾大部分面积水深较浅，水深小于 2.5m 的水下斜坡和潮间浅滩达 280km^2，占总面积的 82%。港湾岸线曲折、地貌发育、形态多变。其主要的地貌类型有基岩剥蚀丘陵、冲积-洪积台地、滨海沙堤、冲洪积平原、三角洲平原、海积平原、潮间浅滩、潮流深槽、潮流沙脊、水下拦门浅滩、水下岸坡、海底平原等。其中与该湾现代水动力作用有直接联系的水下动力地貌类型为潮间浅滩、潮流深槽、潮流沙脊、水下拦门浅滩、水下岸坡、海底平原 6 种类型。铁山港湾的泥沙滩主要分布于沙田和北暮以北沿海浅滩，呈长带状与海岸平行分布，总长度达 70km 以上，一般宽 0.8～1.0km，最宽达 1.5km，沙含量 63.84%～65.50%，黏土含量 17.71%～20.87%，粉沙含量 13.04%～14.69%；沙滩广泛分布于湾口东部沙田往东南沿岸和西部北暮往西南沿岸，甚至超过湾口向外延伸。其滩面较为平坦，微有起伏向海倾斜，坡度 1‰～1.5‰，沙滩一般宽 1.5～2.0km，最宽达 5.0km，湾口北暮西南沿岸的沙滩后缘为海蚀陡崖，湾口沙田东南沿岸的沙滩后缘多为沙堤，沙含量 78.03%～97.88%，砾石含量 0.57%～4.04%，粉沙含量 1.60%～18.26%；岩滩仅见于湾顶沿岸，一般宽 200～500m，位于潮间上带，其表面被潮波侵蚀成锯齿状及蜂窝状，岩性为沙质泥岩和灰岩；红树林滩主要分布于铁山港东岸沙田往北至湾顶沿岸的沙泥质海滩上，呈片状或者带状沿海岸分布，其生长密度和长势状况在各岸滩具有明显差异，大部分地带生长稀疏，局部海滩生长茂盛，尤其是丹兜湾西部沿岸红树林生长特别茂盛（中国海湾志编纂委员会，1993；邓朝亮等，2004a）。

2. 廉州湾

廉州湾位于北海半岛西北面，是由冠头岭西南岬角至大风江东岸窑头嘴连线与东北海岸围成的海域，海域面积约237km^2，是一个河口海湾，近似于半圆形，东侧为北海半岛海岸，沿岸发育有潮流深槽，北岸为南流江入口。主要地貌类型有洪积-冲积平原、三角洲平原、海积平原、沙坝-潟湖、海蚀平台、水下三角洲等。水下三角洲前缘浅滩可分为三角洲前缘浅滩、潮间浅滩和河口沙坝3种类型（刘敬合和黎广钊，1992）。廉州湾的潮间浅滩沿着海岸呈带状分布，宽窄不一，由几十米到几千米不等。潮滩特点是经常受波浪和进退潮水作用，形成一定斜度，向海倾斜，一般靠岸边的倾角在10°～12°向海方向逐渐变为2°～5°，比较平坦开阔。按其物质成分可分为三类，即砾石滩、沙滩及泥滩。砾石滩分布于冠头岭基岩海岸处，位于海蚀平台后缘。滩宽一般为20m左右。砾石直径变化甚大，最大超过8.5cm，最小不足1cm，以5～6cm居多。由于波浪作用强烈，砾石磨圆度较高，平均为0.67，圆状和椭圆状砾石占93%，在南沥一带砾石滩上发育两列砾石堤，每列由3～4个新月形砾石堤相连而成，砾石中央有大量的碎砖，直径约10cm，为次棱角至半滚圆状，说明砾石堤为现代所形成。沙滩为该湾潮间带分布面积最广的一种地貌类型，多发育于沙堤前缘，各处宽度大小不一，在地角、高德岭脚一带沙滩较窄，宽为50～100m；在南沥向东到白虎头，沙滩宽为1km多；最宽为白虎头向东至西村港，达5km。沙滩组成物质为沙颗粒，由岸向海逐步变粗。泥滩主要分布于南流江河口地区，宽度为2～4km，占潮间浅滩的1/4。泥滩上生长草木、红树植物。沿岸植物呈带状分布，向海逐渐减少。

3. 大风江口

大风江口地处钦州湾和廉州湾之间。该港湾实际上是一个脱离了河口性质的溺谷海湾，深入陆地20多千米，九河渡、青竹江、那彭江、排埠江、打吊江、丹竹江等树枝状港汊和支流使整个海湾呈指状溺谷型河口湾。湾口朝南，口门东起合浦西场的大木城，西至钦州犀牛脚大王山，口门宽约5km。全湾岸线长约110km，海湾面积约68.6km^2。大风江口是距今8000a左右的大西洋期开始接受海侵的，海水灌入大风江使之成为溺谷海湾。根据水动力因素、海水进出、冲淤形态、河谷性质等可把该湾分为3段：一为河流段，范围从平艮渡至石窑渡，该段受海水影响小，河床沉积物粗，分选差，边滩不发育，少泥滩和红树；二为河海过渡段，范围为石窑渡至槟榔墩，特点是受到潮水作用，发育有边滩和心滩，淤泥滩及红树林滩；三为湾口段，该段潮水大量进出，沿岸发育沙堤和海积平原，海滩比较宽阔，海底发育潮成深槽和拦门沙坝等。该潮成深槽延伸至湾口外，呈S状分布，全长约16km，宽300～1000m，深5～10m。整个河口湾水深较浅，水深小于2.5m的水下浅滩和潮间浅滩约占河口湾总面积的85%，潮间浅滩在北部、中部较窄小，一般宽300～500m；南部较宽，一般为1～3km，至口门处最宽达5～6km。潮间浅滩主要为沙滩和淤泥滩，分别占潮间浅滩总面积的33.4%和34.9%，其次为沙泥滩，占26.7%；而岩滩和红树林滩所占面积甚少，分别为2.2%和2.9%（中国海湾志编纂委员会，1993）。

4. 钦州湾

钦州湾位于广西沿岸中段，由内湾（茅尾海）和外湾（钦州湾）所构成，中间狭窄，两端宽阔，东、西、北三面为陆地所环绕，南面与北部湾相通，是一个半封闭型天然海湾。该湾口门宽 29km，纵深 39km。全湾海岸线总长 336km，海湾面积为 380km^2，其中滩涂面积为 200km^2。钦州湾的地质构造和地貌类型均较复杂，主要受 NNE 向压扭性断裂和 SSE 向张性断裂的影响，岩层破碎、河流切割及冰后期海侵，导致湾内岛屿星罗棋布，港汊众多，岸线曲折，形成了溺谷型海湾。该湾中部龙门岛是龙门港所在地。龙门港的东面岛屿较多，其周围水流通道基本无泥沙浅滩，多为岩岸深水水域；而龙门港的西面，岛屿数量则少于东面，但潮流汊道多，形成较多的小型海湾，湾内浅滩发育；龙门港的北面茅尾海有茅岭江和钦江注入。其中茅岭江年均径流量为 15.97 亿 m^3，年均输沙量为 31.86 万 t；钦江年均径流量为 11.69 亿 m^3，年均输沙量为 26.99 万 t。上述两河携带来的泥沙，在河口区附近沉积而不断地向海推进，形成大片沙质和泥质浅滩，面积约达 1.1×10^4hm^2，而外湾两侧沿岸形成浅滩，约 0.9×10^4hm^2。该湾中部龙门港以南的出口处，潮流深槽与潮流沙脊相间，呈辐射状向海方向展布，形成潮流三角洲。钦州湾的潮滩主要见于钦州湾的内湾茅尾海沿岸，潮滩宽 5.7km，坡度小于 1‰。在湾的“颈部”果子山一带，潮滩宽度变窄，坡度略有增加，为 2.8‰。根据沉积物的特征又可将潮滩划分出低潮滩、中潮滩、高潮滩，自低到高沉积物由粗变细，泥质含量增高，分选性由好到差又略变好。高潮滩往往生长莎草和红树。茅尾海顶部南定坪一带的潮滩最上部因有人工围垦而无潮上带，而在果子山潮滩的潮上带则为 20～60m 的海蚀平台（中国海湾志编纂委员会，1993）。

5. 防城港

防城港位于北部湾北部顶端，湾口朝南，口门东是企沙半岛，西为白龙半岛，北属丘陵所环绕。NE—SW 走向的渔沥岛将海湾分为两部分，东部为暗埠口江水道，西部为防城港。湾口宽 10km，全湾岸线长约 115km，海湾面积约 115km^2，该湾大部分海域水深较浅，滩涂宽阔。该港湾及其附近海域沿岸滩涂面积达 1.77×10^4hm^2。防城港是在持续性区域隆起，河流沿构造线的侵蚀切割及冰后期海平面迅速上升，在波浪、潮流、河流的共同作用下形成的。该湾的水下地貌类型主要为潮成深槽和水下拦门沙。潮成深槽在口门附近呈 Y 形分叉，一道向东北伸展到暗埠口江，长 7km，宽约 1km；另一道由西北转北向延伸到防城港码头，长 8km，宽约 0.7km。潮成深槽水深一般 6～9m，汊口处最深，达 13m。海湾西北部有防城河注入，该河流年平均径流量为 17.9 亿 m^3，年平均输沙量为 23.7 万 t。防城港湾沿岸的潮间浅滩根据组成物质的成分不同，可进一步划分为淤泥滩、沙滩和沙泥滩等。其中，淤泥滩主要分布于该港外湾暗埠口江东西两侧，宽阔平缓，一般宽为 1～3km，最宽为 4～5km。其沉积物由岸向海逐渐变粗，即由淤泥过渡为沙泥混合带和沙带。在淤泥滩上一般生长有较多红树林。沙滩见于该港湾东南高岭仔以南和西南岸牛头村至大坪坡一带沿岸海滩，一般宽 1～2km，最宽处达 5km，向海倾斜坡度一般小于 3°，组成物质为浅黄色、浅灰色、灰白色细沙和细中沙夹少量贝壳和小砾石。沙泥滩多见于该港内湾的潮间带，其宽度大小不等，一般为 0.5～1.0km，最宽约 2km，组成物质为沙-粉沙-黏土（中国海湾志编纂委员会，1993）。

6. 珍珠港

珍珠港位于广西沿海西部，东与防城港毗邻，西靠与越南交界的北仑河口。整个海湾呈漏斗状，东部、北部丘陵直逼海湾，西部由沙堤或海堤所围，仅南面湾口与北部湾相通。口门西起沥尾岛的东头沙，东至白龙半岛的白龙台，口门宽约 3.5km。全湾岸线长约 46km，其中礁石岸线 10km，基岩岸线 10km，沙质岸线 3km，石砌岸线达 23km。港湾面积约 94.2km^2，其中滩涂面积约达 5333.3hm^2。该湾是由于新构造运动和冰后期海面上升，以及在波浪、潮汐、海流、河流和风等营力的共同作用下而形成的，其形成年代距今 6000～8000a。地貌特征上东侵西堆，港湾东岸为一系列海蚀海岸，且有 10 多个岛屿分布，西岸形成海积海岸。湾的顶部有江平江、黄竹江注入，河流带来的泥沙，细者（淤泥）被退潮流携到湾外海区；粗者（沙质）沉积于河口，并不断向湾中延伸，导致珍珠港日益淤浅，形成大面积沙质浅滩。珍珠港潮间浅滩据组成物质成分不同，可将其划分为沙滩、沙泥滩和基岩滩。其中，沙滩主要分布于该湾的西部和北部沿岸滩地，在大潮低潮时大面积露出，宽 3.5～6.0km，其面积约占整个港湾面积的 45%，为 40km^2，其物质组成为中细沙、粗中沙，含有小砾石和贝壳碎片。沙质淤泥滩主要分布于该湾东北部鬼老埠至万松一带和北部江平河河口两侧沿岸滩地，宽 1.0～2.0km，其面积约为 12km^2，占该湾面积的 13.3%，其物质组成为青灰色中细沙质黏土，在沙质淤泥滩中大部分生长有较为茂密的红树林。基岩滩主要分布于该港的东部白龙半岛沿岸海蚀陡崖之下，宽 0.1～0.3km，所占面积很小（中国海湾志编纂委员会，1993）。

（二）气候条件

气候是湿地形成和性质的决定性因素之一，不同气候区水热条件的差异，直接或间接地影响到湿地的形成和发育。例如，气温直接地影响着湿地生物物种的生长发育及其地理分布；降水量通过形成入海的地表径流，影响着近岸和河口水域的水文、沉积及沉积物性质、潮滩湿地潜水位等，而间接地影响滨海微地貌形态及湿地类型和性质等。广西滨海地区位于北部湾，气候属南亚热带海洋性季风气候，各地的年平均气温为 21.1～24.2℃，全年最热月（7 月）最高气温为 35.8～38.4℃，最冷月（1 月）最低气温为–1.8～2.9℃，多年平均降水量为 1385.4～2770.9mm。这种气候条件为广西红树林湿地和珊瑚礁湿地的发育奠定了基础。红树林是分布于热带亚热带海岸潮间带的木本植物群落，全世界的红树林大致分布于南、北回归线之间，主要分布在印度洋及西太平洋沿岸。若以子午线为分界线，可将世界红树林分成东方及西方两大分布中心：一是分布于亚洲、大洋洲和非洲东海岸的东方群系（oriental formation），以印度尼西亚的苏门答腊和马来半岛的西海岸为中心；二是分布于北美洲、西印度群岛和非洲西海岸的西方群系（occidental formation）。红树林的分布和生长受温度、洋流、波浪、盐度、潮汐、底质等多种因素影响。气候条件特别是温度是制约红树植物分布的主导因子。Walsh（1974）认为红树林生长适合的温度条件是：最冷月均温度高于 20℃，且季节温差不超过 5℃的热带型温度。红树林中心产区气温为 25～30℃。由于温暖洋流的影响，有些种类可以分布至亚热带。例如，我国的红树林自然分布最北界是福建省的福鼎（27°20′N），年平均气温度高于 18.5℃，最冷月均温度为 8.4℃，只有 1 种红树植物——秋茄树，通常都呈灌木状，植株高度在 1m 左右。可见随纬度提高而温度下降，特别是最冷月平均气温，是影响红树林分布和生长的主要因子（林鹏，1997）。珊瑚礁是在潮下带由珊瑚虫分泌碳酸钙构成骨骼，经过逐年不断堆积而形成的。珊瑚的生长对气候条件要求比较严格，珊瑚生长的最低温为月平均13℃，最高温为月平均31℃。

（三）海洋水文条件

滨海湿地发育于海洋和陆地环境的过渡地带，海水温度、盐度、海流、潮汐、海浪等水文条件，在湿地的形成、发育、演替直至消亡的全过程中起着直接且重要的作用。例如，潮位的升降不仅直接引起潮水周期性作用于滩面，而且通过影响潮滩湿地潜水的水位和水质，控制着潮滩湿地土壤的性状和发育方向，进而影响植被的生长和更替，决定生态演替的趋向。潮滩湿地潜水主要由海水补给，其次是大气降水和陆地地表水补给，两者的补给强度取决于海洋、陆地水文条件和滩面微地貌特性（杨桂山等，2002）。因此，滨海湿地有以海水补给为主的湿地类型、有以海陆水混合补给的水位近地表的湿地类型、有以海水补给为主的水位近地表或间断积水的滨海浅洼地类型等。

1. 海水理化性质

红树林中心产区年均海水温度为24～27℃。珊瑚礁是在潮下带由珊瑚虫分泌碳酸钙构成骨骼，经过逐年不断堆积而形成的。珊瑚的生长对环境条件要求比较严格，适合珊瑚生长的水温一般为18～30℃，最适水温为25～29℃或25～30℃；海水盐度是27～40，最适宜盐度是34～36。广西珊瑚主要分布区——涠洲岛的海面温度为23.8～25.5℃。

2. 海浪

海浪是指海水在外力作用下水质点离开平衡位置作周期运动、水面呈周期起伏并向一定方向传播的现象，其动力来源于海风、气压变化等。广西沿岸海浪主要是由风力对海水表面的直接作用所产生的风浪、从外海传送而来的涌浪和混合浪组成，以风浪为主，波浪随季风变化较为明显。多年平均的风浪频率为97%～100%，涌浪频率为9.6%～33.2%，混合浪频率为9.2%～33.9%。全年以由冬、夏季风所引起的海浪占主导地位。沿岸海浪的常浪向为北到东北和南到西南向。波高较小，多年平均波高0.3～0.6m，最大波高为5m（涠洲站）（广西大百科全书编纂委员会，2008b）。海浪是直接参与滨海地貌形成的主要动力因素之一，其能量使海岸受侵蚀后退、堆积淤长、海底泥沙移动等。例如，北海沿岸风向具有明显的季节性，冬春盛行北—东北风，夏秋盛行南—西南风，风向与北海半岛两侧岸线走向基本垂直，因此北向和南向风及其激起的风浪是半岛两侧海岸泥沙搬运和海岸地貌塑造的主要动力，而使用沿岸松散的北海组和湛江组地层受波浪冲刷后退成为海岸物质的主要来源（莫永杰，1988a）。据测定，东部海岸的年平均输沙率达15.96m^3，西海岸为14.20m^3，形成了平行于海岸的沙堤及分布于湾口或河口的拦门沙，如大风江口拦门沙、防城港的拦门沙、钦州湾口的散顶沙等。在基岩海岸，由于受波浪的作用，往往形成海蚀平台、海蚀崖和海蚀洞等，并且在迎风面受侵蚀，背风面接受堆积，如涠洲岛南岸形成高达40～50m悬崖，海蚀洞深达60m；而在北岸，岸坡和缓，海滩岩相发育，出现生物堆积海岸（广西壮族自治区地方志编纂委员会，1994）。

3. 潮流和余流

在月球和太阳引力作用下，海洋水面产生周期性的涨落现象。习惯上，把海面垂直方向涨落称为潮汐，而海水在水平方向的流动称为潮流。广西实测海流包含潮流（周期性的海流）和余流（非周期性的海流）两个主要部分，其特点是：①主要属往复流，流向大致与岸线域河口湾内水槽的走向相一致；②潮流受地形影响显著，最大潮流流速为25节；③全日分潮较半日、浅水分潮效应大得多，但当潮波传至近岸区后，浅水分潮有较大的变化；④余流分布西部大于东部，夏季大于冬季，表层大于底层；最大余流位于白龙半岛外侧，为0.66节，余流与季风、径流、地形有很大关系；⑤冬夏季表、底层余流分布大多具有相同的模式（广西大百科全书编纂委员会，2008b）。北部湾沿海属强潮海岸，近海港湾具有潮流流速大的特点，特别在湾口处，落潮流速大于浅海流速好几倍，潮流作用的结果，往往形成多个相互平等的线型沙体——潮流脊，如铁山港口门形成7条线型的潮流脊。其长轴与潮流方向平行，长2.2～7.7km（广西壮族自治区地方志编纂委员会，1994）。潮流和余流对水体及其携带物质的运移有重要意义。

4. 海平面变化

广西沿海最老的古砾石层和滨海沙层分布于企沙以东、天堂坡、巫头、西场一带，在天堂坡钻孔中，与古砾层属于同一层位的泥沙层所含植物残体，经^{14}C测定，其年代为（36 000±7400）a，大致可作为该古海岸的时代，当时海平面位置与现代海面接近，为一高海面时期。在北海市打席村沙堤下伏的黑色淤泥层，其^{14}C年代为（7144±141）a，该层未发现海相微体化石，可见在7000a前海水尚未进侵到现代海岸附近（广西壮族自治区地方志编纂委员会，1994）。据陈俊仁和冯文科（1985）对南海北部–20m古海岸线的研究，约9000a以前，北部湾海面比现在还低20m左右，海岸线约在现20m水深处，当时的涠洲岛为一连陆岛。冰后期海进的时间约距今6000a，当时的海岸线沿古海蚀崖分布，在岬角湾内海水进侵到湾顶，如南流江和钦江三角洲地区均为宽阔的河口湾。后来，随着世界海平面上升速度逐渐减少，为北部湾沿岸的海退提供了条件，主要表现为沿岸沉积率超过海平面上升速度而发生沉积。海退的速度和表现各地不同，三角洲地区泥沙丰富，河口湾迅速被充填，形成较厚的沉积层和宽阔的三角洲平原，使河口海湾转变为陆地，如南流江、钦江三角洲。在岬角湾地区海域，因泥沙来源少，虽有充填却基本保持原貌，沿岸只形成堆积体。这些地质历史上幅度比较大的海平面变化对滨海湿地的形成和分布影响比较大。近年来，随着全球气候变暖、极地冰川融化、上层海水变热膨胀等原因引起的全球性海平面上升，广西沿海平均海面也呈现逐年增高的趋势，但增幅不大，一般每5a增加1～2cm（张桂宏，2009），这对于广西沿岸滨海湿地的影响是有限的。

5. 潮位变化

潮位，又称潮水位，是指受潮汐影响周期性涨落的水位。潮位及其相关的海洋水文条件对潮滩湿地的形成起决定作用。潮位的升降不仅直接引起潮水周期性作用于滩面，而且通过影响潮滩湿地潜水的水位和水质，控制着潮滩湿地土壤的盐分和养分及其湿地植被的发育与演替方向（杨桂山等，2002）。离河口较远的潮滩湿地潜水主要由海水补给。平均大潮高潮线以下的潜水水位主要受潮位变化的影响，平均大潮高潮线以上潜水水位既受潮位影响，同时又受地表水水位的影响。潜水与海水之间存在着密切的水力联系，潮位高对应的潜水水位高，潮位低对应的潜水水位也低，而潜水的矿化度直接影响潮滩湿地土壤的发育和植被的更替（张志忠，2007）。以潮汐影响下常年或周期性被咸、淡水淹没的水分状况作为主导因子进行划分，广西滨海湿地可以划分为潮上带湿地、潮间带湿地和潮下带湿地三大类型。

（1）潮上带湿地

潮上带（supratidal zone）是指平均大潮高潮线向陆地延伸到特大高潮所能影响的区域。潮上带平时暴露于大气中，不被海水浸泡，但受到含盐分的海风或雾影响，只有当特大潮或风暴潮来临时，才被海水暂时性淹没，也可以被激浪海水溅到，其生物相基本上属于陆相。在潮上带，由于成因和岩性的差异，产生了不同的地貌形态，如海蚀崖、滩脊、沙丘、阶地及湿地等。其中，除湿地主要经受水和生物的作用之外，它们的共同点都是经受风化和侵蚀作用，其外动力因素主要是风和降水。因此，潮上带中的那些生长着中生植物或旱生植物的沙丘、滩脊、阶地或平原等区域不属于湿地，而那些地下水位接近地表、土壤潮湿、季节性或暂时性积水的区域则属于湿地。常见的湿地类型一是以木麻黄（*Casuarina equisetifolia*）等为建群种的木本湿地；二是以厚藤、沟叶结缕草、薄果草、补血草等为建群种的草本湿地。必须指出的是，厚藤、木麻黄等在潮上带中生，甚至旱生的现象也比较常见。一些区域也见有以黄槿、桐棉、海杧果等半红树植物为建群种的群落存在。

（2）潮间带湿地

潮间带（intertidal zone）是指平均大潮高潮线到平均大潮低潮线之间的区域。涨潮时，潮间带被水淹没；退潮时，潮间带露出水面。根据潮汐活动的规律，潮间带又分为下列 3 个区：①高潮区，该区位于潮间带的最上部，上界为大潮高潮线，下界是小潮高潮线，这个区域被海水淹没的时间相对较短，只有在大潮时才被海水淹没；②中潮区，该区占潮间带的大部分，上界为小潮高潮线，下界是小潮低潮线，是典型的潮间带区域；③低潮区，上界为小潮低潮线，下界是大潮低潮线，大部分时间浸在水里，只有在大潮落潮的短时间内露出水面。不同区域潮间带所受到的动力作用及相应的泥沙运动各有不同，它们的共同特点是处于海水有规律的、间歇性淹没的环境中。如果受到大陆径流和地下水补给的混合，沿岸海水会变成半咸水。河口输出的泥沙、沿岸流从侵蚀岸段带来的泥沙，以及潮流、海浪从大陆架上带来的泥沙，在适宜岸段堆积下来。因此，潮间带湿地主要是在现代沿岸流、潮流和海浪的搬运、堆积和冲刷作用下形成的。在潮间带中发育的湿地类型主要有基岩海岸、沙石海滩、淤泥质海滩、盐水沼泽、红树林沼泽、海岸性咸水湖等。

（3）潮下带湿地

潮下带（subtidal zone）是指平均大潮低潮线以下向海延伸至破波带外界之间的区域。低潮线以下至海浪作用基面之间的海底，按海浪作用的特点可以分为两个部分，一是低潮线至碎波线之间，也可称碎波带，这一区域由于海浪破碎而引起水体的强烈涡动，加上潮流等水流的作用，对海底泥沙运动和海底剖面的形成影响较大；二是碎波线以外至波基面之间，这一区域因海浪作用引起的海水涡动尺度相对较小，对泥沙活动及海底地形的影响不十分明显。这两个区域的共同点是，都处于海水淹没的环境下，其外动力因素主要是海浪和潮流，以及某些沿岸流、裂流（rip current）等。潮下带湿地发育在低潮线以下水深 6m 内的水域，主要类型有河口水域、浅海水域、海草床、珊瑚礁等。

（四）陆地水文条件

水深 0～6m 的浅海区是滨海湿地的重要组成部分，是一个独特的生态系统，其特点是淡水径流与海水的混合，并伴随有物理、化学和生物的复杂过程。因此，陆地水文条件对滨海湿地的形成和发展具有重要作用。例如，河口湿地的形成主要是由于河流和海洋，以及河流入海的相互作用。河流注入海洋，两者因水体混合而引起含盐度、密度、生物、化学等一系列变化，由此影响到河口区域的水动力与沉积状况。河口区域的沉积物主要来自 3 个方面，一是潮流和海浪从区域外海带来的；二是潮流和波浪对河口海岸侵蚀产生的；三是入海河流带来的。因此，河口区域既是径流、潮流等各种动力作用的消能区，也是大量泥沙的堆积地区。例如，若涨潮流速大于落潮流速，海域泥沙可输进口门；若落潮在河流入海口处，由于河水受到海水的顶托流速变缓，以悬移质的形式被河水搬运的细沙、粉沙和泥等在河口处沉积下来。同时，由于海水中电解质与河水中溶解质的中和作用也会在河流入海口处形成化学沉积。由于沉积作用旺盛，在河流入海口处往往形成河口三角洲。广西沿岸入海河流主要有南流江、大风江、钦江、茅岭江、防城江等（表 1-3），根据多年水文观测资料统计，每年从陆上携带约 174 万 t 泥沙入海，加上江平河、北仑河、那交河及沿岸众多的溪流，推算每年至少有 200 万 t 泥沙被搬运入海，大量的陆源物质对滨海湿地的形成提供了有利的物质条件（黎广钊等，1988）。由于入海河口是位于河流与海洋交汇处，河口区从上游段到下游段，根据盐度的不同，依次分布有潮汐淡水、潮汐半咸水（或微咸水）沼泽湿地及潮汐咸水湿地，如盐沼、红树林等。

（五）海岛

广西沿海岛屿众多，按其成因可分为大陆岛、冲积岛和火山岛三类。大陆岛原是大陆的一部分，在冰后期由于海平面上升，低洼的地方被海水淹没，较高的地方露出海面而成为岛屿，如防城港渔沥岛、钦州七十二泾群岛等。冲积岛是因河流携带沙泥遇海潮顶托，在河口附近沉积而成，以南流江口的七星岛为代表。火山岛是由海底火山爆发喷出的熔岩物质堆积而成，以涠洲岛和斜阳岛为代表。这些岛屿同样也发育了各种类型的滨海湿地，如涠洲岛发育有珊瑚礁湿地；分布于广西海岛的红树林植物有卤蕨、木榄、红海榄、秋茄树、海榄雌、蜡烛果、海漆、老鼠簕、银叶树、水黄皮、黄槿、榄李、苦郎树、海杧果 14 种，群落类型有海榄雌林、秋茄树群落、蜡烛果群落、木榄群落、老鼠簕林、海漆林、海杧果林、银叶树林 8 个群系（宁世江等，1995）。

（六）人为活动

人类活动也是影响滨海湿地形成的主要因素之一，如人类活动由于造成自然湿地形成的影响因素或形成条件的改变而影响湿地的形成和发育。人为活动对广西滨海湿地的形成主要体现在如下 3 个方面：一是海岸工程设施建设，如填海工程、防护堤工程等，使附近海域的水动力学及沉积作用发生了变化，区域微地貌相应地发生改变，从而有利于湿地的发育和形成；二是人工围垦养殖，海水产养殖是广西滨海地区的主要经济支柱之一，同时由于人口密度大，水产食品需求量大，导致人工围垦养殖塘多，许多沿海滩涂被开发为水产养殖场，从而形成了大面积的人工湿地；三是人为引种湿地植物，如互花米草在广西海岸滩涂引种后，因其繁殖及扩散能力强，迅速地形成草本盐沼，而且其分布地点和分布面积不断增加。这些人为活动往往也会造成原有湿地的减少甚至消失，如黄鹄等（2007）利用广西沿海不同时段的影像、地形图及历史航空像片，通过对广西沿海滩涂近 50a 来的变化分析，发现：①在 1955～1998 年的 43a 间，经历了滩涂面积加速递减（1955～1977 年）、滩涂面积变化基本不变（1977～1988 年）、滩涂面积再次递减的 3 个阶段（1988～1998 年）；②滩涂面积变化最大的是沙砾质滩涂，其次是红树林滩涂，这两类滩涂面积减少最多、递减速率最快，这与人类开发活动有关；③珊瑚碎屑滩涂保持不变，岩滩略有减少，这可能是因为这两种滩涂目前对人类经济活动的利用价值不大，故受人类活动干扰程度最小。

二、滨海湿地的特点

（一）湿地类型复杂，数量分布不均匀

根据国家林业局 2008 年 12 月编制的《全国湿地资源调查技术规程（试行）》，我国湿地可以划分为近海与海岸湿地、河流湿地、湖泊湿地、沼泽湿地、人工湿地五大类及 34 个湿地型，其中近海与海岸湿地，即滨海湿地，有 12 个湿地型。广西湿地可以划分为近海与海岸湿地、河流湿地、湖泊湿地、沼泽湿地、人工湿地五大类及 24 个湿地型。除了海岸性淡水湖之外，其他滨海湿地类型，即浅海水域、潮下水生层、珊瑚礁、基岩海岸、沙石海滩、淤泥质海滩、潮间盐水沼泽、红树林、河口水域、三角洲/沙洲/沙岛及海岸性咸水湖，在广西海岸都见有分布。广西湿地总面积为 754 270.07hm^2，其中滨海湿地类型 258 985.21hm^2，占广西湿地总面积的 34.34%。由表 2-1 可知，广西滨海湿地各种类型的大小顺序为：浅海水域＞沙石海滩＞河口水域＞红树林＞三角洲/沙洲/沙岛＞淤泥质海滩＞潮下水生层＞潮间盐水沼泽＞基岩海岸＞珊瑚礁＞海岸性咸水湖。浅海水域占据最大面积，有 171 177.68hm^2，占滨海湿地总面积的 66.10%，其次是沙石海滩，有 46 903.56hm^2，占 18.11%；再次是河口水域，有 15 623.26hm^2，占 6.03%；海岸性咸水湖，即潟湖，面积最小，为 8.06hm^2，仅占 0.003%。

表 2-1　广西主要的湿地类型及其面积

湿地类	湿地型	湿地型面积/hm^2	湿地型比例/%	湿地类面积/hm^2	湿地类比例/%
近海与海岸湿地	浅海水域	171 177.68	22.694	258 985.21	34.334
	潮下水生层	537.29	0.071		
	珊瑚礁	240.08	0.032		
	基岩海岸	356.09	0.047		
	沙石海滩	46 903.56	6.218		
	淤泥质海滩	7 045.42	0.934		
	潮间盐水沼泽	431.35	0.057		
	红树林	8 780.73	1.164		
	河口水域	15 623.26	2.071		
	三角洲/沙洲/沙岛	7 881.69	1.045		
	海岸性咸水湖	8.06	0.001		

续表

湿地类	湿地型	湿地型面积/hm²	湿地型比例/%	湿地类面积/hm²	湿地类比例/%
河流湿地	永久性河流	259 475.87	34.401	268 939.88	35.656
	季节性或间歇性河流	1 499.80	0.199		
	洪泛平原湿地	7 964.21	1.056		
湖泊湿地	永久性淡水湖	4 436.21	0.588	6 282.94	0.833
	季节性淡水湖	1 846.73	0.245		
沼泽湿地	藓类沼泽	51.91	0.007	2 354.35	0.312
	草本沼泽	2 031.38	0.269		
	灌丛沼泽	122.10	0.016		
	森林沼泽	148.96	0.020		
人工湿地	库塘	173 478.67	23.000	217 707.69	28.864
	运河/输水河	2 226.66	0.295		
	水产养殖场	39 516.83	5.239		
	盐田	2 485.53	0.330		
	合计	754 270.07	99.999*	754 270.07	99.999*

注：资料来源于国家林业局（2015）

*合计不等于 100%是因为有些数据进行过舍入修约

（二）生物海岸湿地特色鲜明

生物海岸是一种特殊的海岸类型，在潮间带或潮下浅水区生长有相当规模的生物群落，对海岸动力、沉积和地貌过程产生显著影响或成为海岸发育的主导因素（张乔民等，2006）。典型的生物海岸湿地包括珊瑚礁湿地和红树林湿地。根据国家林业局 2001 年的调查数据，我国的红树林总面积 22 872.9hm²，其中广东 9084.0hm²、广西 8374.9hm²、海南 3930.3hm²、福建 615.1hm²、香港 510.0hm²、台湾 278.0hm²、澳门 60.0hm²、浙江 20.6hm²（廖宝文和张乔民，2014）。广西的红树林湿地主要有英罗湾、丹兜湾、铁山港、廉州湾、钦州湾、防城港、珍珠港等，这些港湾因有红树林保护，湾内波浪相对较小、潮流流速降低，淤泥质海滩比较发育。广西的珊瑚礁湿地主要分布在涠洲岛，斜阳岛和白龙尾沿岸也有珊瑚分布，但是种类比较少，而且分布稀疏，没有形成珊瑚礁。

（三）海岛湿地占据一定比例

根据孟宪伟和张创智（2014）文献记载，广西沿海岛屿共有 709 个，海岛总面积 155.59km²，岸线总长 671.17km，0m 等深线以上的滨海湿地面积 48 438.16hm²，其中自然湿地面积 32 595.76hm²，人工湿地面积 15 842.4hm²；海岛滨海湿地面积占广西海岸带滨海湿地总面积的 25.95%。广西海岛湿地生物资源主要有红树林、珊瑚礁、浮游动植物、底栖生物、游泳动物、鸟类等。例如，广西海岛红树林植物有 11 科 14 属 14 种，主要分布于钦州茅尾海东北部沙井岛、龙门七十二泾海岛群、大风江河口湾北部、北海市南流江河口南域围、更楼围、七星岛南部沿岸，防城港市西湾的长榄岛南部沿岸，在铁山港湾、金鼓江、防城港湾东湾的小岛及龙门岛的岛缘亦有红树林分布。涠洲岛-斜阳岛海岛区有浮游植物种类25种，浮游动物种类41种，潮间带生物109种，底栖生物279种，游泳动物80种，造礁石珊瑚10科22属46种，鸟类50科179种；钦州湾海岛区有浮游植物43种，浮游动物83种，潮间带生物85种，底栖生物53种，游泳动物40种；防城港湾海岛区有浮游植物38种，浮游动物23种，潮间带生物26种，底栖生物25种，游泳动物30种；大风江河口湾海岛区有浮游植物48种，浮游动物46种，潮间带生物33种，游泳动物20多种；廉州湾南流江河口海岛区有浮游植物种类66种，浮游动物75种，潮间带生物37种，底栖生物21种；铁山港湾海岛区有浮游植物52种，浮游动物15种，潮间带生物19种，底栖生物15种；珍珠港湾海岛区有浮游植物种类46种，浮游动物40种，潮间带生物66种，底栖生物84种（广西壮族自治区海洋局和广西壮族自治区发展和改革委员会，2011）。

（四）人工湿地以海水养殖塘为主

广西滨海人工湿地主要有盐田和海水养殖塘。其中，盐田面积4634hm^2，海水养殖塘面积34 091hm^2，各海岸段均有分布（孟宪伟和张创智，2014）。

（五）湿地生物多样性高，蕴藏着丰富的资源

广西滨海湿地生物种类丰富，主要有藻类植物、被子植物、浮游动物、底栖动物、珊瑚、鱼类、爬行动物、昆虫、鸟类、哺乳动物等生物类群。例如，广西红树林区中，藻类植物有23科59属238种，浮游动物有20科22属26种，底栖动物有72科124属184种，鱼类有41科81属125种，昆虫有99科222属297种，蜘蛛12科33属59种，鸟类有58科161属346种。其中的一些种类为珍稀濒危的物种，如红树林鸟类中，国家一级保护种类有3种，国家二级保护种类有50种；IUCN红色名录种类有19种，包括极危种1种，濒危种4种，易危种10种，近危种4种（梁士楚等，2014）。这些滨海湿地生物蕴藏着丰富的资源，可以食用、药用、原材料用、饲用等。

第四节　广西滨海湿地的分类系统

一、国外的滨海湿地分类系统

湿地分类是湿地研究、保护、管理和开发利用的基础，由于世界各地湿地类型复杂多样，不同研究者对湿地界定范围、分类目的和出发点的不同，提出了各种各样的湿地分类系统。例如，20世纪50年代初，美国鱼类和野生动物管理局对美国境内的湿地进行了较大规模的清查，Shaw和Fredine（1956）提出了一个湿地分类系统，发表在美国鱼类和野生动物管理局《39号通告》上，该分类系统把湿地划分为内陆淡水湿地、内陆咸水湿地、海岸淡水湿地和海岸咸水湿地四大类，根据淹水深度和淹水频率再划分为20个湿地型，其中海岸淡水湿地有浅水沼泽、深水沼泽和淡水水体3种类型，海岸咸水湿地有盐滩、盐化草甸、不规则淹水盐沼、规律性淹水盐沼、海湾和红树林盐沼6种类型（表2-2）。

表 2-2　美国鱼类和野生动物管理局《39 号通告》的湿地分类

湿地类	湿地型	特征
内陆淡水湿地	季节性泛洪区或平原	土壤被水淹没，但在生长季节大部分时间里排水良好；分布于低洼盆地或平地部位
	淡水草甸	生长季节无长期积水，表面淹水在几厘米之内
	浅水沼泽	生长季节土壤积水，水深一般 15cm 左右
	深水沼泽	土壤积水 15～100cm
	开阔水体	水深小于 2m
	灌丛沼泽	土壤积水，水深一般在 15cm 以上
	木本沼泽	土壤积水，水深一般 30cm，沿水流缓慢的溪流、平坦高地、浅水湖泊分布
	藓类沼泽	土壤积水，覆盖有海绵状苔藓
内陆咸水湿地	盐碱平地	大雨过后地表淹水，生长季节地表积水，水深在几厘米之内
	盐碱沼泽	生长季节土壤积水，水深一般 70～100cm，分布于浅水湖泊周围
	盐碱水体	长期被水淹没的地方，水深不稳定
海岸淡水湿地	浅水沼泽	生长季节土壤积水，高潮时水深 15cm，分布于潮汐性河流、海湾、三角洲深水沼泽，在向岸一侧
	深水沼泽	高潮时水深 15～100cm，沿潮汐性河流分布
	淡水水体	潮汐性河流和海湾浅水部分
海岸咸水湿地	盐滩	生长季节土壤淹水，有时很有规律地被高潮淹没，向陆一侧分布有盐化草甸和盐沼
	盐化草甸	生长季节土壤淹水，几乎不被潮水淹没，分布在盐沼的向陆一侧
	不规则淹水盐沼	在生长季节不规律地被风暴潮淹没，沿海湾等岸边分布
	规律性淹水盐沼	平均高潮淹水 15cm 以上，沿开阔海洋和海湾分布
	海湾	平均低潮线以下的浅海
	红树林盐沼	平均高潮水深 15～100cm，土壤覆盖，沿佛罗里达南海岸分布

二、《湿地公约》的滨海湿地分类系统

根据表 2-3，《湿地公约》将滨海自然湿地划分为永久性浅海水域、海草床、珊瑚礁、基岩海岸、沙滩或砾石与卵石滩、河口水域、滩涂、盐沼、潮间带森林湿地、咸水或碱水潟湖、海岸淡水潟湖、海滨岩溶洞穴水系 12 个类型。此外，鱼虾养殖塘、盐田等人工湿地中的一些类型也属于滨海湿地的范畴。

表 2-3　《湿地公约》中的湿地分类系统及划分标准

湿地系统	湿地类	湿地型	公约指定代码	划分标准
自然湿地	海洋或海岸湿地	永久性浅海水域	A	低潮时水位在 6m 以内水域，包括海湾和海峡
		海草床	B	潮下藻类、海草、热带海草植物生长区
		珊瑚礁	C	珊瑚礁及其邻近水域
		基岩海岸	D	海岸岛礁与海边峭壁

续表

湿地系统	湿地类	湿地型	公约指定代码	划分标准
自然湿地	海洋或海岸湿地	沙滩、砾石与卵石滩	E	滨海沙洲、沙岛、沙丘及丘间沼泽
		河口水域	F	河口水域和河口三角洲水域
		滩涂	G	潮间带泥滩、沙滩和海岸其他淡水沼泽
		盐沼	H	滨海盐沼、盐化草甸
		潮间带森林湿地	I	红树林沼泽、海岸淡水森林沼泽
		咸水、碱水潟湖	J	有通道与海水相连的咸水、碱水潟湖
		海岸淡水潟湖	K	淡水三角洲潟湖
		海滨岩溶洞穴水系	Zk（a）	滨海岩溶洞穴
	内陆湿地	内陆三角洲	L	内陆河流三角洲
		河流	M	河流及其支流、溪流、瀑布
		时令河	N	季节性、间歇性、不规则性小河和小溪
		湖泊	O	面积大于 8hm^2 淡水湖泊，包括大型牛轭湖
		时令湖	P	季节性、间歇性淡水湖，面积大于 8hm^2
		盐湖	Q	咸水、半咸水、碱水湖
		时令盐湖	R	季节性、间歇性咸水、半咸水湖及其浅滩
		内陆盐沼	Sp	内陆盐沼及泡沼
		时令碱水、咸水盐沼	Ss	季节性盐沼及其泡沼
		淡水草本沼泽	Tp	草本沼泽及面积小于 8hm^2 生长植物的泡沼
		泛滥地	Ts	季节性洪泛地、湿草甸和面积小于 8hm^2 的泡沼
		草本泥炭地	U	藓类泥炭地和草本泥炭地，无林泥炭地不在此列
		高山湿地	Va	高山草甸、融雪形成的暂时水域
		苔原湿地	Vt	高山苔原、融雪形成的暂时水域
		灌丛湿地	W	灌丛为主的淡水沼泽，无泥炭积累
		淡水森林沼泽	Xf	淡水森林沼泽、季节泛滥森林沼泽
		森林泥炭地	Xp	森林泥炭地
		淡水泉	Y	淡水泉及绿洲
		地热湿地	Zg	温泉
		内陆岩溶洞穴水系	Zk（b）	地下溶洞水系
人工湿地		鱼虾养殖塘	1	鱼虾养殖池塘
		水塘	2	农用池塘、储水池塘，面积小于 8hm^2
		灌溉地	3	灌溉渠系与稻田
		农用洪泛湿地	4	季节性泛滥农用地，包括集约管护和放牧的草地
		盐田	5	采盐场
		蓄水区	6	水库、拦河坝、堤坝形成的大于 8hm^2 的储水区
		采掘区	7	积水取土坑、采矿地
		污水处理场	8	污水场、处理池和氧化塘等
		运河、排水渠	9	输水渠系
		地下输出系统	Zk（c）	人工管护的岩溶洞穴水系等

三、中国的滨海湿地分类系统

陆健健（1996）将滨海湿地划分为潮上带淡水湿地、潮间带滩涂湿地、河口沙洲离岛湿地、潮下带近海湿地 4 个子系统。其中，潮上带淡水湿地是指海岸大潮高潮线之上与外流江河流域相连的微咸水和淡浅水湖泊、沼泽和江河河段；潮间带滩涂湿地是指大潮低潮位至大潮高潮位之间的区域，分盐沼、泥沙质和基岩海岸 3 种类型；潮下带近海湿地是指海平面以下 6m 至大潮的低潮位之间的区域，分基岩质、淤泥质、生物礁和藻床滨海湿地 4 种类型；河口沙洲离岛湿地是指近海具湿地功能的岛屿和河口由江河泥沙冲积而成的露出或尚未露出水面的沙洲，分河口沙洲和离岛两种类型。何文珊（2008）将我国滨海湿地划分为盐沼湿地、潮间沙石海滩、潮间带有林湿地、基岩质海岸湿地、珊瑚礁、海草床、人工湿地和海岛等。赵焕庭和王丽荣（2000）根据滨海湿地组成和成因，认为滨海湿地由潮上带土地、潮间带滩涂和潮下带浅海 3 个部分组成，并从沉积学、地貌学和生态学角度考虑，将我国滨海湿地划分为淤泥质海岸湿地、沙砾质海岸湿地、基岩海岸湿地、水下岸坡湿地、潟湖湿地、红树林湿地和珊瑚礁湿地七大类型。唐小平和黄桂林（2003）根据与海水的水文关系将滨海湿地划分为浅海、滩涂、河口和海岸性湖泊四大类型，其中浅海湿地分为浅海水域、潮下水生层和珊瑚礁，滩涂湿地分为基岩海岸、沙海滩/圆卵石滩和泥滩，河口湿地分为河口水域、三角洲/沙洲/沙岛、潮间沼泽和红树林，海岸性湖泊湿地分为海岸性咸淡水/盐水湖（潟湖）和海岸性淡水湖。丁东和李日辉（2003）根据湿地在沿海的地理位置及海岸特征，将我国沿海湿地划分为浅海滩涂湿地、河口湾湿地、海岸湿地、红树林湿地、珊瑚礁湿地及海岛湿地六大主要类型。吕彩霞（2003）根据生态、水文和地理、地貌学的特点，将我国的滨海湿地划分为沿海低地、沿海潟湖、潮间带湿地、河口湾、红树林、珊瑚礁、浅海水域和岛屿八大类。2008 年由国家林业局组织编制的《全国湿地资源调查技术规程（试行）》中，滨海湿地划分为浅海水域、潮下水生层、珊瑚礁、基岩海岸、沙石海滩、淤泥质海滩、潮间盐水沼泽、红树林、河口水域、三角洲/沙洲/沙岛、海岸性咸水湖和海岸性淡水湖 12 种类型（表 2-4）。

表 2-4　中国湿地分类系统及划分标准

代码	湿地类	代码	湿地型	划分技术标准
Ⅰ	近海与海岸湿地	Ⅰ1	浅海水域	浅海湿地中，湿地底部基质为无机部分组成，植被盖度＜30%的区域，多数情况下低潮时水深小于 6m，包括海湾、海峡
		Ⅰ2	潮下水生层	海洋潮下，湿地底部基质为有机部分组成，植被盖度≥30%，包括海草层、海草、热带海洋草地
		Ⅰ3	珊瑚礁	基质由珊瑚聚集生长而成的浅海湿地
		Ⅰ4	基岩海岸	底部基质 75%以上是岩石和砾石，包括岩石性沿海岛屿、海岩峭壁
		Ⅰ5	沙石海滩	由沙质或沙石组成的，植被盖度＜30%的疏松海滩
		Ⅰ6	淤泥质海滩	由淤泥质组成的植被盖度＜30%的淤泥质海滩
		Ⅰ7	潮间盐水沼泽	潮间地带形成的植被盖度≥30%的潮间沼泽，包括盐碱沼泽、盐水草地和海滩盐沼
		Ⅰ8	红树林	由红树植物为主组成的潮间沼泽

续表

代码	湿地类	代码	湿地型	划分技术标准
Ⅰ	近海与海岸湿地	Ⅰ9	河口水域	从近口段的潮区界（潮差为零）至口外海滨段的淡水舌锋缘之间的永久性水域
		Ⅰ10	三角洲/沙洲/沙岛	河口系统四周冲积的泥/沙滩、沙洲、沙岛（包括水下部分），植被盖度<30%
		Ⅰ11	海岸性咸水湖	地处海滨区域，有一个或多个狭窄水道与海相通的湖泊，包括海岸性微咸水、咸水或盐水湖
		Ⅰ12	海岸性淡水湖	起源于潟湖，但已经与海隔离后演化而成的淡水湖泊
Ⅱ	河流湿地	Ⅱ1	永久性河流	常年有河水径流的河流，仅包括河床部分
		Ⅱ2	季节性或间歇性河流	一年中只有季节性（雨季）或间歇性有水径流的河流
		Ⅱ3	洪泛平原湿地	在丰水季节由洪水泛滥的河滩、河心洲、河谷、季节性泛滥的草地，以及保持了常年或季节性被水浸润的内陆三角洲的统称
		Ⅱ4	喀斯特溶洞湿地	喀斯特地貌下形成的溶洞集水区或地下河/溪
Ⅲ	湖泊湿地	Ⅲ1	永久性淡水湖	由淡水组成的永久性湖泊
		Ⅲ2	永久性咸水湖	由微咸水、咸水、盐水组成的永久性湖泊
		Ⅲ3	季节性淡水湖	由淡水组成的季节性或间歇性淡水湖（泛滥平原湖）
		Ⅲ4	季节性咸水湖	由微咸水、咸水、盐水组成的季节性或间歇性湖泊
Ⅳ	沼泽湿地	Ⅳ1	藓类沼泽	发育在有机土壤的、具有泥炭层的以苔藓植物为优势群落的沼泽
		Ⅳ2	草本沼泽	由水生和沼生的草本植物组成优势群落的淡水沼泽
		Ⅳ3	灌丛沼泽	以灌丛植物为优势群落的淡水沼泽
		Ⅳ4	森林沼泽	以乔木森林植物为优势群落的淡水沼泽
		Ⅳ5	内陆盐沼	受盐水影响，生长盐生植被的沼泽
		Ⅳ6	季节性咸水沼泽	受微咸水或咸水影响，只在部分季节维持浸泡或潮湿状况的沼泽
		Ⅳ7	沼泽化草甸	为典型草甸向沼泽植被的过渡类型，是在地势低洼、排水不畅、土壤过分潮湿、通透性不良等环境条件下发育起来的，包括分布在平原地区的沼泽化草甸及高山和高原地区具有高寒性质的沼泽化草甸
		Ⅳ8	地热湿地	由地热矿泉水补给为主的沼泽
		Ⅳ9	淡泉水/绿洲湿地	由露头地下泉水补给为主的沼泽
Ⅴ	人工湿地	Ⅴ1	库塘	为蓄水、发电、农业灌溉、城市景观、农村生活为主要目的而建造的，面积大于 $8hm^2$ 的蓄水区
		Ⅴ2	运河、输水河	为输水或水运而建造的人工河流湿地，包括灌溉为主要目的的沟、渠
		Ⅴ3	水产养殖场	以水产养殖为主要目的修建的人工湿地
		Ⅴ4	稻田/冬水田	能种植一季、两季、三季的水稻田或者是冬季蓄水或浸湿状的农田
		Ⅴ5	盐田	为获取盐业资源而修建的晒盐场所或盐池，包括盐池、盐水泉

四、广西的滨海湿地分类系统

（一）湿地分类原则

综合已有的研究，广西滨海湿地分类主要遵循以下的原则。

1）完整性原则：包括所有位于海陆交错地带、其形成或维持受到海洋水文作用影响的湿地类型。

2）实用性原则：反映滨海湿地的本质特征，基本符合不同湿地主管部门对湿地分类的习惯和俗称。

3）主导因素原则：在综合分析多因素的基础上，依据主导因子作用进行湿地类型划分。

4）等级层次分类原则：湿地分类的结构采用分级式，依次由大到小进行分类。

5）标准性原则：湿地分类系统能与《湿地公约》中的湿地分类系统接轨，同时与《全国湿地资源调查技术规程（试行）》中的湿地分类系统基本吻合。

6）可操作性原则：湿地的主要类型可以通过遥感解译或与GIS相结合的方法进行判读。

（二）湿地分类依据

主要依据湿地成因、潮汐影响程度、地貌、优势生物类群、用途等特征，采用层次分类法构建由“湿地系—湿地类—湿地型”三级层次水平组成的滨海湿地分类系统。

1）湿地系：根据湿地成因的自然属性进行分类。

2）湿地类：自然湿地根据潮汐影响程度进行分类，人工湿地根据功能用途进行分类。

3）湿地型：自然湿地根据地貌、基质条件、植被类型等进行分类，人工湿地根据湿地的具体功能用途进行分类。

（三）湿地分类系统

广西滨海湿地分类系统如表2-5所示，共划分为湿地系、湿地类和湿地型3个等级层次。

第1级“湿地系”划分为自然湿地和人工湿地两大类型。其中，自然湿地是指自然形成的、没有受到或受人为活动影响很小的湿地类型；人工湿地是指人为建造而形成的湿地类型。

第2级“湿地类”划分为6类。其中，自然湿地划分为潮上带湿地、潮间带湿地、潮下带湿地、河口湿地和海岸性湖泊湿地5类，这些湿地类型的空间位置或高程反映了它们对潮汐浸淹程度，以及与浸淹有关的一系列物理和化学环境因素的适应过程；人工湿地只有生产型湿地1种类型，生产型湿地是指具有物质生产功能的人工湿地类型，这种湿地通过产品输出而产生直接经济效益。

第3级“湿地型”划分为17个基本湿地类型，其中自然湿地划分为15个基本湿地类型，人工湿地划分为2个基本湿地类型，有关湿地类型的划分技术标准详见表2-5。

表2-5　广西滨海湿地分类系统及划分标准

湿地系	湿地类	湿地型	划分技术标准
自然湿地	潮上带湿地	海岸性淡水沼泽湿地	受海洋影响，以水生或沼生植被为主，常年积水的海滨淡水沼泽
		盐渍湿地	以盐生或耐盐植被为主的海滨湿地
	潮间带湿地	基岩海岸湿地	底部基质75%以上是岩石和砾石，植被盖度<30%的硬质海岸，包括岩石性沿海岛屿、海岩峭壁
		沙石海滩湿地	由沙质或沙石组成、植被盖度<30%的疏松海滩

续表

湿地系	湿地类	湿地型	划分技术标准
自然湿地	潮间带湿地	淤泥质海滩湿地	由淤泥质组成、植被盖度＜30％的海滩
		盐水沼泽湿地	以草本或矮灌木植被为主，植被盖度≥30％的区域
		红树林湿地	由红树林为主的区域
	潮下带湿地	浅海水域湿地	低潮时水深不超过6m、植被盖度＜30%的永久性水域
		潮下水生层湿地	低潮线以下、植被盖度≥30％的浅海水域
		珊瑚礁湿地	基质由珊瑚聚集生长而成的浅海水域
	河口湿地	河口水域湿地	从近口段的潮区界（潮差为零）至口外海滨段的淡水舌锋缘之间的永久性水域
		三角洲湿地	在河口冲积低平原上发育形成的湿地
		沙洲/沙坝湿地	河口区的沙质堆积体，低潮时可能露出海面，植被盖度＜30％，包括河口区的心滩、沙坝、江心洲等
		沙岛湿地	河口区高潮时仍露出海面并有湿地植被生长的地段，主要由沙物质堆积而成
	海岸性湖泊湿地	海岸性咸水湖湿地	有一个或多个狭窄水道与海相通的湖泊（也称为潟湖），包括海岸性微咸水、咸水或盐水湖
人工湿地	生产型湿地	养殖塘湿地	海水养殖水生经济动物的池塘
		盐田湿地	晒盐场所或盐池

五、广西滨海湿地面积

由于不同学者对滨海湿地的定义理解、类型界定、研究范围等的差异，加上在不同时期滨海湿地或多或少都发生了变化，因此对广西滨海湿地调查得出的面积大小不同（表2-6）。例如，1986年广西壮族自治区海岸带和滩涂资源综合调查的滨海湿地面积约100 531hm^2，包括的湿地类型有基岩海岸、沙滩、沙砾滩、淤泥滩、沙泥滩、红树林和珊瑚礁，面积分别为1317hm^2、55 515hm^2、433hm^2、17 083hm^2、18 693hm^2、7244hm^2、246hm^2，分别占滨海湿地总面积的1.31%、55.22%、0.43%、16.99%、18.59%、7.21%、0.24%。2000年第一次广西湿地资源调查的滨海湿地面积约143 756hm^2，包括的滨海湿地类型有浅海水域、珊瑚礁、岩石性海岸、潮间砂质海岸、潮间淤泥海岸、红树林沼泽、海岸性咸水湖、三角洲湿地8类（广西壮族自治区湿地资源调查队，2000）。2011年第二次广西湿地资源调查8hm^{2}以上的滨海湿地面积为258 985.21hm^2，包括的湿地类型有浅海水域、潮下水生层、珊瑚礁、基岩海岸、沙石海滩、淤泥质海滩、潮间盐水沼泽、红树林、河口水域、三角洲、海岸性咸水湖11种，它们的面积分别为171 177.68hm^2、537.29hm^2、240.08hm^2、356.09hm^2、46 903.56hm^2、7045.42hm^2、431.35hm^2、8780.73hm^2、15 623.26hm^2、7881.69hm^2、8.06hm^2，分别占滨海湿地总面积的66.10%、0.21%、0.09%、0.14%、18.11%、2.74%、0.17%、3.39%、6.03%、3.04%、0.003%（国家林业局，2015）。孟祥江等（2012）记载广西2009年的滨海湿地为261 018.11hm^2，包括的湿地类型有浅海水域、基岩海岸、沙质海岸、淤泥质海岸、红树林、海岸性咸水湖、三角洲湿地，面积分别为140 812.29hm^2、375.13hm^2、25 613.52hm^2、53 310.53hm^2、1480.74hm^2、123.45hm^2、39 302.45hm^2，分别占滨海湿地总面积的53.95%、

0.14%、9.81%、20.42%、0.57%、0.05%、15.06%。基于“广西近海海域综合调查与评价”和“广西近岸综合调查与评价”两个908专项调查，在0m等深线至海岸线向陆5km范围内的滨海湿地面积为186 691.8hm^2，其中自然湿地面积116 585.5hm^2，占滨海湿地总面积的62%，人工湿地面积70 106.3hm^2，占38%；包括的湿地类型有潮下水生层、基岩海岸、沙质海岸、粉沙淤泥质海岸、滨岸沼泽、红树林、海岸潟湖、河口水域（包括三角洲湿地）、水库、养殖池塘、水田、盐田，它们的面积分别为942.2hm^2、1108.42hm^2、57 549.7hm^2、12 729.26hm^2、350.23hm^2、9197.4hm^2、111.07hm^2、34 597.22hm^2、3465.08hm^2、34 090.84hm^2、29 809.02hm^2、2741.37hm^2，分别占滨海湿地总面积的0.50%、0.59%、30.83%、6.82%、0.19%、4.93%、0.06%、18.53%、1.86%、18.26%、15.97%、1.47%（孟宪伟和张创智，2014）。何东艳等（2014）基于面向对象的信息提取方法，利用1990年12月5日、2000年11月6日和2010年10月25日获取的Landsat TM影像为主要数据源，进行滨海湿地信息的提取，将广西北部湾滨海湿地分为滩涂、红树林、水域、水田、水库坑塘、养殖水面6类，其面积大小及所占比例如表2-7所示。由表2-7可知，1990～2010年，广西北部湾滨海湿地结

表2-6　广西浅海水域面积（单位：hm^2）

资料来源	北海市	钦州市	防城港市	合计
广西壮族自治区海岸带和滩涂资源综合调查领导小组，1986a	55 396	20 692	24 443	100 531
广西壮族自治区湿地资源调查队，2000				143 756
广西壮族自治区林业厅，2011	140 456.49	65 397.93	53 205.69	259 060.11
孟祥江等，2012				261 018.11
孟宪伟和张创智，2014				186 691.8
何东艳等，2014				316 576
国家林业局，2015	145 925.73	53 206.06	59 853.42	258 985.21

表2-7　1990～2010年广西北部湾滨海湿地面积及其比例

一级分类	二级分类	1990年		2000年		2010年	
		面积/km^2	比例/%	面积/km^2	比例/%	面积/km^2	比例/%
自然湿地	滩涂	94.14	3.00	82.46	2.62	60.56	1.91
	红树林	55.39	1.77	62.50	1.98	82.94	2.62
	水域	1951.62	62.19	1925.04	61.06	1911.10	60.37
	小计	2101.15	66.96	2070.00	65.66	2054.60	64.90
人工湿地	水田	873.33	27.83	863.13	27.38	848.35	26.80
	水库坑塘	63.52	2.02	65.13	2.07	68.22	2.15
	养殖水面	100.08	3.19	154.64	4.90	194.59	6.15
	小计	1036.93	33.04	1082.90	34.35	1111.16	35.10
	合计	3138.08	100.00	3152.90	100.01*	3165.76	100.00

注：资料来源于何东艳等（2014）

*合计不等于100%是因为有些数据进行过舍入修约

构发生了明显的变化，湿地面积总体呈平稳增长态势，湿地之间、湿地与非湿地之间的相互转化频繁，受人为活动影响干扰突出。根据广西壮族自治区第二次湿地资源调查资料，北海、钦州和防城港沿海三市分布的滨海湿地面积如表 2-8 所示，其中北海市的滨海湿地面积最大，面积 145 925.73hm^2，占广西滨海湿地总面积的 56.35%；其次是防城港市，面积 59 853.42hm^2，占 23.11%；钦州市滨海湿地面积 53 206.06hm^2，占 20.54%，居第三位。

表 2-8　广西滨海湿地及其地理分布

湿地型	北海市		钦州市		防城港市		合计	
	面积/hm^2	比例/%	面积/hm^2	比例/%	面积/hm^2	比例/%	面积/hm^2	比例/%
浅海水域	96 886.55	66.39	36 061.41	67.78	38 229.72	63.87	171 177.68	66.10
潮下水生层	537.29	0.37	0	0	0	0	537.29	0.21
珊瑚礁	240.08	0.16	0	0	0	0	240.08	0.09
基岩海岸	60.65	0.04	128.31	0.24	167.13	0.28	356.09	0.14
沙石海滩	30 557.48	20.94	3 623.88	6.81	12 722.2	21.26	46 903.56	18.11
淤泥质海滩	4 341.15	2.97	2 450.34	4.61	253.93	0.42	7 045.42	2.72
潮间盐水沼泽	0	0	389.73	0.73	41.62	0.07	431.35	0.17
红树林	3 038.83	2.08	3 555.16	6.68	2 186.74	3.65	8 780.73	3.39
河口水域	5 009.96	3.43	6 286.81	11.82	4 326.49	7.23	15 623.26	6.03
三角洲/沙洲/沙岛	5 253.74	3.60	702.36	1.32	1 925.59	3.22	7 881.69	3.04
海岸性咸水湖	0	0	8.06	0.02	0	0	8.06	0.003
合计	145 925.73	99.98*	53 206.06	100.01*	59 853.42	100.00	258 985.21	100.00

注：资料来源于国家林业局（2015）

*合计不等于 100%是因为有些数据进行过舍入修约

六、广西滨海湿地主要类型及其分布

（一）浅海水域湿地

浅海水域（permanent shallow marine water）湿地是指低潮时水深不超过 6m、植被盖度＜30%的永久性海域，包括海湾和海峡。广西的浅海水域湿地在北海市、钦州市和防城港市海岸都有分布，其中北海市分布的面积最大。广西壮族自治区第二次湿地资源调查记载的浅海水域湿地面积为 171 177.68hm^2，占广西滨海湿地总面积的 66.10%，其中北海市、钦州市、防城港市的浅海水域湿地面积为 96 886.55hm^2、36 061.41hm^2、38 229.72hm^2（表 2-8）；主要有 3 个分布区：一是北部湾北部浅海水域湿地区，面积有 132 662.20hm^2，占浅海水域湿地总面积的 77.50%；二是钦州湾湿地区，面积有 34 309.62hm^2，占 20.04%；三是涠洲岛-斜阳岛浅海珊瑚礁湿地区，面积有 2072.27hm^2，占 1.21%（广西壮族自治区林业厅，2011；国家林业局，2015）。

（二）潮下水生层湿地

潮下水生层（marine subtidal aquatic bed）是指低潮线以下、植被盖度≥30%的浅海水域，包括海藻床和海草床。广西的潮下水生层湿地在北海市、钦州市和防城港市海岸都有分布，其中北海市分布的面积最大。国家海洋局海洋 908 专项记载的潮下水生层湿地面积为 942.20hm^2（孟宪伟和张创智，2014），广西壮族自治区第二次湿地资源调查记载的面积为 537.29hm^2（广西壮族自治区林业厅，2011；国家林业局，2015）。

（三）珊瑚礁湿地

珊瑚礁湿地（coral reef wetland）是由珊瑚聚集生长而形成的湿地，包括珊瑚礁及其邻近水域。广西的珊瑚礁湿地主要分布在北海市的涠洲岛和斜阳岛及防城港市的白龙尾，其中涠洲岛珊瑚礁分布的面积最大。广西壮族自治区海岸带和滩涂资源综合调查记载珊瑚礁湿地面积为 246hm^2（广西壮族自治区海岸带和滩涂资源综合调查领导小组，1986a），广西壮族自治区第二次湿地资源调查记载的面积为 240.08hm^2（广西壮族自治区林业厅，2011；国家林业局，2015）。

（四）基岩海岸湿地

基岩海岸（rocky marine shore）是指基底 75％以上是岩石和砾石，植被盖度＜30%的硬质海岸，包括岩石性沿海岛屿、海岩峭壁。一些基岩海岸发育有海蚀崖、海蚀平台、海蚀洞等海蚀地貌。广西的基岩海岸主要分布在北海市的冠头岭、铁山港、涠洲岛和斜阳岛，钦州市龙门群岛和犀牛脚，防城港市的白龙半岛一带海域。广西壮族自治区海岸带和滩涂资源综合调查记载面积为 1317hm^2（广西壮族自治区海岸带和滩涂资源综合调查领导小组，1986a），国家海洋局海洋 908 专项记载的潮下水生层湿地面积为 1108.42hm^2（孟宪伟和张创智，2014），广西壮族自治区第二次湿地资源调查记载的面积为 356.09hm^2（广西壮族自治区林业厅，2011；国家林业局，2015）。

（五）沙石海滩湿地

沙石海滩（sandy and rocky shore）是指由沙质或沙石组成、植被盖度＜30％的海滩。广西的沙石海滩湿地在北海市、钦州市和防城港市海岸都有分布，其中北海市分布的面积最大。广西壮族自治区海岸带和滩涂资源综合调查记载的沙石海滩湿地面积为 55 948hm^2（广西壮族自治区海岸带和滩涂资源综合调查领导小组，1986a），国家海洋局海洋 908 专项记载的面积为 57 549.70hm^2（孟宪伟和张创智，2014），广西壮族自治区第二次湿地资源调查记载的面积为 46 903.56hm^2（广西壮族自治区林业厅，2011；国家林业局，2015）。

（六）淤泥质海滩湿地

淤泥质海滩（mud flat）是指由淤泥质组成、植被盖度＜30％的海滩。广西的淤泥质海滩湿地在北海市、钦州市和防城港市海岸都有分布，其中北海市分布的面积最大。广西壮族自治区海岸带和滩涂资源综合调查记载的淤泥质海滩湿地面积为 17 083hm^2（广西壮族自治区海岸带和滩涂资源综合调查领导小组，1986a），国家海洋局海洋 908 专项记载的面积为 12 729.26hm^2（孟宪伟和张创智，2014），广西壮族自治区第二次湿地资源调查记载的面积为 7045.42hm^2（广西壮族自治区林业厅，2011；国家林业局，2015）。广西的淤泥质海滩湿地主要分布在 3 个滨海湿地区：一是钦州湾湿地区，面积有 2688.97hm^2，占淤泥质海滩湿地总面积的 38.17%；二是山口红树林湿地区，面积有 1580.57hm^2，占 22.43%；三是北部湾北部浅海水域湿地区，面积有 1403.83hm^2，占 19.93%。

（七）潮间盐水沼泽湿地

潮间盐水沼泽（intertidal marsh）是指在潮间带上植被盖度≥30%的区域。广西的淤泥质海滩湿地在北海市、钦州市和防城港市海岸都有分布，其中钦州市分布的面积最大。国家海洋局海洋 908 专项记载的潮间盐水沼泽湿地面积为 350.23hm^2（孟宪伟和张创智，2014），广西壮族自治区第二次湿地资源调查记载的面积为 431.35hm^2（广西壮族自治区林业厅，2011；国家林业局，2015）。分布面积较大的潮间盐水沼泽有互花米草沼泽、盐地鼠尾粟沼泽、茳芏沼泽等。受滩涂养殖、围垦、港口建设、堤坝修建、外来种入侵等影响，潮间盐水沼泽湿地面积变化比较大，如黄鹄等（2007）报道 1988~1998 年广西海岸潮间带草本沼泽面积减少了 759.04hm^2，莫竹承等（2010）记载 2008 年秋季广西海岸潮间带互花米草面积为 389.2hm^2，潘良浩等（2016）记载 2013 年广西海岸潮间带互花米草面积为 602.27hm^2。

（八）红树林湿地

红树林（mangroves）是热带亚热带海岸潮间带由红树植物组成的群落类型。广西的红树林湿地在北海市、钦州市和防城港市海岸都有分布，其中钦州市分布的面积最大。广西壮族自治区海岸带和滩涂资源综合调查记载的红树林湿地面积为 7244hm^2（广西壮族自治区海岸带和滩涂资源综合调查领导小组，1986a），国家海洋局海洋 908 专项记载的面积为 9197.40hm^2（孟宪伟和张创智，2014），广西壮族自治区第二次湿地资源调查记载的面积为 8780.73hm^2（广西壮族自治区林业厅，2011；国家林业局，2015）。

（九）河口水域湿地

河口（estuarine）水域湿地是指从近口段的潮区界（潮差为零）至口外海滨段的淡水舌锋缘之间的永久性水域。广西的河口水域湿地在北海市、钦州市和防城港市海岸都有分布，其中钦州市分布的面积最大。广西沿岸自东至西主要的入海河流有那交河、南流江、大风江、钦江、茅岭江、防城河、北仑河等。国家海洋局海洋 908 专项记载的河口水域湿地面积为 34 597.22hm^2（孟宪伟和张创智，2014），广西壮族自治区第二次湿地资源调查记载的面积为 15 623.26hm^2（广西壮族自治区林业厅，2011；国家林业局，2015）。

（十）三角洲湿地

三角洲（delta）湿地是指在河口冲积低平原上发育形成的湿地。广西沿海发育的三角洲主要有南流江三角洲和钦江三角洲。其中，南流江三角洲属于中小型潮汐三角洲，位于南流江下游一带，由南流江冲积而成，陆上面积 150km^2，水下面积 300km^2；钦江三角洲也属于中小型潮汐三角洲，位于钦州湾茅尾海的钦江和茅岭江两河口的汇合处，由于上游大量的泥沙向下游推移沉淀于河口而形成了南北长 10km，东西宽 13～14km，面积约 135km^{2}的复合三角洲（欧柏清，1996a；中国海湾志编纂委员会，1993）。南流江三角洲和钦江三角洲由于淤积较厚，常有淡水调节，土壤盐度相对较低，是红树林和盐沼植被分布的主要区域。

（十一）沙洲/沙坝湿地

沙洲（sand bank）/沙坝（sand barrier）湿地是指河口区的沙质堆积体，低潮时可能露出海面，植被盖度<30%，包括河口区的心滩、沙坝、江心洲等，是河流、潮汐、海浪堆积作用而形成的湿地类型。广西海岸主要河口都有面积大小不等的沙洲/沙坝湿地发育，如南流江口的沙坝数量较多，面积大小不一，大者长1～2km，宽数百米，小者长数百米，宽十至数百米；沙坝顺水流方向排列，有的在水下，仅大潮低潮时才露出，有的大部分时间露出，高潮时淹没；较高的沙坝顶部为泥质沙沉积，其上生长有盐沼草和红树林。

（十二）沙岛湿地

沙岛（sand island）湿地是指河口区高潮时仍露出海面并有湿地植被生长的地段，主要由沙物质堆积而成，如南流江干流江汊道河口段分布有一些江心岛，岛上植物茂盛，组成种类有蜡烛果、苦郎树、黄槿等。河口沙岛是北仑河口最为典型的地貌类型，其中属于我国的有两个：一是独墩岛，位于北仑河与罗浮江交汇处下游，长约1.2km，宽约0.2km，表层沉积物主要由浅黄色、灰色细中沙物质组成，湿地植被组成种类有卤蕨、蜡烛果、老鼠簕、黄槿等；二是中间沙，位于“五七”堤围与竹山村河段中，目前已有一部分露出成陆地，最低潮时露出的沙洲长约1.8km，宽0.2～0.6km，表层沉积物多为中、细沙或含粉沙质的沙层，高潮线以下的滩地生长有稀疏的红树林，组成种类为蜡烛果、秋茄树和海榄雌。

（十三）海岸性咸水湖

海岸性咸水湖（coastal brackish lake），也称为潟湖（lagoon），是指海岸带范围有一个或多个狭窄水道与海相通的湖泊，实际上是被沙坝、沙嘴或珊瑚礁等分割而与外海相分离的浅海水域。通常，当波浪向岸运动时，泥沙平行于海岸堆积，形成高出海水面的离岸坝，坝体将海水分割，内侧便形成潟湖。国家海洋局海洋908专项记载的潟湖湿地面积为111.07hm^2（孟宪伟和张创智，2014），广西壮族自治区第二次湿地资源调查记载的面积为8.06hm^2（广西壮族自治区林业厅，2011；国家林业局，2015）。广西沿海的现代潟湖仅见于北海市的电白寮、银滩、外沙和高德外沙及钦州市犀牛脚（莫永杰，1988a；徐海鹏等，1999；广西大百科全书编纂委员会，2008b）。由于各种经济开发活动，多数潟湖已经被填埋用作养殖塘、盐田、农田或者开发成港口。例如，北海市垌尾和打席村、钦州市犀牛脚大环村、防城港市山心村等地的沙坝内侧是已被充填的潟湖（张善德，1987；徐海鹏等，1999；亓发庆等，2003；广西大百科全书编纂委员会，2008b）；北海港、高德港、南沥港、电白寮港等都是以潟湖为基础建造起来的港口（莫永杰，1988a）。银滩潟湖和电白寮潟湖位于北海银滩旅游度假区内，由于旅游开发活动，它们遭受较大影响，例如，在1990～2003年这两个潟湖一直在淤浅，潟湖的形状变化较大。1990～2000年，银滩潟湖出现明显淤塞，淤积面积约为原来的54.8%，潟湖年淤积达3197.6m^2；电白寮潟湖淤积面积约为10%，潟湖年淤积达6626.5m^2（翁毅和蒋丽，2008）。外沙潟湖湿地位于北海市北部沿岸，即廉州镇南岸。该潟湖由滨外坝——外沙沙坝和地角沙嘴所围而成，呈狭窄条带状伸展，走向近东西向，长3.5km，宽度一般为80～200m，平均宽度约150m，面积为0.525km^2。潟湖的东、西两端各有一个潮流通道与海相连，属半封闭型的现代潟湖。潟湖的西端较宽且水深较大，宽为 120～200m，水深一般为–3.0～–2.5m（黄海平面），最大水深达–4.0m，是北海港内港的主要航道和港池；潟湖的东端较窄，为 80～150m，水深较浅，低潮时，泥滩露出，涨潮时只能进出小型渔船。涨潮时，海水从西口门入，东口门出；落潮时则相反。由于航道及港内落潮流流速（0.08～0.33m/s）大于涨潮流流速（0.02～0.24m/s），加之沿岸泥沙来源量很小，故北海内港建港以来的水深、航道基本保持稳定，并未发生明显的淤积。该潟湖是北海港内港的主要航道和港池，也是广西沿海乃至华南沿海重要的商渔港之一。外沙潟湖自全新世早期以来经历了河漫滩相→河口沼泽相→河漫滩相→河口沼泽相→河口湾相→半封闭潟湖相→河口湾相→半封闭潟湖相的演化过程（黎广钊等，1999a）。高德潟湖是高德外沙封闭入海的小河——七星江河口而形成的，仅有朝向西南的一个潮流通道与海相通，宽度不足 100m，面积仅 0.015km^2，只能作为小型渔船的渔港（广西大百科全书编纂委员会，2008b）。

（十四）盐田湿地

盐田为获取盐业资源而人工修建的晒盐场所或盐池。国家海洋局海洋 908 专项记载的盐田湿地面积为 2741.37hm^2（孟宪伟和张创智，2014），广西壮族自治区第二次湿地资源调查记载的面积为 2485.33hm^2（广西壮族自治区林业厅，2011；国家林业局，2015）。广西盐田大致可以大风江为界划分为西部和东部两大盐田区，其中东部盐田主要分布在北海市，有竹林盐场、榄子根盐场、北暮盐场等，西部盐田主要分布在防城港市与钦州市，有江平盐场、企沙盐场、犀牛脚盐场、江平盐场等。

（十五）养殖塘

养殖塘是指利用海水养殖鱼、虾、蟹等水生经济动物的人工池塘。养殖塘主要分布在潮上带，是通过改造盐滩地、沼泽地、水田、耕地、盐田等而形成的；一些低海拔台地或丘陵坡地也被开发为虾塘。目前，广西滨海养殖塘主要见于那交河口、铁山港湾顶、北海大冠沙、南流江三角洲、西场镇沿海、钦江三角洲和江平一带，以西场镇的规模最大。国家海洋局海洋 908 专项记载的养殖塘面积为 34 090.84hm^2（孟宪伟和张创智，2014）。

第三章　广西滨海湿地生物多样性

滨海湿地是海洋与陆地相互作用的过渡地带，具有丰富的生物多样性和极高的生产力，是海岸带最重要的生态系统之一。特殊的地理位置、气候条件及复杂多样的滨海湿地环境，使广西滨海成为我国湿地生物多样性丰富度较高的地区之一。

第一节　湿 地 植 物

湿地植物（wetland plant）狭义上是指仅在湿地生境中生长的植物，广义上泛指所有能够在湿地生境中生长的植物。广义的湿地植物不仅包括仅在湿地环境中生长的植物，也包括那些既能在湿地环境中生长又能在中生环境中生长的植物。广西滨海湿地植物主要有藻类植物和被子植物两大类群。

一、藻类植物

对于广西滨海湿地藻类植物的研究还不多，目前主要针对红树林和近海水域开展了一些相关研究。例如，在红树林区藻类植物方面，范航清等（1993b）记载广西红树林区底栖硅藻的种类有 159 种，其中 4 个种是我国新记录；陈坚等（1993a）记载英罗湾红树林区浮游植物种类有 97 种。根据现有的文献资料进行整理，广西滨海湿地藻类植物现已知的种类有 7 门 8 纲 30 目 48 科 97 属 376 种（含亚种、变种、变型或未定种，下同）。其中，蓝细菌门有 1 纲 2 目 3 科 3 属 4 种，硅藻门有 2 纲 8 目 21 科 65 属 324 种，定鞭藻门有 1 纲 1 目 1 科 1 属 1 种，褐藻门有 1 纲 3 目 4 科 7 属 15 种，甲藻门有 1 纲 6 目 9 科 10 属 18 种，红藻门有 1 纲 7 目 7 科 8 属 10 种，绿藻门有 1 纲 3 目 3 科 3 属 4 种；以硅藻门植物种类最多，其种数占总种数的 86.17%。种类数量较多的属有舟形藻属（35 种）、菱形藻属（34 种）、角毛藻属（31 种）、圆筛藻属（24 种）、根管藻属（*Rhizosolenia*）（22 种）、双眉藻属（19 种）、双壁藻属（14 种）、斜纹藻属（*Pleurosigma*）（14 种）、盒形藻属（*Biddulphia*）（9 种）、布纹藻属（*Gyrosigma*）（9 种）等（表 3-1）。

表 3-1　广西滨海湿地藻类植物的科属种统计

门	纲	目	科	属	种数
蓝细菌门 Cyanobacteria	蓝藻纲 Cyanophyceae	色球藻目 Chroococcales	微囊藻科 Microcystaceae	微囊藻属 *Microcystis* Kützing	1
		颤藻目 Oscillatoriales	颤藻科 Oscillatoriaceae	颤藻属 *Oscillatoria* Vaucher ex Gomont	1
			席藻科 Phormidiaceae	束毛藻属 *Trichodesmium* Ehrenberg ex Gomont	2
硅藻门 Diatomeae	中心纲 Centricae	盘状硅藻目 Discoidales	直链藻科 Melosiraceae	明盘藻属 *Hyalodiscus* Ehrenberg	1

续表

门	纲	目	科	属	种数
硅藻门 Diatomeae	中心纲 Centricae	盘状硅藻目 Discoidales	直链藻科 Melosiraceae	直链藻属 *Melosira* Agardh	3
				柄链藻属 *Podosira* Ehrenberg	1
			圆筛藻科 Coscinodiscaceae	辐环藻属 *Actinocyclus* Ehrenberg	4
				辐裥藻属 *Actinoptychus* Ehrenberg	1
				沟盘藻属 *Aulacodiscus* Ehrenberg	1
				眼斑藻属 *Auliscus* Ehrenberg	2
				圆筛藻属 *Coscinodiscus* Ehrenberg	24
				小环藻属 *Cyclotella*（Kützing）Brébisson	4
				波形藻属 *Cymatotheca* Hendey	1
				半盘藻属 *Hemidiscus* Wallich	2
				漂流藻属 *Planktoniella* Schütt	1
			海链藻科 Thalassiosiraceae	娄氏藻属 *Lauderia* Cleve	1
				海链藻属 *Thalassiosira* Cleve	6
			骨条藻科 Skeletonemaceae	骨条藻属 *Skeletonema* Greville	1
				冠盖藻属 *Stephanopyxis* Ehrenberg	1
			细柱藻科 Leptocylindraceae	指管藻属 *Dactyliosolen* Castracane	1
				几内亚藻属 *Guinardia* Peragallo	1
				细柱藻属 *Leptocylindrus* Cleve	1
			棘冠藻科 Corethronaceae	棘冠藻属 *Corethron* Castracane	1
		管状硅藻目 Rhizosoleniales	根管藻科 Rhizosoleniaceae	根管藻属 *Rhizosolenia* Brightwell	22
		盒形硅藻目 Biddulphiales	辐杆藻科 Bacteriastraceae	辐杆藻属 *Bacteriastrum* Shadbolt	7
			角毛藻科 Chaetoceraceae	角毛藻属 *Chaetoceros* Ehrenberg	31

续表

门	纲	目	科	属	种数
硅藻门 Diatomeae	中心纲 Centricae	盒形硅藻目 Biddulphiales	盒形藻科 Biddulphiaceae	中鼓藻属 *Bellerochea* van Heurck	2
				盒形藻属 *Biddulphia* Gray	9
				角管藻属 *Cerataulina* Peragallo ex Schütt	2
				双尾藻属 *Ditylum* Bailey	2
				半管藻属 *Hemiaulua* Ehrenberg	3
				三角藻属 *Triceratium* Ehrenberg	3
			真弯藻科 Eucampiaceae	弯角藻属 *Eucampia* Ehrenberg	2
				扭鞘藻属 *Streptothece* Shrubsole	1
		舟辐硅藻目 Rutilariales	舟辐硅藻科 Rutilariaceae	井字藻属 *Eunotogramma* Weisse	2
	羽纹纲 Pennatae	等片藻目 Diatomales	波纹藻科 Cymatosiraceae	梯楔藻属 *Climacosphenia* Ehrenberg	1
			等片藻科 Diatomaceae	星杆藻属 *Asterionella* Hassall	1
				具槽藻属 *Delphineis* Andrews	1
				斑条藻属 *Grammatophora* Ehrenberg	2
				楔形藻属 *Licmophora* Agardh	2
				新具槽藻属 *Neodelphineis* Takano	1
				槌棒藻属 *Opephora* Petit	1
				缝舟藻属 *Rhaphoneis* Ehrenberg	2
				针杆藻属 *Synedra* Ehrenberg	6
				海线藻属 *Thalassionema* Grunow	2
				海毛藻属 *Thalassiothrix* Cleve et Grunow	2
		曲壳藻目 Achnanthales	卵形藻科 Cocconeidaceae	卵形藻属 *Cocconeis* Ehrenberg	4
			曲壳藻科 Achnanthaceae	曲壳藻属 *Achnanthes* Bory	3

续表

门	纲	目	科	属	种数
硅藻门 Diatomeae	羽纹纲 Pennatae	舟形藻目 Naviculales	舟形藻科 Naviculaceae	双肋藻属 *Amphipleura* Kützing	1
				美壁藻属 *Caloneis* Cleve	2
				双壁藻属 *Diploneis* Ehrenberg ex Cleve	14
				肋缝藻属 *Frustulia* Agardh	1
				布纹藻属 *Gyrosigma* Hassall	9
				胸隔藻属 *Mastogloia* Thwaites	6
				舟形藻属 *Navicula* Bory	35
				羽纹藻属 *Pinnularia* Ehrenberg	4
				斜纹藻属 *Pleurosigma* W. Smith	14
				辐节藻属 *Stauroneis* Ehrenberg	1
			桥弯藻科 Cymbellaceae	双眉藻属 *Amphora* Ehrenberg ex Kützing	19
				桥弯藻属 *Cymbella* Agardh	1
		双菱藻目 Surirellales	窗纹藻科 Epithemiaceae	细齿藻属 *Denticula* Kützing	1
				棒杆藻属 *Rhopalodia* O. Müller	1
			菱形藻科 Nitzschiaceae	棍形藻属 *Bacillaria* Gmelin	1
				菱形藻属 *Nitzschia* Hassall	34
				拟菱形藻属 *Pseudo-nitzschia* H. Peragallo	2
			双菱藻科 Surirellaceae	马鞍藻属 *Campylodiscus* Ehrenberg	2
				长羽藻属 *Stenopterobia* Brébisson	1
				双菱藻属 *Surirella* Turpin	3
定鞭藻门 Prymnesiophyta	定鞭藻纲 Prymnesiophyceae	定鞭藻目 Prymnesiales	棕囊藻科 Phaeocystaceae	棕囊藻属 *Phaeocystis* Lagerheim	1
褐藻门 Phaeophyta	褐藻纲 Phaeophyceae	网地藻目 Dictyotales	网地藻科 Dictyotaceae	网地藻属 *Dictyota* Lamouroux	3

续表

门	纲	目	科	属	种数
褐藻门 Phaeophyta	褐藻纲 Phaeophyceae	网地藻目 Dictyotales	网地藻科 Dictyotaceae	匍扇藻属 *Lobophora* J. Agardh	1
				团扇藻属 *Padina* Adanson	2
		萱藻目 Scytosiphonales	毛孢藻科 Chnoosporaceae	毛孢藻属 *Chnoospora* J. Agardh	1
			萱藻科 Scytosiphonaceae	囊藻属 *Colpomenia*（Endlicher）Derbès et Solier	1
				网胰藻属 *Hydroclathrus* Bory	1
		墨角藻目 Fucales	马尾藻科 Sargassaceae	马尾藻属 *Sargassum* C. Agardh	6
甲藻门 Dinophyta	甲藻纲 Dinophyceae	原甲藻目 Prorocentrales	原甲藻科 Prorocentraceae	原甲藻属 *Prorocentrum* Ehrenberg	2
		鳍藻目 Dinophysiales	鳍藻科 Dinophysiaceae	鳍藻属 *Dinophysis* Ehrenberg	2
		裸甲藻目 Gymnodiniales	裸甲藻科 Gymnodiniaceae	赤潮藻属 *Akashiwo* G. Hansen et Moestrup	1
				凯伦藻属 *Karenia* G. Hansen et Moestrup	1
		夜光藻目 Noctilucales	夜光藻科 Noctilucaceae	夜光藻属 *Noctiluca* Suriray	1
		膝沟藻目 Goneaulacales	角藻科 Ceratiaceae	角藻属 *Ceratium* Schrank	6
			屋甲藻科 Goneodomataceae	冈比亚甲藻属 *Gambierdiscus* Adachi et Fukuyo	1
			膝沟藻科 Gonyaulaceae	膝沟藻属 *Gonyaulax* Diesing	1
		多甲藻目 Peridiniales	多甲藻科 Peridiniaceae	施克里普藻属 *Scrippsiella* Balech ex Loeblich III	1
			原多甲藻科 Protoperidiniaceae	原多甲藻属 *Protoperidinium* Bergh	2
红藻门 Rhodophyta	红藻纲 Rhodophyceae	海索面目 Nemaliales	乳节藻科 Galaxauraceae	辐毛藻属 *Actinotrichia* Decaisne	1
				果胞藻属 *Tricleocarpa* Huisman et Borowitzka	1
		珊瑚藻目 Corallinales	珊瑚藻科 Corallinaceae	叉节藻属 *Amphiroa* Lamouroux	1
		石花菜目 Gelidiales	石花菜科 Gelidiaceae	石花菜属 *Gelidium* Lamouroux	1

续表

门	纲	目	科	属	种数
红藻门 Rhodophyta	红藻纲 Rhodophyceae	柏桉藻目 Bonnemaisoniales	柏桉藻科 Bonnemaisoniaceae	海门冬属 *Asparagopsis* Montagne	1
		杉藻目 Gigartinales	沙菜科 Hypneaceae	沙菜属 *Hypnea* Lamouroux	2
		江蓠目 Gracilariales	江蓠科 Gracilariaceae	江蓠属 *Gracilaria* Greville	2
		仙菜目 Ceramiales	松节藻科 Rhodomelaceae	软骨藻属 *Chondria* C. Agardh	1
绿藻门 Chlorophyta	绿藻纲 Chlorophyceae	石莼目 Ulvales	石莼科 Ulvaceae	浒苔属 *Enteromorpha* Link	1
		蕨藻目 Caulerpales	蕨藻科 Caulerpaceae	蕨藻属 *Caulerpa* Lamouroux	1
		松藻目 Codiales	松藻科 Codiaceae	松藻属 *Codium* Stackhouse	2

广西滨海湿地藻类植物种类名录如下所述（标注*者为红树林有分布）。

蓝细菌门 Cyanobacteria

蓝藻纲 Cyanophyceae

色球藻目 Chroococcales

微囊藻科 Microcystaceae

微囊藻属 *Microcystis* Kützing

铜锈微囊藻 *Microcystis aeruginosa*（Kützing）Kützing

颤藻目 Oscillatoriales

颤藻科 Oscillatoriaceae

颤藻属 *Oscillatoria* Vaucher ex Gomont

颤藻 *Oscillatoria* sp. *

席藻科 Phormidiaceae

束毛藻属 *Trichodesmium* Ehrenberg ex Gomont

红海束毛藻 *Trichodesmium erythraeum* Ehrenberg ex Gomont

铁氏束毛藻 *Trichodesmium thiebautii* Gomont

硅藻门 Diatomeae

中心纲 Centricae

盘状硅藻目 Discoidales

直链藻科 Melosiraceae

明盘藻属 *Hyalodiscus* Ehrenberg

辐射明盘藻 *Hyalodiscus radiatus*（O'Meara）Grunow*

直链藻属 *Melosira* Agardh

尤氏直链藻 *Melosira juergensi* Agardh*

念珠直链藻 *Melosira moniliformis*（Müller）Agardh*

具槽直链藻 *Melosira sulcata*（Ehrenberg）Kützing*

柄链藻属 *Podosira* Ehrenberg

星形柄链藻 *Podosira stelliger*（Bailey）Mann*

圆筛藻科 Coscinodiscaceae

辐环藻属 *Actinocyclus* Ehrenberg

澳洲辐环藻 *Actinocyclus australis* Grunow

爱氏辐环藻原变种 *Actinocyclus ehrenbergii* var. *ehrenbergii* Ralfs*

爱氏辐环藻厚缘变种 *Actinocyclus ehrenbergii* var. *crassa*（W. Smith）Hustedt*

巨大辐环藻 *Actinocyclus ingens* Rattray

辐裥藻属 *Actinoptychus* Ehrenberg

三舌辐裥藻 *Actinoptychus trilingulatus*（Brightwell）Ralfs*

沟盘藻属 *Aulacodiscus* Ehrenberg

近缘沟盘藻 *Aulacodiscus affinis* Grunow

眼斑藻属 *Auliscus* Ehrenberg

斑点眼纹藻 *Auliscus punctatus* Bailey*

同突眼纹藻 *Auliscus sculptus*（W. Smith）Ralfs*

圆筛藻属 *Coscinodiscus* Ehrenberg
短尖圆筛藻 *Coscinodiscus apiculatus* Ehrenberg
星脐圆筛藻 *Coscinodiscus asteromphalus* Ehrenberg*
中心圆筛藻 *Coscinodiscus centralis* Ehrenberg*
系带圆筛藻 *Coscinodiscus cinctus* Kützing
巨圆筛藻原变种 *Coscinodiscus gigas* var. *gigas* Ehrenberg
巨圆筛藻交织变种 *Coscinodiscus gigas* var. *praetexta*（Janisch）Hustedt*
格氏圆筛藻 *Coscinodiscus granii* Gough
海南圆筛藻 *Coscinodiscus hainanensis* Guo
六块圆筛藻 *Coscinodiscus hexagonus* Cheng et Chin
琼氏圆筛藻 *Coscinodiscus jonesianus*（Greville）Ostenfeld
具边线形圆筛藻 *Coscinodiscus marginato-lineatus* A. Schmidt
小形圆筛藻 *Coscinodiscus minor* Ehrenberg*
细束纹圆筛藻 *Coscinodiscus minutifasciculatus* Guo
光亮圆筛藻 *Coscinodiscus nitidus* Gregory*
小眼圆筛藻 *Coscinodiscus oculatus*（Fauvel）Petit*
虹彩圆筛藻 *Coscinodiscus oculus-iridis* Ehrenberg*
辐射圆筛藻 *Coscinodiscus radiatus* Ehrenberg*
有棘圆筛藻 *Coscinodiscus spinosus* Chin*
微凹圆筛藻 *Coscinodiscus subconcavus* Grunow*
细弱圆筛藻 *Coscinodiscus subtilis* Ehrenberg*
薄壁圆筛藻 *Coscinodiscus tenuithecus* Guo
威利圆筛藻 *Coscinodiscus wailesii* Gran et Angst
维廷圆筛藻 *Coscinodiscus wittianus* Pantocsek*
圆筛藻 *Coscinodiscus* sp.*
小环藻属 *Cyclotella*（Kützing）Brébisson
极微小环藻 *Cyclotella atomus* Hustedt
隐秘小环藻 *Cyclotella cryptica* Reimann, Lewin et Guillard*
条纹小环藻 *Cyclotella striata*（Kützing）Grunow*
柱状小环藻 *Cyclotella stylorum* Brightwell*
波形藻属 *Cymatotheca* Hendey
威氏波形藻 *Cymatotheca weissflogii*（Grunow）Hendey*
半盘藻属 *Hemidiscus* Wallich
哈氏半盘藻 *Hemidiscus hardmannianus*（Greville）Mann
椭圆半盘藻 *Hemidiscus ovalis* Lohman
漂流藻属 *Planktoniella* Schütt
太阳漂流藻 *Planktoniella sol*（Wallich）Schütt
海链藻科 Thalassiosiraceae
娄氏藻属 *Lauderia* Cleve
环纹娄氏藻 *Lauderia annulata* Cleve*
海链藻属 *Thalassiosira* Cleve
离心列海链藻 *Thalassiosira excentrica*（Ehrenberg）Cleve*
细长列海链藻 *Thalassiosira leptopus*（Grunow ex van Heurck）Hasle et G. Fryxell*
诺氏海链藻 *Thalassiosira nordenskioldi* Cleve
厄氏海链藻 *Thalassiosira oestrupii*（Ostenfeld）Hasle
圆海链藻 *Thalassiosira rotula* Meunier
细弱海链藻 *Thalassiosira subtilis*（Ostenfeld）Gran
骨条藻科 Skeletonemaceae
骨条藻属 *Skeletonema* Greville
中肋骨条藻 *Skeletonema costatum*（Greville）Cleve
冠盖藻属 *Stephanopyxis* Ehrenberg
掌状冠盖藻 *Stephanopyxis palmeriana*（Greville）Grunow*
细柱藻科 Leptocylindraceae
指管藻属 *Dactyliosolen* Castracane
地中海指管藻 *Dactyliosolen mediterraneus* Peragallo
几内亚藻属 *Guinardia* Peragallo
薄壁几内亚藻 *Guinardia flaccid*（Castracane）Peragallo*
细柱藻属 *Leptocylindrus* Cleve
丹麦细柱藻 *Leptocylindrus danicus* Cleve*
棘冠藻科 Corethronaceae
棘冠藻属 *Corethron* Castracane

棘冠藻 *Corethron criophilum* Castracane*
管状硅藻目 Rhizosoleniales
根管藻科 Rhizosoleniaceae
根管藻属 *Rhizosolenia* Brightwell
翼根管藻 *Rhizosolenia alata* f. *alata* Brightwell
翼根管藻纤细变型 *Rhizosolenia alata* f. *gracillima* Cleve*
翼根管藻印度变型 *Rhizosolenia alata* f. *indica*（Peragallo）Ostenfeld
伯氏根管藻 *Rhizosolenia bergonii* Peragallo
距端根管藻 *Rhizosolenia calcar-avis* Schultze*
卡氏根管藻 *Rhizosolenia castracane* Peragallo
克莱根管藻 *Rhizosolenia cleivei* Ostenfeld*
螺端根管藻 *Rhizosolenia cochlea* Brun
厚刺根管藻 *Rhizosolenia crassispina* Schröder*
柔弱根管藻 *Rhizosolenia delicatula* Cleve
脆根管藻 *Rhizosolenia fragilissima* Bergon*
钝根管藻半刺变型 *Rhizosolenia hebetata* f. *semispina*（Hansen）Gran*
透明根管藻 *Rhizosolenia hyalina* Ostenfeld et Schmidt
覆瓦根管藻原变种 *Rhizosolenia imbricata* var. *imbricata* Brightwell*
覆瓦根管藻细径变种 *Rhizosolenia imbricata* var. *shrubsolei*（Cleve）Schröder
粗根管藻 *Rhizosolenia robusta* Norman*
刚毛根管藻 *Rhizosolenia setigera* Brightwell
中华根管藻 *Rhizosolenia sinensis* Qian
斯托根管藻 *Rhizosolenia stolterfothii* Peragallo*
笔尖形根管藻原变种 *Rhizosolenia styliformis* var. *styliformis* Brightwell*
笔尖形根管藻粗径变种 *Rhizosolenia styliformis* var. *latissima* Brightwell
笔尖形根管藻长棘变种 *Rhizosolenia styliformis* var. *longispina* Hustedt
盒形硅藻目 Biddulphiales
辐杆藻科 Bacteriastraceae
辐杆藻属 *Bacteriastrum* Shadbolt
从毛辐杆藻原变种 *Bacteriastrum comosum* var. *comosum* Pavillard*
从毛辐杆藻刚刺变种 *Bacteriastrum comosum* var. *hispida* Ikari*
优美辐杆藻 *Bacteriastrum delicatulum* Cleve
透明辐杆藻 *Bacteriastrum hyalinum* Lauder*
地中海辐杆藻 *Bacteriastrum mediterraneum* Pavillard
变异辐杆藻 *Bacteriastrum varians* Lauder*
辐杆藻 *Bacteriastrum* sp.*
角毛藻科 Chaetoceraceae
角毛藻属 *Chaetoceros* Ehrenberg
窄隙角毛藻原变种 *Chaetoceros affinis* var. *affinis* Lauder
窄隙角毛藻威尔变种 *Chaetoceros affinis* var. *willei*（Gran）Hustedt*
北方角毛藻 *Chaetoceros borealis* Bailey
短孢角毛藻 *Chaetoceros brevis* Schütt*
绕孢角毛藻 *Chaetoceros cinctus* Gran
扁面角毛藻 *Chaetoceros compressus* Lauder*
深环沟角毛藻 *Chaetoceros constrictus* Gran*
双脊角毛藻 *Chaetoceros costatus* Pavillard*
旋链角毛藻 *Chaetoceros curvisetus* Cleve
丹麦角毛藻 *Chaetoceros danicus* Cleve
并基角毛藻 *Chaetoceros decipiens* f. *decipiens* Cleve*
并基角毛藻单胞变型 *Chaetoceros decipiens* f. *singulari* Gran*
密连角毛藻 *Chaetoceros densus* Cleve*
齿角毛藻 *Chaetoceros denticulatus* f. *denticulatus* Lauder*
冕孢角毛藻 *Chaetoceros diadema*（Ehrenberg）Gran*
双孢角毛藻 *Chaetoceros didymus* Ehrenberg*
远距角毛藻 *Chaetoceros distans* Cleve*
异角角毛藻 *Chaetoceros diversus* Cleve*
克尼角毛藻 *Chaetoceros knipowitschi* Henckel
垂缘角毛藻 *Chaetoceros lacinios* Schütt
平滑角毛藻 *Chaetoceros laevis* Leuduger-Fortmorel

洛氏角毛藻 *Chaetoceros lorenzianus* Grunow*
牟氏角毛藻 *Chaetoceros muelleri* Lemmermann
日本角毛藻 *Chaetoceros nipponica* Ikari
海洋角毛藻 *Chaetoceros pelagicus* Cleve
秘鲁角毛藻 *Chaetoceros peruvianus* Brightwell*
拟旋链角毛藻 *Chaetoceros pseudocurvisetus* Mangin*
根状角毛藻 *Chaetoceros radicans* Schütt
暹罗角毛藻 *Chaetoceros siamense* Ostenfeld
聚生角毛藻 *Chaetoceros socialis* Lauder
角毛藻 *Chaetoceros* sp.*
盒形藻科 Biddulphiaceae
中鼓藻属 *Bellerochea* van Heurck
钟形中鼓藻 *Bellerochea horologicalis* Stosch
锤状中鼓藻 *Bellerochea malleus*（Brightwell）van Heurck
盒形藻属 *Biddulphia* Gray
正盒形藻 *Biddulphia biddulphiana*（J. E. Smith）Boyer*
颗粒盒形藻 *Biddulphia granulata* Roper
横滨盒形藻 *Biddulphia gruendleri* A. Schmidt
异角盒形藻 *Biddulphia heteroceros* Grunow*
活动盒形藻 *Biddulphia mobiliensis*（Bailey）Grunow*
钝角盒形藻 *Biddulphia obtusa* Kützing*
高盒形藻 *Biddulphia regia*（Schultze）Ostenfeld*
网状盒形藻 *Biddulphia reticulata* Roper*
中国盒形藻 *Biddulphia sinensis* Greville*
角管藻属 *Cerataulina* Peragallo ex Schütt
紧密角管藻 *Cerataulina compacta* Ostenfeld*
大洋角管藻 *Cerataulina pelagica*（Cleve）Hendey*
双尾藻属 *Ditylum* Bailey
布氏双尾藻 *Ditylum brightwellii*（West）Grunow*
太阳双尾藻 *Ditylum sol* Grunow
半管藻属 *Hemiaulua* Ehrenberg
霍氏半管藻 *Hemiaulua heuckii* Grunow*
膜质半管藻 *Hemiaulua membranaceus* Cleve*
中华半管藻 *Hemiaulua sinensis* Grunow
三角藻属 *Triceratium* Ehrenberg
巴里三角藻方面变型 *Triceratium balearicum* f. *biquadrata*（Janisch）Hustedt*
蜂窝三角藻 *Triceratium favus* Ehrenberg*
网纹三角藻 *Triceratium reticulum* Ehrenberg*
真弯藻科 Eucampiaceae
弯角藻属 *Eucampia* Ehrenberg
长角弯角藻 *Eucampia cornuta*（Cleve）Grunow*
短角弯角藻 *Eucampia zoodiacus* Ehrenberg*
扭鞘藻属 *Streptothece* Shrubsole
泰晤士扭鞘藻 *Streptothece thamesis* Shrubsole
舟辐硅藻目 Rutilariales
舟辐藻科 Rutilariaceae
井字藻属 *Eunotogramma* Weisse
柔弱井字藻 *Eunotogramma debile* Grunow*
平滑井字藻 *Eunotogramma laevis*（Cleve）Grunow*
羽纹纲 Pennatae
等片藻目 Diatomales
波纹藻科 Cymatosiraceae
梯楔藻属 *Climacosphenia* Ehrenberg
串珠梯楔藻 *Climacosphenia moniligera* Ehrenberg
等片藻科 Diatomaceae
星杆藻属 *Asterionella* Hassall
日本星杆藻 *Asterionella japonica* Cleve
具槽藻属 *Delphineis* Andrews
双菱具槽藻 *Delphineis surirella*（Ehrenberg）Andrews*
斑条藻属 *Grammatophora* Ehrenberg
海生斑条藻 *Grammatophora marina*（Lyngber）Kützing*
大洋斑条藻 *Grammatophora oceanica* Ehrenberg*
楔形藻属 *Licmophora* Agardh
短纹楔形藻 *Licmophora abbreviata* Agardh
爱氏楔形藻 *Licmophora ehrenbergii*（Kützing）Grunow*
新具槽藻属 *Neodelphineis* Takano
大洋新具槽藻 *Neodelphineis pelagica* Takano*
槌棒藻属 *Opephora* Petit
太平洋槌棒藻 *Opephora pacifica*（Grunow）Petit*
缝舟藻属 *Rhaphoneis* Ehrenberg

卡氏缝舟藻 *Rhaphoneis castracanei* Grunow*
双菱缝舟藻 *Rhaphoneis surirella*（Ehrenberg）Grunow
针杆藻属 *Synedra* Ehrenberg
透明针杆藻 *Synedra crystallina*（Agardh）Kützing*
伽氏针杆藻 *Synedra gaillonii*（Bory）Ehrenberg*
亨尼针杆藻 *Synedra hennedyana* Gregory
平片针杆藻原变种 *Synedra tabulata* var. *tabulata*（Agardh）Kützing*
平片针杆藻簇生变种 *Synedra tabulata* var. *fasciculata*（Kützing）Hustedt*
平片针杆藻小形变种 *Synedra tabulata* var. *parva*（Kützing）Hustedt*
海线藻属 *Thalassionema* Grunow
伏氏海线藻 *Thalassionema frauenfeldii*（Grunow）Tempère et Peragallo
菱形海线藻 *Thalassionema nitzschioides*（Grunow）Mereschkowsky*
海毛藻属 *Thalassiothrix* Cleve et Grunow
伏氏海毛藻 *Thalassiothrix frauenfeldii*（Grunow）Grunow*
长海毛藻 *Thalassiothrix longissima* Cleve et Grunow
曲壳藻目 Achnanthales
卵形藻科 Cocconeidaceae
卵形藻属 *Cocconeis* Ehrenberg
异向卵形藻 *Cocconeis heteroidea* Hantzsch*
羽状卵形藻 *Cocconeis pinnata* Gregory ex Greville*
盾卵形藻原变种 *Cocconeis scutellum* var. *scutellum* Ehrenberg*
盾卵形藻小形变种 *Cocconeis scutellum* var. *parva* Grunow*
曲壳藻科 Achnanthaceae
曲壳藻属 *Achnanthes* Bory
短柄曲壳藻 *Achnanthes brevipes* Agardh*
豪克曲壳藻 *Achnanthes hauckiana* Grunow*
爪哇曲壳藻 *Achnanthes javanica* Grunow*
舟形藻目 Naviculales
舟形藻科 Naviculaceae
双肋藻属 *Amphipleura* Kützing
橙红双肋藻 *Amphipleura rutilans*（Trentepohl）Cleve*
美壁藻属 *Caloneis* Cleve
短形美壁藻 *Caloneis brevis*（Gregory）Cleve*
长形美壁藻 *Caloneis elongata*（Grunow）Boyer*
双壁藻属 *Diploneis* Ehrenberg ex Cleve
蜂腰双壁藻 *Diploneis bombus* Ehrenberg*
北方双壁藻 *Diploneis borealis*（Grunow）Cleve*
马鞍双壁藻 *Diploneis campylodiscus*（Grunow）Cleve*
查尔双壁藻 *Diploneis chersonensis*（Grunow）Cleve*
黄蜂双壁藻原变种 *Diploneis crabro* var. *crabro* Ehrenberg*
黄蜂双壁藻琴形变种 *Diploneis crabro* var. *pandura*（Brébisson）Cleve*
黄蜂双壁藻可疑变型 *Diploneis crabro* f. *suspecta*（A. Schmidt）Hustedt*
椭圆双壁藻 *Diploneis elliptica*（Kützing）Cleve*
淡褐双壁藻 *Diploneis fusca*（Gregory）Cleve*
格雷氏双壁藻 *Diploneis grundleri*（A. Schmidt）Cleve*
新西兰双壁藻 *Diploneis novaeseelandiae*（A. Schmidt）Hustedt*
史密斯双壁藻 *Diploneis smithii*（Brébisson）Cleve*
华丽双壁藻 *Diploneis splendida*（Gregory）Cleve*
近圆双壁藻 *Diploneis suborbicularis*（Gregory）Cleve*
肋缝藻属 *Frustulia* Agardh
长端节肋缝藻 *Frustulia lewisiana*（Greville）de Toni*
布纹藻属 *Gyrosigma* Hassall
渐狭布纹藻 *Gyrosigma attenuatum*（Kützing）Rabenhorst*
波罗的海布纹藻 *Gyrosigma balticum*（Ehrenberg）Rabenhorst*
簇生布纹藻弧形变种 *Gyrosigma fasciola* var.

arcuata（Donkin）Cleve*

簇生布纹藻薄喙变种 *Gyrosigma fasciola* var. *tenuirostris*（Grunow）Cleve*

长尾布纹藻 *Gyrosigma macrum*（W. Smith）Griffith et Henfrey*

斜布纹藻 *Gyrosigma obliquum*（Grunow）Boyer*

直形布纹藻 *Gyrosigma rectum*（Donkin）Cleve*

斯氏布纹藻 *Gyrosigma spencerii*（W. Smith）Griffith et Henfrey*

布纹藻 *Gyrosigma* sp.*

胸隔藻属 *Mastogloia* Thwaites

肯定胸隔藻 *Mastogloia affirmata*（Leudiger-Formorel）Cleve*

海南胸隔藻 *Mastogloia hainanensis* Voigt*

杰利胸隔藻 *Mastogloia jelineckiana* Grunow*

胚珠胸隔藻 *Mastogloia ovulum* Hustedt*

佩氏胸隔藻 *Mastogloia peragalli* Cleve*

菱形胸隔藻 *Mastogloia rhombus*（Petit）Cleve et Grove*

舟形藻属 *Navicula* Bory

截形舟形藻 *Navicula abrupta*（Gregory）Donkin*

不对称舟形藻 *Navicula asymmetrica* Pantocsek

盲肠舟形藻 *Navicula caeca* Mann*

方格舟形藻 *Navicula cancellata* Donkin*

盔状舟形藻 *Navicula corymbosa*（Agardh）Cleve*

小头舟形藻 *Navicula cuspidate* Kützing*

直舟形藻 *Navicula directa*（W. Smith）Ralfs*

钳状舟形藻密条变种 *Navicula forcipata* var. *densestriata* A. Schmidt*

肩部舟形藻 *Navicula humerosa* Brébisson*

扁舟形藻 *Navicula impressa* Grunow

壮丽舟形藻 *Navicula luxuriosa* Greville*

琴状舟形藻原变种 *Navicula lyra* var. *lyra* Ehrenberg*

琴状舟形藻特异变种 *Navicula lyra* var. *insignis* A. Schmidt*

琴状舟形藻劲直变种 *Navicula lyra* var. *recta* Greville*

点状舟形藻 *Navicula maculata*（Bailey）Edwards*

海洋舟形藻 *Navicula marina* Ralfs*

膜状舟形藻 *Navicula membranacea* Cleve*

柔软舟形藻 *Navicula mollis*（W. Smith）Cleve

潘土舟形藻 *Navicula pantocsekiana* de Toni*

小形舟形藻 *Navicula parva*（Meneghini ex Kützing）Cleve-Euler

帕维舟形藻 *Navicula pavillardi* Hustedt

似菱舟形藻 *Navicula perrhombus* Hustedt*

凸出舟形藻 *Navicula protracta*（Grunow）Cleve*

瞳孔舟形藻原变种 *Navicula pupula* var. *pupula* Kützing*

瞳孔舟形藻椭圆变种 *Navicula pupula* var. *elliptica* Hustedt

侏儒舟形藻 *Navicula pygmaea* Kützing*

多枝舟形藻 *Navicula ramosissima*（Agardh）Cleve

缝舟新形舟形藻 *Navicula rhaphoneis*（Ehrenberg）Grunow*

闪光舟形藻 *Navicula scintillans* A. Schmidt*

盾型舟形藻 *Navicula scutifomis* Grunow

锡巴伊舟形藻 *Navicula sibayiensis* Archibald*

似船状舟形藻 *Navicula subcarinata*（Grunow）Hendey*

微绿舟形藻 *Navicula viridula* Kützing

带状舟形藻 *Navicula zostereti* Grunow

舟形藻 *Navicula* sp.*

羽纹藻属 *Pinnularia* Ehrenberg

大羽纹藻 *Pinnularia major*（Kützing）Cleve*

微辐节羽纹藻 *Pinnularia microstauron*（Ehrenberg）Cleve*

扭缝羽纹藻 *Pinnularia streptoraphe* Cleve*

微缘羽纹藻 *Pinnularia viridis*（Nitzsch）Ehrenberg*

斜纹藻属 *Pleurosigma* W. Smith

端尖斜纹藻 *Pleurosigma acutum* Norman ex Ralfs

艾希斜纹藻 *Pleurosigma aestuarii*（Brébisson ex Kützing）W. Smith

近缘斜纹藻 *Pleurosigma affine* Grunow*

宽角斜纹藻 *Pleurosigma angulatum*（Queckett）W. Smith

柔弱斜纹藻 *Pleurosigma delicatulum* W. Smith

长斜纹藻 *Pleurosigma elongatum* W. Smith*
镰刀斜纹藻 *Pleurosigma falx* Mann
美丽斜纹藻 *Pleurosigma formosum* W. Smith*
中型斜纹藻 *Pleurosigma intermedium* W. Smith*
舟形斜纹藻 *Pleurosigma naviculaceum* Brébisson*
诺马斜纹藻 *Pleurosigma normanii* Ralfs*
海洋斜纹藻 *Pleurosigma pelagicum*（H. Peragallo）Cleve*
菱形斜纹藻 *Pleurosigma rhombeum*（Grunow）H. Peragallo*
坚实斜纹藻 *Pleurosigma rigidum* W. Smith*
辐节藻属 *Stauroneis* Ehrenberg
紫心辐节藻 *Stauroneis phoenicenteron*（Nitzsch）Ehrenberg*
桥弯藻科 Cymbellaceae
双眉藻属 *Amphora* Ehrenberg ex Kützing
狭窄双眉藻 *Amphora angusta* Gregory*
咖啡形双眉藻原变种 *Amphora coffeaeformis* var. *coffeaeformis*（Agardh）Kützing*
咖啡形双眉藻微尖变种 *Amphora coffeaeformis* var. *acutiuscula*（Kützing）Hustedt*
变异双眉藻 *Amphora commutata* Grunow
中肋双眉藻原变种 *Amphora costata* var. *costata* W. Smith*
中肋双眉藻膨大变种 *Amphora costata* var. *inflata* Peragallo et Peragallo*
厚双眉藻 *Amphora crassa* Gregory*
简单双眉藻 *Amphora exigua* Gregory*
巨大双眉藻 *Amphora gigantea* Grunow*
墨西哥双眉藻 *Amphora mexicana* A. Schmidt*
微小双眉藻 *Amphora micrometra* Giffen*
牡蛎双眉藻原变种 *Amphora ostrearia* var. *ostrearia* Brébisson*
牡蛎双眉藻透明变种 *Amphora ostrearia* var. *vitrea* Cleve*
卵形双眉藻原变种 *Amphora ovalis* var. *ovalis* Kützing*
卵形双眉藻有柄变种 *Amphora ovalis* var. *pediculus*（Kützing）van Heurch
易变双眉藻原变种 *Amphora proteus* var. *proteus* Gregory*
易变双眉藻眼状变种 *Amphora proteus* var. *oculata* H. Peragallo
截端双眉藻 *Amphora terroris* Ehrenberg*
双眉藻 *Amphora* sp.*
桥弯藻属 *Cymbella* Agardh
桥弯藻 *Cymbella* sp.*
双菱藻目 Surirellales
窗纹藻科 Epithemiaceae
细齿藻属 *Denticula* Kützing
细弱细齿藻 *Denticula subtilis* Grunow*
棒杆藻属 *Rhopalodia* O. Müller
驼峰棒杆藻 *Rhopalodia gibberula*（Ehrenberg）O. Müller*
菱形藻科 Nitzschiaceae
棍形藻属 *Bacillaria* Gmelin
奇异棍形藻 *Bacillaria paradoxa* Gmelin*
菱形藻属 *Nitzschia* Hassall
有棱菱形藻 *Nitzschia angularis* W. Smith*
新月菱形藻 *Nitzschia closterium*（Ehrenberg）W. Smith*
卵形菱形藻 *Nitzschia cocconeiformis* Grunow*
普通菱形藻 *Nitzschia communis* Rabenhorst
扁菱形藻 *Nitzschia compressa*（Bailey）Boyer*
缢缩菱形藻 *Nitzschia constricta*（Kützing）Ralfs*
齿菱形藻 *Nitzschia denticula* Grunow*
分散菱形藻 *Nitzschia dissipata*（Kützing）Grunow*
拟壳菱形藻 *Nitzschia epithemoides* Grunow*
簇生菱形藻 *Nitzschia fasciculata* Grunow*
流水菱形藻 *Nitzschia fluminensis* Grunow*
碎片菱形藻 *Nitzschia frustulum*（Kützing）Grunow*
颗粒菱形藻 *Nitzschia granulata* Grunow*
匈牙利菱形藻 *Nitzschia hungarica* Grunow*
杂菱形藻 *Nitzschia hybrida* Grunow*
披针菱形藻 *Nitzschia lanceolata* W. Smith*
长菱形藻原变种 *Nitzschia longissima* var. *longissima*（Brébisson）Ralfs*
长菱形藻弯端变种 *Nitzschia longissima* var.

reversa Grunow*
洛氏菱形藻原变种 *Nitzschia lorenziana* var. *lorenziana* Grunow*
洛氏菱形藻密条变种 *Nitzschia lorenziana* var. *densestriata*（Persoon）A. Schmidt et al. *
海洋菱形藻 *Nitzschia marina* Grunow
舟形菱形藻 *Nitzschia navicularis*（Brébisson）Grunow*
钝头菱形藻原变种 *Nitzschia obtusa* W. Smith*
钝头菱形藻刀形变种 *Nitzschia obtusa* var. *scalpelliformis* Grunow*
铲状菱形藻 *Nitzschia paleacea* Grunow*
琴式菱形藻 *Nitzschia panduriformis* Gregory*
琴式菱形藻微小变种 *Nitzschia panduriformis* var. *minor* Grunow*
毕氏菱形藻 *Nitzschia petitana* Grunow*
弯菱形藻 *Nitzschia sigma*（Kützing）W. Smith*
弯菱形藻中型变种 *Nitzschia sigma* var. *intercedens* Grunow*
弯菱形藻坚硬变种 *Nitzschia sigma* var. *rigida*（Kützing）Grunow *
费氏菱形藻 *Nitzschia vidovichii* Grunow*
透明菱形藻 *Nitzschia vitrea* Norman*
菱形藻 *Nitzschia* sp.*
拟菱形藻属 *Pseudo-nitzschia* H. Peragallo
柔弱拟菱形藻 *Pseudo-nitzschia delicatissima*（Cleve）Heiden
尖刺拟菱形藻 *Pseudo-nitzschia pungens*（Grunow et Cleve）Hasle*
双菱藻科 Surirellaceae
马鞍藻属 *Campylodiscus* Ehrenberg
双角马鞍藻 *Campylodiscus biangulatus* Greville*
威氏马鞍藻 *Campylodiscus wallichianus* Greville
长羽藻属 *Stenopterobia* Brébisson
中间长羽藻 *Stenopterobia intermedia*（Lewis）van Heurck*
双菱藻属 *Surirella* Turpin
华壮双菱藻 *Surirella fastuosa* Ehrenberg*
芽形双菱藻 *Surirella gemma* Ehrenberg*
澳氏双菱藻 *Surirella voigtii* Skvortzow*

定鞭藻门 Prymnesiophyta
定鞭藻纲 Prymnesiophyceae
定鞭藻目 Prymnesiales
棕囊藻科 Phaeocystaceae
棕囊藻属 *Phaeocystis* Lagerheim
球形棕囊藻 *Phaeocystis globosa* Scherffel

褐藻门 Phaeophyta
褐藻纲 Phaeophyceae
网地藻目 Dictyotales
网地藻科 Dictyotaceae
网地藻属 *Dictyota* Lamouroux
鹿角网地藻 *Dictyota cervicornis* Kützing
叉开网地藻 *Dictyota divaricata* Lamouroux
刺叉网地藻 *Dictyota patens* J. Agardh
匍扇藻属 *Lobophora* J. Agardh
匍扇藻 *Lobophora variegata*（Lamouroux）Womersley ex Oliveira
团扇藻属 *Padina* Adanson
大团扇藻 *Padina crassa* Yamada
小团扇藻 *Padina minor* Yamada
萱藻目 Scytosiphonales
毛孢藻科 Chnoosporaceae
毛孢藻属 *Chnoospora* J. Agardh
毛孢藻 *Chnoospora implexa* J. Agardh
萱藻科 Scytosiphonaceae
囊藻属 *Colpomenia*（Endlicher）Derbès et Solier
囊藻 *Colpomenia sinuosa*（Mertens et Roth）Derbes et Solier
网胰藻属 *Hydroclathrus* Bory
网胰藻 *Hydroclathrus clathratus*（C. Agardh）Howe
墨角藻目 Fucales
马尾藻科 Sargassaceae
马尾藻属 *Sargassum* C. Agardh
叶托马尾藻 *Sargassum carpophyllum* J. Agardh
半叶马尾藻 *Sargassum hemiphyllum*（Turner）C. Agardh
亨氏马尾藻 *Sargassum henslowianum* J. Agardh
叶囊马尾藻 *Sargassum phyllocystum* Tseng et Lu

匍枝马尾藻 *Sargassum polycystum* C. Agardh

西沙马尾藻 *Sargassum xishaense* Tseng et Lu

甲藻门 Dinophyta

甲藻纲 Dinophyceae

原甲藻目 Prorocentrales

原甲藻科 Prorocentraceae

原甲藻属 *Prorocentrum* Ehrenberg

海洋原甲藻 *Prorocentrum micans* Ehrenberg

反曲原甲藻 *Prorocentrum sigmoides* Böhm

鳍藻目 Dinophysiales

鳍藻科 Dinophysiaceae

鳍藻属 *Dinophysis* Ehrenberg

具尾鳍藻 *Dinophysis caudata* Saville-Kent*

勇士鳍藻 *Dinophysis miles* Cleve

裸甲藻目 Gymnodiniales

裸甲藻科 Gymnodiniaceae

赤潮藻属 *Akashiwo* G. Hansen et Moestrup

红色赤潮藻 *Akashiwo sanguinea*（Hirasaka）G. Hansen et Moestrup

凯伦藻属 *Karenia* G. Hansen et Moestrup

米氏凯伦藻 *Karenia mikimotoi*（Miyake et Kominami ex Oda）G. Hansen et Moestrup

夜光藻目 Noctilucales

夜光藻科 Noctilucaceae

夜光藻属 *Noctiluca* Suriray

夜光藻 *Noctiluca scintillans*（Macartney）Kofoid et Swezy

膝沟藻目 Goneaulacales

角藻科 Ceratiaceae

角藻属 *Ceratium* Schrank

叉角藻 *Ceratium furca*（Ehrenberg）Claparède et Lachmann

纺锤角藻 *Ceratium fusus*（Ehrenberg）Dujardin*

大角角藻 *Ceratium macroceros* Schrank

马西里亚角藻 *Ceratium massiliense*（Karsten）Jörgensen

三叉角藻 *Ceratium trichoceros*（Ehrenberg）Kofoid*

三角角藻 *Ceratium tripos*（O. F. Müller）Nitzsch

屋甲藻科 Goneodomataceae

冈比亚甲藻属 *Gambierdiscus* Adachi et Fukuyo

有毒冈比亚藻 *Gambierdiscus toxicus* Adachi et Fukuyo

膝沟藻科 Gonyaulaceae

膝沟藻属 *Gonyaulax* Diesing

春膝沟藻 *Gonyaulax verior* Sournia

多甲藻目 Peridiniales

多甲藻科 Peridiniaceae

施克里普藻属 *Scrippsiella* Balech ex Loeblich III

锥状施克里普藻 *Scrippsiella trochoidea* Balech ex Loeblich III

原多甲藻科 Protoperidiniaceae

原多甲藻属 *Protoperidinium* Bergh

叉分原多甲藻 *Protoperidinium divergens*（Ehrenberg）Balech

优美原多甲藻 *Protoperidinium elegans*（Cleve）Balech

红藻门 Rhodophyta

红藻纲 Rhodophyceae

海索面目 Nemaliales

乳节藻科 Galaxauraceae

辐毛藻属 *Actinotrichia* Decaisne

易碎辐毛藻 *Actinotrichia fragilis*（Forsskål）Børgesen

果胞藻属 *Tricleocarpa* Huisman et Borowitzka

白果胞藻 *Tricleocarpa fragilis*（Linnaeus）Huisman et Townsend

珊瑚藻目 Corallinales

珊瑚藻科 Corallinaceae

叉节藻属 *Amphiroa* Lamouroux

脆叉节藻 *Amphiroa fragilissima*（Linnaeus）Lamouroux

石花菜目 Gelidiales

石花菜科 Gelidiaceae

石花菜属 *Gelidium* Lamouroux

细毛石花菜 *Gelidium crinale*（Turner）Gaillon

柏桉藻目 Bonnemaisoniales

柏桉藻科 Bonnemaisoniaceae

海门冬属 *Asparagopsis* Montagne
紫杉海门冬 *Asparagopsis taxiformis*（Delile）Trevisan
杉藻目 Gigartinales
沙菜科 Hypneaceae
沙菜属 *Hypnea* Lamouroux
长枝沙菜 *Hypnea charoides* Lamouroux
巢沙菜 *Hypnea pannosa* J. Agardh
江蓠目 Gracilariales
江蓠科 Gracilariaceae
江蓠属 *Gracilaria* Greville
细基江蓠 *Gracilaria tenuistipitata* Chang et Xia
真江蓠 *Gracilaria vermiculophylla*（Ohmi）Papenfuss
仙菜目 Ceramiales
松节藻科 Rhodomelaceae
软骨藻属 *Chondria* C. Agardh
软骨藻 *Chondria dasyphylla*（Woodward）C. Agardh

绿藻门 Chlorophyta
绿藻纲 Chlorophyceae
石莼目 Ulvales
石莼科 Ulvaceae
浒苔属 *Enteromorpha* Link
条浒苔 *Enteromorpha clathrata*（Roth）Greville
蕨藻目 Caulerpales
蕨藻科 Caulerpaceae
蕨藻属 *Caulerpa* Lamouroux
棒叶蕨藻 *Caulerpa sertularioides*（Gmelin）Howe
松藻目 Codiales
松藻科 Codiaceae
松藻属 *Codium* Stackhouse
杰氏松藻 *Codium geppiorum* O. C. Schmidt
交织松藻 *Codium intricatum* Okamura

二、维管植物

广西滨海湿地植物主要分布在河口区、潮间带、潮下带及受海洋影响的潮上带湿地，常见的种类有 77 种，隶属 33 科 60 属。其中，蕨类植物 1 科 1 属 2 种，被子植物 32 科 59 属 75 种。从生活型来看，一年生草本植物有 3 种，占总种数 3.90%；多年生草本植物有 47 种，占 61.04%；木本植物有 25 种，占 32.47%；藤本植物有 2 种，占 2.60%。从生态类型来看，半湿生植物有 19 种，占 24.68%；湿生植物有 25 种，占 32.47%；两栖植物有 3 种，占 3.90%；挺水植物有 21 种，占 27.27%；沉水植物有 9 种，占 11.69%（表 3-2）。

表 3-2 广西常见的滨海湿地维管植物

科	属	种类	生活型	生态型	备注
卤蕨科 Acrostichaceae	卤蕨属 *Acrostichum*	卤蕨 *Acrostichum aureum*	多年生草本	湿生植物	有时在沼泽中挺水生长
		尖叶卤蕨 *Acrostichum speciosum*	多年生草本	湿生植物	有时在沼泽中挺水生长
番杏科 Aizoaceae	海马齿属 *Sesuvium*	海马齿 *Sesuvium portulacastrum*	多年生草本	湿生植物	常生长在中潮带上，涨潮时被海水完全淹没
藜科 Chenopodiaceae	盐角草属 *Salicornia*	盐角草 *Salicornia europaea*	一年生草本	挺水植物	常生长在中潮带上，涨潮时被海水完全淹没
	碱蓬属 *Suaeda*	南方碱蓬 *Suaeda australis*	常绿灌木	湿生植物	常生长在中潮带上，涨潮时被海水完全淹没
苋科 Amaranthaceae	莲子草属 *Alternanthera*	喜旱莲子草 *Alternanthera philoxeroides*	多年生草本	两栖植物	
海桑科 Sonneratiaceae	海桑属 *Sonneratia*	无瓣海桑 *Sonneratia apetala*	常绿乔木	挺水植物	红树植物

续表

科	属	种类	生活型	生态型	备注
使君子科 Combretaceae	假红树属 *Laguncularia*	拉关木 *Laguncularia racemosa*	常绿乔木	挺水植物	红树植物
	榄李属 *Lumnitzera*	榄李 *Lumnitzera racemosa*	常绿灌木或小乔木	挺水植物	红树植物
红树科 Rhizophoraceae	木榄属 *Bruguiera*	木榄 *Bruguiera gymnorrhiza*	常绿乔木	挺水植物	红树植物
	秋茄树属 *Kandelia*	秋茄树 *Kandelia obovata*	常绿乔木或灌木	挺水植物	红树植物
	红树属 *Rhizophora*	红海榄 *Rhizophora stylosa*	常绿乔木或灌木	挺水植物	红树植物
梧桐科 Sterculiaceae	银叶树属 *Heritiera*	银叶树 *Heritiera littoralis*	常绿乔木	半湿生植物	半红树植物
锦葵科 Malvaceae	木槿属 *Hibiscus*	黄槿 *Hibiscus tiliaceus*	常绿乔木或灌木	半湿生植物	半红树植物
	桐棉属 *Thespesia*	桐棉 *Thespesia populnea*	常绿乔木	半湿生植物	半红树植物
大戟科 Euphorbiaceae	海漆属 *Excoecaria*	海漆 *Excoecaria agallocha*	常绿乔木	挺水植物	红树植物
豆科 Fabaceae	刀豆属 *Canavalia*	海刀豆 *Canavalia maritima*	草质藤本	半湿生植物	生长在海岸线附近，有时攀援在红树林林冠上
	鱼藤属 *Derris*	鱼藤 *Derris trifoliata*	常绿藤本	湿生植物	有时着根生长在潮间带，攀援在红树林林冠上
	水黄皮属 *Pongamia*	水黄皮 *Pongamia pinnata*	常绿乔木	半湿生植物	半红树植物
木麻黄科 Casuarinaceae	木麻黄 *Casuarina*	木麻黄 *Casuarina equisetifolia*	常绿乔木	半湿生植物	
紫金牛科 Myrsinaceae	蜡烛果属 *Aegiceras*	蜡烛果 *Aegiceras corniculatum*	常绿灌木或小乔木	挺水植物	红树植物
夹竹桃科 Apocynaceae	海杧果属 *Cerbera*	海杧果 *Cerbera manghas*	常绿乔木	半湿生植物	半红树植物
菊科 Asteraceae	鬼针草属 *Bidens*	鬼针草 *Bidens pilosa*	一年生草本	半湿生植物	
	阔苞菊属 *Pluchea*	阔苞菊 *Pluchea indica*	常绿灌木	半湿生植物	半红树植物
白花丹科 Plumbaginaceae	补血草属 *Limonium*	补血草 *Limonium sinense*	多年生草本	湿生植物	
草海桐科 Goodeniaceae	草海桐属 *Scaevola*	小草海桐 *Scaevola hainanensis*	常绿灌木	半湿生植物	
		草海桐 *Scaevola sericea*	常绿灌木	半湿生植物	
旋花科 Convolvulaceae	番薯属 *Ipomoea*	厚藤 *Ipomoea pes-caprae*	多年生匍匐草本	半湿生植物	
玄参科 Scrophulariaceae	假马齿苋属 *Bacopa*	假马齿苋 *Bacopa monnieri*	一年生匍匐草本	湿生植物	
爵床科 Acanthaceae	老鼠簕属 *Acanthus*	老鼠簕 *Acanthus ilicifolius*	常绿灌木	挺水植物	红树植物
	水蓑衣属 *Hygrophila*	大花水蓑衣 *Hygrophila megalantha*	多年生草本	湿生植物	有时呈挺水生长

续表

科	属	种类	生活型	生态型	备注
苦槛蓝科 Myoporaceae	苦槛蓝属 *Pentacoelium*	苦槛蓝 *Pentacoelium bontioides*	常绿灌木	湿生植物	
马鞭草科 Verbenaceae	海榄雌属 *Avicennia*	海榄雌 *Avicennia marina*	常绿灌木或小乔木	挺水植物	红树植物
	大青属 *Clerodendrum*	苦郎树 *Clerodendrum inerme*	常绿灌木	半湿生植物	半红树植物
	过江藤属 *Phyla*	过江藤 *Phyla nodiflora*	多年生匍匐草本	湿生植物	
	豆腐柴属 *Premna*	伞序臭黄荆 *Premna serratifolia*	常绿灌木或小乔木	半湿生植物	半红树植物
	牡荆属 *Vitex*	单叶蔓荆 *Vitex rotundifolia*	落叶灌木	半湿生植物	
水鳖科 Hydrocharitaceae	喜盐草属 *Halophila*	贝克喜盐草 *Halophila beccarii*	多年生草本	沉水植物	
		小喜盐草 *Halophila minor*	多年生草本	沉水植物	
		喜盐草 *Halophila ovalis*	多年生草本	沉水植物	
大叶藻科 Zosteraceae	大叶藻属 *Zostera*	矮大叶藻 *Zostera japonica*	多年生草本	沉水植物	
川蔓藻科 Ruppiaceae	川蔓藻属 *Ruppia*	川蔓藻 *Ruppia maritima*	多年生草本	沉水植物	
角果藻科 Zannichelliaceae	二药藻属 *Halodule*	羽叶二药藻 *Halodule pinifolia*	多年生草本	沉水植物	
		二药藻 *Halodule uninervis*	多年生草本	沉水植物	
	针叶藻属 *Syringodium*	针叶藻 *Syringodium isoetifolium*	多年生草本	沉水植物	
	角果藻属 *Zannichellia*	角果藻 *Zannichellia palustris*	多年生草本	沉水植物	
黄眼草科 Xyridaceae	黄眼草属 *Xyris*	硬叶葱草 *Xyris complanata*	多年生草本	湿生植物	
		黄眼草 *Xyris indica*	多年生草本	湿生植物	
香蒲科 Typhaceae	香蒲属 *Typha*	水烛 *Typha angustifolia*	多年生草本	挺水植物	
石蒜科 Amaryllidaceae	文殊兰属 *Crinum*	文殊兰 *Crinum asiaticum* var. *sinicum*	多年生草本	湿生植物	有时沿海堤向海一侧潮滩生长，涨潮时被海水完全淹没
露兜树科 Pandanaceae	露兜树属 *Pandanus*	露兜树 *Pandanus tectorius*	常绿灌木或小乔木	半湿生植物	
帚灯草科 Restionaceae	薄果草属 *Dapsilanthus*	薄果草 *Dapsilanthus disjunctus*	多年生草本	湿生植物	
莎草科 Cyperaceae	三棱草属 *Bolboschoenus*	扁秆荆三棱 *Bolboschoenus planiculmis*	多年生草本	挺水植物	有时生长在中潮带上，涨潮时被海水完全淹没
	莎草属 *Cyperus*	密穗莎草 *Cyperus eragrostis*	多年生草本	半湿生植物	
		茳芏 *Cyperus malaccensis*	多年生草本	挺水植物	有时生长在中潮带上，涨潮时被海水完全淹没
		短叶茳芏 *Cyperus malaccensis* subsp. *monophyllus*	多年生草本	挺水植物	有时生长在中潮带上，涨潮时被海水完全淹没
		粗根茎莎草 *Cyperus stoloniferus*	多年生草本	挺水植物	有时生长在中潮带上，涨潮时被海水完全淹没

续表

科	属	种类	生活型	生态型	备注
莎草科 Cyperaceae	荸荠属 *Eleocharis*	木贼状荸荠 *Eleocharis equisetina*	多年生草本	挺水植物	
	飘拂草属 *Fimbristylis*	两歧飘拂草 *Fimbristylis dichotoma*	多年生草本	湿生植物	
		细叶飘拂草 *Fimbristylis polytrichoides*	多年生草本	湿生植物	
		结壮飘拂草 *Fimbristylis rigidula*	多年生草本	湿生植物	
		少穗飘拂草 *Fimbristylis schoenoides*	多年生草本	湿生植物	
		锈鳞飘拂草 *Fimbristylis sieboldii*	多年生草本	湿生植物	
		佛焰苞飘拂草 *Fimbristylis spathacea*	多年生草本	湿生植物	
		双穗飘拂草 *Fimbristylis subbispicata*	多年生草本	湿生植物	
	扁莎草属 *Pycreus*	多枝扁莎 *Pycreus polystachyus*	多年生草本	湿生植物	
	水葱属 *Schoenoplectus*	钻苞水葱 *Schoenoplectus subulatus*	多年生草本	挺水植物	
		三棱水葱 *Schoenoplectus triqueter*	多年生草本	挺水植物	
禾本科 Poaceae	狗牙根属 *Cynodon*	狗牙根 *Cynodon dactylon*	多年生草本	半湿生植物	
	黍属 *Panicum*	铺地黍 *Panicum repens*	多年生草本	两栖植物	
	雀稗属 *Paspalum*	双穗雀稗 *Paspalum distichum*	多年生草本	两栖植物	
		海雀稗 *Paspalum vaginatum*	多年生草本	湿生植物	有时生长在中潮带上，涨潮时被海水完全淹没
	芦苇属 *Phragmites*	芦苇 *Phragmites australis*	多年生草本	挺水植物	
	米草属 *Spartina*	互花米草 *Spartina alterniflora*	多年生草本	挺水植物	生长在中潮带上，涨潮时可被海水完全淹没
	鬣刺属 *Spinifex*	老鼠艻 *Spinifex littoreus*	多年生草本	半湿生植物	
	鼠尾粟属 *Sporobolus*	盐地鼠尾粟 *Sporobolus virginicus*	多年生草本	湿生植物	常生长在中潮带上，涨潮时被海水完全淹没
	结缕草属 *Zoysia*	沟叶结缕草 *Zoysia matrella*	多年生草本	湿生植物	

三、湿地植被及其分类系统

（一）湿地植被分类单位

依据《全国湿地资源调查技术规程（试行）》（国家林业局，2008）中的分类原则和分类单位，同时结合广西滨海湿地植被的具体情况，编制其分类系统。

1. 植被型组

植被型组是滨海湿地植被分类系统的最高级单位。凡是建群种受潮流影响程度相似的植物群落联合为植被型组。

2. 植被型

植被型是滨海湿地植被分类系统的高级单位。凡是建群种生活型相同或相似的植物群落联合为植被型。

3. 群系

群系是滨海湿地植被分类系统的中级单位。凡是建群种相同的植物群落联合为群系。

（二）湿地植被分类系统

广西滨海湿地植被的主要类型可以划分为 3 个植被型组、7 个植被型和 58 个群系（表 3-3）。

表 3-3　广西滨海湿地植被分类系统

植被型组	植被型	群系
潮上带湿地植被型组	乔木植被型	木麻黄群系（Form. *Casuarina equisetifolia*）
	半红树植被型	银叶树群系（Form. *Heritiera littoralis*）、黄槿群系（Form. *Hibiscus tiliaceus*）、苦郎树群系（Form. *Clerodendrum inerme*）、阔苞菊群系（Form. *Pluchea indica*）
	草丛植被型	卤蕨群系（Form. *Acrostichum aureum*）、假马齿苋群系（Form. *Bacopa monnieri*）、大花水蓑衣群系（Form. *Hygrophila megalantha*）、过江藤群系（Form. *Phyla nodiflora*）、补血草群系（Form. *Limonium sinense*）、厚藤群系（Form. *Ipomoea pes-caprae*）、海马齿群系（Form. *Sesuvium portulacastrum*）、鬼针草群系（Form. *Bidens pilosa*）、水烛群系（Form. *Typha angustifolia*）、狗牙根群系（Form. *Cynodon dactylon*）、铺地黍群系（Form. *Panicum repens*）、双穗雀稗群系（Form. *Paspalum distichum*）、薄果草群系（Form. *Dapsilanthus disjunctus*）、多枝扁莎群系（Form. *Pycreus polystachyus*）、密穗莎草群系（Form. *Cyperus eragrostis*）、木贼状荸荠群系（Form. *Eleocharis equisetina*）、沟叶结缕草群系（Form. *Zoysia matrella*）、钻苞水葱群系（Form. *Schoenoplectus subulatus*）、茳芏群系（Form. *Cyperus malaccensis*）、短叶茳芏群系（Form. *Cyperus malaccensis* subsp. *monophyllus*）、芦苇群系（Form. *Phragmites australis*）
潮间带湿地植被型组	盐沼灌丛植被型	南方碱蓬群系（Form. *Suaeda australis*）、鱼藤群系（Form. *Derris trifoliata*）
	盐沼草丛植被型	盐角草群系（Form. *Salicornia europaea*）、海马齿群系（Form. *Sesuvium portulacastrum*）、互花米草群系（Form. *Spartina alterniflora*）、盐地鼠尾粟群系（Form. *Sporobolus virginicus*）、海雀稗群系（Form. *Paspalum vaginatum*）、芦苇群系（Form. *Phragmites australis*）、茳芏群系（Form. *Cyperus malaccensis*）、短叶茳芏群系（Form. *Cyperus malaccensis* subsp. *monophyllus*）、钻苞水葱群系（Form. *Schoenoplectus subulatus*）、锈鳞飘拂草群系（Form. *Fimbristylis sieboldii*）、粗根茎莎草群系（Form. *Cyperus stoloniferus*）、扁秆荆三棱群系（Form. *Bolboschoenus planiculmis*）

续表

植被型组	植被型	群系
潮间带湿地植被型组	红树植被型	木榄群系（Form. *Bruguiera gymnorrhiza*）、木榄+红海榄群系（Form. *Bruguiera gymnorrhiza*+*Rhizophora stylosa*）、红海榄群系（Form. *Rhizophora stylosa*）、红海榄+秋茄树群系（Form. *Rhizophora stylosa*+ *Kandelia obovata*）、秋茄树群系（Form. *Kandelia obovata*）、秋茄树+蜡烛果群系（Form. *Kandelia obovata*+*Aegiceras corniculatum*）、秋茄树+海榄雌群系（Form. *Kandelia obovata*+*Avicennia marina*）、蜡烛果群系（Form. *Aegiceras corniculatum*）、蜡烛果+老鼠簕群系（Form. *Aegiceras corniculatum*+*Acanthus ilicifolius*）、海榄雌群系（Form. *Avicennia marina*）、海榄雌+蜡烛果群系（Form. *Avicennia marina*+*Aegiceras corniculatum*）、海漆群系（Form. *Excoecaria agallocha*）、海漆+蜡烛果群系（Form. *Excoecaria agallocha*+*Aegiceras corniculatum*）、无瓣海桑群系（Form. *Sonneratia apetala*）、老鼠簕群系（Form. *Acanthus ilicifolius*）、老鼠簕+卤蕨群系（Form. *Acanthus ilicifolius*+*Acrostichum aureum*）、拉关木群系（Form. *Laguncularia racemosa*）
潮下带湿地植被型组	海草植被型	矮大叶藻群系（Form. *Zostera japonica*）、二药藻群系（Form. *Halodule uninervis*）、喜盐草群系（Form. *Halophila ovalis*）、贝克喜盐草群系（Form. *Halophila beccarii*）、小喜盐草群系（Form. *Halophila minor*）、川蔓藻群系（Form. *Ruppia maritima*）

第二节　湿 地 动 物

湿地动物狭义上是指仅在湿地生境中生长的动物，广义上泛指所有能够在湿地生境中生长的动物。广义的湿地动物不仅包括仅在湿地环境中生长的动物，也包括那些既能在湿地环境中生长又能在其他环境中生长的动物。与湿地有关的动物，可以划分为如下的一些类型：①仅在湿地生长和繁殖；②在湿地中繁殖，在其他生境中觅食；③在湿地中觅食或躲避敌害，在其他生境中繁殖；④既在湿地又在其他生境中生长和繁殖；⑤仅在迁徙季节短暂停留在湿地中（梁士楚等，2014）。

广西滨海湿地动物主要包括浮游动物、底栖动物、珊瑚、鱼类、两栖爬行类、昆虫、鸟类、哺乳动物等类群。

一、浮游动物

根据陈坚等（1993c）、中国海湾志编纂委员会（1993）、范航清等（2005）、梁士楚等（2014）的研究资料进行整理，广西滨海湿地浮游动物现已知的种类有 165 种，隶属 5 门 11 纲 22 目 65 科 103 属。其中，刺胞动物门有 3 纲 8 目 27 科 38 属 60 种，栉板动物门有 2 纲 2 目 2 科 2 属 2 种，节肢动物门有 3 纲 9 目 31 科 54 属 88 种，毛颚动物门有 1 纲 1 目 2 科 5 属 6 种，尾索动物门有 2 纲 2 目 3 科 4 属 9 种；以节肢动物门种类最多，其种数占总种数的 53.33%，其次是刺胞动物门种类，其种数占 36.36%。种类数量较多的属有和平水母属（*Eirene*）（7 种）、真浮萤属（*Euconchoecia*）（6 种）、住囊虫属（*Oikopleura*）（6 种）、唇角水蚤属（*Labidocera*）（5 种）、海萤属（*Cypridina*）（5 种）、鲍螅水母属（*Bougainvillia*）（4 种）、真瘤水母属（*Eutima*）（4 种）、歪水蚤属（*Tortanus*）（4 种）、莹虾属（*Lucifer*）（4 种）等（表 3-4）。

表 3-4　广西滨海湿地浮游动物的科属种统计

门	纲	目	科	属	种数
刺胞动物门 Cnidaria	水螅虫纲 Hydrozoa	花裸螅目 Anthoathecata	鲍螅水母科 Bougainvillidae	鲍螅水母属 *Bougainvillia* Lesson	4
			棒螅水母科 Oceaniidae	灯塔水母属 *Turritopsis* McCrady	1
			刺胞水母科 Cytaeididae	刺胞水母属 *Cytaeis* Eschscholtz	1
			介螅水母科 Hydractiniidae	介螅水母属 *Hydractinia* van Beneden	1
			面具水母科 Pandeidae	拟面具水母属 *Pandeopsis* Kramp	1
			枝管水母科 Proboscidactylidae	枝管水母属 *Proboscidactyla* Brandt	1
			海里水母科 Halimedusidae	帽铃水母属 *Tiaricodon* Browne	1
			囊水母科 Euphysidae	枝刺水母属 *Cnidocodon* Bouillon	1
			筒螅水母科 Tubulariidae	外肋水母属 *Ectopleura* L. Agassiz	1
			镰螅水母科 Zancleidae	镰螅水母属 *Zanclea* Gegenbaur	1
		被鞘螅目 Leptothecatae	多管水母科 Aequoreidae	多管水母属 *Aequorea* Péron et Lesueur	2
			指突水母科 Blackfordiidae	指突水母属 *Blackfordia* Mayer	2
			卷丝水母科 Cirrholoveniidae	卷丝水母属 *Cirrholovenia* Kramp	1
			和平水母科 Eirenidae	和平水母属 *Eirene* Eschscholtz	7
				真瘤水母属 *Eutima* McCrady	4
				侧丝水母属 *Helgicirraha* Hartlaub	2
			感棒水母科 Laodiceidae	感棒水母属 *Laodicea* Lesson	1
			触丝水母科 Lovenellidae	真唇水母属 *Eucheilota* McCrady	3
				触丝水母属 *Lovenella* Hincks	1
			玛拉水母科 Malagazziidae	玛拉水母属 *Malagazzia* Bouillon	2
				八管水母属 *Octocannoides* Menon	1
				八拟杯水母属 *Octophialucium* Kramp	2
			秀氏水母科 Sugiuridae	秀氏水母属 *Sugiura* Bouillon	1

续表

门	纲	目	科	属	种数
刺胞动物门 Cnidaria	水螅虫纲 Hydrozoa	吻螅目 Proboscoida	钟螅科 Campanulariidae	美螅水母属 *Clytia* Lamouroux	2
				薮枝螅水母属 *Obelia* Péron et Lesueur	1
		筐水母目 Narcomedusae	间囊水母科 Aeginidae	八手筐水母属 *Aeginura* Haeckel	1
				两手筐水母属 *Solmundella* Haeckel	1
			太阳水母科 Solmarisidae	太阳水母属 *Solmaris* Haeckel	1
		硬水母目 Trachymedusae	怪水母科 Geryoniidae	小舌水母属 *Liriope* Lesson	1
			小帽水母科 Petasidae	小帽水母属 *Petasiella* Uchida	1
			棍手水母科 Rhopalonematidae	壮丽水母属 *Aglaura* Péron et Lesueur	1
				瓮水母属 *Amphogona* Browne	1
	管水母纲 Siphonophorae	钟泳目 Calycophorae	双生水母科 Diphyidae	爪室水母属 *Chelophyes* Totton	1
				双生水母属 *Diphyes* Cuvier	2
				浅室水母属 *Lensia* Totton	2
				五角水母属 *Muggiaea* Busch	1
		胞泳目 Physonectae	气囊水母科 Physophoridae	气囊水母属 *Physophora* Forsskål	1
	钵水母纲 Scyphozoa	旗口水母目 Semaeostomeae	游水母科 Pelagiidae	游水母属 *Pelagia* Péron et Pésueur	1
栉板动物门 Ctenophora	有触手纲 Tentaculata	球栉水母目 Cydippida	侧腕水母科 Pleurobrachidae	侧腕水母属 *Pleurobrachia* Fleming	1
	无触手纲 Nuda	瓜水母目 Beroida	瓜水母科 Beroidae	瓜水母属 *Beroe* Browne	1
节肢动物门 Arthropoda	鳃足纲 Branchiopoda	双甲目 Diplostraca	仙达溞科 Sididae	秀体溞属 *Diaphanosoma* Fischer	1
				壳腺溞属 *Latonopsis* Sars	1
				尖头溞属 *Penilia* Dana	1
				仙达溞属 *Sida* Straus	1
			溞科 Daphniidae	网纹溞属 *Ceriodaphnia* Dana	3
				溞属 *Daphnia* O. F. Müller	1
				低额溞属 *Simocephalus* Schoedler	2
			裸腹溞科 Moinidae	裸腹溞属 *Moina* Baird	1
			粗毛溞科 Macrothricidae	粗毛溞属 *Macrothrix* Baird	2
			盘肠溞科 Chydoridae	尖额溞属 *Alona* Baird	1

续表

门	纲	目	科	属	种数
节肢动物门 Arthropoda	鳃足纲 Branchiopoda	双甲目 Diplostraca	盘肠溞科 Chydoridae	锐额溞属 *Alonella* Sars	1
			圆囊溞科 Podonidae	三角溞属 *Pseudevadne* Claus	1
	颚足纲 Maxillopoda	哲水蚤目 Clalanoida	纺锤水蚤科 Acartiidae	纺锤水蚤属 *Acartia* Dana	3
				异水蚤属 *Acartiella* Sewell	1
			哲水蚤科 Calanidae	哲水蚤属 *Calanus* Leach	1
				刺哲水蚤属 *Canthocalanus* A. Scott	1
				波水蚤属 *Undinula* A. Scott	1
			平头水蚤科 Candaciidae	平头水蚤属 *Candacia* Dana	1
			胸刺水蚤科 Centropagidae	胸刺水蚤属 *Centropages* Kröyer	3
			真哲水蚤科 Eucalanidae	次真哲水蚤属 *Subeucalanus* Dana	1
			真刺水蚤科 Euchaetidae	真刺水蚤属 *Euchaeta* Philippi	2
			光水蚤科 Lucicutiidae	光水蚤属 *Lucicutia* Giesbrecht	1
			拟哲水蚤科 *Paracalanidae*	拟哲水蚤属 *Paracalanus* Boeck	2
			角水蚤科 Pontellidae	长足水蚤属 *Calanopia* Dana	3
				唇角水蚤属 *Labidocera* Lubbock	5
				角水蚤属 *Pontella* Dana	1
				简角水蚤属 *Pontellopsis* Brady	1
			伪镖水蚤科 Pseudodiaptomidae	伪镖水蚤属 *Pseudodiaptomus* Herrick	1
			厚壳水蚤科 Scolecithricidae	小厚壳水蚤属 *Scolecithricella* Sars	1
			宽水蚤科 Temoridae	宽水蚤属 *Temora* Baird	3
			歪水蚤科 Tortanidae	歪水蚤属 *Tortanus* Giesbrecht	4
		剑水蚤目 Cyclopoida	长腹剑水蚤科 Oithonidae	长腹剑水蚤属 *Oithona* Baird	1
		鞘口水蚤目 Poecilostomatoida	隆水蚤科 Oncaeidae	隆水蚤属 *Oncaea* Philippi	1
			叶水蚤科 Sapphirinidae	叶水蚤属 *Sapphirina* Thompson	1
			大眼水蚤科 Corycaeidae	大眼水蚤属 *Corycaeus* Dana	1
		猛水蚤目 Harpacticoida	长猛水蚤科 Ectinosomatidae	小毛猛水蚤属 *Microsetella* Brady et Robertson	1

续表

门	纲	目	科	属	种数
节肢动物门 Arthropoda	颚足纲 Maxillopoda	壮肢目 Myodocopida	海萤科 Cypridinidae	铃萤属 *Codonocera* Brady	1
				海萤属 *Cypridina* Edwards	5
				拟萤属 *Cypridinodes* Brady	1
				单萤属 *Monopia* Claus	1
				椭萤属 *Paravargula* Poulsen	1
			海腺萤科 Halocypridae	浮萤属 *Conchoecia* Dana	1
				真浮萤属 *Euconchoecia* Müller	6
				海腺萤属 *Halocypris* Dana	1
				小浮萤属 *Microconchoecia* Claus	1
				直浮萤属 *Orthoconchoecia* Granata et Caporiacco	1
				拟浮萤属 *Paraconchoecia* Claus	1
				假浮萤属 *Pseudoconchoecia* Claus	1
	软甲纲 Malacostraca	端足目 Amphipoda	路蛾科 Vibiliidae	路蛾属 *Vibilia* H. Milne Edwards	1
			近慎蛾科 Paraphronimidae	近慎蛾属 *Paraphronima* Claus	1
			泉蛾科 Hyperiidae	小泉蛾属 *Hyperietta* Bowman	1
				蛮蛾属 *Lestrigonus* H. Milne Edwards	2
		磷虾目 Euphausiacea	磷虾科 Euphausiidae	假磷虾属 *Pseudeuphausia* Hanscn	1
		十足目 Decapoda	莹虾科 Luciferidae	莹虾属 *Lucifer* Thompson	4
毛颚动物门 Chaetognatha	箭虫纲 Sagittoidea	无横肌目 Aphragmophora	撬虫科 Krohnittidae	撬虫属 *Krohnitta* Rutter-Záhony	1
			箭虫科 Sagittidae	滨箭虫属 *Aidanosagitta* Tokioka et Pathansali	1
				猛箭虫属 *Ferosagitta* Kassatkina	1
				软箭虫属 *Flaccisagitta* Tokioka	1
				带箭虫属 *Zonosagitta* Tokioka	2
尾索动物门 Urochordata	有尾纲 Appendicularia	有尾目 Copelata	住囊虫科 Oikopleuridae	隆起住囊虫属 *Althoffia* Lohmann	1
				住囊虫属 *Oikopleura* Mertens	6
			住筒虫科 Fritillariidae	住筒虫属 *Fritillaria* Forsskål	1
	海樽纲 Thaliacea	全肌目 Cyclomyaria	海樽科 Doliolidae	拟海樽属 *Dolioletta* Borgert	1

广西滨海湿地浮游动物种类名录如下所述（标注*者为红树林有分布）。

刺胞动物门 Cnidaria

水螅虫纲 Hydrozoa

花裸螅目 Anthoathecata

鲍螅水母科 Bougainvillidae

鲍螅水母属 *Bougainvillia* Lesson

双鲍螅水母 *Bougainvillia bitentaculata* Uchida

颠鲍螅水母 *Bougainvillia britannica* Forbes

纵芽鲍螅水母 *Bougainvillia niobe* Mayer

束状鲍螅水母 *Bougainvillia ramosa* van Beneden

棒螅水母科 Oceaniidae

灯塔水母属 *Turritopsis* McCrady

短柄灯塔水母 *Turritopsis lata* von Lendenfeld

刺胞水母科 Cytaeididae

刺胞水母属 *Cytaeis* Eschscholtz

刺胞水母 *Cytaeis tetrastyla* Eschscholtz

介螅水母科 Hydractiniidae

介螅水母属 *Hydractinia* van Beneden

顶突介螅水母 *Hydractinia apicata* Kramp

面具水母科 Pandeidae

拟面具水母属 *Pandeopsis* Kramp

拟面具水母 *Pandeopsis ikarii* Uchida

枝管水母科 Proboscidactylidae

枝管水母属 *Proboscidactyla* Brandt

芽口枝管水母 *Proboscidactyla ornate* McCrady

海里水母科 Halimedusidae

帽铃水母属 *Tiaricodon* Browne

帽铃水母 *Tiaricodon coeruleus* Browne

囊水母科 Euphysidae

枝刺水母属 *Cnidocodon* Bouillon

乐氏枝刺水母 *Cnidocodon leopoldi* Bouillon

筒螅水母科 Tubulariidae

外肋水母属 *Ectopleura* L. Agassiz

杜氏外肋水母 *Ectopleura dumortieri* van Beneden*

镰螅水母科 Zancleidae

镰螅水母属 *Zanclea* Gegenbaur

嵴状镰螅水母 *Zanclea costata* Gegenbaur*

被鞘螅目 Leptothecatae

多管水母科 Aequoreidae

多管水母属 *Aequorea* Péron et Lesueur

锥形多管水母 *Aequorea conica* Browne

多管水母 *Aequorea* sp.*

指突水母科 Blackfordiidae

指突水母属 *Blackfordia* Mayer

指突水母 *Blackfordia manhattensis* Mayer

多手指突水母 *Blackfordia polytentaculata* Hsu et Chin

卷丝水母科 Cirrholoveniidae

卷丝水母属 *Cirrholovenia* Kramp

多手卷丝水母 *Cirrholovenia polynema* Kramp

和平水母科 Eirenidae

和平水母属 *Eirene* Eschscholtz

短腺和平水母 *Eirene brevigona* Kramp

锡兰和平水母 *Eirene ceylonensis* Browne*

六辐和平水母 *Eirene hexanemalis* Goette*

蟹形和平水母 *Eirene kambara* Agassiz et Mayer

细颈和平水母 *Eirene menoni* Kramp

细腺和平水母 *Eirene tenuis* Browne

和平水母 *Eirene* sp.*

真瘤水母属 *Eutima* McCrady

弯真瘤水母 *Eutima curva* Browne

细真瘤水母 *Eutima gracilis* Forbes et Goodsir

日本真瘤水母 *Eutima japonica* Uchida

东方真瘤水母 *Eutima orientalis* Browne

侧丝水母属 *Helgicirraha* Hartlaub

短柄侧丝水母 *Helgicirraha brevistyla* Xu et Huang

马来侧丝水母 *Helgicirraha malayensis* Stiasny*

感棒水母科 Laodiceidae

感棒水母属 *Laodicea* Lesson

印度感棒水母 *Laodicea indica* Browne

触丝水母科 Lovenellidae

真唇水母属 *Eucheilota* McCrady

大腺真唇水母 *Eucheilota macrogona* Zhang et Ling

热带真唇水母 *Eucheilota tropica* Kramp

心形真唇水母 *Eucheilota ventricularis* McCrady

触丝水母属 *Lovenella* Hincks

海昌触丝水母 *Lovenella haichangensis* Xu et

Huang
玛拉水母科 Malagazziidae
玛拉水母属 *Malagazzia* Bouillon
卡玛拉水母 *Malagazzia carolinae* Mayer*
带玛拉水母 *Malagazzia taeniogonia* Chow et Huang
八管水母属 *Octocannoides* Menon
眼八管水母 *Octocannoides ocellata* Menon
八拟杯水母属 *Octophialucium* Kramp
印度八拟杯水母 *Octophialucium indicum* Kramp
中型八拟杯水母 *Octophialucium medium* Kramp
秀氏水母科 Sugiuridae
秀氏水母属 *Sugiura* Bouillon
嵊山秀氏水母 *Sugiura chengshanense* Ling
吻螅目 Proboscoida
钟螅科 Campanulariidae
美螅水母属 *Clytia* Lamouroux
单囊美螅水母 *Clytia folleata* McCrady
半球美螅水母 *Clytia hemisphaerica* Linnaeus
薮枝螅水母属 *Obelia* Péron et Lesueur
薮枝螅水母 *Obelia* sp.
筐水母目 Narcomedusae
间囊水母科 Aeginidae
八手筐水母属 *Aeginura* Haeckel
八手筐水母 *Aeginura grimaldii* Maas
两手筐水母属 *Solmundella* Haeckel
两手筐水母 *Solmundella bitentaculata* Quoy et Gaimard
太阳水母科 Solmarisidae
太阳水母属 *Solmaris* Haeckel
太阳水母 *Solmaris leucostyla* Will
硬水母目 Trachymedusae
怪水母科 Geryoniidae
小舌水母属 *Liriope* Lesson
四叶小舌水母 *Liriope tetraphylla* Chamisso et Eysenhardt
小帽水母科 Petasidae
小帽水母属 *Petasiella* Uchida
距小帽水母 *Petasiella asymmetrica* Uchida
棍手水母科 Rhopalonematidae
壮丽水母属 *Aglaura* Péron et Lesueur
半口壮丽水母 *Aglaura hemistoma* Péron et Lesueur
瓮水母属 *Amphogona* Browne
微小瓮水母 *Amphogona pusilla* Hartlaub
管水母纲 Siphonophorae
钟泳目 Calycophorae
双生水母科 Diphyidae
爪室水母属 *Chelophyes* Totton
爪室水母 *Chelophyes appendiculata* Eschscholtz
双生水母属 *Diphyes* Cuvier
拟双生水母 *Diphyes bojani* Eschscholtz
双生水母 *Diphyes chamissonis* Huxley
浅室水母属 *Lensia* Totton
钟浅室水母 *Lensia campanella* Moser
拟细浅室水母 *Lensia subtiloides* Lens et van Riemsdijk*
五角水母属 *Muggiaea* Busch
五角水母 *Muggiaea atlantic* Cunningham
胞泳目 Physonectae
气囊水母科 Physophoridae
气囊水母属 *Physophora* Forsskål
气囊水母 *Physophora hydrostatica* Forsskål
钵水母纲 Scyphozoa
旗口水母目 Semaeostomeae
游水母科 Pelagiidae
游水母属 *Pelagia* Péron et Pésueur
夜光游水母 *Pelagia noctiluca* Forsskål

栉板动物门 Ctenophora

有触手纲 Tentaculata
球栉水母目 Cydippida
侧腕水母科 Pleurobrachidae
侧腕水母属 *Pleurobrachia* Fleming
球型侧腕水母 *Pleurobrachia globosa* Moser*
无触手纲 Nuda
瓜水母目 Beroida
瓜水母科 Beroidae
瓜水母属 *Beroe* Browne
瓜水母 *Beroe cucumis* Fabricius*

节肢动物门 Arthropoda

鳃足纲 Branchiopoda
双甲目 Diplostraca
仙达溞科 Sididae
秀体溞属 *Diaphanosoma* Fischer
多刺秀体溞 *Diaphanosoma sarsi* Richard
壳腺溞属 *Latonopsis* Sars
大洋洲壳腺溞 *Latonopsis australis* Sars
尖头溞属 *Penilia* Dana
鸟喙尖头溞 *Penilia avirostris* Dana*
仙达溞属 *Sida* Straus
晶莹仙达溞 *Sida crystallina* O. F. Müller
溞科 Daphniidae
网纹溞属 *Ceriodaphnia* Dana
角突网纹溞 *Ceriodaphnia cornuta* Sars
宽尾网纹溞 *Ceriodaphnia laticaudata* P. E. Müller
方形网纹溞 *Ceriodaphnia quadrangula* O. F. Müller
溞属 *Daphnia* O. F. Müller
蚤状溞 *Daphnia pulex* Leydig
低额溞属 *Simocephalus* Schoedler
拟老年低额溞 *Simocephalus vetuloides* Sars
老年低额溞 *Simocephalus vetulus* O. F. Müller
裸腹溞科 Moinidae
裸腹溞属 *Moina* Baird
微型裸腹溞 *Moina micrura* Kurz
粗毛溞科 Macrothricidae
粗毛溞属 *Macrothrix* Baird
宽角粗毛溞 *Macrothrix laticornis* Jurine
粉红粗毛溞 *Macrothrix rosea* Jurine
盘肠溞科 Chydoridae
尖额溞属 *Alona* Baird
方形尖额溞 *Alona quadrangularis* O. F. Müller
锐额溞属 *Alonella* Sars
球形锐额溞 *Alonella globulosa* Daday
圆囊溞科 Podonidae
三角溞属 *Pseudevadne* Claus
肥胖三角溞 *Pseudevadne tergestina* Claus*
颚足纲 Maxillopoda
哲水蚤目 Clalanoida
纺锤水蚤科 Acartiidae
纺锤水蚤属 *Acartia* Dana
红纺锤水蚤 *Acartia erythraea* Giesbrecht
太平洋纺锤水蚤 *Acartia pacifica* Steuer
刺尾纺锤水蚤 *Acartias pinicauda* Giesbrecht*
异水蚤属 *Acartiella* Sewell
中华异水蚤 *Acartiella sinensis* Shen et Lee
哲水蚤科 Calanidae
哲水蚤属 *Calanus* Leach
中华哲水蚤 *Calanus sinicus* Brodsky*
刺哲水蚤属 *Canthocalanus* A. Scott
微刺哲水蚤 *Canthocalanus pauper* Giesbrecht
波水蚤属 *Undinula* A. Scott
普通波水蚤 *Undinula vulgaris* Dana
平头水蚤科 Candaciidae
平头水蚤属 *Candacia* Dana
伯氏平头水蚤 *Candacia bradyi* A. Scott
胸刺水蚤科 Centropagidae
胸刺水蚤属 *Centropages* Kröyer
叉胸刺水蚤 *Centropages furcatus* Dana
奥氏胸刺水蚤 *Centropages orsinii* Giesbrecht
瘦尾胸刺水蚤 *Centropages tenuiremis* Thompson et Scott*
真哲水蚤科 Eucalanidae
次真哲水蚤属 *Subeucalanus* Dana
亚强次真哲水蚤 *Subeucalanus subcrassus* Giesbrecht*
真刺水蚤科 Euchaetidae
真刺水蚤属 *Euchaeta* Philippi
精致真刺水蚤 *Euchaeta concinna* Dana
海洋真刺水蚤 *Euchaeta marina* Prestandrea
光水蚤科 Lucicutiidae
光水蚤属 *Lucicutia* Giesbrecht
卵形光水蚤 *Lucicutia ovalis* Giesbrecht
拟哲水蚤科 Paracalanidae
拟哲水蚤属 *Paracalanus* Boeck
针刺拟哲水蚤 *Paracalanus aculeatus* Giesbrecht
小拟哲水蚤 *Paracalanus parvus* Claus

角水蚤科 Pontellidae
长足水蚤属 *Calanopia* Dana
椭形长足水蚤 *Calanopia elliptica* Dana
小长足水蚤 *Calanopia minor* A. Scott
汤氏长足水蚤 *Calanopia thompsoni* A. Scott
唇角水蚤属 *Labidocera* Lubbock
尖刺唇角水蚤 *Labidocera acuta* Dana
真刺唇角水蚤 *Labidocera euchaeta* Giesbrecht*
小唇角水蚤 *Labidocera minuta* Giesbrecht
孔雀唇角水蚤 *Labidocera pavo* Giesbrecht
圆唇角水蚤 *Labidocera rotunda* Mori
角水蚤属 *Pontella* Dana
叉刺角水蚤 *Pontella chierchiae* Giesbrecht
简角水蚤属 *Pontellopsis* Brady
扩指简角水蚤 *Pontellopsis inflatodigitata* Chen et Shen
伪镖水蚤科 Pseudodiaptomidae
伪镖水蚤属 *Pseudodiaptomus* Herrick
海洋伪镖水蚤 *Pseudodiaptomus marinus* Sato
厚壳水蚤科 Scolecithricidae
小厚壳水蚤属 *Scolecithricella* Sars
长刺小壳水蚤 *Scolecithricella longispinosa* Chen et Zhang
宽水蚤科 Temoridae
宽水蚤属 *Temora* Baird
异尾宽水蚤 *Temora discaudata* Giesbrecht
柱形宽水蚤 *Temora stylifera* Dana
锥形宽水蚤 *Temora turbinata* Dana*
歪水蚤科 Tortanidae
歪水蚤属 *Tortanus* Giesbrecht
须形歪水蚤 *Tortanus barbatus* Brady
右突歪水蚤 *Tortanus dextrilobatus* Chen et Zhang
钳形歪水蚤 *Tortanus forcipatus* Giesbrecht
瘦形歪水蚤 *Tortanus gracilis* Brady
剑水蚤目 Cyclopoida
长腹剑水蚤科 Oithonidae
长腹剑水蚤属 *Oithona* Baird
羽长腹剑水蚤 *Oithona plumifera* Baird
鞘口水蚤目 Poecilostomatoida
隆水蚤科 Oncaeidae
隆水蚤属 *Oncaea* Philippi
背突隆水蚤 *Oncaea clevei* Früchtl
叶水蚤科 Sapphirinidae
叶水蚤属 *Sapphirina* Thompson
黑点叶剑水蚤 *Sapphirina nigromaculata* Claus
大眼水蚤科 Corycaeidae
大眼水蚤属 *Corycaeus* Dana
近缘大眼水蚤 *Corycaeus affinis* Mcmurrichi
猛水蚤目 Harpacticoida
长猛水蚤科 Ectinosomatidae
小毛猛水蚤属 *Microsetella* Brady et Robertson
小毛猛水蚤 *Microsetella norvegica* Boeck
壮肢目 Myodocopida
海萤科 Cypridinidae
铃萤属 *Codonocera* Brady
弱小铃萤 *Codonocera pusilla* Müller
海萤属 *Cypridina* Edwards
尖尾海萤 *Cypridina acuminata* Müller
齿形海萤 *Cypridina dentata* Müller
纳米海萤 *Cypridina nami* Chavtur
小型海萤 *Cypridina nana* Poulsen
弯曲海萤 *Cypridina sinuosa* Müller
拟萤属 *Cypridinodes* Brady
铠甲拟萤 *Cypridinodes galatheae* Poulsen
单萤属 *Monopia* Claus
黄色单萤 *Monopia flaveola* Claus
椭萤属 *Paravargula* Poulsen
蓬松椭萤 *Paravargula hirsuta* Müller
海腺萤科 Halocypridae
浮萤属 *Conchoecia* Dana
亚弓浮萤 *Conchoecia subarcuata* Claus
真浮萤属 *Euconchoecia* Müller
针刺真浮萤 *Euconchoecia aculeata* Scott*
双叉真浮萤 *Euconchoecia bifurcata* Chen et Lin
叉刺真浮萤 *Euconchoecia chierchiae* Müller
细长真浮萤 *Euconchoecia elongata* Müller
后圆真浮萤 *Euconchoecia maimai* Tseng
沈氏真浮萤 *Euconchoecia shenghwai* Tseng

海腺萤属 *Halocypris* Dana
短额海腺萤 *Halocypris brevirostris* Dana
小浮萤属 *Microconchoecia* Claus
宽短小浮萤 *Microconchoecia curta* Lubbock
直浮萤属 *Orthoconchoecia* Granata et Caporiacco
隆状直浮萤 *Orthoconchoecia atlantica* Lubbock
拟浮萤属 *Paraconchoecia* Claus
长方拟浮萤 *Paraconchoecia oblonga* Claus
假浮萤属 *Pseudoconchoecia* Claus
同心假浮萤 *Pseudoconchoecia concentrica* Müller
软甲纲 Malacostraca
端足目 Amphipoda
路蛾科 Vibiliidae
路蛾属 *Vibilia* H. Milne Edwards
梨足路蛾*Vibilia pyripes* Bovallius
近慎蛾科 Paraphronimidae
近慎蛾属 *Paraphronima* Claus
厚足近慎蛾 *Paraphronima crassipes* Claus
泉蛾科 Hyperiidae
小泉蛾属 *Hyperietta* Bowman
吕宋小泉蛾 *Hyperietta luzoni* Stebbing
蛮蛾属 *Lestrigonus* H. Milne Edwards
大眼蛮蛾 *Lestrigonus macrophthalmus* Vosseler
裂颊蛮蛾 *Lestrigonus schizogeneios* Stebbing
磷虾目 Euphausiacea
磷虾科 Euphausiidae
假磷虾属 *Pseudeuphausia* Hanscn
假磷虾 *Pseudeuphausia* sp.*
十足目 Decapoda
莹虾科 Luciferidae
莹虾属 *Lucifer* Thompson
费氏莹虾 *Lucifer faxoni* Borradaile
汉森莹虾 *Lucifer hanseni* Nobili*
间型莹虾 *Lucifer intermedius* Hansen*
刷状莹虾 *Lucifer penicillifer* Hansen

毛颚动物门 Chaetognatha

箭虫纲 Sagittoidea
无横肌目 Aphragmophora
撬虫科 Krohnittidae
撬虫属 *Krohnitta* Rutter-Záhony
太平洋撬虫 *Krohnitta pacifica* Aida
箭虫科 Sagittidae
滨箭虫属 *Aidanosagitta* Tokioka et Pathansali
柔佛滨箭虫 *Aidanosagitta johorensis* Pathansali et Tokioka
猛箭虫属 *Ferosagitta* Kassatkina
凶形猛箭虫 *Ferosagitta ferox* Doncaster
软箭虫属 *Flaccisagitta* Tokioka
肥胖软箭虫 *Flaccisagitta enflata* Grassi*
带箭虫属 *Zonosagitta* Tokioka
百陶带箭虫 *Zonosagitta bedoti* Béraneck*
纳嘎带箭虫 *Zonosagitta nagae* Alvariño

尾索动物门 Urochordata

有尾纲 Appendicularia
有尾目 Copelata
住囊虫科 Oikopleuridae
隆起住囊虫属 *Althoffia* Lohmann
隆起住囊虫 *Althoffia tumida* Lohmann
住囊虫属 *Oikopleura* Mertens
角胃住囊虫 *Oikopleura cornutogastra* Gegenbaur
异体住囊虫 *Oikopleura dioica* Forsskål*
梭形住囊虫 *Oikopleura fusiformis* Forsskål
中型住囊虫 *Oikopleura intermedia* Lohmanu
长尾住囊虫 *Oikopleura longicauda* Vogt
红色住囊虫 *Oikopleura rufescens* Forsskål
住筒虫科 Fritillariidae
住筒虫属 *Fritillaria* Forsskål
蚁住筒虫 *Fritillaria formica* Forsskål
海樽纲 Thaliacea
全肌目 Cyclomyaria
海樽科 Doliolidae
拟海樽属 *Dolioletta* Borgert
软拟海樽 *Dolioletta gegenbauri* Uljanin

二、底栖动物

根据袁秀珍（1998）、赖廷和和何斌源（1998）、庄军莲等（2009）、张景平等（2010）、王迪等（2011）、梁士楚等（2014）的研究资料进行整理，广西滨海湿地底栖动物现已知的种类有10门22纲56目220科476属807种。其中，刺胞动物门有1纲2目4科4属4种，纽形动物门有1纲1目1科1属1种，线虫动物门有1纲1目1科1属1种，环节动物门有1纲8目36科76属134种，星虫动物门有2纲2目2科2属2种，软体动物门有5纲20目92科202属357种，节肢动物门有3纲6目52科138属240种，腕足动物门有1纲1目1科1属2种，棘皮动物门有5纲11目23科35属47种，脊索动物门有2纲4目8科16属19种；以软体动物门种类最多，其种数占总种数的44.36%，其次是节肢动物门种类，其种数占29.62%（表3-5）。种类数量较多的属有蟳属（*Charybdis*）（15种）、吻沙蚕属（*Glycera*）（10种）、织纹螺属（*Nassarius*）（9种）、围沙蚕属（*Perinereis*）（8种）、巴非蛤属（*Paphia*）（8种）、梭子蟹属（*Portunus*）（8种）、沙蚕属（*Nereis*）（7种）、镜蛤属（*Dosinia*）（7种）、角沙蚕属（*Ceratonereis*）（6种）、蜑螺属（*Nerita*）（6种）、荔枝螺属（*Thais*）（6种）、毛蚶属（*Scapharca*）（6种）、鼓虾属（*Alpheus*）（6种）、强蟹属（*Eucrate*）（6种）、大眼蟹属（*Macrophthalmus*）（6种）等（表3-5）。

表3-5　广西滨海湿地底栖动物的科属种统计

门	纲	目	科	属	种数
刺胞动物门 Cnidaria	珊瑚虫纲 Anthozoa	海葵目 Actiniaria	细指海葵科 Metridiidae	细指海葵属 *Metridium* Oken	1
			从海葵科 Actinernidae	蟹海葵属 *Cancrisocia* Stimpson	1
			矶海葵科 Diadumenidae	纵条矶海葵属 *Diadumene* Stephenson	1
		海鳃目 Pennatulacea	棒海鳃科 Veretillidae	仙人掌海鳃属 *Cavernularia* Milne Edwards et Haime	1
纽形动物门 Nemertea	无针纲 Anopla	异纽目 Heteronemertea	纵沟纽虫科 Lineidae	纵沟纽虫属 *Lineus* Sowerby	1
线虫动物门 Nematoda	泄腺纲 Adenophorea	嘴刺目 Enoplida	嘴刺科 Enoplidae	棘尾线虫属 *Mesacanthion* Filipjev	1
环节动物门 Annelida	多毛纲 Polychaeta	缨鳃虫目 Sabellida	帚毛虫科 Sabellariidae	似帚虫毛属 *Lygdamis* Kinberg	1
			缨鳃虫科 Sabellidae	鳍缨虫属 *Branchiomma* Kölliker	2
				介鳃虫属 *Jasmineira* Langerhans	1
			欧文虫科 Oweniidae	欧文虫属 *Owenia* Delle Chiaje	1
		蛰龙介目 Terebellida	丝鳃虫科 Cirratulidae	须鳃虫属 *Cirriformia* Hartman	2
			双栉虫科 Ampharetidae	双栉虫属 *Ampharete* Malmgren	1

续表

门	纲	目	科	属	种数
环节动物门 Annelida	多毛纲 Polychaeta	蛰龙介目 Terebellida	笔帽虫科 Pectinariidae	笔帽虫属 *Pectinaria* Savigny	1
			蛰龙介科 Terebellidae	扁蛰虫属 *Loimia* Malmgren	1
				单蛰虫属 *Lysilla* Malmgren	2
				树蛰虫属 *Pista* Malmgren	2
			毛鳃虫科 Trichobranchidae	梳鳃虫属 *Terebellides* Sars	1
		海稚虫目 Spionida	海稚虫科 Spionidae	后稚虫属 *Laonice* Malmgren	1
				锤稚虫属 *Malacoceros* Quatrefages	1
				奇异稚齿虫属 *Paraprionospio* Caullery	3
				才女虫属 *Polydora* Bosc	2
				腹沟虫属 *Scolelepis* Blainville	1
				海稚虫属 *Spio* Fabricius	1
				光稚虫属 *Spiophanes* Grube	1
			长手沙蚕科 Magelonidae	长手沙蚕属 *Magelona* Müller	1
			杂毛虫科 Poecilochaetidae	杂毛虫属 *Poecilochaetus* Claparède	1
		叶须虫目 Phyllodocida	蠕鳞虫科 Acoetidae	蠕磷虫属 *Acoetes* Audouin et Milne Edwards	1
				真齿鳞虫属 *Eupanthalis* Mclntosh	2
			鳞沙蚕科 Aphroditidae	鳞沙蚕属 *Aphrodita* Linnaeus	1
				镖毛鳞虫属 *Laetmonice* Kinberg	1
			金扇虫科 Chrysopetalidae	卷虫属 *Bhawania* Schmarda	1
			真鳞虫科 Eulepethidae	叶突鳞虫属 *Mexieulepis* Rioja	1
			吻沙蚕科 Glyceridae	吻沙蚕属 *Glycera* Savigny	10
			角吻沙蚕科 Goniadidae	角吻沙蚕属 *Goniada* Audouin et Milne Edwards	1
			多鳞虫科 Polynoidae	穗鳞虫属 *Halosydnopsis* Uschakov et Wu	1
				双指鳞虫属 *Iphione* Kinberg	1
				背鳞虫属 *Lepidonotus* Leach	1
			锡鳞虫科 Sigalionidae	埃刺梳鳞虫属 *Ehlersileanira* Pettibone	1

续表

门	纲	目	科	属	种数
环节动物门 Annelida	多毛纲 Polychaeta	叶须虫目 Phyllodocida	锡鳞虫科 Sigalionidae	真三指鳞虫属 *Euthalenessa* Darboux	1
				镰毛鳞虫属 *Sthenelais* Kinberg	1
				强鳞虫属 *Sthenolepis* Willey	1
			特须虫科 Lacydonidae	拟特须虫属 *Paralacydonia* Fauvel	1
			叶须虫科 Phyllodocidae	仙须虫属 *Nereiphylla* Blainville	1
				叶须虫属 *Phyllodoce* Lamarck	1
		沙蚕目 Nereidida	齿吻沙蚕科 Nephtyidae	内卷齿蚕属 *Aglaophamus* Kinberg	4
				无疣齿吻沙蚕属 *Inermonephtys* Faucnald	1
				齿吻沙蚕属 *Nephtys* Cuvier	4
			沙蚕科 Nereididae	角沙蚕属 *Ceratonereis* Kinberg	6
				鳃沙蚕属 *Dendronereis* Peters	1
				突齿沙蚕属 *Leonnates* Kinberg	2
				溪沙蚕属 *Namalycastis* Hartman	1
				刺沙蚕属 *Neanthes* Kinberg	2
				全刺沙蚕属 *Nectoneanthes* Imajima	3
				沙蚕属 *Nereis* Linnaeus	7
				围沙蚕属 *Perinereis* Kinberg	8
				伪沙蚕属 *Pseudonereis* Kinberg	1
				背褶沙蚕属 *Tambalagamia* Pillai	1
				软疣沙蚕属 *Tylonereis* Fauvel	1
			海女虫科 Hesionidae	海女虫属 *Hesione* Lamarck	1
				结海虫属 *Leocrates* Kinberg	1
			白毛虫科 Pilargidae	钩裂虫属 *Ancistrosyllis* McIntosh	1
				钩毛虫属 *Sigambra* Müller	1
			裂虫科 Syllidae	模裂虫属 *Typosyllis* Langerhans	1

续表

门	纲	目	科	属	种数
环节动物门 Annelida	多毛纲 Polychaeta	矶沙蚕目 Eunicida	仙虫科 Amphinomidae	仙虫属 *Amphinome* Bruguières	1
				海毛虫属 *Chloeia* Savigny	3
				犹帝虫属 *Eurythoe* Kinberg	1
			花索沙蚕科 Arabellidae	花索沙蚕属 *Arabella* Grube	1
			索沙蚕科 Lumbrineridae	索沙蚕属 *Lumbrineris* Blainwille	4
			矶沙蚕科 Eunicidae	矶沙蚕属 *Eunice* Cuvier	4
				襟松虫属 *Lysidice* Savigny	1
				岩虫属 *Marphysa* Quatrefages	2
			欧努菲虫科 Onuphidae	巢沙蚕属 *Diopatra* Audouin et Milne Edwards	1
				欧努菲虫属 *Onuphis* Audouin et Milne Edwards	1
		囊吻目 Scolecida	沙蠋科 Arenicolidae	沙蠋属 *Arenicola* Lamarck	1
			竹节虫科 Maldanidae	真节虫属 *Euclymene* Verrill	2
				拟节虫属 *Praxillella* Verrill	1
			小头虫科 Capitellidae	小头虫属 *Capitella* Blainville	1
				背蚓虫属 *Notomastus* Sars	3
			锥头虫科 Orbiniidae	锥虫属 *Haploscoloplos* Monro	1
				居虫属 *Naineris* Blainviller	1
				尖锥虫属 *Scoloplos* Blainille	2
		不倒翁虫目 Sternaspida	不倒翁虫科 Sternaspidae	不倒翁虫属 *Sternaspis* Otto	1
星虫动物门 Sipuncula	革囊星虫纲 Phascolosomatidea	革囊星虫目 Phascolosomatiformes	革囊星虫科 Phascolosomatidae	革囊星虫属 *Phascolosoma* Leuckart	1
	方格星虫纲 Sipunculidea	方格星虫目 Sipunculiformes	管体星虫科 Sipunculidae	方格星虫属 *Sipunculus* Linnaeus	1
软体动物门 Mollusca	多板纲 Polyplacophora	石鳖目 Chitonida	锉石鳖科 Ischonochitonidae	锉石鳖属 *Ischnochiton* Gray	1
			毛肤石鳖科 Acanthochitonidae	毛肤石鳖属 *Acanthochiton* Gray	1
	掘足纲 Scaphopoda	角贝目 Dentaliida	顶管角贝科 Episiphonidae	顶管角贝属 *Episiphon* Pilsbry et Sharp	1
	腹足纲 Gastropoda	原始腹足目 Archaeogastropoda	鲍科 Haliotidae	鲍属 *Haliotis* Linnaeus	2
			花帽贝科 Nacellidae	嫁蝛属 *Cellana* H. Adams	1
			笠贝科 Lottiidae	背尖贝属 *Notoacmea* Iredale	1

续表

门	纲	目	科	属	种数
软体动物门 Mollusca	腹足纲 Gastropoda	原始腹足目 Archaeogastropoda	笠贝科 Lottiidae	拟帽贝属 *Patelloida* Quoy et Gaimard	2
			马蹄螺科 Trochidae	凹螺属 *Chlorostoma* Swainson	2
				隐螺属 *Clanculus* Montfort	1
				真蹄螺属 *Euchelus* Philippi	1
				小月螺属 *Lunella* Röding	1
				小铃螺属 *Minolia* A. Adams	1
				项链螺属 *Monilea* Swainson	1
				单齿螺属 *Monodonta* Lamarck	1
				马蹄螺属 *Trochus* Linnaeus	3
				蛆螺属 *Umbonium* Link	2
			蝾螺科 Turbinidae	蝾螺属 *Turbo* Linnaeus	1
			蜑螺科 Neritidae	彩螺属 *Clithon* Montfrt	2
				蜑螺属 *Nerita* Linnaeus	6
				游螺属 *Neritina* Lamarck	1
		中腹足目 Mesogastropoda	滨螺科 Littorinidae	拟滨螺属 *Littoraria* Gray	3
				结节滨螺属 *Nodilittorina* von Martens	1
			拟沼螺科 Assimineidae	拟沼螺属 *Assiminea* Fleming	1
			锥螺科 Turritellidae	锥螺属 *Turritella* Lamarck	2
			平轴螺科 Planaxidae	平轴螺属 *Planaxis* Lamarck	1
			汇螺科 Potamididae	拟蟹守螺属 *Cerithidea* Swainson	5
				笋光螺属 *Terebralia* Swainson	1
			滩栖螺科 Batillariidae	滩栖螺属 *Batillaria* Benson	3
			蟹守螺科 Cerithiidae	蟹守螺属 *Cerithium* Bruguière	2
				楯桑椹螺属 *Clypeomorus* Jousseaume	2
				锉棒螺属 *Rhinoclavis* Swainson	2
			帆螺科 Calyptraeidae	笠帆螺属 *Calyptraea* Lamarck	1
				管帽螺属 *Siphopatella* Lesson	1
			衣笠螺科 Xenophoridae	衣笠螺属 *Xenophora* Fischer von Waldheim	1

续表

门	纲	目	科	属	种数
软体动物门 Mollusca	腹足纲 Gastropoda	中腹足目 Mesogastropoda	凤螺科 Strombidae	凤螺属 *Strombus* Linnaeus	4
			玉螺科 Naticidae	真玉螺属 *Eunaticina* Fischer	1
				镰玉螺属 *Lunatia* Gray	1
				玉螺属 *Natica* Scopoli	2
				扁玉螺属 *Neverita* Risso	1
				乳玉螺属 *Polinices* Montfort	4
				窦螺属 *Sinum* Röding	1
			宝贝科 Cypraeidae	拟枣贝属 *Erronea* Troschel	2
				绥贝属 *Mauritia* Troschel	1
			梭螺科 Ovulidae	卵梭螺属 *Ovula* Brugière	1
				骗梭螺属 *Phenacovolva* Iredale	1
				履螺属 *Sandalia* Cate	1
			冠螺科 Cassididae	鬘螺属 *Phalium* Link	3
			鹑螺科 Tonnidae	鹑螺属 *Tonna* Brünnich	2
			嵌线螺科 Ranellidae	嵌线螺属 *Cymatium* Bolten	1
				蝌蚪螺属 *Gyrineum* Link	2
			扭螺科 Personidae	扭螺属 *Distorsio* Röding	1
			蛙螺科 Bursidae	赤蛙螺属 *Bufonaria* Schumacher	2
		异腹足目 Heterogastropoda	轮螺科 Architectonicidae	轮螺属 *Architectonica* Röding	3
		新腹足目 Neogastropoda	骨螺科 Muricidae	棘螺属 *Chicoreus* Montfort	1
				核果螺属 *Drupa* Röding	1
				爱尔螺属 *Ergalatax* Iredale	1
				骨螺属 *Murex* Linnaeus	1
				蓝螺属 *Nassa* Röding	1
				翼螺属 *Pterynotus* Swainson	1
				荔枝螺属 *Thais* Röding	6
			核螺科 Columbellidae	小笔螺属 *Mitrella* Risso	1
				核螺属 *Pyrene* Röding	1
			蛾螺科 Buccinidae	东风螺属 *Babylonia* Schluter	1
				亮螺属 *Phos* Montfort	1
			盔螺科 Melongenidae	角螺属 *Hemifusus* Swainson	2
			织纹螺科 Nassariidae	织纹螺属 *Nassarius* Dumeril	9
			榧螺科 Olividae	榧螺属 *Oliva* Bruguière	1
			笔螺科 Mitridae	格纹笔螺属 *Cancilla* Swainson	1

续表

门	纲	目	科	属	种数
软体动物门 Mollusca	腹足纲 Gastropoda	新腹足目 Neogastropoda	笔螺科 Mitridae	笔螺属 *Mitra* Lamarck	3
				次格纹笔螺属 *Subcancilla* Olsson et Harbison	1
			肋脊笔螺科 Costellariidae	菖蒲螺属 *Vexillum* Röding	1
			细带螺科 Fasciolariidae	山黧豆螺属 *Latirus* Montfort	1
				鸽螺属 *Peristernia* Morch	1
			竖琴螺科 Harpidae	竖琴螺属 *Harpa* Röding	1
			衲螺科 Cancellariidae	三角口螺属 *Trigonaphera* Iredela	2
			塔螺科 Turridae	蕾螺属 *Gemmula* Weikauff	1
				裁判螺属 *Inquisitor* Hedley	1
				乐飞螺属 *Lophiotoma* Casey	1
				拟塔螺属 *Turricula* Schumacher	2
			芋螺科 Conidae	芋螺属 *Conus* Linnaeus	4
			笋螺科 Terebridae	双层螺属 *Duplicaria* Dall	1
				笋螺属 *Terebra* Bruguière	2
		肠扭目 Heterostropha	愚螺科 Amathinidae	愚螺属 *Amathina* Gray	1
		头楯目 Cephalaspidea	阿地螺科 Atyidae	泥螺属 *Bullacta* Bergh	1
			囊螺科 Retusidae	囊螺属 *Retusa* Brown	1
			拟捻螺科 Acteocinidae	拟捻螺属 *Acteocina* Gray	1
		基眼目 Basommatophora	耳螺科 Ellobiidae	耳螺属 *Ellobium* Röding	5
				女教士螺属 *Pythia* Röding	2
		柄眼目 Stylommatophora	石磺科 Onchidiidae	石磺属 *Onchidium* Buchanan	1
	双壳纲 Bivalvia	胡桃蛤目 Nuculoida	胡桃蛤科 Nuculidae	胡桃蛤属 *Nucula* Lamarck	3
			吻状蛤科 Nuculanidae	小囊蛤属 *Saccella* Wooding	1
				云母蛤属 *Yoldia* Möller	1
		蚶目 Arcoida	蚶科 Arcidae	白蚶属 *Acar* Gray	1
				粗饰蚶属 *Anadara* Gray	3
				蚶属 *Arca* Linnaeus	1
				须蚶属 *Barbatia* Gray	5
				毛蚶属 *Scapharca* Gray	6
				泥蚶属 *Tegillarca* Iredale	1
			细纹蚶科 Noetiidae	栉毛蚶属 *Didimacar* Iredale	1
			帽蚶科 Cucullaeidae	帽蚶属 *Cucullaea* Lamarck	1

续表

门	纲	目	科	属	种数
软体动物门 Mollusca	双壳纲 Bivalvia	蚶目 Arcoida	蚶蜊科 Glycymerididae	蚶蜊属 *Glycymeris* da Costa	1
		贻贝目 Mytiloida	贻贝科 Mytilidae	索贻贝属 *Hormomya* Morch	1
				石蛏属 *Lithophaga* Röding	4
				偏顶蛤属 *Modiolus* Lamarck	2
				肌蛤属 *Musculus* Röding	3
				股贻贝属 *Perna* Philipsson	1
				隔贻贝属 *Septifer* Récluz	2
				扭贻贝属 *Stavelia* Gray	1
				毛肌蛤属 *Trichomusculus* Iredale	1
				毛贻贝属 *Trichomya* Ihering	1
				荞麦蛤属 *Xenostrobus* Wilson	1
			江珧科 Pinnidae	栉江珧属 *Atrina* Gray	1
		珍珠贝目 Pterioida	珍珠贝科 Pteriidae	珠母贝属 *Pinctada* Röding	3
				珍珠贝属 *Pteria* Scopoli	2
			钳蛤科 Isognomonidae	钳蛤属 *Isognomon* Lightfoot	2
			丁蛎科 Malleidae	丁蛎属 *Malleus* Lamarck	1
			扇贝科 Pectinidae	日月贝属 *Amusium* Röding	2
				海湾扇贝属 *Argopecten* Monterosato	1
				纹肋扇贝属 *Decatopecten* Sowerby	1
				类栉孔扇贝属 *Mimachlamys* Iredale	1
				掌扇贝属 *Volachlamys* Iredale	1
			海菊蛤科 Spondylidae	海菊蛤属 *Spondylus* Linnaeus	4
			襞蛤科 Plicatulidae	襞蛤属 *Plicatula* Lamarck	2
			不等蛤科 Anomiidae	不等蛤属 *Anomia* Linnaeus	1
				难解不等蛤属 *Enigmonia* Iredale	1
			海月蛤科 Placunidae	海月蛤属 *Placuna* Lightfoot	1
			锉蛤科 Limidae	锉蛤属 *Lima* Bruguière	1
			硬牡蛎科 Pyconodntidae	舌骨牡蛎属 *Hyotissa* Stenzel	1
				拟舌骨牡蛎属 *Parahyotissa* Harry	1

续表

门	纲	目	科	属	种数
软体动物门 Mollusca	双壳纲 Bivalvia	珍珠贝目 Pterioida	牡蛎科 Ostreidae	褶牡蛎属 *Alectryonella* Sacco	1
				巨牡蛎属 *Crassostrea* Sacco	1
				齿缘牡蛎属 *Dendostrea* Swainson	2
				牡蛎属 *Ostrea* Linnaeus	1
				掌牡蛎属 *Planostrea* Hanley	1
				囊牡蛎属 *Saccostrea* Dollfus et Dautzenberg	3
				爪牡蛎属 *Talonostrea* Li et Qi	1
		帘蛤目 Veneroida	满月蛤科 Lucinidae	无齿蛤属 *Anodontia* Link	1
			猿头蛤科 Chamidae	猿头蛤属 *Chama* Linnaeus	3
			心蛤科 Carditidae	粗衣蛤属 *Beguina* Röding	1
				心蛤属 *Cardita* Bruguière	1
			鸟蛤科 Cardiidae	栉鸟蛤属 *Ctenocardia* H. et A. Adams	1
				脊鸟蛤属 *Fragum* Röding	1
				薄壳鸟蛤属 *Fulvia* Gray	1
				陷月鸟蛤属 *Lunulicardia* Gray	1
				刺鸟蛤属 *Vepricardium* Iredale	4
			蛤蜊科 Mactridae	獭蛤属 *Lutraria* Lamarck	1
				蛤蜊属 *Mactra* Linnaeus	4
			中带蛤科 Mesodesmatidae	坚石蛤属 *Atactodea* Dall	1
			斧蛤科 Donacidae	斧蛤属 *Donax* Linnaeus	2
			樱蛤科 Tellinidae	角蛤属 *Angulus* Megerle von Mühlfeld	2
				楔樱蛤属 *Cadella* Dall, Bartsch et Rehder	1
				白樱蛤属 *Macoma* Leach	3
				美丽蛤属 *Merisca* Dall	1
				明樱蛤属 *Moerella* Fischer	3
				亮樱蛤属 *Nitidotellina* Scarlato	2
				小王蛤属 *Pharaonella* Lamy	1
				截形白樱蛤属 *Psammotreta* Dall	1
			双带蛤科 Semelidae	双带蛤属 *Semele* Schumacher	1

续表

门	纲	目	科	属	种数
软体动物门 Mollusca	双壳纲 Bivalvia	帘蛤目 Veneroida	双带蛤科 Semelidae	理蛤属 *Theora* H. et A. Adams	2
			紫云蛤科 Psammobiidae	紫云蛤属 *Gari* Schumacher	2
				紫蛤属 *Sanguinolaria* Lamarck	3
			截蛏科 Solecurtidae	缢蛏属 *Sinonovacula* Prashad	1
			竹蛏科 Solenidae	竹蛏属 *Solen* Linnaeus	5
			刀蛏科 Cultellidae	刀蛏属 *Cultellus* Schumacher	3
				灯塔蛏属 *Pharella* Gray	1
				荚蛏属 *Siliqua* Megerle von Muhifeld	1
			棱蛤科 Trapeziidae	棱蛤属 *Trapezium* Mergele von Mühlfeld	1
			蚬科 Corbiculidae	花蚬属 *Cyrenodonax* Dall	1
				硬壳蚬属 *Gelonia* Gray	1
			帘蛤科 Veneridae	杓拿蛤属 *Anomalodiscus* Dall	1
				仙女蛤属 *Callista* Poli	2
				美女蛤属 *Circe* Schumacher	4
				雪蛤属 *Clausinella* Gray	3
				畸心蛤属 *Cryptonema* Jukes-Browne	1
				青蛤属 *Cyclina* Deshayes	1
				环楔形蛤属 *Cyclosunetta* Fischer	1
				镜蛤属 *Dosinia* Scopoli	7
				加夫蛤属 *Gafrarium* Röding	1
				浅蛤属 *Gomphina* Mörch	1
				光壳蛤属 *Lioconcha* Mörch	1
				格特蛤属 *Marcia* H. et A. Adams	2
				文蛤属 *Meretrix* Lamarck	2
				巴非蛤属 *Paphia* Röding	8
				凸卵蛤属 *Pelecyora* Dall	1
				皱纹蛤属 *Periglypta* Jukes-Browne	3
				卵蛤属 *Pitar* Römer	1
				蛤仔属 *Ruditapes* Chiamenti	1

续表

门	纲	目	科	属	种数
软体动物门 Mollusca	双壳纲 Bivalvia	帘蛤目 Veneroida	帘蛤科 Veneridae	缀锦蛤属 *Tapes* Megerle von Mühlfeldt	1
				帝汶蛤属 *Timoclea* Brown	1
			绿螂科 Glauconomidae	绿螂属 *Glauconome* Gray	1
		海螂目 Myoida	篮蛤科 Corbulidae	异蓝蛤属 *Anisocorbula* Iredale	1
				硬篮蛤属 *Solidicorbula* Habe	2
			开腹蛤科 Gastrochaenidae	开腹蛤属 *Gastrochaena* Spengler	1
			海笋科 Pholadidae	沟海笋属 *Zirfaea* Leach	1
		笋螂目 Pholadomyoida	鸭嘴蛤科 Laternulidae	鸭嘴蛤属 *Laternula* Röding	4
	头足纲 Cephalopoda	枪形目 Teuthoidea	枪乌贼科 Loliginidae	拟枪乌贼属 *Loliolus* Steenstrup	1
				拟乌贼属 *Sepioteuthis* Blainville	1
		乌贼目 Sepioidea	乌贼科 Sepiidae	乌贼属 *Sepia* Linnaeus	5
			耳乌贼科 Sepiolidae	四盘耳乌贼属 *Euprymna* Steenstrup	1
				后耳乌贼属 *Sepiadarium* Steenstrup	1
				耳乌贼属 *Sepiola* Leach	1
		八腕目 Octopoda	蛸科 Octopodidae	蛸属 *Octopus* Lamarck	2
节肢动物门 Arthropoda	颚足纲 Maxillopoda	无柄目 Sessilia	小藤壶科 Chthamalidae	地藤壶属 *Euraphia* Conrad	1
			藤壶科 Balanidae	纹藤壶属 *Amphibalanus* Pitombo	3
	软甲纲 Malacostraca	口足目 Stomatopoda	虾蛄科 Squillidae	近虾蛄属 *Anchisquilla* Manning	1
				脊虾蛄属 *Carinosquilla* Manning	1
				绿虾蛄属 *Clorida* Eydoux et Souleyet	2
				拟绿虾蛄属 *Cloridopsis* Manning	1
				纹虾蛄属 *Dictyosquilla* Manning	1
				猛虾蛄属 *Harpiosquilla* Holthuis	1
				褶虾蛄属 *Lophosquilla* Manning	1

续表

门	纲	目	科	属	种数
节肢动物门 Arthropoda	软甲纲 Malacostraca	口足目 Stomatopoda	虾蛄科 Squillidae	口虾蛄属 *Oratosquilla* Manning	2
		糠虾目 Mysida	糠虾科 Mysidae	和糠虾属 *Nipponomysis* Tattersall	1
		等足目 Isopoda	团水虱科 Sphaeromatidae	团水虱属 *Sphaeroma* Bosc	2
			海蟑螂科 Ligiidae	海蟑螂属 *Ligia* Fabricius	1
		十足目 Decapoda	对虾科 Penaeidae	异对虾属 *Atypopenaeus* Alcock	1
				明对虾属 *Fenneropenaeus* Pérez Farfante	1
				囊对虾属 *Marsupenaeus* Tirmizi	1
				大突虾属 *Megokris* Pérez Farfante et Kensley	2
				沟对虾属 *Melicertus* Rafinesque	1
				赤虾属 *Metapenaeopsis* Bouvier	4
				新对虾属 *Metapenaeus* Wood-Mason et Alcock	4
				仿对虾属 *Parapenaeopsis* Alcock	4
				对虾属 *Penaeus* Fabricius	2
				鹰爪虾属 *Trachysalambria* Burkenroad	1
			单肢虾科 Sicyonidae	单肢虾属 *Sicyonia* H. Milne Edwards	1
			樱虾科 Sergestidae	毛虾属 *Acetes* H. Milne Edwards	1
			鼓虾科 Alpheidae	鼓虾属 *Alpheus* Fabricius	6
			长臂虾科 Palaemonidae	古洁虾属 *Coutièrella* Sollaud	1
				白虾属 *Exopalaemon* Holthuis	1
				沼虾属 *Macrobrachium* Bate	1
				长臂虾属 *Palaemon* Weber	3
			长额虾科 Pandalidae	等腕虾属 *Procletes* Bate	1
			活额寄居蟹科 Diogenidae	细螯寄居蟹属 *Clibanarius* Dana	2
				活额寄居蟹属 *Diogenes* Dana	1
			瓷蟹科 Porcellanidae	豆瓷蟹属 *Pisidia* Leach	1

续表

门	纲	目	科	属	种数
节肢动物门 Arthropoda	软甲纲 Malacostraca	十足目 Decapoda	瓷蟹科 Porcellanidae	小瓷蟹属 *Porcellanella* White	1
			绵蟹科 Dromiidae	平壳蟹属 *Conchoecetes* Stimpson	1
				绵蟹属 *Dromia* Weber	1
			蛙蟹科 Raninidae	背足蛙蟹属 *Notopus* de Haan	1
			馒头蟹科 Calappidae	馒头蟹属 *Calappa* Weber	2
			黎明蟹科 Matutidae	月神蟹属 *Ashtoret* Galilet-Clark	1
				黎明蟹属 *Matuta* Weber	2
			盔蟹科 Corystidae	琼娜蟹属 *Jonas* Hombron et Jacquinot	1
			疣菱蟹科 Dairidae	疣菱蟹属 *Daira* de Haan	1
			关公蟹科 Dorippidae	关公蟹属 *Dorippe* Weber	1
				仿关公蟹属 *Dorippoides* Serène et Romimohtarto	1
				拟平家蟹属 *Heikeopsis* Ng, Guinot et Davie	1
				新关公蟹属 *Neodorippe* Serène et Romimohtarto	1
				拟关公蟹属 *Paradorippe* Serène et Romimohtarto	2
			酋蟹科 Eriphiidae	酋妇蟹属 *Eriphia* Latreille	1
			哲扇蟹科 Menippidae	圆扇蟹属 *Sphaerozius* Stimpson	1
			团扇蟹科 Oziidae	石扇蟹属 *Epixanthus* Heller	1
			宽甲蟹科 Chasmocarcinidae	仿宽甲蟹属 *Chasmocarcinops* Alock	1
			宽背蟹科 Euryplacidae	强蟹属 *Eucrate* de Haan	6
				异背蟹属 *Heteroplax* Stimpson	1
			长脚蟹科 Goneplacidae	隆背蟹属 *Carcinoplax* H. Milne Edwards	1
				长眼柄蟹属 *Ommatocarcinus* White	1
			掘沙蟹科 Scalopidiidae	掘沙蟹属 *Scalopidia* Stimpson	1
			六足蟹科 Hexapodidae	六喜蟹属 *Hexalaughlia* Rathbun	1
				仿六足蟹属 *Hexapinus* Manning et Holthuis	1

续表

门	纲	目	科	属	种数
节肢动物门 Arthropoda	软甲纲 Malacostraca	十足目 Decapoda	精干蟹科 Iphiculidae	精干蟹属 *Iphiculus* Adams et White	1
			玉蟹科 Leucosiidae	栗壳蟹属 *Arcania* Leach	2
				岐玉蟹属 *Euclosia* Galil	1
				飞轮蟹属 *Ixa* Leach	1
				玉蟹属 *Leucosia* Weber	3
				长臂蟹属 *Myra* Leach	1
				五角蟹属 *Nursia* Leach	3
				拳蟹属 *Philyra* Leach	5
				化玉蟹属 *Seulocia* Galil	2
				坛形蟹属 *Urnalana* Galil	1
			卧蜘蛛蟹科 Epialtidae	绒球蟹属 *Doclea* Leach	2
				互敬蟹属 *Hyastenus* White	2
				长踦蟹属 *Phalangipus* Latreille	1
				矶蟹属 *Pugettia* Dana	2
				剪额蟹属 *Scyra* Dana	1
			膜壳蟹科 Hymenosomatidae	滨蟹属 *Halicarcinus* Stimpson	1
			尖头蟹科 Inachidae	英雄蟹属 *Achaeus* Leach	2
			蜘蛛蟹科 Majiidae	折额蟹属 *Micippa* Leach	1
				裂额蟹属 *Schizophrys* White	1
			虎头蟹科 Orithyidae	虎头蟹属 *Orithyia* Fabricius	1
			菱蟹科 Parthenopidae	隐足蟹属 *Cryptopodia* H. Milne Edwards	2
				武装紧握蟹属 *Enoplolambrus* A. Milne Edwards	1
				菱蟹属 *Parthenope* Fabricius	1
			静蟹科 Galenidae	静蟹属 *Galene* de Haan	1
				暴蟹属 *Halimede* de Haan	3
				精武蟹属 *Parapanope* de Man	1
			毛刺蟹科 Pilumnidae	杨梅蟹属 *Actumnus* Dana	2
				深毛刺蟹属 *Bathypilumnus* Ng et Tan	1
				异装蟹属 *Heteropanope* Stimpson	1
				异毛蟹属 *Heteropilumnus* de Man	2

续表

门	纲	目	科	属	种数
节肢动物门 Arthropoda	软甲纲 Malacostraca	十足目 Decapoda	毛刺蟹科 Pilumnidae	毛粒蟹属 *Pilumnopeus* A. Milne Edwards	1
				毛刺蟹属 *Pilumnus* Leach	1
				佘氏蟹属 *Ser* Rathbun	1
				拟盲蟹属 *Typhlocarcinops* Rathbun	1
				盲蟹属 *Typhlocarcinus* Stimpson	2
				仿短眼蟹属 *Xenophthalmodes* Rathbun	1
			梭子蟹科 Portunidae	蟳属 *Charybdis* de Haan	15
				梭子蟹属 *Portunus* Weber	8
				青蟹属 *Scylla* de Haan	1
				短桨蟹属 *Thalamita* Latreille	5
			扇蟹科 Xanthidae	银杏蟹属 *Actaea* de Haan	1
				爱洁蟹属 *Atergatis* de Haan	1
				磷斑蟹属 *Demania* Smith	2
				真扇蟹属 *Euxanthus* Dana	1
				皱蟹属 *Leptodius* A. Milne Edwards	1
				斗蟹属 *Liagore* de Haan	1
				大权蟹属 *Macromedaeus* Ward	1
				仿权位蟹属 *Medaeops* Guinot	1
				新景扇蟹属 *Neoxanthops* Ward	1
				团扇蟹属 *Ozius* H. Milne Edwards	1
				柱足蟹属 *Palapedia* Ng	1
				拟权位蟹属 *Paramedaeus* Guinot	1
			方蟹科 Grapsidae	大额蟹属 *Metopograpsus* H. Milne Edwards	2
				厚纹蟹属 *Pachygrapsus* Randall	1
			相手蟹科 Sesarminae	螳臂相手蟹属 *Chiromantes* Gistel	2
				拟相手蟹属 *Parasesarma* de Man	2
				近相手蟹属 *Perisesarma* de Man	1

续表

门	纲	目	科	属	种数
节肢动物门 Arthropoda	软甲纲 Malacostraca	十足目 Decapoda	相手蟹科 Sesarminae	中相手蟹属 *Sesarmops* Serène et Soh	2
			弓蟹科 Varunidae	无齿蟹属 *Acmaeopleura* Stimpson	1
				蜞属 *Gaetice* Gistel	1
				拟厚蟹属 *Helicana* Sakai et Yatsuzuka	1
				近方蟹属 *Hemigrapsus* Dana	3
				长方蟹属 *Metaplax* H. Milne Edwards	3
				弓蟹属 *Varuna* H. Milne Edwards	1
			猴面蟹科 Camptandriidae	猴面蟹属 *Camptandrium* Stimpson	1
				魔鬼蟹属 *Moguai* Tan et Ng	1
				拟闭口蟹属 *Paracleistostoma* de Man	1
			和尚蟹科 Mictyridae	和尚蟹属 *Mictyris* Latreille	1
			毛带蟹科 Dotillidae	毛带蟹属 *Dotilla* Stimpson	1
				泥蟹属 *Ilyoplax* Stimpson	5
				股窗蟹属 *Scopimera* de Haan	3
			大眼蟹科 Macrophthalmidae	大眼蟹属 *Macrophthalmus* Latreille	6
			沙蟹科 Ocypodidae	沙蟹属 *Ocypode* Weber	3
				招潮蟹属 *Uca* Leach	4
			短眼蟹科 Xenophthalmidae	新短眼蟹属 *Neoxenophthalmus* Serene et Umali	1
				短眼蟹属 *Xenophthalmus* White	1
			豆蟹科 Pinnotheridae	豆蟹属 *Pinnotheres* de Haan	1
	肢口纲 Merostomata	剑尾目 Xiphosura	鲎科 Tachypleidae	蝎鲎属 *Carcinoscorpius* Pocock	1
				鲎属 *Tachypleus* Leach	1
腕足动物门 Brachiopoda	海豆芽纲 Lingulata	海豆芽目 Lingulida	海豆芽科 Lingulidae	海豆芽属 *Lingula* Bruguière	2
棘皮动物门 Echinodermata	海百合纲 Crinoidea	栉羽枝目 Comatulida	栉羽枝科 Comasteridae	节羽枝属 *Zygometra* A. H. Clark	1
			玛丽羽枝科 Mariametridae	丽羽枝属 *Lamprometra* A. H. Clark	1
			短羽枝科 Colobometridae	寡羽枝属 *Oligometra* A. H. Clark	1
	海星纲 Asteroidea	柱体目 Paxillosida	砂海星科 Luidiidae	砂海星属 *Luidia* Forbes	3

续表

门	纲	目	科	属	种数
棘皮动物门 Echinodermata	海星纲 Asteroidea	柱体目 Paxillosida	槭海星科 Astropectinidae	槭海星属 *Astropecten* Gray	2
				镶边海星属 *Craspidaster* Sladen	1
		瓣棘海星目 Valvatida	长棘海星科 Acanthasteridae	长棘海星属 *Acanthaster* Gervais	1
	蛇尾纲 Ophiuroidea	真蛇尾目 Ophiurida	阳遂足科 Amphiuridae	三齿蛇尾属 *Amphiodia* Verrill	1
				倍棘蛇尾属 *Amphioplus* Verrill	3
			辐蛇尾科 Ophiactidae	辐蛇尾属 *Ophiactis* Lütken	3
			刺蛇尾科 Ophiotrichidae	大刺蛇尾属 *Macrophiothrix* H. L. Clark	1
				裸蛇尾属 *Ophiogymna* Ljunman	1
				鳍棘蛇尾属 *Ophiopteron* Ludwig	1
				疣蛇尾属 *Ophiothela* Verrill	1
				刺蛇尾属 *Ophiothrix* Müller et Troschel	1
			真蛇尾科 Ophiuridae	真蛇尾属 *Ophiura* Lamarck	1
	海胆纲 Echinoidea	拱齿目 Camarodonta	刻肋海胆科 Temnopleuridae	刻肋海胆属 *Temnopleurus* L. Agassiz	2
		盾形目 Clypeasteroida	盾海胆科 Clypeasteridae	盾海胆属 *Clypeaster* Lamarck	1
			蛛网海胆科 Arachnoididae	蛛网海胆属 *Arachnoides* Leske	1
			饼干海胆科 Laganidae	饼干海胆属 *Laganum* Link	1
				饼海胆属 *Peronella* Gray	1
			孔盾海胆科 Astriclypeidae	孔盾海胆属 *Astriclypeus* Verrill	1
				毛饼海胆属 *Echinodiscus* Leske	1
			豆海胆科 Fibulariidae	豆海胆属 *Fibularia* Lamarck	1
		心形目 Spatangoida	拉文海胆科 Loveniidae	拉文海胆属 *Lovenia* Desor	2
			壶海胆科 Brissidae	吻壶海胆属 *Rhynobrissus* A. Agassiz	1
	海参纲 Holothuroidea	盾手目 Aspidochirotida	海参科 Holothuriidae	海参属 *Holothuria* Linnaeus	3
				刺参属 *Stichopus* Brandt	1
		枝手目 Dendrochirotida	瓜参科 Cucumariidae	辐瓜参属 *Actinocucumis* Ludwig	1

续表

门	纲	目	科	属	种数
棘皮动物门 Echinodermata	海参纲 Holothuroidea	枝手目 Dendrochirotida	瓜参科 Cucumariidae	细五角瓜参属 *Leptopentacta* H. L. Clark	1
				桌片参属 *Mensamaria* H. L. Clark	1
			沙鸡子科 Phyllophoridae	沙鸡子属 *Phyllophorus* Grube	1
				怀玉参属 *Phyrella* Heding et Panning	1
		芋参目 Molpadida	尻参科 Caudinidae	海地瓜属 *Acaudina* H. L. Clark	1
		无足目 Apodida	锚参科 Synaptidae	刺锚参属 *Protankyra* Oestergren	2
脊索动物门 Chordata	狭心纲 Leptochordata	双尖文昌鱼目 Amphioxi	文昌鱼科 Branchiostomidae	文昌鱼属 *Branchiostoma* Costa	1
	硬骨鱼纲 Osteichthyes	鳗鲡目 Anguilliformes	蛇鳗科 Ophichthyidae	虫鳗属 *Muraenichthys* Bleeker	1
				豆齿鳗属 *Pisodonophis* Kaup	1
		刺鱼目 Gasterosteiformes	海龙科 Syngnathidae	海龙属 *Syngnathus* Linnaeus	1
		鲈形目 Perciformes	蓝子鱼科 Siganidae	蓝子鱼属 *Siganus* Forsskål	3
			塘鳢科 Eleotridae	乌塘鳢属 *Bostrichthys* Lacepède	1
				鲈塘鳢属 *Perccottus* Dybowski	1
			鰕虎鱼科 Gobiidae	细棘鰕虎鱼属 *Acentrogobius* Bleeker	2
				缰鰕虎鱼属 *Amoya* Herre	1
				叉牙鰕虎鱼属 *Apocryptodon* Bleeker	1
				深鰕虎鱼属 *Bathygobius* Bleeker	1
			鳗鰕虎鱼科 Taenioididae	狼牙鰕虎鱼属 *Odontamblyopus* Bleeker	1
				鳗鰕虎鱼属 *Taenioides* Lacepède	1
			弹涂鱼科 Periophthalmidae	大弹涂鱼属 *Boleophthalmus* Valenciennes	1
				弹涂鱼属 *Periophthalmus* Bloch et Schneider	1
				青弹涂鱼属 *Scartelaos* Swainson	1

广西滨海湿地底栖动物种类名录如下所述（标注*者为红树林有分布）。

刺胞动物门 Cnidaria

珊瑚虫纲 Anthozoa

海葵目 Actiniaria

细指海葵科 Metridiidae

细指海葵属 *Metridium* Oken

细指海葵 *Metridium* sp.*

从海葵科 Actinernidae

蟹海葵属 *Cancrisocia* Stimpson

蟹海葵 *Cancrisocia* sp.*

矶海葵科 Diadumenidae

纵条矶海葵属 *Diadumene* Stephenson

纵条全丛海葵 *Diadumene lineata* Verrill*

海鳃目 Pennatulacea

棒海鳃科 Veretillidae

仙人掌海鳃属 *Cavernularia* Milne Edwards et Haime

强壮仙人掌海鳃 *Cavernularia obesa* Milne Edwards et Haime

纽形动物门 Nemertea

无针纲 Anopla

异纽目 Heteronemertea

纵沟纽虫科 Lineidae

纵沟纽虫属 *Lineus* Sowerby

项圈纵沟纽虫 *Lineus torquatus* Coe*

线虫动物门 Nematoda

泄腺纲 Adenophorea

嘴刺目 Enoplida

嘴刺科 Enoplidae

棘尾线虫属 *Mesacanthion* Filipjev

棘尾线虫 *Mesacanthion* sp.*

环节动物门 Annelida

多毛纲 Polychaeta

缨鳃虫目 Sabellida

帚毛虫科 Sabellariidae

似帚毛虫属 *Lygdamis* Kinberg

似帚毛虫 *Lygdamis indicus* Kinberg

缨鳃虫科 Sabellidae

鳍缨虫属 *Branchiomma* Kölliker

黑斑鳍缨虫 *Branchiomma nigromaculatum* Baird

锯鳃鳍缨虫 *Branchiomma serratibranchis* Grube

介鳃虫属 *Jasmineira* Langerhans

介鳃虫 *Jasmineira caudata* Langerhans

欧文虫科 Oweniidae

欧文虫属 *Owenia* Delle Chiaje

欧文虫 *Owenia fusiformis* Delle Chiaje*

蛰龙介目 Terebellida

丝鳃虫科 Cirratulidae

须鳃虫属 *Cirriformia* Hartman

须鳃虫 *Cirriformia tentaculata* Montagu

须鳃虫 *Cirriformia* sp.

双栉虫科 Ampharetidae

双栉虫属 *Amphare*te Malmgren

双栉虫 *Ampharete acutifrons* Grube

笔帽虫科 Pectinariidae

笔帽虫属 *Pectinaria* Savigny

笔帽虫 *Pectinaria* sp.

蛰龙介科 Terebellidae

扁蛰虫属 *Loimia* Malmgren

扁蛰虫 *Loimia medusa* Savigny

单蛰虫属 *Lysilla* Malmgren

乌地单蛰虫 *Lysilla ubianensis* Caullery

单蛰虫 *Lysilla* sp.

树蛰虫属 *Pista* Malmgren

树蛰虫 *Pista cristata* Müller

丛生树蛰虫 *Pista fasciata* Grube

毛鳃虫科 Trichobranchidae

梳鳃虫属 *Terebellides* Sars

梳鳃虫 *Terebellides stroemii* Sars

海稚虫目 Spionida

海稚虫科 Spionidae

后稚虫属 *Laonice* Malmgren

后稚虫 *Laonice cirrata* Sars

锤稚虫属 *Malacoceros* Quatrefages

印度锤稚虫 *Malacoceros indicus* Fauvel

奇异稚齿虫属 *Paraprionospio* Caullery

奇异稚齿虫 *Paraprionospio pinnata* Ehlers

稚齿虫 1 *Paraprionospio* sp. 1
稚齿虫 2 *Paraprionospio* sp. 2
才女虫属 *Polydora* Bosc
才女虫 1 *Polydora* sp. 1
才女虫 2 *Polydora* sp. 2
腹沟虫属 *Scolelepis* Blainville
腹沟虫 *Scolelepis* sp.
海稚虫属 *Spio* Fabricius
海稚虫 *Spio filicornis* Müller
光稚虫属 *Spiophanes* Grube
光稚虫 *Spiophanes* sp.
长手沙蚕科 Magelonidae
长手沙蚕属 *Magelona* Müller
日本长手沙蚕 *Magelona japonica* Okuda
杂毛虫科 Poecilochaetidae
杂毛虫属 *Poecilochaetus* Claparède
蛇杂毛虫 *Poecilochaetus serpens* Allen
叶须虫目 Phyllodocida
蠕鳞虫科 Acoetidae
蠕磷虫属 *Acoetes* Audouin et Milne Edwards
黑斑蠕磷虫 *Acoetes melanonota* Grube
真齿鳞虫属 *Eupanthalis* Mclntosh
真齿鳞虫 1 *Eupanthalis* sp. 1
真齿鳞虫 2 *Eupanthalis* sp. 2
鳞沙蚕科 Aphroditidae
鳞沙蚕属 *Aphrodita* Linnaeus
澳洲鳞沙蚕 *Aphrodita australis* Baird
镖毛鳞虫属 *Laetmonice* Kinberg
镖毛鳞虫 *Laetmonice* sp.
金扇虫科 Chrysopetalidae
卷虫属 *Bhawania* Schmarda
隐头卷虫 *Bhawania goodei* Webster
真鳞虫科 Eulepethidae
叶突鳞虫属 *Mexieulepis* Rioja
中华叶突鳞虫 *Mexieulepis sineca* Wu et Sun
吻沙蚕科 Glyceridae
吻沙蚕属 *Glycera* Savigny
白色吻沙蚕 *Glycera alba* Müller
头吻沙蚕 *Glycera capitata* Örsted
长吻沙蚕 *Glycera chirori* Izuka*
锥唇吻沙蚕 *Glycera onomichiensis* Izuka
普吻沙蚕 *Glycera prashadi* Fauvel
中锐吻沙蚕 *Glycera rouxii* Audouin et Milne Edwards
箭鳃吻沙蚕 *Glycera sagittariae* McIntosh
浅古铜吻沙蚕 *Glycera subaenea* Grube
方格吻沙蚕 *Glycera tesselata* Grube
绻旋吻沙蚕 *Glycera tridactyla* Schmarda
角吻沙蚕科 Goniadidae
角吻沙蚕属 *Goniada* Audouin et Milne Edwards
角吻沙蚕 *Goniada emerita* Audouin et Milne Edwards
多鳞虫科 Polynoidae
穗鳞虫属 *Halosydnopsis* Uschakov et Wu
疏毛穗鳞虫 *Halosydnopsis pilosa* Horst
双指鳞虫属 *Iphione* Kinberg
双指鳞虫 *Iphione muricata* Lamarck
背鳞虫属 *Lepidonotus* Leach
背鳞虫 *Lepidonotus* sp.
锡鳞虫科 Sigalionidae
埃刺梳鳞虫属 *Ehlersileanira* Pettibone
埃刺梳鳞虫 *Ehlersileanira* sp.
真三指鳞虫属 *Euthalenessa* Darboux
真三指鳞虫 *Euthalenessa* sp.
镰毛鳞虫属 *Sthenelais* Kinberg
镰毛鳞虫 *Sthenelais* sp.
强鳞虫属 *Sthenolepis* Willey
强鳞虫 *Sthenolepis* sp.
特须虫科 Lacydonidae
拟特须虫属 *Paralacydonia* Fauvel
拟特须虫 *Paralacydonia paradoxa* Fauvel
叶须虫科 Phyllodocidae
仙须虫属 *Nereiphylla* Blainville
栗色仙须虫 *Nereiphylla castanea* Marenzeller
叶须虫属 *Phyllodoce* Lamarck
乳突半突虫 *Phyllodoce papillosa* Uschakov et Wu
沙蚕目 Nereidida
齿吻沙蚕科 Nephtyidae

内卷齿蚕属 *Aglaophamus* Kinberg
双腮内卷齿蚕 *Aglaophamus dibranchis* Grube
双须内卷齿蚕 *Aglaophamus dicirris* Hartman
弦毛内卷齿蚕 *Aglaophamus lyrochaeto* Fauvel
中华内卷齿蚕 *Aglaophamus sinensis* Fauvel
无疣齿吻沙蚕属 *Inermonephtys* Fauchald
无疣齿吻沙蚕 *Inermonephtys inermis* Ehlers
齿吻沙蚕属 *Nephtys* Cuvier
加州齿吻沙蚕 *Nephtys californiensis* Hartman
毛齿吻沙蚕 *Nephtys ciliata* Müller*
奇异齿吻沙蚕 *Nephtys paradoxa* Malm
多鳃齿吻沙蚕 *Nephtys polybranchia* Southern
沙蚕科 Nereididae
角沙蚕属 *Ceratonereis* Kinberg
缅甸角沙蚕 *Ceratonereis burmensis* Monro
短须角沙蚕 *Ceratonereis costae* Grube
红角沙蚕 *Ceratonereis erythraeensis* Fauvel*
羊角沙蚕 *Ceratonereis hircinicola* Eisig
石纹角沙蚕 *Ceratonereis marmorata* Horst
角沙蚕 *Ceratonereis mirabilis* Kinberg*
鳃沙蚕属 *Dendronereis* Peters
羽须鳃沙蚕 *Dendronereis pinnaticirris* Grube*
突齿沙蚕属 *Leonnates* Kinberg
粗突齿沙蚕 *Leonnates decipiens* Fauvel
光突齿沙蚕 *Leonnates persica* Wesenberg-Lunb
溪沙蚕属 *Namalycastis* Hartman
溪沙蚕 *Namalycastis abiuma* Müller*
刺沙蚕属 *Neanthes* Kinberg
日本刺沙蚕 *Neanthes japonica* Izuka*
色斑刺沙蚕 *Neanthes maculata* Wu, Sun et Yang
全刺沙蚕属 *Nectoneanthes* Imajima
多齿全刺沙蚕 *Nectoneanthes multignatha* Wu, Sun et Yang
全刺沙蚕 *Nectoneanthes oxypoda* Marenzeller*
刺沙蚕 *Nectoneanthes* sp.*
沙蚕属 *Nereis* Linnaeus
滑镰沙蚕 *Nereis coutierei* Gravier
宽叶沙蚕 *Nereis grubei* Kinberg
广东沙蚕 *Nereis guangdongensis* Wu
多齿沙蚕 *Nereis multignatha* Imajima et Hartman
波斯沙蚕 *Nereis persica* Fauvel
三带沙蚕 *Nereis trifasciata* Grube
沙蚕 *Nereis* sp.*
围沙蚕属 *Perinereis* Kinberg
双齿围沙蚕 *Perinereis aibuhitensis* Grube*
弯齿围沙蚕 *Perinereis camiguinoides* Augener*
斑纹围沙蚕 *Perinereis cavifrons* Ehlers*
独齿围沙蚕 *Perinereis cultrifera* Grube
多齿围沙蚕 *Perinereis nuntia* Savigny*
菱齿围沙蚕 *Perinereis rhombodonta* Wu, Sun et Yang
扁齿围沙蚕 *Perinereis vancaurica* Ehlers
涠洲围沙蚕 *Perineris weizhouensis* Wu et Sun
伪沙蚕属 *Pseudonereis* Kinberg
杂色伪沙蚕 *Pseudonereis variegata* Grube
背褶沙蚕属 *Tambalagamia* Pillai
背褶沙蚕 *Tambalagamia fauveli* Pillai
软疣沙蚕属 *Tylonereis* Fauvel
软疣沙蚕 *Tylonereis bogoyawlenskyi* Fauvel*
海女虫科 Hesionidae
海女虫属 *Hesione* Lamarck
纵纹海女虫 *Hesione intertexta* Grube
结海虫属 *Leocrates* Kinberg
无疣海结虫 *Leocrates claparedii* Costa
白毛虫科 Pilargidae
钩裂虫属 *Ancistrosyllis* McIntosh
钩裂虫 *Ancistrosyllis* sp.
钩毛虫属 *Sigambra* Müller
钩毛虫 *Sigambra* sp.
裂虫科 Syllidae
模裂虫属 *Typosyllis* Langerhans
千岛模裂虫 *Typosyllis adamantens* Treadwell
矶沙蚕目 Eunicida
仙虫科 Amphinomidae
仙虫属 *Amphinome* Bruguières
仙女虫 *Amphinome* sp.
海毛虫属 *Chloeia* Savigny
海毛虫 *Chloeia flava* Pallas

无刺海毛虫 *Chloeia inermis* Quatrefages
梯斑海毛虫 *Chloeia parva* Baird
犹帝虫属 *Eurythoe* Kinberg
小瘤犹帝虫 *Eurythoe parvecarunculata* Horst
花索沙蚕科 Arabellidae
花索沙蚕属 *Arabella* Grube
花索沙蚕 *Arabella iricolor* Montagu
索沙蚕科 Lumbrineridae
索沙蚕属 *Lumbrineris* Blainwille
异足索沙蚕 *Lumbrineris heteropoda* Marinzenller*
日本索沙蚕 *Lumbrineris japonica* Marinzenller
短叶索沙蚕 *Lumbrineris latreilli* Audouin et Milne Edwards
长叶索沙蚕 *Lumbrineris longiforia* Imajima et Higuchi
矶沙蚕科 Eunicidae
矶沙蚕属 *Eunice* Cuvier
珠须矶沙蚕 *Eunice antennata* Savigny
矶沙蚕 *Eunice aphroditois* Palla
滑指矶沙蚕 *Eunice indica* Kinberg
条纹矶沙蚕 *Eunice vittata* Della Chiaje
襟松虫属 *Lysidice* Savigny
领襟松虫 *Lysidice collaris* Grube
岩虫属 *Marphysa* Quatrefages
岩虫 *Marphysa sanguinea* Montagu*
毡毛岩虫 *Marphysa stragulum* Grube
欧努菲虫科 Onuphidae
巢沙蚕属 *Diopatra* Audouin et Milne Edwards
智利巢沙蚕 *Diopatra chiliensis* Quatrefages
欧努菲虫属 *Onuphis* Audouin et Milne Edwards
欧努菲虫 *Onuphis eremita* Audouin et Milne Edwards*
囊吻目 Scolecida
沙蠋科 Arenicolidae
沙蠋属 *Arenicola* Lamarck
沙蠋 *Arenicola* sp.
竹节虫科 Maldanidae
真节虫属 *Euclymene* Verrill
持真节虫 *Euclymene annandalei* Souhern
真节虫 *Euclymene* sp.
拟节虫属 *Praxillella* Verrill
简毛拟节虫 *Praxillella gracilis* Sars
小头虫科 Capitellidae
小头虫属 *Capitella* Blainville
小头虫 *Capitella capitata* Fabricius
背蚓虫属 *Notomastus* Sars
背毛背蚓虫 *Notomastus aberans* Day
背蚓虫 *Notomastus latericeus* Sars*
多齿背蚓虫 *Notomastus polyodon* Gallardo
锥头虫科 Orbiniidae
锥虫属 *Haploscoloplos* Monro
长锥虫 *Haploscoloplos elongates* Johnson*
居虫属 *Naineris* Blainviller
仙居虫 *Naineris laevigata* Grube
尖锥虫属 *Scoloplos* Blainille
膜囊尖锥虫 *Scoloplos marsupialis* Southern
红刺尖锥虫 *Scoloplos rubra* Webster
不倒翁虫目 Sternaspida
不倒翁虫科 Sternaspidae
不倒翁虫属 *Sternaspis* Otto
不倒翁虫 *Sternaspis sculata* Ranzani

星虫动物门 Sipuncula

革囊星虫纲 Phascolosomatidea
革囊星虫目 Phascolosomatiformes
革囊星虫科 Phascolosomatidae
革囊星虫属 *Phascolosoma* Leuckart
弓形革囊星虫 *Phascolosoma arcuatum* Gray*
方格星虫纲 Sipunculidea
方格星虫目 Sipunculiformes
管体星虫科 Sipunculidae
方格星虫属 *Sipunculus* Linnaeus
裸体方格星虫 *Sipunculus nudus* Linnaeus*

软体动物门 Mollusca

多板纲 Polyplacophora
石鳖目 Chitonida
锉石鳖科 Ischonochitonidae
锉石鳖属 *Ischnochiton* Gray
花斑锉石鳖 *Ischnochiton comptus* Gould

毛肤石鳖科 Acanthochitonidae
毛肤石鳖属 *Acanthochiton* Gray
红条毛肤石鳖 *Acanthochiton rubrolineatus* Lischke
掘足纲 Scaphopoda
角贝目 Dentaliida
顶管角贝科 Episiphonidae
顶管角贝属 *Episiphon* Pilsbry et Sharp
胶州湾顶管角贝 *Episiphon kiaochowwanense* Tchang et Tsi
腹足纲 Gastropoda
原始腹足目 Archaeogastropoda
鲍科 Haliotidae
鲍属 *Haliotis* Linnaeus
杂色鲍 *Haliotis diversicolor* Reeve
多色鲍 *Haliotis varia* Linnaeus
花帽贝科 Nacellidae
嫁蝛属 *Cellana* H. Adams
嫁蝛 *Cellana toreuma* Reeve
笠贝科 Lottiidae
背尖贝属 *Notoacmea* Iredale
史氏背尖贝 *Notoacmea schrenckii* Lischke
拟帽贝属 *Patelloida* Quoy et Gaimard
背肋拟帽贝 *Patelloida dorsuosa* Gould
矮拟帽贝 *Patelloida pygamaea* Dunker
马蹄螺科 Trochidae
凹螺属 *Chlorostoma* Swainson
黑凹螺 *Chlorostoma nigerrima* Gmelin
锈凹螺 *Chlorostoma rustica* Gmelin
隐螺属 *Clanculus* Montfort
齿隐螺 *Clanculus denticulatus* Gray
真蹄螺属 *Euchelus* Philippi
粗糙真蹄螺 *Euchelus scaber* Linnaeus
小月螺属 *Lunella* Röding
粒花冠小月螺 *Lunella coronata* subsp. *granulate* Gmelin
小铃螺属 *Minolia* A. Adams
中国小铃螺 *Minolia chinensis* Sowerby
项链螺属 *Monilea* Swainson
项链螺 *Monilea callifera* Lamarck
单齿螺属 *Monodonta* Lamarck
单齿螺 *Monodonta labio* Linnaeus
马蹄螺属 *Trochus* Linnaeus
尖角马蹄螺 *Trochus conus* Gmelin
斑马蹄螺 *Trochus maculates* Linnaeus
马蹄螺 *Trochus* sp.*
蝐螺属 *Umbonium* Link
肋蝐螺 *Umbonium costatum* Valenciennes
蝐螺 *Umboniun vestiarium* Linnaeus*
蝾螺科 Turbinidae
蝾螺属 *Turbo* Linnaeus
节蝾螺 *Turbo brunerus* Röding*
蜑螺科 Neritidae
彩螺属 *Clithon* Montfrt
奥莱彩螺 *Clithon oualaniense* Lesson*
多色彩螺 *Clithon sowerbyanus* Récluz
蜑螺属 *Nerita* Linnaeus
渔舟蜑螺 *Nerita albicilla* Linnaeus*
日本蜑螺 *Nerita japonica* Dunker*
褶蜑螺 *Nerita plicata* Linnaeus
锦蜑螺 *Nerita polita* Linnaeus
齿纹蜑螺 *Nerita yoldii* Récluz*
蜑螺 *Nerita* sp.*
游螺属 *Neritina* Lamarck
紫游螺 *Neritina violacea* Gmelin*
中腹足目 Mesogastropoda
滨螺科 Littorinidae
拟滨螺属 *Littoraria* Gray
红果拟滨螺 *Littoraria coccinea* Gmelin*
黑口拟滨螺 *Littoraria melanostoma* Gray*
粗糙拟滨螺 *Littoraria scabra* Linnaeus*
结节滨螺属 *Nodilittorina* von Martens
变化结节滨螺 *Nodilittorina millegrana* Philippi*
拟沼螺科 Assimineidae
拟沼螺属 *Assiminea* Fleming
绯拟沼螺 *Assiminea latericea* H. et A. Adams*
锥螺科 Turritellidae
锥螺属 *Turritella* Lamarck
棒锥螺 *Turritella bacillum* Kiener*

笋锥螺 *Turritella terebra* Linnaeus*
平轴螺科 Planaxidae
平轴螺属 *Planaxis* Lamarck
平轴螺 *Planaxis tectus* Gmelin
汇螺科 Potamididae
拟蟹守螺属 *Cerithidea* Swainson
珠带拟蟹守螺 *Cerithidea cingulata* Gmelin*
小翼拟蟹守螺 *Cerithidea microptera* Kiener*
彩拟蟹守螺 *Cerithidea ornata* A. Adams*
红树拟蟹守螺 *Cerithidea rhizophorarum* A. Adams*
中华拟蟹守螺 *Cerithidea sinensis* Philippi*
笋光螺属 *Terebralia* Swainson
沟纹笋光螺 *Terebralia sulcata* Born*
滩栖螺科 Batillariidae
滩栖螺属 *Batillaria* Benson
古氏滩栖螺 *Batillaria cumingi* Crosse*
疣滩栖螺 *Batillaria sordida* Gmelin
纵带滩栖螺 *Batillaria zonalis* Bruguière*
蟹守螺科 Cerithiidae
蟹守螺属 *Cerithium* Bruguière
中华蟹守螺 *Cerithium sinensis* Gmelin
带蟹守螺 *Cerithium zonatum* Wood
楯桑椹螺属 *Clypeomorus* Jousseaume
双带楯桑椹螺 *Clypeomorus bifasciatus* Sowerby
楯桑椹螺 *Clypeomorus* sp.
锉棒螺属 *Rhinoclavis* Swainson
柯氏锉棒螺 *Rhinoclavis kochi* Philippi
中华锉棒螺 *Rhinoclavis sinensis* Gmelin*
帆螺科 Calyptraeidae
笠帆螺属 *Calyptraea* Lamarck
笠帆螺 *Calyptraea morbida* Reeve
管帽螺属 *Siphopatella* Lesson
扁平管帽螺 *Siphopatella walshi* Reeve
衣笠螺科 Xenophoridae
衣笠螺属 *Xenophora* Fischer von Waldheim
光衣笠螺 *Xenophora exuta* Reeve
凤螺科 Strombidae
凤螺属 *Strombus* Linnaeus
斑凤螺 *Strombus lentiginosus* Linnaeus
强缘凤螺 *Strombus marginatus* subsp. *robustus* Sowerby
铁斑凤螺 *Strombus urceus* Linnaeus
带凤螺 *Strombus vittatus* Linnaeus
玉螺科 Naticidae
真玉螺属 *Eunaticina* Fischer
真玉螺 *Eunaticina papilla* Gmelin
镰玉螺属 *Lunatia* Gray
微黄镰玉螺 *Lunatia gilva* Philippi*
玉螺属 *Natica* Scopoli
斑玉螺 *Natica tigrina* Röding*
玉螺 *Natica vitellus* Linnaeus*
扁玉螺属 *Neverita* Risso
扁玉螺 *Neverita didyma* Röding
乳玉螺属 *Polinices* Montfort
蛋白乳玉螺 *Polinices albumen* Linnaeus
大口乳玉螺 *Polinices macrostoma* Philippi
乳玉螺 *Polinices mammata* Röding
梨形乳玉螺 *Polinices mammilla* Linnaeus
窦螺属 *Sinum* Röding
扁平窦螺 *Sinum haliotoideum* Linnaeus
宝贝科 Cypraeidae
拟枣贝属 *Erronea* Troschel
拟枣贝 *Erronea errones* Linnaeus
玛瑙拟枣贝 *Erosaria onyx* Linnaeus
绥贝属 *Mauritia* Troschel
阿文绥贝 *Mauritia arabica* Linnaeus
梭螺科 Ovulidae
卵梭螺属 *Ovula* Brugière
卵梭螺 *Ovula ovum* Linnaeus
骗梭螺属 *Phenacovolva* Iredale
短喙骗梭螺 *Phenacovolva brevirostris* Schumacher
履螺属 *Sandalia* Cate
玫瑰履螺 *Sandalia rhodia* A. Adams
冠螺科 Cassididae
鬘螺属 *Phalium* Link
双沟鬘螺 *Phalium bisulcatum* Schubert et Wagner
沟纹鬘螺 *Phalium flammiferum* Röding*
鬘螺 *Phalium glaucum* Linnaeus

鹑螺科 Tonnidae
鹑螺属 *Tonna* Brünnich
中国鹑螺 *Tonna chinensis* Dillwyn
沟鹑螺 *Tonna sulcosa* Born
嵌线螺科 Ranellidae
嵌线螺属 *Cymatium* Bolten
毛嵌线螺 *Cymatium pileare* Linnaeus
蝌蚪螺属 *Gyrineum* Link
双节蝌蚪螺 *Gyrineum bituberculare* Lamarck
粒蝌蚪螺 *Gyrineum natator* Röding
扭螺科 Personidae
扭螺属 *Distorsio* Röding
网纹扭螺 *Distorsio reticularis* Linnaeus
蛙螺科 Bursidae
赤蛙螺属 *Bufonaria* Schumacher
棘赤蛙螺 *Bufonaria perelegans* Beu
习见赤蛙螺 *Bufonaria rana* Linnaeus
异腹足目 Heterogastropoda
轮螺科 Architectonicidae
轮螺属 *Architectonica* Röding
大轮螺 *Architectonica maxima* Philippi
鹧鸪轮螺 *Architectonica perdix* Hinds
配景轮螺 *Architectonica perspectiva* Linnaeus
新腹足目 Neogastropoda
骨螺科 Muricidae
棘螺属 *Chicoreus* Montfort
褐棘螺 *Chicoreus brunneus* Link
核果螺属 *Drupa* Röding
核果螺 *Drupa morum* Röding
爱尔螺属 *Ergalatax* Iredale
珠母爱尔螺 *Ergalatax margariticola* Broderip*
骨螺属 *Murex* Linnaeus
浅缝骨螺 *Murex trapa* Röding
蓝螺属 *Nassa* Röding
鹧鸪蓝螺 *Nassa francolinus* Bruguière
翼螺属 *Pterynotus* Swainson
翼螺 *Pterynotus alatus* Röding
荔枝螺属 *Thais* Röding
瘤荔枝螺 *Thais bronni* Dunker
疣荔枝螺 *Thais clavigera* Kuster*
蛎敌荔枝螺 *Thais gradata* Jonas*
可变荔枝螺 *Thais lacerus* Born*
黄口荔枝螺 *Thais luteostoma* Holten
荔枝螺 *Thais* sp.*
核螺科 Columbellidae
小笔螺属 *Mitrella* Risso
丽小核螺 *Mitrella bella* Reeve
核螺属 *Pyrene* Röding
结节龟核螺 *Pyrene testudinaria tyletae* Griffith et Pidgeon
蛾螺科 Buccinidae
东风螺属 *Babylonia* Schluter
方斑东风螺 *Babylonia areolata* Link
亮螺属 *Phos* Montfort
亮螺 *Phos senticosus* Linnaeus
盔螺科 Melongenidae
角螺属 *Hemifusus* Swainson
细角螺 *Hemifusus ternatanus* Gmelin
管角螺 *Hemifusus tuba* Gmelin
织纹螺科 Nassariidae
织纹螺属 *Nassarius* Dumeril
光织纹螺 *Nassarius dorsatus* Röding
秀丽织纹螺 *Nassarius festivus* Powys*
节织纹螺 *Nassarius hepaticus* Pulteney*
疣织纹螺 *Nassarius papillosus* Linnaeus
胆形织纹螺 *Nassarius pullus* Linnaeus*
西格织纹螺 *Nassarius siquijorensis* A. Adams*
红带织纹螺 *Nassarius succinctus* A. Adams
纵肋织纹螺 *Nassarius variciferus* A. Adams*
织纹螺 *Nassarius* sp.*
榧螺科 Olividae
榧螺属 *Oliva* Bruguière
伶鼬榧螺 *Oliva mustelina* Lamarck
笔螺科 Mitridae
格纹笔螺属 *Cancilla* Swainson
淡黄笔螺 *Cancilla isabella* Swainson
笔螺属 *Mitra* Lamarck
肥笔螺 *Mitra ambigua* Swainson

中国笔螺 *Mitra chinensis* Gray
沟纹笔螺 *Mitra proscissa* Reeve
次格纹笔螺属 *Subcancilla* Olsson et Harbison
间笔螺 *Subcancilla interlirata* Reeve
肋脊笔螺科 Costellariidae
菖蒲螺属 *Vexillum* Röding
朱红菖蒲螺 *Vexillum coccineum* Reeve
细带螺科 Fasciolariidae
山黧豆螺属 *Latirus* Montfort
红斑塔旋螺 *Latirus craticulatus* Linnaeus
鸽螺属 *Peristernia* Morch
鸽螺 *Peristernia nassatula* Lamarck
竖琴螺科 Harpidae
竖琴螺属 *Harpa* Röding
竖琴螺 *Harpa conoidalis* Lamarck
衲螺科 Cancellariidae
三角口螺属 *Trigonaphera* Iredela
白带三角口螺 *Trigonaphera bocageana* Crosse et Debeaux
斜三角口螺 *Trigonaphera obliquata* Lamarck
塔螺科 Turridae
蕾螺属 *Gemmula* Weikauff
美丽蕾螺 *Gemmula speciosa* Reeve
裁判螺属 *Inquisitor* Hedley
假主棒螺 *Inquisitor pseudoprincipalis* Yokoyama
乐飞螺属 *Lophiotoma* Casey
白龙骨乐飞螺 *Lophiotoma leucotropis* Adams et Reeve
拟塔螺属 *Turricula* Schumacher
爪哇拟塔螺 *Turricula javana* Linnaeus
假奈拟塔螺 *Turricula spurius* Hedley
芋螺科 Conidae
芋螺属 *Conus* Linnaeus
花冠芋螺 *Conus coronatus* Gmelin
堂皇芋螺 *Conus imperialis* Linnaeus
织锦芋螺 *Conus textile* Linnaeus
芋螺 *Conus* sp.*
笋螺科 Terebridae
双层螺属 *Duplicaria* Dall
双层螺 *Duplicaria duplicata* Linnaeus
笋螺属 *Terebra* Bruguière
拟笋螺 *Terebra affinis* Gray
珍笋螺 *Terebra pretiosa* Reeve
肠扭目 Heterostropha
愚螺科 Amathinidae
愚螺属 *Amathina* Gray
三肋愚螺 *Amathina tricarinata* Linnaeus
头楯目 Cephalaspidea
阿地螺科 Atyidae
泥螺属 *Bullacta* Bergh
泥螺 *Bullacta exarata* Philippi*
囊螺科 Retusidae
囊螺属 *Retusa* Brown
婆罗囊螺 *Retusa borneensis* A. Adams*
拟捻螺科 Acteocinidae
拟捻螺属 *Acteocina* Gray
燕麦拟捻螺 *Acteocina avenaria* Watson
基眼目 Basommatophora
耳螺科 Ellobiidae
耳螺属 *Ellobium* Röding
米氏耳螺 *Ellobium aurismidae* Linnaeus*
中国耳螺 *Ellobium chinensis* Pfeiffer*
耳螺 1 *Ellobium* sp. 1*
耳螺 2 *Ellobium* sp. 2*
耳螺 3 *Ellobium* sp. 3*
女教士螺属 *Pythia* Röding
赛氏女教士螺 *Pythia cecillei* Philippi*
教士螺 *Pythia* sp.*
柄眼目 Stylommatophora
石磺科 Onchidiidae
石磺属 *Onchidium* Buchanan
瘤背石磺 *Onchidium verruculatum* Cuvier*
双壳纲 Bivalvia
胡桃蛤目 Nuculoida
胡桃蛤科 Nuculidae
胡桃蛤属 *Nucula* Lamarck
环肋胡桃蛤 *Nucula cyrenoides* Kuroda
壮齿胡桃蛤 *Nucula pachydonta* Prashad

橄榄胡桃蛤 *Nucula tenuis* Montagu*
吻状蛤科 Nuculanidae
小囊蛤属 *Saccella* Wooding
杓形小囊蛤 *Saccella cuspidata* Gould
云母蛤属 *Yoldia* Möller
凸云母蛤 *Yoldia serotina* Hinds
蚶目 Arcoida
蚶科 Arcidae
白蚶属 *Acar* Gray
褶白蚶 *Acar plicata* Dillwyn
粗饰蚶属 *Anadara* Gray
联珠蚶 *Anadara consociata* Smith
密肋粗饰蚶 *Anadara crebricostata* Reeve
格粗饰蚶 *Anadara criticulata* Nyet
蚶属 *Arca* Linnaeus
舟蚶 *Arca navicularis* Bruguière
须蚶属 *Barbatia* Gray
双纹须蚶 *Barbatia bistrigata* Dunker
帚形须蚶 *Barbatia cometa* Reeve
布纹蚶 *Barbatia grayana* Dunker
青蚶 *Barbatia obliquata* Wood
娇嫩须蚶 *Barbatia tenella* Reeve
毛蚶属 *Scapharca* Gray
角毛蚶 *Scapharca cornea* Reeve
广东毛蚶 *Scapharca guangdongensis* Bernard, Cai et Morton*
舵毛蚶 *Scapharca gubernaculums* Reeve
不等蚶毛蚶 *Scapharca inaequivalvis* Bruguière
毛蚶 *Scapharca kagoshimensis* Tokunaga*
赛氏毛蚶 *Scapharca satowi* Dunker
泥蚶属 *Tegillarca* Iredale
泥蚶 *Tegillarca granosa* Linnaeus*
细纹蚶科 Noetiidae
栉毛蚶属 *Didimacar* Iredale
褐蚶 *Didimacar tenebrica* Reeve*
帽蚶科 Cucullaeidae
帽蚶属 *Cucullaea* Lamarck
粒帽蚶 *Cucullaea labiosa* subsp. *granulosa* Jonas
蚶蜊科 Glycymerididae
蚶蜊属 *Glycymeris* da Costa
衣蚶蜊 *Glycymeris vestita* Dunker
贻贝目 Mytiloida
贻贝科 Mytilidae
索贻贝属 *Hormomya* Morch
曲线索贻贝 *Hormomya mutabilis* Gould*
石蛏属 *Lithophaga* Röding
羽膜石蛏 *Lithophaga malaccana* Reeve
肥大石蛏 *Lithophaga obesa* Philippi
光石蛏 *Lithophaga teres* Philippi
金石蛏 *Lithophaga zitteliana* Dunker
偏顶蛤属 *Modiolus* Lamarck
短偏顶蛤 *Modiolus flavidus* Dunker*
麦氏偏顶蛤 *Modiolus metcalfei* Hanley*
肌蛤属 *Musculus* Röding
心形肌哈 *Musculus cumingiana* Reeve
日本肌哈 *Musculus japonica* Dunker
凸壳肌蛤 *Musculus senhousia* Benson*
股贻贝属 *Perna* Philipsson
翡翠贻贝 *Perna viridis* Linnaeus
隔贻贝属 *Septifer* Récluz
隔贻贝 *Septifer bilocularis* Linnaeus*
隆起隔贻贝 *Septifer excisus* Wiegman
扭贻贝属 *Stavelia* Gray
扭贻贝 *Stavelia subdistorta* Récluz
毛肌蛤属 *Trichomusculus* Iredale
毛肌蛤 *Trichomusculus barbatus* Reeve
毛贻贝属 *Trichomya* Ihering
毛贻贝 *Trichomya hirsuta* Lamarck
荞麦蛤属 *Xenostrobus* Wilson
黑荞麦蛤 *Xenostrobus atratus* Lischke*
江珧科 Pinnidae
栉江珧属 *Atrina* Gray
栉江珧 *Atrina pectinata* Linnaeus*
珍珠贝目 Pterioida
珍珠贝科 Pteriidae
珠母贝属 *Pinctada* Röding
长耳珠母贝 *Pinctada chemnitzi* Philippi
合浦珠母贝 *Pinctada fucata* subsp. *martensii*

Dunker
黑珠母贝 *Pinctada nigra* Gould
珍珠贝属 *Pteria* Scopoli
短翼珍珠贝 *Pteria brevialata* Dunker
宽珍珠贝 *Pteria loveni* Dunker
钳蛤科 Isognomonidae
钳蛤属 *Isognomon* Lightfoot
豆荚钳蛤 *Isognomon legumen* Gmelin
方形钳蛤 *Isognomon nucleus* Lamarck
丁蛎科 Malleidae
丁蛎属 *Malleus* Lamarck
黑丁蛎 *Malleus malleus* Linnaeus
扇贝科 Pectinidae
日月贝属 *Amusium* Röding
台湾日月贝 *Amusium japonicum* subsp. *taiwanicum* Habe
长肋日月贝 *Amusium pleuronectes* subsp. *pleuronectes* Linnaeus
海湾扇贝属 *Argopecten* Monterosato
海湾扇贝 *Argopecten irradians* Lamarck
纹肋扇贝属 *Decatopecten* Sowerby
褶纹肋扇贝 *Decatopecten plica* Linnaeus
类栉孔扇贝属 *Mimachlamys* Iredale
华贵类栉孔扇贝 *Mimachlamys nobilis* Reeve*
掌扇贝属 *Volachlamys* Iredale
新加坡掌扇贝 *Volachlamys singaporina* Sowerby
海菊蛤科 Spondylidae
海菊蛤属 *Spondylus* Linnaeus
须毛海菊蛤 *Spondylus barbatus* Reeve
尼科巴海菊蛤 *Spondylus nicobaricus* Schreibers
莺王海菊蛤 *Spondylus regius* Linnaeus
厚壳海菊蛤 *Spondylus squamosus* Schreibers
襞蛤科 Plicatulidae
襞蛤属 *Plicatula* Lamarck
菲律宾襞蛤 *Plicatula philippinarum* Hanley
襞蛤 *Plicatula plicata* Linnaeus
不等蛤科 Anomiidae
不等蛤属 *Anomia* Linnaeus
中国不等蛤 *Anomia chinensis* Philippi
难解不等蛤属 *Enigmonia* Iredale
难解不等蛤 *Enigmonia aenigmatica* Holten*
海月蛤科 Placunidae
海月蛤属 *Placuna* Lightfoot
海月 *Placuna placenta* Linnaeus*
锉蛤科 Limidae
锉蛤属 *Lima* Bruguière
习见锉蛤 *Lima vulgaris* Link
硬牡蛎科 Pyconodntidae
舌骨牡蛎属 *Hyotissa* Stenzel
舌骨牡蛎 *Hyotissa hyotis* Linnaeus
拟舌骨牡蛎属 *Parahyotissa* Harry
覆瓦牡蛎 *Parahyotissa imbricata* Lamarck*
牡蛎科 Ostreidae
褶牡蛎属 *Alectryonella* Sacco
褶牡蛎 *Alectryonella plicatula* Gmelin*
巨牡蛎属 *Crassostrea* Sacco
近江牡蛎 *Crassostrea ariakensis* Wakiya*
齿缘牡蛎属 *Dendostrea* Swainson
缘牡蛎 *Dendostrea crenulifesa* Sowerby*
齿缘牡蛎 *Dendostrea folium* Linnaeus
牡蛎属 *Ostrea* Linnaeus
密鳞牡蛎 *Ostrea denselamellosa* Lischke
掌牡蛎属 *Planostrea* Hanley
鹅掌牡蛎 *Planostrea pestigris* Hanley
囊牡蛎属 *Saccostrea* Dollfus et Dautzenberg
棘刺牡蛎 *Saccostrea echinata* Quoy et Gaimard*
团聚牡蛎 *Saccostrea glomerata* Gould*
咬齿牡蛎 *Saccostrea mordax* Gould
爪牡蛎属 *Talonostrea* Li et Qi
猫爪牡蛎 *Talonostrea talonata* Li et Qi*
帘蛤目 Veneroida
满月蛤科 Lucinidae
无齿蛤属 *Anodontia* Link
满月无齿蛤 *Anodontia stearnsiana* Oyama*
猿头蛤科 Chamidae
猿头蛤属 *Chama* Linnaeus
敦氏猿头蛤 *Chama dunkeri* Lischke
草莓猿头蛤 *Chama fragum* Reeve

半紫猿头蛤 *Chama semipurpurata* Lischke
心蛤科 Carditidae
粗衣蛤属 *Beguina* Röding
粗衣蛤 *Beguina semiorbiculata* Linnaeus
心蛤属 *Cardita* Bruguière
异纹心蛤 *Cardita variegata* Bruguière
鸟蛤科 Cardiidae
栉鸟蛤属 *Ctenocardia* H. et A. Adams
拱形栉鸟蛤 *Ctenocardia fornicata* Sowerby
脊鸟蛤属 *Fragum* Röding
班氏脊鸟蛤 *Fragum bannoi* Otuka
薄壳鸟蛤属 *Fulvia* Gray
韩氏薄壳鸟蛤 *Fulvia hungerfordi* Sowerby
陷月鸟蛤属 *Lunulicardia* Gray
陷月鸟蛤 *Lunulicardia retusa* Linnaeus
刺鸟蛤属 *Vepricardium* Iredale
亚洲鸟蛤 *Vepricardium asiaticum* Bruguière
镶边鸟蛤 *Vepricardium coronatum* Schröter
多刺鸟蛤 *Vepricardium multispinosum* Sowerby
中华鸟蛤 *Vepricardium sinense* Sowerby
蛤蜊科 Mactridae
獭蛤属 *Lutraria* Lamarck
大獭蛤 *Lutraria maxima* Jonas*
蛤蜊属 *Mactra* Linnaeus
高蛤蜊 *Mactra alta* Deshayes
粗蛤蜊 *Mactra aphrodina* Deshayes
平蛤蜊 *Mactra mera* Reeve
四角蛤蜊 *Mactra veneriformis* Reeve*
中带蛤科 Mesodesmatidae
坚石蛤属 *Atactodea* Dall
环纹坚石蛤 *Atactodea striata* Gmelin*
斧蛤科 Donacidae
斧蛤属 *Donax* Linnaeus
豆斧蛤 *Donax faba* Gmelin
紫藤斧蛤 *Donax semigranosus* Dunker*
樱蛤科 Tellinidae
角蛤属 *Angulus* Megerle von Mühlfeld
缘角蛤 *Angulus emarginatus* Sowerby
衣角蛤 *Angulus vestalis* Hanley*
楔樱蛤属 *Cadella* Dall, Bartsch et Rehder
半扭楔樱蛤 *Cadella semen* Hanley
白樱蛤属 *Macoma* Leach
美女白樱蛤 *Macoma candida* Lamarck*
异白樱蛤 *Macoma incongrua* Martens
米菊白樱蛤 *Macoma murrayana* Salisbury
美丽蛤属 *Merisca* Dall
拟箱美丽蛤 *Merisca capsoides* Lamarck*
明樱蛤属 *Moerella* Fischer
刀明樱蛤 *Moerella culter* Hanley
彩虹明樱蛤 *Moerella iridescens* Benson*
江户明樱蛤 *Moerella jedoeusis* Lischke*
亮樱蛤属 *Nitidotellina* Scarlato
虹光亮樱蛤 *Nitidotellina iridella* Martens*
小亮樱蛤 *Nitidotellina minuta* Lischke
小王蛤属 *Pharaonella* Lamy
火腿小王蛤 *Pharaonella perna* Spengler
截形白樱蛤属 *Psammotreta* Dall
截形白樱蛤 *Psammotreta gubnanulum* Hanley
双带蛤科 Semelidae
双带蛤属 *Semele* Schumacher
索形双带蛤 *Semele cordiformis* Holten
理蛤属 *Theora* H. et A. Adams
理蛤 *Theora lata* Hinds
理蛤 *Theora* sp.
紫云蛤科 Psammobiidae
紫云蛤属 *Gari* Schumacher
苍白紫云蛤 *Gari pallida* Deshayes
射带紫云蛤 *Gari radiata* Dunker
紫蛤属 *Sanguinolaria* Lamarck
双线紫蛤 *Sanguinolaria diphos* Linnaeus*
衣紫蛤 *Sanguinolaria togata* Deshyes*
绿紫蛤 *Sanguinolaria virescens* Deshayes
截蛏科 Solecurtidae
缢蛏属 *Sinonovacula* Prashad
缢蛏 *Sinonovacula constricta* Lamarck*
竹蛏科 Solenidae
竹蛏属 *Solen* Linnaeus
短竹蛏 *Solen dunkerianus* Clessin

大竹蛏 *Solen grandis* Dunker*
直线竹蛏 *Solen linearis* Spengler
紫斑竹蛏 *Solen sloanii* Hanley
长竹蛏 *Solen strictus* Gould
刀蛏科 Cultellidae
刀蛏属 *Cultellus* Schumacher
小刀蛏 *Cultellus attenuatus* Dunker*
花刀蛏 *Cultellus cultellus* Linnaeus
尖刀蛏 *Cultellus scalprum* Gould*
灯塔蛏属 *Pharella* Gray
尖齿灯塔蛏 *Pharella acutidens* Broderip et Sowerby*
荚蛏属 *Siliqua* Megerle von Muhifeld
小荚蛏 *Siliqua minima* Gmelin*
棱蛤科 Trapeziidae
棱蛤属 *Trapezium* Mergele von Mühlfeld
纹斑棱蛤 *Trapezium liratum* Reeve*
蚬科 Corbiculidae
花蚬属 *Cyrenodonax* Dall
花蚬 *Cyrenodonax formosana* Dall
硬壳蚬属 *Gelonia* Gray
红树蚬 *Gelonia coaxans* Gmelin*
帘蛤科 Veneridae
杓拿蛤属 *Anomalodiscus* Dall
鳞杓拿蛤 *Anomalodiscus squamosus* Linnaeus
仙女蛤属 *Callista* Poli
中国仙女蛤 *Callista chinensis* Holten*
棕带仙女蛤 *Callista erycina* Linnaeus*
美女蛤属 *Circe* Schumacher
粗纹美女蛤 *Circe corrugata* Dillwyn
美女蛤 *Circe scripta* Linnaeus
面具美女蛤 *Circe personata* Deshayes
华丽美女蛤 *Circe tumfacata* Sowerby
雪蛤属 *Clausinella* Gray
美叶雪蛤 *Clausinella calophylla* Philippi
头巾雪蛤 *Clausinella foliacea* Philippi
伊萨伯雪蛤 *Clausinella isabellina* Philippi*
畸心蛤属 *Cryptonema* Jukes-Browne
突畸心蛤 *Cryptonema product* Kuroda et Habe*
青蛤属 *Cyclina* Deshayes
青蛤 *Cyclina sinensis* Gmelin*
环楔形蛤属 *Cyclosunetta* Fischer
巧环楔形蛤 *Cyclosunetta concinna* Dunker
镜蛤属 *Dosinia* Scopoli
饼干镜蛤 *Dosinia biscocta* Reeve
丝纹镜蛤 *Dosinia caerulea* Reeve*
薄片镜蛤 *Dosinia corrugata* Reeve*
帆镜蛤 *Dosinia histrio* Gmelin
日本镜蛤 *Dosinia japonica* Reeve*
射带镜蛤 *Dosinia troscheli* Lischke*
镜蛤 *Dosinia* sp.
加夫蛤属 *Gafrarium* Röding
凸加夫蛤 *Gafrarium tumidum* Röding
浅蛤属 *Gomphina* Mörch
等边浅蛤 *Gomphina aequilatera* Sowerby*
光壳蛤属 *Lioconcha* Mörch
光壳蛤 *Lioconcha castrensis* Linnaeus
格特蛤属 *Marcia* H. et A. Adams
裂纹格特蛤 *Marcia hiantina* Lamarck
理纹格特蛤 *Marcia marmorata* Lamarck
文蛤属 *Meretrix* Lamarck
丽文蛤 *Meretrix lusoria* Röding*
文蛤 *Meretrix meretrix* Linnaeus*
巴非蛤属 *Paphia* Röding
和蔼巴非蛤 *Paphia amabilis* Philippi
真曲巴非蛤 *Paphia euglypta* Philippi
锯齿巴非蛤 *Paphia gallus* Gmelin
斑纹巴非蛤 *Paphia lirata* Philippi
靓巴非蛤 *Paphia schnelliana* Dunker
屈巴非蛤 *Paphia sinuosa* Lamarck
织锦巴非蛤 *Paphia textile* Gmelin
波纹巴非蛤 *Paphia undulata* Born
凸卵蛤属 *Pelecyora* Dall
三角凸卵蛤 *Pelecyora derupla* Römer*
皱纹蛤属 *Periglypta* Jukes-Browne
曲波皱纹蛤 *Periglypta chemnitzii* Hanley
方格皱纹蛤 *Periglypta lacerata* Hanley
皱纹蛤 *Periglypta puerpera* Linnaeus
卵蛤属 *Pitar* Römer

条纹卵蛤 *Pitar chordatum* Römer
蛤仔属 *Ruditapes* Chiamenti
杂色蛤仔 *Ruditapes variegata* Sowerby*
缀锦蛤属 *Tapes* Megerle von Mühlfeldt
钝缀锦蛤 *Tapes dorsatus* Lamarck
帝汶蛤属 *Timoclea* Brown
鳞片帝汶蛤 *Timoclea imbricata* Sowerby
绿螂科 Glauconomidae
绿螂属 *Glauconome* Gray
中国绿螂 *Glauconome chinensis* Gray*
海螂目 Myoida
篮蛤科 Corbulidae
异蓝蛤属 *Anisocorbula* Iredale
灰异蓝蛤 *Anisocorbula pallida* Hinds
硬篮蛤属 *Solidicorbula* Habe
红齿硬篮蛤 *Solidicorbula erythrodon* Lamarck
衣硬蓝蛤 *Solidicorbula tunicata* Hinds
开腹蛤科 Gastrochaenidae
开腹蛤属 *Gastrochaena* Spengler
楔形开腹蛤 *Gastrochaena cuneiformis* Spengler
海笋科 Pholadidae
沟海笋属 *Zirfaea* Leach
小沟海笋 *Zirfaea minor* Tchang Tsi et Li
笋螂目 Pholadomyoida
鸭嘴蛤科 Laternulidae
鸭嘴蛤属 *Laternula* Röding
鸭嘴蛤 *Laternula anatina* Linnaeus
渤海鸭嘴蛤 *Laternula marilina* Reeve*
南海鸭嘴蛤 *Laternula nanhaiensis* Zhuang et Cai*
截形鸭嘴蛤 *Laternula truncata* Lamarck*
头足纲 Cephalopoda
枪形目 Teuthoidea
枪乌贼科 Loliginidae
拟枪乌贼属 *Loliolus* Steenstrup
火枪乌贼 *Loliolus beka* Sasaki*
拟乌贼属 *Sepioteuthis* Blainville
莱氏拟乌贼 *Sepioteuthis lessoniana* Lesson
乌贼目 Sepioidea
乌贼科 Sepiidae
乌贼属 *Sepia* Linnaeus
针乌贼 *Sepia andreana* Steenstrup
金乌贼 *Sepia esculenta* Hoyle*
神户乌贼 *Sepia kobiensis* Hoyle
拟目乌贼 *Sepia lycidas* Gray*
虎斑乌贼 *Sepia pharaonis* Ehrenberg
耳乌贼科 Sepiolidae
四盘耳乌贼属 *Euprymna* Steenstrup
柏氏四盘耳乌贼 *Euprymna berryi* Sasaki
后耳乌贼属 *Sepiadarium* Steenstrup
后耳乌贼 *Sepiadarium kochi* Steenstrup
耳乌贼属 *Sepiola* Leach
双喙耳乌贼 *Sepiola birostrata* Sasaki*
八腕目 Octopoda
蛸科 Octopodidae
蛸属 *Octopus* Lamarck
短蛸 *Octopus fangsiao* Orbigny*
长蛸 *Octopus minor* Sasaki*

节肢动物门 Arthropoda

颚足纲 Maxillopoda
无柄目 Sessilia
小藤壶科 Chthamalidae
地藤壶属 *Euraphia* Conrad
白条地藤壶 *Euraphia withersi* Pilsbry*
藤壶科 Balanidae
纹藤壶属 *Amphibalanus* Pitombo
纹藤壶 *Amphibalanus amphitrite* Darwin*
网纹纹藤壶 *Amphibalanus reticulatus* Utinomi*
红树纹藤壶 *Amphibalanus rhizophorae* Ren et Liu*
软甲纲 Malacostraca
口足目 Stomatopoda
虾蛄科 Squillidae
近虾蛄属 *Anchisquilla* Manning
条尾近虾蛄 *Anchisquilla fasciata* de Haan
脊虾蛄属 *Carinosquilla* Manning
多脊虾蛄 *Carinosquilla multicarinata* White
绿虾蛄属 *Clorida* Eydoux et Souleyet
饰尾绿虾蛄 *Clorida decorate* Wood-Mason
拉氏绿虾蛄 *Clorida latreillei* Eydoux et Souleyet*

拟绿虾蛄属 *Cloridopsis* Manning
蝎形拟绿虾蛄 *Cloridopsis scorpio* Latreille*
纹虾蛄属 *Dictyosquilla* Manning
窝纹网虾蛄 *Dictyosquilla foveolata* Wood-Mason
猛虾蛄属 *Harpiosquilla* Holthuis
猛虾蛄 *Harpiosquilla harpax* de Haan
褶虾蛄属 *Lophosquilla* Manning
脊条褶虾蛄 *Lophosquilla costata* de Haan*
口虾蛄属 *Oratosquilla* Manning
黑斑口虾蛄 *Oratosquilla kempi* Schmitt*
口虾蛄 *Oratosquilla oratoria* de Haan*
糠虾目 Mysida
糠虾科 Mysidae
和糠虾属 *Nipponomysis* Tattersall
中国和糠虾 *Nipponomysis sinensis* Wang
等足目 Isopoda
团水虱科 Sphaeromatidae
团水虱属 *Sphaeroma* Bosc
光背团水虱 *Sphaeroma retrolaeve* Richardson*
有孔团水虱 *Sphaeroma terebrans* Bate*
海蟑螂科 Ligiidae
海蟑螂属 *Ligia* Fabricius
海蟑螂 *Ligia exotica* Roux*
十足目 Decapoda
对虾科 Penaeidae
异对虾属 *Atypopenaeus* Alcock
细指异对虾 *Atypopenaeus stenodactylus* Stimpson
明对虾属 *Fenneropenaeus* Pérez Farfante
长毛明对虾 *Fenneropenaeus penicillatus* Alcock*
囊对虾属 *Marsupenaeus* Tirmizi
日本囊对虾 *Marsupenaeus japonicus* Bate*
大突虾属 *Megokris* Pérez Farfante et Kensley
澎湖大突虾 *Megokris pescadoreensis* Schmitt
尖突大突虾 *Megokris sedili* Hall*
沟对虾属 *Melicertus* Rafinesque
宽沟对虾 *Melicertus latisulcatus* Kishinouye*
赤虾属 *Metapenaeopsis* Bouvier
须赤虾 *Metapenaeopsis barbata* de Haan
门司赤虾 *Metapenaeopsis consobrina* Nobili
中型门司赤虾 *Metapenaeopsis intermedia* Crosnier
音响赤虾 *Metapenaeopsis stridulans* Alcock
新对虾属 *Metapenaeus* Wood-Mason et Alcock
近缘新对虾 *Metapenaeus affinis* H. Milne-Edwards
刀额新对虾 *Metapenaeus ensis* de Haan*
中型新对虾 *Metapenaeus intermedius* Kisihinouye
沙栖新对虾 *Metapenaeus moyebi* Kishinouye
仿对虾属 *Parapenaeopsis* Alcock
角突仿对虾 *Parapenaeopsis cornuta* Kishinouye
哈氏仿对虾 *Parapenaeopsis hardwickii* Miers*
亨氏仿对虾 *Parapenaeopsis hungerfordi* Alcock*
细巧仿对虾 *Parapenaeopsis tenella* Bate
对虾属 *Penaeus* Fabricius
斑节对虾 *Penaeus monodon* Fabricius*
短沟对虾 *Penaeus semisulcatus* de Haan
鹰爪虾属 *Trachysalambria* Burkenroad
长足鹰爪虾 *Trachysalambria longipes* Paulson
单肢虾科 Sicyonidae
单肢虾属 *Sicyonia* H. Milne Edwards
脊单肢虾 *Sicyonia cristata* de Haan
樱虾科 Sergestidae
毛虾属 *Acetes* H. Milne Edwards
中国毛虾 *Acetes chinensis* Hansen
鼓虾科 Alpheidae
鼓虾属 *Alpheus* Fabricius
双凹鼓虾 *Alpheus bisincisus* de Haan*
短脊鼓虾 *Alpheus brevicristatus* de Haan*
鲜明鼓虾 *Alpheus distinguendus* de Man*
刺螯鼓虾 *Alpheus hoplocheles* Coutière*
日本鼓虾 *Alpheus japonicus* Miers*
叶齿鼓虾 *Alpheus lobidens* de Haan*
长臂虾科 Palaemonidae
古洁虾属 *Coutièrella* Sollaud
越南古洁虾 *Coutièrella tonkinensis* subsp. *tonkinensis* Sollaud
白虾属 *Exopalaemon* Holthuis
脊尾白虾 *Exopalaemon carinicauda* Holthuis*
沼虾属 *Macrobrachium* Bate
罗氏沼虾 *Macrobrachium rosenbergii* de Man*

长臂虾属 *Palaemon* Weber
巨指长臂虾 *Palaemon macrodactylus* Rathbun
太平长臂虾 *Palaemon pacificus* Stimpson
锯齿长臂虾 *Palaemon serrifer* Stimpson
长额虾科 Pandalidae
等腕虾属 *Procletes* Bate
滑脊等腕虾 *Procletes levicarina* Bate
活额寄居蟹科 Diogenidae
细螯寄居蟹属 *Clibanarius* Dana
细螯寄居蟹 *Clibanarius clibanarius* Herbst*
寄居蟹 *Clibanarius* sp.*
活额寄居蟹属 *Diogenes* Dana
艾氏活额寄居蟹 *Diogenes edwardsii* de Haan
瓷蟹科 Porcellanidae
豆瓷蟹属 *Pisidia* Leach
锯额豆瓷蟹 *Pisidia serratifrons* Stimpson
小瓷蟹属 *Porcellanella* White
三叶小瓷蟹 *Porcellanella triloba* White
绵蟹科 Dromiidae
平壳蟹属 *Conchoecetes* Stimpson
干练平壳蟹 *Conchoecetes artificiosus* Fabricius
绵蟹属 *Dromia* Weber
真绵蟹 *Dromia dromia* Linnaeus
蛙蟹科 Raninidae
背足蛙蟹属 *Notopus* de Haan
背足蛙蟹 *Notopus dorsipes* de Haan
馒头蟹科 Calappidae
馒头蟹属 *Calappa* Weber
卷折馒头蟹 *Calappa lophos* Herbst
逍遥馒头蟹 *Calappa philargius* Linnaeus
黎明蟹科 Matutidae
月神蟹属 *Ashtoret* Galilet-Clark
红点月神蟹 *Ashtoret lunaris* Forsskål*
黎明蟹属 *Matuta* Weber
红线黎明蟹 *Matuta planipes* Fabricius*
胜利黎明蟹 *Matuta victor* Fabricius
盔蟹科 Corystidae
琼娜蟹属 *Jonas* Hombron et Jacquinot
显著琼娜蟹 *Jonas distincta* de Haan
疣菱蟹科 Dairidae
疣菱蟹属 *Daira* de Haan
广阔疣菱蟹 *Daira perlata* Herdst
关公蟹科 Dorippidae
关公蟹属 *Dorippe* Weber
细足关公蟹 *Dorippe tenuipes* Chen
仿关公蟹属 *Dorippoides* Serène et Romimohtarto
伪装仿关公蟹 *Dorippoides facchino* Herbst
拟平家蟹属 *Heikeopsis* Ng, Guinot et Davie
日本拟平家蟹 *Heikeopsis japonicus* von Siebold
新关公蟹属 *Neodorippe* Serène et Romimohtarto
熟练新关公蟹 *Neodorippe callida* Fabricius*
拟关公蟹属 *Paradorippe* Serène et Romimohtarto
中国拟关公蟹 *Paradorippe cathayana* Manning et Holthuis
颗粒拟关公蟹 *Paradorippe granulata* de Haan
酋蟹科 Eriphiidae
酋妇蟹属 *Eriphia* Latreille
司氏酋妇蟹 *Eriphia smithi* Macleay
哲扇蟹科 Menippidae
圆扇蟹属 *Sphaerozius* Stimpson
光辉圆扇蟹 *Sphaerozius nitidus* Stimpson
团扇蟹科 Oziidae
石扇蟹属 *Epixanthus* Heller
平额石扇蟹 *Epixanthus frontalis* H. Milne Edwards
宽甲蟹科 Chasmocarcinidae
仿宽甲蟹属 *Chasmocarcinops* Alock
可笑仿宽甲蟹 *Chasmocarcinops gelasimoides* Alock
宽背蟹科 Euryplacidae
强蟹属 *Eucrate* de Haan
阿氏强蟹 *Eucrate alcocki* Serène
隆脊强蟹 *Eucrate costata* Yang et Sun
隆线强蟹 *Eucrate crenata* de Haan
哈氏强蟹 *Eucrate haswelli* Campbell
太阳强蟹 *Eucrate solaris* Yang et Sun
凹额强蟹 *Eucrate sulcatifrons* Stimpson
异背蟹属 *Heteroplax* Stimpson
横异背蟹 *Heteroplax transversa* Stimpson

长脚蟹科 Goneplacidae
隆背蟹属 *Carcinoplax* H. Milne Edwards
紫隆背蟹 *Carcinoplax purpurea* Rathbum
长眼柄蟹属 *Ommatocarcinus* White
麦克长眼柄蟹 *Ommatocarcinus macgillivrayi* White
掘沙蟹科 Scalopidiidae
掘沙蟹属 *Scalopidia* Stimpson
刺足掘沙蟹 *Scalopidia spinosipes* Stimpson
六足蟹科 Hexapodidae
六喜蟹属 *Hexalaughlia* Rathbun
东方六喜蟹 *Hexalaughlia orientalis* Rathbun
仿六足蟹属 *Hexapinus* Manning et Holthuis
颗粒仿六足蟹 *Hexapinus granuliferus* Campbell et Stephenson
精干蟹科 Iphiculidae
精干蟹属 *Iphiculus* Adams et White
海绵精干蟹 *Iphiculus spongiosus* Adams et White
玉蟹科 Leucosiidae
栗壳蟹属 *Arcania* Leach
七刺栗壳蟹 *Arcania heptacantha* de Haan
十一刺栗壳蟹 *Arcania undecimspinosa* de Haan
岐玉蟹属 *Euclosia* Galil
钝额岐玉蟹 *Euclosia obtusifrons* de Haan
飞轮蟹属 *Ixa* Leach
艾氏飞轮蟹 *Ixa edwardsii* Lucas
玉蟹属 *Leucosia* Weber
鸭额玉蟹 *Leucosia anatum* Herbst
头盖玉蟹 *Leucosia craniolaris* Linnaeus
台湾玉蟹 *Leucosia formosensis* Sakai
长臂蟹属 *Myra* Leach
遁行长臂蟹 *Myra fugax* Fabricius
五角蟹属 *Nursia* Leach
小五角蟹 *Nursia minor* Miers
斜方五角蟹 *Nursia rhomboidalis* Miers*
中华五角蟹 *Nursia sinica* Shen*
拳蟹属 *Philyra* Leach
隆线拳蟹 *Philyra carinata* Bell*
杂粒拳蟹 *Philyra heterograna* Ortmann
橄榄拳蟹 *Philyra olivacea* Rathbun*
豆形拳蟹 *Philyra pisum* de Haan*
长螯拳蟹 *Philyra platychira* de Haan*
化玉蟹属 *Seulocia* Galil
斜方化玉蟹 *Seulocia rhomboidalis* de Haan
带纹化玉蟹 *Seulocia vittata* Stimpson
坛形蟹属 *Urnalana* Galil
红点坛形蟹 *Urnalana haematosticta* Adans et White
卧蜘蛛蟹科 Epialtidae
绒球蟹属 *Doclea* Leach
沟痕绒球蟹 *Doclea canalifera* Stimpson
羊毛绒球蟹 *Doclea ovis* Fabricius
互敬蟹属 *Hyastenus* White
双角互敬蟹 *Hyastenus diacanthus* de Haan
慈母互敬蟹 *Hyastenus pleione* Herbst
长踦蟹属 *Phalangipus* Latreille
长足长踦蟹 *Phalangipus longipes* Linnaeus*
矶蟹属 *Pugettia* Dana
缺刻矶蟹 *Pugettia incisa* de Haan
西齿矶蟹 *Pugettia quadridens* de Haan
剪额蟹属 *Scyra* Dana
扁足剪额蟹 *Scyra compressipes* Stimpson
膜壳蟹科 Hymenosomatidae
滨蟹属 *Halicarcinus* Stimpson
毛额滨蟹 *Halicarcinus setirostris* Stimpson
尖头蟹科 Inachidae
英雄蟹属 *Achaeus* Leach
日本英雄蟹 *Achaeus japonicus* de Haan
粗壮英雄蟹 *Achaeus robustus* Yokoya
蜘蛛蟹科 Majiidae
折额蟹属 *Micippa* Leach
西沙折额蟹 *Micippa xishaensis* Chen
裂额蟹属 *Schizophrys* White
粗甲裂额蟹 *Schizophrys aspera* H. Milne Edwards
虎头蟹科 Orithyidae
虎头蟹属 *Orithyia* Fabricius
中华虎头蟹 *Orithyia sinica* Linnaeus*
菱蟹科 Parthenopidae

隐足蟹属 *Cryptopodia* H. Milne Edwards
调查异隐蟹 *Cryptopodia contracta* Stimpson
环状隐足蟹 *Cryptopodia fornicata* Favricius
武装紧握蟹属 *Enoplolambrus* A. Milne Edwards
强壮武装紧握蟹 *Enoplolambrus valida* de Haan
菱蟹属 *Parthenope* Fabricius
粗壮菱蟹 *Parthenope horrida* Linnaeus
静蟹科 Galenidae
静蟹属 *Galene* de Haan
双刺静蟹 *Galene bispinosa* Herbst
暴蟹属 *Halimede* de Haan
脆弱暴蟹 *Halimede fragifer* de Haan
五角暴蟹 *Halimede ochtodes* Herbst
普通暴蟹 *Halimede tyche* Herbst
精武蟹属 *Parapanope* de Man
贪精武蟹 *Parapanope euagora* de Man
毛刺蟹科 Pilumnidae
杨梅蟹属 *Actumnus* Dana
鳞状杨梅蟹 *Actumnus squamosus* de Haan
疏毛杨梅蟹 *Actumnus setifer* de Haan
深毛刺蟹属 *Bathypilumnus* Ng et Tan
中华深毛刺蟹 *Bathypilumnus sinensis* Gordon
异装蟹属 *Heteropanope* Stimpson
光滑异装蟹 *Heteropanope glabra* Stimpson*
异毛蟹属 *Heteropilumnus* de Man
披发异毛蟹 *Heteropilumnus ciliatus* Stimpson
健全异毛蟹 *Heteropilumnus subinteger* Lanchester*
毛粒蟹属 *Pilumnopeus* A. Milne Edwards
马氏毛粒蟹 *Pilumnopeus makiana* Rathbun*
毛刺蟹属 *Pilumnus* Leach
小巧毛刺蟹 *Pilumnus minutus* de Haan
佘氏蟹属 *Ser* Rathbun
福建佘氏蟹 *Ser fukiensis* Rathbun*
拟盲蟹属 *Typhlocarcinops* Rathbun
齿腕拟盲蟹 *Typhlocarcinops denticarpus* Dai, Yang, Song et Chen
盲蟹属 *Typhlocarcinus* Stimpson
裸盲蟹 *Typhlocarcinus nudus* Stimpson*
毛盲蟹 *Typhlocarcinus villosus* Stimpson
仿短眼蟹属 *Xenophthalmodes* Rathbun
穆氏仿短眼蟹 *Xenophthalmodes morsei* Rathbun
梭子蟹科 Portunidae
蟳属 *Charybdis* de Haan
锐齿蟳 *Charybdis acuta* A. Milne Edwards*
近亲蟳 *Charybdis affinis* Dana*
异齿蟳 *Charybdis anisodon* de Haan
环纹蟳 *Charybdis annulata* Fabricius
美人蟳 *Charybdis callianassa* Herbst
锈斑蟳 *Charybdis feriatus* Linnaeus
钝齿蟳 *Charybdis hellerii* A. Milne Edwards*
香港蟳 *Charybdis hongkongensis* Shen
日本蟳 *Charybdis japonica* A. Milne Edwards
晶莹蟳 *Charybdis lucifera* Fabricius
武士蟳 *Charybdis miles* de Haan
善泳蟳 *Charybdis natator* Herbst
直额蟳 *Charybdis truncata* Fabricius
疾进蟳 *Charybdis vadorum* Alock
变态蟳 *Charybdis variegata* Fabricis*
梭子蟹属 *Portunus* Weber
银光梭子蟹 *Portunus argentatus* A. Milne Edwards
拥剑梭子蟹 *Portunus gladiator* Fabricius
纤手梭子蟹 *Portunus gracilimanus* Stimpson
矛形梭子蟹 *Portunus hastatoides* Fabuicius
远海梭子蟹 *Portunus pelagicus* Linnaeus
丽纹梭子蟹 *Portunus pulchricristatus* Gorden
红星梭子蟹 *Portunus sanguinolentus* Herbst
三疣梭子蟹 *Portunus trituberculatus* Miers*
青蟹属 *Scylla* de Haan
锯缘青蟹 *Scylla serrata* Forsskål*
短桨蟹属 *Thalamita* Latreille
野生短桨蟹 *Thalamita admete* Herbst
蓝足短桨蟹 *Thalamita coeruleipes* Jacquinot et Lucas
钝齿短桨蟹 *Thalamita crenata* Latreille*
少刺短桨蟹 *Thalamita danae* Stimpson
双额短桨蟹 *Thalamita sima* H. Milne Edwards
扇蟹科 Xanthidae

银杏蟹属 *Actaea* de Haan
菜花银杏蟹 *Actaea savignii* H. Milne Edwards
爱洁蟹属 *Atergatis* de Haan
正直爱洁蟹 *Atergatis integerrimus* Lamarck
磷斑蟹属 *Demania* Smith
雷氏鳞斑蟹 *Demania reynaudi* H. Milne Edwards
粗糙鳞斑蟹 *Demania scaberrima* Walker
真扇蟹属 *Euxanthus* Dana
雕刻真扇蟹 *Euxanthus exsculptus* Herdst*
皱蟹属 *Leptodius* A. Milne Edwards
火红皱蟹 *Leptodius exaratus* H. Milne Edwards*
斗蟹属 *Liagore* de Haan
红斑斗蟹 *Liagore rubromaculata* de Haan
大权蟹属 *Macromedaeus* Ward
特异大权蟹 *Macromedaeus distinguendus* de Haan
仿权位蟹属 *Medaeops* Guinot
颗粒仿权位蟹 *Medaeops granulosus* Haswell
新景扇蟹属 *Neoxanthops* Ward
条纹新景扇蟹 *Neoxanthops lineatus* A. Milne Edwards
团扇蟹属 *Ozius* H. Milne Edwards
疣突团扇蟹 *Ozius tuberculosus* H. Milne Edwards
柱足蟹属 *Palapedia* Ng
光辉柱足蟹 *Palapedia nitida* Stimpson
拟权位蟹属 *Paramedaeus* Guinot
钝额拟权位蟹 *Paramedaeus noelensis* Ward*
方蟹科 Grapsidae
大额蟹属 *Metopograpsus* H. Milne Edwards
平分大额蟹 *Metopograpsus messor* Forsskål*
四齿大额蟹 *Metopograpsus quadridentatus* Stimpson*
厚纹蟹属 *Pachygrapsus* Randall
粗腿厚纹蟹 *Pachygrapsus crassipes* Randall*
相手蟹科 Sesarminae
螳臂相手蟹属 *Chiromantes* Gistel
无齿螳臂相手蟹 *Chiromantes dehaani* H. Milne Edwards*
红螯螳臂相手蟹 *Chiromantes haematocheir* de Haan*
拟相手蟹属 *Parasesarma* de Man
精巧拟相手蟹 *Parasesarma exquisitum* Dai et Song
斑点拟相手蟹 *Parasesarma pictum* de Haan*
近相手蟹属 *Perisesarma* de Man
双齿近相手蟹 *Perisesarma bidens* de Haan*
中相手蟹属 *Sesarmops* Serène et Soh
中型中相手蟹 *Sesarmops intermedium* de Haan*
中华中相手蟹 *Sesarmops sinensis* H. Milne Edwards*
弓蟹科 Varunidae
无齿蟹属 *Acmaeopleura* Stimpson
巴氏无齿蟹 *Acmaeopleura balssi* Shen
蜞属 *Gaetice* Gistel
平背蜞 *Gaetice depressus* de Haan*
拟厚蟹属 *Helicana* Sakai et Yatsuzuka
伍氏拟厚蟹 *Helicana wuana* Rathbun*
近方蟹属 *Hemigrapsus* Dana
长指近方蟹 *Hemigrapsus longitarsis* Miers*
绒螯近方蟹 *Hemigrapsus penicillatus* de Haan*
肉球近方蟹 *Hemigrapsus sanguineus* de Haan
长方蟹属 *Metaplax* H. Milne Edwards
秀丽长方蟹 *Metaplax elegans* de Man*
长足长方蟹 *Metaplax longipes* Stimpson*
沈氏长方蟹 *Metaplax sheni* Gordon*
弓蟹属 *Varuna* H. Milne Edwards
字纹弓蟹 *Varuna litterata* Fabricius*
猴面蟹科 Camptandriidae
猴面蟹属 *Camptandrium* Stimpson
六齿猴面蟹 *Camptandrium sexdentatum* Stimpson*
魔鬼蟹属 *Moguai* Tan et Ng
长身魔鬼蟹 *Moguai elongatum* Rathbun*
拟闭口蟹属 *Paracleistostoma* de Man
扁平拟闭口蟹 *Paracleistostoma depressum* de Man*
和尚蟹科 Mictyridae
和尚蟹属 *Mictyris* Latreille
短指和尚蟹 *Mictyris brevidactylus* Stimpson*
毛带蟹科 Dotillidae
毛带蟹属 *Dotilla* Stimpson
韦氏毛带蟹 *Dotilla wichmanni* de Man*

泥蟹属 *Ilyoplax* Stimpson
锯脚泥蟹 *Ilyoplax dentimerosa* Shen
台湾泥蟹 *Ilyoplax formosensis* Rathbun
宁波泥蟹 *Ilyoplax ningpoensis* Shen*
锯眼泥蟹 *Ilyoplax serrata* Shen*
淡水泥蟹 *Ilyoplax tansuiensis* Sakai*
股窗蟹属 *Scopimera* de Haan
双扇股窗蟹 *Scopimera bitympana* Shen
圆球股窗蟹 *Scopimera globosa* de Haan*
长趾股窗蟹 *Scopimera longidactyla* Shen
大眼蟹科 Macrophthalmidae
大眼蟹属 *Macrophthalmus* Latreille
短身大眼蟹 *Macrophthalmus ababreviatus* Manning et Holthuis*
短齿大眼蟹 *Macrophthalmus brevis* Herbst*
隆背大眼蟹 *Macrophthalmus convexus* Stimpson*
明秀大眼蟹 *Macrophthalmus definitus* Adana et White*
悦目大眼蟹 *Macrophthalmus erato* de Man*
日本大眼蟹 *Macrophthalmus japonicus* de Haan*
沙蟹科 Ocypodidae
沙蟹属 *Ocypode* Weber
角眼沙蟹 *Ocypode ceratophthalmus* Pallas*
平掌沙蟹 *Ocypode cordimana* Latreille*
痕掌沙蟹 *Ocypode stimpsoni* Ortmann
招潮蟹属 *Uca* Leach
弧边招潮 *Uca arcuata* de Haan*
屠氏招潮 *Uca dussumieri* H. Milne Edwards*
清白招潮 *Uca lacteal* de Haan*
凹指招潮 *Uca vocans* Linnaeus*
短眼蟹科 Xenophthalmidae
新短眼蟹属 *Neoxenophthalmus* Serene et Umali
模糊新短眼蟹 *Neoxenophthalmus obscurus* Henderson
短眼蟹属 *Xenophthalmus* White
豆形短眼蟹 *Xenophthalmus pinnotheroides* White
豆蟹科 Pinnotheridae
豆蟹属 *Pinnotheres* de Haan
戈氏豆蟹 *Pinnotheres gordoni* Shen
肢口纲 Merostomata
剑尾目 Xiphosura
鲎科 Tachypleidae
蝎鲎属 *Carcinoscorpius* Pocock
圆尾蝎鲎 *Carcinoscorpius rotundicauda* Latreille*
鲎属 *Tachypleus* Leach
中国鲎 *Tachypleus tridentatus* Leach*

腕足动物门 Brachiopoda

海豆芽纲 Lingulata
海豆芽目 Lingulida
海豆芽科 Lingulidae
海豆芽属 *Lingula* Bruguière
亚氏海豆芽 *Lingula adamsi* Dall
鸭嘴海豆芽 *Lingula anatina* Lamarck*

棘皮动物门 Echinodermata

海百合纲 Crinoidea
栉羽枝目 Comatulida
栉羽枝科 Comasteridae
节羽枝属 *Zygometra* A. H. Clark
长毛节羽枝 *Zygometra comata* A. H. Clark
玛丽羽枝科 Mariametridae
丽羽枝属 *Lamprometra* A. H. Clark
掌丽羽枝 *Lamprometra palmata* Müller
短羽枝科 Colobometridae
寡羽枝属 *Oligometra* A. H. Clark
锯羽寡羽枝 *Oligometra serripinna* Carpenter
海星纲 Asteroidea
柱体目 Paxillosida
砂海星科 Luidiidae
砂海星属 *Luidia* Forbes
哈氏砂海星 *Luidia hardwicki* Gray
斑砂海星 *Luidia maculata* Müller et Troschel
砂海星 *Luidia quinaria* von Martens
槭海星科 Astropectinidae
槭海星属 *Astropecten* Gray
单棘槭海星 *Astropecten monacanthus* Sladen*
华普槭海星 *Astropecten vappa* Müller et Troschel
镶边海星属 *Craspidaster* Sladen
镶边海星 *Craspidaster hesperus* Müller et Troschel

瓣棘海星目 Valvatida
长棘海星科 Acanthasteridae
长棘海星属 *Acanthaster* Gervais
长棘海星 *Acanthaster planci* Linnaeus
蛇尾纲 Ophiuroidea
真蛇尾目 Ophiurida
阳遂足科 Amphiuridae
三齿蛇尾属 *Amphiodia* Verrill
细板三齿蛇尾 *Amphiodia microplax* Burfield
倍棘蛇尾属 *Amphioplus* Verrill
洼颚倍棘蛇尾 *Amphioplus depressus* Ljungman*
印痕倍棘蛇尾 *Amphioplus impressa* Ljungman
光滑倍棘蛇尾 *Amphioplus laevis* Lyman
辐蛇尾科 Ophiactidae
辐蛇尾属 *Ophiactis* Lütken
近辐蛇尾 *Ophiactis affinis* Duncan
平辐蛇尾 *Ophiactis modesta* Brock
辐蛇尾 *Ophiactis savignyi* Müller et Troschel
刺蛇尾科 Ophiotrichidae
大刺蛇尾属 *Macrophiothrix* H. L. Clark
长大刺蛇尾 *Macrophiothrix longipeda* Lamarck
裸蛇尾属 *Ophiogymna* Ljunman
美丽裸蛇尾 *Ophiogymna elegans* Ljunman
鳍棘蛇尾属 *Ophiopteron* Ludwig
美鳍棘蛇尾 *Ophiopteron elegans* Ludwig
疣蛇尾属 *Ophiothela* Verrill
锦疣蛇尾 *Ophiothela danae* Verrill
刺蛇尾属 *Ophiothrix* Müller et Troschel
小刺蛇尾 *Ophiothrix exigua* Lyman
真蛇尾科 Ophiuridae
真蛇尾属 *Ophiura* Lamarck
翅棘真蛇尾 *Ophiura pteracantha* Liao
海胆纲 Echinoidea
拱齿目 Camarodonta
刻肋海胆科 Temnopleuridae
刻肋海胆属 *Temnopleurus* L. Agassiz
芮氏刻肋海胆 *Temnopleurus reevesi* Gray
细雕刻肋海胆 *Temnopleurus toreumaticus* Leske
盾形目 Clypeasteroida
盾海胆科 Clypeasteridae
盾海胆属 *Clypeaster* Lamarck
网盾海胆 *Clypeaster reticulatus* Linnaeus
蛛网海胆科 Arachnoididae
蛛网海胆属 *Arachnoides* Leske
扁平蛛网海胆 *Arachnoides placenta* Linnaeus*
饼干海胆科 Laganidae
饼干海胆属 *Laganum* Link
薄饼干海胆 *Laganum depressum* Lesson
饼海胆属 *Peronella* Gray
雷氏饼海胆 *Peronella lesueuri* L. Agassiz
孔盾海胆科 Astriclypeidae
孔盾海胆属 *Astriclypeus* Verrill
曼氏孔盾海胆 *Astriclypeus manni* Verrill
毛饼海胆属 *Echinodiscus* Leske
裂边毛饼海胆 *Echinodiscus auritus* Leske
豆海胆科 Fibulariidae
豆海胆属 *Fibularia* Lamarck
角孔豆海胆 *Fibularia angulipora* Mortensen
心形目 Spatangoida
拉文海胆科 Loveniidae
拉文海胆属 *Lovenia* Desor
长拉文海胆 *Lovenia elongata* Gray
扁拉文海胆 *Lovenia subcarinata* Gray
壶海胆科 Brissidae
吻壶海胆属 *Rhynobrissus* A. Agassiz
吻壶海胆 *Rhynobrissus pyramidalis* A. Agassiz
海参纲 Holothuroidea
盾手目 Aspidochirotida
海参科 Holothuriidae
海参属 *Holothuria* Linnaeus
玉足海参 *Holothuria leucospilota* Brandt
马氏海参 *Holothuria martensi* Semper
网目海参 *Holothuria ocellata* Jaeger
刺参属 *Stichopus* Brandt
花刺参 *Stichopus variegatus* Semper
枝手目 Dendrochirotida
瓜参科 Cucumariidae
辐瓜参属 *Actinocucumis* Ludwig

模式辐瓜参 *Actinocucumis typicus* Ludwig
细五角瓜参属 *Leptopentacta* H. L. Clark
细五角瓜参 *Leptopentacta imbricata* Semper
桌片参属 *Mensamaria* H. L. Clark
二色桌片参 *Mensamaria intercedens* Lampert
沙鸡子科 Phyllophoridae
沙鸡子属 *Phyllophorus* Grube
针骨沙鸡子 *Phyllophorus spiculata* Chang
怀玉参属 *Phyrella* Heding et Panning
脆怀玉参 *Phyrella fragilis* Ohshima
芋参目 Molpadida
尻参科 Caudinidae
海地瓜属 *Acaudina* H. L. Clark
海地瓜 *Acaudina molpadioides* Semper
无足目 Apodida
锚参科 Synaptidae
刺锚参属 *Protankyra* Oestergren
歪刺锚参 *Protankyra asymmetrica* Ludwig
伪指刺锚参 *Protankyra pseudodigitata* Semper

脊索动物门 Chordata

狭心纲 Leptochordata
双尖文昌鱼目 Amphioxi
文昌鱼科 Branchiostomidae
文昌鱼属 *Branchiostoma* Costa
白氏文昌鱼 *Branchiostoma belcheri* Gray
硬骨鱼纲 Osteichthyes
鳗鲡目 Anguilliformes
蛇鳗科 Ophichthyidae
虫鳗属 *Muraenichthys* Bleeker
马拉邦虫鳗 *Muraenichthys malabonensis* Herre*
豆齿鳗属 *Pisodonophis* Kaup
杂食豆齿鳗 *Pisodonophis boro* Hamilton-Buchanan*
刺鱼目 Gasterosteiformes
海龙科 Syngnathidae
海龙属 *Syngnathus* Linnaeus
蓝海龙 *Syngnathus cyanospilus* Bleeker*
鲈形目 Perciformes
蓝子鱼科 Siganidae
蓝子鱼属 *Siganus* Forsskål
褐蓝子鱼 *Siganus fuscescens* Houttuyn
爪哇蓝子鱼 *Siganus javus* Linnaeus
带蓝子鱼 *Siganus virgatus* Cuvier et Valenciennes
塘鳢科 Eleotridae
乌塘鳢属 *Bostrichthys* Lacepède
乌塘鳢 *Bostrichthys sinensis* Lacepède*
鲈塘鳢属 *Perccottus* Dybowski
葛氏鲈塘鳢 *Perccottus glehni* Dyboweki*
鰕虎鱼科 Gobiidae
细棘鰕虎鱼属 *Acentrogobius* Bleeker
犬牙细棘鰕虎鱼 *Acentrogobius caninus* Cuvier et Valenciennes*
绿斑细棘鰕虎鱼 *Acentrogobius chlorosigmatoides* Bleeker*
缰鰕虎鱼属 *Amoya* Herre
短吻缰鰕虎鱼 *Amoya brevirostris* Günther*
叉牙鰕虎鱼属 *Apocryptodon* Bleeker
马都拉叉牙鰕虎鱼 *Apocryptodon madurensis* Bleeker*
深鰕虎鱼属 *Bathygobius* Bleeker
深鰕虎鱼 *Bathygobius fuscus* Rüppell*
鳗鰕虎鱼科 Taenioididae
狼牙鰕虎鱼属 *Odontamblyopus* Bleeker
红狼牙鰕虎鱼 *Odontamblyopus rubicundus* Hamilton*
鳗鰕虎鱼属 *Taenioides* Lacepède
鳗鰕虎鱼 *Taenioides anguillaris* Linnaeus
弹涂鱼科 Periophthalmidae
大弹涂鱼属 *Boleophthalmus* Valenciennes
大弹涂鱼 *Boleophthalmus pectinirostris* Linnaeus*
弹涂鱼属 *Periophthalmus* Bloch et Schneider
弹涂鱼 *Periophthalmus cantonensis* Osbeck*
青弹涂鱼属 *Scartelaos* Swainson
青弹涂鱼 *Scartelaos viridis* Hamilton*

三、珊瑚

根据邹仁林等（1975）、黄金森（1997）、梁文和黎广钊（2002b）、黎广钊等（2004）、黄晖等（2009）、梁文等（2010a，2010b，2011）的研究资料进行整理，广西珊瑚礁湿地现已知的珊瑚种类有55种，隶属10科22属。其中，蜂巢珊瑚科种类最多，有10属17种，分别占总属数和总种数的45.45%和30.91%；其次是鹿角珊瑚科的种类，有2属15种，分别占9.09%和27.27%。种类数量较多的属有鹿角珊瑚属（*Acropora*）（11种）、陀螺珊瑚属（*Turbinaria*）（6种）、角蜂巢珊瑚属（5种）、蔷薇珊瑚属（4种）、角孔珊瑚属（*Goniopora*）（4种）等（表3-6）。

表3-6　广西造礁石珊瑚的科属种统计

门	纲	目	科	属	种数
刺胞动物门 Cnidaria	六放珊瑚纲 Hexacorallia	石珊瑚目 Scleractinia	鹿角珊瑚科 Acroporidae	鹿角珊瑚属 *Acropora* Oken	11
				蔷薇珊瑚属 *Montipora* de Blainville	4
			菌珊瑚科 Agariciidae	牡丹珊瑚属 *Pavona* Lamarck	3
			木珊瑚科 Dendrophylliidae	陀螺珊瑚属 *Turbinaria* Oken	6
			蜂巢珊瑚科 Faviidae	刺星珊瑚属 *Cyphastrea* Milne Edwards et Haime	1
				双星珊瑚属 *Diploastrea* Milne Edwards et Haime	1
				刺孔珊瑚属 *Echinopora* Lamarck	1
				蜂巢珊瑚属 *Favia* Oken	3
				角蜂巢珊瑚属 *Favites* Link	5
				菊花珊瑚属 *Goniastrea* Milne Edwards et Haime	2
				小星珊瑚属 *Leptastrea* Milne Edwards et Haime	1
				圆菊珊瑚属 *Montastraea* de Blainville	1
				扁脑珊瑚属 *Platygyra* Ehrenberg	1
				同星珊瑚属 *Plesiastrea* Milne Edwards et Haime	1
			石芝珊瑚科 Fungiidae	足柄珊瑚属 *Podabacia* Milne Edwardset Haime	1
			裸肋珊瑚科 Merulinidae	刺柄珊瑚属 *Hydnophora* Fischer von Waldheim	1
				裸肋珊瑚属 *Merulina* Ehrenberg	1
			褶叶珊瑚科 Mussidae	叶状珊瑚属 *Lobophyllia* de Blainville	1
			枇杷珊瑚科 Oculinidae	盔形珊瑚属 *Galaxea* Oken	2
			梳状珊瑚科 Pectiniidae	刺叶珊瑚属 *Echinophyllia* Klunzinger	1
			滨珊瑚科 Poritidae	角孔珊瑚属 *Goniopora* de Blainville	4
				滨珊瑚属 *Porites* Link	3

广西造礁石珊瑚种类名录如下所述。

刺胞动物门 Cnidaria

六放珊瑚纲 Hexacorallia

石珊瑚目 Scleractinia

鹿角珊瑚科 Acroporidae

鹿角珊瑚属 *Acropora* Oken

松枝鹿角珊瑚 *Acropora brueggemanni* Brook

浪花鹿角珊瑚 *Acropora cytherea* Dana

花鹿角珊瑚 *Acropora florida* Dana

美丽鹿角珊瑚 *Acropora formosa* Dana

粗野鹿角珊瑚 *Acropora humilis* Dana

多孔鹿角珊瑚 *Acropora millepora* Ehrenberg

匍匐鹿角珊瑚 *Acropora palmerae* Wells

霜鹿角珊瑚 *Acropora pruinosa* Brook

佳丽鹿角珊瑚 *Acropora pulchra* Brook

隆起鹿角珊瑚 *Acropora tumida* Verrill

狭片鹿角珊瑚 *Acropora yongei* Veron et Wallance

蔷薇珊瑚属 *Montipora* de Blainville

繁锦蔷薇珊瑚 *Montipora efflorescens* Bernard

浅窝蔷薇珊瑚 *Montipora foveolata* Dana

单星蔷薇珊瑚 *Montipora monasteriata* Forsskål

膨胀蔷薇珊瑚 *Montipora turgescens* Bernard

菌珊瑚科 Agariciidae

牡丹珊瑚属 *Pavona* Lamarck

十字牡丹珊瑚 *Pavona decussata* Dana

叶状牡丹珊瑚 *Pavona frondifera* Lamarck

小牡丹珊瑚 *Pavona minuta* Wells

木珊瑚科 Dendrophylliidae

陀螺珊瑚属 *Turbinaria* Oken

漏斗陀螺珊瑚 *Turbinaria crater* Pallas

复叶陀螺珊瑚 *Turbinaria frondens* Dana

不规则陀螺珊瑚 *Turbinaria irregularis* Bernard

皱折陀螺珊瑚 *Turbinaria mesenterina* Lamarck

盾形陀螺珊瑚 *Turbinaria peltata* Esper

小星陀螺珊瑚 *Turbinaria stellulata* Lamarck

蜂巢珊瑚科 Faviidae

刺星珊瑚属 *Cyphastrea* Milne Edwards et Haime

锯齿刺星珊瑚 *Cyphastrea serailia* Forsskål

双星珊瑚属 *Diploastrea* Milne Edwards et Haime

同双星珊瑚 *Diploastrea heliopora* Lamarck

刺孔珊瑚属 *Echinopora* Lamarck

宝石刺孔珊瑚 *Echinopora gemmacea* Lamarck

蜂巢珊瑚属 *Favia* Oken

黄癣蜂巢珊瑚 *Favia favus* Forsskål

翘齿蜂巢珊瑚 *Favia matthaii* Vaughan

标准蜂巢珊瑚 *Favia speciosa* Dana

角蜂巢珊瑚属 *Favites* Link

秘密角蜂巢珊瑚 *Favites abidita* Ellis et Solander

中华角蜂巢珊瑚 *Favites chinensis* Verrill

多弯角蜂巢珊瑚 *Favites flexuosa* Dana

海孔角蜂巢珊瑚 *Favites halicora* Ehrenberg

五边角蜂巢珊瑚 *Favites pentagona* Esper

菊花珊瑚属 *Goniastrea* Milne Edwards et Haime

帛琉菊花珊瑚 *Goniastrea palauensis* Yabe, Sugiyama et Eguchi

网状菊花珊瑚 *Goniastrea retiformis* Lamarck

小星珊瑚属 *Leptastrea* Milne Edwards et Haime

紫小星珊瑚 *Leptastrea purpurea* Dana

圆菊珊瑚属 *Montastraea* de Blainville

简短圆菊珊瑚 *Montastraea curta* Dana

扁脑珊瑚属 *Platygyra* Ehrenberg

交替扁脑珊瑚 *Platygyra crosslandi* Matthai

同星珊瑚属 *Plesiastrea* Milne Edwards et Haime

多孔同星珊瑚 *Plesiastrea versipora* Lamarck

石芝珊瑚科 Fungiidae

足柄珊瑚属 *Podabacia* Milne Edwards et Haime

壳形足柄珊瑚 *Podabacia crustacea* Pallas

裸肋珊瑚科 Merulinidae

刺柄珊瑚属 *Hydnophora* Fischer von Waldheim

腐蚀刺柄珊瑚 *Hydnophora exesa* Pallas

裸肋珊瑚属 *Merulina* Ehrenberg

阔裸肋珊瑚 *Merulina ampliata* Ellis et Solander

褶叶珊瑚科 Mussidae

叶状珊瑚属 *Lobophyllia* de Blainville

叶状珊瑚 *Lobophyllia* sp.

枇杷珊瑚科 Oculinidae

盔形珊瑚属 *Galaxea* Oken

稀杯盔形珊瑚 *Galaxea astreata* Lamarck
从生盔形珊瑚 *Galaxea fascicularis* Linnaeus
梳状珊瑚科 Pectiniidae
刺叶珊瑚属 *Echinophyllia* Klunzinger
粗糙刺叶珊瑚 *Echinophyllia aspera* Ellis et Solander
滨珊瑚科 Poritidae
角孔珊瑚属 *Goniopora* de Blainville
柱状角孔珊瑚 *Goniopora columna* Dana
大角孔珊瑚 *Goniopora djiboutiensis* Vaughan
平角孔珊瑚 *Goniopora planulata* Ehrenberg
斯氏角孔珊瑚 *Goniopora stutchburyi* Wells
滨珊瑚属 *Porites* Link
扁缩滨珊瑚 *Porites compressa* Dana
团块滨珊瑚 *Porites lobata* Dana
澄黄滨珊瑚 *Porites lutes* Edwards et Haime

四、鱼类

根据范航清等（2005）、黄德练等（2013a）、梁士楚等（2014）的研究资料进行整理，广西滨海湿地及其邻近水域鱼类主要是硬骨鱼纲（Osteichthyes）的种类，现已知的有 17 目 75 科 175 属 352 种。其中，海鲢目有 2 科 2 属 2 种，鳗鲡目有 6 科 10 属 25 种，鲱形目有 3 科 15 属 25 种，鼠鱚目有 1 科 1 属 1 种，鲑形目有 1 科 1 属 1 种，灯笼鱼目有 2 科 2 属 2 种，鮟鱇目有 1 科 1 属 2 种，鲻形目有 1 科 4 属 11 种，鲇形目有 3 科 3 属 5 种，银汉鱼目有 1 科 1 属 1 种，颌针鱼目有 3 科 5 属 11 种，刺鱼目有 3 科 4 属 9 种，海蛾鱼目有 1 科 1 属 1 种，鲉形目有 3 科 14 属 20 种，鲈形目有 36 科 96 属 198 种，鲽形目有 4 科 7 属 22 种，鲀形目有 4 科 8 属 16 种；以鲈形目种类最多，其种数占总种数的 56.25%，其次是鳗鲡目和鲱形目种类，其种数都占总种数的 7.10%。种类数量较多的属有鲾属（*Leiognathus*）（12 种）、天竺鲷属（*Apogon*）（10 种）、裸胸鳝属（*Gymnothorax*）（9 种）、舌鳎属（*Cynoglossus*）（9 种）、东方鲀属（*Takifugu*）（7 种）、鲹属（*Caranx*）（7 种）、银鲈属（*Gerres*）（6 种）、雀鲷属（*Pomacentrus*）（6 种）、丝虾虎鱼属（*Cryptocentrus*）（6 种）、鲅属（*Liza*）（5 种）、下鱵鱼属（*Hyporhamphus*）（5 种）、石斑鱼属（*Epinephelus*）（5 种）、绯鲤属（*Upeneus*）（5 种）等（表 3-7）。

表 3-7 广西滨海湿地鱼类的科属种统计

纲	目	科	属	种数
硬骨鱼纲 Osteichthyes	海鲢目 Elopiformes	海鲢科 Elopidae	海鲢属 *Elops* Linnaeus	1
		大海鲢科 Megalopidae	大海鲢属 *Megalops* Lacepède	1
	鳗鲡目 Anguilliformes	鳗鲡科 Anguillidae	鳗鲡属 *Anguilla* Shaw	2
		康吉鳗科 Congridae	齐头鳗属 *Anago* Jordan et Hubbs	1
		海鳗科 Muraenesocidae	海鳗属 *Muraenesox* McClelland	2
		海鳝科 Muraenidae	裸胸鳝属 *Gymnothorax* Bloch	9
			长体鳝属 *Thyrsoidea* Macrurus	1
		蚓鳗科 Moringuidae	蚓鳗属 *Moringua* Gray	1
		蛇鳗科 Ophichthyidae	须鳗属 *Cirrhimuraena* Kaup	1
			虫鳗属 *Muraenichthys* Bleeker	2
			蛇鳗属 *Ophichthus* Ahl	3

续表

纲	目	科	属	种数
硬骨鱼纲 Osteichthyes	鳗鲡目 Anguilliformes	蛇鳗科 Ophichthyidae	豆齿鳗属 *Pisodonophis* Kaup	3
	鲱形目 Clupeiformes	鲱科 Clupeidae	鰶属 *Clupanodon* Lacepède	1
			圆腹鲱鱼属 *Dussumieria* Valenciennes	2
			洁白鲱属 *Escualosa* Whitley	1
			脂眼鲱属 *Etrumeus* Bleeker	1
			青鳞属 *Herklotsichthys* Whitley	1
			鳓属 *Ilisha* Richardson	2
			斑鰶属 *Konosirus* Jordan et Snyder	1
			玉鳞鱼属 *Kowala* Valenciennes	1
			海鰶属 *Nematalosa* Regan	1
			沙丁鱼属 *Sardinella* Valenciennes	4
		鳀科 Engraulidae	鲚属 *Coilia* Gray	1
			黄鲫属 *Setipinna* Swainson	1
			小公鱼属 *Stolephorus* Lacepède	4
			棱鳀属 *Thryssa* Cuvier	3
		宝刀鱼科 Chirocentridae	宝刀鱼属 *Chirocentrus* Cuvier	1
	鼠鱚目 Gonorhynchiformes	遮目鱼科 Chanidae	遮目鱼属 *Chanos* Lacepède	1
	鲑形目 Salmoniformes	银鱼科 Salangidae	银鱼属 *Salanx* Cuvier	1
	灯笼鱼目 Myctophiformes	狗母鱼科 Synodontidae	蛇鲻属 *Saurida* Valenciennes	1
		龙头鱼科 Harpadontidae	龙头鱼属 *Harpadon* Lesueur	1
	鮟鱇目 Lophiiformes	躄鱼科 Antennariidae	躄鱼属 *Antennarius* Daudin	2
	鲻形目 Mugiliformes	鲻科 Mugilidae	鲅属 *Liza* Jordan et Swain	5
			鲻属 *Mugil* Linnaeus	2
			骨鲻属 *Osteomugil* Luther	2
			凡鲻属 *Valamugil* Smith	2
	鲇形目 Siluriformes	鲢科 Pangasidae	华鲢属 *Sinopangasius* Chang et Wu	1
		海鲇科 Ariidae	海鲇属 *Arius* Valenciennes	3
		鳗鲇科 Plotosidae	鳗鲇属 *Plotosus* Lacepède	1
	银汉鱼目 Atheriniformes	银汉鱼科 Atherinidae	银汉鱼属 *Allanetta* Whitley	1
	颌针鱼目 Beloniformes	颌针鱼科 Belonidae	柱颌针鱼属 *Strongylura* Sars	1
			圆颌针鱼属 *Tylosurus* Cocco	3
		鱵科 Hemiramphidae	下鱵鱼属 *Hyporhamphus* Cuvier	5
			异鳞鱵属 *Zenarchopterus* Gill	1
		飞鱼科 Exocoetidae	燕鳐属 *Cypselurus* Swainson	1
	刺鱼目 Gasterosteiformes	烟管鱼科 Fistulariidae	烟管鱼属 *Fistularia* Linnaeus	2

续表

纲	目	科	属	种数
硬骨鱼纲 Osteichthyes	刺鱼目 Gasterosteiformes	玻甲鱼科 Centriscidae	玻甲鱼属 *Centriscus* Linnaeus	1
		海龙科 Syngnathidae	海马属 *Hippocampus* Rafinseque	2
			海龙属 *Syngnathus* Linnaeus	4
	海蛾鱼目 Pegasiformes	海蛾鱼科 Pegasidae	海蛾鱼属 *Pegasus* Linnaeus	1
	鲉形目 Scorpaeniformes	鲉科 Scorpaenidae	髭头鲉属 *Polycaulus* Günther	1
			蓑鲉属 *Pterois* Oken	2
			拟鲉属 *Scorpaenopsis* Heckel	1
			菖鲉属 *Sebastiscus* Jordane et Starks	1
			蜂鲉属 *Vespicula* Jordan et Richardson	2
		毒鲉科 Synanceiidae	鬼鲉属 *Inimicus* Jordan et Starks	3
			虎鲉属 *Minous* Cuvier et Valenciennes	2
		鲬科 Platycephalidae	丝鳍鲬属 *Elates* Jordan et Seale	1
			瞳鲬属 *Inegocia* Jordan et Thompson	1
			凹鳍鲬属 *Kumococius* Matsubara et Ochiai	1
			鳞鲬属 *Onigocia* Jordan et Thompson	2
			鲬属 *Platycephalus* Bloch	1
			倒棘鲬属 *Rogadius* Jordan et Richardson	1
			大眼鲬属 *Suggrundus* Whiteley	1
	鲈形目 Perciformes	魣科 Sphyraenidae	魣属 *Sphyraena* Bloch et Schneider	3
		马鲅科 Polynemidae	四指马鲅属 *Eleutheronema* Bleeker	1
			多指马鲅属 *Polydactylus* Lacepède	1
		尖吻鲈科 Latidae	尖吻鲈属 *Lates* Cuvier et Valenciennes	1
		双边鱼科 Ambassidae	双边鱼属 *Ambassis* Cuvier et Valenciennes	4
		鮨科 Serranidae	九棘鲈属 *Cephalopholis* Bloch et Schneider	1
			驼背鲈属 *Chromileptes* Swainson	1
			黄鲈属 *Diploprion* Cuvier et Valenciennes	1
			石斑鱼属 *Epinephelus* Bloch	5
			花鲈属 *Lateolabrax* Bleeker	1
			宽额鲈属 *Promicrops* Poey	1
		天竺鲷科 Apogonidae	天竺鲷属 *Apogon* Lacepède	10
			天竺鱼属 *Apogonichthys* Bleeker	2
		乳香鱼科 Lactariidae	乳香鱼属 *Lactarius* Valenciennes	1
		鱚科 Sillaginidae	鱚属 *Sillago* Cuvier	3
		鲹科 Carangidae	丝鲹属 *Alectis* Rafinesque	2
			沟鲹属 *Atropus* Cuvier	1
			鲹属 *Caranx* Lacepède	7
			䲠鲹属 *Chorinemus* Cuvier	2

续表

纲	目	科	属	种数
硬骨鱼纲 Osteichthyes	鲈形目 Perciformes	鲹科 Carangidae	鲳鲹属 *Trachinotus* Lacepède	1
			竹荚鱼属 *Trachurus* Rafinesque	1
		眼镜鱼科 Menidae	眼镜鱼属 *Mene* Lacepède	1
		乌鲳科 Formionidae	乌鲳属 *Formio* Whitley	1
		石首鱼科 Sciaenidae	白姑鱼属 *Argyrosomus* de la Pylaie	2
			梅童鱼属 *Collichthys* Günther	1
			枝鳔石首鱼属 *Dendrophysa* Trewavas	1
			叫姑鱼属 *Johnius* Bloch	3
			黄姑鱼属 *Nibea* Thompson	1
			原黄姑鱼属 *Protonibea* Trewavas	1
			拟石首鱼属 *Sciaenops* Gill	1
		鲾科 Leiognathidae	牙鲾属 *Gazza* Rüppell	1
			鲾属 *Leiognathus* Lacepède	12
		银鲈科 Gerreidae	十棘银鲈属 *Gerreomorpha* Cuvier	2
			银鲈属 *Gerres* Cuvier	6
			五棘银鲈属 *Pentaprion* Bleeker	1
		笛鲷科 Lutjanidae	笛鲷属 *Lutjanus* Bloch	3
		裸颊鲷科 Lethrinidae	裸颊鲷属 *Lethrinus* Cuvier	3
		鲷科 Sparidae	二长棘鲷属 *Parargyrops* Tanaka	1
			真鲷属 *Pagrosomus* Gill	1
			鲷属 *Sparus* Linnaeus	3
		金线鱼科 Nemipteridae	金线鱼属 *Nemipterus* Swainson	1
		石鲈科 Pomadasyidae	矶鲈属 *Parapristipoma* Bleeker	1
			胡椒鲷属 *Plectorhynchus* Lacepède	1
			石鲈属 *Pomadasys* Lacepède	2
		鯻科 Theraponidae	叉牙鯻属 *Helotes* Cuvier	1
			牙鯻属 *Pelates* Cuvier	1
			鯻鱼属 *Therapon* Cuvier	2
		羊鱼科 Mullidae	拟羊鱼属 *Mulloidichthys* Whitey	2
			副绯鲤属 *Parupeneus* Bleeker	3
			绯鲤属 *Upeneus* Cuvier et Valenciennes	5
		鸡笼鲳科 Drepanidae	鸡笼鲳属 *Drepane* Cuvier et Valenciennes	2
		金钱鱼科 Scatophagidae	金钱鱼属 *Scatophagus* Cuvier	1
		蝴蝶鱼科 Chaetodontidae	蝴蝶鱼属 *Chaetodon* Linnaeus	2
			副蝴蝶鱼属 *Parachaetodon* Linnaeus	1
			刺盖鱼属 *Pomacanthus* Lacepède	1
		隆头鱼科 Labridae	猪齿鱼属 *Choerodon* Bleeker	2
			锦鱼属 *Thalassoma* Swainson	3

续表

纲	目	科	属	种数
硬骨鱼纲 Osteichthyes	鲈形目 Perciformes	雀鲷科 Pomacentridae	光鳃鱼属 *Chromis* Cuvier	4
			雀鲷属 *Pomacentrus* Lacepède	6
		拟鲈科 Pinguipedidae	拟鲈属 *Parapercis* Bleeker	2
		鳚科 Blenniidae	肩鳃鳚属 *Omobranchus* Valenciennes	1
		鱼鮨科 Callionymidae	鮨属 *Callionymus* Linnaeus	1
			指脚鮨属 *Dactylopus* Claus	1
		蓝子鱼科 Siganidae	蓝子鱼属 *Siganus* Forsskål	2
		剑鱼科 Xiphiidae	美鳚属 *Dasson* Jordan et Hubbs	1
			凤鳚属 *Salarias* Cuvier	2
			带鳚属 *Xiphasia* Swainson	1
		长鲳科 Centrolophidae	刺鲳属 *Psenopsis* Gill	1
		鲳科 Stromateidae	鲳属 *Pampus* Bonaparte	2
		塘鳢科 Eleotridae	乌塘鳢属 *Bostrichthys* Lacepède	1
			嵴塘鳢属 *Butis* Bleeker	1
			锯塘鳢属 *Prionobutis* Bleeker	1
			凡塘鳢属 *Valenciennea* Bleeker	1
		鰕虎鱼科 Gobiidae	细棘鰕虎鱼属 *Acentrogobius* Bleeker	4
			钝鰕虎鱼属 *Amblygobius* Bleeker	2
			钝孔鰕虎鱼属 *Amblyotrypauchen* Hora	1
			叉牙鰕虎鱼属 *Apocryptodon* Bleeker	2
			深鰕虎鱼属 *Bathygobius* Bleeker	1
			矛尾鰕虎鱼属 *Chaeturichthys* Richardson	1
			丝鰕虎鱼属 *Cryptocentrus* Cuvier et Valennes	6
			栉孔鰕虎鱼属 *Ctenotrypauchen* Steindachner	2
			舌鰕虎鱼属 *Glossogobius* Gill	3
			衔鰕虎鱼属 *Istigobius* Whitley	2
			狼牙鰕虎鱼属 *Odontamblyopus* Bleeker	1
			沟鰕虎鱼属 *Oxyurichthys* Bleeker	4
			拟矛尾鰕虎鱼属 *Parachaeturichthys* Bleeker	1
			副叶鰕虎鱼属 *Paragobiodon* Bleeker	1
			拟鰕虎鱼属 *Pseudogobius* Popta	1
			狭鰕虎鱼属 *Stenogobius* Bleeker	1
			复鰕虎鱼属 *Synechogobius* Gill	2
			鳗鰕虎鱼属 *Taenioides* Lacepède	1
			缟鰕虎鱼属 *Tridentiger* Gill	3

续表

纲	目	科	属	种数
硬骨鱼纲 Osteichthyes	鲈形目 Perciformes	鰕虎鱼科 Gobiidae	孔鰕虎鱼属 *Trypauchen* Valenciennes	2
		弹涂鱼科 Periophthalmidae	大弹涂鱼属 *Boleophthalmus* Valenciennes	1
			弹涂鱼属 *Periophthalmus* Bloch et Schneider	1
			青弹涂鱼属 *Scartelaos* Swainson	1
	鲽形目 Pleuronectiformes	牙鲆科 Paralichthyidae	斑鲆属 *Pseudorhombus* Bleeker	4
		鲆科 Bothidae	羊舌鲆属 *Arnoglossus* Bleeker	2
			短额鲆属 *Engyprosopon* Günther	1
		鳎科 Soleidae	箬鳎属 *Brachirus* Swainson	2
			鳎属 *Solea* Quensel	1
			条鳎属 *Zebrias* Jordan et Snyder	3
		舌鳎科 Cynoglossidae	舌鳎属 *Cynoglossus* Hamilton	9
	鲀形目 Tetraodontiformes	三刺鲀科 Triacanthidae	三刺鲀属 *Triacanthus* Oken	2
		单角鲀科 Monacanthidae	线鳞鲀属 *Arotrolepis* Fraser-Brunner	1
			单角鲀属 *Monacanthus* Oken	1
		箱鲀科 Ostraciontidae	角箱鲀属 *Lactoria* Jordan et Fowler	1
		鲀科 Tetraodontidae	凹鼻鲀属 *Chelonodon* Müller	1
			腹刺鲀属 *Gastrophysus* Müller	2
			兔头鲀属 *Lagocephalus* Swainson	1
			东方鲀属 *Takifugu* Abe	7

广西近海海域鱼类种类名录如下所述（标注*者为红树林有分布）。

脊索动物门 Chordata

硬骨鱼纲 Osteichthyes

海鲢目 Elopiformes

海鲢科 Elopidae

海鲢属 *Elops* Linnaeus

海鲢 *Elops machnata* Forsskål*

大海鲢科 Megalopidae

大海鲢属 *Megalops* Lacepède

大眼海鲢 *Megalops cyprinoides* Broussonet

鳗鲡目 Anguilliformes

鳗鲡科 Anguillidae

鳗鲡属 *Anguilla* Shaw

日本鳗鲡 *Anguilla japonica* Temminck et Schlegel

花鳗鲡 *Anguilla marmorata* Quoy et Gaimard

康吉鳗科 Congridae

齐头鳗属 *Anago* Jordan et Hubbs

齐头鳗 *Anago anago* Temminck et Schlegel*

海鳗科 Muraenesocidae

海鳗属 *Muraenesox* McClelland

海鳗 *Muraenesox cinereus* Forsskål*

裸鳍虫鳗 *Muraenichthys gymnopterus* Bleeker

海鳝科 Muraenidae

裸胸鳝属 *Gymnothorax* Bloch

博氏裸胸鳝 *Gymnothorax boschi* Bleeker

豆点裸胸鳝 *Gymnothorax favagineus* Bloch et Schneider

白斑裸胸鳝 *Gymnothorax leucostigma* Jordan et Richardson
斑点裸胸鳝 *Gymnothorax meleagris* Schultz
斑条裸胸鳝 *Gymnothorax punctatofasciatus* Bleeker
匀斑裸胸鳝 *Gymnothorax reevesii* Richardson
异纹裸胸鳝 *Gymnothorax richardsoni* Bleeker
密花裸胸鳝 *Gymnothorax thyrsoideus* Richardson
波纹裸胸鳝 *Gymnothorax undulatus* Lacepède
长体鳝属 *Thyrsoidea* Macrurus
长体鳝 *Thyrsoidea macrurus* Hodgson
蚓鳗科 Moringuidae
蚓鳗属 *Moringua* Gray
大头蚓鳗 *Moringua macrocephala* Bleeker
蛇鳗科 Ophichthyidae
须鳗属 *Cirrhimuraena* Kaup
中华须鳗 *Cirrhimuraena chinensis* Kaup
虫鳗属 *Muraenichthys* Bleeker
裸鳍虫鳗 *Muraenichthys gymnopterus* Bleeker
马拉邦虫鳗 *Muraenichthys malabonensis* Herre
蛇鳗属 *Ophichthus* Ahl
尖吻蛇鳗 *Ophichthus apicalis* Bennett
西里伯蛇鳗 *Ophichthus celebicus* Bleeker
艾氏蛇鳗 *Ophichthus evermanni* Jordan et Richardson
豆齿鳗属 *Pisodonophis* Kaup
杂食豆齿鳗 *Pisodonophis boro* Hamilton-Buchanan*
豆齿鳗 *Pisodonophis cancrivorus* Richardson
红色豆齿鳗 *Pisodonophis rubicandus* Chen
鲱形目 Clupeiformes
鲱科 Clupeidae
鰶属 *Clupanodon* Lacepède
花鰶 *Clupanodon thrissa* Linnaeus*
圆腹鲱鱼属 *Dussumieria* Valenciennes
尖吻圆腹鲱 *Dussumieria acuta* Valenciennes
圆腹鲱 *Dussumieria elopsoides* Bleeker
洁白鲱属 *Escualosa* Whitley
洁白鲱 *Escualosa thoracata* Valenciennes*
脂眼鲱属 *Etrumeus* Bleeker
脂眼鲱 *Etrumeus teres* de Kay
青鳞属 *Herklotsichthys* Whitley
四点青鳞 *Herklotsichthys quadrimaculatus* Rüppell*
鳓属 *Ilisha* Richardson
鳓鱼 *Ilisha elongata* Bennett*
黑口鳓 *Ilisha melastoma* Bloch et Schneider
斑鰶属 *Konosirus* Jordan et Snyder
斑鰶 *Konosirus punctatus* Temminck et Schlegel*
玉鳞鱼属 *Kowala* Valenciennes
玉鳞鱼 *Kowala coval* Cuvier*
海鰶属 *Nematalosa* Regan
圆吻海鰶 *Nematalosa nasus* Bloch
沙丁鱼属 *Sardinella* Valenciennes
白沙丁鱼 *Sardinella albella* Valenciennes*
短颌沙丁鱼 *Sardinella clupeoides* Bleeker
黑尾沙丁鱼 *Sardinella melanura* Cuvier*
中华小沙丁鱼 *Sardinella nymphaea* Richardson*
鳀科 Engraulidae
鲚属 *Coilia* Gray
七丝鲚 *Coilia grayii* Richardson
黄鲫属 *Setipinna* Swainson
黄鲫 *Setipinna taty* Cuvier et Valenciennes
小公鱼属 *Stolephorus* Lacepède
中华小公鱼 *Stolephorus chinensis* Günther*
尖吻小公鱼 *Stolephorus heterolobus* Rüppell
印度小公鱼 *Stolephorus indicus* van Hasselt
棘背小公鱼 *Stolephorus tri* Bleeker*
棱鳀属 *Thryssa* Cuvier
汉氏棱鳀 *Thryssa hamiltonii* Gray*
中颌棱鳀 *Thryssa mystax* Bloch et Schneider*
黄吻棱鳀 *Thryssa vitirostris* Gilchrist et Thompson
宝刀鱼科 Chirocentridae
宝刀鱼属 *Chirocentrus* Cuvier
宝刀鱼 *Chirocentrus dorab* Forsskål*
鼠鱚目 Gonorhynchiformes
遮目鱼科 Chanidae
遮目鱼属 *Chanos* Lacepède
遮目鱼 *Chanos chanos* Forsskål

鲑形目 Salmoniformes
银鱼科 Salangidae
银鱼属 *Salanx* Cuvier
居氏银鱼 *Salanx cuvieri* Valenciennes
灯笼鱼目 Myctophiformes
狗母鱼科 Synodontidae
蛇鲻属 *Saurida* Valenciennes
长蛇鲻 *Saurida elongata* Temminck et Schlegel
龙头鱼科 Harpadontidae
龙头鱼属 *Harpadon* Lesueur
龙头鱼 *Harpadon nehereus* Hamilton
鮟鱇目 Lophiiformes
躄鱼科 Antennariidae
躄鱼属 *Antennarius* Daudin
钱斑躄鱼 *Antennarius nummifer* Cuvier
三齿躄鱼 *Antennarius pinniceps* Commerson
鲻形目 Mugiliformes
鲻科 Mugilidae
鲮属 *Liza* Jordan et Swain
棱鲮 *Liza carinatus* Valenciennes*
粗鳞鲮 *Liza dussumieri* Cuvier et Valenciennes
鲮 *Liza haematocheila* Temminck et Schlegel*
大鳞鲮 *Liza macrolepis* Smith
尖头鲮 *Liza tade* Forsskål
鲻属 *Mugil* Linnaeus
鲻 *Mugil cephalus* Linnaeus*
前鳞鲻 *Mugil ophuyseni* Bleeker
骨鲻属 *Osteomugil* Luther
前鳞骨鲻 *Osteomugil ophuyseni* Bleeker*
硬头骨鲻 *Osteomugil strongylocephalus* Richardson*
凡鲻属 *Valamugil* Smith
平吻凡鲻 *Valamugil buchanani* Bleeker
圆吻凡鲻 *Valamugil seheli* Forsskål*
鲇形目 Siluriformes
鲑科 Pangasidae
华鲑属 *Sinopangasius* Chang et Wu
半棱华鲑 *Sinopangasius semicultratus* Chang et Wu
海鲇科 Ariidae
海鲇属 *Arius* Valenciennes
硬头海鲇 *Arius leiotetocephalus* Bleeker
中华海鲇 *Arius sinensis* Lacepède*
海鲇 *Arius thalassinus* Rüppell
鳗鲇科 Plotosidae
鳗鲇属 *Plotosus* Lacepède
线纹鳗鲇 *Plotosus lineatus* Thunberg*
银汉鱼目 Atheriniformes
银汉鱼科 Atherinidae
银汉鱼属 *Allanetta* Whitley
白氏银汉鱼 *Allanetta bleekeri* Günther*
颌针鱼目 Beloniformes
颌针鱼科 Belonidae
柱颌针鱼属 *Strongylura* Sars
斑尾柱颌针鱼 *Strongylura strongylura* van Hasselt*
圆颌针鱼属 *Tylosurus* Cocco
鳄形圆颌针鱼 *Tylosurus crocodilus* Lesueur
大圆颌针鱼 *Tylosurus giganteus* Schlegel et Temminck
黑背圆颌针鱼 *Tylosurus melanotus* Bleeker
鱵科 Hemiramphidae
下鱵鱼属 *Hyporhamphus* Cuvier
杜氏下鱵 *Hyporhamphus dussumieri* Valenciennes
间下鱵 *Hyporhamphus intermedius* Cantor*
边鱵 *Hyporhamphus limbatus* Valenciennes*
少耙下鱵 *Hyporhamphus paucirastris* Collette et Parin
瓜氏下鱵*Hyporhamphus quoyi* Cuvier et Valenciennes*
异鳞鱵属 *Zenarchopterus* Gill
异鳞鱵 *Zenarchopterus buffoni* Cuvier et Valenciennes*
飞鱼科 Exocoetidae
燕鳐属 *Cypselurus* Swainson
弓头燕鳐 *Cypselurus arcticeps* Günther
刺鱼目 Gasterosteiformes
烟管鱼科 Fistulariidae
烟管鱼属 *Fistularia* Linnaeus

鳞烟管鱼 *Fistularia petimba* Lacepède
毛烟管鱼 *Fistularia villosa* Klunzinger
玻甲鱼科 Centriscidae
玻甲鱼属 *Centriscus* Linnaeus
玻甲鱼 *Centriscus scutatus* Linnaeus
海龙科 Syngnathidae
海马属 *Hippocampus* Rafinseque
日本海马 *Hippocampus japonicus* Kaup
斑海马 *Hippocampus trimaculatus* Leach
海龙属 *Syngnathus* Linnaeus
尖海龙 *Syngnathus acus* Linnaeus
蓝海龙 *Syngnathus cyanospilus* Bleeker*
低海龙 *Syngnathus djarong* Bleeker
缌海龙 *Syngnathus spicifer* Rüppell
海蛾鱼目 Pegasiformes
海蛾鱼科 Pegasidae
海蛾鱼属 *Pegasus* Linnaeus
飞海蛾鱼 *Pegasus volitans* Linnaeus
鲉形目 Scorpaeniformes
鲉科 Scorpaenidae
騰头鲉属 *Polycaulus* Günther
騰头鲉 *Polycaulus uranoscopa* Bloch et Schneider
蓑鲉属 *Pterois* Oken
肩斑蓑鲉 *Pterois russelli* Bennett
翱翔蓑鲉 *Pterois volitans* Linnaeus
拟鲉属 *Scorpaenopsis* Heckel
须拟鲉 *Scorpaenopsis cirrhosa* Thunberg
菖鲉属 *Sebastiscus* Jordane et Starks
褐菖鲉 *Sebastiscus marmoratus* Cuvier*
蜂鲉属 *Vespicula* Jordan et Richardson
中华蜂鲉 *Vespicula sinensis* Bleeker
粗蜂鲉 *Vespicula trachinoides* Cuvier et Valenciennes
毒鲉科 Synanceiidae
鬼鲉属 *Inimicus* Jordan et Starks
双指鬼鲉 *Inimicus didactylus* Pallas
日本鬼鲉 *Inimicus japonicus* Cuvier*
中华鬼鲉 *Inimicus sinensis* Valenciennes*
虎鲉属 *Minous* Cuvier et Valenciennes
单指虎鲉 *Minous monodactylus* Bloch et Schneider
粗虎鲉 *Minous trachycephalus* Bleeker
鲬科 Platycephalidae
丝鳍鲬属 *Elates* Jordan et Seale
丝鳍鲬 *Elates ransonneti* Steindachner
瞳鲬属 *Inegocia* Jordan et Thompson
日本瞳鲬 *Inegocia japonicus* Tilesius
凹鳍鲬属 *Kumococius* Matsubara et Ochiai
凹鳍鲬 *Kumococius detrusus* Jordan et Seale
鳞鲬属 *Onigocia* Jordan et Thompson
锯齿鳞鲬 *Onigocia spinosus* Temminck et Schlegel
粒突鳞鲬 *Onigocia tuberculatus* Cuvier et Valenciennes
鲬属 *Platycephalus* Bloch
鲬 *Platycephalus indicus* Linnaeus*
倒棘鲬属 *Rogadius* Jordan et Richardson
倒棘鲬 *Rogadius asper* Cuvier et Valenciennes
大眼鲬属 *Suggrundus* Whiteley
大眼鲬 *Suggrundus meerdervoorti* Bleeker
鲈形目 Perciformes
魣科 Sphyraenidae
魣属 *Sphyraena* Bloch et Schneider
日本魣 *Sphyraena japonica* Cuvier et Valenciennes
斑条魣 *Sphyraena jello* Cuvicr et Valenciennes
油魣 *Sphyraena pinguis* Günther
马鲅科 Polynemidae
四指马鲅属 *Eleutheronema* Bleeker
四指马鲅 *Eleutheronema tetradactylum* Shaw
多指马鲅属 *Polydactylus* Lacepède
黑斑多指马鲅 *Polydactylus sextarius* Bloch et Schneider
尖吻鲈科 Latidae
尖吻鲈属 *Lates* Cuvier et Valenciennes
尖吻鲈 *Lates calcarifer* Bloch*
双边鱼科 Ambassidae
双边鱼属 *Ambassis* Cuvier et Valenciennes
眶棘双边鱼 *Ambassis gymnocephalus* Lacepède*
古氏双边鱼 *Ambassis kopsi* Bleeker
尾纹双边鱼 *Ambassis urotaenia* Bleeker

双边鱼 *Ambassis* sp.*
鮨科 Serranidae
九棘鲈属 *Cephalopholis* Bloch et Schneider
横纹九棘鲈 *Cephalopholis boenak* Bloch
驼背鲈属 *Chromileptes* Swainson
驼背鲈 *Chromileptes altivelis* Valenciennes
黄鲈属 *Diploprion* Cuvier et Valenciennes
双带黄鲈 *Diploprion bifasciatum* Cuvier
石斑鱼属 *Epinephelus* Bloch
赤点石斑鱼 *Epinephelus akaara* Temminck et Schlegel
青石斑鱼 *Epinephelus awoara* Temminck et Schlegel
网纹石斑鱼 *Epinephelus chlorostigma* Cuvier et Valenciennes
点带石斑鱼 *Epinephelus coioides* Hamilton
巨石斑鱼 *Epinephelus tauvina* Forsskål
花鲈属 *Lateolabrax* Bleeker
花鲈 *Lateolabrax japonicus* Cuvier et Valenciennes*
宽额鲈属 *Promicrops* Poey
宽额鲈 *Promicrops lanceolatus* Bloch
天竺鲷科 Apogonidae
天竺鲷属 *Apogon* Lacepède
弓线天竺鲷 *Apogon amboinensis* Bleeker
黑边天竺鲷 *Apogon ellioti* Day
粉红天竺鲷 *Apogon erythrinus* Snyder
中线天竺鲷 *Apogon kiensis* Jordan et Snyder
九线天竺鲷 *Apogon novemfasciatus* Cuvier et Valenciennes
四线天竺鲷 *Apogon quadrifasciatus* Cuvier et Valenciennes
粗体天竺鲷 *Apogon robustus* Smith et Radcliffe
半线天竺鲷 *Apogon semilineatus* Temminck et Schlegel
宽条天竺鲷 *Apogon striatus* Smith et Radciliffe
双带天竺鲷 *Apogon taeniatus* Cuvier et Valenciennes
天竺鱼属 *Apogonichthys* Bleeker
黑鳃天竺鱼 *Apogonichthys arafurae* Günther
黑天竺鱼 *Apogonichthys niger* Doderlein
乳香鱼科 Lactariidae
乳香鱼属 *Lactarius* Valenciennes
乳香鱼 *Lactarius lactarius* Bloch et Schneider
鱚科 Sillaginidae
鱚属 *Sillago* Cuvier
少鳞鱚 *Sillago japonica* Temminck et Schlegel*
斑鱚 *Sillago maculata* Quoy et Gaimard*
多鳞鱚 *Sillago sihama* Forsskål*
鲹科 Carangidae
丝鲹属 *Alectis* Rafinesque
短吻丝鲹 *Alectis ciliaris* Bloch
长吻丝鲹 *Alectis indicus* Rüppell
沟鲹属 *Atropus* Cuvier
沟鲹 *Atropus atropus* Bloch et Schneider
鲹属 *Caranx* Lacepède
长吻裸胸鲹 *Caranx chrysophrys* Cuvier et Valenciennes
丽叶鲹 *Caranx kalla* Cuvier et Valenciennes*
马拉巴裸胸鲹 *Caranx malabaricus* Bloch et Schneidr
黑鳍叶鲹 *Caranx malam* Bleeker*
游鳍叶鲹 *Caranx mate* Cuvier et Valenciennes *
斑鳍若鲹 *Caranx praeustus* Bennett*
六带鲹 *Caranx sexfasciatus* Cuvier et Valenciennes
䲠鲹属 *Chorinemus* Cuvier
海南䲠鲹 *Chorinemus hainanensis* Chu et Cheng*
东方䲠鲹 *Chorinemus orientalis* Temminck et Schlegel*
细鲹属 *Selaroides* Bleeker
金带细鲹 *Selaroides leptolepis* Cuvier et Valenciennes*
鲳鲹属 *Trachinotus* Lacepède
卵形鲳鲹 *Trachinotus blochii* Lacepède*
竹荚鱼属 *Trachurus* Rafinesque
竹荚鱼 *Trachurus japonicus* Temminck et Schlegel
眼镜鱼科 Menidae
眼镜鱼属 *Mene* Lacepède
眼镜鱼 *Mene maculata* Bloch et Schneider

乌鲳科 Formionidae
乌鲳属 *Formio* Whitley
乌鲳 *Formio niger* Bloch
石首鱼科 Sciaenidae
白姑鱼属 *Argyrosomus* de la Pylaie
截尾白姑鱼 *Argyrosomus aneus* Bloch
白姑鱼 *Argyrosomus argentatus* Houttuyn
梅童鱼属 *Collichthys* Günther
棘头梅童鱼 *Collichthys lucidus* Richardson
枝鳔石首鱼属 *Dendrophysa* Trewavas
勒氏短须石首鱼 *Dendrophysa russelli* Cuvier*
叫姑鱼属 *Johnius* Bloch
皮氏叫姑鱼 *Johnius belengerii* Cuvier
鳞鳍叫姑鱼 *Johnius distincta* Tanaka
条纹叫姑鱼 *Johnius fasciatus* Chu
黄姑鱼属 *Nibea* Thompson
黄姑鱼 *Nibea albiflora* Richardson*
原黄姑鱼属 *Protonibea* Trewavas
双棘原黄姑鱼 *Protonibea diacanthus* Lacepède*
拟石首鱼属 *Sciaenops* Gill
眼斑拟石首鱼 *Sciaenops ocellatus* Linnaeus*
鲾科 Leiognathidae
牙鲾属 *Gazza* Rüppell
小牙鲾 *Gazza minuta* Bloch*
鲾属 *Leiognathus* Lacepède
细纹鲾 *Leiognathus berbis* Cuvier et Valenciennes*
黄斑鲾 *Leiognathus bindus* Cuvier et Valenciennes
短吻鲾 *Leiognathus brevirostris* Cuvier et Valenciennes*
黑斑鲾 *Leiognathus daura* Cuvier*
杜氏鲾 *Leiognathus dussumieri* Cuvier et Valenciennes*
长鲾 *Leiognathus elongatus* Günther*
短棘鲾 *Leiognathus equulus* Forsskål
长棘鲾 *Leiognathus fasciatus* Lacepède
粗纹鲾 *Leiognathus lineolatus* Cuvier et Valenciennes*
条鲾 *Leiognathus rivulatus* Temminck et Schlegel*
鹿斑鲾 *Leiognathus ruconius* Hamilton*
黑边鲾 *Leiognathus splendens* Cuvier*
银鲈科 Gerreidae
十棘银鲈属 *Gerreomorpha* Cuvier
十棘银鲈 *Gerreomorpha decacantha* Bleeker*
日本十棘银鲈 *Gerreomorpha japonica* Bleeker
银鲈属 *Gerres* Cuvier
短体银鲈 *Gerres abbreviatus* Bleeker*
长棘银鲈 *Gerres filamentosus* Cuvier*
短棘银鲈 *Gerres lucidus* Cuvier*
长体银鲈 *Gerres macrosoma* Bleeker*
红尾银鲈 *Gerres oyena* Forsskål
强棘银鲈 *Gerres poeti* Cuvier et Valenciennes
五棘银鲈属 *Pentaprion* Bleeker
五棘银鲈 *Pentaprion longimanus* Cantor*
笛鲷科 Lutjanidae
笛鲷属 *Lutjanus* Bloch
约氏笛鲷 *Lutjanus johni* Bloch*
勒氏笛鲷 *Lutjanus russelli* Bleeker
画眉笛鲷 *Lutjanus vita* Quoy et Gaimard
裸颊鲷科 Lethrinidae
裸颊鲷属 *Lethrinus* Cuvier
长吻裸颊鲷 *Lethrinus miniatus* Forster
星斑裸颊鲷 *Lethrinus nebulosus* Forsskål
杂色裸颊鲷 *Lethrinus variegatus* Cuvier et Valenciennes
鲷科 Sparidae
二长棘鲷属 *Parargyrops* Tanaka
二长棘鲷 *Parargyrops edita* Tanaka
真鲷属 *Pagrosomus* Gill
真鲷 *Pagrosomus major* Temminck et Schlegel*
鲷属 *Sparus* Linnaeus
灰鳍鲷 *Sparus berda* Forsskål*
黄鳍鲷 *Sparus latus* Watanabe*
黑鲷 *Sparus macrocephalus* Basilewsky*
金线鱼科 Nemipteridae
金线鱼属 *Nemipterus* Swainson
波鳍金线鱼 *Nemipterus tolu* Valenciennes
石鲈科 Pomadasyidae
矶鲈属 *Parapristipoma* Bleeker

三线矶鲈 *Parapristipoma trilineatus* Thunberg
胡椒鲷属 *Plectorhynchus* Lacepède
胡椒鲷 *Plectorhynchus pictus* Thunberg
石鲈属 *Pomadasys* Lacepède
断斑石鲈 *Pomadasys hasta* Bloch*
大斑石鲈 *Pomadasys maculatus* Bloch
鯻科 Theraponidae
叉牙鯻属 *Helotes* Cuvier
叉牙鯻*Helotes sexlineatus* Quoy et Gaimard*
牙鯻属 *Pelates* Cuvier
列牙鯻 *Pelates quadrilineatus* Bloch
鯻鱼属 *Therapon* Cuvier
细鳞鯻 *Therapon jarbua* Forsskål*
鯻鱼 *Therapon theraps* Cuvier et Valenciennes
羊鱼科 Mullidae
拟羊鱼属 *Mulloidichthys* Whitey
金带拟羊鱼 *Mulloidichthys auriflamma* Forsskål*
无斑拟羊鱼 *Mulloidichthys vanicolensis* Cuvier et Valenciennes
副鲱鲤属 *Parupeneus* Bleeker
条斑副绯鲤 *Parupeneus barberinus* Lacepède
黄带副绯鲤 *Parupeneus chrysopleuron* Temminck et Schlegel
印度副绯鲤 *Parupeneus indicus* Shaw
鲱鲤属 *Upeneus* Cuvier et Valenciennes
吕宋绯鲤 *Upeneus luzonius* Jordan et Seale
摩鹿加绯鲤 *Upeneus moluccensis* Bleeker
纵带绯鲤 *Upeneus subvittatus* Temminck et Schlegel
黄带绯鲤 *Upeneus sulphureus* Cuvier et Valenciennes
黑斑鲱鲤 *Upeneus tragula* Richardson
鸡笼鲳科 Drepanidae
鸡笼鲳属 *Drepane* Cuvier et Valenciennes
条纹鸡笼鲳 *Drepane longimana* Bloch et Schneider*
斑点鸡笼鲳 *Drepane punctata* Linnaeus
金钱鱼科 Scatophagidae
金钱鱼属 *Scatophagus* Cuvier
金钱鱼 *Scatophagus argus* Linnaeus*
蝴蝶鱼科 Chaetodontidae
蝴蝶鱼属 *Chaetodon* Linnaeus
朴蝴蝶鱼 *Chaetodon modestus* Temminck et Schlegel
美蝴蝶鱼 *Chaetodon wiebeli* Kaup
副蝴蝶鱼属 *Parachaetodon* Linnaeus
副蝴蝶鱼 *Parachaetodon ocellatus* Cuvier et Valenciennes
刺盖鱼属 *Pomacanthus* Lacepède
肩环刺盖鱼 *Pomacanthus annularis* Bloch
隆头鱼科 Labridae
猪齿鱼属 *Choerodon* Bleeker
篮猪齿鱼 *Choerodon azurio* Jordan et Snyder
黑斑猪齿 *Choerodon schoenleinii* Cuvier et Valenciennes
锦鱼属 *Thalassoma* Swainson
栅纹锦鱼 *Thalassoma fuscum* Lacepède
新月锦鱼 *Thalassoma lunare* Linnaeus
暗斑锦鱼 *Thalassoma umbrostigma* Rüppell
雀鲷科 Pomacentridae
光鳃鱼属 *Chromis* Cuvier
蓝光鳃鱼 *Chromis caeruleus* Cuvier et Valenciennes
双色光鳃鱼 *Chromis dimidiatus* Klunzinger
斑鳍光鳃鱼 *Chromis notatus* Temminck et Schlegel
黄尾光鳃鱼 *Chromis xanthurus* Bleeker
雀鲷属 *Pomacentrus* Lacepède
黄雀鲷 *Pomacentrus moluccensis* Bleeker
黑雀鲷 *Pomacentrus nigricans* Lacepède
孔雀雀鲷 *Pomacentrus pavo* Bloch
黄鳍雀鲷 *Pomacentrus philippinus* Evermann et Seale
条尾雀鲷 *Pomacentrus taeniurus* Bleeker
三斑雀鲷 *Pomacentrus tripunctatus* Cuvier et Valenciennes
拟鲈科 Pinguipedidae
拟鲈属 *Parapercis* Bleeker
眼斑拟鲈 *Parapercis ommatura* Jordan et Snyber
美拟鲈 *Parapercis pulchella* Temminck et Schlegel

鳚科 Blenniidae
肩鳃鳚属 *Omobranchus* Valenciennes
美肩鳃鳚 *Omobranchus elegans* Steindachner*
鱼衔科 Callionymidae
衔属 *Callionymus* Linnaeus
李氏衔 *Callionymus richardsoni* Bleeker
指脚衔属 *Dactylopus* Claus
指脚衔 *Dactylopus dactylopus* Valenciennes
蓝子鱼科 Siganidae
蓝子鱼属 *Siganus* Forsskål
褐蓝子鱼 *Siganus fuscescens* Houttuyn*
黄斑蓝子鱼 *Siganus oramin* Bloch et Schneider*
剑鱼科 Xiphiidae
美鳚属 *Dasson* Jordan et Hubbs
纵带美鳚 *Dasson trossulus* Jordan et Snyder
凤鳚属 *Salarias* Cuvier
杜氏凤鳚 *Salarias dussumieri* Cuvier et Valenciennes
雨斑凤鳚 *Salarias guttatus* Cuvier et Valenciennes
带鳚属 *Xiphasia* Swainson
带鳚 *Xiphasia setifer* Swainson
长鲳科 Centrolophidae
刺鲳属 *Psenopsis* Gill
刺鲳 *Psenopsis anomala* Temminck et Schlegel
鲳科 Stromateidae
鲳属 *Pampus* Bonaparte
银鲳 *Pampus argenteus* Euphrasen
中国鲳 *Pampus chinensis* Euphrasen
塘鳢科 Eleotridae
乌塘鳢属 *Bostrichthys* Lacepède
乌塘鳢 *Bostrichthys sinensis* Lacepède*
峭塘鳢属 *Butis* Bleeker
峭塘鳢 *Butis butis* Hamilton*
锯塘鳢属 *Prionobutis* Bleeker
锯塘鳢 *Prionobutis koilomatodon* Bleeker*
凡塘鳢属 *Valenciennea* Bleeker
石壁凡塘鳢 *Valenciennea muralis* Valenciennes
鰕虎鱼科 Gobiidae
细棘鰕虎鱼属 *Acentrogobius* Bleeker
犬牙细棘鰕虎鱼 *Acentrogobius caninus* Cuvier et Valenciennes*
绿斑细棘鰕虎鱼 *Acentrogobius chlorosigmatoides* Bleeker*
三角细棘鰕虎鱼 *Acentrogobius triangularis* Weber
青斑细棘鰕虎鱼 *Acentrogobius viridipunctatus* Cuvier et Valenciennes*
钝鰕虎鱼属 *Amblygobius* Bleeker
白条钝鰕虎鱼 *Amblygobius albimaculatus* Rüppell
百瑙钝鰕虎鱼 *Amblygobius bynoensis* Richardson
钝孔鰕虎鱼属 *Amblyotrypauchen* Hora
钝孔鰕虎鱼 *Amblyotrypauchen arctocephalus* Alcock
叉牙鰕虎鱼属 *Apocryptodon* Bleeker
马都拉叉牙鰕虎鱼 *Apocryptodon madurensis* Bleeker*
细点叉牙鰕虎鱼 *Apocryptodon malcolmi* Smith*
深鰕虎鱼属 *Bathygobius* Bleeker
深鰕虎鱼 *Bathygobius fuscus* Rüppell*
矛尾鰕虎鱼属 *Chaeturichthys* Richardson
矛尾鰕虎鱼 *Chaeturichthys stigmatias* Richardson
丝鰕虎鱼属 *Cryptocentrus* Cuvier et Valennes
长丝鰕虎鱼 *Cryptocentrus filifer* Cuvier et Valenciennes*
裸头丝鰕虎鱼 *Cryptocentrus gymnocephalus* Bleeker
巴布亚丝鰕虎鱼 *Cryptocentrus papuanus* Peters
孔雀丝鰕虎鱼 *Cryptocentrus pavoninoides* Bleeker
红丝鰕虎鱼 *Cryptocentrus russus* Cantor
谷津丝鰕虎鱼 *Cryptocentrus yatsui* Tomiyama*
栉孔鰕虎鱼属 *Ctenotrypauchen* Steindachner
中华栉孔鰕虎鱼 *Ctenotrypauchen chinensis* Steindachner
小头栉孔鰕虎鱼 *Ctenotrypauchen microcephalus* Bleeker
舌鰕虎鱼属 *Glossogobius* Gill
双斑舌鰕虎鱼 *Glossogobius biocellatus* Cuvier et Valenciennes*
舌鰕虎鱼 *Glossogobius giuris* Hamilton*

斑纹舌鰕虎鱼 *Glossogobius olivaceus* Temminck et Schelgel*
衔鰕虎鱼属 *Istigobius* Whitley
凯氏衔鰕虎鱼 *Istigobius campbelli* Jordan et Snyder
饰衔鰕虎鱼 *Istigobius oranatus* Rüppell
狼牙鰕虎鱼属 *Odontamblyopus* Bleeker
红狼牙鰕虎鱼 *Odontamblyopus rubicundus* Hamilton*
沟鰕虎鱼属 *Oxyurichthys* Bleeker
小鳞沟鰕虎鱼 *Oxyurichthys microlepis* Bleeker
眼瓣沟鰕虎鱼 *Oxyurichthys ophthalmonema* Bleeker*
巴布亚沟鰕虎鱼 *Oxyurichthys papuensis* Cuvier et Valenciennes
触角沟鰕虎鱼 *Oxyurichthys tentacularis* Cuvier et Valenciennes
拟矛尾鰕虎鱼属 *Parachaeturichthys* Bleeker
拟矛尾鰕虎鱼 *Parachaeturichthys polynema* Bleeker
副叶鰕虎鱼属 *Paragobiodon* Bleeker
棘头副叶鰕虎鱼 *Paragobiodon echinocephalus* Rüppell
拟鰕虎鱼属 *Pseudogobius* Popta
爪哇拟鰕虎鱼 *Pseudogobius javanicus* Bleeker*
狭鰕虎鱼属 *Stenogobius* Bleeker
条纹狭鰕虎鱼 *Stenogobius genivittatus* Cuvier et Valenciennes
复鰕虎鱼属 *Synechogobius* Gill
矛尾复鰕虎鱼 *Synechogobius hasta* Temminck et Schlegel*
斑尾复鰕虎鱼 *Synechogobius ommaturus* Richardson*
鳗鰕虎鱼属 *Taenioides* Lacepède
鳗鰕虎鱼 *Taenioides anguillaris* Linnaeus*
缟鰕虎鱼属 *Tridentiger* Gill
髭缟鰕虎鱼 *Tridentiger barbatus* Günther*
暗缟鰕虎鱼 *Tridentiger obscurus* Temminck et Schlegel*
纹缟鰕虎鱼 *Tridentiger trigonocephalus* Gill*
孔鰕虎鱼属 *Trypauchen* Valenciennes
大鳞孔鰕虎鱼 *Trypauchen taenia* Koumans
孔鰕虎鱼 *Trypauchen vagina* Bloch et Schneider*
弹涂鱼科 Periophthalmidae
大弹涂鱼属 *Boleophthalmus* Valenciennes
大弹涂鱼 *Boleophthalmus pectinirostris* Linnaeus*
弹涂鱼属 *Periophthalmus* Bloch et Schneider
弹涂鱼 *Periophthalmus cantonensis* Osbeck*
青弹涂鱼属 *Scartelaos* Swainson
青弹涂鱼 *Scartelaos viridis* Hamilton*
鲽形目 Pleuronectiformes
牙鲆科 Paralichthyidae
斑鲆属 *Pseudorhombus* Bleeker
斑鲆 *Pseudorhombus arsius* Hamilton
桂皮斑鲆 *Pseudorhombus cinnamomeus* Temminck et Schlegel
高体斑鲆 *Pseudorhombus elevatus* Ogilby
圆鳞斑鲆 *Pseudorhombus levisquamis* Oshima
鲆科 Bothidae
羊舌鲆属 *Arnoglossus* Bleeker
多斑羊舌鲆 *Arnoglossus polyspilus* Günther
纤羊舌鲆 *Arnoglossus tenuis* Günther
短额鲆属 *Engyprosopon* Günther
大鳞短额鲆 *Engyprosopon grandisquama* Temminck et Schlegel
鳎科 Soleidae
箬鳎属 *Brachirus* Swainson
东方箬鳎 *Brachirus orientalis* Bloch et Schneider*
异鳞箬鳎 *Brachirus pan* Hamilton
鳎属 *Solea* Quensel
卵鳎 *Solea ovata* Richardson*
条鳎属 *Zebrias* Jordan et Snyder
缨鳞条鳎 *Zebrias crossolepis* Cheng et Chang
峨眉条鳎 *Zebrias quagga* Kaup
带纹条鳎 *Zebrias zebra* Bloch*
舌鳎科 Cynoglossidae
舌鳎属 *Cynoglossus* Hamilton
印度舌鳎 *Cynoglossus arel* Bloch et Schneider*

双线舌鳎 *Cynoglossus bilineatus* Lacepède
线纹舌鳎 *Cynoglossus lineolatus* Steindachner
黑尾舌鳎 *Cynoglossus melampetalus* Richardson
斑头舌鳎 *Cynoglossus puncticeps* Richardson*
宽体舌鳎 *Cynoglossus robustus* Günther
半滑舌鳎 *Cynoglossus semilaevis* Günther
中华舌鳎 *Cynoglossus sinicus* Wu*
三线舌鳎 *Cynoglossus trigrammus* Günther
鲀形目 Tetraodontiformes
三刺鲀科 Triacanthidae
三刺鲀属 *Triacanthus* Oken
短吻三刺鲀 *Triacanthus brevirostris* Temminck et Schlegel*
尖吻三刺鲀 *Triacanthus strigilifer* Cantor
单角鲀科 Monacanthidae
线鳞鲀属 *Arotrolepis* Fraser-Brunner
绒纹线鳞鲀 *Arotrolepis sulcatus* Hollard
单角鲀属 *Monacanthus* Oken
中华单角鲀 *Monacanthus chinensis* Osbeck
箱鲀科 Ostraciontidae
角箱鲀属 *Lactoria* Jordan et Fowler
角箱鲀 *Lactoria cornutus* Linnaeus
鲀科 Tetraodontidae
凹鼻鲀属 *Chelonodon* Müller
凹鼻鲀 *Chelonodon patoca* Hamilton-Buchanan
腹刺鲀属 *Gastrophysus* Müller
月腹刺鲀 *Gastrophysus lunaris* Bloch et Schneider*
棕腹刺鲀 *Gastrophysus spadiceus* Richardson*
兔头鲀属 *Lagocephalus* Swainson
月尾兔头鲀 *Lagocephalus lunaris* Bloch et Schneider
东方鲀属 *Takifugu* Abe
铅点东方鲀 *Takifugu alboplumbeus* Richardson*
双斑东方鲀 *Takifugu bimaculatus* Richardson
星点东方鲀 *Takifugu niphobles* Jordan et Snyder*
横纹东方鲀 *Takifugu oblongus* Bloch
弓斑东方鲀 *Takifugu ocellatus* Linnaeus*
虫纹东方鲀 *Takifugu vermicularis* Temminck et Schlegel
黄鳍东方鲀 *Takifugu xanthopterus* Temminck et Schlegel

五、两栖爬行类

广西滨海湿地两栖爬行类种类比较少，两栖动物见有海陆蛙（*Fejervarya cancrivora*）等种类，生活在近海边的咸水或半咸水区域。海陆蛙通常白天隐蔽在洞穴中或红树林根系之间，傍晚到海滩觅食。爬行动物主要是海龟科（Cheloniidae）和眼镜蛇科（Elapidae）的种类。其中，海龟主要见于潟湖、珊瑚礁、海草床、河口等区域，主要种类有蠵龟（*Caretta caretta*）、绿海龟（*Chelonia mydas*）、玳瑁（*Eretmochelys imbricata*）等；眼镜蛇科种类主要有青环海蛇（*Hydrophis cyanocinctus*）、环纹海蛇（*Hydrophis fasciatus*）、小头海蛇（*Hydrophis gracilis*）、淡灰海蛇（*Hydrophis ornatus*）、平颏海蛇（*Hydrophis curtus*）、长吻海蛇（*Pelamis platura*）、海蝰（*Praescutata viperina*）等。

六、昆虫

目前对于广西滨海湿地昆虫的调查研究主要集中在红树林区，根据蒋国芳和洪芳（1993）、蒋国芳（1997）、周善义和蒋国芳（1997）、蒋国芳等（2000）、陆温等（2000）、蒋国芳和周志权（1996）等的研究资料进行分析整理，现已知的种类有 13 目 98 科 221 属 297 种。其中，弹尾目有 1 科 1 属 1 种，蜻蜓目有 2 科 5 属 5 种，蜚蠊目有 1 科 1 属 1 种，螳螂目有 1 科 3 属 3 种，竹节虫目有 1 科 1 属 1 种，直翅目有 12 科 27 属 32 种，同翅目有 10 科 16 属 18 种，半翅目有 9 科 19 属 23 种，鞘翅目有 14 科 28 属 32 种，脉翅目有 2 科 2

属 3 种，鳞翅目有 21 科 67 属 95 种，膜翅目有 13 科 32 属 54 种，双翅目有 11 科 19 属 29 种；以鳞翅目种类最多，其种数占总种数的 31.65%，其次是膜翅目种类，其种数占 18.18%。种类数量较多的属有凤蝶属（*Papilio*）（6 种）、眼蛱蝶属（*Junonia*）（4 种）、弓背蚁属（*Camponotus*）（4 种）、铺道蚁属（*Tetramorium*）（4 种）、木蜂属（*Xylocopa*）（4 种）、蚱属（*Tetrix*）（3 种）、广翅蜡蝉属（*Ricania*）（3 种）、稻弄蝶属（*Parnara*）（3 种）、园粉蝶属（*Cepora*）（3 种）、黄粉蝶属（*Eurema*）（3 种）、青凤蝶属（*Graphium*）（3 种）、举腹蚁属（*Crematogaster*）（3 种）、蚁蜂属（*Mutilla*）（3 种）、长腹土蜂属（*Campsomeris*）（3 种）、马蜂属（*Polistes*）（3 种）、蜜蜂属（*Apis*）（3 种）、虻属（*Tabanus*）（3 种）、绿蝇属（*Lucilia*）（3 种）等（表 3-8）。

表 3-8　广西滨海湿地昆虫种类的科属种统计

亚纲	目	科	属	种数
无翅亚纲 Apterygota	弹尾目 Collembola	长角跳虫科 Entomobryidae	鳞跳虫属 *Tomocerus* Nicolet	1
有翅亚纲 Pterygota	蜻蜓目 Odonata	蜻科 Libellulidae	红蜻属 *Crocothemis* Brauer	1
			蓝小蜻属 *Diplacodes* Kirby	1
			灰蜻属 *Orthetrum* Newman	1
			黄蜻属 *Pantala* Hagen	1
		蟌科 Coenagrionidae	黄蟌属 *Ceriagrion* Selys	1
	蜚蠊目 Blattaria	姬蠊科 Phyllodromiidae	小蠊属 *Blattella* Caudell	1
	螳螂目 Mantodea	螳螂科 Mantidae	广腹螳螂属 *Hierodula* Burmeister	1
			大刀螳属 *Paratenodera* Giglio-Tos	1
			刀螳螂属 *Tenodera* Burmeister	1
	竹节虫目 Phasmida	华枝科 Bacteriidae	华枝属 *Sinophasma* Günther	1
	直翅目 Orthoptera	锥头蝗科 Pyrgomorphidae	负蝗属 *Atractomorpha* Sauss	1
		斑腿蝗科 Catantopidae	斑腿蝗属 *Catantops* Schaum	1
			棉蝗属 *Chondracris* Uvarov	1
			长夹蝗属 *Choroedocus* Bolivar	1
			芋蝗属 *Gesonula* Uvarov	1
			稻蝗属 *Oxya* Serville	2
			伪稻蝗属 *Pseudoxya* Yin et Liu	1
			梭蝗属 *Trisiria* Stm	1
		斑翅蝗科 Oedipodidae	绿纹蝗属 *Aiolopus* Fieber	1
			车蝗属 *Gastrimargus* Saussure	1
			小车蝗属 *Oedaleus* Fieber	1
			疣蝗属 *Trilophidia* Stål	1
		网翅蝗科 Arcypteridae	斜窝蝗属 *Epacromiacris* Willemse	1
		剑角蝗科 Acrididae	剑角蝗属 *Acrida* Linnaeus	1
			细肩蝗属 *Calephorus* Fieber	1
			佛蝗属 *Phlaeoba* Stål	1
		刺翼蚱科 Scelimenidae	羊角蚱属 *Criotettix* Bolivar	1

续表

亚纲	目	科	属	种数
有翅亚纲 Pterygota	直翅目 Orthoptera	蚱科 Tetrigidae	悠背蚱属 *Euparatettix* Hancock	2
			蚱属 *Tetrix* Latreille	3
		螽斯科 Tettigoniidae	草螽属 *Conocephalus* Thunberg	2
		露螽科 Phaneropteridae	条螽属 *Ducetia* Stål	1
			拟缘露螽属 *Pseudopsyra* Hebard	1
		蚁蟋科 Mymecophilidae	蚁蟋属 *Myrmecophilus* Berthold	1
		蛉蟋科 Trigonidiidae	双针蟋属 *Dianemobius* Vickery	1
			蛉蟋属 *Trigonidium* Lindley	1
		蟋蟀科 Gryllidae	蟋蟀属 *Gryllus* Linnaeus	1
			油葫芦属 *Teleogryllus* Chopard	1
	同翅目 Homoptera	蝉科 Cicadidae	蟪蛄属 *Platypleura* Amyot et Serville	1
		角蝉科 Membracidae	三刺角蝉属 *Tricentrus* Stål	1
		叶蝉科 Cicadellidae	小绿叶蝉属 *Empoasca* Walsh	1
			黑尾叶蝉属 *Nephotettix* Matsumura	1
			白翅叶蝉属 *Thaia* Ghauri	1
		飞虱科 Delphacidae	灰飞虱属 *Laodelphax* Fennah	1
			白背飞虱属 *Sogatella* Fennah	1
		象蜡蝉科 Dictyopharidae	象蜡蝉属 *Dictyophara* Germ	1
		广蜡蝉科 Ricaniidae	广翅蜡蝉属 *Ricania* Germar	3
		蛾蜡蝉科 Flatidae	络蛾蜡蝉属 *Lawana* Distant	1
		绵蚧科 Monophlebidae	吹棉蚧属 *Icerya* Maskell	1
		蜡蚧科 Coccidae	蜡蚧属 *Ceroplastes* Gray	1
		盾蚧科 Diaspididae	圆盾蚧属 *Aspidiotus* Bouché	1
			金顶盾蚧属 *Chrysomphalus* Ashmead	1
			拟轮蚧属 *Pseudaulacaspis* Macgillivray	1
			矢尖蚧属 *Unaspis* MacGillivray	1
	半翅目 Hemiptera	龟蝽科 Plataspidae	平龟蝽属 *Brachyplatys* Boisdual	1
		土蝽科 Cydninae	地土蝽属 *Geotomus* Mulsant et Rey	1
		蝽科 Pentatomidae	厉蝽属 *Cantheconidea* Schouteden	1
			麻皮蝽属 *Erthesina* Spinola	1
			臭蝽属 *Metonymia* Kirk	1
			稻绿蝽属 *Nezara* Amyot et Serville	1
		盾蝽科 Scutelleridae	丽盾蝽属 *Chrysocoris* Hahn	1
			亮盾蝽属 *Lamprocoris* Stål	1
		缘蝽科 Coreidae	棘缘蝽属 *Cletus* Stål	2
			扁缘蝽属 *Daclera* Signoret	1
			稻缘蝽属 *Leptocorisa* Latreille	2
			侎缘蝽属 *Mictis* Leach	1

续表

亚纲	目	科	属	种数
有翅亚纲 Pterygota	半翅目 Hemiptera	缘蝽科 Coreidae	副黛缘蝽属 *Paradasynus* China	1
			蜂缘蝽属 *Riptoryus* Stål	2
		红蝽科 Pyrrhocoridae	棉红蝽属 *Dysdercus* Guérin-Méneville	2
		猎蝽科 Reduviidae	菱猎蝽属 *Isyndus* Stål	1
			塞猎蝽属 *Serendiba* Distant	1
		宽蝽科 Veliidae	小宽蝽属 *Microvelia* Westwood	1
		黾蝽科 Gerridae	大黾蝽属 *Aquarius* Schellenberg	1
	鞘翅目 Coleoptera	虎甲科 Cicindelidae	虎甲属 *Cicindela* Linnaeus	2
		步甲科 Carabidae	青步甲属 *Chlaenius* Bonelli	1
			婪步甲属 *Harpalus* Latreille	1
		吉丁科 Buprestidae	长吉丁属 *Agrilus* Curtis	1
		瓢虫科 Coccinellidae	瓢虫属 *Coccinella* Linnaeus	1
			和瓢虫属 *Harmonia* Mulsant	1
			盘瓢虫属 *Lemnia* Mulsant	1
			宽柄月瓢虫属 *Menochilus* Timberlake	1
			红瓢虫属 *Rodolia* Mulsant	2
		芫菁科 Meloidae	豆芫菁属 *Epicauta* Dejean	2
			斑芫菁属 *Mylabris* Fabricius	1
		金龟子科 Scarabaeidae	嗡蜣螂属 *Onthophagus* Latreille	1
		丽金龟科 Rutelidae	异丽金龟属 *Anomala* Samouelle	1
		花金龟科 Cetoniidae	臀花金龟属 *Campsiura* Hope	1
		天牛科 Cerambycidae	星天牛属 *Anoplophora* Hope	1
			脊虎天牛属 *Xylotrechus* Chevrolat	1
		肖叶甲科 Eumolopidae	沟臀肖叶甲属 *Colaspoides* Laporte	1
			甘薯叶甲属 *Colasposoma* Laporte	1
			隐头叶甲属 *Cryptocephalus* Geoffrey	1
			毛肖叶甲属 *Trichochrysea* Baly	1
		叶甲科 Chrysomelidae	凹唇跳甲属 *Argopus* Fischer von Waldheim	1
			守瓜属 *Aulacophora* Chevrolat	1
			桔啮跳甲属 *Clitea* Baly	2
			贺萤叶甲属 *Hoplasoma* Jacoby	1
			长跗萤叶甲属 *Monolepta* Chevrolat	1
		龟甲科 Cassididae	梳龟甲属 *Aspidomorpha* Hope	1
		铁甲科 Hispidae	龟甲属 *Cassida* Linnaeus	1
		象甲科 Curculionidae	蓝绿象属 *Hypomeces* Schönherr	1
	脉翅目 Neuroptera	草蛉科 Chrysopidae	草蛉属 *Chrysopa* Leach	2
		蚁蛉科 Myrmeleontidae	蚁蛉属 *Myrmeleon* Linnaeus	1

续表

亚纲	目	科	属	种数
有翅亚纲 Pterygota	鳞翅目 Lepidoptera	潜蛾科 Lyonetiidae	属名待定	1
		木蠹蛾科 Cossidae	豹蠹蛾属 *Zeuzera* Latreille	1
		蓑蛾科 Psychidae	小蓑蛾属 *Acanthopsyche* Heylaerts	1
			Amatissa Walker	1
			Chalia Moore	1
			Chalioides Swinhoe	1
			窠蓑蛾属 *Clania* Walker	2
			Dappula Moore	1
			Mahasena Moore	1
		刺蛾科 Limacodidae	刺蛾属 *Cnidocampa* Dyar	1
			绿刺蛾属 *Latoia* Guerin-Meneville	2
			扁刺蛾属 *Thosea* Walker	1
		小卷蛾科 Olethreutidae	姬卷叶蛾属 *Cryptophlebia* Walsingham	1
		卷蛾科 Tortricidae	长卷蛾属 *Homona* Walker	1
			毛颚小卷蛾属 *Lasiognatha* Diakonoff	1
		螟蛾科 Pyralidae	蛀野螟属 *Dichocrocis* Lederer	2
			黄纹水螟属 *Nymphula* Schrank	1
			细斑螟属 *Oligochroa* Walker	1
			白草螟属 *Pseudocatharylla* Bleszynski	1
			化螟属 *Tryporyza* Common	1
		枯叶蛾科 Lasiocampidae	胸枯叶蛾属 *Streblote* Hübner	1
			巨枯叶蛾属 *Suana* Walker	1
			黄枯叶蛾属 *Trabala* Walker	2
		钩蛾科 Drepanidae	白钩蛾属 *Ditrigona* Moore	1
		尺蛾科 Geometridae	油桐尺蛾属 *Buzura* Walker	1
			豹尺蛾属 *Dysphania* Hübner	2
		鹿蛾科 Ctenuchidae	鹿蛾属 *Amata* Fabricius	1
		灯蛾科 Arctiidae	粉灯蛾属 *Nyctemera* Hübner	1
		夜蛾科 Noctuidae	驼蛾属 *Hyblaea* Fabricius	1
			安钮夜蛾属 *Ophiusa* Ochsenheimer	1
			细皮夜蛾属 *Selepa* Moore	1
		毒蛾科 Lymantriidae	茸毒蛾属 *Dasychira* Hübner	2
			古毒蛾属 *Orgyia* Ochsenheimer	1
			盗毒蛾属 *Porthesia* Stephens	1
		弄蝶科 Hesperiidae	稻弄蝶属 *Parnara* Moore	3
		蛱蝶科 Nymphalidae	波蛱蝶属 *Ariadne* Horsfield	1
			襟蛱蝶属 *Cupha* Billberg	1
			脉蛱蝶属 *Hestina* Westwood	1
			斑蛱蝶属 *Hypolimnas* Hübner	2

续表

亚纲	目	科	属	种数
有翅亚纲 Pterygota	鳞翅目 Lepidoptera	蛱蝶科 Nymphalidae	眼蛱蝶属 *Junonia* Hübner	4
			琉璃蛱蝶属 *Kaniska* Moore	1
			环蛱蝶属 *Neptis* Fabricius	1
			珐蛱蝶属 *Phalanta* Holsfield	1
			尾蛱蝶属 *Polyura* Billberg	1
		眼蝶科 Satyridae	锯眼蝶属 *Elymnias* Hübner	1
			黛眼蝶属 *Lethe* Hübner	1
			暮眼蝶属 *Melanitis* Fabricius	1
		灰蝶科 Lycaenidae	紫灰蝶属 *Chilades* Moore	1
			棕灰蝶属 *Euchrysops* Butler	1
			雅波灰蝶属 *Jamides* Hübner	2
			酢浆灰蝶属 *Pseudozizeeria* Beuret	1
			银线灰蝶属 *Spindasis* Wallengren	1
			小灰蝶属 *Zizina* Chapman	1
		粉蝶科 Pieridae	粉蝶属 *Artogeia* Verity	1
			迁粉蝶属 *Catopsilia* Hübner	2
			园粉蝶属 *Cepora* Billberg	3
			黄粉蝶属 *Eurema* Hübner	3
			鹤顶粉蝶属 *Hebomoia* Hübner	1
			橙粉蝶属 *Ixias* Hübner	1
			菜粉蝶属 *Pieris* Schrank	1
			青粉蝶属 *Valeria* Horsfield	2
		凤蝶科 Papilionidae	斑凤蝶属 *Chilasa* Moore	2
			青凤蝶属 *Graphium* Scopoli	3
			凤蝶属 *Papilio* Linnaeus	6
			绿凤蝶属 *Pathysa* Reakirt	1
		斑蝶科 Danaidae	虎斑蝶属 *Danaus* Kluk	1
			紫斑蝶属 *Euploea* Fabricius	2
	膜翅目 Hymenoptera	姬蜂科 Ichneumonidae	黑点瘤姬蜂属 *Xanthopimpla* Saussure	2
		茧蜂科 Braconedae	刺茧蜂属 *Spinaria* Brullé	1
		小蜂科 Chalcidae	大腿小蜂属 *Brachymeria* Westwood	1
		广肩小蜂科 Eurytomidae	广肩小蜂属 *Eurytoma* Illiger	1
		蚁科 Formicidae	捷蚁属 *Anoplolepis* Santschi	1
			弓背蚁属 *Camponotus* Latreille	4
			举腹蚁属 *Crematogaster* Lund	3
			双刺猛蚁属 *Diacamma* Mayr	1
			行军蚁属 *Dorylus* Fabricius	1
			琉璃蚁属 *Hypoclinea* Mayr	1

续表

亚纲	目	科	属	种数
有翅亚纲 Pterygota	膜翅目 Hymenoptera	蚁科 Formicidae	细猛蚁属 *Leptogenys* Roger	1
			小家蚁属 *Monomorium* Mayr	1
			凹臭蚁属 *Ochetellus* Shattuck	1
			齿猛蚁属 *Odontoponera* Mayr	1
			织叶蚁属 *Oecophylla* Smith	1
			多刺蚁属 *Polyrhachis* Smith	1
			火蚁属 *Solenopsis* Westwood	1
			铺道蚁属 *Tetramorium* Mayr	4
			细长蚁属 *Tetraponera* Smith	2
		泥蜂科 Sphecidae	蓝泥蜂属 *Chalybion* Dahlbom	1
			壁泥蜂属 *Sceliphron* Klug	1
			毛泥蜂属 *Sphex* Linnaeus	1
		蚁蜂科 Mutillidae	蚁蜂属 *Mutilla* Linnaeus	3
		土蜂科 Scoliidae	长腹土蜂属 *Campsomeris* Lepeletier	3
		臀钩土蜂科 Tiphiidae	钩土蜂属 *Tiphia* Fabricius	1
		胡蜂科 Vespidae	胡蜂属 *Vespa* Linnaeus	2
		马蜂科 Polistidae	马蜂属 *Polistes* Latreille	3
		蜾蠃科 Eumenidae	华丽蜾蠃属 *Delta* Saussure	1
			胸蜾蠃属 *Orancistrocerus* van der Vecht	1
		蜜蜂科 Apidae	蜜蜂属 *Apis* Linnaeus	3
			芦蜂属 *Ceratina* Latreille	1
			木蜂属 *Xylocopa* Latreille	4
	双翅目 Diptera	蚊科 Culicidae	伊蚊属 *Aedes* Meigen	2
			按蚊属 *Anopheles* Meigen	2
			库蚊属 *Culex* Linnaeus	1
		蠓科 Ceratopogonidae	库蠓属 *Culicoides* Latreille	2
		虻科 Tabanidae	虻属 *Tabanus* Linnaeus	3
		水虻科 Stratimyiidae	丽额水虻属 *Prosopochrysa* de Meijere	1
		食虫虻科 Asilidae	单羽食虫虻属 *Cophinopoda* Hull	1
			食虫虻属 *Neoitamus* Osten-Sacken	1
			基径食虫虻属 *Philodicus* Loew	1
			蛮食虫虻属 *Promachus* Loew	2
		食蚜蝇科 Syrphidae	直脉食蚜蝇属 *Dideoides* Brunetti	1
			黑带食蚜蝇属 *Episyrphus* Matsumura et Adachi	1
			管蚜蝇属 *Eristalis* Latreille	1
			宽盾蚜蝇属 *Phytomia* Guérin-Méneville	1
		蝇科 Muscidae	家蝇属 *Musca* Linnaeus	2

续表

亚纲	目	科	属	种数
有翅亚纲 Pterygota	双翅目 Diptera	丽蝇科 Calliphoridae	绿蝇属 *Lucilia* Robineau-Desvoidy	3
		麻蝇科 Sarcophagidae	亚麻蝇属 *Parasarcophaga* Johnston et Tiegs	2
		潜蝇科 Agromyzidae	潜蝇属 *Agromyza* Fallén	1
		实蝇科 Tephritidae	实蝇属 *Taeniostola* Bezzi	1

广西滨海湿地昆虫种类名录如下所述。

节肢动物门 Arthropoda

昆虫纲 Insecta

弹尾目 Collembola

长角跳虫科 Entomobryidae

鳞跳虫属 *Tomocerus* Nicolet

简长角跳虫 *Tomocerus varius* Folsom

蜻蜓目 Odonata

蜻科 Libellulidae

红蜻属 *Crocothemis* Brauer

红蜻 *Crocothemis servilia* Drury

蓝小蜻属 *Diplacodes* Kirby

纹蓝小蜻 *Diplacodes trivialis* Rambur

灰蜻属 *Orthetrum* Newman

狭腹蜻蜓 *Orthetrum sabina* Drury

黄蜻属 *Pantala* Hagen

黄蜻 *Pantala flavescens* Fabricius

蟌科 Coenagrionidae

黄蟌属 *Ceriagrion* Selys

短尾黄蟌 *Ceriagrion melanurum* Selys

蜚蠊目 Blattaria

姬蠊科 Phyllodromiidae

小蠊属 *Blattella* Caudell

德国小蠊 *Blattella germanica* Linnaeus

螳螂目 Mantodea

螳螂科 Mantidae

广腹螳螂属 *Hierodula* Burmeister

广腹螳螂 *Hierodula patellifera* Serville

大刀螳属 *Paratenodera* Giglio-Tos

中华大刀螂 *Paratenodera sinensis* Saussure

刀螳螂属 *Tenodera* Burmeister

南方刀螳螂 *Tenodera aridifolia aridifolia* Stoll

竹节虫目 Phasmida

华枝科 Bacteriidae

华枝属 *Sinophasma* Günther

斑腿华枝 *Sinophasma maculicruralis* Chen

直翅目 Orthoptera

锥头蝗科 Pyrgomorphidae

负蝗属 *Atractomorpha* Sauss

短额负蝗 *Atractomorpha sinensis* Bolivar

斑腿蝗科 Catantopidae

斑腿蝗属 *Catantops* Schaum

红褐斑腿蝗 *Catantops pinguis* Stål

棉蝗属 *Chondracris* Uvarov

棉蝗 *Chondracris rosea* de Geer

长夹蝗属 *Choroedocus* Bolivar

紫胫长夹蝗 *Choroedocus violaceipes* Miller

芋蝗属 *Gesonula* Uvarov

芋蝗 *Gesonula punctifrons* Stål

稻蝗属 *Oxya* Serville

拟山稻蝗 *Oxya anagavisa* Bi

小稻蝗 *Oxya intricata* Stål

伪稻蝗属 *Pseudoxya* Yin et Liu

赤胫伪稻蝗 *Pseudoxya diminuta* Walker

梭蝗属 *Trisiria* Stm

鱼形梭蝗 *Trisiria pisicforme* Serville

斑翅蝗科 Oedipodidae

绿纹蝗属 *Aiolopus* Fieber

花胫绿纹蝗 *Aiolopus tamulus* Fabricius

车蝗属 *Gastrimargus* Saussure

云斑车蝗 *Gastrimargus marmoratus* Thunberg

小车蝗属 *Oedaleus* Fieber
隆叉小车蝗 *Oedaleus abruptus* Thunberg
疣蝗属 *Trilophidia* Stål
疣蝗 *Trilophidia annulata* Thunberg
网翅蝗科 Arcypteridae
斜窝蝗属 *Epacromiacris* Willemse
爪哇斜窝蝗 *Epacromiacris javana* Willemse
剑角蝗科 Acrididae
剑角蝗属 *Acrida* Linnaeus
中华剑角蝗 *Acrida cinerea* Thunberg
细肩蝗属 *Calephorus* Fieber
细肩蝗 *Calephorus vitalisi* Bolivar
佛蝗属 *Phlaeoba* Stål
僧帽佛蝗 *Phlaeoba infumata* Brunner-Wattebwyl
刺翼蚱科 Scelimenidae
羊角蚱属 *Criotettix* Bolivar
二刺羊角蚱 *Criotettix bispinosus* Dalman
蚱科 Tetrigidae
悠背蚱属 *Euparatettix* Hancock
瘦真长背蚱 *Euparatettix variabilis* Bolivar
真长背蚱 *Euparatettix* sp.
蚱属 *Tetrix* Latreille
北部湾蚱 *Tetrix beibuwanensis* Zheng et Jiang
日本蚱 *Tetrix japonica* Bolivar
郑氏蚱 *Tetrix zheng* Jiang
螽斯科 Tettigoniidae
草螽属 *Conocephalus* Thunberg
悦鸣草螽 *Conocephalus melaenus* de Haan
黑背小绿螽 *Conocephalus* sp.
露螽科 Phaneropteridae
条螽属 *Ducetia* Stål
日本条螽蝗 *Ducetia japonica* Thunberg
拟缘露螽属 *Pseudopsyra* Hebard
双叶拟缘螽 *Pseudopsyra bilobata* Karny
蚁蟋科 Mymecophilidae
蚁蟋属 *Myrmecophilus* Berthold
台湾蚁蟋 *Myrmecophilus formosanus* Shiraki
蛉蟋科 Trigonidiidae
双针蟋属 *Dianemobius* Vickery
斑腿双针蟋 *Dianemobius fascipes* Walker
蛉蟋属 *Trigonidium* Lindley
黄足斜蛉蟋 *Trigonidium flavipes* Saussure
蟋蟀科 Gryllidae
蟋蟀属 *Gryllus* Linnaeus
田蟋蟀 *Gryllus campestris* Linnaeus
油葫芦属 *Teleogryllus* Chopard
拟亲油葫芦 *Teleogryllus occipitalis* Audinet-Serville
同翅目 Homoptera
蝉科 Cicadidae
蟪蛄属 *Platypleura* Amyot et Serville
黄蟪蛄 *Platypleura hilpa* Walker
角蝉科 Membracidae
三刺角蝉属 *Tricentrus* Stål
褐三刺角蝉 *Tricentrus brunneus* Funkhouser
叶蝉科 Cicadellidae
小绿叶蝉属 *Empoasca* Walsh
小绿叶蝉 *Empoasca flavescens* Fabricius
黑尾叶蝉属 *Nephotettix* Matsumura
黑尾叶蝉 *Nephotettix cincticeps* Uhler
白翅叶蝉属 *Thaia* Ghauri
白翅叶蝉 *Thaia rubiginosa* Kuoh
飞虱科 Delphacidae
灰飞虱属 *Laodelphax* Fennah
灰飞虱 *Laodelphax striatellus* Fallén
白背飞虱属 *Sogatella* Fennah
白背飞虱 *Sogatella furcifera* Horvath
象蜡蝉科 Dictyopharidae
象蜡蝉属 *Dictyophara* Germ
伯瑞象蜡蝉 *Dictyophara patruelis* Stål
广蜡蝉科 Ricaniidae
广翅蜡蝉属 *Ricania* Germar
八点广翅蜡蝉 *Ricania speculum* Walker
柿广翅蜡蝉 *Ricania sublimbata* Jacobi
三点广翅蜡蝉 *Ricania* sp.
蛾蜡蝉科 Flatidae
络蛾蜡蝉属 *Lawana* Distant
紫络蛾蜡蝉 *Lawana imitata* Melichar
绵蚧科 Monophlebidae

吹棉蚧属 *Icerya* Maskell
吹棉蚧 *Icerya purchasi* Maskell
蜡蚧科 Coccidae
蜡蚧属 *Ceroplastes* Gray
日本龟蜡蚧 *Ceroplastes japonicas* Guaind
盾蚧科 Diaspididae
圆盾蚧属 *Aspidiotus* Bouché
椰圆盾蚧 *Aspidiotus destructor* Signoret
金顶盾蚧属 *Chrysomphalus* Ashmead
黑褐圆盾蚧 *Chrysomphalus aonidum* Linnaeus
拟轮蚧属 *Pseudaulacaspis* Macgillivray
考氏白盾蚧 *Pseudaulacaspis cockerelli* Cooley
矢尖蚧属 *Unaspis* MacGillivray
矢尖盾蚧 *Unaspis yanonensis* Kuwana
半翅目 Hemiptera
龟蝽科 Plataspidae
平龟蝽属 *Brachyplatys* Boisdual
亚铜平龟蝽 *Brachyplatys subaeneus* Westwood
土蝽科 Cydninae
地土蝽属 *Geotomus* Mulsant et Rey
侏地土蝽 *Geotomus pygmaeus* Dallas
蝽科 Pentatomidae
厉蝽属 *Cantheconidea* Schouteden
厉蝽 *Cantheconidea concinna* Walker
麻皮蝽属 *Erthesina* Spinola
麻皮蝽 *Erthesina fullo* Thunberg
臭蝽属 *Metonymia* Kirk
大臭蝽 *Metonymia glandulosa* Wolff
稻绿蝽属 *Nezara* Amyot et Serville
黑须稻绿蝽 *Nezara antennata* Scott
盾蝽科 Scutelleridae
丽盾蝽属 *Chrysocoris* Hahn
紫蓝丽盾蝽 *Chrysocoris stollii* Wolff
亮盾蝽属 *Lamprocoris* Stål
亮盾蝽 *Lamprocoris roylii* Westwood
缘蝽科 Coreidae
棘缘蝽属 *Cletus* Stål
短肩棘缘蝽 *Cletus pugnator* Fabricius
稻棘缘蝽 *Cletus punctiger* Dallas
扁缘蝽属 *Daclera* Signoret
扁缘椿象 *Daclera levana* Distant
稻缘蝽属 *Leptocorisa* Latreille
大稻缘蝽 *Leptocorisa acuta* Thunberg
异稻缘蝽 *Leptocorisa varicornis* Fabricius
侎缘蝽属 *Mictis* Leach
曲径侎缘蝽 *Mictis tenebrosa* Fabricius
副黛缘蝽属 *Paradasynus* China
刺副黛缘蝽 *Paradasynus spinosus* Hsiao
蜂缘蝽属 *Riptortus* Stål
条蜂缘蝽 *Riptortus linearis* Fabricius
点蜂缘蝽 *Riptortus pedestris* Fabricius
红蝽科 Pyrrhocoridae
棉红蝽属 *Dysdercus* Guérin-Méneville
离斑棉红蝽 *Dysdercus cingulatus* Fabricius
叉带棉红蝽 *Dysdercus decussates* Boisduval
猎蝽科 Reduviidae
菱猎蝽属 *Isyndus* Stål
锥盾菱猎蝽 *Isyndus reticulates* Stål
塞猎蝽属 *Serendiba* Distant
黑刺塞猎蝽 *Serendiba nigrospina* Hsiao
宽蝽科 Veliidae
小宽蝽属 *Microvelia* Westwood
尖钩宽黾蝽 *Microvelia horvathi* Lundblad
黾蝽科 Gerridae
大黾蝽属 *Aquarius* Schellenberg
水黾 *Aquarius palludum* Fabricius
鞘翅目 Coleoptera
虎甲科 Cicindelidae
虎甲属 *Cicindela* Linnaeus
白纹虎甲 *Cicindela nivicincta* Chevrolat
虎甲 *Cicindela* sp.
步甲科 Carabidae
青步甲属 *Chlaenius* Bonelli
毛胸青步甲 *Chlaenius naeviger* Morawitz
婪步甲属 *Harpalus* Latreille
婪步甲 *Harpalus* sp.
吉丁科 Buprestidae
长吉丁属 *Agrilus* Curtis

中华吉丁 *Agrilus sinensis* Thomson
瓢虫科 Coccinellidae
瓢虫属 *Coccinella* Linnaeus
狭臀瓢虫 *Coccinella repanda* Thunberg
和瓢虫属 *Harmonia* Mulsant
隐斑瓢虫 *Harmonia obscurosignata* Liu
盘瓢虫属 *Lemnia* Mulsant
双带盘瓢虫 *Lemnia biplagiata* Swartz
宽柄月瓢虫属 *Menochilus* Timberlake
六斑月瓢虫 *Menochilus sexmaculata* Fabricius
红瓢虫属 *Rodolia* Mulsant
小红瓢虫 *Rodolia pumilla* Weise
大红瓢虫 *Rodolia rufopilosa* Mulsant
芫菁科 Meloidae
豆芫菁属 *Epicauta* Dejean
锯角豆芫菁 *Epicauta gorhami* Marseul
广西豆芫菁 *Epicauta kwangsiensis* Tan
斑芫菁属 *Mylabris* Fabricius
大斑芫菁 *Mylabris phalerata* Pallas
金龟子科 Scarabaeidae
嗡蜣螂属 *Onthophagus* Latreille
嗡蜣螂 *Onthophagus* sp.
丽金龟科 Rutelidae
异丽金龟属 *Anomala* Samouelle
红脚绿丽金龟 *Anomala cupripes* Hope
花金龟科 Cetoniidae
臀花金龟属 *Campsiura* Hope
褐斑臀花金龟 *Campsiura ochreipennis* Fairmaire
天牛科 Cerambycidae
星天牛属 *Anoplophora* Hope
星天牛 *Anoplophora chinensis* Forster
胸斑星天牛 *Anoplophora malasiaca* Thomson
脊虎天牛属 *Xylotrechus* Chevrolat
咖啡脊虎天牛 *Xylotrechus grayii* White
肖叶甲科 Eumolopidae
沟臀肖叶甲属 *Colaspoides* Laporte
毛股沟臀肖叶甲 *Colaspoides femoralis* Lefèvre
甘薯叶甲属 *Colasposoma* Laporte
甘薯肖叶甲丽鞘亚种 *Colasposoma dauricum* subsp. *auripenne* Motschlsky
隐头叶甲属 *Cryptocephalus* Geoffrey
三带隐头叶甲 *Cryptocephalus trifasciatus* Fabricius
毛肖叶甲属 *Trichochrysea* Baly
多毛肖叶甲 *Trichochrysea hirta* Fabricius
叶甲科 Chrysomelidae
凹唇跳甲属 *Argopus* Fischer von Waldheim
黑额凹唇跳 *Argopus nigrifrons* Chen
守瓜属 *Aulacophora* Chevrolat
黄守瓜 *Aulacophora indica* Gmelin
桔啮跳甲属 *Clitea* Baly
黄啮跳甲 *Clitea fulva* Chen
恶性桔啮跳甲 *Clitea metallica* Chen
贺萤叶甲属 *Hoplasoma* Jacoby
棕贺萤叶甲 *Hoplasoma unicolor* Illiger
长跗萤叶甲属 *Monolepta* Chevrolat
黄斑长跗萤叶甲 *Monolepta signata* Olivier
龟甲科 Cassididae
梳龟甲属 *Aspidomorpha* Hope
甘薯梳龟甲 *Aspidomorpha furcata* Thunberg
铁甲科 Hispidae
龟甲属 *Cassida* Linnaeus
甘薯台龟甲 *Cassida circumdata* Herbst
象甲科 Curculionidae
蓝绿象属 *Hypomeces* Schönherr
绿鳞象甲 *Hypomeces squamosus* Fabricius
脉翅目 Neuroptera
草蛉科 Chrysopidae
草蛉属 *Chrysopa* Leach
亚非草蛉 *Chrysopa boninensis* Okamoto
普通草蛉 *Chrysopa carnea* Stephens
蚁蛉科 Myrmeleontidae
蚁蛉属 *Myrmeleon* Linnaeus
蚁蛉 *Myrmeleon formicarius* Linnaeus
鳞翅目 Lepidoptera
潜蛾科 Lyonetiidae
海榄雌潜叶蛾（种名待定）
木蠹蛾科 Cossidae

豹蠹蛾属 *Zeuzera* Latreille

咖啡豹蠹蛾 *Zeuzera coffeae* Nietner

蓑蛾科 Psychidae

小蓑蛾属 *Acanthopsyche* Heylaerts

小蓑蛾 *Acanthopsyche subferalbata* Hampson

属 *Amatissa* Walker

丝脉蓑蛾 *Amatissa snelleni* Heylaerts

属 *Chalia* Moore

蜡彩蓑蛾 *Chalia larminati* Heylaerts

属 *Chalioides* Swinhoe

白囊蓑蛾 *Chalioides kondonis* Matsμmura

窠蓑蛾属 *Clania* Walker

茶蓑蛾 *Clania minuscula* Butler

大蓑蛾 *Clania vartegata* Snellen

属 *Dappula* Moore

黛蓑蛾 *Dappula tertia* Templeton

属 *Mahasena* Moore

褐蓑蛾 *Mahasena colona* Sonan

刺蛾科 Limacodidae

刺蛾属 *Cnidocampa* Dyar

黄刺蛾 *Cnidocampa flavescens* Walker

绿刺蛾属 *Latoia* Guerin-Meneville

丽绿刺蛾 *Latoia lepida* Cramer

迹斑绿刺蛾 *Latoia pastorlis* Butler

扁刺蛾属 *Thosea* Walker

红树林扁刺蛾 *Thosea* sp.

小卷蛾科 Olethreutidae

姬卷叶蛾属 *Cryptophlebia* Walsingham

荔枝异形小卷蛾 *Cryptophlebia ombrodelta* Lower

卷蛾科 Tortricidae

长卷蛾属 *Homona* Walker

柑橘长卷蛾 *Homona coffearia* Nietner

毛颚小卷蛾属 *Lasiognatha* Diakonoff

蜡烛果毛颚小卷蛾 *Lasiognatha cellifera* Meyrick

螟蛾科 Pyralidae

蛀野螟属 *Dichocrocis* Lederer

三条蛀野螟 *Dichocrocis chorophanta* Butlar

海榄雌蛀果螟 *Dichocrocis* sp.

黄纹水螟属 *Nymphula* Schrank

稻黄纹水螟 *Nymphula fengwhanalis* Pryer

细斑螟属 *Oligochroa* Walker

广州小斑螟 *Oligochroa cantonella* Caradja

白草螟属 *Pseudocatharylla* Bleszynski

双纹白草螟 *Pseudcatharylla duplicella* Hampson

化螟属 *Tryporyza* Common

三化螟 *Tryporyza incertellus* Walker

枯叶蛾科 Lasiocampidae

胸枯叶蛾属 *Streblote* Hübner

木麻黄胸枯叶蛾 *Streblote castanea* Swinhoe

巨枯叶蛾属 *Suana* Walker

海桑毛虫 *Suana* sp.

黄枯叶蛾属 *Trabala* Walker

黄枯叶蛾 *Trabala vishnou* Lefèbvre

栗黄枯叶蛾 *Trabala vishnou* subsp. *vishnou* Lefèbure

钩蛾科 Drepanidae

白钩蛾属 *Ditrigona* Moore

无瓣海桑白钩蛾 *Ditrigona* sp.

尺蛾科 Geometridae

油桐尺蛾属 *Buzura* Walker

油桐尺蛾 *Buzura suppressaria* Guenee

豹尺蛾属 *Dysphania* Hübner

豹尺蛾 *Dysphania militaris* Linnaeus

海桑豹尺蛾 *Dysphania* sp.

鹿蛾科 Ctenuchidae

鹿蛾属 *Amata* Fabricius

牧鹿蛾 *Amata pascus* Leech

灯蛾科 Arctiidae

粉灯蛾属 *Nyctemera* Hübner

粉蝶灯蛾 *Nyctemera plagifera* Walker

夜蛾科 Noctuidae

驼蛾属 *Hyblaea* Fabricius

柚木驼蛾 *Hyblaea puera* Cramer

安钮夜蛾属 *Ophiusa* Ochsenheimer

同安钮夜蛾 *Ophiusa disjungens* Walker

细皮夜蛾属 *Selepa* Moore

细皮夜蛾 *Selepa celtis* Moore

毒蛾科 Lymantriidae

茸毒蛾属 *Dasychira* Hübner
大茸毒蛾 *Dasychira thwaitesi* Mooer
荔枝茸毒蛾 *Dasychira* sp.
古毒蛾属 *Orgyia* Ochsenheimer
棉古毒蛾 *Orgyia postica* Walker
盗毒蛾属 *Porthesia* Stephens
双线盗毒蛾 *Porthesia scintillans* Walker
弄蝶科 Hesperiidae
稻弄蝶属 *Parnara* Moore
幺纹稻弄蝶 *Parnara bada* Moore
曲纹稻弄蝶 *Parnara ganga* Evans
直纹稻弄蝶 *Parnara guttata* Bremer et Grey
蛱蝶科 Nymphalidae
波蛱蝶属 *Ariadne* Horsfield
波蛱蝶 *Ariadne ariadne* Linnaeus
襟蛱蝶属 *Cupha* Billberg
黄襟蛱蝶 *Cupha erymanthis* Drury
脉蛱蝶属 *Hestina* Westwood
黑脉蛱蝶台湾亚种 *Hestina assimilis* subsp. *formosana* Moore
斑蛱蝶属 *Hypolimnas* Hübner
幻紫斑蛱蝶 *Hypolimnas bolina* Linnaenus
幻紫斑蛱蝶台湾亚种 *Hypolimnas bolina* subsp. *kezia* Butler
眼蛱蝶属 *Junonia* Hübner
美眼蛱蝶 *Junonia almana* Linnaeus
波纹眼蛱蝶 *Junonia atlites* Linnaeus
黄裳眼蛱蝶 *Junonia hierta* Fabricius
翠蓝眼蛱蝶 *Junonia orithya* Linnaeus
琉璃蛱蝶属 *Kaniska* Moore
琉璃蛱蝶 *Kaniska canace* Linnaeus
环蛱蝶属 *Neptis* Fabricius
中环蛱蝶指名亚种 *Neptis hylas* subsp. *hylas* Linnaenus
珐蛱蝶属 *Phalanta* Holsfield
珐蛱蝶指名亚种 *Phalanta phalantha* subsp. *phalantha* Drury
尾蛱蝶属 *Polyura* Billberg
窄斑凤尾蛱蝶 *Polyura athamas* Drury
眼蝶科 Satyridae
锯眼蝶属 *Elymnias* Hübner
翠袖锯眼蝶广西亚种 *Elymnias hypermnestra* subsp. *septentrionalis* Zhou et Huang
黛眼蝶属 *Lethe* Hübner
白带黛眼蝶中泰亚种 *Lethe confusa* subsp. *apara* Fruhstorfer
暮眼蝶属 *Melanitis* Fabricius
暮眼蝶指名亚种 *Melanitis leda* subsp. *leda* Linnaeus
灰蝶科 Lycaenidae
紫灰蝶属 *Chilades* Moore
紫灰蝶 *Chilades lajus* Stoll
棕灰蝶属 *Euchrysops* Butler
棕灰蝶 *Euchrysops cnejus* Fabricius
雅波灰蝶属 *Jamides* Hübner
雅灰蝶大陆亚种 *Jamides bochus* subsp. *plato* Fabricius
净雅灰蝶 *Jamides pura* Moore
酢浆灰蝶属 *Pseudozizeeria* Beuret
酢浆灰蝶指名亚种 *Pseudozizeeria maha* subsp. *maha* Kollar
银线灰蝶属 *Spindasis* Wallengren
银线灰蝶台湾亚种 *Spindasis lohita* subsp. *formosana* Moore
小灰蝶属 *Zizina* Chapman
毛眼灰蝶 *Zizina otis* Fabricius
粉蝶科 Pieridae
粉蝶属 *Artogeia* Verity
东方粉蝶 *Artogeia canidia* Linnaeus
迁粉蝶属 *Catopsilia* Hübner
迁粉蝶无纹型 *Catopsilia pomona* f. *crocale* Fabricius
梨花迁粉蝶指名亚种 *Catopsilia pyranthe* subsp. *pyranthe* Linnaeus
园粉蝶属 *Cepora* Billberg
黑脉园粉蝶台湾亚种 *Cepora nerissa* subsp. *cibyra* Fruhstorfer
青园粉蝶台湾亚种 *Cepora nadina* subsp. *eunama*

Fruhstorfer
黑脉园粉蝶指名亚种 *Cepora nerissa* subsp. *nerissa* Fabricius
黄粉蝶属 *Eurema* Hübner
檗黄粉蝶指名亚种 *Eurema blanda* subsp. *blanda* Boisduval
宽边黄粉蝶指名亚种 *Eurema hecabe* subsp. *hecabe* Linnaeus
无标黄粉蝶西南亚种 *Eurema brigitta* subsp. *rubella* Wallace
鹤顶粉蝶属 *Hebomoia* Hübner
鹤顶粉蝶台湾亚种 *Hebomoia glaucippe* subsp. *formosana* Fruhstorfer
橙粉蝶属 *Ixias* Hübner
橙粉蝶台湾亚种 *Ixias pyrene* subsp. *insignis* Butler
菜粉蝶属 *Pieris* Schrank
菜粉蝶 *Pieris rapae* Linnaeus
青粉蝶属 *Valeria* Horsfield
青粉蝶 *Valeria anais* Lesson
青粉蝶海南亚种 *Valeria anais* subsp. *hainanensis* Fruhstorfer
凤蝶科 Papilionidae
斑凤蝶属 *Chilasa* Moore
斑凤蝶 *Chilasa clytia* Linnaeus
翠蓝斑凤蝶 *Chilasa paradoxa* Zinken
青凤蝶属 *Graphium* Scopoli
统帅青凤蝶指名亚种 *Graphium agamemnon* subsp. *agamemnon* Linnaeus
木兰青凤蝶 *Graphium doson* Felder et Felder
青凤蝶 *Graphium sarpedon* Linnaeus
凤蝶属 *Papilio* Linnaeus
达摩凤蝶 *Papilio demoleus* Linnaeus
玉斑凤蝶 *Papilio helenus* Linnaeus
美凤蝶 *Papilio memnon* Linnaeus
巴黎翠凤蝶 *Papilio paris* Linnaeus
玉带凤蝶 *Papilio polytes* Linnaeus
柑橘凤蝶 *Papilio xuthus* Linnaeus
绿凤蝶属 *Pathysa* Reakirt
绿凤蝶海南亚种 *Pathysa antiphates* subsp. *pompilius* Fabricius
斑蝶科 Danaidae
虎斑蝶属 *Danaus* Kluk
虎斑蝶指名亚种 *Danaus genutia* subsp. *genutia* Cramer
紫斑蝶属 *Euploea* Fabricius
幻紫斑蝶海南亚种 *Euploea core* subsp. *amymone* Godart
蓝点紫斑蝶 *Euploea midamus* Linnaeus
膜翅目 Hymenoptera
姬蜂科 Ichneumonidae
黑点瘤姬蜂属 *Xanthopimpla* Saussure
松毛虫黑点瘤姬蜂 *Xanthopimpla pedator* Fabricius
广黑点瘤姬蜂 *Xanthopimpla punctata* Fabricius
茧蜂科 Braconedae
刺茧蜂属 *Spinaria* Brullé
刺茧蜂 *Spinaria* sp.
小蜂科 Chalcidae
大腿小蜂属 *Brachymeria* Westwood
广大腿小蜂 *Brachymeria lasus* Walker
广肩小蜂科 Eurytomidae
广肩小蜂属 *Eurytoma* Illiger
广肩小蜂 *Eurytoma* sp.
蚁科 Formicidae
捷蚁属 *Anoplolepis* Santschi
长角捷蚁 *Anoplolepis longipes* Jerdon
弓背蚁属 *Camponotus* Latreille
哀弓背蚁 *Camponotus dolendus* Forel
尼科巴弓背蚁 *Camponotus nicobarensis* Mayr
小弓背蚁 *Camponotus minus* Wang et Wu
东京弓背蚁 *Camponotus tokioensis* Ito
举腹蚁属 *Crematogaster* Lund
粗纹举腹蚁 *Crematogaster artifex* Mayr
黑褐举腹蚁 *Crematogaster rogenhoferi* Mayr
游举腹蚁 *Cremastogaster vagula* Wheeler
双刺猛蚁属 *Diacamma* Mayr
聚纹双刺猛蚁 *Diacamma rugosum* Le Guillou
行军蚁属 *Dorylus* Fabricius

东方植食行军蚁 *Dorylus orientalis* Westwood
琉璃蚁属 *Hypoclinea* Mayr
琉璃蚁 *Hypoclinea* sp.
细猛蚁属 *Leptogenys* Roger
中华细猛蚁 *Leptogenys chinensis* Mayr
小家蚁属 *Monomorium* Mayr
花居小家蚁 *Monomorium floricola* Jerdon
凹臭蚁属 *Ochetellus* Shattuck
无毛凹臭蚁 *Ochetellus glaber* Mayr
齿猛蚁属 *Odontoponera* Mayr
横纹齿猛蚁 *Odontoponera transversa* Smith
织叶蚁属 *Oecophylla* Smith
黄柑蚁 *Oecophylla smaragdina* Fabricius
多刺蚁属 *Polyrhachis* Smith
双齿多刺蚁 *Polyrhachis dives* Smith
火蚁属 *Solenopsis* Westwood
热带火蚁 *Solenopsis geminata* Fabricius
铺道蚁属 *Tetramorium* Mayr
双隆骨铺道蚁 *Tetramorium bicarinatum* Nylander
茸毛铺道蚁 *Tetramorium lanuginosum* Mayr
相似铺道蚁 *Tetramorium simillimum* Smith
沃尔什氏铺道蚁 *Tetramorium walshi* Forel
细长蚁属 *Tetraponera* Smith
榕细长蚁 *Tetraponera microcapa* Wu et Wang
山口细长蚁 *Tetraponera shankouensis* Zhou et Jiang
泥蜂科 Sphecidae
蓝泥蜂属 *Chalybion* Dahlbom
瘦蓝泥蜂 *Chalybion bengalense* Dahlbon
壁泥蜂属 *Sceliphron* Klug
长柄泥蜂 *Sceliphron madraspatanum* Fabricius
毛泥蜂属 *Sphex* Linnaeus
银毛泥蜂 *Sphex umbrosus* Christ
蚁蜂科 Mutillidae
蚁蜂属 *Mutilla* Linnaeus
双斑蚁蜂 *Mutilla* sp. 1
大双斑蚁蜂 *Mutilla* sp. 2
大蚁蜂 *Mutilla* sp. 3
土蜂科 Scoliidae
长腹土蜂属 *Campsomeris* Lepeletier
白毛长腹土蜂 *Campsomeris annulata* Fabricius
毛肩土蜂 *Campsomeris coelebs* Sich
黄斑大土蜂 *Campsomeris rubra maculata* Smith
臀钩土蜂科 Tiphiidae
钩土蜂属 *Tiphia* Fabricius
臀钩土蜂 *Tiphia* sp.
胡蜂科 Vespidae
胡蜂属 *Vespa* Linnaeus
黄腰胡蜂 *Vespa affinis* Linnaeus
小金箍胡蜂 *Vespa tropica* subsp. *haematodes* Bequaert
马蜂科 Polistidae
马蜂属 *Polistes* Latreille
棕马蜂 *Polistes gigas* Kirby
果马蜂 *Polistes olivaceus* de Geer
点马蜂 *Polistes stigma* Fabricius
蜾蠃科 Eumenidae
华丽蜾蠃属 *Delta* Saussure
原野华丽蜾蠃 *Delta campaniforme* subsp. *esuriens* Fabricius
胸蜾蠃属 *Orancistrocerus* van der Vecht
墨体胸蜾蠃 *Orancistrocerus aterrimus* Saussure
蜜蜂科 Apidae
蜜蜂属 *Apis* Linnaeus
东方蜜蜂中华亚种 *Apis cerana* subsp. *cerana* Fabricius
小蜜蜂 *Apis florea* Fabricius
意大利蜂 *Apis mellifera* Linneaus
芦蜂属 *Ceratina* Latreille
黄芦蜂 *Ceratina flavipes* Smith
木蜂属 *Xylocopa* Latreille
黄胸木蜂 *Xylocopa appendiculata* Smith
竹木蜂 *Xylocopa nasalis* Westwood
灰胸木蜂 *Xylocopa phalothorax* Lepeletier
长木蜂 *Xylocopa tranquabarorum* Swederus
双翅目 Diptera
蚊科 Culicidae
伊蚊属 *Aedes* Meigen

白纹伊蚊 *Aedes albopictus* Skuse
刺扰伊蚊 *Aedes vexans* Meigen
按蚊属 *Anopheles* Meigen
多斑按蚊 *Anopheles maculates* Theobald
微小按蚊 *Anopheles minimus* Theobald
库蚊属 *Culex* Linnaeus
海滨库蚊 *Culex sitiens* Wiedemann
蠓科 Ceratopogonidae
库蠓属 *Culicoides* Latreille
嗜按库蠓 *Culicoides anophelis* Edwards
荒川库蠓 *Culicoides arakawae* Arakawa
虻科 Tabanidae
虻属 *Tabanus* Linnaeus
华虻 *Tabanus mandarinus* Schiner
全黑虻 *Tabanus nigra* Liu et Wang
纹带虻 *Tabanus striatus* Fabricius
水虻科 Stratimyiidae
丽额水虻属 *Prosopochrysa* de Meijere
舟山丽额水虻 *Prosopochrysa chousanensis* Ouchi
食虫虻科 Asilidae
单羽食虫虻属 *Cophinopoda* Hull
中华单羽食虫虻 *Cophinopoda chinensis* Fabricius
食虫虻属 *Neoitamus* Osten-Sacken
食虫虻 *Neoitamus angusticornis* Loew
基径食虫虻属 *Philodicus* Loew
刺股基径食虫虻 *Philodicus femoralis* Ricardo
蛮食虫虻属 *Promachus* Loew
白毛叉径食虫虻 *Promachus albopilosus* Macquart
大食虫虻 *Promachus yesonicus* Bigot
食蚜蝇科 Syrphidae
直脉食蚜蝇属 *Dideoides* Brunetti
侧斑直脉食蚜蝇 *Dideoides latus* Coquillett
黑带食蚜蝇属 *Episyrphus* Matsumura et Adachi
黑带食蚜蝇 *Episyrphus balteatus* de Geer
管蚜蝇属 *Eristalis* Latreille
斑眼食蚜蝇 *Eristalis arvorum* Fabricius
宽盾蚜蝇属 *Phytomia* Guérin-Méneville
裸芒宽盾蚜蝇 *Phytomia errans* Fabricius
蝇科 Muscidae
家蝇属 *Musca* Linnaeus
突额家蝇 *Musca convexifrons* Thomson
舍蝇 *Musca domestica* subsp. *vicina* Macquart
丽蝇科 Calliphoridae
绿蝇属 *Lucilia* Robineau-Desvoidy
南岭绿蝇 *Lucilia bazini* Seguy
海南绿蝇 *Lucilia hainanensis* Fan
紫绿蝇 *Lucilia porphyrina* Walker
麻蝇科 Sarcophagidae
亚麻蝇属 *Parasarcophaga* Johnston et Tiegs
白头亚麻蝇 *Parasarcophaga albiceps* Meigen
黄须亚麻蝇 *Parasarcophaga orchidea* Boettcher
潜蝇科 Agromyzidae
潜蝇属 *Agromyza* Fallén
潜蝇 *Agromyza* sp.
实蝇科 Tephritidae
实蝇属 *Taeniostola* Bezzi
实蝇 *Taeniostola* sp.

七、鸟类

目前，关于广西滨海湿地鸟类的研究主要涉及河口、海岛和红树林区 3 种生境类型，现已知的种类有 17 目 59 科 163 属 350 种，其中出现在入海河口的鸟类有 15 目 46 科 91 属 158 种（周放等，2005），海岛鸟类有 16 目 49 科 98 属 180 种（舒晓莲等，2009），红树林区鸟类有 16 目 58 科 161 属 346 种（周放等，2010），都是以雀形目种类最多，其次是鸻形目的种类。广西滨海湿地鸟类中，鸊鷉目有 1 科 2 属 2 种，鹈形目有 3 科 3 属 5 种，鹳形目有 3 科 13 属 22 种，雁形目有 1 科 8 属 24 种，隼形目有 3 科 13 属 26 种，鸡形目有 1 科 2 属 3 种，鹤形目有 3 科 10 属 17 种，鸻形目有 10 科 32 属 77 种，鸽形目有 1 科 2 属 4 种，鹃形目有 1 科 6 属 13 种，鸮形目有 1 科 5 属 8 种，夜鹰目有 1 科 1 属 2 种，雨燕目有 1 科

1 属 2 种，佛法僧目有 3 科 5 属 7 种，戴胜目有 1 科 1 属 1 种，䴕形目有 1 科 1 属 1 种，雀形目有24科58属136种。种类数量较多的属有鸥属（*Larus*）（12种）、柳莺属（*Phylloscopus*）（11 种）、滨鹬属（*Calidris*）（10 种）、鸭属（*Anas*）（9 种）、鹰属（*Accipiter*）（7 种）、鸻属（*Charadrius*）（7 种）、鹬属（*Tringa*）（7 种）、鹀属（*Emberiza*）（7 种）、杜鹃属（*Cuculus*）（6 种）、伯劳属（*Lanius*）（6 种）、鹨属（*Anthus*）（5 种）、潜鸭属（*Aythya*）（5 种）、隼属（*Falco*）（5 种）、鹡鸰属（*Motacilla*）（5 种）、鸫属（*Turdus*）（5 种）、姬鹟属（*Ficedula*）（5 种）、鹪莺属（*Prinia*）（5 种）、苇莺属（*Acrocephalus*）（5 种）等（表 3-9）。属于旅鸟有 42 种，留鸟有 92 种，夏候鸟有 40 种，冬候鸟有 172 种，迷鸟有 4 种；国家级保护物种有 53 种，其中国家一级保护物种有 3 种，国家二级保护物种有 50 种，IUCN 红色名录物种有 22 种，其中极危种有 1 种，濒危种有 5 种，易危种有 10 种，近危种有 6 种（表 3-10）。

表 3-9 广西滨海湿地鸟类的科属统计

目	科	属	种数
䴙䴘目 Podicipediformes	䴙䴘科 Podicipedidae	䴙䴘属 *Podiceps* Lamtham	1
		小䴙䴘属 *Tachybaptus* Reichenbach	1
鹈形目 Pelecaniformes	鹈鹕科 Pelecanidae	鹈鹕属 *Pelecanus* Linnaeus	2
	鲣鸟科 Sulidae	鲣鸟属 *Sula* Brisson	1
	鸬鹚科 Phalacrocoracidae	鸬鹚属 *Phalacrocorax* Brisson	2
鹳形目 Ciconiiformes	鹭科 Ardeidae	鹭属 *Ardea* Linnaeus	3
		池鹭属 *Ardeola* Boie	1
		麻鳽属 *Botaurus* Stephens	1
		牛背鹭属 *Bubulcus* Linnaeus	1
		绿鹭属 *Butorides* Linnaeus	1
		黑鳽属 *Dupetor* Heine et Reichenow	1
		白鹭属 *Egretta* Forster	4
		鳽属 *Gorsachius* Bonaparte	2
		苇鳽属 *Ixobrychus* Billberg	3
		夜鹭属 *Nycticorax* Forster	1
	鹳科 Ciconiidae	鹳属 *Ciconia* Brisson	1
	鹮科 Threskiornithidae	琵鹭属 *Platalea* Linnaeus	2
		白鹮属 *Threskiornis* Gray	1
雁形目 Anseriformes	鸭科 Anatidae	鸭属 *Anas* Linnaeus	9
		雁属 *Anser* Brisson	3
		潜鸭属 *Aythya* Boie	5
		树鸭属 *Dendrocygna* Swainson	1
		斑头秋沙鸭属 *Mergellus* Selby	1
		秋沙鸭属 *Mergus* Linnaeus	3
		棉凫属 *Nettapus* Brandt	1
		麻鸭属 *Tadorna* Fleming	1
隼形目 Falconiformes	鹗科 Pandionidae	鹗属 *Pandion* Savigny	1

续表

目	科	属	种数
隼形目 Falconiformes	鹰科 Accipitridae	鹰属 *Accipiter* Brisson	7
		雕属 *Aquila* Brisson	1
		鹃隼属 *Aviceda* Swainson	1
		鵟鹰属 *Butastur* Hodgson	1
		鵟属 *Buteo* Lacepède	1
		鹞属 *Circus* Lacepède	4
		黑翅鸢属 *Elanus* Savigny	1
		鸢属 *Milvus* Lacepède	1
		蜂鹰属 *Pernis* Cuvier	1
		蛇雕属 *Spilornis* Gray	1
	隼科 Falconidae	隼属 *Falco* Linnaeus	5
		小隼属 *Microhierax* Sharpe	1
鸡形目 Galliformes	雉科 Phasianidae	鹌鹑属 *Coturnix* Bonnaterre	2
		鹧鸪属 *Francolinus* Hodgson	1
鹤形目 Gruiformes	三趾鹑科 Turnicidae	三趾鹑属 *Turnix* Bonnaterre	3
	鹤科 Gruidae	鹤属 *Grus* Brisson	1
	秧鸡科 Rallidae	苦恶鸟属 *Amaurornis* Reichenbach	2
		骨顶鸡属 *Fulica* Linnaeus	1
		董鸡属 *Gallicrex* Blyth	1
		水鸡属 *Gallinula* Brisson	1
		紫水鸡属 *Porphyrio* Brisson	1
		田鸡属 *Porzana* Vieillot	4
		斑秧鸡属 *Rallina* Gray	1
		秧鸡属 *Rallus* Linnaeus	2
鸻形目 Charadriiformes	水雉科 Jacanidae	水雉属 *Hydrophasianus* Wagler	1
		铜翅水雉属 *Metopidius* Wagler	1
	彩鹬科 Rostratulidae	彩鹬属 *Rostratula* Vieillot	1
	蛎鹬科 Haematopodidae	蛎鹬属 *Haematopus* Linnaeus	1
	反嘴鹬科 Recurvirostridae	长脚鹬属 *Himantopus* Brisson	1
		反嘴鹬属 *Recurvirostra* Linnaeus	1
	燕鸻科 Glareolidae	燕鸻属 *Glareola* Brisson	1
	鸻科 Charadriidae	鸻属 *Charadrius* Linnaeus	7
		斑鸻属 *Pluvialis* Brisson	3
		麦鸡属 *Vanellus* Brisson	3
	鹬科 Scolopacidae	矶鹬属 *Actitis* Illiger	1
		滨鹬属 *Calidris* Merrem	10
		勺嘴鹬属 *Eurynorhynchus* Nilsson	1
		沙锥属 *Gallinago* Koch	4

续表

目	科	属	种数
鸻形目 Charadriiformes	鹬科 Scolopacidae	漂鹬属 *Heteroscelus* Baird	1
		阔嘴鹬属 *Limicola* Koch	1
		半蹼鹬属 *Limnodromus* Wied	1
		塍鹬属 *Limosa* Brisson	2
		姬鹬属 *Lymnocryptes* Boie	1
		杓鹬属 *Numenius* Brisson	4
		瓣蹼鹬属 *Phalaropus* Briton	1
		流苏鹬属 *Philomachus* Merrem	1
		丘鹬属 *Scolopax* Linnaeus	1
		鹬属 *Tringa* Linnaeus	7
		翘嘴鹬属 *Xenus* Kaup	1
	贼鸥科 Stercorariidae	贼鸥属 *Stercorarius* Brisson	1
	鸥科 Laridae	鸥属 *Larus* Linnaeus	12
	燕鸥科 Sternidae	浮鸥属 *Chlidonias* Rafinesque	2
		噪鸥属 *Gelochelidon* Brehm	1
		巨鸥属 *Hydroprogne* Kaup	1
		燕鸥属 *Sterna* Linnaeus	2
		凤头燕鸥属 *Thalasseus* Boie	1
鸽形目 Columbiformes	鸠鸽科 Columbidae	金鸠属 *Chalcophaps* Gould	1
		斑鸠属 *Streptopelia* Bonaparte	3
鹃形目 Cuculiformes	杜鹃科 Cuculidae	八声杜鹃属 *Cacomantis* Müller	2
		鸦鹃属 *Centropus* Illiger	2
		凤头鹃属 *Clamator* Kaup	1
		杜鹃属 *Cuculus* Linnaeus	6
		噪鹃属 *Eudynamys* Vigors et Horsfield	1
		地鹃属 *Phaenicophaeus* Stephens	1
鸮形目 Strigiformes	鸱鸮科 Strigidae	雕鸮属 *Bubo* Dumeril	1
		鸺鹠属 *Glaucidium* Boie	2
		鹰鸮属 *Ninox* Hodgson	1
		角鸮属 *Otus* Pennant	3
		林鸮属 *Strix* Linnaeus	1
夜鹰目 Caprimulgiformes	夜鹰科 Caprimulgidae	夜鹰属 *Caprimulgus* Linnaeus	2
雨燕目 Apodiformes	雨燕科 Apodidae	雨燕属 *Apus* Scopoli	2
佛法僧目 Coraciiformes	翠鸟科 Alcedinidae	翠鸟属 *Alcedo* Linnaeus	1
		鱼狗属 *Ceryle* Boie	2
		翡翠属 *Halcyon* Swainson	2
	蜂虎科 Meropidae	蜂虎属 *Merops* Linnaeus	1
	佛法僧科 Coraciidae	三宝鸟属 *Eurystomus* Vieillot	1

续表

目	科	属	种数
戴胜目 Upupiformes	戴胜科 Upupidae	戴胜属 *Upupa* Linnaeus	1
䴕形目 Piciformes	啄木鸟科 Picidae	蚁䴕属 *Jynx* Linnaeus	1
雀形目 Passeriformes	八色鸫科 Pittidae	八色鸫属 *Pitta* Vieillot	2
	百灵科 Alaudidae	云雀属 *Alauda* Linnaeus	1
	燕科 Hirundinidae	斑燕属 *Cecropis* Boie	1
		毛脚燕属 *Delichon* Horsfield et Moore	1
		燕属 *Hirundo* Linnaeus	1
	鹡鸰科 Motacillidae	鹨属 *Anthus* Bechstein	5
		山鹡鸰属 *Dendronanthus* Blyth	1
		鹡鸰属 *Motacilla* Linnaeus	5
	山椒鸟科 Campephagidae	鸦鹃鵙属 *Coracina* Vieillot	2
		山椒鸟属 *Pericrocotus* Boie	2
	鹎科 Pycnonotidae	冠鹎属 *Alophoixus* Oates	1
		鹎属 *Pycnonotus* Boie	4
	伯劳科 Laniidae	伯劳属 *Lanius* Linnaeus	6
	黄鹂科 Oriolidae	黄鹂属 *Oriolus* Linnaeus	1
	卷尾科 Dicruridae	卷尾属 *Dicrurus* Vieillot	3
	椋鸟科 Sturnidae	八哥属 *Acridotheres* Vieillot	1
		斑椋鸟属 *Gracupica* Amadon	1
		亚洲椋鸟属 *Sturnia* Lesson	2
		椋鸟属 *Sturnus* Linnaeus	2
	燕鵙科 Artamidae	燕鵙属 *Artamus* Vieillot	1
	鸦科 Corvidae	鸦属 *Corvus* Linnaeus	2
		松鸦属 *Garrulus* Brisson	1
		蓝鹊属 *Urocissa* Cabanis	1
	鸫科 Turdidae	鹊鸲属 *Copsychus* Wagler	1
		歌鸲属 *Luscinia* Torster	3
		矶鸫属 *Monticola* Boie	3
		啸鸫属 *Myophonus* Temminck	1
		红尾鸲属 *Phoenicurus* Forster	1
		石䳭属 *Saxicola* Bechstein	2
		鸲属 *Tarsiger* Hodgson	1
		鸫属 *Turdus* Linnaeus	5
		地鸫属 *Zoothera* Vigors	3
	鹟科 Muscicapidae	白腹蓝姬鹟属 *Cyanoptila* Blyth	1
		蓝仙鹟属 *Cyornis* Blyth	1
		铜蓝仙鹟属 *Eumyias* Cabanis	1
		姬鹟属 *Ficedula* Brisson	5

续表

目	科	属	种数
雀形目 Passeriformes	鹟科 Muscicapidae	鹟属 *Muscicapa* Brisson	3
		林鹟属 *Rhinomyias* Sharpe	1
	王鹟科 Monarchinae	黑枕王鹟属 *Hypothymis* Boie	1
		寿带属 *Terpsiphone* Gloger	2
	画眉科 Timaliidae	噪鹛属 *Garrulax* Lesson	3
		穗鹛属 *Stachyridopsis* Blyth	1
	扇尾莺科 Cisticolidae	扇尾莺属 *Cisticola* Kaup	2
		鹪莺属 *Prinia* Horsfield	5
	莺科 Sylviidae	苇莺属 *Acrocephalus* Naumann	5
		短翅莺属 *Bradypterus* Swainson	2
		树莺属 *Cettia* Bonaparte	4
		蝗莺属 *Locustella* Kaup	2
		缝叶莺属 *Orthotomus* Horsfield	2
		柳莺属 *Phylloscopus* Boie	11
		短尾莺属 *Urosphena* Swinhoe	1
	绣眼鸟科 Zosteropidae	绣眼鸟属 *Zosterops* Vigors et Horsfield	2
	山雀科 Paridae	山雀属 *Parus* Linnaeus	1
	雀科 Passeridae	麻雀属 *Passer* Brisson	2
	梅花雀科 Estrildidae	文鸟属 *Lonchura* Sykes	2
	燕雀科 Fringillidae	金翅雀属 *Carduelis* Brisson	1
	鹀科 Emberizidae	鹀属 *Emberiza* Linnaeus	7
		凤头鹀属 *Melophus* Swainson	1

表 3-10　广西红树林区鸟类受威胁和受保护物种名录

物种名称	保护等级	IUCN
卷羽鹈鹕 *Pelecanus crispus*	II	VU
斑嘴鹈鹕 *Pelecanus philippensis*	II	NT
褐鲣鸟 *Sula leucogaster*	II	
海鸬鹚 *Phalacrocorax pelagicus*	II	
黄嘴白鹭 *Egretta eulophotes*	II	VU
岩鹭 *Egretta sacra*	II	
栗头鳽 *Gorsachius goisagi*		EN
黑鹳 *Ciconia nigra*	I	
白琵鹭 *Platalea leucorodia*	II	
黑脸琵鹭 *Platalea minor*	II	EN
黑头白鹮 *Threskiornis melanocephalus*	II	NT
红胸黑雁 *Branta ruficollis*		EN
小白额雁 *Anser erythropus*		VU

续表

物种名称	保护等级	IUCN
花脸鸭 *Anas formosa*		VU
青头潜鸭 *Aythya baeri*		VU
白眼潜鸭 *Aythya nyroca*		NT
中华秋沙鸭 *Mergus squamatus*	I	EN
鹗 *Pandion haliaetus*	II	
褐耳鹰 *Accipiter badius*	II	
苍鹰 *Accipiter gentilis*	II	
日本松雀鹰 *Accipiter gularis*	II	
雀鹰 *Accipiter nisus*	II	
赤腹鹰 *Accipiter soloensis*	II	
凤头鹰 *Accipiter trivirgatus*	II	
松雀鹰 *Accipiter virgatus*	II	
白肩雕 *Aquila heliaca*	I	VU
黑冠鹃隼 *Aviceda leuphotes*	II	
灰脸鵟鹰 *Butastur indicus*	II	
普通鵟*Buteo buteo*	II	
白尾鹞 *Circus cyaneus*	II	
草原鹞 *Circus macrourus*	II	
鹊鹞 *Circus melanoleucos*	II	
白腹鹞 *Circus spilonotus*	II	
黑翅鸢 *Elanus caeruleus*	II	
黑耳鸢 *Milvus lineatus*	II	
凤头蜂鹰 *Pernis ptilorhyncus*	II	
蛇雕 *Spilornis cheela*	II	
雕鸮 *Bubo bubo*	II	
红脚隼 *Falco amurensis*	II	
灰背隼 *Falco columbarius*	II	
游隼 *Falco peregrinus*	II	
燕隼 *Falco subbuteo*	II	
白腿小隼 *Microhierax melanoleucus*	II	
灰鹤 *Grus grus*	II	
棕背田鸡 *Porzana bicolor*	II	
铜翅水雉 *Metopidius indicus*	II	
勺嘴鹬 *Eurynorhynchus pygmeus*		CR
半蹼鹬 *Limnodromus semipalmatus*		NT
小杓鹬 *Numenius minutus*	II	
黑尾塍鹬 *Limosa limosa*		NT
小青脚鹬 *Tringa guttifer*	II	EN

续表

物种名称	保护等级	IUCN
黑嘴鸥 *Larus saundersi*		VU
褐翅鸦鹃 *Centropus sinensis*	II	
小鸦鹃 *Centropus bengalensis*	II	
领鸺鹠 *Glaucidium brodiei*	II	
斑头鸺鹠 *Glaucidium cuculoides*	II	
鹰鸮 *Ninox Scutulata*	II	
领角鸮 *Otus lettia*	II	
黄嘴角鸮 *Otus spilocephalus*	II	
红角鸮 *Otus sunia*	II	
灰林鸮 *Strix aluco*	II	
蓝翅八色鸫 *Pitta moluccensis*	II	
仙八色鸫 *Pitta nympha*	II	VU
白喉林鹟 *Rhinomyias brunneatus*		VU
紫寿带 *Terpsiphone atrocaudata*		NT
远东苇莺 *Acrocephalus tangorum*		VU

注：CR. 极危（critically endangered）；EN. 濒危（endangered）；VU. 易危（vulnerable）；NT. 近危（near threatened）；表 4-13 同

广西滨海湿地鸟类名录如下所述（标注*者为红树林有分布）。

脊索动物门 Chordata

鸟纲 Aves

䴙䴘目 Podicipediformes

䴙䴘科 Podicipedidae

䴙䴘属 *Podiceps* Lamtham

凤头䴙䴘 *Podiceps cristatus* Linnaeus*

小䴙䴘属 *Tachybaptus* Reichenbach

小䴙䴘 *Tachybaptus ruficollis* Pallas*

鹈形目 Pelecaniformes

鹈鹕科 Pelecanidae

鹈鹕属 *Pelecanus* Linnaeus

卷羽鹈鹕 *Pelecanus crispus* Bruch*

斑嘴鹈鹕 *Pelecanus philippensis* Gmelin*

鲣鸟科 Sulidae

鲣鸟属 *Sula* Brisson

褐鲣鸟 *Sula leucogaster* Boddaert*

鸬鹚科 Phalacrocoracidae

鸬鹚属 *Phalacrocorax* Brisson

普通鸬鹚 *Phalacrocorax carbo* Linnaeus*

海鸬鹚 *Phalacrocorax pelagicus* Pallas*

鹳形目 Ciconiiformes

鹭科 Ardeidae

鹭属 *Ardea* Linnaeus

大白鹭 *Ardea alba* Linnaeus*

苍鹭 *Ardea cinerea* Linnaeus*

草鹭 *Ardea purpurea* Meyen*

池鹭属 *Ardeola* Boie

池鹭 *Ardeola bacchus* Bonaparte*

麻鳽属 *Botaurus* Stephens

大麻鳽 *Botaurus stellaris* Linnaeus*

牛背鹭属 *Bubulcus* Linnaeus

牛背鹭 *Bubulcus ibis* Boddaert*

绿鹭属 *Butorides* Linnaeus

绿鹭 *Butorides striata* Linnaeus

黑鳽属 *Dupetor* Heine et Reichenow

黑苇鳽 *Dupetor flavicollis* Latham*

白鹭属 *Egretta* Forster

黄嘴白鹭 *Egretta eulophotes* Swinhoe*

白鹭 *Egretta garzetta* Linnaeus*
中白鹭 *Egretta intermedia* Wagler*
岩鹭 *Egretta sacra* Gmelin*
鳽属 *Gorsachius* Bonaparte
栗头鳽 *Gorsachius goisagi* Temminck*
黑冠鳽 *Gorsachius melanolophus* Raffles*
苇鳽属 *Ixobrychus* Billberg
栗苇鳽 *Ixobrychus cinnamomeus* Gmelin*
紫背苇鳽 *Ixobrychus eurhythmus* Swinhoe*
黄斑苇鳽 *Ixobrychus sinensis* Gmelin*
夜鹭属 *Nycticorax* Forster
夜鹭 *Nycticorax nycticorax* Linnaeus*
鹳科 Ciconiidae
鹳属 *Ciconia* Brisson
黑鹳 *Ciconia nigra* Linnaeus*
鹮科 Threskiornithidae
琵鹭属 *Platalea* Linnaeus
白琵鹭 *Platalea leucorodia* Linnaeus*
黑脸琵鹭 *Platalea minor* Temminck et Schlegel*
白鹮属 *Threskiornis* Gray
黑头白鹮 *Threskiornis melanocephalus* Latham*
雁形目 Anseriformes
鸭科 Anatidae
鸭属 *Anas* Linnaeus
针尾鸭 *Anas acuta* Linnaeus*
琵嘴鸭 *Anas clypeata* Linnaeus*
绿翅鸭 *Anas crecca* Linnaeus*
罗纹鸭 *Anas falcata* Georgi*
花脸鸭 *Anas formosa* Georgi*
赤颈鸭 *Anas penelope* Linnaeus*
绿头鸭 *Anas platyrhynchos* Linnaeus*
斑嘴鸭 *Anas poecilorhyncha* Forster*
白眉鸭 *Anas querquedula* Linnaeus*
雁属 *Anser* Brisson
灰雁 *Anser anser* Linnaeus*
小白额雁 *Anser erythropus* Linnaeus*
豆雁 *Anser fabalis* Latham*
潜鸭属 *Aythya* Boie
青头潜鸭 *Aythya baeri* Radde*
红头潜鸭 *Aythya ferina* Linnaeus*
凤头潜鸭 *Aythya fuligula* Linnaeus*
斑背潜鸭 *Aythya marila* Linnaeus*
白眼潜鸭 *Aythya nyroca* Guldenstadt*
树鸭属 *Dendrocygna* Swainson
栗树鸭 *Dendrocygna javanica* Horsfield*
斑头秋沙鸭属 *Mergellus* Selby
斑头秋沙鸭 *Mergellus albellus* Linnaeus*
秋沙鸭属 *Mergus* Linnaeus
普通秋沙鸭 *Mergus merganser* Linnaeus*
红胸秋沙鸭 *Mergus serrator* Linnaeus*
中华秋沙鸭 *Mergus squamatus* Gould*
棉凫属 *Nettapus* Brandt
棉凫 *Nettapus coromandelianus* Gmelin*
麻鸭属 *Tadorna* Fleming
赤麻鸭 *Tadorna ferruginea* Pallas*
隼形目 Falconiformes
鹗科 Pandionidae
鹗属 *Pandion* Savigny
鹗 *Pandion haliaetus* Linnaeus*
鹰科 Accipitridae
鹰属 *Accipiter* Brisson
褐耳鹰 *Accipiter badius* Gmelin*
苍鹰 *Accipiter gentilis* Linnaeus*
日本松雀鹰 *Accipiter gularis* Temminck et Schlegel*
雀鹰 *Accipiter nisus* Linnaeus*
赤腹鹰 *Accipiter soloensis* Horsfield*
凤头鹰 *Accipiter trivirgatus* Temminck*
松雀鹰 *Accipiter virgatus* Temminck*
雕属 *Aquila* Brisson
白肩雕 *Aquila heliaca* Savigny*
鹃隼属 *Aviceda* Swainson
黑冠鹃隼 *Aviceda leuphotes* Dumont*
鵟鹰属 *Butastur* Hodgson
灰脸鵟鹰 *Butastur indicus* Gmelin*
鵟属 *Buteo* Lacepède
普通鵟 *Buteo buteo* Linnaeus*
鹞属 *Circus* Lacepède

白尾鹞 *Circus cyaneus* Linnaeus*
草原鹞 *Circus macrourus* Gmelin*
鹊鹞 *Circus melanoleucos* Pennant*
白腹鹞 *Circus spilonotus* Kaup*
黑翅鸢属 *Elanus* Savigny
黑翅鸢 *Elanus caeruleus* Desfontaines*
鸢属 *Milvus* Lacepède
黑耳鸢 *Milvus lineatus* Gray*
蜂鹰属 *Pernis* Cuvier
凤头蜂鹰 *Pernis ptilorhyncus* Temminck*
蛇雕属 *Spilornis* Gray
蛇雕 *Spilornis cheela* Latham*
隼科 Falconidae
隼属 *Falco* Linnaeus
红脚隼 *Falco amurensis* Radde*
灰背隼 *Falco columbarius* Linnaeus*
游隼 *Falco peregrinus* Tunstall*
燕隼 *Falco subbuteo* Linnaeus*
红隼 *Falco tinnunculus* Linnaeus*
小隼属 *Microhierax* Sharpe
白腿小隼 *Microhierax melanoleucus* Blyth*
鸡形目 Galliformes
雉科 Phasianidae
鹌鹑属 *Coturnix* Bonnaterre
蓝胸鹑 *Coturnix chinensis* Linnaeus*
鹌鹑 *Coturnix coturnix* Linnaeus*
鹧鸪属 *Francolinus* Hodgson
中华鹧鸪 *Francolinus pintadeanus* Scopoli*
鹤形目 Gruiformes
三趾鹑科 Turnicidae
三趾鹑属 *Turnix* Bonnaterre
棕三趾鹑 *Turnix suscitator* Gmelin*
林三趾鹑 *Turnix sylvaticus* Desfontaines*
黄脚三趾鹑 *Turnix tanki* Blyth*
鹤科 Gruidae
鹤属 *Grus* Brisson
灰鹤 *Grus grus* Linnaeus*
秧鸡科 Rallidae
苦恶鸟属 *Amaurornis* Reichenbach
红脚苦恶鸟 *Amaurornis akool* Sykes*
白胸苦恶鸟 *Amaurornis phoenicurus* Pennant*
骨顶鸡属 *Fulica* Linnaeus
骨顶鸡 *Fulica atra* Linnaeus*
董鸡属 *Gallicrex* Blyth
董鸡 *Gallicrex cinerea* Gmelin*
水鸡属 *Gallinula* Brisson
黑水鸡 *Gallinula chloropus* Linnaeus*
紫水鸡属 *Porphyrio* Brisson
紫水鸡 *Porphyrio porphyrio* Linnaeus*
田鸡属 *Porzana* Vieillot
棕背田鸡 *Porzana bicolor* Walden*
红胸田鸡 *Porzana fusca* Linnaeus*
斑胁田鸡 *Porzana paykullii* Ljungh*
小田鸡 *Porzana pusilla* Pallas*
斑秧鸡属 *Rallina* Gray
白喉斑秧鸡 *Rallina eurizonoides* Lafresnaye*
秧鸡属 *Rallus* Linnaeus
普通秧鸡 *Rallus aquaticus* Linnaeus*
蓝胸秧鸡 *Rallus striatus* Linnaeus*
鸻形目 Charadriiformes
水雉科 Jacanidae
水雉属 *Hydrophasianus* Wagler
水雉 *Hydrophasianus chirurgus* Scopoli*
铜翅水雉属 *Metopidius* Wagler
铜翅水雉 *Metopidius indicus* Latham*
彩鹬科 Rostratulidae
彩鹬属 *Rostratula* Vieillot
彩鹬 *Rostratula benghalensis* Linnaeus*
蛎鹬科 Haematopodidae
蛎鹬属 *Haematopus* Linnaeus
蛎鹬 *Haematopus ostralegus* Linnaeus*
反嘴鹬科 Recurvirostridae
长脚鹬属 *Himantopus* Brisson
黑翅长脚鹬 *Himantopus himantopus* Linnaeus*
反嘴鹬属 *Recurvirostra* Linnaeus
反嘴鹬 *Recurvirostra avosetta* Linnaeus*
燕鸻科 Glareolidae
燕鸻属 *Glareola* Brisson

普通燕鸻 *Glareola maldivarum* Forster*
鸻科 Charadriidae
鸻属 *Charadrius* Linnaeus
环颈鸻 *Charadrius alexandrinus* Linnaeus*
金眶鸻 *Charadrius dubius* Scopoli*
剑鸻 *Charadrius hiaticula* Linnaeus*
铁嘴沙鸻 *Charadrius leschenaultii* Lesson*
蒙古沙鸻 *Charadrius mongolus* Pallas*
长嘴剑鸻 *Charadrius placidus* Gray et Gray*
东方鸻 *Charadrius veredus* Could*
斑鸻属 *Pluvialis* Brisson
美洲金鸻 *Pluvialis dominica* Gmelin*
金鸻 *Pluvialis fulva* Gmelin*
灰鸻 *Pluvialis squatarola* Linnaeus*
麦鸡属 *Vanellus* Brisson
灰头麦鸡 *Vanellus cinereus* Blyth*
距翅麦鸡 *Vanellus duvaucelii* Lesson*
凤头麦鸡 *Vanellus vanellus* Linnaeus*
鹬科 Scolopacidae
矶鹬属 *Actitis* Illiger
矶鹬 *Actitis hypoleucos* Linnaeus*
滨鹬属 *Calidris* Merrem
尖尾滨鹬 *Calidris acuminata* Horsfield*
三趾滨鹬 *Calidris alba* Pallas*
黑腹滨鹬 *Calidris alpina* Linnaeus*
红腹滨鹬 *Calidris canutus* Linnaeus*
弯嘴滨鹬 *Calidris ferruginea* Pontoppidan*
白腰滨鹬 *Calidris fuscicollis* Vieillot*
红颈滨鹬 *Calidris ruficollis* Pallas*
长趾滨鹬 *Calidris subminuta* Middendorff*
青脚滨鹬 *Calidris temminckii* Leisier*
大滨鹬 *Calidris tenuirostris* Horsfield*
勺嘴鹬属 *Eurynorhynchus* Nilsson
勺嘴鹬 *Eurynorhynchus pygmeus* Linnaeus*
沙锥属 *Gallinago* Koch
扇尾沙锥 *Gallinago gallinago* Linnaeus*
大沙锥 *Gallinago megala* Swinhoe*
孤沙锥 *Gallinago solitaria* Hodgson*
针尾沙锥 *Gallinago stenura* Bonaparte*
漂鹬属 *Heteroscelus* Baird
灰尾漂鹬 *Heteroscelus brevipes* Vieillot*
阔嘴鹬属 *Limicola* Koch
阔嘴鹬 *Limicola falcinellu* Pontoppidan*
半蹼鹬属 *Limnodromus* Wied
半蹼鹬 *Limnodromus semipalmatus* Blyth*
塍鹬属 *Limosa* Brisson
斑尾塍鹬 *Limosa lapponica* Linnaeus*
黑尾塍鹬 *Limosa limosa* Linnaeus*
姬鹬属 *Lymnocryptes* Boie
姬鹬 *Lymnocryptes minimus* Brünnich*
杓鹬属 *Numenius* Brisson
白腰杓鹬 *Numenius arquata* Linnaeus*
大杓鹬 *Numenius madagascariensis* Linnaeus*
小杓鹬 *Numenius minutus* Gould*
中杓鹬 *Numenius phaeopus* Linnaeus*
瓣蹼鹬属 *Phalaropus* Briton
红颈瓣蹼鹬 *Phalaropus lobatu* Linnaeus*
流苏鹬属 *Philomachus* Merrem
流苏鹬 *Philomachus pugnax* Linnaeus*
丘鹬属 *Scolopax* Linnaeus
丘鹬 *Scolopax rusticola* Linnaeus*
鹬属 *Tringa* Linnaeus
鹤鹬 *Tringa erythropus* Pallas*
林鹬 *Tringa glareola* Linnaeus*
小青脚鹬 *Tringa guttifer* Nordmann*
青脚鹬 *Tringa nebularia* Gunnerus*
白腰草鹬 *Tringa ochropus* Linnaeus*
泽鹬 *Tringa stagnatilis* Bechstein*
红脚鹬 *Tringa totanus* Linnaeus*
翘嘴鹬属 *Xenus* Kaup
翘嘴鹬 *Xenus cinereus* Güldenstaedt*
贼鸥科 Stercorariidae
贼鸥属 *Stercorarius* Brisson
中贼鸥 *Stercorarius pomarinus* Temminck*
鸥科 Laridae
鸥属 *Larus* Linnaeus
银鸥 *Larus argentatus* Pontoppidan*
黄腿银鸥 *Larus cachinnans* Pallas*

普通海鸥 *Larus canus* Linnaeus*
黑尾鸥 *Larus crassirostris* Vieillot*
小黑背银鸥 *Larus fuscus* Linnaeus*
灰翅鸥 *Larus glaucescens* Naumann*
北极鸥 *Larus hyperboreus* Gunnerus*
小鸥 *Larus minutus* Pallas*
红嘴鸥 *Larus ridibundus* Linnaeus*
黑嘴鸥 *Larus saundersi* Swinhoe*
灰背鸥 *Larus schistisagus* Stejneger*
西伯利亚银鸥 *Larus vegae* Pelmen*
燕鸥科 Sternidae
浮鸥属 *Chlidonias* Rafinesque
须浮鸥 *Chlidonias hybrida* Pallas*
白翅浮鸥 *Chlidonias leucopterus* Temminck*
噪鸥属 *Gelochelidon* Brehm
鸥嘴噪鸥 *Gelochelidon nilotica* Gmelin*
巨鸥属 *Hydroprogne* Kaup
红嘴巨燕鸥 *Hydroprogne caspia* Pallas*
燕鸥属 *Sterna* Linnaeus
粉红燕鸥 *Sterna dougallii* Montagu*
普通燕鸥 *Sterna hirundo* Linnaeus*
凤头燕鸥属 *Thalasseus* Boie
大凤头燕鸥 *Thalasseus bergii* Lichtenstein*
鸽形目 Columbiformes
鸠鸽科 Columbidae
金鸠属 *Chalcophaps* Gould
绿翅金鸠 *Chalcophaps indica* Linnaeus*
斑鸠属 *Streptopelia* Bonaparte
珠颈斑鸠 *Streptopelia chinensis* Scopoli*
山斑鸠 *Streptopelia orientalis* Latham*
火斑鸠 *Streptopelia tranquebarica* Hermann*
鹃形目 Cuculiformes
杜鹃科 Cuculidae
八声杜鹃属 *Cacomantis* Müller*
八声杜鹃 *Cacomantis merulinus* Scopoli*
栗斑杜鹃 *Cacomantis sonneratii* Latham
鸦鹃属 *Centropus* Illiger
小鸦鹃 *Centropus bengalensis* Gmelin*
褐翅鸦鹃 *Centropus sinensis* Stephens*
凤头鹃属 *Clamator* Kaup
红翅凤头鹃 *Clamator coromandus* Linnaeus*
杜鹃属 *Cuculus* Linnaeus
大杜鹃 *Cuculus canorus* Linnaeus*
四声杜鹃 *Cuculus micropterus* Gould*
棕腹杜鹃 *Cuculus nisicolor* Blyth*
小杜鹃 *Cuculus poliocephalus* Latham*
中杜鹃 *Cuculus saturatus* Blyth et Hodgson
大鹰鹃 *Cuculus sparverioides* Vigors*
噪鹃属 *Eudynamys* Vigors et Horsfield
噪鹃 *Eudynamys scolopaceus* Linnaeus*
地鹃属 *Phaenicophaeus* Stephens
绿嘴地鹃 *Phaenicophaeus tristis* Lesson*
鸮形目 Strigiformes
鸱鸮科 Strigidae
雕鸮属 *Bubo* Dumeril
雕鸮 *Bubo bubo* Linnaeus
鸺鹠属 *Glaucidium* Boie
领鸺鹠 *Glaucidium brodiei* Burton*
斑头鸺鹠 *Glaucidium cuculoides* Vigors*
鹰鸮属 *Ninox* Hodgson
鹰鸮 *Ninox scutulata* Raffles*
角鸮属 *Otus* Pennant
领角鸮 *Otus lettia* Hodgson*
黄嘴角鸮 *Otus spilocephalus* Blyth*
红角鸮 *Otus sunia* Linnaeus
林鸮属 *Strix* Linnaeus
灰林鸮 *Strix aluco* Linnaeus*
夜鹰目 Caprimulgiformes
夜鹰科 Caprimulgidae
夜鹰属 *Caprimulgus* Linnaeus
林夜鹰 *Caprimulgus affinis* Horsfield*
普通夜鹰 *Caprimulgus indicus* Latham*
雨燕目 Apodiformes
雨燕科 Apodidae
雨燕属 *Apus* Scopoli
小白腰雨燕 *Apus nipalensis* Hodgson*
白腰雨燕 *Apus pacificus* Latham*
佛法僧目 Coraciiformes

翠鸟科 Alcedinidae
翠鸟属 *Alcedo* Linnaeus
普通翠鸟 *Alcedo atthis* Linnaeus*
鱼狗属 *Ceryle* Boie
冠鱼狗 *Ceryle lugubris* Temminck*
斑鱼狗 *Ceryle rudis* Linnaeus*
翡翠属 *Halcyon* Swainson
蓝翡翠 *Halcyon pileata* Boddaert*
白胸翡翠 *Halcyon smyrnensis* Linnaeus*
蜂虎科 Meropidae
蜂虎属 *Merops* Linnaeus
栗喉蜂虎 *Merops philippinus* Linnaeus*
佛法僧科 Coraciidae
三宝鸟属 *Eurystomus* Vieillot
三宝鸟 *Eurystomus orientalis* Linnaeus *
戴胜目 Upupiformes
戴胜科 Upupidae
戴胜属 *Upupa* Linnaeus
戴胜 *Upupa epops* Linnaeus
䴕形目 Piciformes
啄木鸟科 Picidae
蚁䴕属 *Jynx* Linnaeus
蚁䴕 *Jynx torquilla* Linnaeus*
雀形目 Passeriformes
八色鸫科 Pittidae
八色鸫属 *Pitta* Vieillot
蓝翅八色鸫 *Pitta moluccensis* Müller*
仙八色鸫 *Pitta nympha* Linnaeus*
百灵科 Alaudidae
云雀属 *Alauda* Linnaeus
小云雀 *Alauda gulgula* Fraklin*
燕科 Hirundinidae
斑燕属 *Cecropis* Boie
金腰燕 *Cecropis daurica* Laxmann*
毛脚燕属 *Delichon* Horsfield et Moore
烟腹毛脚燕 *Delichon dasypus* Bonaparte*
燕属 *Hirundo* Linnaeus
家燕 *Hirundo rustica* Linnaeus
鹡鸰科 Motacillidae
鹨属 *Anthus* Bechstein
红喉鹨 *Anthus cervinus* Pallas*
树鹨 *Anthus hodgsoni* Richmond*
田鹨 *Anthus richardi* Gmelin*
粉红胸鹨 *Anthus roseatus* Blyth*
黄腹鹨 *Anthus rubescens* Tunstall*
山鹡鸰属 *Dendronanthus* Blyth
山鹡鸰 *Dendronanthus indicus* Gmelin*
鹡鸰属 *Motacilla* Linnaeus
白鹡鸰 *Motacilla alba* Linnaeus*
灰鹡鸰 *Motacilla cinerea* Tunstall*
黄头鹡鸰 *Motacilla citreola* Pallas*
黄鹡鸰 *Motacilla flava* Linnaeus*
黑背白鹡鸰 *Motacilla lugens* Linnaeus*
山椒鸟科 Campephagidae
鸦鹃鵙属 *Coracina* Vieillot
大鹃鵙 *Coracina macei* Lesson*
暗灰鹃鵙 *Coracina melaschistos* Hodgson*
山椒鸟属 *Pericrocotus* Boie
灰山椒鸟 *Pericrocotus divaricatus* Raffles*
粉红山椒鸟 *Pericrocotus roseus* Vieillot*
鹎科 Pycnonotidae
冠鹎属 *Alophoixus* Oates
白喉冠鹎 *Alophoixus pallidus* Swinhoe*
鹎属 *Pycnonotus* Boie
白喉红臀鹎 *Pycnonotus aurigaster* Vieillot*
红耳鹎 *Pycnonotus jocosus* Linnaeus*
白头鹎 *Pycnonotus sinensis* Gmelin*
黄臀鹎 *Pycnonotus xanthorrhous* Anderson*
伯劳科 Laniidae
伯劳属 *Lanius* Linnaeus
牛头伯劳 *Lanius bucephalus* Temminck et Schlege*
栗背伯劳 *Lanius collurioides* Lesson*
红尾伯劳 *Lanius cristatus* Linnaeus*
黑伯劳 *Lanius fuscatus* Lesson*
棕背伯劳 *Lanius schach* Linnaeus*
虎纹伯劳 *Lanius tigrinus* Drapiez*
黄鹂科 Oriolidae
黄鹂属 *Oriolus* Linnaeus

黑枕黄鹂 *Oriolus chinensis* Linnaeus*
卷尾科 Dicruridae
卷尾属 *Dicrurus* Vieillot
发冠卷尾 *Dicrurus hottentottus* Linnaeus*
灰卷尾 *Dicrurus leucophaeus* Vieillot*
黑卷尾 *Dicrurus macrocercus* Vieillot*
椋鸟科 Sturnidae
八哥属 *Acridotheres* Vieillot
八哥 *Acridotheres cristatellus* Linnaeus*
斑椋鸟属 *Gracupica* Amadon
黑领椋鸟 *Gracupica nigricollis* Paykull*
亚洲椋鸟属 *Sturnia* Lesson
灰背椋鸟 *Sturnia sinensis* Gmelin*
北椋鸟 *Sturnia sturnina* Pallas*
椋鸟属 *Sturnus* Linnaeus
灰椋鸟 *Sturnus cineraceus* Temminck*
丝光椋鸟 *Sturnus sericeus* Gmelin*
燕鵙科 Artamidae
燕鵙属 *Artamus* Vieillot
灰燕鵙 *Artamus fuscus* Vieillot*
鸦科 Corvidae
鸦属 *Corvus* Linnaeus
小嘴乌鸦 *Corvus corone* Linnaeus*
大嘴乌鸦 *Corvus macrorhynchos* Wagler*
松鸦属 *Garrulus* Brisson
松鸦 *Garrulus glandarius* Linnaeus*
蓝鹊属 *Urocissa* Cabanis
红嘴蓝鹊 *Urocissa erythrorhyncha* Boddaert*
鸫科 Turdidae
鹊鸲属 *Copsychus* Wagler
鹊鸲 *Copsychus saularis* Linnaeus*
歌鸲属 *Luscinia* Torster
红喉歌鸲 *Luscinia calliope* Pallas*
蓝歌鸲 *Luscinia cyane* Pallas*
蓝喉歌鸲 *Luscinia svecica* Linnaeus*
矶鸫属 *Monticola* Boie
白喉矶鸫 *Monticola gularis* Swinhoe*
栗腹矶鸫 *Monticola rufiventris* Jardine et Selby*
蓝矶鸫 *Monticola solitarius* Linnaeus*
啸鸫属 *Myophonus* Temminck
紫啸鸫 *Myophonus caeruleus* Scopoli*
红尾鸲属 *Phoenicurus* Forster
北红尾鸲 *Phoenicurus auroreus* Pallas*
石䳭属 *Saxicola* Bechstein
灰林䳭 *Saxicola ferreus* Gray et Gray*
黑喉石䳭 *Saxicola torquata* Linnaeus*
鸲属 *Tarsiger* Hodgson
红胁蓝尾鸲 *Tarsiger cyanurus* Pallas*
鸫属 *Turdus* Linnaeus
乌灰鸫 *Turdus cardis* Temminck*
斑鸫 *Turdus eunomus* Temminck*
灰背鸫 *Turdus hortulorum* Sclater*
乌鸫 *Turdus merula* Linnaeus*
白腹鸫 *Turdus pallidus* Gmelin*
地鸫属 *Zoothera* Vigors
橙头地鸫 *Zoothera citrina* Latham*
虎斑地鸫 *Zoothera dauma* Latham*
白眉地鸫 *Zoothera sibirica* Pallas*
鹟科 Muscicapidae
白腹蓝姬鹟属 *Cyanoptila* Blyth
白腹蓝姬鹟 *Cyanoptila cyanomelana* Temminck*
蓝仙鹟属 *Cyornis* Blyth
海南蓝仙鹟 *Cyornis hainanus* Ogilvie et Grant*
铜蓝仙鹟属 *Eumyias* Cabanis
铜蓝鹟 *Eumyias thalassinus* Swainson*
姬鹟属 *Ficedula* Brisson
鸲姬鹟 *Ficedula mugimaki* Temminck*
黄眉姬鹟 *Ficedula narcissina* Temminck*
红胸姬鹟 *Ficedula parva* Bechstein*
橙胸姬鹟 *Ficedula strophiata* Hodgson*
白眉姬鹟 *Ficedula zanthopygia* Hay*
鹟属 *Muscicapa* Brisson
北灰鹟 *Muscicapa dauurica* Pallas*
褐胸鹟 *Muscicapa muttui* Layard*
乌鹟 *Muscicapa sibirica* Gmelin*
林鹟属 *Rhinomyias* Sharpe
白喉林鹟 *Rhinomyias brunneatus* Slater*
王鹟科 Monarchinae

黑枕王鹟属 *Hypothymis* Boie
黑枕王鹟 *Hypothymis azurea* Boddaert*
寿带属 *Terpsiphone* Gloger
紫寿带 *Terpsiphone atrocaudata* Eyton*
寿带 *Terpsiphone paradisi* Linnaeus*
画眉科 Timaliidae
噪鹛属 *Garrulax* Lesson
画眉 *Garrulax canorus* Linnaeus*
黑脸噪鹛 *Garrulax perspicillatus* Gmelin*
白颊噪鹛 *Garrulax sannio* Swinhoe*
穗鹛属 *Stachyridopsis* Blyth
红头穗鹛 *Stachyridopsis ruficeps* Blyth*
扇尾莺科 Cisticolidae
扇尾莺属 *Cisticola* Kaup
金头扇尾莺 *Cisticola exilis* Vigors et Horsfield*
棕扇尾莺 *Cisticola juncidis* Rafinesque*
鹪莺属 *Prinia* Horsfield
黑喉山鹪莺 *Prinia atrogularis* Horsfield et Moore*
黄腹山鹪莺 *Prinia flaviventris* Delessert*
纯色山鹪莺 *Prinia inornata* Sykes*
褐山鹪莺 *Prinia polychroa* Temminck*
褐头鹪莺 *Prinia subflava* Gmelin*
莺科 Sylviidae
苇莺属 *Acrocephalus* Naumann
厚嘴苇莺 *Acrocephalus aedon* Pallas*
黑眉苇莺 *Acrocephalus bistrigiceps* Swinhoe*
钝翅苇莺 *Acrocephalus concinens* Swinhoe*
东方大苇莺 *Acrocephalus orientalis* Temminck et Schlegel*
远东苇莺 *Acrocephalus tangorum* La Touche*
短翅莺属 *Bradypterus* Swainson*
棕褐短翅莺 *Bradypterus luteoventris* Hodgson*
中华短翅莺 *Bradypterus tacsanowskius* Swinhoe*
树莺属 *Cettia* Bonaparte
黄腹树莺 *Cettia acanthizoides* Swinhoe*
远东树莺 *Cettia canturians* Warbler*
短翅树莺 *Cettia diphone* Kittlitz*
强脚树莺 *Cettia fortipes* Hodgson*
蝗莺属 *Locustella* Kaup
小蝗莺 *Locustella certhiola* Pallas*
史氏蝗莺 *Locustella pleskei* Taczanovski*
缝叶莺属 *Orthotomus* Horsfield
栗头缝叶莺 *Orthotomus cucullatus* Temminck*
长尾缝叶莺 *Orthotomus sutorius* Pennant*
柳莺属 *Phylloscopus* Boie
极北柳莺 *Phylloscopus borealis* Blasius*
白斑尾柳莺 *Phylloscopus davisoni* Oates*
褐柳莺 *Phylloscopus fuscatus* Blyth*
黄眉柳莺 *Phylloscopus inornatus* Blyth*
双斑绿柳莺 *Phylloscopus plumbeitarsus* Swinhoe*
黄腰柳莺 *Phylloscopus proregulus* Pallas*
冠纹柳莺 *Phylloscopus reguloides* Blyth*
黑眉柳莺 *Phylloscopus ricketti* Slater*
巨嘴柳莺 *Phylloscopus schwarzi* Radde*
淡脚柳莺 *Phylloscopus tenellipes* Swinhoe*
暗绿柳莺 *Phylloscopus trochiloides* Sundevall*
短尾莺属 *Urosphena* Swinhoe
鳞头树莺 *Urosphena squameiceps* Swinhoe*
绣眼鸟科 Zosteropidae
绣眼鸟属 *Zosterops* Vigors et Horsfield
暗绿绣眼鸟 *Zosterops japonicus* Temminck et Schlegel*
灰腹绣眼鸟 *Zosterops palpebrosus* Temminck*
山雀科 Paridae
山雀属 *Parus* Linnaeus
大山雀 *Parus major* Linnaeus*
雀科 Passeridae
麻雀属 *Passer* Brisson
家麻雀 *Passer domesticus* Linnaeus*
麻雀 *Passer montanus* Linnaeus*
梅花雀科 Estrildidae
文鸟属 *Lonchura* Sykes
斑文鸟 *Lonchura punctulata* Linnaeus*
白腰文鸟 *Lonchura striata* Linnaeus*
燕雀科 Fringillidae
金翅雀属 *Carduelis* Brisson
金翅雀 *Carduelis sinica* Linnaeus*
鹀科 Emberizidae

鹀属 *Emberiza* Linnaeus
黄胸鹀 *Emberiza aureola* Pallas*
黄喉鹀 *Emberiza elegans* Temminck*
栗耳鹀 *Emberiza fucata* Pallas*
小鹀 *Emberiza pusilla* Pallas*
田鹀 *Emberiza rustica* Pallas*
栗鹀 *Emberiza rutila* Pallas*
灰头鹀 *Emberiza spodocephala* Pallas*
凤头鹀属 *Melophus* Swainson
凤头鹀 *Melophus lathami* Gray*

八、哺乳动物

广西近海海域哺乳动物有3科7属12种（邓超冰和廉雪琼，2004；梁士楚等，2014）。由于许多鱼类在涨潮时进入红树林浅水域或潮沟中觅食，退潮时返回近海水域，因此中华白海豚、江豚等以鱼为食的哺乳动物经常在林区邻近海域出现；儒艮在红树林区邻近海域活动也相对较为频繁，如合浦英罗湾、铁山港北暮盐场五七工区、北海竹林盐场、大冠沙盐场等红树林区邻近海域儒艮时有出现（邓超冰，2003）。

第四章　广西红树林湿地

红树林湿地（mangrove wetland）是指以红树林为主体的潮间带湿地，包括红树林及受其影响较大的林外光滩和潮沟。红树林（mangroves 或 mangrove forest）是指生长在热带亚热带海岸潮间带，受海水周期性浸淹的木本植物群落（王伯荪等，2003）。全世界红树林主要分布在南、北回归线之间，最北可达北纬 32°，最南可达南纬 44°；可分为两个中心群系：一是西方群系，主要分布在美洲热带东西沿岸及西印度群岛，北可达佛罗里达半岛，南至巴西，经大西洋至非洲西岸；另一是东方群系，以印度尼西亚的苏门答腊和马来半岛西岸为中心，其中又以东方群系的较为繁茂（谢瑞红和周兆德，2005）。红树林在防浪护岸、促淤造陆、减轻近海水域污染、维护近海生物多样性等方面具有重要作用。

第一节　红树林生态环境

红树林生长在陆地与海洋交界的滩涂上，其分布受地形地貌、温度、盐度、土壤、潮水浸淹、风浪作用等因素的综合影响。

一、地貌

广西的红树林分布在北海市、钦州市和防城港市大陆海岸及部分岛屿的潮间带，可以划分大陆红树林和海岛红树林两大类群，多见于滩面明显的海湾、河口和开阔海岸。

海湾是海洋伸入陆地的部分，风力相对较弱，潮汐也比较缓和，有利于海潮或海浪及入海河流携带的泥沙、碎屑等物质沉积，是形成适宜红树林生长发育的底质条件。广西海岸红树林分布的海湾由东向西主要有英罗湾、丹兜湾、铁山港、廉州湾、大风江湾、钦州湾、防城港、珍珠港等。一些海湾伸入内陆达几十千米，湾内还发育有众多的次一级小海湾，呈“鹿角”状，即形成溺谷湾。根据地貌类型的差异，广西的溺谷湾可以划分台地型溺谷湾和山地型溺谷湾两种类型。例如，铁山港、大风江湾等属于台地型溺谷湾。由于区域构造、岩性对原始地形的影响，溺谷湾呈狭长水道深入内陆 20 多千米，湾的两侧海岸由第四纪北海组松散沙砾质黏土、湛江组黏土、粉沙质黏土、花岗岩或志留纪轻度变质岩构成海岸台地。台地高程多为 20～30m，向海倾斜，但较为平缓。大风江溺谷湾地处雷琼—北部湾凹陷区的西北缘，溺谷湾上游以志留纪砂页岩台地为主，下游东侧为北海组、湛江组台地，而西侧为花岗岩台地，高程 20～30m，上游台地高程部分为 35～50m。钦州湾、防城港、珍珠港等属于山地型溺谷湾，以山地基岩海岸的构造——侵蚀谷地为基础，是由于海面上升、海水入侵形成的，镶嵌于滨海山地丘陵之间，一些丘陵呈孤岛状，位于溺谷湾中。例如，钦州湾内孤岛星罗棋布，被称为七十二泾岛群。山地丘陵通常高于 100m，多由古生界志留系、泥盆系砂岩、粉砂岩、页岩等碎屑岩和中生界侏罗系泥岩、粉砂岩、细砂岩、砂砾岩构成，局部地区则由花岗岩侵入体构成，普遍发育有高度分别为 8～12m、10～

20m 和 25～40m 的侵蚀阶地（莫永杰，1990）。不同的海湾由于地理位置、地形地貌等的差异，其生态环境条件也有所不同，如表 4-1 所示。

表 4-1 广西海岸主要海湾及其气象和水文状况

项目	铁山港	廉州湾	大风江口	钦州湾	防城港	珍珠港	北仑河口
年平均气温/℃	22.9	22.5	22.3～23.1	22.0～23.4	21.6	22.5	22.4
极端最高气温/℃	38.2	37.4	37.4	37.5	37.6	36.5	37.8
极端最低气温/℃	1.5	−0.8	−0.8	−1.8	1.4	2.8	0.9
年平均降水量/mm	1573.4	1682.7	1700～2100	2075.7～2106.5	2466.5	2220.5	2884.3
年平均相对湿度/%	79.8	81.5	81	82	81	81	82
年平均蒸发量/mm	843.5	1780.7	1287.2～1691.8	1655.8～1706.5	1645.2	1400	1005
潮汐类型	NNDT	NDT	NDT	NNDT	NDT	NDT	NDT
平均潮差/m	2.53	2.46	2.53	2.4	2.25	2.24	2.04
最大潮差/m	6.25	5.36	5.48	5.52	4.93	5.05	4.64
平均海面/m	0.37	0.37	0.42	0.4	0.37	0.34	0.37
海水温度/℃	23.49	23.8	23	23.14	23.5	23.54	23.0
盐度/‰	23.92	27.96	23.69	28.24	28.61	29.1	27.0
pH	8.22	7.94	7.34	7.77	8.11	8.01	7.91

注：NDT. 正规全日潮；NNDT. 非正规全日潮

河口是河流与海洋交汇的区域。广西海岸自东至西流入海洋的河流有那交河、南流江、大风江、钦江、茅岭江、防城河、北仑河等（表 1-3）。由于入海河流常携带大量泥沙并在河口区域沉积，因此河口区多地势平坦，淤泥深厚，有机碎屑丰富，适宜于红树林生长发育。例如，北仑河口宽约 6km，纵长约 11.1km，为典型喇叭状河口，自西北向东南方向敞开，水域面积 66.5km^2，其中河口潮间滩涂面积 37.4km^2，潮下带和浅海面积 29.1km^2（陈波等，2011），生长的红树林面积有 117.75hm^2。

开阔海岸是指岸线较为平直、地势平坦、潮间带相对宽阔的岸段，是广西海岸的主要类型之一。例如，北海的大冠沙属于开阔海岸，分布的红树林面积有 100 多公顷，林内土壤在部分岸段从内滩、中滩到外滩依次为淤泥质、泥沙质和沙质，一些岸段则是以沙质土壤为主。红树林植物有海榄雌、蜡烛果、秋茄树、红海榄、海漆、黄槿、桐棉等种类。红树林低矮，且高度参差不齐，高 0.6～2.0m；主要的类型是海榄雌群落，局部地段有小面积的海榄雌+蜡烛果群落等镶嵌。

通常，红树林分布于受到良好掩护的港湾、河口湾、潟湖水域、海岸沙坝或岛屿的背风侧、珊瑚礁坪的后缘、与优势风向平行的岸线等，而不能分布于受波浪作用强烈的开阔海岸，主要因为强波浪作用不仅妨碍有利于红树林生长的泥沙沉积，而且直接阻碍红树植物胎生胚轴着床定植过程和幼苗生长（张乔民等，2001）。

二、气温

气温是制约红树植物分布的主要因素之一，通常随着纬度的增高红树林植物种类多样性和群落高度下降（林鹏，1997）。红树植物起源于热带，大多数种类对低温比较敏感。因此，红树林地理分布的纬度界限主要受温度制约，低温会使红树植物冻死或繁殖受阻，从而限制红树林向高纬度扩展。红树林生长最适宜的温度为最冷月平均温度不低于 20℃，年均气温 25～30℃，年均海水温度 24～27℃（林鹏等，1984）。例如，Walsh（1974）认为红树林生长适合的温度条件是：最冷月平均温度高于 20℃，而且季节温差不超过 5℃的热带型温度。张娆挺和林鹏（1984）把我国红树植物按其广布性程度划分为抗低温广布种、嗜热广布种和嗜热窄布种三大类型。根据温度条件的差异，莫竹承（2002）将广西海岸红树林立地条件在气温方面划分为泛热带中温区和泛热带低温区两个区域，其中东部和西部海岸最低月均温为 14.2～14.5℃，属泛热带中温区；中部岸段最低月均温为 13.2～13.9℃，属泛热带低温区。

三、盐度

红树林生长在被海水周期浸没的潮间带，因此盐度是影响红树林生长和分布的主要环境因素之一。红树林生境最大的特点是高盐分，不仅水体含盐量较高（表 4-1），而且土壤的含盐量也高（表 4-2）。由于长期生长在潮间带环境，红树植物形成了适应于一定盐度的耐盐机制，不同的红树植物其耐盐程度有所差异。例如，在海水盐度为 7.5～21.2 时，秋茄树生长旺盛，其最适盐度为 20；木榄种植的适宜盐度应低于 21.7；海榄雌的最适盐度为 30（林鹏等，1984；黄星等，2009）。Macnae（1966，1969）发现海榄雌可生长于 60 盐度的潮滩，高者甚至可达 90。盐度对广西红树林的影响还体现在红树植物，特别是半红树植物，沿河口湾或潮汐河流上溯分布到远离海岸的区域。例如，黄竹江是防城港市的入海河流之一，一些红树林植物分布到距河口约 9km 的河段，常见的种类有蜡烛果、银叶树、榄李、海漆、海杧果、水黄皮、黄槿等。

表 4-2　广西红树林和光滩潮滩盐土的理化性质比较

潮滩土壤类型	样本数	有机质/%	全氮/%	全磷/%	速效磷/ppm	全钾/%	阳离子代换量/（me/100g）	盐基饱和度/%	pH
红树林沙质盐土	20	2.28	0.062	0.026	3.09	0.77	4.61	65.74	5.6
红树林壤质盐土	22	2.81	0.069	0.054	4.75	1.36	8.02	65.75	4.2
红树林黏质盐土	19	3.72	0.134	0.098	2.78	1.67	17.1	77.72	4.0
平均	61	2.92	0.087	0.059	3.54	1.27	7.43	69.32	4.6
潮滩沙质盐土	85	0.48	0.024	0.042	0.78	0.51	1.48	63.64	7.1
潮滩壤质盐土	27	1.82	0.052	0.050	2.20	1.33	8.10	83.36	6.8
潮滩黏质盐土	12	1.96	0.098	0.080	6.73	1.49	13.86	91.18	6.5
平均	125	0.92	0.038	0.048	3.54	0.79	5.37	70.76	7.0

注：资料来源于蓝福生等（1994）

四、潮滩

红树林在潮滩上的分布位置反映其对潮汐浸淹程度，以及与浸淹有关的一系列物理和化学环境梯度的适应性，因此潮汐浸淹及有关环境梯度控制了红树林在潮滩上的空间分布及其分带现象。红树林生长的潮间带由陆向海可以划分为红树林高潮滩、红树林中潮滩、红树林低潮滩，相应的潮位称为大潮（或回归潮）高潮位、中潮高潮位、小潮（或分点潮）高潮位（张乔民等，1997a）。红树林大多数分布在中潮滩上，少数延伸到低潮滩和高潮滩上。在不同的红树林潮滩上，由于红树植物被淹没程度、冲刷强度和盐度影响存在差异，因此在每个潮滩里分布有一些特定的红树种类，在典型的岸段形成与海岸线或多或少平行的带状分布。

1）红树林低潮滩：是指红树林潮滩的下部，通常位于小潮高潮位或接近平均海平面附近的潮滩。低潮滩是红树林先锋红树植物分布的区域，高潮时这个区域的红树植物完全被淹没或仅树冠露出水面，退潮时有些红树植物根部仍浸没在水中。在低潮滩上经常出现的红树植物种类有海榄雌、蜡烛果等。

2）红树林中潮滩：是指红树林潮滩的中部，通常位于中潮高潮位附近的潮滩。中潮滩是红树林生长茂盛的区域，高潮时这个区域的红树植物部分或一半以上被海水淹没，退潮时红树林地面露出，红树植物不定根系完全显露。多数红树植物如木榄、红海榄、秋茄树、蜡烛果、海榄雌等主要分布在这一区域。

3）红树林高潮滩：是指红树林潮滩的上部，通常位于大潮高潮位附近的潮滩。高潮滩被海水淹没的时间较短，一些区域仅在特大高潮时才被海水淹没，因此这些区域的土壤表层相对较为紧实，甚至硬化或者半硬化。高潮滩上的红树植物主要有木榄、海漆、榄李等种类，半红树植物如黄槿、桐棉、银叶树、水黄皮、海杧果、苦郎树等主要分布在高潮滩上。

一些学者根据潮滩上红树林距离海岸的远近、林内土壤质地的差异，将宽度较大的红树林潮滩划分为内滩、中滩和外滩 3 个部分，其中内滩是红树林向陆部分的潮滩，其土壤质地通常为淤泥质；中滩是红树林中间部分的潮滩，其土壤质地通常为泥沙质；外滩是红树林向海部分的潮滩，其土壤质地通常为沙质（梁士楚等，1993）。

五、土壤

生长在潮间带上的红树林需要一定的土壤条件。分布于高潮线与低潮线之间的滨海盐土是红树林生长的基质。由于红树林生长的潮间带受到周期性潮水的淹没，因此红树林土壤含有高水分、高盐分、大量硫化氢和石灰物质，缺乏氧气，土壤无结构，其中的植物残体多处于半分解状态（石莉，2002）。土壤的机械组成、养分含量、盐度等是直接影响红树植物生长发育和分布的重要因素，不同的红树植物对土壤条件的适应性不同。例如，广西最主要的 5 种红树植物中，海榄雌对土壤的适应性最广，木榄生长的土壤有机质、养分及盐分含量最高，红海榄次之，依次是蜡烛果和秋茄树。同一类型的群落，由于土壤基质条件不同，其物种多样性也有所差异。例如，在英罗湾红树林区，木榄群落物种多样性的大小顺序为：淤泥质木榄群丛＞稍硬化淤泥质木榄群丛＞半硬化淤泥质木榄群丛：秋茄树群丛的物种多样性是以淤泥质的较高（表 4-3）。然而，红树林通过旺盛的生物累积和循环、强烈的生物积盐和严重的酸化作用等，使其生长的基质土壤的理化性状受到较大影响，而明显有别于无红树林生长的潮滩土壤，如表 4-2 所示（蓝福生等，1994）。

表 4-3　英罗湾红树植物群落的物种多样性及其与滩位、土壤质地和群落结构的关系

滩位	样地编号	群落类型	土壤质地	群落结构	种数	Simpson 指数（D）	Shannon-Wiener 指数（H）	种间相遇概率（PIE）	Pielou 指数（E）
内滩	1	红海榄群丛	淤泥质	单层	5	1.4358	0.9614	0.3035	0.3424
	2	木榄群丛	稍硬化淤泥质	单层	3	1.5529	0.8710	0.3561	0.3102
	3	木榄群丛	半硬化淤泥质	单层	2	1.0579	0.1831	0.0548	0.0652
	4	木榄-蜡烛果群丛	淤泥质	单层	4	2.2283	1.3471	0.5512	0.4798
	5	木榄群丛	淤泥质	单层	5	1.8061	1.3030	0.4463	0.4641
	6	秋茄树-蜡烛果群丛	淤泥质	双层	5	2.4214	1.4951	0.5870	0.5325
	9	红海榄+秋茄树群丛	淤泥质	单层	3	2.0567	1.0708	0.5138	0.3814
	11	蜡烛果群丛	淤泥质	单层	5	1.0789	0.3018	0.0731	0.1075
	21	木榄+红海榄群丛	淤泥质	单层	4	2.7615	1.6533	0.6379	0.5889
	22	海漆群丛	半硬化淤泥质	单层	5	2.0489	1.5152	0.5119	0.5397
中滩	7	秋茄树-蜡烛果群丛	淤泥质	双层	5	2.2532	1.3382	0.5562	0.4766
	10	红海榄群丛	淤泥质	单层	2	1.2049	0.4465	0.1701	0.1590
	12	蜡烛果群丛	淤泥质	单层	3	1.0413	0.1578	0.0396	0.0562
外滩	8	红海榄+秋茄树-蜡烛果群丛	淤泥质	双层	3	2.9236	1.5523	0.6580	0.5529
	13	红海榄群丛	淤泥质	单层	4	1.3881	0.7758	0.2796	0.2763
	14	秋茄树群丛	泥沙质	单层	2	1.2250	0.4690	0.1837	0.1670
	15	秋茄树-蜡烛果群丛	淤泥质	双层	3	1.9890	1.1187	0.4972	0.3985
	16	秋茄树+蜡烛果群丛	淤泥质	单层	3	1.8371	1.0351	0.4557	0.3687
	17	秋茄树+海榄雌群丛	淤泥质	单层	3	2.6972	1.4927	0.6293	0.5317
	18	海榄雌+蜡烛果群丛	泥沙质	单层	2	1.9769	0.9839	0.4942	0.3504
	19	海榄雌群丛	泥沙质	单层	2	1.0645	0.1994	0.0606	0.0710
	20	红海榄-蜡烛果群丛	淤泥质	双层	3	2.2479	1.2984	0.5551	0.4625

第二节　红树林区植物

一、红树植物

目前对于红树植物的确定仍然存在着分歧，主要在于两个方面：一是红树植物是否包括所有出现在红树林中的植物，特别是草本、藤本和附生植物等；二是红树植物是否包括半红树植物。例如，国外学者 Davis（1940）认为红树植物是生长在热带沿海潮间带泥泞及松软土地上所有植物的总称，它包括生长在潮间带的真红树林和既可生长在潮间带、又可生长在岸边的半红树；Macnae（1969）和 Walsh（1974）则认为红树植物是只生长在热带海岸介于最高潮线与平均潮线之间的乔木和灌木，而把既可生长在潮间带又可生长在岸边的“半红树”排除在红树植物之外。我国的一些学者认为红树植物仅是指红树林中的木本植物，不包括草本、藤本和附生植物；一些学者把红树植物划分为真红树（true mangrove）和半红树（semi-mangrove）两大类群；是否将卤蕨、尖叶卤蕨列为红树植物也存在着争议。

例如，林鹏和傅勤（1995）将红树植物定义为“只能生长于潮间带的木本植物”，红树植物不包括半红树植物，把卤蕨、尖叶卤蕨列为半红树植物；王伯荪等（2003）认为“红树植物是生长在热带亚热带受潮汐影响的生境，具有特化的形态和生理机制的木本植物”，把专一性生长在红树林生境中的草本和附生、寄生、藤本等植物命名为同生植物（consortive plant），最为典型的代表是被称为“红树蕨（mangrove fern）”的卤蕨属（*Acrostichum*）植物，它们曾被归入真红树，或半红树，甚至伴生植物，但它们不是专一性生长于红树林生境，而且又是草本植物，归类于真红树或半红树或伴生植物都是不确切的。著者认为红树植物是指专一性生长在热带亚热带海岸潮间带的木本植物；红树植物不包括草本植物、藤本植物、附生植物和半红树植物，卤蕨、尖叶卤蕨不属于红树植物。据此进行统计，广西海岸潮间带的红树植物有 10 种，隶属 7 科 10 属（表 4-4），其中无瓣海桑和拉关木（*Laguncularia racemosa*）为引种栽培的种类。一些文献曾记载角果木（*Ceriops tagal*）在广西海岸有分布，但在最近 20 多年来的调查中一直没有发现，估计该种在广西海岸已经灭绝（梁士楚，2011；梁士楚等，2014）。

表 4-4　广西红树植物种类及其分布

科名	属名	种类	分布地点		
			北海市	钦州市	防城港市
海桑科 Sonneratiaceae	海桑属 *Sonneratia*	无瓣海桑 *Sonneratia apetala**	√	√	
使君子科 Combretaceae	榄李属 *Lumnitzera*	榄李 *Lumnitzera racemosa*	√	√	√
	拉关木属 *Laguncularia*	拉关木 *Laguncularia racemosa**	√		
红树科 Rhizophoraceae	木榄属 *Bruguiera*	木榄 *Bruguiera gymnorrhiza*	√	√	√
	秋茄树属 *Kandelia*	秋茄树 *Kandelia obovata*	√	√	√
	红树属 *Rhizophora*	红海榄 *Rhizophora stylosa*	√	√	√
大戟科 Euphorbiaceae	海漆属 *Excoecaria*	海漆 *Excoecaria agallocha*	√	√	√
紫金牛科 Myrsinaceae	蜡烛果属 *Aegiceras*	蜡烛果 *Aegiceras corniculatum*	√	√	√
爵床科 Acanthaceae	老鼠簕属 *Acanthus*	老鼠簕 *Acanthus ilicifolius*	√	√	√
马鞭草科 Verbenaceae	海榄雌属 *Avicennia*	海榄雌 *Avicennia marina*	√	√	√

* 为人工引种栽培的种类

二、半红树植物

半红树植物是 Tansley 和 Fritsch（1905）在 20 世纪初期提出来的，认为半红树植物的出现和真红树林相关，它们通常出现在潮水能够达到的最上界，位于真红树林之后，即真红树林向陆的一侧。我国学者则强调半红树的两栖性而有别于红树植物，如林鹏和傅勤（1995）认为半红树植物是指既能在潮间带生存，可在海滩上成为优势种，又能在陆地环境自然繁殖的两栖性木本植物；范航清（2000）认为半红树植物在陆地和潮间带上均可生长和繁殖后代，一般生长在大潮时才偶然浸到陆缘潮带，无适应潮间带生活的专一性形态特征，具两栖性；而王伯荪等（2003）认为半红树植物也具有一定的特化形态和生理机制，如银叶树具有呼吸根等，半红树植物虽然也生长于陆缘，但绝不应是两栖性木本植物或具两栖性，尽管某些种可随潮汐影响而远远延伸于内陆河岸或随着红树林造陆过程而延存于由其本身形成的海岸。因此，半红树植物是指那些和红树林相关的、通常生长在红树林向陆边缘，或者在特大高潮和风暴潮时才被海水淹没的潮上带的木本植物。据此进行统计，广西海岸常见的半红树植物有 8 种，隶属 6 科 8 属（表 4-5）。

表 4-5　广西半红树植物种类及其分布

科名	属名	种类	分布地点		
			北海市	钦州市	防城港市
梧桐科 Sterculiaceae	银叶树属 *Heritiera*	银叶树 *Heritiera littoralis*			√
锦葵科 Malvaceae	木槿属 *Hibiscus*	黄槿 *Hibiscus tiliaceus*	√	√	√
	桐棉属 *Thespesia*	桐棉 *Thespesia populnea*	√	√	√
豆科 Fabaceae	水黄皮属 *Pongamia*	水黄皮 *Pongamia pinnata*	√	√	√
夹竹桃科 Apocynaceae	海杧果属 *Cerbera*	海杧果 *Cerbera manghas*	√	√	√
马鞭草科 Verbenaceae	大青属 *Clerodendrum*	苦郎树 *Clerodendrum inerme*	√	√	√
	豆腐柴属 *Premna*	伞序臭黄荆 *Premna serratifolia*	√	√	√
菊科 Asteraceae	阔苞菊属 *Pluchea*	阔苞菊 *Pluchea indica*	√	√	√

三、伴生植物

林鹏和傅勤（1995）认为红树林伴生植物（associated plant，mangrove associates）是指偶尔出现于红树林中或林缘的，但不成为优势种的木本植物，以及出现于红树林下的附生植物，如藤本植物和草本植物。Tomlinson（1994）不仅提出了红树林伴生植物这个名称，还列出了世界各地红树林伴生植物 27 科 46 属 60 种，但没有给出明确的伴生植物的概念和定义，仅说明其缺乏气生根和胎生现象，而且不出现在严格的红树林生境中。除了老鼠簕属（*Acanthus*）、锥果木属（*Conocarpus*）、刺棕属（*Dncosperma*）等的一些种类是否属于伴生植物存在争议之外，其他种类应该是明确的，其中也有一些种类，如海果属（*Cerbera*）、玉蕊属（*Barringtonia*）、喃喃果属（*Cynometra*）、黄檀属（*Dalbergia*）、鱼藤属（*Derris*）、水黄皮属（*Pongamia*）、肉豆蔻属（*Myristica*）、布朗木属（*Brownlowia*）及多里木属（*Dolichandron*）等，被一些学者认为是半红树或者真红树植物（王伯荪等，2003）。Snedaker S C 和 Snedaker J G（1984）认为红树林伴生植物是那些偶尔出现于被不规则高潮能浸淹到红树林最内缘或边缘地带的海岸、海滨、盐生甚至于陆生植物，它们或被认为是红树林的边缘种类及非典型种类，它们在红树林的出现反映出边缘分布。根据植物群落成员型划分的原则和依据，红树林伴生植物应该是指那些出现在红树林中的植物，它们既不是红树植物或者半红树植物，也不是红树林中的木本植物优势种。红树林伴生植物包括木本植物、草本植物、藤本植物和附生植物。广西红树林中常见的伴生植物如表 4-6 所示，它们出现在红树林下、林窗、林缘或者攀援在红树林中。

表 4-6 广西红树林常见的伴生植物

科名	属名	种类	生境特点			
			A	B	C	D
卤蕨科 Acrostichaceae	卤蕨属 *Acrostichum*	卤蕨 *Acrostichum aureum*		√	√	√
		尖叶卤蕨 *Acrostichum speciosum*				√
藜科 Chenopodiaceae	盐角草属 *Salicornia*	盐角草 *Salicornia europaea*		√		
	碱蓬属 *Suaeda*	南方碱蓬 *Suaeda australis*	√	√	√	√
番杏科 Aizoaceae	海马齿属 *Sesuvium*	海马齿 *Sesuvium portulacastrum*	√	√		√
豆科 Fabaceae	刀豆属 *Canavalia*	海刀豆 *Canavalia maritima*			√	√
	鱼藤属 *Derris*	鱼藤 *Derris trifoliata*	√	√	√	√
旋花科 Convolvulaceae	番薯属 *Ipomoea*	厚藤 *Ipomoea pes-caprae*			√	√
马鞭草科 Verbenaceae	牡荆属 *Vitex*	单叶蔓荆 *Vitex rotundifolia*			√	
苦槛蓝科 Myoporaceae	苦槛蓝属 *Pentacoelium*	苦槛蓝 *Pentacoelium bontioides*			√	
草海桐科 Goodeniaceae	草海桐属 *Scaevola*	小草海桐 *Scaevola hainanensis*			√	√
		草海桐 *Scaevola sericea*			√	√
石蒜科 Amaryllidaceae	文殊兰属 *Crinum*	文殊兰 *Crinum asiaticum* var. *sinicum*		√	√	√
露兜树科 Pandanaceae	露兜树属 *Pandanus*	露兜树 *Pandanus tectorius*			√	√
莎草科 Cyperaceae	莎草属 *Cyperus*	茳芏 *Cyperus malaccensis*	√	√		√
		短叶茳芏 *Cyperus malaccensis* subsp monophyllus	√	√		√
		粗根茎莎草 *Cyperus stoloniferus*		√		
	飘拂草属 *Fimbristylis*	细叶飘拂草 *Fimbristylis polytrichoides*		√		√
禾本科 Poaceae	雀稗属 *Paspalum*	海雀稗 *Paspalum vaginatum*	√	√	√	√
	芦苇属 *Phragmites*	芦苇 *Phragmites australis*		√	√	√
	米草属 *Spartina*	互花米草 *Spartina alterniflora*	√	√	√	√
	鼠尾粟属 *Sporobolus*	盐地鼠尾粟 *Sporobolus virginicus*	√	√	√	√

注：A. 中潮滩红树林林窗；B. 中潮滩红树林向陆林缘；C. 高潮滩红树林；D. 河口区红树林向陆林缘

四、浮游植物

根据范航清等（1993b，2005）、陈坚等（1993a）的研究资料，广西红树林区藻类植物现已知的种类有 238 种，含 35 个变种和 8 个变型，隶属 3 门 4 纲 11 目 23 科 59 属（表 4-7）。其中，蓝细菌门有 1 科 1 属 1 种，硅藻门有 20 科 56 属 234 种，甲藻门有 2 科 2 属 3 种，以硅藻植物种类最多，详见第三章第一节。

表 4-7 广西红树林区藻类植物的科属种统计

门	纲	目	科	属	种数
蓝细菌门 Cyanobacteria	蓝藻纲 Cyanophyceae	颤藻目 Oscillatoriales	颤藻科 Oscillatoriaceae	颤藻属 *Oscillatoria* Vaucher ex Gomont	1
硅藻门 Diatomeae	中心纲 Centricae	盒形硅藻目 Biddulphiales	辐杆藻科 Bacteriastraceae	辐杆藻属 *Bacteriastrum* Shadbolt	5
			盒形藻科 Biddulphiaceae	盒形藻属 *Biddulphia* Gray	7

续表

门	纲	目	科	属	种数
硅藻门 Diatomeae	中心纲 Centricae	盒形硅藻目 Biddulphiales	盒形藻科 Biddulphiaceae	角管藻属 *Cerataulina* Peragallo ex Schütt	1
				双尾藻属 *Ditylum* Bailey	1
				半管藻属 *Hemiaulua* Ehrenberg	2
				三角藻属 *Triceratium* Ehrenberg	3
			角毛藻科 Chaetoceraceae	角毛藻属 *Chaetoceros* Ehrenberg	17
			真弯藻科 Eucampiaceae	弯角藻属 *Eucampia* Ehrenberg	2
		盘状硅藻目 Discoidales	棘冠藻科 Corethronaceae	棘冠藻属 *Corethron* Castracane	1
			圆筛藻科 Coscinodiscaceae	辐环藻属 *Actinocyclus* Ehrenberg	2
				辐裥藻属 *Actinoptychus* Ehrenberg	1
				眼斑藻属 *Auliscus* Ehrenberg	2
				圆筛藻属 *Coscinodiscus* Ehrenberg	13
				小环藻属 *Cyclotella*（Kützing）Brébisson	3
				波形藻属 *Cymatotheca* Henderg	1
			细柱藻科 Leptocylindraceae	几内亚藻属 *Guinardia* Peragallo	1
				细柱藻属 *Leptocylindrus* Cleve	1
			直链藻科 Melosiraceae	明盘藻属 *Hyalodiscus* Ehrenberg	1
				直链藻属 *Melosira* Agardh	3
				柄链藻属 *Podosira* Ehrenberg	1
			骨条藻科 Skeletonemaceae	冠盖藻属 *Stephanopyxis* Ehrenberg	1
			海链藻科 Thalassiosiraceae	娄氏藻属 *Lauderia* Cleve	1
				海链藻属 *Thalassiosira* Cleve	1
		管状硅藻目 Rhizosoleniales	根管藻科 Rhizosoleniaceae	根管藻属 *Rhizosolenia* Brightwell	10
		舟辐硅藻目 Rutilariales	舟辐硅藻科 Rutilariaceae	井字藻属 *Eunotogramma* Weisse	2
	羽纹纲 Pennatae	曲壳藻目 Achnanthales	曲壳藻科 Achnanthaceae	曲壳藻属 *Achnanthes* Bory	3

续表

门	纲	目	科	属	种数
硅藻门 Diatomeae	羽纹纲 Pennatae	曲壳藻目 Achnanthales	卵形藻科 Cocconeidaceae	卵形藻属 *Cocconeis* Ehrenberg	4
		等片藻目 Diatomales	等片藻科 Diatomaceae	具槽藻属 *Delphineis* Andrews	1
				斑条藻属 *Grammatophora* Ehrenberg	2
				楔形藻属 *Licmophora* Agardh	1
				新具槽藻属 *Neodelphineis* Takano	1
				槌棒藻属 *Opephora* Petit	1
				缝舟藻属 *Rhaphoneis* Ehrenberg	1
				针杆藻属 *Synedra* Ehrenberg	5
				海线藻属 *Thalassionema* Grunow	1
				海毛藻属 *Thalassiothrix* Cleve et Grunow	1
		舟形藻目 Naviculales	桥弯藻科 Cymbellaceae	双眉藻属 *Amphora* Ehrenberg ex Kützing	16
				桥弯藻属 *Cymbella* Agardh	1
			舟形藻科 Naviculaceae	双肋藻属 *Amphipleura* Kützing	1
				美壁藻属 *Caloneis* Cleve	2
				双壁藻属 *Diploneis* Ehrenberg ex Cleve	14
				肋缝藻属 *Frustulia* Agardh	1
				布纹藻属 *Gyrosigma* Hassall	9
				胸隔藻属 *Mastogloia* Thwaites	6
				舟形藻属 *Navicula* Bory	25
				羽纹藻属 *Pinnularia* Ehrenberg	4
				斜纹藻属 *Pleurosigma* W. Smith	9
				辐节藻属 *Stauroneis* Ehrenberg	1
		双菱藻目 Surirellales	窗纹藻科 Epithemiaceae	细齿藻属 *Denticula* Kützing	1
				棒杆藻属 *Rhopalodia* O. Müller	1
			菱形藻科 Nitzschiaceae	棍形藻属 *Bacillaria* Gmelin	1
				菱形藻属 *Nitzschia* Hassall	32

续表

门	纲	目	科	属	种数
硅藻门 Diatomeae	羽纹纲 Pennatae	双菱藻目 Surirellales	菱形藻科 Nitzschiaceae	拟菱形藻属 *Pseudo-nitzschia* H. Peragallo	1
			双菱藻科 Surirellaceae	马鞍藻属 *Campylodiscus* Ehrenberg	1
				长羽藻属 *Stenopterobia* Brébisson	1
				双菱藻属 *Surirella* Turpin	3
甲藻门 Dinophyta	甲藻纲 Dinophyceae	鳍藻目 Dinophysiales	鳍藻科 Dinophysiaceae	鳍藻属 *Dinophysis* Ehrenberg	1
		膝沟藻目 Goneaulacales	角藻科 Ceratiaceae	角藻属 *Ceratium* Schrank	2

第三节　红树林区动物

一、浮游动物

根据陈坚等（1993c）、中国海湾志编纂委员会（1993）、范航清等（2005）的研究资料，广西红树林区浮游动物现已知的种类有 26 种，包括 3 个未命名种，隶属 5 门 9 纲 12 目 21 科 23 属（表 4-8）。其中，和平水母科的种类最多，有 4 种，占总种数的 15.38%；其次是莹虾科和箭虫科的种类，各为 2 种，占 7.69%，详见第三章第二节。

表 4-8　广西红树林区浮游动物的科属种统计

门	纲	目	科	属	种数
刺胞动物门 Cnidaria	水螅虫纲 Hydrozoa	花裸螅目 Anthoathecata	筒螅水母科 Tubulariidae	外肋水母属 *Ectopleura* L. Agassiz	1
			镰螅水母科 Zancleidae	镰螅水母属 *Zanclea* Gegenbaur	1
		被鞘螅目 Leptothecatae	多管水母科 Aequoreidae	多管水母属 *Aequorea* Péron et Lesueur	1
			和平水母科 Eirenidae	和平水母属 *Eirene* Eschscholtz	3
				侧丝水母属 *Helgicirraha* Hartlaub	1
			玛拉水母科 Malagazziidae	玛拉水母属 *Malagazzia* Bouillon	1
	管水母纲 Siphonophorae	钟泳目 Calycophorae	双生水母科 Diphyidae	浅室水母属 *Lensia* Totton	1
栉板动物门 Ctenophora	有触手纲 Tentaculata	球栉水母目 Cydippida	侧腕水母科 Pleurobrachidae	侧腕水母属 *Pleurobrachia* Fleming	1
	无触手纲 Nuda	瓜水母目 Beroida	瓜水母科 Beroidae	瓜水母属 *Beroe* Browne	1

续表

门	纲	目	科	属	种数
节肢动物门 Arthropoda	鳃足纲 Branchiopoda	双甲目 Diplostraca	圆囊溞科 Podonidae	三角溞属 *Pseudevadne* Claus	1
			仙达溞科 Sididae	尖头溞属 *Penilia* Dana	1
	颚足纲 Maxillopoda	哲水蚤目 Clalanoida	纺锤水蚤科 Acartiidae	纺锤水蚤属 *Acartia* Dana	1
			哲水蚤科 Calanidae	哲水蚤属 *Calanus* Leach	1
			胸刺水蚤科 Centropagidae	胸刺水蚤属 *Centropages* Kröyer	1
			真哲水蚤科 Eucalanidae	次真哲水蚤属 *Subeucalanus* Dana	1
			角水蚤科 Pontellidae	唇角水蚤属 *Labidocera* Lubbock	1
			宽水蚤科 Temoridae	宽水蚤属 *Temora* Baird	1
		壮肢目 Myodocopida	海腺萤科 Halocypridae	真浮萤属 *Euconchoecia* Müller	1
	软甲纲 Malacostraca	十足目 Decapoda	莹虾科 Luciferidae	莹虾属 *Lucifer* Thompson	2
		磷虾目 Euphausiacea	磷虾科 Euphausiidae	假磷虾属 *Pseudeuphausia* Hanscn	1
毛颚动物门 Chaetognatha	箭虫纲 Sagittoidea	无横肌目 Aphragmophora	箭虫科 Sagittidae	软箭虫属 *Flaccisagitta* Tokioka	1
				带箭虫属 *Zonosagitta* Tokioka	1
尾索动物门 Urochordata	有尾纲 Appendicularia	有尾目 Copelata	住囊虫科 Oikopleuridae	住囊虫属 *Oikopleura* Mertens	1

二、底栖动物

根据韦受庆等（1993）、赖廷和和何斌源（1998）、范航清等（2005）、何祥英等（2012）的研究资料进行整理，广西红树林底栖动物现有已知种类有258种，包括11个未命名种，隶属10门17纲37目97科177属（表4-9）。其中，帘蛤科的种类最多，有14种，占总种数的5.43%；其次是沙蚕科，有13种，占5.04%；再次是对虾科和弓蟹科，都有8种，占3.10%；详见第三章第二节。

表4-9　广西红树林区底栖动物的科属种统计

门	纲	目	科	属	种数
刺胞动物门 Cnidaria	珊瑚虫纲 Anthozoa	海葵目 Actiniaria	细指海葵科 Metridiidae	细指海葵属 *Metridium* Oken	1
			从海葵科 Actinernidae	蟹海葵属 *Cancrisocia* Stimpson	1
			矶海葵科 Diadumenidae	纵条矶海葵属 *Diadumene* Stephenson	1

续表

门	纲	目	科	属	种数
纽形动物门 Nemertea	无针纲 Anopla	异纽目 Heteronemertea	纵沟纽虫科 Lineidae	纵沟纽虫属 *Lineus* Sowerby	1
线虫动物门 Nematoda	泄腺纲 Adenophorea	嘴刺目 Enoplida	嘴刺科 Enoplidae	棘尾线虫属 *Mesacanthion* Filipjev	1
环节动物门 Annelida	多毛纲 Polychaeta	缨鳃虫目 Sabellida	欧文虫科 Oweniidae	欧文虫属 *Owenia* Delle Chiaje	1
		叶须虫目 Phyllodocida	吻沙蚕科 Glyceridae	吻沙蚕属 *Glycera* Savigny	1
		沙蚕目 Nereidida	齿吻沙蚕科 Nephtyidae	齿吻沙蚕属 *Nephtys* Cuvier	1
			沙蚕科 Nereisidae	角沙蚕属 *Ceratonereis* Kinberg	2
				鳃沙蚕属 *Dendronereis* Peters	1
				溪沙蚕属 *Namalycastis* Hartman	1
				刺沙蚕属 *Neanthes* Kinberg	1
				全刺沙蚕属 *Nectoneanthes* Imajima	2
				沙蚕属 *Nereis* Linnaeus	1
				围沙蚕属 *Perinereis* Kinberg	4
				软疣沙蚕属 *Tylonereis* Fauvel	1
		矶沙蚕目 Eunicida	索沙蚕科 Lumbrineridae	索沙蚕属 *Lumbrineris* Blainwille	1
			矶沙蚕科 Eunicidae	岩虫属 *Marphysa* Quatrefages	1
			欧努菲虫科 Onuphidae	欧努菲虫属 *Onuphis* Audouin et Milne Edwards	1
		囊吻目 Scolecida	小头虫科 Capitellidae	背蚓虫属 *Notomastus* Sars	1
星虫动物门 Sipuncula	革囊星虫纲 Phascolosomatidea	革囊星虫目 Phascolosomatiformes	革囊星虫科 Phascolosomatidae	革囊星虫属 *Phascolosoma* Leuckart	1
	方格星虫纲 Sipunculidea	方格星虫目 Sipunculiformes	管体星虫科 Sipunculidae	方格星虫属 *Sipunculus* Linnaeus	1
软体动物门 Mollusca	腹足纲 Gastropoda	原始腹足目 Archaeogastropoda	马蹄螺科 Trochidae	马蹄螺属 *Trochus* Linnaeus	1
				蝐螺属 *Umbonium* Link	1
			蝾螺科 Turbinidae	蝾螺属 *Turbo* Linnaeus	1
			蜑螺科 Neritidae	彩螺属 *Clition* Montfrt	1
				蜑螺属 *Neritina* Linnaeus	4
				游螺属 *Neritina* Lamarck	1
		中腹足目 Mesogastropoda	滨螺科 Littorinidae	拟滨螺属 *Littoraria* Gray	3
				结节滨螺属 *Nodilittorina* von Martens	1

续表

门	纲	目	科	属	种数
软体动物门 Mollusca	腹足纲 Gastropoda	中腹足目 Mesogastropoda	拟沼螺科 Assimineidae	拟沼螺属 *Assiminea* Fleming	1
			锥螺科 Turritellidae	锥螺属 *Turritella* Lamarck	2
			汇螺科 Potamodidae	拟蟹守螺属 *Cerithidea* Swainson	5
				笋光螺属 *Terebralia* Swainson	1
			滩栖螺科 Batillariidae	滩栖螺属 *Batillaria* Benson	2
			蟹守螺科 Cerithiidae	锉棒螺属 *Rhinoclavis* Swainson	1
			玉螺科 Naticidae	镰玉螺属 *Lunatica* Gray	1
				玉螺属 *Natica* Scopoli	2
			冠螺科 Cassididae	鬘螺属 *Phalium* Link	1
		新腹足目 Neogastropoda	骨螺科 Muricidae	爱尔螺属 *Ergalatax* Iredale	1
				荔枝螺属 *Thais* Röding	4
			织纹螺科 Nassariidae	织纹螺属 *Nassarius* Dumeril	6
			芋螺科 Conidae	芋螺属 *Conus* Linnaeus	1
		头楯目 Cephalaspidea	阿地螺科 Atyidae	泥螺属 *Bullacta* Bergh	1
			囊螺科 Retusidae	囊螺属 *Retusa* Brown	1
		基眼目 Basommatophora	耳螺科 Ellobiidae	耳螺属 *Ellobium* Röding	5
				女教士螺属 *Pythia* Röding	2
		柄眼目 Stylommatophora	石磺科 Oncidiidae	石磺属 *Onchidium* Buchanan	1
	双壳纲 Bivalvia	胡桃蛤目 Nuculoida	胡桃蛤科 Nuculidae	胡桃蛤属 *Nucula* Lamarck	1
		蚶目 Arcoida	蚶科 Arciedae	毛蚶属 *Scapharca* Gray	2
				泥蚶属 *Tegillarca* Iredale	1
			细纹蚶科 Noetiidae	栉毛蚶属 *Didimacar* Iredale	1
		贻贝目 Mytiloida	贻贝科 Mytilidae	索贻贝属 *Hormomya* Morch	1
				偏顶蛤属 *Modiolus* Lamarck	2
				肌蛤属 *Musculus* Röding	1
				隔贻贝属 *Septifer* Recluz	1
				荞麦蛤属 *Xenostrobus* Wilson	1
			江珧科 Pinnidae	栉江珧属 *Atrina* Gray	1
		珍珠贝目 Pterioida	扇贝科 Pectinidae	类栉孔扇贝属 *Mimachlamys* Iredale	1
			不等蛤科 Anomiidae	难解不等蛤属 *Enigmonia* Iredale	1
			海月蛤科 Placunidae	海月蛤属 *Placuna* Lightfoot	1

续表

门	纲	目	科	属	种数
软体动物门 Mollusca	双壳纲 Bivalvia	珍珠贝目 Pterioida	硬牡蛎科 Pyconodntidae	拟舌骨牡蛎属 *Parahyotissa* Harry	1
			牡蛎科 Ostreidae	褶牡蛎属 *Alectryonella* Sacco	1
				巨牡蛎属 *Crassostrea* Sacco	1
				齿缘牡蛎属 *Dendostrea* Swainson	1
				囊牡蛎属 *Saccostrea* Dollfus et Dautzenberg	2
				爪牡蛎属 *Talonostrea* Li et Qi	1
		帘蛤目 Veneroida	满月蛤科 Lucinidae	无齿蛤属 *Anodontia* Link	1
			蛤蜊科 Mactridae	獭蛤属 *Lutraria* Lamarck	1
				蛤蜊属 *Mactra* Linnaeus	1
			中带蛤科 Mesodesmatidae	坚石蛤属 *Atactodea* Dall	1
			斧蛤科 Donacidae	斧蛤属 *Donax* Linnaeus	1
			樱蛤科 Tellinidae	角蛤属 *Angulus* Megerle von Mühlfeld	1
				美丽蛤属 *Merisca* Dall	1
				明樱蛤属 *Moerella* Fischer	2
				亮樱蛤属 *Nitidotellina* Scarlato	1
			紫云蛤科 Psammobiidae	紫蛤属 *Sanguinolaria* Lamarck	2
			截蛏科 Pharellidae	缢蛏属 *Sinonovacula* Prashad	1
			竹蛏科 Solenidae	竹蛏属 *Solen* Linnaeus	1
			刀蛏科 Cultellidae	刀蛏属 *Cultellus* Schumacher	2
				灯塔蛏属 *Pharella* Gray	1
				荚蛏属 *Siliqua* Megerle von Mühlfeld	1
			棱蛤科 Trapeziidae	棱蛤属 *Trapezium* Mergele von Mühlfeld	1
			蚬科 Corbiculidae	硬壳蚬属 *Geloina* Gray	1
			帘蛤科 Veneridae	仙女蛤属 *Callista* Poli	2
				雪蛤属 *Clausinella* Gray	1
				畸心蛤属 *Cryptonema* Jukes-Browne	1
				青蛤属 *Cyclina* Deshayes	1
				镜蛤属 *Dosinia* Scopoli	4
				浅蛤属 *Gomphina* Mörch	1
				文蛤属 *Meretrix* Lamarck	2
				凸卵蛤属 *Pelecyora* Dall	1
				蛤仔属 *Ruditapes* Chiamenti	1

续表

门	纲	目	科	属	种数
软体动物门 Mollusca	双壳纲 Bivalvia	帘蛤目 Veneroida	绿螂科 Glauconomidae	绿螂属 *Glauconme* Gray	1
		笋螂目 Pholadomyoida	鸭嘴蛤科 Laternulidae	鸭嘴蛤属 *Laternula* Röding	3
	头足纲 Cephalopoda	枪形目 Teuthoidea	枪乌贼科 Loliginidae	拟枪乌贼属 *Loliolus* Steenstrup	1
		乌贼目 Sepioidea	乌贼科 Sepiidae	乌贼属 *Sepia* Linnaeus	2
			耳乌贼科 Sepiolidae	耳乌贼属 *Sepiola* Leach	1
		八腕目 Octopoda	蛸科 Octopodidae	蛸属 *Octopus* Lamarck	2
节肢动物门 Arthropoda	颚足纲 Maxillopoda	无柄目 Sessilia	小藤壶科 Chthamalidae	地藤壶属 *Euraphia* Conrad	1
			藤壶科 Balanidae	纹藤壶属 *Amphibalanus* Pitombo	3
	软甲纲 Malacostraca	口足目 Stomatopoda	虾蛄科 Squilidae	绿虾蛄属 *Clorida* Eydoux et Souleyet	1
				拟绿虾蛄属 *Cloridopsis* Manning	1
				褶虾蛄属 *Lophospuilla* Manning	1
				口虾蛄属 *Oratosquilla* Manning	2
		等足目 Isopoda	团水虱科 Sphaeromatidae	团水虱属 Sphaeroma Bosc	2
			海蟑螂科 Ligiidae	海蟑螂属 *Ligia* Fabricius	1
		十足目 Decapoda	对虾科 Penaeidae	明对虾属 *Fenneropenaeus* Pérez Farfante	1
				囊对虾属 *Marsupenaeus* Tirmizi	1
				大突虾属 *Megokris* Pérez Farfante et Kensley	1
				沟对虾属 *Melicertus* Rafinesque	1
				新对虾属 *Metapenaeus* Wood-Mason et Alcock	1
				仿对虾属 *Parapenaeopsis* Alcock	2
				对虾属 *Penaeus* Fabricius	1
			鼓虾科 Alpheidae	鼓虾属 *Alpheus* Fabricius	6
			长臂虾科 Palaemonidae	白虾属 *Exopalaemon* Holthuis	1
				沼虾属 *Macrobrachium* Bate	1
			活额寄居蟹科 Diogenidae	细螯寄居蟹属 *Clibanarius* Dana	2
			黎明蟹科 Matutidae	月神蟹属 *Ashtoret* Galilet-Clark	1
				黎明蟹属 *Matuta* Weber	1

续表

门	纲	目	科	属	种数
节肢动物门 Arthropoda	软甲纲 Malacostraca	十足目 Decapoda	关公蟹科 Dorippidae	新关公蟹属 *Neodorippe* Serène et Romimohtarto	1
			玉蟹科 Leucosiidae	五角蟹属 *Nursia* Leach	2
				拳蟹属 *Philyra* Leach	4
			卧蜘蛛蟹科 Epialtidae	长踦蟹属 *Phalangipus* Latreille	1
			虎头蟹科 Orithyidae	虎头蟹属 *Orithyia* Fabricius	1
			毛刺蟹科 Pilumnidae	异装蟹属 *Heteropanope* Stimpson	1
				异毛蟹属 *Heteropilumnus* de Man	1
				毛粒蟹属 *Pilumnopeus* A. Milne Edwards	1
				佘氏蟹属 *Ser* Rathbun	1
				盲蟹属 *Typhlocarcinus* Stimpson	1
			梭子蟹科 Portunidae	蟳属 *Charybdis* de Haan	4
				梭子蟹属 *Portunus* Weber	1
				青蟹属 *Scylla* de Haan	1
				短桨蟹属 *Thalamita* Latreille	1
			扇蟹科 Xanthidae	真扇蟹属 *Euxanthus* Dana	1
				皱蟹属 *Leptodius* A. Milne-Edwards	1
				拟权位蟹属 *Paramedaeus* Guinot	1
			方蟹科 Grapsidae	大额蟹属 *Metopograpsus* H. Milne Edwards	2
				厚纹蟹属 *Pachygrapsus* Randall	1
			相手蟹科 Sesarminae	螳臂相手蟹属 *Chiromantes* Gistel	2
				拟相手蟹属 *Parasesarma* de Man	1
				近相手蟹属 *Perisesarma* de Man	1
				中相手蟹属 *Sesarmops* Serène et Soh	2
			弓蟹科 Varunidae	蜞属 *Gaetice* Gistel	1
				拟厚蟹属 *Helicana* Sakai et Yatsuzuka	1
				近方蟹属 *Hemigrapsus* Dana	2
				长方蟹属 *Metaplax* H. Milne Edwards	3
				弓蟹属 *Varuna* H. Milne Edwards	1
			猴面蟹科 Camptandriidae	猴面蟹属 *Camptandrium* Stimpson	1
				魔鬼蟹属 *Moguai* Tan et Ng	1
				拟闭口蟹属 *Paracleistostoma* de Man	1
			和尚蟹科 Mictyrisdae	和尚蟹属 *Mictyris* Latreille	1

续表

门	纲	目	科	属	种数
节肢动物门 Arthropoda	软甲纲 Malacostraca	十足目 Decapoda	毛带蟹科 Dotillidae	毛带蟹属 *Dotilla* Stimpson	1
				泥蟹属 *Ilyoplax* Stimpson	3
				股窗蟹属 *Scopimera* de Haan	1
			大眼蟹科 Macrophthalmidae	大眼蟹属 *Macrophthalmus* Latreille	6
			沙蟹科 Ocypodidae	沙蟹属 *Ocypode* Weber	2
				招潮蟹属 *Uca* Leach	4
	肢口纲 Merostmata	剑尾目 Xiphosura	鲎科 Tachypleidae	蝎鲎属 *Carcinoscorpius* Pocock	1
				鲎属 *Tachypleus* Leach	1
腕足动物门 Brachiopoda	海豆芽纲 Lingulita	海豆芽目 Lingulida	海豆芽科 Lingulidae	海豆芽属 *Lingula* Bruguière	1
棘皮动物门 Echinodermata	海星纲 Asteroidea	柱体目 Paxillosida	槭海星科 Astropectinidae	槭海星属 *Astropecten* Gray	1
	蛇尾纲 Ophiuroidea	真蛇尾目 Ophiurida	阳遂足科 Amphiuridae	倍棘蛇尾属 *Amphioplus* Verrill	1
	海胆纲 Ehinoidea	盾形目 Clypeasteroida	蛛网海胆科 Arachnoididae	蛛网海胆属 *Arachnoides* Leske	1
脊索动物门 Chordata	硬骨鱼纲 Osteichthyes	鳗鲡目 Anguilliformes	蛇鳗科 Ophichthyidae	虫鳗属 *Muraenichthys* Bleeker	1
				豆齿鳗属 *Pisodonophis* Kaup	1
		刺鱼目 Gasterosteiformes	海龙科 Syngnathidae	海龙属 *Syngnathus* Linnaeus	1
		鲈形目 Perciformes	塘鳢科 Eleotridae	乌塘鳢属 *Bostrichthys* Lacepède	1
				鲈塘鳢属 *Perccottus* Dybowski	1
			鰕虎鱼科 Gobiidae	细棘鰕虎鱼属 *Acentrogobius* Bleeker	2
				缰鰕虎鱼属 *Amoya* Herre	1
				叉牙鰕虎鱼属 *Apocryptodon* Bleeker	1
				深鰕虎鱼属 *Bathygobius* Bleeker	1
			鳗鰕虎鱼科 Taenioididae	狼牙鰕虎鱼属 *Odontamblyopus* Bleeker	1
			弹涂鱼科 Periophthalmidae	大弹涂鱼属 *Boleophthalmus* Valenciennes	1
				弹涂鱼属 *Periophthalmus* Bloch et Schneider	1
				青弹涂鱼属 *Scartelaos* Swainson	1

三、鱼类

根据何斌源等（2001）、何斌源和范航清（2002）、范航清等（2005）、黄德练等（2013a，2013b）的研究资料，广西红树林区现已知的鱼类有 125 种，隶属 12 目 41 科 81 属（表 4-10）。其中，鰕虎鱼科的种类最多，有 12 属 21 种，分别占总属数和总种数的 14.81%和 16.80%；其次是鲾科的种类，有 2 属 10 种，分别占 2.47%和 8.00%；再次是鲱科和鲹科的种类，鲱科有 7 属 9 种，分别占 8.64%和 7.20%，鲹科有 4 属 8 种，分别占 4.94%和 6.40%；详见第三章第二节。

表 4-10　广西红树林鱼类科属种统计

纲	目	科	属	种数
硬骨鱼纲 Osteichthyes	海鲢目 Elopiformes	海鲢科 Elopida	海鲢属 *Elops* Linnaeus	1
	鳗鲡目 Anguilliformes	康吉鳗科 Congridae	齐头鳗属 *Anago* Jordan et Hubbs	1
		海鳗科 Muraenesocidae	海鳗属 *Muraenesox* McClelland	1
		蛇鳗科 Ophichthyidae	豆齿鳗属 *Pisodonophis* Kaup	1
	鲱形目 Clupeiformes	鲱科 Clupeidae	鰶属 *Clupanodon* Lacepède	1
			洁白鲱属 *Escualosa* Whitley	1
			青鳞属 *Herklotsichthys* Whitley	1
			鳓属 *Ilisha* Richardson	1
			斑鰶属 *Konosirus* Jordan et Snyder	1
			玉鳞鱼属 *Kowala* Valenciennes	1
			沙丁鱼属 *Sardinella* Valenciennes	3
		鳀科 Engraulidae	小公鱼属 *Stolephorus* Lacepède	2
			棱鳀属 *Thryssa* Cuvier	2
		宝刀鱼科 Chirocentridae	宝刀鱼属 *Chirocentrus* Cuvier	1
	鲻形目 Mugiliformes	鲻科 Mugilidae	鮻属 *Liza* Jordan et Swain	2
			鲻属 *Mugil* Linnaeus	1
			骨鲻属 *Osteomugil* Luther	2
			凡鲻属 *Valamugil* Smith	1
	鲇形目 Siluriformes	海鲇科 Ariidae	海鲇属 *Arius* Valenciennes	1
		鳗鲇科 Plotosidae	鳗鲇属 *Plotosus* Lacepède	1
	银汉鱼目 Atheriniformes	银汉鱼科 Atherinidae	银汉鱼属 *Allanetta* Whitley	1
	颌针鱼目 Beloniformes	颌针鱼科 Belonidae	柱颌针鱼属 *Strongylura* Sars	1
		鱵科 Hemiramphidae	下鱵鱼属 *Hyporhamphus* Cuvier	3
			异鳞鱵属 *Zenarchopterus* Gill	1
	刺鱼目 Gasterosteiformes	海龙科 Syngnathidae	海龙属 *Syngnathus* Linnaeus	1
	鲉形目 Scorpaeniformes	鲉科 Scorpaenidae	菖鲉属 *Sebastiscus* Jordane et Starks	1
		毒鲉科 Synanceiidae	鬼鲉属 *Inimicus* Jordan et Starks	2

续表

纲	目	科	属	种数
硬骨鱼纲 Osteichthyes	鲉形目 Scorpaeniformes	鲬科 Platycephalidae	鲬属 *Platycephalus* Bloch	1
	鲈形目 Perciformes	尖吻鲈科 Latidae	尖吻鲈属 *Lates* Cuvier et Valenciennes	1
		双边鱼科 Ambassidae	双边鱼属 *Ambassis* Cuvier et Valenciennes	2
		鮨科 Serranidae	花鲈属 *Lateolabrax* Bleeker	1
		鱚科 Sillaginidae	鱚属 *Sillago* Cuvier	3
		鲹科 Carangidae	鲹属 *Caranx* Lacepède	4
			䲠鲹属 *Chorinemus* Cuvier	2
			细鲹属 *Selaroides* Bleeker	1
			鲳鲹属 *Trachinotus* Lacepède	1
		石首鱼科 Sciaenidae	枝鳔石首鱼属 *Dendrophysa* Trewavas	1
			黄姑鱼属 *Nibea* Thompson	1
			原黄姑鱼属 *Protonibea* Trewavas	1
			拟石首鱼属 *Sciaenops* Gill	1
		鲾科 Leiognathidae	牙鲾属 *Gazza* Rüppell	1
			鲾属 *Leiognathus* Lacepède	9
		银鲈科 Gerreidae	十棘银鲈属 *Gerreomorpha* Cuvier	1
			银鲈属 *Gerres* Cuvier	4
			五棘银鲈属 *Pentaprion* Bleeker	1
		笛绸科 Lutjanidae	笛鲷属 *Lutjanus* Bloch	1
		鲷科 Sparidae	真鲷属 *Pagrosomus* Gill	1
			鲷属 *Sparus* Linnaeus	3
		石鲈科 Pomadasyidae	石鲈属 *Pomadasys* Lacepède	1
		鯻科 Theraponidae	叉牙鯻属 *Helotes* Cuvier	1
			鯻鱼属 *Therapon* Cuvier	1
		羊鱼科 Mullidae	拟羊鱼属 *Mulloidichthys* Whitley	1
		鸡笼鲳科 Drepanidae	鸡笼鲳属 *Drepane* Cuvier et Valenciennes	1
		金钱鱼科 Scatophagidae	金钱鱼属 *Scatophagus* Cuvier	1
		鳚科 Blenniidae	肩鳃鳚属 *Omobranchus* Valenciennes	1
		蓝子鱼科 Siganidae	蓝子鱼属 *Siganus* Forsskål	2
		塘鳢科 Eleotridae	乌塘鳢属 *Bostrichthys* Lacepède	1
			嵴塘鳢属 *Butis* Bleeker	1
			锯塘鳢属 *Prionobutis* Bleeker	1
		鰕虎鱼科 Gobiidae	细棘鰕虎鱼属 *Acentrogobius* Bleeker	3
			叉牙鰕虎鱼属 *Apocryptodon* Bleeker	2
			深鰕虎鱼属 *Bathygobius* Bleeker	1
			丝鰕虎鱼属 *Cryptocentrus* Cuvier et Valennes	2
			舌鰕虎鱼属 *Glossogobius* Gill	3

续表

纲	目	科	属	种数
硬骨鱼纲 Osteichthyes	鲈形目 Perciformes	鰕虎鱼科 Gobiidae	狼牙鰕虎鱼属 *Odontamblyopus* Bleeker	1
			沟鰕虎鱼属 *Oxyurichthys* Bleeker	1
			拟鰕虎鱼属 *Pseudogobius* Popta	1
			复鰕虎鱼属 *Synechogobius* Gill	2
			鳗鰕虎鱼属 *Taenioides* Lacepède	1
			缟鰕虎鱼属 *Tridentiger* Gill	3
			孔鰕虎鱼属 *Trypauchen* Valenciennes	1
		弹涂鱼科 Periophthalmidae	大弹涂鱼属 *Boleophthalmus* Valenciennes	1
			弹涂鱼属 *Periophthalmus* Bloch et Schneider	1
			青弹涂鱼属 *Scartelaos* Swainson	1
	鲽形目 Pleuronectiformes	鳎科 Soleidae	箬鳎属 *Brachirus* Swainson	1
			鳎属 *Solea* Quensel	1
			条鳎属 *Zebrias* Jordan et Snyder	1
		舌鳎科 Cynoglossidae	舌鳎属 *Cynoglossus* Hamilton	3
	鲀形目 Tetraodontiformes	三刺鲀科 Triacanthidae	三刺鲀属 *Triacanthus* Oken	1
		鲀科 Tetraodotidae	腹刺鲀属 *Gastrophysus* Müller	2
			东方鲀属 *Takifugu* Abe	3

四、昆虫

广西红树林区现已知的昆虫种类有 13 目 98 科 221 属 297 种，其组成特征见第三章第二节。

五、蜘蛛

蜘蛛是节肢动物门（Arthropoda）蛛形纲（Arachnida）蜘蛛目（Araneae）种类的统称。蜘蛛也是红树林区生物群落的重要组成之一，它的结构特征与红树林区的生境特点有密切关系（韦绥概等，2000）。根据颜增光等（1998）、韦绥概等（2000）的研究资料进行整理，广西红树林蜘蛛现已知的种类有 12 科 33 属 58 种。其中，肖蛸科（Tetragnathidae）3 属 11 种，园蛛科（Araneidae）8 属 16 种，球蛛科（Theridiidae）5 属 8 种，猫蛛科（Oxyopidae）1 属 2 种，狼蛛科（Lycosidae）2 属 2 种，跳蛛科（Salticidae）7 属 8 种，管巢蛛科（Clubionidae）1 属 2 种，皿蛛科（Linyphiidae）2 属 2 种，蟹蛛科（Thomisidae）1 属 3 种，盗蛛科（Pisauridae）1 属 1 种，平腹蛛科（Gnaphosidae）1 属 2 种，长纺蛛科（Hersiliidae）1 属 1 种。种类数量较多的属有肖峭属（*Tetragnatha*）（9 种）、艾蛛属（*Cyclosa*）（4 种）、鞘腹蛛属（*Coleosoma*）（3 种）、蟹蛛属（*Thomisus*）（3 种）（表 4-11）。

表 4-11　广西红树林蜘蛛的科属种统计

科	属	种数
肖蛸科 Tetragnathidae	锯螯蛛属 *Dyschiriognatha* Simon	1
	银鳞蛛属 *Leucauge* White	1
	肖蛸属 *Tetragnatha* Latreille	9
园蛛科 Araneidae	园蛛属 *Araneus* Clerck	2
	金蛛属 *Argiope* Audouin	2
	艾蛛属 *Cyclosa* Menge	4
	曲腹蛛属 *Cyrtarachne* Thorell	1
	云斑蛛属 *Cyrtophora* Simon	1
	棘蛛属 *Gasteracantha* Sundevall	2
	新园蛛属 *Neoscona* Simon	2
	络新妇属 *Nephila* Leach	2
球蛛科 Theridiidae	希蛛属 *Achaearanea* Strand	1
	银斑蛛属 *Argyrodes* Simon	2
	丽蛛属 *Chrysso* Cambridge	1
	鞘腹蛛属 *Coleosoma* Cambridge	3
	球蛛属 *Theridion* Walckenaer	1
猫蛛科 Oxyopidae	猫蛛属 *Oxyopes* Latreille	2
狼蛛科 Lycosidae	马蛛属 *Hippasa* Simon	1
	娲蛛属 *Wadicosa* Zyuzin	1
跳蛛科 Salticidae	猫跳蛛属 *Carrhotus* Thorell	1
	艳蛛属 *Epocilla* Thorell	1
	哈沙蛛属 *Hasarius* Simon	1
	蚁蛛属 *Myrmarachne* Maclea	2
	金蝉蛛属 *Phintella* Strand	1
	蝇虎属 *Plexippus* Koch	1
	宽胸蝇虎属 *Rhene* Thorell	1
管巢蛛科 Clubionidae	管巢蛛属 *Clubiona* Latreille	2
皿蛛科 Linyphiidae	隆背蛛属 *Erigone* Audouin	1
	小黑蛛属 *Erigonidium* Smith	1
蟹蛛科 Thomisidae	蟹蛛属 *Thomisus* Walckenaer	3
盗蛛科 Pisauridae	走蛛属 *Thalassius* Simon	1
平腹蛛科 Gnaphosidae	平腹蛛属 *Gnaphosa* Latreille	2
长纺蛛科 Hersiliidae	长纺蛛属 *Hersilia* Audouin	1

注：资料来源于颜增光等（1998）；韦绥概等（2000）

广西红树林蜘蛛种类名录如下所述。

肖蛸科 Tetragnathidae

锯螯蛛属 *Dyschiriognatha* Simon

四斑锯螯蛛 *Dyschiriognatha quadrimaculata* Bösenberg et Strand

银鳞蛛属 *Leucauge* White

尖尾银鳞蛛 *Leucauge decorate* Blackwall

肖峭属 *Tetragnatha* Latreille

尖尾肖峭 *Tetragnatha caudicula* Karsch

长螯肖峭 *Tetragnatha mandibulata* Walckenaer

锥腹肖蛸 *Tetragnatha maxillosa* Thorell

华丽肖蛸 *Tetragnatha nitens* Audouin

羽斑肖蛸 *Tetragnatha pinicola* Koch

前齿肖蛸 *Tetragnatha praedonia* Koch

鳞纹肖蛸 *Tetragnatha squamata* Karsch

圆尾肖峭 *Tetragnatha vermiformis* Okuma

肖峭 *Tetragnatha* sp.

园蛛科 Araneidae

园蛛属 *Araneus* Clerck

黑斑园蛛 *Araneus mitificus* Simon

角园蛛 *Araneus* sp.

金蛛属 *Argiope* Audouin

好胜金蛛 *Argiope aemula* Walckenaer

厚缘金蛛 *Argiope macrochoera* Thorell

艾蛛属 *Cyclosa* Menge

角腹艾蛛 *Cyclosa mulmeinensis* Thorell

五突艾蛛 *Cyclosa pentatuberculata* Yin, Zhu et Wang

长腹艾蛛 *Cyclosa* sp.

艾蛛 *Cyclosa* sp.

曲腹蛛属 *Cyrtarachne* Thorell

曲腹蛛 *Cyrtarachne* sp.

云斑蛛属 *Cyrtophora* Simon

摩鹿加云斑蛛 *Cyrtophora moluccensis* Doleschall

棘蛛属 *Gasteracantha* Sundevall

棘腹蛛 1 *Gasteracantha* sp. 1

棘腹蛛 2 *Gasteracantha* sp. 2

新园蛛属 *Neoscona* Simon

椭圆新园蛛 *Neoscona elliptica* Tikader et Bal

嗜水新园蛛 *Neoscona nautical* Koch

络新妇属 *Nephila* Leach

斑络新妇 *Nephila maculata* Fabricius

络新妇 *Nephila* sp.

球蛛科 Theridiidae

希蛛属 *Achaearanea* Strand

日本希蛛 *Achaearanea japonica* Bösenberg et Strand

银斑蛛属 *Argyrodes* Simon

雪银斑蛛 *Argyrodes argentatus* Cambridge

白银斑蛛 *Argyrodes bonadea* Karsch

丽蛛属 *Chrysso* Cambridge

丽蛛 *Chrysso* sp.

鞘腹蛛属 *Coleosoma* Cambridge

滑鞘腹蛛 *Coleosoma blandum* Cambridge

佛罗鞘腹蛛 *Coleosoma floridanum* Banks

八斑鞘腹蛛 *Coleosoma octomaculatum* Bösenberg et Strand

球蛛属 *Theridion* Walckenaer

球蛛 *Theridion* sp.

猫蛛科 Oxyopidae

猫蛛属 *Oxyopes* Latreille

南方猫蛛 *Oxyopes daksima* Sherriffs

斜纹猫蛛 *Oxyopes sertatus* Koch

狼蛛科 Lycosidae

马蛛属 *Hippasa* Simon

猴马蛛 *Hippasa holmerae* Thorell

娲蛛属 *Wadicosa* Zyuzin

忠娲蛛 *Wadicosa fidelis* Cambridge

跳蛛科 Salticidae

猫跳蛛属 *Carrhotus* Thorell

角猫跳蛛 *Carrhotus sannio* Thorell

艳蛛属 *Epocilla* Thorell

锯艳蛛 *Epocilla calcarata* Karsch

哈沙蛛属 *Hasarius* Simon

花哈沙蛛 *Hasarius adansoni* Savigny et Audouin

蚁蛛属 *Myrmarachne* Macleay

吉蚁蛛 *Myrmarachne gisti* Fox

褶腹蚁蛛 *Myrmarachne kiboschensis* Lessert

金蝉蛛属 *Phintella* Strand

多色金蝉蛛 *Phintella versicolor* Koch

蝇虎属 *Plexippus* Koch

多色丽跳蛛 *Plexippus versicolor* Koch

宽胸蝇虎属 *Rhene* Thorell

阿贝宽胸蝇虎 *Rhene albigera* Koch

管巢蛛科 Clubionidae

管巢蛛属 *Clubiona* Latreille

褶管巢蛛 *Clubiona corrugata* Bösenberg et Strand

斑管巢蛛 *Clubiona deletrix* Cambridge

皿蛛科 Linyphiidae

隆背蛛属 *Erigone* Audouin

隆背微蛛 *Erigone prominens* Bösenberg et Strand

小黑蛛属 *Erigonidium* Smith

草间小黑蛛 *Erigonidium graminicolum* Sundevall

蟹蛛科 Thomisidae

蟹蛛属 *Thomisus* Walckenaer

角红蟹蛛 *Thomisus labefactus* Karsch

峭腹蟹蛛 *Thomisus* sp.

蟹蛛 *Thomisus* sp.

盗蛛科 Pisauridae

走蛛属 *Thalassius* Simon

白条走蛛 *Thalassius phipsoni* Cambridge

平腹蛛科 Gnaphosidae

平腹蛛属 *Gnaphosa* Latreille

黄色平腹蛛 *Gnaphosa* sp.

黑色平腹蛛 *Gnaphosa* sp.

长纺蛛科 Hersiliidae

长纺蛛属 *Hersilia* Audouin

长纺蛛 *Hersilia* sp.

六、鸟类

根据周放等（2000，2002，2010）、韩小静（2006）、李相林等（2006）、李相林（2007）、王志高（2008）、马艳菊等（2011）的研究资料，广西红树林区鸟类现已知有 16 目 58 科 161 属 346 种（表 4-12）。其中，䴙䴘目有 1 科 2 属 2 种，鹈形目有 3 科 3 属 5 种，鹳形目有 3 科 13 属 22 种，雁形目有 1 科 8 属 24 种，隼形目有 3 科 13 属 26 种，鸡形目有 1 科 2 属 3 种，鹤形目有 3 科 10 属 17 种，鸻形目有 10 科 32 属 77 种，鸽形目有 1 科 2 属 4 种，鹃形目有 1 科 6 属 11 种，鸮形目有 1 科 4 属 7 种，夜鹰目有 1 科 1 属 2 种，雨燕目有 1 科 1 属 2 种，佛法僧目有 3 科 5 属 7 种，䴕形目有 1 科 1 属 1 种，雀形目有 24 科 58 属 136 种。种类数量较多的属有鸥属（12 种）、柳莺属（11 种）、滨鹬属（10 种）、鸭属（9 种）、鹰属（7 种）、鸻属（7 种）、鹬属（7 种）、鹀属（7 种）、伯劳属（6 种）、潜鸭属（5 种）、隼属（5 种）、杜鹃属（5 种）、鹨属（5 种）、鹡鸰属（5 种）、鸫属（5 种）、姬鹟属（5 种）、鹪莺属（5 种）、苇莺属（5 种）等。其中，旅鸟有 38 种，留鸟有 92 种，夏候鸟有 40 种，冬候鸟有 172 种，迷鸟有 4 种；国家级保护物种有 52 种，其中国家一级保护物种有 3 种，国家二级保护物种有 49 种，IUCN 红色名录物种有 22 种，其中极危种有 1 种，濒危种有 5 种，易危种有 10 种，近危种有 6 种（表 4-13），详见第三章第二节。

表 4-12　广西红树林区鸟类科属统计

目	科	属	种数
䴙䴘目 Podicipediformes	䴙䴘科 Podicipedidae	䴙䴘属 *Podiceps* Lamtham	1
		小䴙䴘属 *Tachybaptus* Reichenbach	1
鹈形目 Pelecaniformes	鹈鹕科 Pelecanidae	鹈鹕属 *Pelecanus* Linnaeus	2
	鲣鸟科 Sulidae	鲣鸟属 *Sula* Brisson	1
	鸬鹚科 Phalacrocoracidae	鸬鹚属 *Phalacrocorax* Brisson	2

续表

目	科	属	种数
鹳形目 Ciconiiformes	鹭科 Ardeidae	鹭属 *Ardea* Linnaeus	3
		池鹭属 *Ardeola* Boie	1
		麻鳽属 *Botaurus* Stephens	1
		牛背鹭属 *Bubulcus* Linnaeus	1
		绿鹭属 *Butorides* Linnaeus	1
		黑鳽属 *Dupetor* Heine et Reichenow	1
		白鹭属 *Egretta* Forster	4
		鳽属 *Gorsachius* Bonaparte	2
		苇鳽属 *Ixobrychus* Billberg	3
		夜鹭属 *Nycticorax* Forster	1
	鹳科 Ciconiidae	鹳属 *Ciconia* Brisson	1
	鹮科 Threskiornithidae	琵鹭属 *Platalea* Linnaeus	2
		白鹮属 *Threskiornis* Gray	1
雁形目 Anseriformes	鸭科 Anatidae	鸭属 *Anas* Linnaeus	9
		雁属 *Anser* Brisson	3
		潜鸭属 *Aythya* Boie	5
		树鸭属 *Dendrocygna* Swainson	1
		斑头秋沙鸭属 *Mergellus* Selby	1
		秋沙鸭属 *Mergus* Linnaeus	3
		棉凫属 *Nettapus* Brandt	1
		麻鸭属 *Tadorna* Fleming	1
隼形目 Falconiformes	鹗科 Pandionidae	鹗属 *Pandion* Savigny	1
	鹰科 Accipitridae	鹰属 *Accipiter* Brisson	7
		雕属 *Aquila* Brisson	1
		鹃隼属 *Aviceda* Swainson	1
		鵟鹰属 *Butastur* Hodgson	1
		鵟属 *Buteo* Lacepède	1
		鹞属 *Circus* Lacepède	4
		黑翅鸢属 *Elanus* Savigny	1
		鸢属 *Milvus* Lacepède	1
		蜂鹰属 *Pernis* Cuvier	1
		蛇雕属 *Spilornis* Gray	1
	隼科 Falconidae	隼属 *Falco* Linnaeus	5
		小隼属 *Microhierax* Sharpe	1
鸡形目 Galliformes	雉科 Phasianidae	鹌鹑属 *Coturnix* Bonnaterre	2
		鹧鸪属 *Francolinus* Hodgson	1
鹤形目 Gruiformes	三趾鹑科 Turnicidae	三趾鹑属 *Turnix* Bonnaterre	3
	鹤科 Gruidae	鹤属 *Grus* Brisson	1

续表

目	科	属	种数
鹤形目 Gruiformes	秧鸡科 Rallidae	苦恶鸟属 *Amaurornis* Reichenbach	2
		骨顶鸡属 *Fulica* Linnaeus	1
		董鸡属 *Gallicrex* Blyth	1
		水鸡属 *Gallinula* Brisson	1
		紫水鸡属 *Porphyrio* Brisson	1
		田鸡属 *Porzana* Vieillot	4
		斑秧鸡属 *Rallina* Gray	1
		秧鸡属 *Rallus* Linnaeus	2
鸻形目 Charadriiformes	水雉科 Jacanidae	水雉属 *Hydrophasianus* Wagler	1
		铜翅水雉属 *Metopidius* Wagler	1
	彩鹬科 Rostratulidae	彩鹬属 *Rostratula* Vieillot	1
	蛎鹬科 Haematopodidae	蛎鹬属 *Haematopus* Linnaeus	1
	反嘴鹬科 Recurvirostridae	长脚鹬属 *Himantopus* Brisson	1
		反嘴鹬属 *Recurvirostra* Linnaeus	1
	燕鸻科 Glareolidae	燕鸻属 *Glareola* Brisson	1
	鸻科 Charadriidae	鸻属 *Charadrius* Linnaeus	7
		斑鸻属 *Pluvialis* Brisson	3
		麦鸡属 *Vanellus* Brisson	3
	鹬科 Scolopacidae	矶鹬属 *Actitis* Illiger	1
		滨鹬属 *Calidris* Merrem	10
		勺嘴鹬属 *Eurynorhynchus* Nilsson	1
		沙锥属 *Gallinago* Koch	4
		漂鹬属 *Heteroscelus* Baird	1
		阔嘴鹬属 *Limicola* Koch	1
		半蹼鹬属 *Limnodromus* Wied	1
		塍鹬属 *Limosa* Brisson	2
		姬鹬属 *Lymnocryptes* Boie	1
		杓鹬属 *Numenius* Brisson	4
		瓣蹼鹬属 *Phalaropus* Briton	1
		流苏鹬属 *Philomachus* Merrem	1
		丘鹬属 *Scolopax* Linnaeus	1
		鹬属 *Tringa* Linnaeus	7
		翘嘴鹬属 *Xenus* Kaup	1
	贼鸥科 Stercorariidae	贼鸥属 *Stercorarius* Brisson	1
	鸥科 Laridae	鸥属 *Larus* Linnaeus	12
	燕鸥科 Sternidae	浮鸥属 *Chlidonias* Rafinesque	2
		噪鸥属 *Gelochelidon* Brehm	1
		巨鸥属 *Hydroprogne* Kaup	1

续表

目	科	属	种数
鸻形目 Charadriiformes	燕鸥科 Sternidae	燕鸥属 *Sterna* Linnaeus	2
		凤头燕鸥属 *Thalasseus* Boie	1
鸽形目 Columbiformes	鸠鸽科 Columbidae	金鸠属 *Chalcophaps* Gould	1
		斑鸠属 *Streptopelia* Bonaparte	3
鹃形目 Cuculiformes	杜鹃科 Cuculidae	八声杜鹃属 *Cacomantis* Müller	1
		鸦鹃属 *Centropus* Illiger	2
		凤头鹃属 *Clamator* Kaup	1
		杜鹃属 *Cuculus* Linnaeus	5
		噪鹃属 *Eudynamys* Vigors et Horsfield	1
		地鹃属 *Phaenicophaeus* Stephens	1
鸮形目 Strigiformes	鸱鸮科 Strigidae	鸺鹠属 *Glaucidium* Boie	2
		鹰鸮属 *Ninox* Hodgson	1
		角鸮属 *Otus* Pennant	3
		林鸮属 *Strix* Linnaeus	1
夜鹰目 Caprimulgiformes	夜鹰科 Caprimulgidae	夜鹰属 *Caprimulgus* Linnaeus	2
雨燕目 Apodiformes	雨燕科 Apodidae	雨燕属 *Apus* Scopoli	2
佛法僧目 Coraciiformes	翠鸟科 Alcedinidae	翠鸟属 *Alcedo* Linnaeus	1
		鱼狗属 *Ceryle* Boie	2
		翡翠属 *Halcyon* Swainson	2
	蜂虎科 Meropidae	蜂虎属 *Merops* Linnaeus	1
	佛法僧科 Coraciidae	三宝鸟属 *Eurystomus* Vieillot	1
䴕形目 Piciformes	啄木鸟科 Picidae	蚁䴕属 *Jynx* Linnaeus	1
雀形目 Passeriformes	八色鸫科 Pittidae	八色鸫属 *Pitta* Vieillot	2
	百灵科 Alaudidae	云雀属 *Alauda* Linnaeus	1
	燕科 Hirundinidae	斑燕属 *Cecropis* Boie	1
		毛脚燕属 *Delichon* Horsfield et Moore	1
		燕属 *Hirundo* Linnaeus	1
	鹡鸰科 Motacillidae	鹨属 *Anthus* Bechstein	5
		山鹡鸰属 *Dendronanthus* Blyth	1
		鹡鸰属 *Motacilla* Linnaeus	5
	山椒鸟科 Campephagidae	鸦鹃鵙属 *Coracina* Vieillot	2
		山椒鸟属 *Pericrocotus* Boie	2
	鹎科 Pycnonotidae	冠鹎属 *Alophoixus* Oates	1
		鹎属 *Pycnonotus* Boie	4
	伯劳科 Laniidae	伯劳属 *Lanius* Linnaeus	6
	黄鹂科 Oriolidae	黄鹂属 *Oriolus* Linnaeus	1
	卷尾科 Dicruridae	卷尾属 *Dicrurus* Vieillot	3
	椋鸟科 Sturnidae	八哥属 *Acridotheres* Vieillot	1

续表

目	科	属	种数
雀形目 Passeriformes	椋鸟科 Sturnidae	斑椋鸟属 *Gracupica* Amadon	1
		亚洲椋鸟属 *Sturnia* Lesson	2
		椋鸟属 *Sturnus* Linnaeus	2
	燕鵙科 Artamidae	燕鵙属 *Artamus* Vieillot	1
	鸦科 Corvidae	鸦属 *Corvus* Linnaeus	2
		松鸦属 *Garrulus* Brisson	1
		蓝鹊属 *Urocissa* Cabanis	1
	鸫科 Turdidae	鹊鸲属 *Copsychus* Wagler	1
		歌鸲属 *Luscinia* Torster	3
		矶鸫属 *Monticola* Boie	3
		啸鸫属 *Myophonus* Temminck	1
		红尾鸲属 *Phoenicurus* Forster	1
		石䳭属 *Saxicola* Bechstein	2
		鸲属 *Tarsiger* Hodgson	1
		鸫属 *Turdus* Linnaeus	5
		地鸫属 *Zoothera* Vigors	3
	鹟科 Muscicapidae	白腹蓝姬鹟属 *Cyanoptila* Blyth	1
		蓝仙鹟属 *Cyornis* Blyth	1
		铜蓝仙鹟属 *Eumyias* Cabanis	1
		姬鹟属 *Ficedula* Brisson	5
		鹟属 *Muscicapa* Brisson	3
		林鹟属 *Rhinomyias* Sharpe	1
	王鹟科 Monarchinae	黑枕王鹟属 *Hypothymis* Boie	1
		寿带属 *Terpsiphone* Gloger	2
	画眉科 Timaliidae	噪鹛属 *Garrulax* Lesson	3
		穗鹛属 *Stachyridopsis* Blyth	1
	扇尾莺科 Cisticolidae	扇尾莺属 *Cisticola* Kaup	2
		鹪莺属 *Prinia* Horsfield	5
	莺科 Sylviidae	苇莺属 *Acrocephalus* Naumann	5
		短翅莺属 *Bradypterus* Swainson	2
		树莺属 *Cettia* Bonaparte	4
		蝗莺属 *Locustella* Kaup	2
		缝叶莺属 *Orthotomus* Horsfield	2
		柳莺属 *Phylloscopus* Boie	11
		短尾莺属 *Urosphena* Swinhoe	1
	绣眼鸟科 Zosteropidae	绣眼鸟属 *Zosterops* Vigors et Horsfield	2
	山雀科 Paridae	山雀属 *Parus* Linnaeus	1
	雀科 Passeridae	麻雀属 *Passer* Brisson	2

续表

目	科	属	种数
雀形目 Passeriformes	梅花雀科 Estrildidae	文鸟属 *Lonchura* Sykes	2
	燕雀科 Fringillidae	金翅雀属 *Carduelis* Brisson	1
	鹀科 Emberizidae	鹀属 *Emberiza* Linnaeus	7
		凤头鹀属 *Melophus* Swainson	1

表 4-13　广西红树林区鸟类受威胁和受保护物种名录

物种名称	中国保护等级	IUCN 保护等级
卷羽鹈鹕 *Pelecanus crispus*	II	VU
斑嘴鹈鹕 *Pelecanus philippensis*	II	NT
褐鲣鸟 *Sula leucogaster*	II	
海鸬鹚 *Phalacrocorax pelagicus*	II	
黄嘴白鹭 *Egretta eulophotes*	II	VU
岩鹭 *Egretta sacra*	II	
栗头鳽*Gorsachius goisagi*		EN
黑鹳 *Ciconia nigra*	I	
白琵鹭 *Platalea leucorodia*	II	
黑脸琵鹭 *Platalea minor*	II	EN
黑头白鹮 *Threskiornis melanocephalus*	II	NT
红胸黑雁 *Branta ruficollis*		EN
小白额雁 *Anser erythropus*		VU
花脸鸭 *Anas Formosa*		VU
青头潜鸭 *Aythya baeri*		VU
白眼潜鸭 *Aythya nyroca*		NT
中华秋沙鸭 *Mergus squamatus*	I	EN
鹗 *Pandion haliaetus*	II	
褐耳鹰 *Accipiter badius*	II	
苍鹰 *Accipiter gentilis*	II	
日本松雀鹰 *Accipiter gularis*	II	
雀鹰 *Accipiter nisus*	II	
赤腹鹰 *Accipiter soloensis*	II	
凤头鹰 *Accipiter trivirgatus*	II	
松雀鹰 *Accipiter virgatus*	II	
白肩雕 *Aquila heliaca*	I	VU
黑冠鹃隼 *Aviceda leuphotes*	II	
灰脸鵟鹰 *Butastur indicus*	II	
普通鵟*Buteo buteo*	II	

续表

物种名称	中国保护等级	IUCN 保护等级
白尾鹞 *Circus cyaneus*	II	
草原鹞 *Circus macrourus*	II	
鹊鹞 *Circus melanoleucos*	II	
白腹鹞 *Circus spilonotus*	II	
黑翅鸢 *Elanus caeruleus*	II	
黑耳鸢 *Milvus lineatus*	II	
凤头蜂鹰 *Pernis ptilorhyncus*	II	
蛇雕 *Spilornis cheela*	II	
红脚隼 *Falco amurensis*	II	
灰背隼 *Falco columbarius*	II	
游隼 *Falco peregrinus*	II	
燕隼 *Falco subbuteo*	II	
白腿小隼 *Microhierax melanoleucus*	II	
灰鹤 *Grus grus*	II	
棕背田鸡 *Porzana bicolor*	II	
铜翅水雉 *Metopidius indicus*	II	
勺嘴鹬 *Eurynorhynchus pygmeus*		CR
半蹼鹬 *Limnodromus semipalmatus*		NT
小杓鹬 *Numenius minutus*	II	
黑尾塍鹬 *Limosa limosa*		NT
小青脚鹬 *Tringa guttifer*	II	EN
黑嘴鸥 *Larus saundersi*		VU
褐翅鸦鹃 *Centropus sinensis*	II	
小鸦鹃 *Centropus bengalensis*	II	
领鸺鹠 *Glaucidium brodiei*	II	
斑头鸺鹠 *Glaucidium cuculoides*	II	
鹰鸮 *Ninox Scutulata*	II	
领角鸮 *Otus lettia*	II	
黄嘴角鸮 *Otus spilocephalus*	II	
红角鸮 *Otus sunia*	II	
灰林鸮 *Strix aluco*	II	
蓝翅八色鸫 *Pitta moluccensis*	II	
仙八色鸫 *Pitta nymph*	II	VU
白喉林鹟 *Rhinomyias brunneatus*		VU
紫寿带 *Terpsiphone atrocaudata*		NT
远东苇莺 *Acrocephalus tangorum*		VU

第四节　红树林面积及其动态

由表 4-14 可知，由于研究手段不同、调查时间的差异，以及受潮位高低、红树林露出情况、其他盐沼植被等影响，不同学者获得的广西红树林面积存在差异。尽管如此，广西红树林面积自新中国成立初期以来总体上呈现“大→小→大”的变化趋势。20 世纪 80 年代后期是广西红树林面积最低的时期，此后红树林面积呈现增加趋势。不同时期红树林产生变化的原因不尽相同，其中养殖塘、盐田、海岸工程、围垦等是红树林面积减少的驱动因子，而自然更新和人工造林是红树林面积增加的驱动因子。例如，根据陈凌云等（2005）的研究，在 1955～1977 年，广西沿海红树林面积由 9351.18hm^2 减少到 8288.68hm^2，22a 间减少了 1062.50hm^2。因围垦破坏红树林面积 802.10hm^2，围垦破坏红树林面积较大的岸段有：江平巫头岛、沥尾岛围垦，破坏红树林面积达 380.06hm^2；钦州湾朱沙港岛北侧围垦养殖破坏红树林面积 42.25hm^2；金鼓江东岸两处汊湾围垦，破坏红树林面积 30.24hm^2；竹林盐场建设，破坏红树林面积达 45.28hm^2；铁山港东岸北暮盐场榄子根分场建设，破坏红树林面积达 136.86hm^2。

表 4-14　广西不同时期的红树林面积

调查年份	面积/hm^2	文献来源
1950s	10 000	廖宝文和张乔民，2014
1955	9 351.18	陈凌云等，2005
1960/1976	9 062.5	李春干和代华兵，2015
1973	5 305	贾明明，2014
1977	8 288.68	陈凌云等，2005
1980	2 306	贾明明，2014
1986	7 244	广西壮族自治区海岸带和滩涂资源综合调查领导小组，1986a
1988	4 671.39	陈凌云等，2005
1988～1989	5 654	范航清，1993
1990	2 638	贾明明，2014
1990	1 754.9	吴培强等，2013
1990s	7 430.1	李春干和代华兵，2015
1992	6 170	廖宝文等，1992
1994	8 286.0	李春干，2003
1995	4 523	林鹏和傅勤，1995
1998	6 027.32	陈凌云等，2005
1999	9 366.8	李春干，2003
2000	3 247.2	吴培强等，2013
2000	5 937	贾明明，2014
2001	7 015.4	李春干和代华兵，2015
2001	8 374.9	李春干，2004

续表

调查年份	面积/hm²	文献来源
2001	9 374.9	李春干，2003
2004	7 066.44	陈凌云等，2005
2007	6 743.2	李春干和代华兵，2015
2009	9 837.2	李伟和罗杰，2013
2010	6 594.4	吴培强等，2013
2010	5 813	贾明明，2014
2010	7 054.3	李春干和代华兵，2015
2005～2011	9 197.4	孟宪伟和张创智，2014
2011	8 780.73	国家林业局，2015
2013	8 425	贾明明，2014

第五节　红树林的基本特点

红树林（mangrove forest）是一类生长在热带亚热带海岸潮间带，受海水周期性浸淹，以红树植物为建群种的木本植物群落。

一、种类组成

组成广西红树林的红树植物种类有无瓣海桑、榄李、拉关木、木榄、秋茄树、红海榄、海漆、蜡烛果、老鼠簕和海榄雌，其中建群种有木榄、红海榄、秋茄树、蜡烛果、海榄雌、海漆、无瓣海桑、老鼠簕、拉关木等，它们通常形成单建群种群落，一些区域红树林的建群种有 2 或 3 种。生长在高潮滩上的红树林，其组成种类除了红树植物之外，还见有半红树植物（表 4-5）或者红树林伴生植物（表 4-6）的种类，有时形成林下层局部区域的优势种。

二、群落外貌

生长在潮滩上的红树植物要受土壤基质、潮汐、波浪等环境因子的影响。在长期的适应与进化过程中，红树植物形成了一系列对潮滩生境的忍耐、适应、抵抗等生物生态学特性。红树植物群落外貌就是红树植物群落适应于潮滩生境的外部表征。对各红树植物群落组成种类的生活型和叶的性质进行统计整理，得出广西红树植物群落的外貌是由单叶、革质、中型叶的小或矮高位芽红树植物决定的。广西主要红树植物群落在形态、盖度、颜色和季相方面的特征如表 4-15 所示。由表 4-15 可知，因不同红树植物的生物生态学特性的差异，群落外貌在盖度、颜色、形态等方面有所不同；同一类型红树植物群落因在潮滩上的滩位或者生长的土壤质地条件的不同及受潮汐和波浪冲击等影响，而在外貌上亦有所差异。例如，英罗湾的红海榄群落从内滩、中滩到外滩呈连续状分布，但不同区域的红海榄个体因受波浪和潮汐冲击的程度不同，主茎退化和支柱根发育的程度明显不同。外滩、中滩及内滩靠近潮沟和受波浪、潮汐冲击较强地段上的红海榄主茎退化显著，支柱根发达，形成高 1.5～2.5m、宽达 2.0m 的庞大支柱根系，群落外貌呈高灌丛型；而在内滩波浪和潮汐冲击相对较弱的地段上，红海榄主茎明显且单一，支柱根仅从茎基部发出，高多在 1.2m 以下且数量少，群落外貌呈小乔木林型，这是红海榄群落对波浪和潮汐冲击压力所产生的外貌形态适应性差异；秋茄树群落的外貌有小乔木林型和矮灌丛型两种生态型等。与热带雨林、亚热带常绿阔叶林、温带落叶阔叶林、寒温带暗针叶林等陆生植物群落的外貌结构相比较，广西红树植物群落的组成种类在生活型谱、叶级、叶质、叶型、叶缘等方面都比较单调（梁士楚，2000）。

表 4-15 广西主要红树植物群落的外貌特征

群落类型	滩位	形态	盖度/%	颜色	季相
海榄雌群落	内滩	小乔木林型	50～85	灰绿色	常绿
	内滩、中滩、外滩	矮灌丛型	40～90	灰绿色	常绿
海榄雌+蜡烛果群落	内滩、中滩、外滩	矮灌丛型	30～90	灰绿色	常绿
海榄雌+秋茄树群落	内滩、外滩	小乔木林型	40～85	灰绿色	常绿
蜡烛果群落	内滩、中滩、外滩	矮灌丛型	60～95	黄绿色	常绿
秋茄树群落	内滩、中滩	小乔木林型	40～80	青绿色	常绿
	内滩、中滩、外滩	矮灌丛型	60～90	青绿色	常绿
秋茄树+蜡烛果群落	内滩、中滩	小乔木林型	70～95	黄绿色	常绿
	内滩、中滩	乔灌混生型	60～95	黄绿色	常绿
	内滩、中滩	矮灌丛型	80～95	黄绿色	常绿
红海榄群落	内滩	小乔木林型	60～90	深绿色	常绿
	内滩、中滩	高灌丛型	50～95	深绿色	常绿
红海榄+木榄群落	内滩	乔灌混生型	70～90	深绿色	常绿
红海榄+秋茄树群落	内滩、中滩	乔灌混生型	60～90	深绿色	常绿
木榄群落	内滩	小乔木林型	40～90	黄绿色	常绿
海漆群落	内滩	小乔木林型	50～85	淡绿色	半常绿
	内滩	矮灌丛型	40～80	淡绿色	半常绿
海漆+蜡烛果群落	内滩	矮灌丛型	60～80	淡绿色	常绿
无瓣海桑群落	内滩、中滩	乔木林型	40～80	淡绿色	常绿
拉关木群落	内滩	小乔木林型	50～80	灰绿色	常绿
老鼠簕群落	内滩	矮灌丛型	40～80	淡绿色	常绿
老鼠簕+蜡烛果群落	内滩	矮灌丛型	50～90	淡绿色	常绿

三、群落结构

与陆地自然林相比较，红树林不仅组成种类少，而且群落的层次结构比较简单。

（一）层次结构

广西的红树植物群落因地处热带北缘，加上人为干扰比较严重，现存的红树植物群落一般低矮，高度多在 3m 以下。群落层次结构简单，通常为单层或两层结构。除某些地势相对较高的海漆群落内有卤蕨、盐地鼠尾粟等种类形成草本层外，绝大多数群落内没有草本层和由苔藓植物及小草本植物构成的地被层，以及由附生植物和藤本植物构成的层间结构。组成层的种类多为单优势种或2～3个优势种。具有两层结构的群落类型，多数是以蜡烛果形成下层结构，常见的群落类型有木榄-蜡烛果群落、红海榄-蜡烛果群落、秋茄树-蜡烛果群落等。一些区域的秋茄树，茎在基部产生了分枝，没有明显的主干，呈灌木型生长，而在一些群落中形成了下层结构，如木榄-秋茄树群落等。

（二）种群分布格局

种群分布格局决定群落水平结构的性质。采用方差/均值比率法测定木榄、红海榄、蜡烛果、海漆、秋茄树和海榄雌6种广西最常见的红树植物群落组成种群的分布格局，其结果如表4-16所示。各个群落的建群种中，除红海榄种群呈集群分布外，其他建群种群的分布格局均呈随机分布，这与它们生长的环境条件相对均匀、环境因子对种群个体的综合性影响相对较一致有关，同时也是随着群落的形成和发展，种内和种间对环境资源竞争引起种群密度下降的结果。例如，在曲湾秋茄树群落中，秋茄树小树群和老树群的密度分别是1650株/hm^2和475株/hm^2，在其发育过程中分布格局的动态变化相应为：集群分布→随机分布（梁士楚等，1995）。各个群落的非建群种群中，多数种群呈随机分布，这主要是与它们的幼苗高死亡率密切相关；而桐棉等种群呈集群分布则主要是与它们个体在空间分布上的非均匀性有关，这些种群在群落中多见于局部区域，特别是在林窗及其附近的个体密度比较大。对于具有克隆繁殖性能的种群，如蜡烛果、海漆等具有根萌产生分株的特性，由于各个个体的根萌能力有所差异，其分株个体数量在水平空间分布上差异比较大，因此形成了分株种群呈集群分布的现象。

表4-16　广西红树植物群落组成种群的分布格局

群落类型	取样地点	取样方法	种群	群大小	$S^2/\bar{X}$	T值	格局类型
木榄群落	英罗湾	A	木榄	70	1.2457	0.6729	随机分布
			红海榄	3	0.8667	–0.3651	随机分布
红海榄群落	英罗湾	B	红海榄	104	2.1241	4.4255	集群分布
			木榄	11	0.6773	1.2704	随机分布
			蜡烛果	2	0.9680	0.1260	随机分布
			秋茄树	3	0.9355	0.2540	随机分布
蜡烛果群落	英罗湾	A	蜡烛果	671	1.1015	0.2781	随机分布
			蜡烛果*	3146	8.4302	20.3484	集群分布
			秋茄树	8	1.0667	0.1826	随机分布
			红海榄	7	0.9048	–0.2608	随机分布
海漆群落	英罗湾	A	海漆	52	0.8821	–0.3230	随机分布
			海漆*	290	13.1007	33.1391	集群分布
			木榄	7	1.5143	1.4084	随机分布
			秋茄树	5	1.5867	1.6067	随机分布
			蜡烛果	4	1.3333	0.9129	随机分布
			桐棉	11	2.2727	3.4855	集群分布

续表

群落类型	取样地点	取样方法	种群	群大小	$S^2/\bar{X}$	T 值	格局类型
秋茄树群落	曲湾	A	秋茄树	85	1.4737	1.2975	随机分布
			海榄雌	8	1.0666	0.9124	随机分布
海榄雌群落	大冠沙	C	海榄雌	232	0.7050	1.6555	随机分布
			蜡烛果	21	2.3273	7.4483	集群分布
			秋茄树	18	0.8430	0.8808	随机分布

注：A. 由 16 个 5m×5m 小样方组成的 80m 长的样带；B. 由 32 个 3m×3m 小样方组成的 96m 长的样带；C. 由 64 个 3m×3m 小样方组成的 192m 长的样带

* 表示分株种群

四、物种多样性

物种多样性可以用来表征红树植物群落种类组成的数量特征，它与组成群落的种数、种的个体数量、个体在群落中分布的均匀性程度及生境条件等密切相关。根据广西 13 种红树植物群落各 400m^2 群落样地资料进行计算，得到各群落的物种多样性指数如表 4-17 所示。不同类型的群落由于组成种类及其多度分布等的不同，物种多样性有所差异；多优势种群落的物种多样性一般比单优势种群落的高。同一类型的群落，由于土壤基质条件不同，物种多样性也有差异。例如，表 4-18 中的木榄群落物种多样性的大小顺序为：淤泥质木榄群落＞稍硬化淤泥质木榄群落＞半硬化淤泥质木榄群落；秋茄树群落的物种多样性也是以淤泥质的较高。滩位的差异也会引起群落物种多样性的不同，如红海榄群落的物种多样性呈现内滩＞外滩＞中滩；秋茄树群落的物种多样性呈现内滩＞中滩＞外滩等。红树植物群落组成种类的数量及其空间配置不同，形成了不同层次结构的空间格局，由此影响着群落的物种多样性。具有两层结构的群落，如木榄-蜡烛果群落、红海榄-蜡烛果群落、秋茄树-蜡烛果群落及红海榄+秋茄树-蜡烛果群落等的物种多样性明显高于它们各自的单层结构的群落。因此，物种多样性反映了红树植物群落的组织特征和结构状态。与热带季雨林、山地雨林、常绿阔叶林、山顶矮林等陆生植物群落的物种多样性相比较，广西红树植物群落的物种多样性相对较低（梁士楚，2000）。这与潮滩生境条件的限制，以及组成群落的种类较少和群落内各个种的多度分布不均匀相关，由此也进一步说明了广西红树植物群落结构简单，组织水平低。

表 4-17　广西红树植物群落的物种多样性

群落类型	取样地点	层次结构	种数	Simpson 指数	Shannon-Wiener 指数	种间相遇概率	Pielou 指数
海榄雌群落	大冠沙	单层	3	1.2281	0.5661	0.1857	0.3571
海榄雌+蜡烛果群落	英罗湾	单层	2	1.9769	0.9839	0.4942	0.9838
海榄雌+秋茄树群落	英罗湾	单层	3	2.6068	1.4675	0.6164	0.9258
蜡烛果群落	丹兜湾	单层	4	1.8568	1.1857	0.4615	0.5928
秋茄树群落	英罗湾	两层	5	2.4214	1.4951	0.5870	0.6438
秋茄树+蜡烛果群落	英罗湾	单层	3	1.8371	1.0351	0.4557	0.6530

续表

群落类型	取样地点	层次结构	种数	Simpson 指数	Shannon-Wiener 指数	种间相遇概率	Pielou 指数
红海榄群落	英罗湾	单层	5	1.5027	1.0425	0.3345	0.4490
红海榄+木榄群落	英罗湾	单层	4	2.7615	1.6533	0.6379	0.8266
红海榄+秋茄树群落	英罗湾	两层	3	2.9236	1.5523	0.6580	0.9793
木榄群落	英罗湾	单层	5	1.8061	1.3030	0.4463	0.5611
海漆群落	英罗湾	单层	5	2.0489	1.5152	0.5119	0.6525
海漆+蜡烛果群落	江平	单层	7	4.5022	2.3407	0.7779	0.8337
老鼠簕+蜡烛果群落	英罗湾	单层	3	1.7348	0.9686	0.4236	0.6111

表 4-18　英罗湾红树植物群落的物种多样性及其与滩位、土壤基质和群落层次结构的关系

群落类型	土壤质地	滩位	层次结构	种数	Simpson 指数	Shannon-Wiener 指数	种间相遇概率	Pielou 指数
木榄群落	淤泥质	内滩	单层	5	1.8061	1.3030	0.4463	0.4641
	稍硬化淤泥质	内滩	单层	3	1.5529	0.8710	0.3561	0.3102
	半硬化淤泥质	内滩	单层	2	1.0579	0.1831	0.0548	0.0652
	淤泥质	内滩	两层	4	2.2283	1.3471	0.5512	0.4798
红海榄群落	淤泥质	内滩	单层	5	1.4358	0.9614	0.3035	0.3424
	淤泥质	中滩	单层	2	1.2049	0.4465	0.1701	0.1590
	淤泥质	外滩	单层	4	1.3881	0.7758	0.2796	0.2763
	淤泥质	外滩	两层	3	2.2479	1.2984	0.5551	0.4625
红海榄+秋茄树群落	淤泥质	内滩	单层	3	2.0567	1.0708	0.5138	0.3814
	淤泥质	外滩	两层	3	2.9236	1.5523	0.6580	0.5529
秋茄树群落	泥沙质	外滩	单层	2	1.2250	0.4690	0.1837	0.1670
	淤泥质	内滩	两层	5	2.4214	1.4951	0.5870	0.5325
	淤泥质	中滩	两层	5	2.2532	1.3382	0.5562	0.4766
	淤泥质	外滩	两层	3	1.9890	1.1187	0.4972	0.3985
蜡烛果群落	淤泥质	内滩	单层	5	1.0789	0.3018	0.0731	0.1075
	淤泥质	中滩	单层	3	1.0413	0.1578	0.0396	0.0562

五、群落生物量和生产力

红树植物群落生物量和生产力反映了红树植物群落对潮滩特殊生境的适应特征，其大小与它们的地理位置、种类组成和结构、发育状况等有关。例如，英罗湾红树植物群落生物量的大小顺序是红海榄群落（92.336t/hm^2）＞木榄群落（75.175t/hm^2）＞秋茄树群落（62.757t/hm^2）＞蜡烛果群落（29.772t/hm^2）＞海榄雌群落（17.011t/hm^2）；群落生产力为红海榄群落[11.472t/（hm^2·a）]＞秋茄树群落[9.157t/（hm^2·a）]＞木榄群落[5.138t/（hm^2·a）]＞蜡烛果群落[4.407t/（hm^2·a）]＞海榄雌群落[1.477t/（hm^2·a）]（温远光，1999）。大冠沙海榄雌群落的生物量为[52.722t/hm^2]，由于不同滩面的环境因素差异较大，位于不同滩面海榄雌群落的生物量也有所不同，内滩、中滩、外滩的群落生物量分别为 114.24t/hm^2、25.853t/hm^2、18.063t/hm^2（尹毅等，1993）。龙门岛群 5 年生、17 年生、20 年生蜡烛果群落地上部分生物量分别为 37.435t/hm^2、72.79t/hm^2、88.171t/hm^2，年均生产量分别为 7.487t/（hm^2·a）、4.282t/（hm^2·a）、4.409t/（hm^2·a）（宁世江等，1996a）。

六、群落演替特点

红树植物群落的演替与潮滩的生态演替进程和红树植物的生物生态学性质密切相关。在潮滩上，红树植物群落的生存和发展受土壤基质、养分状况、环境盐度、波浪和潮汐的冲击、潮淹程度等因子影响，特别是随着群落内土壤理化性质的改善，红树植物群落具有向陆生植物群落方向演化的趋势。由于各个潮位或滩位上的生境条件不同，各种红树植物群落对这些生境条件的要求和适应性的差异等，各种类型的红树植物群落在潮滩上各自占据适生的生境，因此形成了自然的生态分布系列。在广西红树植物群落的水平空间分布中，由外滩、中滩到内滩，常出现：①海榄雌群落→海榄雌、蜡烛果群落或海榄雌、秋茄树群落→红海榄、秋茄树群落→红海榄群落→红海榄、木榄群落→木榄群落；②海榄雌群落→海榄雌、秋茄树群落→秋茄树群落；③蜡烛果群落→木榄群落-蜡烛果群落→木榄群落；④蜡烛果群落→秋茄树、蜡烛果群落→秋茄树群落→红海榄、秋茄树群落→红海榄群落→红海榄、木榄群落→木榄群落等群落交替现象，或者出现上述系列中的某些阶段。这些群落自然分布系列实质上反映了群落的演替进程。一般认为，海榄雌和蜡烛果是先锋树种，它们适应性强，可生长于其他红树植物难于生长的环境中，形成先锋群落；秋茄树和红海榄是演替中期出现的优势树种，而木榄是演替后期的主要优势种。因此，从群落的自然生态分布系列、潮滩的生态演替进程、种间的替代关系等方面来分析，认为广西红树植物群落的主要演替关系如图 4-1 所示。

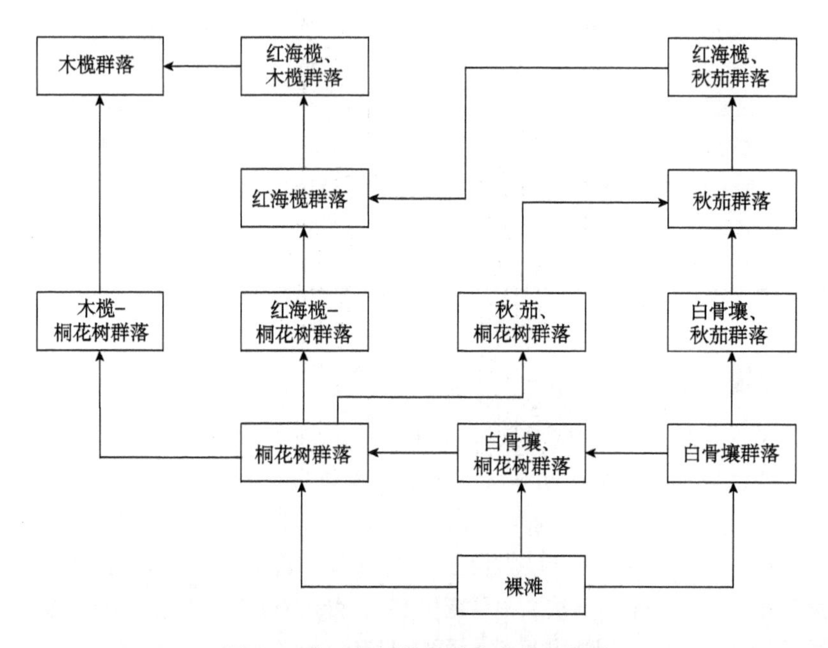

图 4-1　广西红树植物群落演替示意图

第六节　红树林分类系统

一、分类原则

植物群落因其种类组成、外貌、结构、生态环境、演替特点等的不同，可以区分为不同的类型。然而，受光、温度、水、土壤等各种环境因子的影响和制约，自然植物群落通常具有较为复杂的特征，如不同的植物群落沿环境因子梯度彼此发生联系，但没有形成截然明显的界限，从而对不同群落的边界划分造成困难。对植被进行分类是植被研究的重要组成部分，也是植被研究中最为复杂的问题之一。不同国家或地区的研究对象、研究方法和对群落性质认识的不同，形成了不同的分类原则，如按群落外貌分类、按群落结构分类、按区系成分分类、按物种优势度分类、按群落演替分类、按群落外貌-生态分类等。科学、合理的植被分类能够为保护和合理开发利用植被资源提供科学依据。

广西红树林的群落类型主要依据外貌、层次结构、植物种类组成和生境特点来划分。

二、分类单位

不同国家、不同地区的植被各自有其特点，往往采用不同的分类原则、依据和单位，从而形成了不同的植被分类系统。例如，中国植被分类系统采用植被型、群系和群丛分别作为高级、中级和基本分类单位，并在各自之上和之下设置了辅助单位，由此形成了植被型组、植被型、植被亚型、群系组、群系、亚群系、群丛组、群丛和亚群丛九级分类单位。在《中国植被》（中国植被编辑委员会，1980）中，红树林被列为独立的植被型，因此根据广西红树林的群落学特征，其主要的分类单位有群系组、群系、群丛等。

1. 群系组：群系组是群系之上的辅助单位，主要依据是群落外貌相同或相近，如木榄群系和木榄+红海榄群系都是以木榄作为外貌主体。

2. 群系：群系是红树植物群落分类的中级单位。凡是建群种或共建种相同的红树植物群落联合为群系，如红海榄群系、红海榄+秋茄树群系。

3. 群丛：群丛是红树植物群落分类的基本单位。凡是各层次结构的优势种或共优种都相同的红树植物群落联合为群丛，如木榄-秋茄树群丛、秋茄树-蜡烛果+海榄雌群丛等。

三、分类系统

根据上述的分类原则和分类单位，广西红树林的主要群落类型可以划分为9个群系组、17个群系和26个群丛（表4-19）。

表4-19　广西红树林分类系统

群系组	群系	群丛
以木榄为外貌主体的红树林	木榄群系	木榄群丛
		木榄-蜡烛果群丛
		木榄-秋茄树群丛
	木榄+红海榄群系	木榄+红海榄群丛

续表

群系组	群系	群丛
以红海榄为外貌主体的红树林	红海榄群系	红海榄群丛
		红海榄-蜡烛果群丛
		红海榄-海榄雌群丛
	红海榄+秋茄树群系	红海榄+秋茄树群丛
		红海榄+秋茄树-蜡烛果群丛
以秋茄树为外貌主体的红树林	秋茄树群系	秋茄树群丛
		秋茄树-蜡烛果群丛
	秋茄树+蜡烛果群系	秋茄树+蜡烛果群丛
	秋茄树+海榄雌群系	秋茄树+海榄雌群丛
以蜡烛果为外貌主体的红树林	蜡烛果群系	蜡烛果群丛
	蜡烛果+老鼠簕群系	蜡烛果+老鼠簕群丛
以海榄雌为外貌主体的红树林	海榄雌群系	海榄雌群丛
		海榄雌-蜡烛果群丛
	海榄雌+蜡烛果群系	海榄雌+蜡烛果群丛
以海漆为外貌主体的红树林	海漆群系	海漆群丛
		海漆-蜡烛果群丛
	海漆+蜡烛果群系	海漆+蜡烛果群丛
以无瓣海桑为外貌主体的红树林	无瓣海桑群系	无瓣海桑群丛
		无瓣海桑-蜡烛果群丛
以拉关木为外貌主体的红树林	拉关木群系	拉关木群丛
以老鼠簕为外貌主体的红树林	老鼠簕群系	老鼠簕群丛
	老鼠簕+卤蕨群系	老鼠簕+卤蕨群丛

第七节　红树林群落学特征

一、木榄群系

木榄群系（Form. *Bruguiera gymnorrhiza*）是指以木榄为建群种的红树植物群落。该群系主要见于英罗湾、丹兜湾、珍珠湾等地，生长在内滩近岸区域，多呈带状或斑块状分布，群落内土壤为淤泥质或半硬化淤泥质。群落高 3～6.5m，盖度 50%～90%，外貌黄绿色，林相较为整齐。群落层次结构为单层或者可以划分为乔木层和灌木层。乔木层由木榄组成或者还见有红海榄、秋茄树等其他种类少量混生。群落下层通常是木榄的幼苗或幼树，一些地段的群落内形成以蜡烛果、秋茄树等为优势种的灌木层。由于木榄具有发达的膝状呼吸根，因此群落地表常见有大量高出地表的拱形膝状呼吸根。

木榄群系是广西红树林演替后期的群落类型，主要群落有木榄群丛、木榄-蜡烛果群丛、木榄-秋茄树群丛等。

（一）木榄群丛

乔木林型，主要分布在内滩，一些区域延伸至中滩。群落外貌黄绿色、平展，盖度45%～80%，高3～6m。群落结构简单，只有乔木层一层结构，组成种类以木榄占绝对优势，几乎为木榄纯林，其他种类仅有红海榄、秋茄树等少量混生（表4-20）；乔木层木榄个体高2.5～7.2m，胸径7～30cm。林下主要是少量的木榄幼树及幼苗，偶有其他种类。

表4-20　木榄群丛的数量特征

种类	株数	株高/m			胸径/基径/cm			重要值
		最小	最高	平均	最小	最大	平均	
木榄 *Bruguiera gymnorrhiza*	52	2.5	4.7	3.6	10.7	29.6	16.2	265.45
红海榄 *Rhizophora stylosa*	2	2.6	3.2	2.8	9.1	10.1	9.6	23.08
秋茄树 *Kandelia obovata*	1	2.3	2.3	2.3	9.1	9.1	9.1	11.47

注：调查地点为合浦县英罗湾；样地面积为800m^2；调查时间为2001年3月20日；胸径/基径表示乔木测定的是胸径，而灌木测定的是基径，本章表相同

（二）木榄-蜡烛果群丛

乔木林型，主要分布在内滩。群落外貌黄绿色、平展，群落盖度为50%～85%，高2.5～5m。群落层次结构可以划分为乔木层和灌木层。乔木层组成种类以木榄占绝对优势，株高2.5～5.2m，胸径6～27cm；其他种类见有红海榄等少量混生。灌木层盖度为40%～60%，高1～1.5m，组成种类以蜡烛果为主，其他种类除了乔木层幼树之外，还见有海榄雌、秋茄树等（表4-21）。

表4-21　木榄-蜡烛果群丛的数量特征

层次结构	种类	盖度/%	株数	株高/m			胸径/基径/cm			物候相
				最小	最高	平均	最小	最大	平均	
乔木层	木榄 *Bruguiera gymnorrhiza*	80	16	3.3	4.7	4.0	10.5	21.5	16.0	胚轴期
	红海榄 *Rhizophora stylosa*	20	5	2.7	4.2	3.5	7.5	16.3	11.9	花期
灌木层	蜡烛果 *Aegiceras corniculatum*	45	13	0.8	1.6	1.2	3.2	8.6	5.9	花蕾期
	海榄雌 *Avicennia marina*	2	3	0.7	1.3	1.0	3.5	5.6	4.6	营养期
	秋茄树 *Kandelia obovata*	1	2	0.6	1.1	0.9	4.3	7.5	5.9	营养期

注：调查地点为合浦县英罗湾；样地面积为100m^2；调查时间为1995年3月13日

（三）木榄-秋茄树群丛

乔木林型，主要分布于内滩。群落外貌黄绿色，林冠不连续，群落盖度为50%～70%，高3.0～4.5m。群落层次结构可以划分为乔木层和灌木层。乔木层组成种类以木榄为主，木榄株高2.1～4.8m，胸径7.5～26.4cm；其他种类见有秋茄树等少量混生（表4-22）。灌木层

不连续，盖度 40%～60%，高 1.4～1.8m，组成种类以秋茄树为主，秋茄树个体呈灌木状，冠幅较大，冠幅直径最大达 1.8m；蜡烛果、海榄雌等其他种类也见有分布。本类型是木榄群落进展演替过程中的一种过渡性的群落类型。

表 4-22　木榄-秋茄树群丛的数量特征

层次结构	种类	盖度/%	株数	株高/m			胸径/基径/cm			生活型	物候相
				最小	最高	平均	最小	最大	平均		
乔木层	木榄 *Bruguiera gymnorrhiza*	50	12	2.1	4.2	3.1	7.6	26.4	14.9	乔木型	花期
	秋茄树 *Kandelia obovata*	5	3	2.0	2.8	2.3	6.4	9.6	8.3	乔木型	营养期
灌木层	秋茄树 *Kandelia obovata*	50	9	0.8	1.8	1.5	3.0	13.4	7.6	灌木型	花期

注：调查地点为防城港珍珠湾；样地面积为 100m^2；调查时间为 1997 年 7 月 11 日

二、木榄+红海榄群系

木榄+红海榄群系（Form. *Bruguiera gymnorrhiza*+*Rhizophora stylosa*）是指以木榄和红海榄为共同建群种的红树植物群落。该群系主要见于英罗湾、丹兜湾等地，生长在内滩近岸区域，多呈带状或斑块状分布，群落内土壤为淤泥质。群落为乔灌混生型，高 2.5～4.5m，盖度 60%～85%，外貌黄绿色、连续，呈凹凸状。群落单层结构，主要由木榄和红海榄组成。其中，木榄个体高 2.3～4.2m，胸径 4.5～18.9cm；红海榄呈灌木状，个体高 1.8～4.5m，胸径 3.8～12.7cm，支柱根高 0.7～2.9m；其他种类见有秋茄树等混生（表 4-23）。林下有少量的蜡烛果和林冠层种类的幼树。

表 4-23　木榄+红海榄群丛的数量特征

样地编号	种类	盖度/%	株数	株高/m			胸径/基径/cm			生活型	物候相
				最小	最高	平均	最小	最大	平均		
Q1	木榄 *Bruguiera gymnorrhiza*	40	10	2.3	4.2	3.2	5.0	11.4	7.3	乔木型	胚轴期
	红海榄 *Rhizophora stylosa*	60	11	2.3	4.5	3.6	5.7	11.6	8.8	灌木型	花期
	秋茄树 *Kandelia obovata*	8	3	2.0	3.0	2.5	4.6	8.2	6.5	乔木型	胚轴期
Q2	木榄 *Bruguiera gymnorrhiza*	60	20	2.0	3.5	2.8	4.5	18.9	8.7	乔木型	胚轴期
	红海榄 *Rhizophora stylosa*	40	10	1.8	3.8	3.2	3.8	8.2	5.9	乔木型	胚轴期
	秋茄树 *Kandelia obovata*	6	2	2.0	2.5	2.3	7.1	8.2	7.7	乔木型	胚轴期
	蜡烛果 *Aegiceras corniculatum*	＜1	5	1.0	1.3	1.1	2.4	3.6	2.8	灌木型	花蕾期

注：调查地点为合浦县英罗湾；样地面积为 100m^2；调查时间样地 Q1 为 1997 年 7 月 11 日，样地 Q2 为 1995 年 3 月 11 日

木榄+红海榄群系是红海榄群落向木榄群落进展演替的一种过渡性群落类型，有木榄+红海榄群丛等类型。

三、红海榄群系

红海榄群系（Form. *Rhizophora stylosa*）是指以红海榄为建群种的红树植物群落。该群系主要见于英罗湾、丹兜湾、榄子根等地，防城港珍珠湾见有小面积红海榄人工林。其中，英罗湾的红海榄群落保存得最为完好、连片面积最大，其他区域大多呈小块状分布。红海榄群落从内滩至中滩都见有分布，群落内土壤较为深厚，为淤泥质或泥沙质。群落外貌深绿色；高 2.5～6.5m；盖度 70%～95%。群落层次结构为单层或者两层。群落上层组成种类以红海榄占绝对优势，它的支柱根比较发达，形成高 0.5～2.9m 的拱状支柱根系，此外还有少量的木榄、秋茄树等种类混生。群落下层通常是红海榄的幼苗或幼树；一些区域形成以蜡烛果、海榄雌等种类为优势种的灌木层。

红海榄群系是广西红树林演替中后期的群落类型，主要群落有红海榄群丛、红海榄-蜡烛果群丛、红海榄-海榄雌群丛等。

（一）红海榄群丛

乔木林型或者是具有发达支柱根系的高灌丛型，从内滩、中滩到外滩均有分布。由于不同区域的红海榄个体因受波浪和潮汐冲击的程度不同，主茎退化和支柱根发育的程度明显不同。外滩、中滩及内滩靠近潮沟和受波浪、潮汐冲击较强地段上的红海榄主茎退化显著，支柱根发达，形成高 1.5～2.9m、宽达 2.0m 的庞大支柱根系，群落外貌呈高灌丛型；而在内滩波浪和潮汐冲击相对较弱的地段，红海榄主茎单一，支柱根仅从茎基部发出，高多在 1.2m 以下且数量少，群落外貌呈乔木林型。群落高 2.5～6.5m；盖度 80%～95%。组成种类以红海榄占绝对优势，其他种类见有木榄、秋茄树等混生（表 4-24）。群落下层通常主要是红海榄的幼苗或幼树，一些地段还见有零星的蜡烛果、海榄雌等种类。

表 4-24　红海榄群丛的数量特征

种类	盖度/%	株数	株高/m			胸径/基径/cm			生活型	物候相
			最小	最高	平均	最小	最大	平均		
红海榄 *Rhizophora stylosa*	95	33	2.0	4.5	3.3	3.8	13.5	7.4	灌木型	花果期
木榄 *Bruguiera gymnorrhiza*	3	6	2.2	3.0	2.6	6.1	8.0	6.6	乔木型	花期
蜡烛果 *Aegiceras corniculatum*	<1	3	0.7	1.1	0.9	2.1	3.2	2.7	灌木型	营养期
海榄雌 *Avicennia marina*	<1	2	1.0	1.2	1.1	2.2	2.5	2.4	灌木型	营养期

注：调查地点为合浦县英罗湾；样地面积为 100m^2；调查时间为 1995 年 1 月 17 日

（二）红海榄-蜡烛果群丛

高灌丛型，主要分布于内滩和潮沟两侧。群落高 2.0～3.5m，盖度 50%～90%。群落上层组成种类以红海榄占绝对优势，其他种类见有木榄、秋茄树等混生（表 4-25）；灌木层高 1.2～1.6m，盖度 50%～80%；组成种类以蜡烛果为主，一些地段还见有零星的海榄雌等种类。

表 4-25 红海榄-蜡烛果群丛的数量特征

种类	盖度/%	株数	株高/m			胸径/基径/cm			生活型	物候相
			最小	最高	平均	最小	最大	平均		
红海榄 *Rhizophora stylosa*	50	15	1.9	3.6	2.8	3.5	10.7	6.5	灌木型	花果期
木榄 *Bruguiera gymnorrhiza*	5	5	1.8	3.1	2.3	5.3	8.3	6.5	乔木型	花期
秋茄树 *Kandelia obovata*	5	4	1.7	2.4	2.2	5.7	9.7	7.2	乔木型	营养期
蜡烛果 *Aegiceras corniculatum*	65	27（513）	0.8	1.3	1.1	1.8	5.2	4.1	灌木型	营养期
海榄雌 *Avicennia marina*	＜1	3	0.8	1.2	1.0	2.2	4.5	3.4	灌木型	营养期

注：调查地点为合浦县英罗湾；样地面积为 $100m^2$；调查时间为 1995 年 1 月 18 日；括号中的数字为构件个体数

（三）红海榄-海榄雌群丛

高灌丛型，主要分布于内滩或外滩。群落高 1.8～2.6m，盖度 50%～80%。群落上层组成种类以红海榄占绝对优势，其他种类见有秋茄树等混生（表 4-26）；下层高 1.0～1.3m，盖度 40%～60%；组成种类以海榄雌为主，一些地段还见有零星的蜡烛果等种类。

表 4-26 红海榄-海榄雌群丛的数量特征

种类	盖度/%	株数	株高/m			胸径/基径/cm			生活型	物候相
			最小	最高	平均	最小	最大	平均		
红海榄 *Rhizophora stylosa*	45	11	1.6	2.6	2.3	4.2	8.6	6.3	灌木型	花果期
秋茄树 *Kandelia obovata*	＜1	3	1.5	2.1	1.8	5.5	9.3	7.6	乔木型	营养期
海榄雌 *Avicennia marina*	70	36	0.5	1.1	0.8	2.7	7.6	5.3	灌木型	营养期
蜡烛果 *Avicennia marina*	5	12	0.6	1.2	0.7	2.5	4.8	3.2	灌木型	营养期

注：调查地点为合浦县丹兜湾；样地面积为 $100m^2$；调查时间为 1995 年 1 月 16 日

四、红海榄+秋茄树群系

红海榄+秋茄树群系（Form. *Rhizophora stylosa*+*Kandelia obovata*）是指以红海榄和秋茄树为共同建群种的红树植物群落。该群系主要见于英罗湾、丹兜湾等地，生长在内滩、中滩或潮沟两侧区域，多呈带状或斑块状分布，群落内土壤为淤泥质或泥沙质。群落高 2.5～4.5m，盖度 80%～95%，外貌绿色。群落层次结构为单层或者两层。群落上层主要由红海榄和秋茄树组成。其中，红海榄呈灌木状，个体高 1.8～4.8m，基径 4.1～13.5cm，支柱根高 0.8～2.7m；秋茄树呈乔木型，个体高 2.0～4.5m，胸径 3.5～12.1cm，板状根高 0.3～0.5m；其他种类见有海榄雌等混生。群落下层通常主要是红海榄和秋茄树的幼苗或幼树，一些区域形成以蜡烛果等种类为优势种的灌木层。

红海榄+秋茄树群系是秋茄树群落向红海榄群落进展演替的一种过渡性的群落类型，有红海榄+秋茄树群丛、红海榄+秋茄树-蜡烛果群丛等类型。

（一）红海榄+秋茄树群丛

乔灌混生型，主要分布于内滩和潮沟两侧。群落高 2.5～4.5m，盖度 85%～95%。群落上层组成种类是以红海榄和秋茄树为主，其他种类见有海榄雌等混生（表 4-27）；林内主要是红海榄的幼苗或幼树。

表 4-27　红海榄+秋茄树群丛的数量特征

种类	盖度/%	株数	株高/m			胸径/基径/cm			不定根平均高/m	生活型	物候相
			最小	最高	平均	最小	最大	平均			
红海榄 *Rhizophora stylosa*	75	14	2.0	4.5	4.1	4.1	12.9	8.5	1.7	灌木型	花果期
秋茄树 *Kandelia obovata*	40	9	3.0	4.5	3.9	8.0	11.9	9.8	0.5	乔木型	胚轴期

注：调查地点为合浦县英罗湾；样地面积为 $100m^2$；调查时间为 1995 年 3 月 11 日

（二）红海榄+秋茄树-蜡烛果群丛

乔灌混生型，主要分布于外滩和潮沟两侧。群落高 2.0～4.5m，盖度 50%～90%。群落上层组成种类是以红海榄和秋茄树为主，其他种类见有海榄雌等混生（表 4-28）。灌木层是以蜡烛果为优势种，此外还有上层树种的幼树。

表 4-28　红海榄+秋茄树-蜡烛果群丛的数量特征

种类	盖度/%	株数	株高/m			胸径/基径/cm			不定根平均高/m	生活型	物候相
			最小	最高	平均	最小	最大	平均			
红海榄 *Rhizophora stylosa*	70	18	1.8	4.8	3.6	3.8	12.1	8.4	1.8	灌木型	花果期
秋茄树 *Kandelia obovata*	40	7	2.2	3.2	2.8	4.7	8.4	6.3	0.3	乔木型	胚轴期
蜡烛果 *Aegiceras corniculatum*	25	7（185）	1.3	1.7	1.5	2.8	6.3	4.2	—	灌木型	花蕾期

注：调查地点为合浦县英罗湾；样地面积为 $100m^2$；调查时间为 1994 年 3 月 22 日；括号中的数字为构件个体数

五、秋茄树群系

秋茄树群系（Form. *Kandelia obovata*）是指以秋茄树为建群种的红树植物群落。该群系在广西海岸潮间带普遍分布，主要生长在内滩、中滩或者潮沟两侧区域，群落内土壤为淤泥质或泥沙质。群落外貌青绿色，小乔木林型或者灌丛型，高 1.0～3.5m，盖度 40%～80%。群落上层由秋茄树组成，一些区域还见有木榄、红海榄、海榄雌等其他种类混生。秋茄树个体呈乔木或灌木型，通常具有板状根。乔木型秋茄树个体高 2.0～4.2m，胸径 3.5～14.3cm；灌木型秋茄树个体高 0.8～3.0m，基径 4.0～20.5cm。群落下层通常主要是秋茄树的幼苗或幼树，一些区域形成以蜡烛果、海榄雌等种类为优势种的灌木层。

秋茄树群系是秋茄树群落向群落进展演替中期的群落类型，有秋茄树群丛、秋茄树-蜡烛果群丛等类型。

（一）秋茄树群丛

乔木林型（表 4-29）或者灌丛型（表 4-30），其中灌丛型分布普遍，面积较大。群落外貌青绿色，林冠整齐、平展，群落盖度为 40%～90%。群落结构简单，只有一层结构，由秋茄树组成，一些区域还见有海榄雌、蜡烛果、红海榄等种类混生。

表 4-29　秋茄树群丛的数量特征（乔木林型）

种类	盖度/%	株数	株高/m			胸径/基径/cm			生活型	物候相
			最小	最高	平均	最小	最大	平均		
秋茄树 *Kandelia obovata*	50	12	1.8	3.5	2.5	4.6	13.5	7.3	乔木型	胚轴期
海榄雌 *Avicennia marina*	5	3	1.2	2.0	1.4	2.2	5.6	3.4	灌木型	营养期

注：调查地点为合浦县英罗湾；样地面积为 100m^2；调查时间为 1994 年 4 月 3 日

表 4-30　秋茄树群丛的数量特征（灌丛型）

种类	盖度/%	株数	株高/m			基径/cm			生活型	物候相
			最小	最高	平均	最小	最大	平均		
秋茄树 *Kandelia obovata*	60	10	1.1	1.8	1.4	3.8	20.4	8.3	灌木型	花期

注：调查地点为防城港珍珠湾；样地面积为 25m^2；调查时间为 1997 年 7 月 11 日

（二）秋茄树-蜡烛果群丛

乔木林型或者灌丛型。其中，乔木林型高 2.5～3.8m，盖度为 50%～90%，乔木层组成种类以秋茄树为主，其他种类有木榄、红海榄、海榄雌等，灌木层高 1.0～1.5m，盖度为 30%～50%（表 4-31）；灌丛型高 1.0～1.9m，盖度为 60%～85%。群落上层组成种类以秋茄树为主，其他种类有红海榄、海榄雌等；群落下层高 0.5～0.8m，盖度为 30%～70%，由蜡烛果组成（表 4-32）。

表 4-31　秋茄树-蜡烛果群丛的数量特征（乔木林型）

种类	盖度/%	株数	株高/m			胸径/基径/cm			生活型	物候相
			最小	最高	平均	最小	最大	平均		
秋茄树 *Kandelia obovata*	70	20	2.0	3.8	3.3	3.7	12.0	7.3	乔木型	胚轴期
海榄雌 *Avicennia marina*	3	1	3.7	3.7	3.7	10.0	10.0	10.0	灌木型	营养期
蜡烛果 *Aegiceras corniculatum*	30	9（42）	1.0	1.5	1.3	3.7	6.2	5.0	灌木型	花蕾期

注：调查地点为合浦县英罗湾；样地面积为 100m^2；调查时间为 1994 年 3 月 22 日；括号中的数字为构件个体数

表 4-32　秋茄树-蜡烛果群丛的数量特征（灌丛型）

种类	盖度/%	株数	株高/m			基径/cm			物候相
			最小	最高	平均	最小	最大	平均	
秋茄树 *Kandelia obovata*	60	25	0.9	1.6	1.4	2.7	11.4	5.8	胚轴期
海榄雌 *Avicennia marina*	2	4	1.2	1.4	1.3	6.2	7.5	6.8	营养期
蜡烛果 *Aegiceras corniculatum*	70	63（228）	0.5	1.0	0.7	3.7	6.2	5.0	花蕾期

注：调查地点为合浦县英罗湾；样地面积为 100m^2；调查时间为 1995 年 3 月 10 日；括号中的数字为构件个体数

六、秋茄树+蜡烛果群系

秋茄树+蜡烛果群系（Form. *Kandelia obovata*+*Aegiceras corniculatum*）是指以秋茄树和蜡烛果为共同建群种的红树植物群落。该群系分布较为普遍，主要见于内滩、中滩或潮沟两侧区域，群落内土壤为淤泥质或泥沙质。乔灌混生型或者灌丛型，群落外貌呈现凹凸起伏，黄绿相映，群落结构简单，只有一层结构。其中，乔木林型高 2.5～3.5m，盖度为 70%～90%，组成种类为秋茄树和蜡烛果（表 4-33）；灌丛型高 1.0～1.8m，盖度为 60%～90%，组成种类以秋茄树和蜡烛果为主，其他种类有海榄雌等（表 4-34）。

秋茄树群系是蜡烛果群落向秋茄树群落进展演替的一种过渡性群落类型。

表 4-33　秋茄树+蜡烛果群丛的数量特征（乔灌混生型）

种类	盖度/%	株数	株高/m			胸径/基径/cm			生活型	物候相
			最小	最高	平均	最小	最大	平均		
秋茄树 *Kandelia obovata*	70	27	1.7	3.5	2.8	4.1	11.7	6.6	乔木型	胚轴期
蜡烛果 *Aegiceras corniculatum*	30	66（640）	2.2	3.3	2.7	3.7	9.0	5.3	灌木型	花蕾期

注：调查地点为合浦县英罗湾；样地面积为 100m^2；调查时间为 1994 年 4 月 4 日；括号中的数字为构件个体数

表 4-34　秋茄树+蜡烛果群丛的数量特征（灌丛型）

种类	盖度/%	株数	株高/m			基径/cm			物候相
			最小	最高	平均	最小	最大	平均	
秋茄树 *Kandelia obovata*	40	14	0.9	1.6	1.4	2.7	11.4	5.8	花期
蜡烛果 *Aegiceras corniculatum*	50	22（533）	1.0	1.3	1.3	1.2	5.8	3.9	胚轴期

注：调查地点为防城港珍珠湾；样地面积为 25m^2；调查时间为 1997 年 7 月 11 日；括号中的数字为构件个体数

七、秋茄树+海榄雌群系

秋茄树+海榄雌群系（Form. *Kandelia obovata*+*Avicennia marina*）是指以秋茄树和海榄雌为共同建群种的红树植物群落。该群系见于内滩至外滩及潮沟两侧区域，群落内土壤为淤泥质或泥沙质，呈小块状或狭带状分布。小乔木林型，群落外貌灰绿色，平展；群落高

1.8～2.6m，盖度 40%～90%。群落结构简单，只有一层结构。组成种类以秋茄树和海榄雌为主，其他种类有蜡烛果等（表 4-35）。

表 4-35　秋茄树+海榄雌群丛的数量特征（小乔木林型）

种类	盖度/%	株数	株高/m			基径/cm			生活型	物候相
			最小	最高	平均	最小	最大	平均		
秋茄树 *Kandelia obovata*	50	13	2.2	2.6	2.4	6.0	13.9	8.8	乔木型	胚轴期
海榄雌 *Avicennia marina*	40	15	1.2	2.5	1.9	3.2	15.8	6.1	乔木型	营养期
蜡烛果 *Aegiceras corniculatum*	10	5（21）	1.1	1.6	1.5	4.2	5.6	5.2	灌木型	花蕾期

注：调查地点为合浦县英罗湾；样地面积为 100m^2；调查时间为 1995 年 3 月 11 日；括号中的数字为构件个体数

秋茄树群系是海榄雌群落向秋茄树群落进展演替的一种过渡性群落类型，有秋茄树+海榄雌群丛等类型。

八、蜡烛果群系

蜡烛果群系（Form. *Aegiceras corniculatum*）是指以蜡烛果为建群种的红树植物群落。该群系分布普遍，见于内滩至外滩及河口区域，群落内土壤为淤泥质或泥沙质。灌丛型，群落外貌黄绿色，群落结构简单，只有一层结构。群落呈高灌丛型或者矮灌丛型。其中，高灌丛型的群落高 1.8～2.5m，盖度为 70%～95%，组成种类以蜡烛果为主，其他种类有秋茄树、红海榄、木榄、海榄雌等（表 4-36）；矮灌丛型的群落高 0.8～1.5m，盖度为 50%～95%，为蜡烛果单种群落（表 4-37），或者组成种类以蜡烛果为主，秋茄树、海榄雌等零星分布。

表 4-36　高灌丛型蜡烛果群丛的数量特征

种类	盖度/%	株数	株高/m			基径/cm			物候相
			最小	最高	平均	最小	最大	平均	
蜡烛果 *Aegiceras corniculatum*	90	126（868）	1.6	2.2	2.0	1.9	8.3	5.4	花蕾期
秋茄树 *Kandelia obovata*	3	2	2.6	2.8	2.7	9.1	11.2	10.1	营养期
海榄雌 *Avicennia marina*	＜1	2	2.5	2.9	2.7	10.4	12.5	11.5	营养期

注：调查地点为合浦县英罗湾；样地面积为 100m^2；调查时间为 1995 年 3 月 10 日；括号中的数字为构件个体数

表 4-37　矮灌丛型蜡烛果群丛的数量特征

种类	盖度/%	株数	株高/m			基径/cm			物候相
			最小	最高	平均	最小	最大	平均	
蜡烛果 *Aegiceras corniculatum*	85	27（132）	0.6	1.6	1.1	1.1	5.6	2.9	胚轴期

注：调查地点为防城港珍珠湾；样地面积为 16m^2；调查时间为 1997 年 7 月 11 日；括号中的数字为构件个体数

九、蜡烛果+老鼠簕群系

蜡烛果+老鼠簕群系（Form. *Aegiceras corniculatum*+*Acanthus ilicifolius*）是指以蜡烛果

和老鼠簕为共同建群种的红树植物群落。该群系见于内滩至河口区域，群落内土壤为淤泥质或泥沙质。矮灌丛型，呈小块状分布；群落高0.7～1.7m，盖度40%～80%（表4-38）。

表4-38　蜡烛果+老鼠簕群丛的数量特征

地点	种类	盖度/%	株数	株高/m			基径/cm			物候相
				最小	最高	平均	最小	最大	平均	
合浦党江	蜡烛果 *Aegiceras corniculatum*	40	11	0.5	1.5	0.9	2.7	6.7	4.9	营养期
	老鼠簕 *Acanthus ilicifolius*	20	237	0.42	1.3	0.7	1.2	2.5	1.8	营养期
	苦郎树 *Clerodendrum inerme*	1	2	1.1	1.3	1.2	2.3	3.4	2.9	营养期
钦州茅尾海	蜡烛果 *Aegiceras corniculatum*	30	9	0.9	1.6	1.2	4.3	6.7	4.9	营养期
	老鼠簕 *Acanthus ilicifolius*	50	460	0.6	1.1	0.9	1.3	2.5	1.7	营养期

注：合浦党江取样面积为100m^2，调查时间为2016年12月27日；钦州茅尾海取样面积为100m^2，调查时间为2012年1月29日

十、海榄雌群系

海榄雌群系（Form. *Avicennia marina*）是指以海榄雌为建群种的红树植物群落。该群系分布普遍，不同的滩位或土壤质地（淤泥质、泥沙质或沙质）均有分布。群落外貌灰绿色，高1.0～3.5m，盖度40%～90%，组成种类简单，以海榄雌占优势；海榄雌在不同的滩位或土壤质地中，生长状况迥然不同，在中内滩的淤泥生境中，生长较好，高达2.7m，有明显主干，基径达18cm；而在其他生境中，生长较差，且从根颈处分枝，无明显主干，呈灌丛状。常为海榄雌纯林，一些区域有蜡烛果、秋茄树等其他种类混生。群落结构单层或两层，群落内土壤表面密布指状的呼吸根。

海榄雌群系为红树林的先锋群落类型，常见有海榄雌群丛、海榄雌-蜡烛果群丛等群落类型。

（一）海榄雌群丛

该群丛多呈灌丛型，局部区域呈小乔木林型，从内滩至外滩都有分布，群落内土壤为淤泥质、泥沙质或沙质。群落外貌灰绿色，高0.8～1.8m，盖度40%～90%。群落由海榄雌组成纯林，或者在一些区域中还有秋茄树、蜡烛果等种类混生（表4-39）。

表4-39　海榄雌群丛的数量特征

种类	盖度/%	株数	株高/m			基径/cm			物候相
			最小	最高	平均	最小	最大	平均	
海榄雌 *Avicennia marina*	85	33	1.0	1.9	1.5	2.2	9.4	5.0	花期
蜡烛果 *Aegiceras corniculatum*	8	5	0.7	1.0	0.8	3.1	4.8	3.9	营养期

注：调查地点为防城港珍珠湾；样地面积为100m^2；调查时间为1997年7月11日

（二）海榄雌-蜡烛果群丛

小乔木林型，内滩至中滩或者潮沟两侧，呈小块状或狭带状分布，群落内土壤为淤泥质或泥沙质。群落外貌灰绿色，高 2.0～3.5m，盖度 40%～80%；群落上层组成种类以海榄雌为主，海榄雌具较明显主干，胸径 5.7～13.2cm；其他种类见有秋茄树等。群落下层高 1.2～1.7m，盖度 30%～60%，组成种类以蜡烛果为主。

十一、海榄雌+蜡烛果群系

海榄雌+蜡烛果群系（Form. *Avicennia marina*+*Aegiceras corniculatum*）是指以海榄雌和蜡烛果为共同建群种的红树植物群落。该群系分布较为普遍，从内滩至外滩均见有分布。灌丛型，群落外貌淡黄绿色，高 1.0～2.3m，盖度 40％～90％，组成种类简单，以海榄雌和蜡烛果占优势，一些区域见有秋茄树等混生（表 4-40）。

海榄雌+蜡烛果群系属于红树林先锋群落类型，有海榄雌+蜡烛果群丛等类型。

表 4-40　海榄雌+蜡烛果群丛的数量特征

种类	盖度/%	株数	株高/m			基径/cm			物候相
			最小	最高	平均	最小	最大	平均	
海榄雌 *Avicennia marina*	40	18	0.8	1.5	1.1	2.7	11.3	4.9	营养期
蜡烛果 *Aegiceras corniculatum*	20	15（50）	0.4	1.4	1.0	2.7	5.7	4.1	花蕾期

注：调查地点为合浦县英罗湾；样地面积为 100m^2；调查时间为 1994 年 4 月 5 日；括号中的数字为构件个体数

十二、海漆群系

海漆群系（Form. *Excoecaria agallocha*）是指以海漆为建群种的红树植物群落。该群系分布于高潮线附近及河口区域，呈小块状或沿海堤成狭带状分布。群落外貌乔木林型或灌丛型。群落层次结构单层或两层，组成种类以海漆为主，其他种类见有木榄、秋茄树、蜡烛果、桐棉、水黄皮、榄李、苦郎树、老鼠簕、露兜树（*Pandanus tectorius*）等。在一些生境中，海漆形成单种群落。

海漆群系通常分布在高潮时才被海水浸淹的地段，表面根系发达，常见有海漆群丛、海漆-蜡烛果群丛等类型。

（一）海漆群丛

乔木林型或灌丛型，群落内土壤为半硬化淤泥质或沙质。其中，乔木林型的海漆群落高 3.0～6m，盖度 50％～85％；海漆株高 2.0～7.0m，基径 3.8～25.7cm，具有根萌分株现象（表 4-41）。灌丛型的海漆群落高 1.5～2.5m，盖度 40％～80％，根萌分株现象发达；群落层次结构单层，组成种类以海漆为主，其他种类有卤蕨等。

表 4-41　海漆群丛的数量特征

种类	盖度/%	株数	株高/m			基径/cm			物候相
			最小	最高	平均	最小	最大	平均	
海漆 *Excoecaria agallocha*	85	20（125）	2.0	4.8	3.3	3.8	25.7	12.3	营养期
木榄 *Bruguiera gymnorrhiza*	8	3	1.8	2.5	2.1	4.1	7.1	5.8	花期
蜡烛果 *Aegiceras corniculatum*	3	3（13）	1.3	2.2	1.7	3.1	6.4	4.7	花蕾期

注：调查地点为合浦县英罗湾；样地面积为 100m^2；调查时间为 1995 年 3 月 10 日；括号中的数字为构件个体数

（二）海漆-蜡烛果群丛

小乔木林型，群落高 2.5～4.5m，盖度 50%～80%。群落层次结构可以划分为乔木层和灌木层两层。乔木层的组成种类以海漆为主，其他种类见有木榄、水黄皮、黄槿等。灌木层高 1.3～1.7m，盖度 30%～50%；组成种类以蜡烛果为主，其他种类见有苦郎树、桐棉、箣柊（*Scolopia chinensis*）、酒饼簕（*Atalantia buxifolia*）等（表 4-42）。

表 4-42　海漆-蜡烛果群丛的数量特征

种类	盖度/%	株数	株高/m			基径/cm			物候相
			最小	最高	平均	最小	最大	平均	
海漆 *Excoecaria agallocha*	60	21	1.6	3.8	2.7	5.2	21.6	15.3	营养期
蜡烛果 *Aegiceras corniculatum*	30	13	0.7	1.3	0.8	3.3	9.6	4.7	花蕾期
木榄 *Bruguiera gymnorrhiza*	1	2	1.8	2.3	2.1	8.5	11.6	10.1	花期
苦郎树 *Clerodendrum inerme*	1	5	0.7	1.2	0.9	1.5	2.3	1.7	营养期
桐棉 *Thespesia populnea*	1	4	1.1	1.5	1.3	3.1	5.6	4.8	营养期

注：调查地点为北海市英罗湾；样地面积为 100m^2；调查时间为 1995 年 3 月 10 日

十三、海漆+蜡烛果群系

海漆+蜡烛果群系（Form. *Excoecaria agallocha*+*Aegiceras corniculatum*）是指以海漆和蜡烛果为共同建群种的红树植物群落。该群系见于内滩及河口两岸潮滩，群落内土壤为淤泥质或泥沙质，呈小块状或狭带状分布。小乔木林型或灌木型，群落外貌青绿色；群落高 1.5～2.0m，盖度 40%～80%。群落结构简单，只有一层结构。组成种类以海漆和蜡烛果为主，其他种类有海榄雌、秋茄树、苦郎树、卤蕨等（表 4-43）。

表 4-43　海漆+蜡烛果群丛的数量特征

种类	盖度/%	株数	株高/m			基径/cm			物候相
			最小	最高	平均	最小	最大	平均	
海漆 *Excoecaria agallocha*	30	18	1.2	1.8	1.6	4.8	15.7	12.5	花蕾期
蜡烛果 *Aegiceras corniculatum*	30	21	0.9	1.6	1.4	3.2	10.3	5.6	花蕾期
海榄雌 *Avicennia marina*	3	5	0.7	1.2	0.9	4.5	9.6	8.3	花期
卤蕨 *Acrostichum aureum*	1	4	0.5	0.8	0.7				孢子期

注：调查地点为防城港市黄竹江口；样地面积为 100m^2；调查时间为 2016 年 6 月 15 日

十四、无瓣海桑群系

无瓣海桑群系（Form. *Sonneratia apetala*）是指以无瓣海桑为建群种的红树植物群落。该群系在北海市和钦州市海岸有分布，为人工林，种植在河口滩涂、潮间带内滩，土壤多为淤泥质。无瓣海桑首先于 1994 年由广西红树林研究中心从海南引种 1 株，栽种在合浦英罗湾红树林区；较大规模的引种造林则是钦州市林业局于 2002 年 5 月从广东雷州市引种，在康熙岭镇标准海堤外滩涂上种植了 200 多亩①。据 2007 年统计，钦州市无瓣海桑造林面积有 8400 多亩，树高达 5m 以上，群落内笋状呼吸根发达，高出地表 30cm 以上。

目前，无瓣海桑群系有无瓣海桑群丛、无瓣海桑-蜡烛果群丛两个群落类型。其中，无瓣海桑群丛高 5～10m，盖度 70%～100%，胸径 6～25cm（表 4-44）；无瓣海桑-蜡烛果群丛高 6～15m，盖度 60%～80%，胸径 8～38cm（表 4-45）。

表 4-44　无瓣海桑群丛的数量特征

种类	盖度/%	株数	株高/m			胸径/基径/cm			物候相
			最小	最高	平均	最小	最大	平均	
无瓣海桑 *Sonneratia apetala*	90	14	2.8	10.0	5.3	6.7	20.7	13.4	果期

注：调查地点为钦州市康熙岭；样地面积为 100m^2；调查时间为 2016 年 8 月 18 日

表 4-45　无瓣海桑-蜡烛果群丛的数量特征

样地编号	种类	盖度/%	株数	株高/m			胸径/基径/cm			物候相
				最小	最高	平均	最小	最大	平均	
Q1	无瓣海桑 *Sonneratia apetala*	65	5	6.3	10.5	7.7	6.7	20.7	13.4	果期
	蜡烛果 *Aegiceras corniculatum*	30	118（118）			1.2			9.6	果期
Q2	无瓣海桑 *Sonneratia apetala*	70	14	3.5	7.5	6.5	19.4	27.4	22.3	果期
	蜡烛果 *Aegiceras corniculatum*	65	76（380）			1.5			12.7	果期

注：调查地点为钦州市康熙岭；样地面积为 100m^2；调查时间为 2016 年 8 月 18 日；括号中的数字为构件个体数

十五、老鼠簕群系

老鼠簕群系（Form. *Acanthus ilicifolius*）是指以老鼠簕为建群种的红树植物群落。该群系分布于内滩及河口区域，呈斑块状分布，如北仑河口、南流江口、茅尾海等都见有较大面积的老鼠簕群落。在北仑河口，以老鼠簕为建群种的群落主要见于 4 个区域：一是河口上游的独墩岛，分布面积约 15hm^2；二是河口中游的楠木山，分布面积约 0.3hm^2；三是河口下游的竹山，分布面积约 0.3hm^2；四是河口海湾的巫头岛，分布面积约 0.2hm^2（刘镜法，2005）。老鼠簕群落呈常绿灌丛型，外貌较平整，灰绿色；常形成单优势种或者单种群落，群落层次结构单层。例如，独墩岛的老鼠簕群落多数为纯林，老鼠簕呈丛状生长，根萌分株个体较多（表 4-46）。在一些地段，群落组成种类，除了老鼠簕之外，还见有卤蕨、蜡烛

① 1 亩≈666.7m^2，下同

果、秋茄树、海榄雌等种类少量混生。

表 4-46　老鼠簕群丛的数量特征

取样地点	丛数	每丛分株数		株高/m		基径/cm		冠幅直径/m	
		平均	最多	平均	最高	平均	最大	平均	最大
北仑河口独墩岛	49	81	172	1.75	2.3	0.3	0.8	0.52	0.65
江平江口	39	6	12	0.70	1.7	0.5	0.9	0.53	0.62
黄竹江口新基	28	7	11	1.00	1.8	1.0	1.6	0.55	0.61

注：调查地点为防城港市北仑河口独墩岛；样地面积为 25m^2；引自刘镜法（2005）

老鼠簕群系属于河口潮间带红树林的先锋群落类型，有老鼠簕群丛等类型。一些区域的老鼠簕群丛几乎为单种群落；一些区域的老鼠簕群丛有少量的蜡烛果、卤蕨、秋茄树等混生；一些区域的老鼠簕和秋茄树混交形成小面积的共有种群落。

十六、老鼠簕+卤蕨群系

老鼠簕+卤蕨群系（Form. *Acanthus ilicifolius+Acrostichum aureum*）是指以老鼠簕和卤蕨为共同建群种的红树植物群落。该群系主要见于河口区域，例如，在北仑河口上游的独墩岛上，老鼠簕+卤蕨群落高约 1.5m，盖度 95%以上，组成种类几乎仅是老鼠簕和卤蕨，局部地段偶见有蜡烛果（表 4-47）。

表 4-47　老鼠簕+卤蕨群丛的数量特征

种类	盖度/%	株数	株高/m			基径/cm			物候相
			最小	最高	平均	最小	最大	平均	
老鼠簕 *Acanthus ilicifolius*	40	47	1.0	1.7	1.5	1.2	2.5	1.8	营养期
卤蕨 *Acrostichum aureum*	60	11	1.2	1.6	1.3				孢子期

注：调查地点为防城港市北仑河口独墩岛；样地面积为 25m^2；调查时间为 2004 年 1 月 5 日

十七、拉关木群系

拉关木群系（Form. *Laguncularia racemosa*）是指以拉关木为建群种的红树植物群落。该群系在北海市海岸有分布，为人工林，目前见有小面积种植在河口区域，土壤多为淤泥质或泥沙质。

第八节　半红树林及其群落学特征

一、半红树林及其种类组成

半红树林是一类生长在高潮带上部和潮上带，被海水淹没的时间较短或者只有在特大潮时才被海水淹没，以半红树植物为建群种的木本植物群落。广西半红树林的组成种类除了银叶树、黄槿、桐棉、水黄皮、海杧果、苦郎树、伞序臭黄荆、阔苞菊等半红树植物之外，在高潮带上部被海水淹没或者浸湿的区域还见有蜡烛果、秋茄树、海漆、海榄雌等红树植物，以及卤蕨、尖叶卤蕨、小草海桐（*Scaevola hainanensis*）、草海桐（*Scaevola sericea*）、厚藤、盐地鼠尾粟等，在潮上带主要是一些喜盐、耐盐或者拒盐的植物，如木麻黄、青皮刺（*Capparis sepiaria*）、树头菜（*Crateva unilocularis*）、簕杈、酒饼簕、变叶裸实（*Gymnosporia diversifolia*）、苦槛蓝、狗牙根（*Cynodon dactylon*）、二型马唐（*Digitaria heterantha*）、露兜树、海刀豆（*Canavalia maritima*）、鱼藤（*Derris trifoliata*）、无根藤（*Cassytha filiformis*）等。

由于围垦用地、海堤建设、围塘养殖等人为干扰比较大，广西半红树林遭到了比较严重的破坏，连续分布面积不大，多斑块状或者沿海岸线呈狭带状分布。一些半红树林，如桐棉林、海杧果林、水黄皮林等，目前仅存面积很小的群落片段。

二、银叶树群系

银叶树群系是指以银叶树为建群种的红树植物群落，生长在潮间带高潮滩上部、潮上带和河口上游区域，呈小块状或狭带状分布。目前仅在渔沥岛和黄竹江口有小面积成林分布。其中，渔沥岛的银叶树群落高约 10m，盖度约 70%，组成种类以银叶树为主，银叶树具板状根，其他种类有蜡烛果、秋茄树、海漆、水黄皮、黄槿、海榄雌等（表 4-48）；黄竹江口的银叶树群落高约 10m，盖度约 70%，组成种类以银叶树为主，其他种类有蜡烛果、榄李、海漆、海杧果、水黄皮、黄槿、露兜树等（表 4-49）。

银叶树群系有银叶树群丛（表 4-49）、银叶树-蜡烛果群丛（表 4-48）等类型。

表 4-48　渔沥岛银叶树-蜡烛果群丛的数量特征

种类	株数	株高/m		胸径/cm		冠幅直径/m	
		平均	最高	平均	最大	平均	最大
银叶树 *Heritiera littoralis*	12	10.2	12.5	36.1	66.9	7.3	12.8
蜡烛果 *Aegiceras corniculatum*	24	3.0	3.6	3.0	6.8	1.0	1.6
秋茄树 *Kandelia obovata*	12	2.5	4.0	4.6	8.0	1.2	1.7
海漆 *Excoecaria agallocha*	7	7.4	9.1	25.3	33.0	6.7	11.0
水黄皮 *Pongamia pinnata*	2	7.9	11.7	17.0	30.0	4.8	7.6
黄槿 *Hibiscus tiliaceus*	2	7.3	9.0	7.5	9.0	3.3	3.5
海榄雌 *Avicennia marina*	1	3.5	3.5	7.0	7.0	1.5	1.5

注：资料来源于刘镜法（2002）；样地面积为 300m^2

表 4-49　黄竹江口银叶树群丛的数量特征

种类	株数	株高/m		胸径/cm		冠幅直径/m	
		平均	最高	平均	最大	平均	最大
银叶树 *Heritiera littoralis*	12	2.1	6.1	4.5	9.0	3.0	4.0
蜡烛果 *Aegiceras corniculatum*	1	1.8	1.8	2.5	2.5	2.0	2.0
榄李 *Lumnitzera racemosa*	1	2.0	2.0	3.5	3.5	1.5	1.5
海漆 *Excoecaria agallocha*	5	2.8	4.4	5.4	9.0	2.6	3.2

续表

种类	株数	株高/m		胸径/cm		冠幅直径/m	
		平均	最高	平均	最大	平均	最大
海杧果 *Cerbera manghas*	2	5.9	5.9	15.0	15.0	4.5	4.5
水黄皮 *Pongamia pinnata*	2	4.9	5.4	11.0	15.0	4.2	4.5
黄槿 *Hibiscus tiliaceus*	6	3.5	4.9	4.0	7.0	3.0	4.0
露兜树 *Pandanus tectorius*	4	2.5	4.0	8.5	10.0	4.0	4.5

注：资料来源于刘镜法（2002）；样地面积为300m^2

三、黄槿群系

该群系在广西沿海各地海岸都有分布，常见于潮上带及沿岸村落，为自然生长或人工种植，面积相对较小，呈斑块状或者沿海岸线呈狭带状分布。群落高通常在4m以下，盖度50%～80%。组成种类以黄槿为主，其他种类见有木麻黄、水黄皮、苦郎树、海漆、卤蕨、苦槛蓝、桐棉等。一些区域，特别是人工种植的黄槿群系为单种群落（表4-50）。

表4-50　黄槿群丛的数量特征

种类	盖度/%	株数	株高/m			胸径/cm			物候相
			最小	最高	平均	最小	最大	平均	
黄槿 *Hibiscus tiliaceus*	95	27	1.6	5.5	3.2	6.7	25.6	15.7	营养期

注：调查地点为钦州市三娘湾；样地面积为100m^2；调查时间为2016年10月8日

四、苦郎树群系

该群系在广西沿海各地海岸都有分布，通常见于海堤内外两侧及河口区，沿海岸线呈狭带状分布。苦郎树为攀援状灌木，群落高一般在2m以下，盖度50%～90%。组成种类以苦郎树为主，其他种类见有阔苞菊、海漆、卤蕨、苦槛蓝、桐棉、盐地鼠尾粟等。

五、阔苞菊群系

该群系在广西沿海各地海岸都有分布，通常见于河口区和堤内湿地，多呈斑块状分布。群落高一般在2m以下，盖度50%～90%。组成种类以阔苞菊为主，其他种类见有苦郎树、卤蕨、苦槛蓝等。一些区域阔苞菊和卤蕨形成共优种群落。

第五章　广西海草床湿地

海草和海藻都是海洋中的草本植物，是海洋生态系统中的重要初级生产者。其中，海藻（marine algae）是指生长在海洋中的藻类植物，属于隐花植物，无维管束组织，也无花、果和种子构造。海藻一般分为微细藻与大型海藻。微细藻肉眼看不到，主要营浮游生活，如硅藻（Diatomeae）、甲藻（Dinophyceae）等，是海洋食物链的主要基础生产者；而大型海藻肉眼看得到，主要营固定生活，如海带（*Laminaria*）、紫菜（*Porphyra*）、裙带菜（*Undaria*）、石花菜（*Gelidium*）等。通常，将微细藻称为浮游植物，而大型海藻称为海藻。海草（seagrass）是一类生长在海洋中的单子叶草本植物，属于显花植物，有维管束组织，有花、果和种子构造。海草能够在海洋中生长是因为它们具有沉水生长、适应盐生和低光照环境、发达的根系和根状茎、克隆生长和有性繁殖等特性。海草主要分布在热带、亚热带和温带的近岸海域，在北极圈地区海洋也有海草生长（den Hartog，1970）。据估计，全球海草的总面积约为 0.6×10^6km^2，相当于近海面积的 10%或者全球海洋面积的 0.15%（许战洲等，2009）。

在海草研究中，“海草场”（seagrass meadow）是指以海草为优势种的群落，强调海草斑块及其分布；“海草床”（seagrass bed）是指由单种或多种海草植物主导的海草生态系统，强调其系统整体性及功能（郑凤英等，2013）。海草和大型海藻通常在海底中呈较大面积的连片生长，分别被称为海草床和海藻床（seaweed bed）。海草床在近岸海洋生态系统中具有如下重要的生态作用：①可减缓波浪和潮汐侵蚀，稳定底质；②能吸附或吸收海水有毒有害物质，净化水质；③作为初级生产者，不仅可提供大量的有机物质，而且在生物地球化学循环中起重要作用；④可为许多海洋动物提供觅食、繁殖和栖息场所。海草床与珊瑚礁、红树林被称为三大典型的海洋自然生态系统。海藻床，也称海藻场，也具有与海草床类似的生态作用。

第一节　海草生态环境

一、地貌

由表 5-1 可知，海草多见于潟湖（lagoon）、河口（estuary）、浅水海岸（shallow coastal）、后礁（back reef）、冲浪海岸（surf coastal）、深水海岸（deep coastal）等。在广西的近岸海域中，海草主要生长在潮间带和潮下带，地势多较为平坦，一些潮流沙脊也有海草分布，如铁山港湾深槽东侧潮流沙脊上的喜盐草面积达 283.1hm^2（范航清等，2015）。此外，在海堤内与外海有海水交换的咸水体，如盐场的储水池等，也有海草分布，如根据孟宪伟和张创智（2014）的报道，广西海堤以外潮滩上的海草分布点有 33 处，面积约 794.9hm^2，分别占广西海草分布点总数的 47.8%和总面积的 83.0%；而海堤以内咸水体中的海草分布点有 36 处，面积约 162.9hm^2，分别占 52.2%和 17.0%。

表 5-1　海草的主要地貌类型及其种类

生物区	地貌类型及其主要海草种类						海草分布最大深度/m
	潟湖	河口	浅水海岸	后礁	冲浪海岸	深水海岸	
1.温带北大西洋	*Zostera marina*，*Ruppia maritima*	*Zostera marina*，*Zostera noltii*，*Ruppia maritima*	*Zostera marina*，*Zostera noltii*				12
2.热带大西洋	*Thalassia testudinum*，*Syringodium filiforme*，*Halodule wrightii*，*Halophila engelmanni*，*Halophila baillonii*，*Ruppia maritima*		*Thalassia testudinum*，*Syringodium filiforme*，*Halodule wrightii*，*Halophila decipiens*	*Thalassia testudinum*，*Syringodium filiforme*，*Halodule wrightii*		*Halophila decipiens*	50
3.地中海地区	*Posidonia oceanica*，*Cymodocea nodosa*，*Zostera marina*，*Zostera noltii*，*Ruppia cirrhosa*，*Ruppia maritima*		*Posidonia oceanica*，*Cymodocea nodosa*，*Zostera marina*，*Zostera noltii*			*Posidonia oceanica*，*Cymodocea nodosa*，*Halophila stipulacea*	50
4.温带北太平洋	*Zostera marina*，*Zostera japonica*，*Ruppia maritima*	*Zostera marina*，*Zostera japonica*，*Ruppia maritima*，*Zostera* spp.			*Phyllospadix* spp.	*Zostera* spp.	20
5.热带印度洋-太平洋		*Halodule* spp.，*Halophila ovalis*，*Halophila* spp.，*Enhalus acoroides*，*Ruppia maritima*	*Thalassia hemprichii*，*Syringodium isoetifolium*，*Thalassodendron ciliatum*，*Cymodocea* spp.，*Halodule* spp.，*Halophila* spp.			*Halophila stipulacea*，*Halophila decipiens*，*Halophila spinulosa*	70
6.温带南部海洋	*Posidonia australis*，*Posidonia sinuosa*，*Halophila australis*，*Amphibolis griffithii*，*Amphibolis antarctica*，*Zostera tasmanica*，*Zostera muelleri*	*Ruppia maritima*，*Ruppia megacarpa*，*Ruppia cirrhosa*，*Zostera muelleri*，*Halophila australis*，*Posidonia australis*	*Amphibolis griffithii*，*Amphibolis antarctica*，*Posidonia* spp.，*Zostera tasmanica*，*Halophila australis*			*Posidonia* spp.，*Thalassodendron pachyrhizum*	50

注：资料来源于 Short 等（2011）

二、水深

不同的海草对水深的适应性不同，多数海草种类分布在水深不超过 20m 的区域，少数种类可以分布到海水较深的区域，如 *Halophila stipulacea* 在红海见于水深 70m 之处（Short et al.，2007），印度洋卡加多斯–卡拉若斯群岛的毛叶盐藻（*Halophila decipiens*）分布的最深深度达 86m（Len Mckenzie，2008），海草分布最大深度可达 90m（den Hartog，1970）。Duarte（1991）通过分析全球范围内海草群落的水深界限（表 5-2），认为海草可以从平均海平面延伸至水深 90m 的区域，海草水深界限的差异（Z_C）在很大程度上是由水下光衰减（K）造成的，它们之间的相互关系可以用如下公式来表达：$\log Z_C$（m）=0.26–1.07$\log K$（m^{-1}）。广西海岸目前已经发现的海草主要分布在水深 11m 以浅的区域。

表 5-2　世界各地海草水深界限资料

种类	地点	水深界限/m	种类	地点	水深界限/m
Amphibolis antarctica	Shark Bay（Australia）	15	*Halophila ovalis*	Palau（Micronesia）	3
	Shark Bay（Australia）	27.3		NE Queensland（Australia）	10
	Waterloo Bay（Australia）	7	*Halophila ovata*	NE Queensland（Australia）	8.5
Cymodocea nodosa	Calvi Bay（Corsica）	40	*Halophila spinulosa*	NE Queensland（Australia）	10
	French Mediterranean	18	*Halophila stipulacea*	Gulf of Aqaba（Jordan）	50
	Ebro Delta（Spain）	4 0.	*Halophila tricostata*	Great Barrier（Australia）	30
Cymodocea rotundata	NE Queensland（Australia）	1.8		NE Queensland（Australia）	4.5
Cymodocea serrulata	NE Queensland（Australia）	10.5	*Heterozostera tasmanica*	Western Port（Australia）	9.8
Enhalus acoroides	NE Queensland（Australia）	5		Western Port（Australia）	3.8
Halodule pinifolia	NE Queensland（Australia）	6		Western Port（Australia）	5.9
Halodule uninervis	NE Queensland（Australia）	10.5		Western Port（Australia）	7.3
Halodule wrightii	SE USA	3		Western Port（Australia）	5.9
Halophila australis	W. Victoria（Australia）	35		Western Port（Australia）	5.7
Halophila decipiens	Egyptian Red Sea	30		Chile	7
	Cuba	24.3		St. Vicent（Australia）	35
	Cuba	29.3		Spencer Gulf（Australia）	39
	Virgin Islands	40		Waterloo Bay（Australia）	8
	NE Queensland（Australia）	14	*Posidonia angustifolia*	Waterloo Bay（Australia）	7
Halophila engelmannii	Cuba	73.2		Spencer Gulf（Australia）	31
	Cuba	14.4	*Posidonia australis*	Botany Bay（Australia）	3
	Gulf of Mexico	20		Botany Bay（Australia）	8
	Dry Tortugas（USA）	90		Botany Bay（Australia）	9

续表

种类	地点	水深界限/m	种类	地点	水深界限/m
	Botany Bay（Australia）	9	*Posidonia ostenfeldii*	Waterloo Bay（Australia）	7
Posidonia australis	Botany Bay（Australia）	7	*Posidonia sinuosa*	S. Australia	17
	Botany Bay（Australia）	3		Waterloo Bay（Australia）	7
Posidonia coriacea	Spencer Gulf（Australia）	28		Cockburn Sound（Australia）	10
Posidonia oceanica	Mediterranean Sea	50		Cockburn Sound（Australia）	4
	Calvi Bay（Corsica）	40	*Ruppia* sp.	Brazil	0.7
	French Mediterranean	15		Chesapeake Bay（USA）	1
	French Mediterranean	20		Chesapeake Bay（USA）	0.8
	French Mediterranean	25	*Syringodium filiforme*	Cuba	16.5
	French Mediterranean	35		Gulf of Mexico	10.8
	French Mediterranean	30		Gulf of Mexico	6.8
	French Mediterranean	28	*Syringodium isoetifolium*	NE Queensland（Australia）	10.5
	Toulon（France）	12	*Thalassia hemprichii*	Papua New Guinea	5
	Toulon（France）	32		NE Queensland（Australia）	3.5
	Toulon（France）	35	*Thalassia testudinum*	Cuba	14.5
	Toulon（France）	15		Gulf of Mexico	2.5
	Toulon（France）	28		Gulf of Mexico	3
	Esterel，NW Mediterranean	40		Puerto Rico	1.2
	Italian Mediterranean	28		Puerto Rico	2
	Gulf of Marseille	30		Puerto Rico	2
	SE Adriatic	80		Puerto Rico	2
	Monaco，NW Mediterranean	50		Puerto Rico	4
	Monaco，NW Mediterranean	30		Puerto Rico	1.8
	Taranto，Mediterranean	47		Puerto Rico	2.6
	Port-Cros，NW Mediterranean	40		Puerto Rico	3
	Calpe（Spain）	36		Puerto Rico	2.1
	Spanish Mediterranean	27		Puerto Rico	5
	Spanish Mediterranean	22		Puerto Rico	1.2
	Medas I.（Spain）	15		Cuba	30
	Ischia（Italy）	40		Virgin Islands	18.3
	Alberes（France）	20		Virgin Islands	6.2
	Siracusa（Italy）	27		Virgin Islands	4

续表

种类	地点	水深界限/m	种类	地点	水深界限/m
	Gulf of Mexico	7.5		Denmark	5
	Gulf of Mexico	10.8		Denmark	2
Thalassodendron ciliatum	Sinai（Red Sea）	32		Denmark	4
	Sinai（Red Sea）	18		Denmark	2.5
	Sinai（Red Sea）	30		NE USA	6
Zostera marina	Denmark	4.5		California	2.5
	Denmark	5	*Zostera marina*	Mexico	30
	Denmark	3.5		California	25
	Denmark	2		NE USA	11
	Denmark	3.5		Netherlands	2.5
	Denmark	3		Japan	5
	Denmark	4		Japan	2
	Denmark	3		E Canada	10
	Denmark	7		Denmark	2.5
	Denmark	5		Denmark	5
	Denmark	9		Denmark	2
	Denmark	8		Denmark	3.5
	Denmark	1.5		Netherlands	4
	Denmark	5		Chesapeake Bay（USA）	1.5
	Denmark	5.3		Chesapeake Bay（USA）	1
	Denmark	2	*Zostera capricorni*	NE Queensland（Australia）	1.5

注：资料来源于 Duarte（1991）

三、底质

海草通常生长在近海的软相底质中，一些种类，如喜盐草可以在粗糙的珊瑚碎块中生长。在广西，海草在淤泥质、泥沙质或沙质的底质中都见有分布，如北暮盐场沿岸中潮带和低潮带沙质潮滩上的喜盐草海草床面积有 170.1hm^2，珍珠港湾顶部的交东村和班埃村沿岸淤泥质潮滩的矮大叶藻海草床面积有 41.6hm^2（范航清等，2015）。海草床的土壤理化性质因其底质类型和海草种类的不同而有所差异。例如，根据表 5-3，北海 4 个海草床土壤有机碳和总磷含量均差异显著（$P<0.05$）；榕根山与古城岭海草床之间土壤总氮、钙、镁和铁含量差异显著（$P<0.05$），而锰含量差异不显著（$P>0.05$）；榕根山与北暮盐场海草床之间土壤钙、镁、铁和锰含量差异显著（$P<0.05$），而总氮含量差异不显著（$P>0.05$）；竹林与古城岭海草床之间土壤总氮、钙和锰含量差异显著（$P<0.05$），而镁和铁含量差异

不显著（$P>0.05$）；竹林与北暮盐场海草床之间土壤总氮、钙、镁、铁和锰含量差异显著（$P<0.05$）；古城岭与北暮盐场海草床之间土壤有机碳、总氮、镁、铁和锰含量差异显著（$P<0.05$），而钙含量差异不显著（$P>0.05$）（石雅君，2008）。

表 5-3　广西北海主要海草床土壤理化性质和海草种类

海草床	土壤理化性质										海草种类
	土壤粒度	pH	Eh/mV	有机碳/（mg/g）	总氮/（mg/g）	总磷/（mg/g）	钙/（mg/g）	镁/（mg/g）	铁/（mg/g）	锰/（μg/g）	
榕树根	极细沙	7.6	–36.3	2.23	5.07	0.11	0.58	1.37	2.95	28.36	矮大叶藻和贝克喜盐草混生，以矮大叶藻为优势种
古城岭	中粗沙至中细沙	5.0	119.8	5.52	8.33	0.28	4.64	2.32	5.19	18.77	矮大叶藻呈斑块状分布
竹林	细沙	5.4	111.4	8.35	11.65	0.35	2.35	2.16	4.50	30.83	矮大叶藻、喜盐草和二药藻混生，呈斑块状分布，不同斑块的优势种不同
北暮盐场	中粗沙	7.6	–36.4	3.98	6.50	0.18	1.63	1.68	2.61	42.11	喜盐草、二药藻和矮大叶藻混生，以喜盐草为优势种

注：资料来源于石雅君（2008）

四、水质

海草的生长和分布受海水的盐度、营养盐、温度、pH、浓度、重金属和有机物污染等诸多因素的影响。例如，不同种类的海草具有不同的最适生长温度，如温带海草矮大叶藻、大叶藻（*Zostera marina*）、大洋波喜荡草（*Posidonia oceanica*）和托利虾海藻（*Phyllospadix torreyi*）的最佳生长温度为 12～26℃，热带海草喜盐草（*Halophila ovalis*）、小海草（*Cymodocea nodosa*）、二药藻和泰莱草（*Thalassia testudinum*）的最佳温度为 23～32℃（Lee et al.，2007）；范航清等（2011）通过实验研究得出，矮大叶藻在盐度为 25～35 显示出最大的光合速率；在盐度低于 25 时，光合速率随盐度升高而加快；在淡水中，光合速率降到最低；盐度过高时，光合速率也有所下降；而呼吸速率随盐度的升高加快，在盐度为 40 时，呼吸速率达到最大。

随着海洋经济的发展，海草生态环境受到人为干扰日趋增多，一些海草生长区域水质下降。例如，柳娟等（2008）通过对合浦海草示范区海水水质进行监测得出，2006 年夏季合浦海草示范区海水水质总体上良好，海水水质为Ⅰ级；其中 1、2、3、4、7、8、9 号站位水质属于Ⅰ级水质，6 号站位水质属于Ⅱ级水质，5 号站位的水质属于Ⅲ级水质（表 5-4）；5 号站位和 6 号站位的海水水质较差主要是由于 5 号站位位于沙田码头附近，6 号站位位于石头埠排污口附近，受到生活污水及船只排污的影响。

表 5-4　2006 年夏季合浦海草示范区水质监测结果

站号	DO/（mg/L）	COD/（mg/L）	石油类/（mg/L）	无机氮/（mg/L）	PO_4-P/（μg/L）	Cu/（μg/L）	Pb/（μg/L）	Zn/（μg/L）	Cd/（μg/L）	水质级别
1	7.64	0.78	0.041	0.2212	4.4	1.4	1.0	18	0.2	I
2	7.36	0.76	0.098	0.1980	6.6	0.9	0.5	10	0.1	I
3	8.13	0.82	0.078	0.1101	3.0	0.8	0.7	10	0.1	I
4	7.53	0.78	0.077	0.1739	6.4	1.2	0.9	8	0.4	I
5	8.51	0.97	0.055	0.3681	2.8	1.0	0.9	6	0.6	III
6	6.12	1.03	0.092	0.3102	7.6	0.9	0.5	27	0.1	II
7	6.35	0.97	0.090	0.2084	5.6	0.9	0.6	5	0.1	I
8	5.69	1.04	0.050	0.2112	9.9	1.7	1.4	26	0.2	I
9	6.92	0.75	0.040	0.1127	3.0	2.1	0.6	2	0.3	I

注：资料来源于柳娟等（2008）

第二节　海 草 种 类

一、世界海草种类

海草是在海洋中沉水生长的单子叶植物。关于全世界海草种类，仍然存在争议，如 Larkum 等（2006）记载 6 科 14 属 66 种，而 Short 等（2011）记载 6 科 13 属 72 种，它们分别是丝粉藻科（Cymodoceaceae）5 属、水鳖科（Hydrocharitaceae）3 属、波喜荡科（Posidoniaceae）1 属、大叶藻科（Zosteraceae）2 属、川蔓藻科（Ruppiaceae）1 属和角果藻科（Zannichelliaceae）1 属，其中水鳖科下的喜盐草属（*Halophila*）的物种数最多，达 17 种（表 5-5）。根据种组合、种分布范围及热带和温带的影响，Short 等（2007）将全球海草地理分布划分为温带北大西洋、温带北太平洋、地中海和温带南大洋 4 个温带分布区，以及热带大西洋和热带印度洋-太平洋 2 个热带分布区，其中热带印度洋-太平洋分布区的海草物种多样性最高（表 5-6）。

表 5-5　世界海草植物种类

科	属	种	濒危等级
水鳖科 Hydrocharitaceae	海菖蒲属 *Enhalus* L. C. Richard	*Enhalus acoroides*（Linnaeus f.）Royle	LC
	喜盐草属 *Halophila* Du Petit-Thouars	*Halophila australis* Doty et B. C. Stone	LC
		Halophila baillonii Ascherson	VU
		Halophila beccarii Ascherson	VU
		Halophila capricorni Larkum	LC
		Halophila decipiens Ostenfeld	LC
		Halophila engelmanni Ascherson	NT
		Halophila euphlebia Makino	DD
		Halophila hawaiiana Doty et B. C. Stone	VU

续表

科	属	种	濒危等级
水鳖科 Hydrocharitaceae	喜盐草属 *Halophila* Du Petit-Thouars	*Halophila johnsonii* N. J. Eiseman	LC
		Halophila minor（Zollinger）den Hartog	LC
		Halophila nipponica J. Kuo	NT
		Halophila ovalis（R. Brown）J. D. Hooker	LC
		Halophila ovata Gaudichaud	LC
		Halophila spinulosa（R. Brown）Ascherson	LC
		Halophila stipulacea（Forsskål）Ascherson	LC
		Halophila sulawesii J. Kuo	DD
		Halophila tricostata Greenway	LC
	泰来藻属 *Thalassia* Banks ex K. D. König	*Thalassia hemprichii*（Ehrenberg ex Solms）Ascherson	LC
		Thalassia testudinum Banks ex K. D. König	LC
大叶藻科 Zosteraceae	虾形藻属 *Phyllospadix* W. J. Hooker	*Phyllospadix iwatensis* Makino	VU
		Phyllospadix japonicus Makino	EN
		Phyllospadix scouleri W. J. Hooker	LC
		Phyllospadix serrulatus Ruprecht ex Ascherson	LC
		Phyllospadix torreyi S. Watson	LC
	大叶藻属 *Zostera* Linnaeus	*Zostera asiatica* Miki	NT
		Zostera caespitosa Miki	VU
		Zostera capensis Setchell	VU
		Zostera caulescens Miki	NT
		Zostera chilensis（J. Kuo）S. W. L. Jacobs et D. H. Les	EN
		Zostera geojeensis H. Shin, S. K. Chao et Y. S. Oh	EN
		Zostera japonica Ascherson et Graebner	LC
		Zostera marina Linnaeus	LC
		Zostera muelleri Irmisch ex Ascherson	LC
		Zostera nigricaulis（J. Kuo）S. W. L. Jacobs et D. H. Les	LC
		Zostera noltii Hornemann	LC
		Zostera pacifica S. Watson	LC
		Zostera polychlamys（J. Kuo）S. W. L. Jacobs et D. H. Les	LC
		Zostera tasmanica Martens ex Ascherson	LC
波喜荡科 Posidoniaceae	波喜荡属 *Posidonia* K. D. König	*Posidonia angustifolia* Cambridge et J. Kuo	LC
		Posidonia australis J. D. Hooker	NT
		Posidonia coriacea Cambridge et J. Kuo	LC
		Posidonia denhartogii J. Kuo et Cambridge	LC
		Posidonia kirkmanii J. Kuo et Cambridge	LC
		Posidonia oceanica（Linnaeus）Delile	LC
		Posidonia ostenfeldii den Hartog	LC
		Posidonia sinuosa Cambridge et J. Kuo	VU

续表

科	属	种	濒危等级
川蔓藻科 Ruppiaceae	川蔓藻属 *Ruppia* Linnaeus	*Ruppia cirrhosa*（Petagna）Grande	LC
		Ruppia filifolia（Phil.）Skottsberg	DD
		Ruppia maritima Linnaeus	LC
		Ruppia megacarpa Mason	LC
		Ruppia polycarpa Mason	LC
		Ruppia tuberosa Davis et Tomlinson	LC
角果藻科 Zannichelliaceae	*Lepilaena* Drummond ex Harvey	*Lepilaena australis* Drumm. ex Harvey	DD
		Lepilaena marina E. L. Robertson	DD
丝粉藻科 Cymodoceaceae	根枝草属 *Amphibolis* C. Agardh	*Amphibolis antarctica*（Labillardière）Sonder et Ascherson ex Ascherson	LC
		Amphibolis griffithii（J. M. Black）den Hartog	LC
	丝粉藻属 *Cymodocea* K. D. König	*Cymodocea angustata* Ostenfeld	LC
		Cymodocea nodosa（Ucria）Ascherson	LC
		Cymodocea rotundata Ascherson et Schweinfurth	LC
		Cymodocea serrulata（R. Brown）Ascherson et Magnus	LC
	二药藻属 *Halodule* Endlicher	*Halodule beaudettei*（den Hartog）den Hartog	DD
		Halodule bermudensis den Hartog	DD
		Halodule ciliata den Hartog	DD
		Halodule emarginata den Hartog	DD
		Halodule pinifolia（Miki）den Hartog	LC
		Halodule uninervis（Forsskål）Ascherson	LC
		Halodule wrightii Ascherson	LC
	针叶藻属 *Syringodium* Kützing	*Syringodium filiforme* Kützing	LC
		Syringodium isoetifolium（Ascherson）Dandy	LC
	全楔草属 *Thalassodendron* den Hartog	*Thalassodendron ciliatum*（Forsskål）den Hartog	LC
		Thalassodendron pachyrizum den Hartog	LC

注：资料来源于 Short 等（2011）；国际自然保护联盟（IUCN）制定的世界物种红色名录濒危等级和标准为濒危（EN）、易危（VU）、近危（NT）、无危（LC）、数据缺乏（DD）

表 5-6　世界海草地理分布区

生物区	特征	种类
1. 温带北大西洋（美国北卡罗来纳州至葡萄牙）	温带海草，多样性低（5 种），主要分布在河口和潟湖	*Ruppia maritima*，*Zostera marina*，*Zostera noltii*，*Cymodocea nodosa*+，*Halodule wrightii*+
2. 热带大西洋（包括加勒比海、墨西哥湾、百慕大、巴哈马、大西洋热带海岸）	热带海草，多样性高（10 种），生长在水清澈的礁后和浅滩	*Halodule beaudettei*，*Halodule wrightii*（*Halodule bermudensis*，*Halodule emarginata*），*Halophila baillonii*，*Halophila decipiens*，*Halophila engelmanni*，*Halophila johnsonii*，*Ruppia maritima*，*Syringodium filiforme*，*Thalassia testudinum*，*Halophila stipulacea*+

续表

生物区	特征	种类
3. 地中海（包括地中海、黑海、里海、咸海和西北非）	温带和热带海草混合，多样性中等（9种），水清澈，面积大的深水海草床	*Cymodocea nodosa*，*Posidonia oceanica*，*Ruppia cirrhosa*，*Ruppia maritima*，*Zostera marina*，*Zostera noltii*，*Halodule wrightii*+，*Halophila decipiens*+，*Halophila stipulacea*+
4. 温带北太平洋（韩国至墨西哥 Baja 半岛）	温带海草，多样性高（15种），见于河口、潟湖和海岸冲浪区	*Phyllospadix iwatensis*，*Phyllospadix japonicus*，*Phyllospadix scouleri*，*Phyllospadix serrulatus*，*Phyllospadix torreyi*，*Ruppia maritima*，*Zostera asiatica*，*Zostera caespitosa*，*Zostera caulescens*，*Zostera japonica*，*Zostera marina*，*Halodule wrightii*+，*Halophila decipiens*+，*Halophila euphlebia*+，*Halophila ovalis*+
5. 热带印度洋-太平洋（东非、南亚和澳大利亚热带至东太平洋）	热带海草，多样性最高（24种），主要分布在礁坪，也见于深水中，许多种类常被大型食草动物牧食	*Cymodocea angustata*，*Cymodocea rotundata*，*Cymodocea serrulata*，*Enhalus acoroides*，*Halodule pinifolia*，*Halodule uninervis*，*Halodule wrightii*，*Halophila beccarii*，*Halophila capricorni*，*Halophila decipiens*，*Halophila hawaiiana*，*Halophila minor*，*Halophila ovalis*，*Halophila ovata*，*Halophila spinulosa*，*Halophila stipulacea*，*Halophila tricostata*，*Ruppia maritima*，*Syringodium isoetifolium*，*Thalassia hemprichii*，*Thalassodendron ciliatum*，*Zostera capensis*+，*Zostera japonica*+，*Zostera muelleri*+ [*Zostera capricorni*]
6. 温带南大洋（新西兰、澳大利亚温带、南美洲、南非）	温带海草，多样性由低到高（18种），通常生长在极端环境中	*Amphibolis antarctica*，*Amphibolis griffithii*，*Halophila australis*，*Posidonia angustifolia*，*Posidonia australis*，*Posidonia ostenfeldii*，*Posidonia sinuosa*，*Ruppia maritima*，*Ruppia megacarpa*，*Ruppia tuberosa*，*Thalassodendron pachyrhizum*，*Zostera capensis*，*Zostera muelleri* [*Zostera capricorni*]，*Zostera tasmanica*[*Heterozostera tasmanica*]，*Halodule decipiens*+，*Halophila ovalis*+，*Syringodium isoetifolium*+，*Thalassodendron ciliatum*+

注：资料来源于 Short 等（2007）；每个生物区的海草种类按字母顺序排列；用“+”标记的种表示其分布中心在邻近的生物区或者侵入到其他生物区。方括号内的种与前面的种同种；圆括号内的种需要进一步做遗传和形态调查，有可能与前面的种同种

二、中国海草种类

关于中国海草的种类，不同作者的记载有所差异，如 Wu 等（2010）记载 20 种，徐娜娜（2011）记载 23 种，郑凤英等（2013）记载 22 种，范航清等（2015）记载 21 种，黄小平等（2016）记载 22 种（表 5-7）。这种差异主要体现在丝粉藻属（*Cymodocea*）、全楔草属（*Thalassodendron*）、波喜荡属（*Posidonia*）、川蔓藻属（*Ruppia*）和角果藻属（*Zannichellia*）的种类上。Wu 等（2010）认为丝粉藻属在我国仅有丝粉藻（*Cymodocea rotundata*）1 种，而其他学者认为丝粉藻属有丝粉藻和齿叶丝粉藻（*Cymodocea serrulata*）2 种；Wu 等（2010）认为全楔草（*Thalassodendron ciliatum*）在我国没有分布，而其他学者认为有分布；黄小平等（2016）和郑凤英等（2013）认为波喜荡（*Posidonia australis*）在我国没有分布，而其他学者认为有分布；黄小平等（2016）和郑凤英等（2013）认为短柄川蔓藻（*Ruppia brevipedunculata*）和中国川蔓藻（*Ruppia sinensis*）在我国有分布，而其他学者认为没有分布；黄小平等（2016）和郑凤英等（2013）认为川蔓藻（*Ruppia maritima*）在我国没有分布，而其他学者认为有分布；徐娜娜（2011）认为长梗川蔓藻（*Ruppia cirrhosa*）在我国有

分布，而其他学者认为没有分布；Wu 等（2010）认为角果藻（*Zannichellia palustris*）是海草种类，而其他学者认为不是。川蔓藻科植物是多年生或一年生沉水草本，仅有川蔓藻属 1 属 3～10 种（Cook，1990；中国科学院中国植物志编辑委员会，1992；Wu et al.，2010），分布于世界温带至热带地区的沿海和内陆盐湖，通常认为我国仅有 1 种（中国科学院中国植物志编辑委员会，1992；Wu et al.，2010）。

表 5-7　中国的海草种类

科	属	种类	Wu et al.，2010	徐娜娜，2011	郑凤英等，2013	范航清等，2015	黄小平等，2016
水鳖科 Hydrocharitaceae	海菖蒲属 *Enhalus*	海菖蒲 *Enhalus acoroides*	+	+	+	+	+
	喜盐草属 *Halophila*	贝克喜盐草 *Halophila beccarii*	+	+	+	+	+
		毛叶喜盐草 *Halophila decipiens*	+	+	+	+	+
		小喜盐草 *Halophila minor*	+	+	+	+	+
		喜盐草 *Halophila ovalis*	+	+	+	+	+
	泰来藻属 *Thalassia*	泰来藻 *Thalassia hemprichii*	+	+	+	+	+
大叶藻科 Zosteraceae	虾海藻属 *Phyllospadix*	红纤维虾海藻 *Phyllospadix iwatensis*	+	+	+	+	+
		黑纤维虾海藻 *Phyllospadix japonicus*	+	+	+	+	+
	大叶藻属 *Zostera*	矮大叶藻 *Zostera japonica*	+	+	+	+	+
		丛生大叶藻 *Zostera caespitosa*	+	+	+	+	+
		宽叶大叶藻 *Zostera asiatica*	+	+	+	+	+
		具茎大叶藻 *Zostera caulescens*	+	+	+	+	+
		大叶藻 *Zostera marina*	+	+	+	+	+
波喜荡科 Posidoniaceae	波喜荡属 *Posidonia*	波喜荡 *Posidonia australis*	+	+		+	
川蔓藻科 Ruppiaceae	川蔓藻属 *Ruppia*	短柄川蔓藻 *Ruppia brevipedunculata*			+		+
		中国川蔓藻 *Ruppia sinensis*			+		+
		大果川蔓藻 *Ruppia megacarpa*		+	+		+
		川蔓藻 *Ruppia maritima*	+	+		+	
		长梗川蔓藻 *Ruppia cirrhosa*		+			
角果藻科 Zannichelliaceae	角果藻属 *Zannichellia*	角果藻 *Zannichellia palustris*	+				
丝粉藻科 Cymodoceaceae	丝粉藻属 *Cymodocea*	丝粉藻 *Cymodocea rotundata*	+	+	+	+	+
		齿叶丝粉藻 *Cymodocea serrulata*		+	+	+	+
	二药藻属 *Halodule*	羽叶二药藻 *Halodule pinifolia*	+	+	+	+	+
		二药藻 *Halodule uninervis*	+	+	+	+	+
	针叶藻属 *Syringodium*	针叶藻 *Syringodium isoetifolium*	+	+	+	+	+
	全楔草属 *Thalassodendron*	全楔草 *Thalassodendron ciliatum*		+	+	+	+
		合计	20	23	22	21	22

注：+表示有分布，表 5-8 同

中国海草目前已知的有 22 种，隶属 4 科 8 属，占全球海草的 30%，以大叶藻属种类最多，有 5 种，其次是喜盐草属种类，有 4 种。从海草的温度适应范围来看，中国的海草在分类学上可以分为热带性海草、亚热带性海草和温带性海草 3 个类群，其中热带性海草有海菖蒲属（*Enhalus*）、泰来藻属（*Thalassia*）、丝粉藻属（*Cymodocea*）、波喜荡属（*Posidonia*）和全楔草属（*Thalassodendron*）5 个属；亚热带性海草有喜盐草属（*Halophila*）、二药藻属（*Halodule*）和针叶藻属（*Syringodium*）3 个属；温带性海草有大叶藻属（*Zostera*）和虾形藻属（*Phyllospadix*）2 个属。郑凤英等（2013）根据中国海草分布的海域特点将中国海草的分布地点划分为南海海草分布区和黄渤海海草分布区两大区域，南海海草分布区包括海南、广西、广东、香港、台湾和福建沿海，黄渤海海草分布区包括山东、河北、天津和辽宁沿海，这两个海草分布区分别属于 Short 等（2007）划分的热带印度洋-太平洋海草分布区和温带北太平洋海草分布区。江苏和浙江两省沿岸仅有川蔓藻属种类，不在上述两个海草分布区内。中国的海草以海南、台湾和广东分布的种类较多，分别有 14 种、12 种和 11 种，占中国海草总种数的 63.64%、54.55%和 50.00%（表 5-8）。

表 5-8　中国海草种类的地理分布

种类	海南	广东	广西	香港	台湾	山东	河北	辽宁	江苏	浙江	福建	天津
1. 丝粉藻 *Cymodocea rotundata*	+	+			+							
2. 齿叶丝粉藻 *Cymodocea serrulata*	+				+							
3. 二药藻 *Halodule uninervis*	+	+	+		+							
4. 羽叶二药藻 *Halodule pinifolia*	+	+	+		+							
5. 针叶藻 *Syringodium isoetifolium*	+	+*	+*		+							
6. 全楔草 *Thalassodendron ciliatum*	+*	+*			+							
7. 海菖蒲 *Enhalus acoroides*	+											
8. 泰来藻 *Thalassia hemprichii*	+	+			+							
9. 喜盐草 *Halophila ovalis*	+	+	+	+	+							
10. 小喜盐草 *Halophila minor*	+		+	+								
11. 毛叶喜盐草 *Halophila decipiens*	+*				+							
12. 贝克喜盐草 *Halophila beccarii*	+	+	+	+	+							
13. 矮大叶藻 *Zostera japonica*	+	+	+	+	+	+	+	+*			+*	
14. 丛生大叶藻 *Zostera caespitosa*						+	+	+				
15. 宽叶大叶藻 *Zostera asiatica*								+*				
16. 具茎大叶藻 *Zostera caulescens*								+*				
17. 大叶藻 *Zostera marina*						+	+	+				
18. 黑纤维虾海藻 *Phyllospadix japonicus*						+	+	+*				
19. 红纤维虾海藻 *Phyllospadix iwatensis*						+	+	+*				
20. 川蔓藻 *Ruppia maritima*	+	+	+	+	+				+	+	+	+
21. 长梗川蔓藻 *Ruppia cirrhosa*		+				+	+	+	+	+	+	
22. 大果川蔓藻 *Ruppia megacarpa*						+			+			
合计	14	11	8	5	12	7	6	8	3	2	3	1

注：资料来源于郑凤英等（2013）

*历史上有记录，但 21 世纪调查未发现

三、广西海草种类

覃海宁和刘演（2010）、郑凤英等（2013）及范航清等（2015）都认为广西海草种类有8种，它们分别是贝克喜盐草、小喜盐草、喜盐草、矮大叶藻、川蔓藻、羽叶二药藻、二药藻和针叶藻，这些种类隶属4科5属。然而，在科的划分上，不同学者有所差异，如覃海宁和刘演（2010）将二药藻属和针叶藻属归入角茨藻科（Zannichelliaceae），而范航清等（2015）将它们归入海神草科，即丝粉藻科（Cymodoceaceae）；覃海宁和刘演（2010）将川蔓藻属归入川蔓藻科，而范航清等（2015）将其归入眼子菜科。根据Larkum等（2006）和Short等（2011）对世界海草种类及Wu等（2010）在*Flora of China*中有关中国海草种类的描述，广西的海草种类及其科属情况如表5-9所示。

表5-9 广西海草种类

科	属	种类
水鳖科 Hydrocharitaceae	喜盐草属 *Halophila*	贝克喜盐草 *Halophila beccarii*
		小喜盐草 *Halophila minor*
		喜盐草 *Halophila ovalis*
大叶藻科 *Zosteraceae*	大叶藻属 *Zostera*	矮大叶藻 *Zostera japonica*
川蔓藻科 Ruppiaceae	川蔓藻属 *Ruppia*	川蔓藻 *Ruppia maritima*
丝粉藻科 Cymodoceaceae	二药藻属 *Halodule*	羽叶二药藻 *Halodule pinifolia*
		二药藻 *Halodule uninervis*
	针叶藻属 *Syringodium*	针叶藻 *Syringodium isoetifolium*

第三节 海 草 床

一、海草床地理分布

广西海草在北海、钦州和防城港3个沿海城市的海域都有分布，其中北海的海草分布点最多，有42处，占全广西的60.9%；钦州的海草分布点最少，仅有9处，占全广西的13.0%；防城港的海草分布点有18处，占全广西的26.1%（表5-10）。主要的海草床及其分布如表5-11所示。

表5-10 广西海草的分布面积

行政区	海草分布点数量	海草种类	面积最大海草点/m^2	海草总面积/m^2
北海	42（60.9%）	8（100%）	2 831 192	8 760 592（91.5%）
钦州	9（13.0%）	5（62.5%）	107 316	172 492（1.8%）
防城港	18（26.1%）	5（62.5%）	416 096	644 270（6.7%）

注：资料来源于孟宪伟和张创智（2014）；括号内的数字为占广西总数的百分比

表 5-11　广西主要海草床的地理分布

行政区	海草床分布地点	海草种类
北海	英罗湾、沙田、丹兜湾、铁山港、北暮盐场、竹林、古城岭、大冠沙、西村港、下村	喜盐草、矮大叶藻、二药藻、羽叶二药藻、贝克喜盐草、川蔓藻
钦州	硫磺山、沙井、犀牛脚、大环、纸宝岭	喜盐草、矮大叶藻、贝克喜盐草、小喜盐草、川蔓藻
防城港	企沙、交东、下佳邦、贵明、山心、大冲口	喜盐草、矮大叶藻、贝克喜盐草、小喜盐草、川蔓藻

二、海草床面积及动态

由表 5-10 可知，广西海草总面积 957.74hm^2，其中北海有 876.06hm^2，占广西海草总面积的 91.5%，钦州有 17.25hm^2，占 1.8%；防城港有 64.43hm^2，占 6.7%。受生境条件、海草生物生态学特性、人为干扰等因素的影响，海草床面积在不同的时期会有较大的变化，如表 5-12 所示。

表 5-12　不同年份北海各地海草床面积和组成种类

海草床	中心位置	年份及海草面积/hm^2						海草种类
		1987	1994	1999	2000	2001	2003	
定洲沙	21°29.00′N 109°42.65′E	200.0	20.0	13.3	133.3	14.3	225.0	喜盐草
高沙头	21°32.12′N 109°37.20′E		33.3	13.3	133.3	0.2	40.0	喜盐草
淡水口	21°28.67′N 109°40.27′E		46.7	2.7	2.0	0.1	10.0	矮大叶藻和喜盐草混生，以矮大叶藻为优势种
榕树根	21°29.72′N 109°41.03′E					13.3	18.8	矮大叶藻
英罗湾	21°27.65′N 109°45.62′E		133.3	1.3	20.0	3.3	45.0	喜盐草、二药藻和矮大叶藻混生，以喜盐草为优势种
山寮九合井底	21°28.35′N 109°42.00′E			13.3	33.3	3.3	47.7	矮大叶藻
北暮盐场	21°35.08′N 109°40.01′E	46.7	16.7	10.0	30.0	5.3	200.0	喜盐草、二药藻和矮大叶藻混生，以喜盐草为优势种

注：资料来源于石雅君（2008）

第四节　海草群落学特征

广西的海草群落共有 17 种类型，群落总面积 942.16hm^2（范航清等，2015）。喜盐草、贝克喜盐草、矮大叶藻和川蔓藻是主要建群种，它们的单种群落面积达 829.11hm^2，占广西海草群落总面积的 88.00%。

一、喜盐草群系

喜盐草群系（Form. *Halophila ovalis*）是指以喜盐草为建群种的海草群落。喜盐草是一种生长较快、形态小的海草，广泛分布于印度洋至西太平洋的热带沿海及一些其他的热带沿海区域。喜盐草能够生长在中潮带至潮下带 60m 水深的生境中，底质为淤泥质、泥沙质或者珊瑚礁（Kuo et al.，2001）。喜盐草具有广盐性和广温性，如在盐度为 10～40、温度为 10～28.6℃的环境中都能生长（Hillman et al.，1995；Benjamin et al.，1999；Kuo et al.，2001）。在中国，喜盐草分布于广东、广西、海南、福建和香港近海海域。在广西，喜盐草是分布面积最大的海草种类，以喜盐草为优势种的海草群落面积达 808.11hm^2，占广西海草群落总面积的 85.77%。喜盐草在北海、钦州和防城港近岸海域都有分布，其中北海铁山港沙背的分布面积最大，达 283.1hm^2（范航清等，2015）。喜盐草通常是形成单种群落，盖度 10%～25%，面积达 763.62hm^2，占广西海草群落总面积的 81.05%（范航清等，2015）；在一些区域，喜盐草与矮大叶藻、贝克喜盐草、二药藻、羽叶二药藻等种类混生，形成多优势种的海草群落。

二、贝克喜盐草群系

贝克喜盐草群系（Form. *Halophila beccarii*）是指以贝克喜盐草为建群种的海草群落。贝克喜盐草也是形态比较小的海草种类，间断和破碎地分布在印度洋至太平洋沿岸，面积不超过 2000km^2，见于孟加拉国、中国、印度、马来西亚、缅甸、菲律宾、新加坡、斯里兰卡、泰国、越南等亚洲国家（Short et al.，2007）。受自然和人为干扰，许多地方的贝克喜盐草已经严重衰退，因而被国际自然保护联盟（IUCN）列为易危种。在中国，贝克喜盐草在海南、广西、广东、香港和台湾有分布（郑凤英等，2013），然而分布面积都比较小，全国总面积估计不超过 200hm^2，最大的贝克喜盐草海草床面积仅 21.4hm^2。在广西，贝克喜盐草在北海、钦州和防城港近岸海域都有分布，以贝克喜盐草为优势种的海草面积有 86.33hm^2，其中防城港珍珠湾有 21.4hm^2、钦州纸宝岭有 10.7hm^2、北海那交河口有 10.7hm^2（邱广龙等，2013a）。贝克喜盐草主要生长在泥质或泥沙质的潮间带生境中，通常形成单种群落，面积达 29.05hm^2，占广西海草群落总面积的 3.08%（范航清等，2015）；在一些区域，贝克喜盐草与矮大叶藻、川蔓藻、喜盐草等种类混生，形成多优势种群落。贝克喜盐草群落的盖度可高达 55%（邱广龙等，2013a）。

三、矮大叶藻群系

矮大叶藻群系（Form. *Zostera japonica*）是指以矮大叶藻为建群种的海草群落。矮大叶藻分布于北太平洋沿岸从温带到亚热带的广泛区域（Aioi and Nakaoka，2003），南至越南，北到俄罗斯萨哈林岛（库页岛）（Shin and Choi，1998），它的生长区域上限为平均低潮线以上 0.1～1.5m，甚至更高（2.3～3m）的潮间带，下限最大深度为平均低潮线下 7m（王伟伟等，2013）。在亚洲，矮大叶藻经常是咸水湖、潟湖和河口海草床的主要种类（Shin and Choi，1998；Nakaoka et al.，2001；Aioi and Nakaoka，2003），多生长在潮间带和较浅的潮下带。中国是矮大叶藻的原产地之一，其分布范围跨越南北两个海草区域，北方区域包括辽宁、河北、山东近岸海域，南方区域包括福建、广西、广东、海南、香港及台湾近岸海域。在广西，矮大叶藻在北海、钦州和防城港近岸海域都有分布，总分布面积 108.3hm^2，其中以防城港交东、北海北暮盐场、北海沙田山寮、北海竹林、防城港斑埃等海域的分布面积比较大，尤其是防城港交东分布面积最大，连片面积达 41.6hm^2。矮大叶藻通常形成单种群落，面积有 26.84hm^2，占广西海草群落总面积的 2.85%；在一些区域中，矮大叶藻与贝克喜盐草、喜盐草、川蔓藻、二药藻或者羽叶二药藻等种类混生，形成多优势种群落。矮大叶藻群落盖度以防城港交东和斑埃的较高，达 20%，而其他分布点矮大叶藻群落的盖度都在 10%以下（范航清等，2015）。

四、川蔓藻群系

川蔓藻群系（Form. *Ruppia maritima*）是指以川蔓藻为建群种的海草群落。川蔓藻是一种比较特殊的沉水植物，它具有广泛的耐盐性（Brock，1979），除了生长在具有潮汐的海洋生境之外，也分布于一些内陆湖泊。目前，川蔓藻是否属于海草仍然存在着争论，如Zieman（1982）认为，川蔓藻尽管与其他海草生长在同一栖息地，但它并不是真正的海洋植物，而是一个具有显著耐盐性的淡水植物种。由于川蔓藻不仅是越冬食草候鸟和海洋动物的重要食物资源，而且以川蔓藻为建群种的海草床也是许多海洋动物栖息和繁殖的场所，同时具有净化水体等功能，对近岸海域生态系统具有重要的作用，因此许多学者将其列为海草（Larkum et al.，2006；Short et al.，2011；范航清等，2015）。川蔓藻广泛分布于温带至热带地区，在北半球甚至延伸到除了北极圈之外的地区（Larkum et al.，2006）。在中国，川蔓藻分布在天津、江苏、浙江、福建、海南、广东、广西、香港和台湾（郑凤英等，2013）。在广西，川蔓藻在北海、钦州和防城港都有分布，见于沿海各种咸水体，以川蔓藻为优势种的海草面积有 42.24hm^2。川蔓藻有时形成单种群落，面积有 9.60hm^2，占广西海草群落总面积的 1.02%；在一些区域中，川蔓藻与贝克喜盐草、小喜盐草、喜盐草、矮大叶藻、二药藻、羽叶二药藻等种类混生，形成多优势种群落。川蔓藻群落盖度以钦州沙井的较高，达 30%，而其他分布点川蔓藻群落的盖度多数在 10%以下（范航清等，2015）。

除了上述海草群落类型之外，广西近岸海域还见有以二药藻、小喜盐草等种类为建群种的海草群落，但是这些海草群落的组成种类生长非常稀疏，群落盖度通常在 2%以下。

第五节　海草床动物

海草床是海洋动物栖息、觅食、繁育的重要场所之一，不仅是许多浮游动物、底栖动物和附着动物赖以生存的场所，也是许多鱼类的产卵地和孵幼地，同时也为一些大型海洋动物提供了重要的食物来源，因此海草床对维护海洋生物多样性具有重要作用。合浦海草床所在海域有儒艮、绿海龟、斑海马（*Hippocampus trimaculatus*）等珍稀濒危物种。张景平等（2010）对合浦县沙背、下龙尾、英罗、榕根山、井底和北暮 6 处海草床的大型底栖动物进行了调查，发现大型底栖动物有 216 种，其中软体动物有 87 种、甲壳类有 53 种、多毛类有 47 种、棘皮动物有 15 种、鱼类有 5 种、星虫类有 4 种、腔肠动物有 3 种及拟软体动物有 2 种。从种类组成看，软体动物、甲壳类和多毛类是合浦海草床大型底栖动物最主要的组成类群。珠带拟蟹守螺、秀丽织纹螺（*Nassarius festivus*）、柯氏锉棒螺（*Rhinoclavis kochi*）、纵带滩栖螺（*Batillaria zonalis*）、异足索沙蚕（*Lumbrineris heteropoda*）、凸镜蛤

（*Dosinia derupta*）和扁平蛛网海胆（*Arachnoides placenta*）是合浦海草床大型底栖动物的主要优势种类，柯氏锉棒螺、秀丽织纹螺和珠带拟蟹守螺是喜盐草海草床大型底栖动物的主要优势种，纵带滩栖螺、凸镜蛤和秀丽织纹螺是矮大叶藻海草床大型底栖动物的主要优势种，柯氏锉棒螺、珠带拟蟹守螺和秀丽织纹螺是混生海草床的主要优势种，异足索沙蚕和扁平蛛网海胆在这三类海草床中都是优势种。

第六章　广西滨海盐沼湿地

盐沼（salt marsh）通常是指地表过湿或季节性积水、土壤盐渍化并生长有盐生植物的地段。盐沼广泛分布于海滨、河口或者气候干旱、半干旱的草原和荒漠带的盐湖边或低湿地上，可以大致划分为内陆盐沼和滨海盐沼两大类型。

第一节　滨海盐沼的定义

关于滨海盐沼（coastal salt marsh）的定义，国内外学者及相关机构有不同的解释。例如，Adam（1990）、Woodroffe（2002）、Pennings 和 Callaway（2005）等认为滨海盐沼是一类海岸潮间带湿地，其植被主要由耐盐的禾草、非禾草或者矮灌木组成；Boorman（1995）将滨海盐沼定义为有植被生长的潮间带泥滩；Kennish（2001）认为滨海盐沼是在咸水体边缘被草本和矮灌木覆盖的区域；Mitsch 和 Gosselink（2000）认为滨海盐沼是一类潮沟错综复杂的草本湿地，主要分布在潮间带，也见于高潮时偶尔被海水淹没的区域；佛罗里达州自然区清查组（Florida Natural Areas Inventory，1990）认为滨海盐沼、红树林沼泽和岛屿潮汐岩石荒漠（keys tidal rock barren）都是海洋和河口中具有植被覆盖的湿地类型，其中滨海盐沼受每日潮汐咸水淹没，植被茂密，由米草属（*Spartina*）、灯心草属（*Juncus*）、猪毛菜属（*Salsola*）、盐角草属（*Salicornia*）、牛眼菊属（*Buphthalmum*）等种类组成；红树林沼泽受每日潮汐咸水淹没，其植被由红树植物和伴生植物组成；岛屿潮汐岩石荒漠是潮上带上平坦的岩石地带，裸露且被侵蚀的石灰岩较多，植被稀疏，主要由低矮的盐生草本和灌木组成。澳大利亚维多利亚州环境与可持续发展部（Victorian Department of Sustainability and Environment，2005）认为，滨海盐沼是一类受每日潮汐淹没影响的耐盐滨海植物群落，这些植物群落生长在淤泥滩上，以草本和矮灌木占优势。这些定义都说明了滨海盐沼要受到海洋潮汐或者咸水体的作用和影响，同时具有植被覆盖，而且多数强调了滨海盐沼上的植被是由草本或矮灌木组成。我国学者贺强等（2010）认为滨海盐沼应具有以下几个基本特点：①处于滨海地区，受海洋潮汐作用影响；②具有以草本或低灌木为主的植物群落，盖度通常应大于 30%；③潮汐水体应为非淡水；④基质以淤泥或泥炭为主。

滨海盐沼不同于内陆盐沼，主要是因为后者没有频繁受到潮汐淹没，以及主要盐分化学组成来源于地质（Seaman et al.，1991；Eallonardo and Leopold，2014）。滨海盐沼是潮间带和河口区植被盖度通常大于 30%的草本或矮灌木地带，因此也不同于同样位于滨海地区的光滩、海草床、红树林等。此外，滨海盐沼通常以淤泥或泥炭为基质，因此不同于卵石海滩（cobble beach）和基岩海岸（rocky shore）等（贺强等，2010）。

第二节　滨海盐沼的类型

关于滨海盐沼类型有多种划分方法。例如，依据气候带的不同，可以分为热带盐沼、温带盐沼和寒带盐沼；依据人工化程度的不同，可以分为自然盐沼、半自然盐沼和人工盐沼；依据植被类型的不同，可以分为草丛盐沼和灌丛盐沼等。Long（1983）认为应该依据盐沼产生、存在的先决性条件来区分不同类型的盐沼，而将滨海盐沼划分为潟湖型、岸滩平原型、堰洲岛型、河口型、半自然型和人工型等 6 种类型。童春富（2004）认为根据盐沼发育的环境条件，可以分为两类：一类是以海洋作用为主导形成发育的盐沼，主要分布在有沙坝、沙洲、离岛作为屏障的区域；另一类是以径流作用为主导，以径流输沙为主形成的盐沼，包括各种大型三角洲。贺强等（2010）建议首先依据人工化程度的不同将盐沼划分为自然盐沼、半自然盐沼和人工盐沼，这 3 种类型的盐沼又可分别进一步划分为潟湖型、岸滩平原型、堰洲岛型、河口型盐沼等类型。

广西的滨海盐沼依据植被类型的差异，可以分为草丛盐沼和灌丛盐沼两大类型，其中草丛盐沼的植被类型主要有卤蕨群系（Form. *Acrostichum aureum*）、盐角草群系（Form. *Salicornia europaea*）、海马齿群系（Form. *Sesuvium portulacastrum*）、茳芏群系（Form. *Cyperus malaccensis*）、短叶茳芏群系（Form. *Cyperus malaccensis* subsp. *monophyllus*）、钻苞水葱群系（Form. *Schoenoplectus subulatus*）、锈鳞飘拂草群系（Form. *Fimbristylis sieboldii*）、粗根茎莎草群系（Form. *Cyperus stoloniferus*）、扁秆荆三棱群系（Form. *Bolboschoenus planiculmis*）、互花米草群系（Form. *Spartina alterniflora*）、盐地鼠尾粟群系（Form. *Sporobolus virginicus*）、海雀稗群系（Form. *Paspalum vaginatum*）、芦苇群系（Form. *Phragmites australis*）等；灌丛盐沼的植被类型主要有南方碱蓬群系、鱼藤群系等。

第三节　滨海盐沼植被

一、卤蕨群系

卤蕨是卤蕨科（Acrostichaceae）卤蕨属（*Acrostichum*）的多年生蕨类植物，在北海、钦州和防城港滨海地区都见有分布，主要见于高潮带、河口区沙岛、河流岸边沼泽、堤内咸淡水沼泽。以卤蕨为建群种的卤蕨群系分布面积不大，主要呈斑块状或狭带状分布，群落高 0.8～1.7m，盖度 30%～100%，组成种类以卤蕨为主，其他种类见有海漆、蜡烛果、老鼠簕、苦郎树、阔苞菊、短叶茳芏、厚藤、盐地鼠尾粟、铺地黍等，群落层次结构可以划分为上、下两层或者单层，如表 6-1 所示。

表 6-1　卤蕨群系的数量特征

取样地点	群落类型	高度/m	盖度/%	层次结构	组成种类	多度等级	备注
北海英罗湾	卤蕨-铺地黍群丛	1.1	70	两层	卤蕨 *Acrostichum aureum*	Cop^3	取样面积为 100m²，取样时间为 2016 年 10 月 6 日
					短叶茳芏 *Cyperus malaccensis* subsp. *monophyllus*	Cop^1	
					苦郎树 *Clerodendrum inerme*	Sol	
					铺地黍 *Panicum repens*	Cop^2	
	卤蕨群丛	1.2	80	单层	卤蕨 *Acrostichum aureum*	Cop^3	取样面积为 100m²，取样时间为 2016 年 10 月 6 日
					阔苞菊 *Pluchea indica*	Cop^1	
					苦郎树 *Clerodendrum inerme*	Sol	
					铺地黍 *Panicum repens*	Sol	

续表

取样地点	群落类型	高度/m	盖度/%	层次结构	组成种类	多度等级	备注
钦州茅尾海	卤蕨-锈鳞飘拂草群丛	1.1	70	两层	卤蕨 *Acrostichum aureum*	Cop^2	取样面积为 $25m^2$，取样时间为 2016 年 9 月 18 日
					锈鳞飘拂草 *Fimbristylis sieboldii*	Cop^1	
					盐地鼠尾粟 *Sporobolus virginicus*	Sol	
防城港北仑河口	卤蕨群丛	1.5	95	单层	卤蕨 *Acrostichum aureum*	Soc	取样面积为 $100m^2$，取样时间为 2004 年 1 月 5 日
					蜡烛果 *Aegiceras corniculatum*	Sol	
					老鼠簕 *Acanthus ilicifolius*	Sol	

注：多度等级采用 Drude 的七级制，即 Soc. 极多，Cop^3. 很多，Cop^2. 多，Cop^1. 尚多，Sp. 尚少，Sol. 少，Un. 个别；本章表同

二、盐角草群系

盐角草是藜科（Chenopodiaceae）盐角草属的一年生草本植物，高在 40cm 以下，枝肉质，叶鳞片状。以盐角草为建群种的盐角草群系仅见于北海市大冠沙和钦州市犀牛脚沿海潮滩，群落分布面积不大，主要呈斑块状。其中，北海市大冠沙的盐角草主要分布在内滩红树林边缘、林窗等，呈非连续的斑块状分，土壤为沙质，群落高 25～40cm，盖度 30%～75%，组成种类以盐角草为主，其他种类见有南方碱蓬、盐地鼠尾粟及蜡烛果、海榄雌等红树植物幼苗；钦州市犀牛脚的盐角草主要分布在内滩，呈块状分布，土壤泥沙质，群落盖度 20%～40%，以盐角草为单优势种，其他种类见有南方碱蓬、盐地鼠尾粟、锈鳞飘拂草等少量混生（表 6-2）。

表 6-2　盐角草群系的数量特征

取样地点	群落类型	高度/m	盖度/%	层次结构	组成种类	多度等级	备注
北海大冠沙	盐角草群丛	0.35	75	单层	盐角草 *Salicornia europaea*	Cop^3	取样面积为 $100m^2$，取样时间为 2010 年 12 月 21 日
					盐地鼠尾粟 *Sporobolus virginicus*	Cop^1	
					南方碱蓬 *Suaeda australis*	Sol	
					海榄雌 *Avicennia marina*	Sol	
钦州犀牛脚	盐角草群丛	0.20	20	单层	盐角草 *Salicornia europaea*	Cop^1	取样面积为 $25m^2$，取样时间为 2016 年 10 月 8 日
					南方碱蓬 *Suaeda australis*	Sol	
					盐地鼠尾粟 *Sporobolus virginicus*	Sol	
					锈鳞飘拂草 *Fimbristylis sieboldii*	Un	

三、海马齿群系

海马齿是番杏科（Aizoaceae）海马齿属（*Sesuvium*）的多年生肉质草本，茎平卧或匍匐在地面上，在北海、钦州和防城港滨海地区都见有分布，主要见于近岸海滩、内滩红树

林的边缘和林窗、海堤内废弃的盐田和养殖塘等。以海马齿为建群种的海马齿群系较为常见，多呈块状或斑块分布，盖度 50%～100%，组成种类以海马齿为主，其他种类见有少量南方碱蓬、盐地鼠尾粟、盐角草、锈鳞飘拂草等混生（表 6-3），一些区域为海马齿单种群落。

表 6-3　海马齿群系的数量特征

取样地点	群落类型	高度/m	盖度/%	层次结构	组成种类	多度等级	备注
北海西村港	海马齿群丛	0.05	90	单层	海马齿 *Sesuvium portulacastrum*	Soc	取样面积为 25m²，取样时间为 2016 年 10 月 7 日
					南方碱蓬 *Suaeda australis*	Un	
北海冯家江口	海马齿群丛	0.08	95	单层	海马齿 *Sesuvium portulacastrum*	Soc	取样面积为 25m²，取样时间为 2011 年 5 月 28 日
					南方碱蓬 *Suaeda australis*	Sol	
钦州康熙岭	海马齿群丛	0.06	70	单层	海马齿 *Sesuvium portulacastrum*	Cop³	取样面积为 25m²，取样时间为 2010 年 11 月 17 日
钦州犀牛脚	海马齿群丛	0.08	85	单层	海马齿 *Sesuvium portulacastrum*	Soc	取样面积为 25m²，取样时间为 2016 年 10 月 8 日
					盐角草 *Salicornia europaea*	Sol	
					南方碱蓬 *Suaeda australis*	Sol	
					锈鳞飘拂草 *Fimbristylis sieboldii*	Un	

四、茳芏群系

茳芏是莎草科（Cyperaceae）莎草属（*Cyperus*）的多年生草本，是广西滨海湿地常见的植物种类之一，见于钦州和防城港滨海地区，主要分布在河口区。以茳芏为建群种的茳芏群系分布面积较大，如茅尾海茳芏群落面积约 45hm²（潘良浩，2011）。广西的茳芏群落既有自然生长，也有人工种植。群落高 0.6～1.5m，盖度 70%～100%，组成种类以茳芏占绝对优势，其他种类见有卤蕨、短叶茳芏、蜡烛果、海榄雌、秋茄树等少量混生（表 6-4），一些区域茳芏形成单种群落。

表 6-4　茳芏群系的数量特征

取样地点	群落类型	高度/m	盖度/%	层次结构	组成种类	多度等级	备注
钦州茅尾海	茳芏群丛	1.3	90	单层	茳芏 *Cyperus malaccensis*	Soc	取样面积为 25m²，取样时间为 2012 年 1 月 29 日
					蜡烛果 *Aegiceras corniculatum*	Sol	
	茳芏群丛	1.6	90	单层	茳芏 *Cyperus malaccensis*	Soc	取样面积为 25m²，取样时间为 2011 年 9 月 22 日
	茳芏群丛	1.5	95	单层	茳芏 *Cyperus malaccensis*	Soc	取样面积为 25m²，取样时间为 2016 年 10 月 8 日

五、短叶茳芏群系

短叶茳芏是莎草科莎草属的多年生草本，是广西滨海湿地常见的植物种类之一，见于北海、钦州和防城港滨海地区，主要分布在河口区和海堤内咸淡水沼泽。以短叶茳芏为建群种的短叶茳芏群系分布面积较大，如防城港滨海盐沼短叶茳芏群落面积有 12.1hm^2（何斌源等，2014b）。广西的短叶茳芏群落既有自然生长，也有人工种植。群落高 0.6～1.4m，盖度 60%～95%，组成种类以短叶茳芏占绝对优势，其他种类见有卤蕨、茳芏、铺地黍、芦苇、海榄雌、蜡烛果等少量混生（表 6-5），一些区域短叶茳芏形成单种群落。

表 6-5　短叶茳芏群系的数量特征

取样地点	群落类型	高度/m	盖度/%	层次结构	组成种类	多度等级	备注
北海英罗湾	短叶茳芏群丛	1.1	90	单层	短叶茳芏 *Cyperus malaccensis* subsp. *monophyllus*	Soc	取样面积为 25m^2，取样时间为 2016 年 10 月 6 日
					铺地黍 *Panicum repens*	Sol	
北海党江	短叶茳芏群丛	1.2	80	单层	短叶茳芏 *Cyperus malaccensis* subsp. *monophyllus*	Soc	取样面积为 25m^2，取样时间为 2011 年 9 月 7 日
					蜡烛果 *Aegiceras corniculatum*	Sp	
	短叶茳芏群丛	1.4	80	单层	短叶茳芏 *Cyperus malaccensis* subsp. *monophyllus*	Soc	取样面积为 25m^2，取样时间为 2011 年 9 月 7 日
					海榄雌 *Avicennia marina*	Sp	
钦州茅尾海	短叶茳芏群丛	1.5	90	单层	短叶茳芏 *Cyperus malaccensis* subsp. *monophyllus*	Soc	取样面积为 25m^2，取样时间为 2011 年 9 月 25 日
	短叶茳芏群丛	1.6	85	单层	短叶茳芏 *Cyperus malaccensis* subsp. *monophyllus*	Soc	取样面积为 25m^2，取样时间为 2011 年 9 月 25 日
					茳芏 *Cyperus malaccensis*	Sp	
	短叶茳芏群丛	1.2	90	单层	短叶茳芏 *Cyperus malaccensis* subsp. *monophyllus*	Soc	取样面积为 25m^2，取样时间为 2016 年 10 月 8 日
	短叶茳芏群丛	1.4	75	单层	短叶茳芏 *Cyperus malaccensis* subsp. *monophyllus*	Cop^3	取样面积为 25m^2，取样时间为 2010 年 12 月 1 日
					芦苇 *Phragmites australis*	Sol	
					蜡烛果 *Aegiceras corniculatum*	Sol	

六、钻苞水葱群系

钻苞水葱是莎草科水葱属（*Schoenoplectus*）的多年生草本。以钻苞水葱为建群种的钻苞水葱群系目前仅见于防城港东兴市北仑河口海堤内的咸淡水沼泽中。群落高 1.3～2.2m，盖度 60%～90%，组成种类以钻苞水葱占绝对优势，其他种类见有短叶茳芏、蜡烛果等少量混生（表 6-6），一些区域钻苞水葱形成单种群落。

表 6-6　钻苞水葱群系的数量特征

取样地点	群落类型	高度/m	盖度/%	层次结构	组成种类	多度等级	备注
防城港东兴竹山村	钻苞水葱群丛	1.2	85	单层	钻苞水葱 *Schoenoplectus subulatus*	Soc	取样面积为 25m², 取样时间为 2010 年 12 月 10 日
					短叶茳芏 *Cyperus malaccensis* subsp. *monophyllus*	Sol	
	钻苞水葱群丛	1.1	75	单层	钻苞水葱 *Schoenoplectus subulatus*	Cop³	取样面积为 25m², 取样时间为 2016 年 10 月 9 日
	钻苞水葱群丛	1.3	90	单层	钻苞水葱 *Schoenoplectus subulatus*	Cop³	取样面积为 100m², 取样时间为 2016 年 10 月 9 日
					蜡烛果 *Aegiceras corniculatum*	Sol	

七、锈鳞飘拂草群系

锈鳞飘拂草是莎草科飘拂草属（*Fimbristylis*）的多年生草本，见于北海、钦州和防城港滨海地区，主要分布在高潮带、河口区、海堤内的咸淡水沼泽等。以锈鳞飘拂草为建群种的锈鳞飘拂草群系分布较为普遍，呈斑块状分布，群落高 0.3～0.5m，盖度 40%～90%，组成种类以锈鳞飘拂草为主，其他种类见有卤蕨、盐地鼠尾粟、短叶茳芏、海马齿等少量混生（表 6-7），一些区域锈鳞飘拂草形成单种群落。

表 6-7　锈鳞飘拂草群系的数量特征

取样地点	群落类型	高度/m	盖度/%	层次结构	组成种类	多度等级	备注
钦州康熙岭	锈鳞飘拂草群丛	0.45	90	单层	锈鳞飘拂草 *Fimbristylis sieboldii*	Soc	取样面积为 25m², 取样时间为 2010 年 11 月 17 日
					短叶茳芏 *Cyperus malaccensis* subsp. *monophyllus*	Un	
					卤蕨 *Acrostichum aureum*	Un	
钦州茅尾海	锈鳞飘拂草群丛	0.42	85	单层	锈鳞飘拂草 *Fimbristylis sieboldii*	Soc	取样面积为 25m², 取样时间为 2016 年 10 月 8 日
					海雀稗 *Paspalum vaginatum*	Sol	
钦州犀牛脚	锈鳞飘拂草群丛	0.38	85	单层	锈鳞飘拂草 *Fimbristylis sieboldii*	Soc	取样面积为 25m², 取样时间为 2016 年 10 月 8 日
					盐角草 *Salicornia europaea*	Un	
					南方碱蓬 *Suaeda australis*	Un	
					盐地鼠尾粟 *Sporobolus virginicus*	Sol	

八、粗根茎莎草群系

粗根茎莎草是莎草科莎草属的多年生草本，见于北海、钦州和防城港滨海地区，主要分布在近岸海滩、河口等区域。以粗根茎莎草为建群种的粗根茎莎草群系分布面积不大，群落高 0.25～0.5m，盖度 60%～95%，组成种类以粗根茎莎草为主，其他种类见有锈鳞飘拂草、盐地鼠尾粟、海雀稗等少量混生（表 6-8），一些区域粗根茎莎草形成单种群落。

表 6-8　粗根茎莎草群系的数量特征

取样地点	群落类型	高度/m	盖度/%	层次结构	组成种类	多度等级	备注
北海银滩	粗根茎莎草群丛	0.37	90	单层	粗根茎莎草 *Cyperus stoloniferus*	Soc	取样面积为 25m^2，取样时间为 2016 年 10 月 7 日
					盐地鼠尾粟 *Sporobolus virginicus*	Sol	
					锈鳞飘拂草 *Fimbristylis sieboldii*	Un	
					海雀稗 *Paspalum vaginatum*	Un	

九、扁秆荆三棱群系

扁秆荆三棱是莎草科三棱草属（*Bolboschoenus*）的多年生草本，见于北海、钦州和防城港滨海地区，主要分布在近岸海滩、河口等区域。以扁秆荆三棱为建群种的扁秆荆三棱群系分布面积不大，群落高 0.35～0.65m，盖度 60%～90%，组成种类以扁秆荆三棱为主，有时群落边缘见有海雀稗、盐地鼠尾粟等种类生长（表 6-9）；一些区域扁秆荆三棱形成单种群落。

表 6-9　扁秆荆三棱群系的数量特征

取样地点	群落类型	高度/m	盖度/%	层次结构	组成种类	多度等级	备注
防城港珍珠湾	扁秆荆三棱群丛	0.56	70	单层	扁秆荆三棱 *Bolboschoenus planiculmis*	Soc	取样面积为 25m^2，取样时间为 2017 年 6 月 15 日
					盐地鼠尾粟 *Sporobolus virginicus*	Sol	
					锈鳞飘拂草 *Fimbristylis sieboldii*	Un	

十、互花米草群系

互花米草是禾本科（Poaceae）米草属的多年生草本。广西的互花米草属于外来种，目前仅分布在北海海岸，面积 602.27hm^2（潘良浩等，2016）。以互花米草为建群种的互花米草群系在潮间带从内滩、中滩至外滩都有分布，土壤为淤泥质、泥沙质或沙质，也常见于红树林内的空地。群落高 1.3～2.5m，盖度 80%～100%，单种群落或间有秋茄树、蜡烛果、海榄雌等少量混生（表 6-10）。

表 6-10 互花米草群系的数量特征

取样地点	群落类型	高度/m	盖度/%	层次结构	组成种类	多度等级	备注
北海铁山港	互花米草群丛	1.3	90	单层	互花米草 *Spartina alterniflora*	Soc	取样面积为 $25m^2$，取样时间为 2016 年 10 月 6 日
					蜡烛果 *Aegiceras corniculatum*	Un	
北海永安村	互花米草群丛	1.4	80	单层	互花米草 *Spartina alterniflora*	Soc	取样面积为 $25m^2$，取样时间为 2013 年 11 月 17 日
					蜡烛果 *Aegiceras corniculatum*	Sol	
北海丹兜湾	互花米草群丛	1.7	85	单层	互花米草 *Spartina alterniflora*	Soc	取样面积为 $25m^2$，取样时间为 2013 年 11 月 17 日
					海榄雌 *Avicennia marina*	Sol	
					蜡烛果 *Aegiceras corniculatum*	Sol	
北海营盘镇	互花米草群丛	1.5	100	单层	互花米草 *Spartina alterniflora*	Soc	取样面积为 $25m^2$，取样时间为 2013 年 11 月 19 日
北海西村港	互花米草群丛	1.7	85	单层	互花米草 *Spartina alterniflora*	Soc	取样面积为 $25m^2$，取样时间为 2016 年 10 月 7 日

十一、盐地鼠尾粟群系

盐地鼠尾粟是禾本科鼠尾粟属（*Sporobolus*）的多年生草本，广泛分布于北海、钦州和防城港滨海地区，见于近岸海滩、红树林林窗、河口区等。以盐地鼠尾粟为建群种的盐地鼠尾粟群系分布面积较大，群落高 0.15～0.40m，盖度 60%～100%，组成种类以盐地鼠尾粟为主，其他种类见有锈鳞飘拂草、海雀稗、粗根茎莎草、南方碱蓬、盐角草等少量混生（表 6-11），一些区域盐地鼠尾粟形成单种群落。

表 6-11 盐地鼠尾粟群系的数量特征

取样地点	群落类型	高度/m	盖度/%	层次结构	组成种类	多度等级	备注
北海英罗湾	盐地鼠尾粟群丛	0.17	90	单层	盐地鼠尾粟 *Sporobolus virginicus*	Soc	取样面积为 $25m^2$，取样时间为 2016 年 10 月 6 日
北海大冠沙	盐地鼠尾粟群丛	0.23	100	单层	盐地鼠尾粟 *Sporobolus virginicus*	Soc	取样面积为 $25m^2$，取样时间为 2016 年 10 月 7 日
					海榄雌 *Avicennia marina*	Sol	
	盐地鼠尾粟群丛	0.26	100	单层	盐地鼠尾粟 *Sporobolus virginicus*	Soc	取样面积为 $25m^2$，取样时间为 2016 年 10 月 7 日
					盐角草 *Salicornia europaea*	Sol	
	盐地鼠尾粟群丛	0.20	100	单层	盐地鼠尾粟 *Sporobolus virginicus*	Soc	取样面积为 $25m^2$，取样时间为 2016 年 10 月 7 日
北海冯家江口	盐地鼠尾粟群丛	0.30	100	单层	盐地鼠尾粟 *Sporobolus virginicus*	Soc	取样面积为 $25m^2$，取样时间为 2016 年 10 月 7 日
					粗根茎莎草 *Cyperus stoloniferus*	Un	
钦州茅尾海	盐地鼠尾粟群丛	0.36	85	单层	盐地鼠尾粟 *Sporobolus virginicus*	Soc	取样面积为 $25m^2$，取样时间为 2016 年 10 月 8 日
					锈鳞飘拂草 *Fimbristylis sieboldii*	Un	
钦州犀牛脚	盐地鼠尾粟群丛	0.32	80	单层	盐地鼠尾粟 *Sporobolus virginicus*	Soc	取样面积为 $25m^2$，取样时间为 2016 年 10 月 8 日
					锈鳞飘拂草 *Fimbristylis sieboldii*	Sol	
防城港北仑河口	盐地鼠尾粟群丛	0.27	90	单层	盐地鼠尾粟 *Sporobolus virginicus*	Soc	取样面积为 $25m^2$，取样时间为 2016 年 10 月 9 日

十二、海雀稗群系

海雀稗是禾本科雀稗属（*Paspalum*）的多年生草本，广泛分布于北海、钦州和防城港滨海地区，见于近岸海滩、河口区、海堤内的咸淡水沼泽等。以海雀稗为建群种的海雀稗群系分布面积不大，群落高 0.15～0.40m，盖度 60%～100%，组成种类以海雀稗为主，其他种类见有锈鳞飘拂草、粗根茎莎草、南方碱蓬、铺地黍等少量混生（表 6-12），一些区域海雀稗形成单种群落。

表 6-12　海雀稗群系的数量特征

取样地点	群落类型	高度/m	盖度/%	层次结构	组成种类	多度等级	备注
北海英罗湾	海雀稗群丛	0.37	90	单层	海雀稗 *Paspalum vaginatum*	Soc	取样面积为 25m^2,取样时间为 2016 年 10 月 6 日
					铺地黍 *Panicum repens*	Sol	
北海大冠沙	海雀稗群丛	0.23	85	单层	海雀稗 *Paspalum vaginatum*	Soc	取样面积为 25m^2,取样时间为 2016 年 10 月 7 日
					盐地鼠尾粟 *Sporobolus virginicus*	Sol	
					粗根茎莎草 *Cyperus stoloniferus*	Un	
北海冯家江口	海雀稗群丛	0.32	90	单层	海雀稗 *Paspalum vaginatum*	Soc	取样面积为 25m^2,取样时间为 2016 年 10 月 7 日
					粗根茎莎草 *Cyperus stoloniferus*	Un	
防城港北仑河口	海雀稗群丛	0.30	85	单层	盐地鼠尾粟 *Sporobolus virginicus*	Soc	取样面积为 25m^2,取样时间为 2016 年 10 月 9 日
					南方碱蓬 *Suaeda australis*	Un	

十三、芦苇群系

芦苇是禾本科芦苇属（*Phragmites*）的多年生草本，分布于北海、钦州和防城港滨海地区，多见于河口区、海堤内的咸淡水沼泽等。以芦苇为建群种的芦苇群系在河口区的连片分布面积较大，群落高 0.8～2.5m，盖度 60%～100%，多形成芦苇单种群落，一些区域芦苇群落中偶见有蜡烛果、秋茄树等零星混生（表 6-13）。群落边缘常见有卤蕨、短叶茳芏、苦郎树、阔苞菊等种类。

表 6-13　芦苇群系的数量特征

取样地点	群落类型	高度/m	盖度/%	层次结构	组成种类	多度等级	备注
北海英罗湾	芦苇群丛	1.3	95	单层	芦苇 *Phragmites australis*	Soc	取样面积为 50m^2，取样时间为 2016 年 10 月 6 日
钦州康熙岭	芦苇群丛	1.6	95	单层	芦苇 *Phragmites australis*	Soc	取样面积为 100m^2，取样时间为 2010 年 12 月 8 日
钦州钦江口	芦苇群丛	1.9	100	单层	芦苇 *Phragmites australis*	Soc	取样面积为 100m^2，取样时间为 2016 年 10 月 8 日
					蜡烛果 *Aegiceras corniculatum*	Un	
防城港防城河口	芦苇群丛	2.1	90	单层	芦苇 *Phragmites australis*	Soc	取样面积为 400m^2，取样时间为 2016 年 10 月 9 日
					蜡烛果 *Aegiceras corniculatum*	Un	
					秋茄树 *Kandelia obovata*	Un	

十四、南方碱蓬群系

南方碱蓬是藜科碱蓬属（*Suaeda*）的小灌木植物，广泛分布于北海、钦州和防城港滨海地区，主要见于近岸海滩、红树林林窗、河口区等。以南方碱蓬为建群种的南方碱蓬群系呈连片状或斑块状分布，群落高 0.2～0.5m，盖度 30%～90%，组成种类以南方碱蓬为主，其他种类见有盐角草、盐地鼠尾粟、海马齿及海榄雌、蜡烛果等红树植物幼苗少量混生（表 6-14），一些区域南方碱蓬形成单种群落。

表 6-14　南方碱蓬群系的数量特征

取样地点	群落类型	高度/m	盖度/%	层次结构	组成种类	多度等级	备注
北海大墩海	南方碱蓬群丛	0.37	70	单层	南方碱蓬 *Suaeda australis*	Cop3	取样面积为 100m^2，取样时间为 2011 年 5 月 28 日
					盐地鼠尾粟 *Sporobolus virginicus*	Sol	
北海大冠沙	南方碱蓬群丛	0.26	90	单层	南方碱蓬 *Suaeda australis*	Soc	取样面积为 100m^2，取样时间为 2016 年 10 月 7 日
					海榄雌 *Avicennia marina*	Sol	
	南方碱蓬群丛	0.32	95	单层	南方碱蓬 *Suaeda australis*	Soc	取样面积为 100m^2，取样时间为 2016 年 10 月 7 日
					盐角草 *Salicornia europaea*	Sol	
	南方碱蓬群丛	0.20	90	单层	南方碱蓬 *Suaeda australis*	Soc	取样面积为 25m^2，取样时间为 2011 年 5 月 28 日
					盐角草 *Salicornia europaea*	Sol	
					盐地鼠尾粟 *Sporobolus virginicus*	Sol	
北海冯家江口	南方碱蓬群丛	0.47	70	单层	南方碱蓬 *Suaeda australis*	Soc	取样面积为 25m^2，取样时间为 2016 年 10 月 7 日
					蜡烛果 *Aegiceras corniculatum*	Un	

十五、鱼藤群系

鱼藤为豆科（Fabaceae）鱼藤属多年生攀援状灌木或木质藤本，广泛分布于北海、钦州和防城港滨海地区，主要分布在海岸线以上区域或者海堤上，在潮间带攀援于红树林林冠。以鱼藤为建群种的鱼藤群系目前仅见于北海市的南流江口，呈斑块状攀援在红树林林冠上（图 6-1），主要见于蜡烛果群落上，分布面积约 2.17hm^2。

图 6-1　南流江口的鱼藤群系（绿色部分）（彩图请扫封底二维码）

第七章　广西互花米草湿地

互花米草隶属禾本科虎尾草族米草属，起源于北美东海岸及墨西哥湾，分布于北美、南美、欧洲、新西兰、中国等地滨海地区，具有良好的泥沙沉降功能和较高的生产力，可用于固堤护岸、防浪促淤、围垦造陆、发展牧草等。然而，由于互花米草繁殖能力极强而迅速扩散，在发挥一定生态和经济效益的同时，也带来了一系列危害，成为许多滨海地区滩涂的主要入侵植物。

第一节　互花米草的分类学特征

互花米草，拉丁学名为 *Spartina alterniflora* Loiseleur，英文名为 smooth cordgrass、salt water cord grass、atlantic cordgrass、saltmarsh cordgrass 或 oyster grass，是禾本科米草属多年生、耐盐的直立草本植物，具有发达的根状茎及须根系。地上部分茎秆比较粗壮，通常高 1～3.5m，直径 0.7～1.5cm，秆空心、无毛，秆四周每毫米有 2 条脊。茎节具叶鞘，秆基部的叶鞘有时呈栗色或淡紫色，红色条纹或红色色素常出现在幼茎基部。叶互生，茎秆基部叶片相对较短，长仅 10cm 左右，向上则变宽变长，可达 90cm，呈长披针形，基部宽 0.5～2.5cm；叶廓缺，叶舌毛环状，长 0.7～2mm。叶尖渐尖，叶上下表面光滑，叶和秆的夹角通常小于 30°。叶腋有腋芽，叶具盐腺，根吸收的盐分大都由盐腺排出体外，因而叶表面常见有白色粉状的盐霜出现。花期为 6～10 月；圆锥花序长 20～50cm，由多个穗状花序组成，穗状花序长 2～15cm。小穗长 10～18mm，侧扁，呈覆瓦状排列。颖先端多少急尖，具 1 脉，第一颖短于第二颖，无毛或沿脊疏生短柔毛；两性花，雄蕊 3，花药纵向开裂，花粉黄色；子房平滑，2 个白色羽毛状柱头很长。种子通常 8～12 月成熟，颖果长 0.8～1.5cm，胚呈浅绿色或蜡黄色（Wu et al.，2006；王卿等，2006）。

第二节　互花米草的引种及其扩散

为了保滩护岸、改良土壤、绿化海滩和改善海滩生态环境，我国于 1979 年引种互花米草，目前已广泛分布于辽宁、河北、天津、山东、江苏、上海、浙江、福建、广东、广西等省（自治区、直辖市）的沿海滩涂。广西引种互花米草主要有两次，一是 1979 年合浦县科委与南京大学合作，在山口镇山角海滩和党江镇沙蛹船厂海滩，分别引种了 0.67hm^2 和 0.27hm^2 互花米草；二是 1994 年广西红树林研究中心在山口镇海塘村海滩引种了 0.34hm^2 互花米草。

目前，互花米草已经从广西东海岸向西海岸扩散至北海与钦州交界的大风江口，面积达 602.27hm^2（潘良浩等，2016）。互花米草以丹兜湾的分布面积最大，其他依次为铁山港、北海东海岸、廉州湾、英罗湾和大风江东岸（表 7-1）。

表 7-1　2013 年广西海湾互花米草斑块特征

项目	大风江东岸	廉州湾	北海东海岸	铁山港	丹兜湾	英罗湾
面积/hm^2	3.33	51.17	67.51	93.86	372.11	14.29
斑块数/块	25	2 323	265	297	583	130
平均斑块面积/m^2	1 331	220	2 548	3 160	6 383	1 099
最小斑块面积/m^2	38	20	20	22	20	22
最大斑块面积/m^2	19 128	27 933	126 281	180 480	464 389	51 745
$20m^2$≤面积≤$49m^2$ 的斑块数量/块	1	956	57	15	54	31
$50m^2$≤面积≤$99m^2$ 的斑块数量/块	3	618	52	38	81	24
$100m^2$≤面积≤$499m^2$ 的斑块数量/块	10	612	92	95	188	47
面积≥$500m^2$ 的斑块数量/块	11	137	64	149	260	28

注：资料来源于潘良浩等（2016）

第三节　互花米草的形态可塑性与生物量分配

植物形态可塑性是指植物对不同的生境条件在形态方面所产生的适应性特征，是植物对生境在时间和空间上的重要适应性之一。因此，掌握红树林不同生境条件对互花米草形态因子和生物量的影响，了解其生态适应机制，可为互花米草入侵红树林湿地的早期预警及受损红树林生态系统的恢复提供科学依据。

覃盈盈等于 2007 年 1 月在北海市山口红树林区选择了淤泥质、泥沙质和沙质 3 种生境，每种生境各设置 8 个 1m×1m 的固定样方，每个固定样方内的互花米草均为叶子尚未展开的幼苗，密度为 2～3 株/m^2，株高在 3cm 以下，并于 6 月 5 日、7 月 21 日、9 月 27 日和 11 月 13 日 4 个时期采用收获法将每种生境中各 1 个样方内的植株全部挖出，放入保鲜袋带回实验室备测。测定指标包括基茎、茎长、叶长、叶数、节数、节长、各器官生物量等。其中，基径用精度 0.05mm 的游标卡尺测定；生物量按照根、茎、叶分装，杀青后用 80℃恒温烘干，然后用精度 0.001g 的 BS124S 电子天平测量重量，生物量以干重计。

一、形态因子数量特征及其动态变化

不同生境和不同时期的互花米草形态因子的数量特征如表 7-2 所示。其中，不同时期的基茎、叶数、节数、茎长在不同生境中的变化规律比较明显，如基茎、叶数、节数（除 7 月）的平均值大小顺序呈现：泥沙质＞淤泥质＞沙质；茎长（除 6 月）的平均值大小顺序呈现：淤泥质＞泥沙质＞沙质。

表 7-2　不同生境中互花米草形态因子的数量特征

类型	测量值	6 月 5 日			7 月 21 日			9 月 27 日			11 月 13 日		
		沙质	淤泥质	泥沙质	沙质	淤泥质	泥沙质	沙质	淤泥质	泥沙质	沙质	淤泥质	泥沙质
基径/mm	最大值	1.08	0.96	1.50	0.87	0.78	0.99	0.81	0.89	0.90	0.79	0.72	0.95
	最小值	0.46	0.50	0.40	0.30	0.42	0.46	0.32	0.32	0.35	0.33	0.32	0.36
	平均值	0.67	0.71	0.85	0.52	0.59	0.71	0.47	0.57	0.58	0.46	0.52	0.73

续表

类型	测量值	6月5日			7月21日			9月27日			11月13日		
		沙质	淤泥质	泥沙质	沙质	淤泥质	泥沙质	沙质	淤泥质	泥沙质	沙质	淤泥质	泥沙质
茎长/cm	最大值	98.40	70.00	127.00	133.30	150.60	162.70	120.00	152.50	149.80	130.30	174.50	196.20
	最小值	6.50	9.00	9.00	17.50	68.00	38.10	61.50	44.60	70.80	61.20	47.90	44.30
	平均值	28.74	30.57	40.10	70.30	112.53	95.30	92.23	120.42	109.76	96.22	124.12	120.88
叶长/cm	最大值	42.40	43.00	53.00	47.60	45.40	61.80	55.60	66.00	53.00	48.80	53.50	46.30
	最小值	10.20	10.00	10.00	21.60	29.20	28.60	28.70	14.80	22.90	30.60	15.50	26.90
	平均值	26.22	24.78	29.74	38.87	37.02	46.46	40.21	43.87	37.62	38.07	33.48	32.50
叶数	最大值	13.00	11.00	16.00	12.00	17.00	15.00	10.00	12.00	15.00	11.00	13.00	16.00
	最小值	3.00	4.00	4.00	5.00	6.00	7.00	5.00	5.00	7.00	5.00	5.00	7.00
	平均值	6.86	7.10	8.68	8.92	10.67	10.96	8.37	8.65	9.25	8.03	9.29	10.80
节数	最大值	12.00	11.00	13.00	13.00	22.00	17.00	14.00	17.00	19.00	15.00	17.00	21.00
	最小值	2.00	3.00	2.00	4.00	8.00	6.00	8.00	5.00	10.00	9.00	7.00	8.00
	平均值	5.48	6.43	7.08	9.40	15.14	10.68	10.72	13.32	13.47	11.50	13.50	15.60

注：数据来源于覃盈盈（2009）

互花米草的基径平均值在各种生境中在6月时达到最大，此后随着时间进程，除11月泥沙质生境外，都呈现下降的趋势，主要是单位面积中一些基径大的个体死亡的缘故（图7-1）。茎长在各种生境中于6～7月增长最快，此后的增长速度逐渐变慢；除6月外，其他时期互花米草的茎长平均值在不同生境中都呈现：淤泥质＞泥沙质＞沙质（图7-2）。叶长平均值的最大值在泥沙质生境中出现在7月，而在淤泥质和沙质生境中出现在9月；随着时间的推移，到了11月，各种生境中的叶长平均值都有所下降（图7-3）。叶数平均值在各种生境中在6～7月增加最多，此后除沙质外，出现了"减少→增多"的动态（图7-4）。节数平均值在沙质和泥沙质生境中随着时间进程不断增多，并呈现：泥沙质＞沙质；在淤泥质生境中在6～7月增多速度最大，在7月达到最大值，此后逐渐下降（图7-5）。

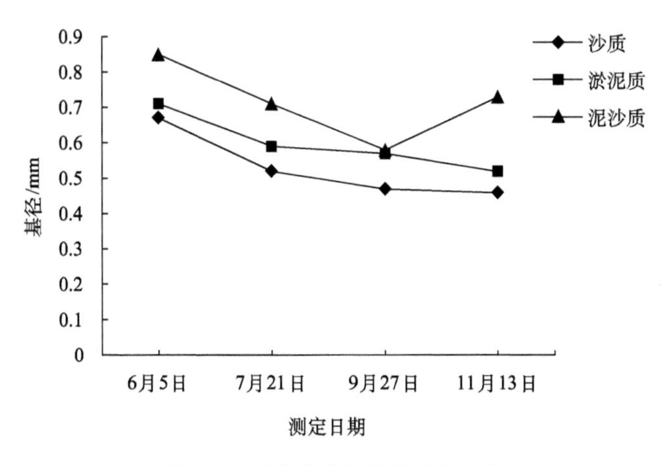

图7-1　互花米草基径的动态变化

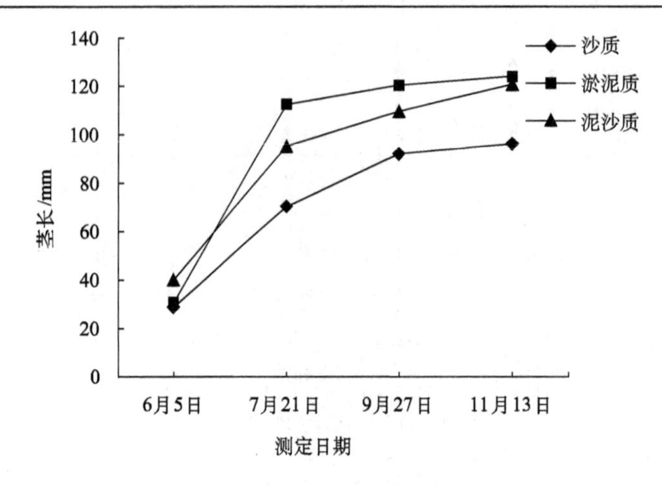

图 7-2　互花米草茎长的动态变化

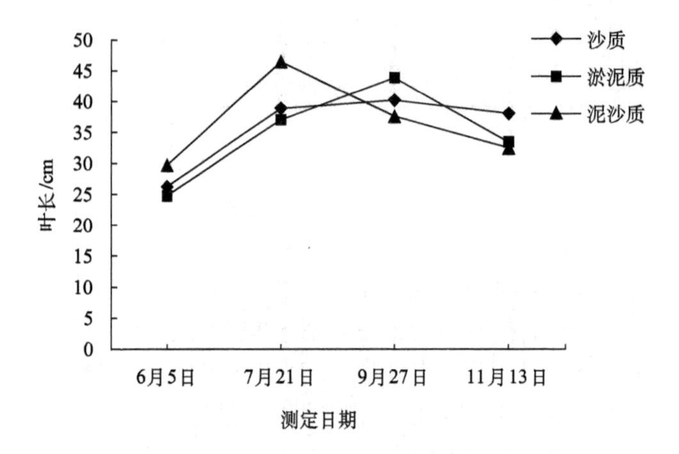

图 7-3　互花米草叶长的动态变化

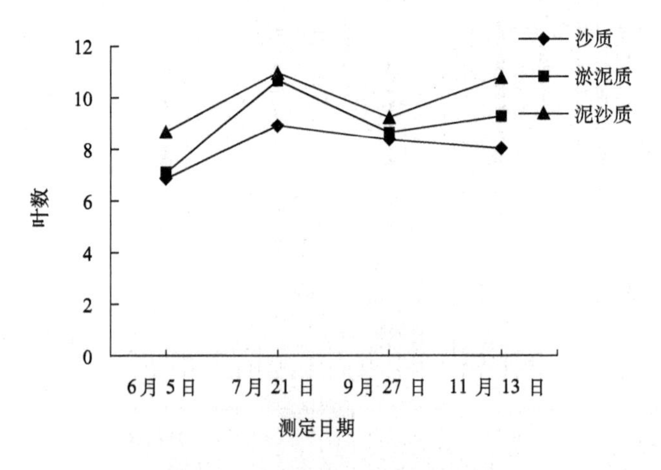

图 7-4　互花米草叶数的动态变化

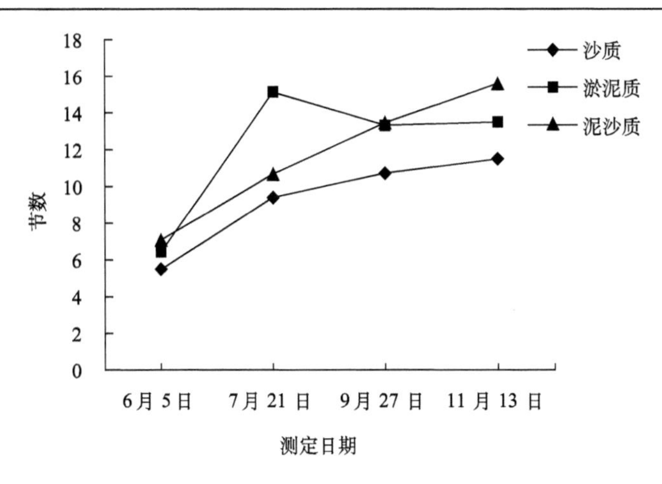

图7-5　互花米草节数的动态变化

二、生物量及其动态变化

不同生境和不同时期的互花米草生物量的数量特征如表7-3所示。其中，茎（6月和7月）、叶、地上部分、全株（除6月）的生物量平均值大小顺序呈现：泥沙质＞淤泥质＞沙质；根（除9月）的生物量平均值大小顺序呈现：泥沙质＞沙质＞淤泥质；茎（9月和11月）的生物量平均值大小顺序呈现：淤泥质＞泥沙质＞沙质。

表7-3　不同生境中互花米草的生物量（单位：g/株）

器官	测量值	6月5日			7月21日			9月27日			11月13日		
		沙质	淤泥质	泥沙质	沙质	淤泥质	泥沙质	沙质	淤泥质	泥沙质	沙质	淤泥质	泥沙质
根	最大值	5.15	2.62	7.44	11.5	6.39	8.84	6.85	5.59	6.61	2.67	3.24	2.56
	最小值	0.21	0.19	0.03	0.18	0.21	0.48	0.18	0.22	0.29	0.4	0.31	0.87
	平均值	1.59	0.91	2.14	2.07	1.90	2.74	1.30	1.67	1.93	1.13	1.04	1.68
茎	最大值	3.76	2.16	9.65	5.1	9.92	14.7	9.84	7.32	12.43	7.25	6.91	5.98
	最小值	0.02	0.04	0.03	0.27	0.65	0.77	0.83	0.90	1.30	1.04	0.37	1.26
	平均值	0.63	0.65	1.62	2.31	3.38	3.40	2.76	4.06	3.89	2.89	3.29	3.19
叶	最大值	5.63	3.45	15.35	9.4	5.98	22.15	4.42	6.96	8.02	3.05	4.00	5.61
	最小值	0.21	0.34	0.47	0.86	1.15	1.25	0.82	1.07	2.20	0.99	0.50	1.19
	平均值	1.31	1.54	3.03	2.93	3.35	5.38	2.45	3.47	4.00	1.92	2.38	3.26
地上部分	最大值	9.4	5.61	23.49	14.2	15.3	36.85	12.98	12.14	19.1	10.3	10.63	9.59
	最小值	0.30	0.38	0.61	1.18	1.80	2.27	1.89	2.60	3.66	2.38	1.44	1.45
	平均值	1.93	2.20	4.64	5.24	6.73	8.79	5.20	7.53	7.89	4.81	5.67	6.46
全株	最大值	12.77	7.62	30.94	17.9	16.08	44.44	19.01	17.01	21.6	13.00	13.87	14.55
	最小值	0.54	0.72	0.84	2.23	3.20	2.86	2.24	3.14	4.79	3.08	1.75	4.95
	平均值	3.52	3.11	6.79	7.31	8.64	11.53	6.51	9.20	9.82	5.94	6.70	8.13

注：数据来源于覃盈盈（2009）

互花米草的根生物量平均值在6～7月增长较快，在7月出现最大值，随后逐渐递减；除9月外，其他时期互花米草根生物量平均值的大小顺序呈现：泥沙质＞沙质＞淤泥质（图7-6）。茎生物量平均值也是在6～7月增长速度最快，其中在淤泥质生境中的增长率高达420.0%，在泥沙质和沙质生境中的增长率分别为109.9%和266.7%；6月和7月茎生物量平均值呈现：泥沙质＞淤泥质＞沙质，9月和11月茎生物量平均值呈现：淤泥质＞泥沙质＞沙质（图7-7）。叶生物量平均值在7月后，除淤泥质生境在9月稍有增长外，总体上都呈现下降趋势；各个时期不同生境中的叶生物量平均值的大小顺序呈现：泥沙质＞淤泥质＞沙质（图7-8）。地上部分生物量平均值在6～7月增长速度最快，其中在淤泥质生境中的增长率高达205.9%，在泥沙质和沙质生境中的增长率分别为89.4%和171.5%；各个时期不同生境中的地上部分生物量平均值的大小顺序呈现：泥沙质＞淤泥质＞沙质（图7-9）。全株生物量平均值在6～7月增长得较快，在7月以后除淤泥质生境在9月稍有增长外，总体上都呈现下降趋势；除6月外，其他时期全株生物量的大小顺序呈现：泥沙质＞淤泥质＞沙质（图7-10）。

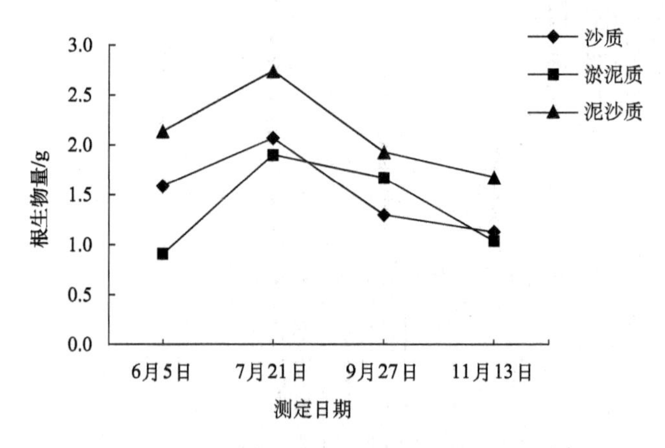

图7-6 互花米草根生物量的动态变化

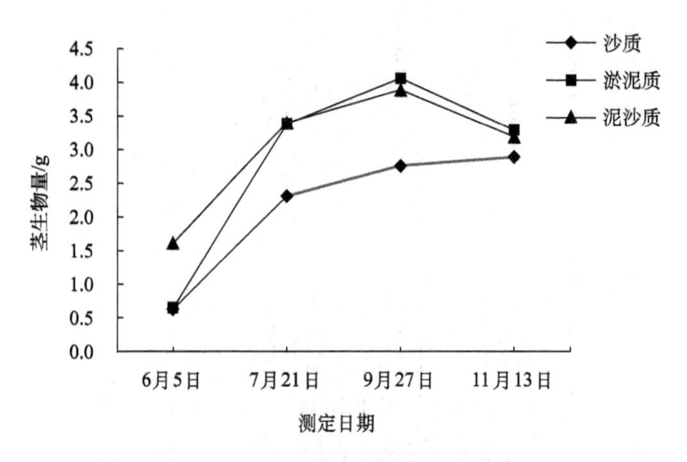

图7-7 互花米草茎生物量的动态变化

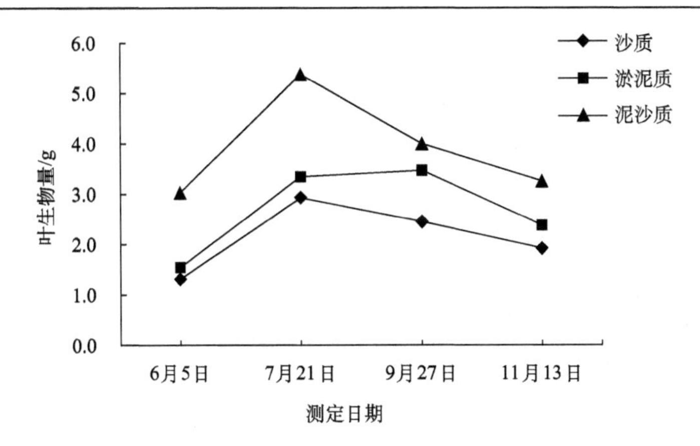

图 7-8　互花米草叶生物量的动态变化

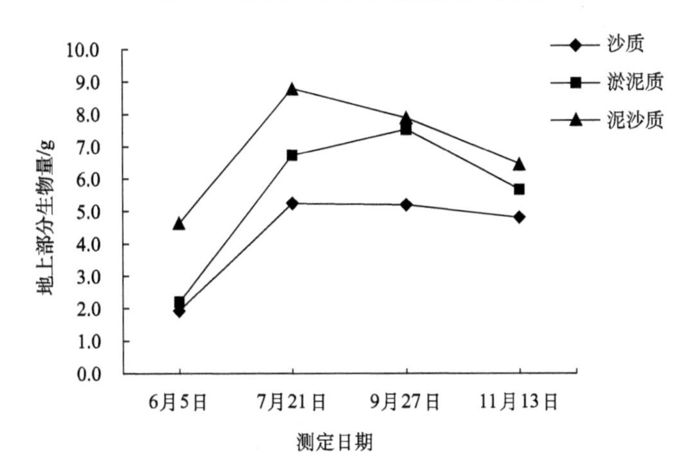

图 7-9　互花米草地上部分生物量的动态变化

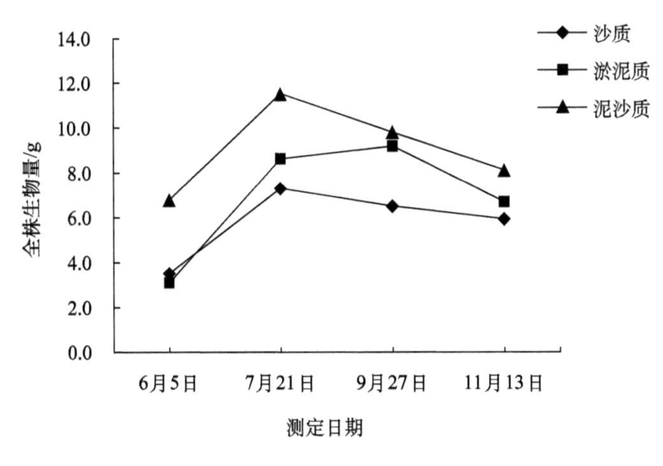

图 7-10　互花米草全株生物量的动态变化

三、生物量分配

植物资源分配格局在一定程度上反映了植物对环境的适应。为了掌握不同生境条件对互花米草生物量分配格局的影响，对淤泥质、泥沙质和沙质 3 种生境中不同月份互花米草不同器官生物量占全株生物量的百分比进行了计算和分析。不同时期和不同生境中的互花米草的生物量分配有所差异。在 6 月中，根生物量占全株生物量的比例呈现：沙质＞泥沙质＞淤泥质，茎生物量占全株生物量的比例呈现：泥沙质＞淤泥质＞沙质，叶生物量占全株生物量的比例呈现：淤泥质＞泥沙质＞沙质，地上部分生物量占全株生物量的比例呈现：淤泥质＞泥沙质＞沙质（图 7-11）。在 7 月，根生物量占全株生物量的比例呈现：沙质＞泥沙质＞淤泥质，茎生物量占全株生物量的比例呈现：淤泥质＞沙质＞泥沙质，叶生物量占全株生物量的比例呈现：泥沙质＞沙质＞淤泥质，地上部分生物量占全株生物量的比例呈现：淤泥质＞泥沙质＞沙质（图 7-12）。在 9 月，根生物量占全株生物量的比例呈现：沙质＞泥沙质＞淤泥质，茎生物量占全株生物量的比例呈现：淤泥质＞沙质＞泥沙质，叶生物量占全株生物量的比例呈现：泥沙质＞淤泥质≈沙质，地上部分生物量占全株生物量的比例呈现：淤泥质＞泥沙质＞沙质（图 7-13）。在 11 月，根生物量占全株生物量的比例呈现：泥沙质＞沙质＞淤泥质，茎生物量占全株生物量的比例呈现：淤泥质＞沙质＞泥沙质，叶生物量占全株生物量的比例呈现：泥沙质＞淤泥质＞沙质，地上部分生物量占全株生物量的比例呈现：淤泥质＞沙质＞泥沙质（图 7-14）。

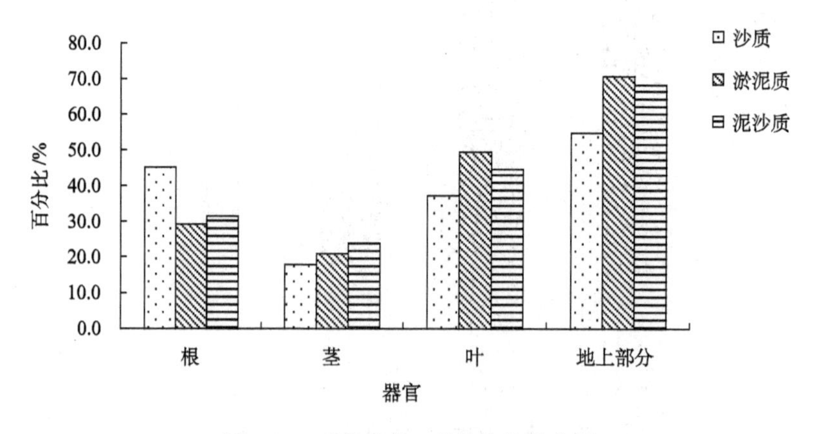

图 7-11　互花米草 6 月的生物量分配

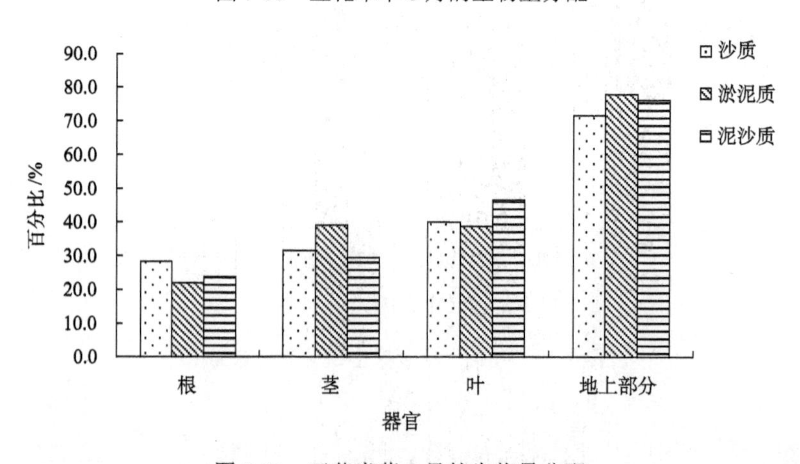

图 7-12　互花米草 7 月的生物量分配

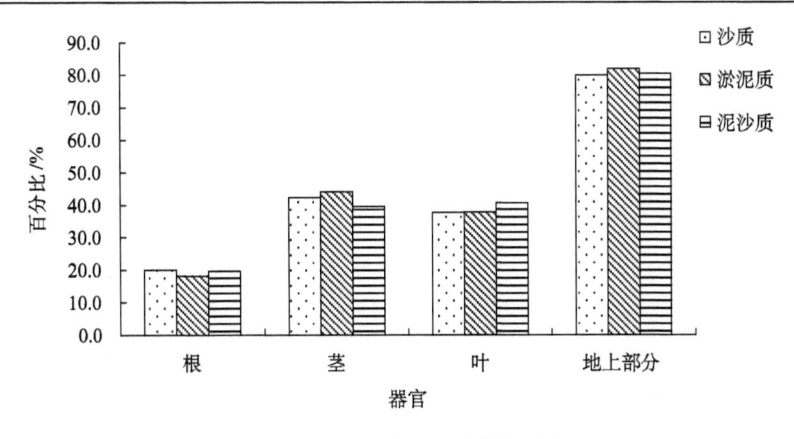

图 7-13　互花米草 9 月的生物量分配

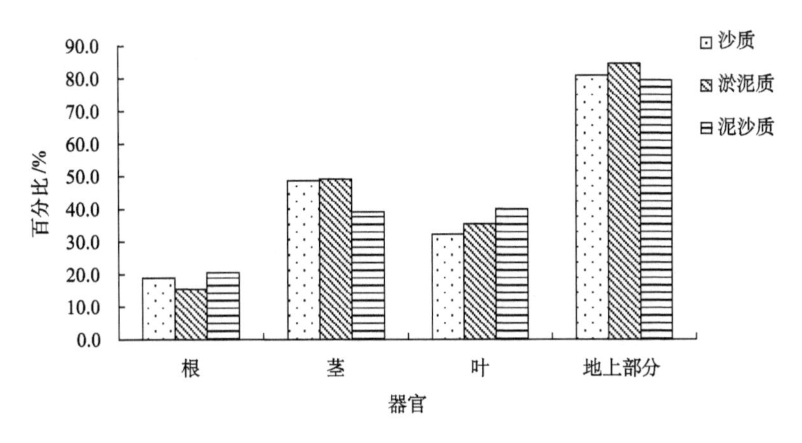

图 7-14　互花米草 11 月的生物量分配

通过对不同时期和不同生境中的互花米草生物量分配状况进行进一步比较发现：在 6 月，淤泥质、泥沙质和沙质 3 种生境叶和根的生物量占全株生物量的比例相对较大，其中根生物量所占比例以沙质生境中的最高，达 45.2%，叶生物量所占的比例以淤泥质生境中的最高，达 49.5%；在 7 月，根生物量所占的比例下降，叶生物量所占的比例除淤泥质生境下降外其他生境都有所上升，茎生物量所占的比例上升较快；在 9 月，根生物量所占的比例继续下降，叶生物量所占的比例开始下降，茎生物量所占的比例继续上升；在 11 月，根生物量所占的比例除泥沙质生境略有上升外，其他生境继续下降，叶生物量所占的比例继续下降，茎生物量所占的比例除泥沙质生境略有下降外，其他生境继续保持上升。总体上，若以 6 月作为参照，在淤泥质、泥沙质和沙质 3 种生境中，随着时间进程根生物量所占的比例呈现下降的趋势，叶生物量所占的比例呈现“上升→下降”的趋势，茎生物量所占的比例呈现上升的趋势。

第四节　互花米草的光合特性

具有对环境因子中较强光的适应性和耐性是外来植物能够成功入侵的重要因素之一（王俊峰等，2004）。因此，掌握互花米草的光合作用特点及其对潮滩光环境变化的响应和适应，将有助于了解互花米草生长迅速、生产力高、竞争性强等的特性。

甘肖梅等于 2008 年 4 月在北海市山口红树林区采集互花米草幼苗（高约 30cm，3～4 片叶子），栽种于长 60cm、宽 40cm、高 20cm 的长方形塑料桶沙基中，浇自来水复壮 7d，此后模拟野外环境，将其置于具全天光照的环境下自然生长。利用 LI-6400 型便携式光合仪，于互花米草成熟期，选择晴朗天气（2008 年 9 月 22～23 日）对互花米草光合日变化进行测定，测定时段为 7:00～18:00，每隔 1h 测定一次。测定时，选取植株由顶端向下第 1 片完全展开叶，每叶片每时段读取 5 个值，计算平均值后用于分析；泵流量采用仪器默认值 500μmol/s。测定指标包括叶片净光合速率（net photosynthetic rate，Pn）、气孔导度（stomatal conductance，Gs）、蒸腾速率（transpiration rate，Tr）、胞间 CO_2 浓度（intercellular CO_2 concentration，Ci）、大气 CO_2 浓度（air CO_2 concentration，Ca）、光合有效辐射（photosynthetic active radiation，PAR）、气温（air temperature，Ta）、相对湿度（relative humidity，RH）、叶面饱和蒸汽压亏缺（leaf water vapour deficit，Vpdl）等。

一、净光合速率日变化

植物光合速率日变化是一个十分复杂的过程，由于内外环境的影响，同一种植物在不同季节下的光合作用日变化呈现不同的规律，不同种类植物在同一季节下的日变化规律也不尽相同（许大全和沈允钢，1997；金则新和柯世省，2002；徐惠风等，2004）。成熟期互花米草净光合速率（Pn）的日变化如图 7-15 所示。由图 7-15 可知，7:00～9:00，随着光合有效辐射（PAR）的迅速增加，气温（Ta）升高，互花米草叶片气孔开放，Pn 随之迅速升高，至 9:00 时左右 Pn 最大，为 16.57μmol/（m^2·s）；9:00～13:00，光合速率持续下降，与许多植物一样出现光合“午休”现象（宋庆安等，2006；舒英杰等，2006）；13:00 左右，Pn 达到第 1 个谷值 4.13μmol/（m^2·s），此时 PAR 和 Ta 持续降低，相对湿度（RH）达到最低值（图 7-16）；13:00～16:00 互花米草净光合速率有个回升的过程，出现了第 2 个峰，峰值为 6.75μmol/（m^2·s）；16:00～18:00，由于 Ta 降低和 PAR 迅速下降，Gs 与蒸腾速率（Tr）也急剧减少，互花米草 Pn 迅速下降。互花米草净光合速率各影响因子之间的相关性如表 7-4 所示。

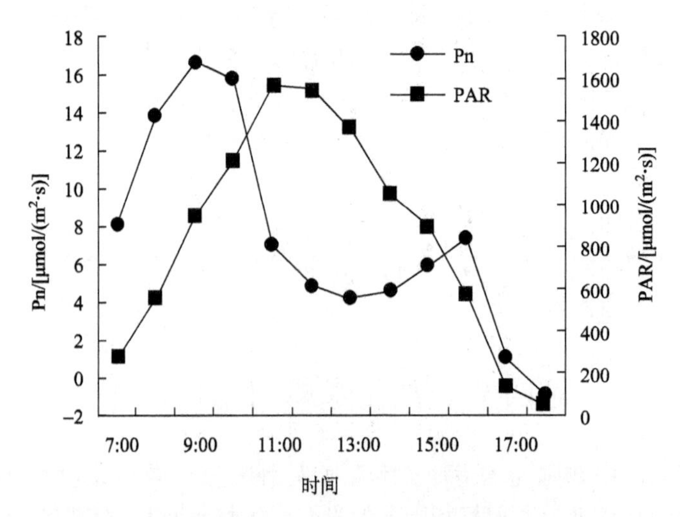

图 7-15　互花米草净光合速率（Pn）与光合有效辐射（PAR）的日变化

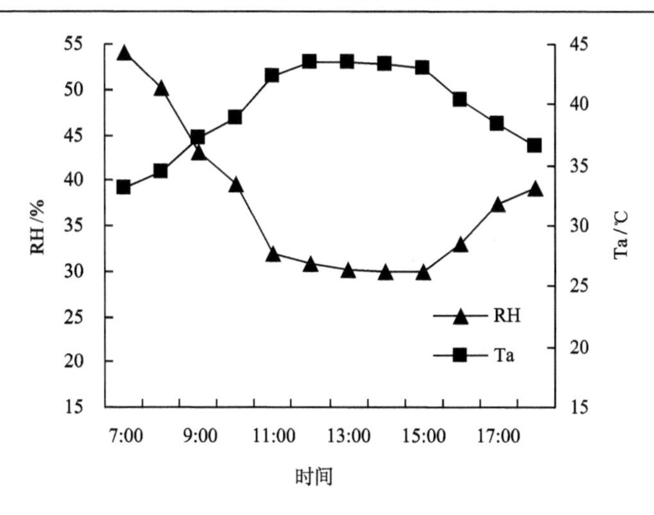

图 7-16　互花米草相对湿度（RH）与气温（Ta）的日变化

表 7-4　互花米草净光合速率各影响因子的简单相关系数

	Gs	Ci	Tr	PAR	Ta	Ca	RH
Vpdl	0.9577**	0.4030*	0.8428**	0.6928*	0.9951**	−0.8458**	−0.9648**
Gs		0.2924*	0.8966**	0.9577**	0.5873*	−0.2455*	0.4030*
Ci			0.0562*	−0.1026*	0.3621*	−0.5814*	−0.5041*
Tr				0.9494**	0.8550**	−0.5304*	−0.7109**
PAR					0.7176*	−0.4012*	−0.5533*
Ta						−0.8557**	−0.9654**
Ca							0.9528**

注：* $P<0.05$ 显著水平，** $P<0.01$ 显著水平，本章表同

二、气孔导度日变化及其与净光合速率的关系

互花米草气孔导度（Gs）的日变化特征如图 7-17 所示。由图 7-17 可知，互花米草 Gs 在早晚较低，7:00～12:00 时一直处于上升状态，12:00 左右 Gs 达到最大值 0.118mol/(m^2·s)，之后持续下降，到 18:00 最小，为 0.012mol/（m^2·s）。Gs 受 PAR、Ta、RH 等各种环境因子的影响。由表 7-4 可知，Gs 与 PAR 呈极显著正相关（r=0.9577），同时 PAR 与 Ta 呈极显著正相关（r=0.7176）。7:00～9:00 PAR 逐渐升高，此时 Ta 较低，RH 较大，Gs 较小，Tr 也较小；9:00 以后，PAR 和 Ta 持续升高，RH 持续下降，互花米草植株内水分变成自由水，气孔阻力变小，Gs 和 Tr 均增大，至 12:00 左右，PAR、Ta 及 Gs、Tr 均达到一天中最高值，之后 PAR、Ta 及 Gs 持续下降。Pn 和 Gs 在 7:00～10:00 和 15:00～18:00 均呈极显著正相关（图 7-18），而 10:00～15:00 两者无显著相关关系，说明此时间段 Pn 可能主要受其他环境因子的影响，而受 Gs 影响较小。

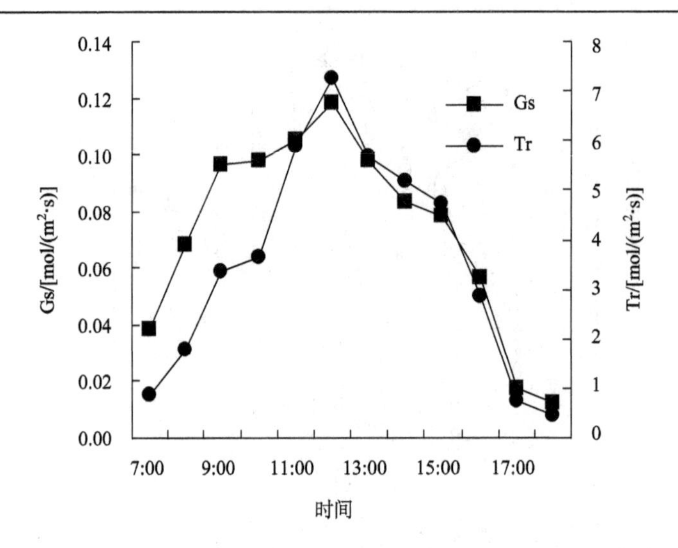

图 7-17　互花米草气孔导度（Gs）与蒸腾速率（Tr）的日变化

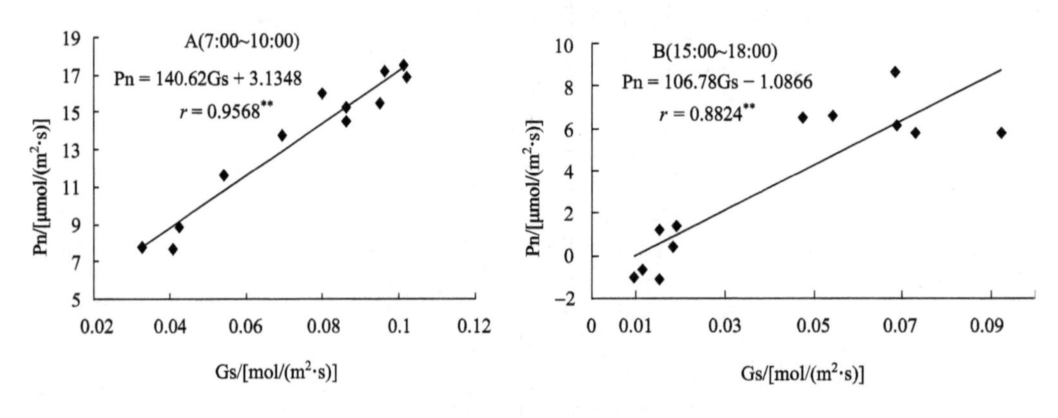

图 7-18　互花米草净光合速率（Pn）与气孔导度（Gs）日变化关系

** $P<0.01$ 显著水平，下同

三、蒸腾速率日变化及其与净光合速率的关系

互花米草蒸腾速率（Tr）日变化呈单峰型曲线，Tr 与 Gs 的日变化趋势相同，两者具有极显著正相关关系（r=0.8966）（表 7-4），Gs 对蒸腾具有直接影响。Tr 最大值出现在 12:00，为 7.243mmol/（m^2·s），7:00～12:00 Tr 值迅速上升，而 12:00 之后迅速下降，18:00 Gs 降至最低，Tr 随之也降至最低值，Gs 及 Tr 的这种变化趋势与 PAR、Ta 的日变化规律基本相同。上午外界光照强度较弱，Ta 较低，RH 较大，所以 Tr 较低；随着 Ta 的升高，水分的汽化速度加快，Tr 迅速升高，12:00 外界光照强度、Ta 和 Tr 达到最大值，之后 PAR 和 Ta 降低，Tr 也呈降低趋势。Pn 和 Tr 在 7:00～10:00 及 15:00～18:00 均呈极显著正相关（图 7-19），而 10:00～15:00 两者无显著相关关系，说明当 PAR、Ta 和 Tr 较低时，Pn 随 Tr 的增加而增加。

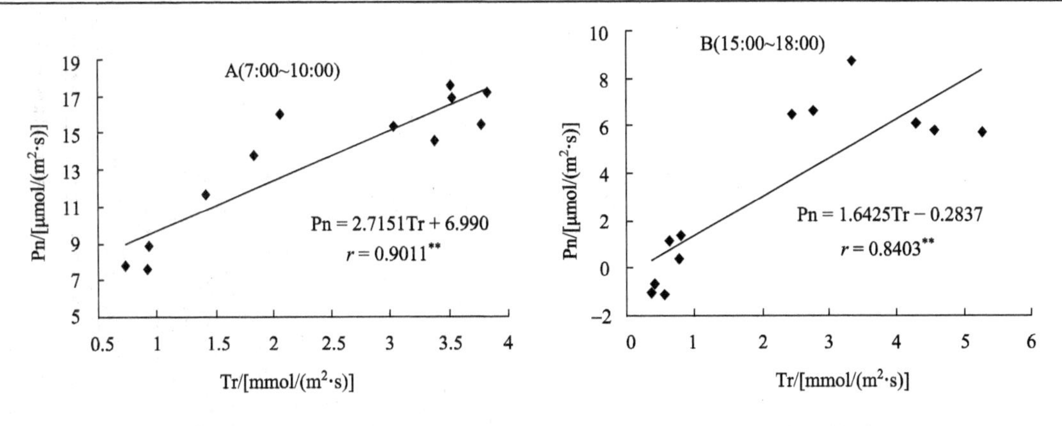

图 7-19　互花米草净光合速率（Pn）与蒸腾速率（Tr）日变化关系

四、胞间 CO_2 浓度日变化及其与净光合速率的关系

互花米草胞间 CO_2 浓度（Ci）的日变化如图 7-20 所示。由图 7-20 可知，互花米草 Ci 在 10:00～13:00 时迅速升高，13:00 左右达到峰值 285.6μmol/mol，13:00～16:00 持续下降，16:00 出现第 2 个谷值，16:00～18:00 则迅速升高。Pn 与 Ci 呈极显著负相关（r=–0.8824），Ci 不随 Gs 的下降而降低。随着叶片 Pn 降低 Ci 值反而升高，说明非气孔因素是影响光合作用的主导因素（Franquar and Sharkey，1982）。因此，互花米草光合“午休”控制因子可能为非气孔因子（曹军胜和刘广全，2005），出现“午休”现象的原因可能是高光照强度与高温使光合作用有关酶（如 Rubisco 酶）的活性降低（许大全等，1984；郭志华等，1999；蒋高明和朱桂杰，2001），或者由于 Ca 迅速降低，部分气孔关闭，Pn 下降。7:00～9:00 互花米草将较多的 CO_2 用作光合原料，进行较高净光合速率的光合，从而降低了 Ci，由于 Ci 过低，造成 CO_2 亏缺，9:00～12:00 Ci 升高，但由于 PAR 及 Ta 升高，Pn 在 9:00～12:00 持续下降，说明此时光合速率的影响因子主要为 PAR 或 Ta。

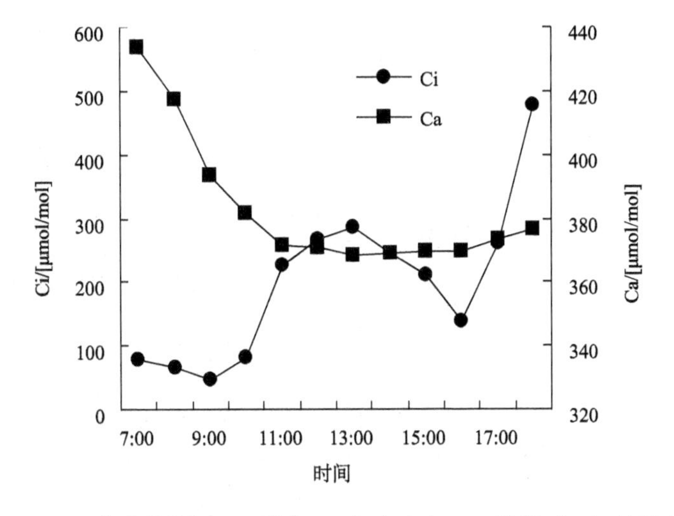

图 7-20　互花米草胞间 CO_2 浓度（Ci）与大气 CO_2 浓度（Ca）的日变化

五、光合有效辐射日变化及其与净光合速率的关系

由图 7-21 可知，7:00～9:00 和 13:00～18:00 这两个时间段的 PAR 与 Pn 呈极显著正相关（r=0.9235，r=0.8196），而 9:00～13:00 PAR 与 Pn 呈极显著负相关（r=–0.8725），PAR 峰值于 Pn 峰值之后出现，说明高光照强度引起的光抑制可能是导致互花米草午间光合速率下降的重要因素之一。

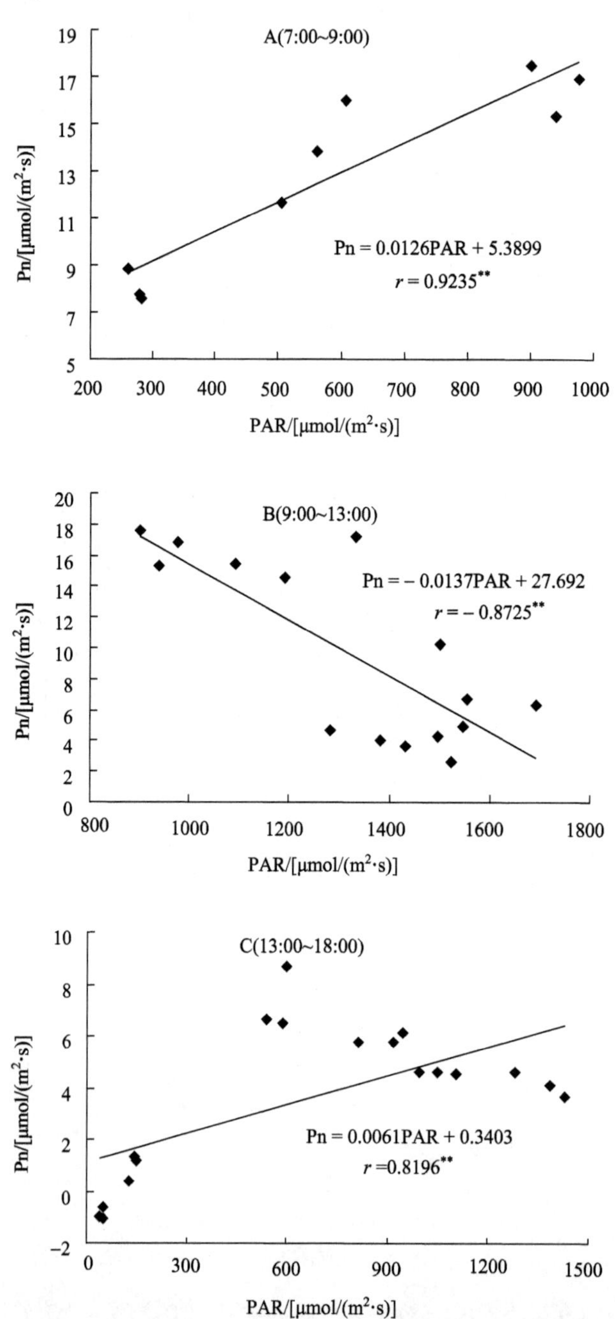

图 7-21　不同时段净光合速率（Pn）与光合有效辐射（PAR）关系

六、大气 CO_2 浓度日变化及其与净光合速率的关系

由图 7-20 可知，从 7:00 开始空气中 CO_2 浓度（Ca）表现为持续降低的特征，13:00 左右为全天谷值，13:00～16:00 仍维持在较低的浓度，16:00～18:00 才逐渐回升。清晨 Ca 最高，随着光照强度的增加，Pn 迅速上升，9:00 左右光照强度达到光饱和点，Ca 也较高，Pn 达到一天中的最大值。随着光合作用的不断进行，Ca 逐渐下降，光合速率也不断下降并趋于稳定，下午光合速率的次峰和 Ca 值较低，说明 Ca 与中午及下午光合速率较低有很大关系。

上述研究表明，互花米草 Pn 要受到各种环境因素的影响（表 7-5）。Vpdl、PAR、Ta、RH 和 Ca 影响互花米草的 Gs、Tr 和 Ci（表 7-5），而使互花米草 Pn 呈现一定的日变化规律。Tr 与 Gs 呈同步变化趋势，这种变化趋势与 PAR、Ta 的日变化趋势基本相同。Tr 与 Gs、PAR 呈极显著正相关，同时 PAR 与 Ta 呈显著正相关，Ta 与 RH 呈极显著负相关。成熟期互花米草 Pn 最高值出现在 9:00 左右，9:00 以后，光照强度进一步增加，Ta 进一步升高，叶片气孔的开张度和气孔导度增大，蒸腾速率加快，对光合速率具有有利影响，但由于气温过高，酶活性降低或丧失，同时大气 CO_2 浓度减小，胞间 CO_2 浓度降低，光合速率会因底物不足而受到限制。因此，9:00 左右的光照强度、气温和相对湿度等对互花米草的光合作用非常有利，而中午的高温和高光照强度会使互花米草出现“午休”现象。

表 7-5　不同时段互花米草净光合速率与环境因子的相互关系

时段	7:00～9:00	9:00～15:00	15:00～18:00
Pn 与 Ta	0.8711**	–0.9575**	0.8383**
Pn 与 RH	–0.8906**	0.9532**	–0.8818**
Pn 与 Vpdl	0.8647**	–0.9424**	0.8173**
Pn 与 Ca	–0.9012**	0.9006**	–0.9262**

第五节　互花米草的气孔导度

气孔是绝大多数陆生高等植物进行气体交换的主要通道，即蒸腾作用中水汽交换和光合、呼吸作用中 CO_2 交换的通道，而气孔导度是描述植物和大气间通量交换的重要参数（Hatton et al.，1992）。气孔导度受光照强度、饱和水汽压差、气温、CO_2 浓度等环境因子影响，气孔导度的变化是植物叶片气体和水分交换的控制因子，是生态环境引起的种内变异的特征（Dickson and Broyer，1993）。因此，掌握互花米草叶片气孔导度变化及其对环境因子的响应，将有助于了解互花米草的光合生理特性及其对潮间带生态环境的适应。

覃盈盈等于 2008 年 9 月 4 日在北海市山口红树林区互花米草群落进行相关测定。当日天气晴朗，微风，偶有浮云；12:00 开始退潮，12:00 时互花米草完全淹没水中，到 13:30 左右植株地上部分裸露在滩涂上，此时开始测定。测定时在选定区域随机选取 1 株互花米草，由植株顶端自上到下选取顶部、中上部、中下部、下部各 1 片叶子（分别称为 a、b、c 和 d）作为测定对象，分别测定光照强度、气温、相对湿度、气孔导度、叶绿素、叶片数

（其中气温、相对湿度、气孔导度同步测定），除光照强度、叶绿素、叶片数外，其余各指标在选定叶片的叶前、叶中、叶末 3 个位置各测一次，取平均值。每 30min 测一次，每次测定不同植株，到 19:30 结束，共测量 24 株。测量仪器分别为：英国 AP4 型自动气孔计、英国 SPAD-502 叶绿素仪、美国 Spectrum 手持式光量子计和美国 SpectrumIQ150 原位露点温度湿度计。

一、叶绿素含量

光合作用是绿色植物通过叶绿体，利用光能，把二氧化碳和水转化成储存着能量的有机物，并且释放出氧气的过程。叶绿素是绿色植物吸收和传递光能的载体，叶绿素含量的多少直接影响着植物的光合作用强弱，进而影响光合产物的产生。互花米草叶片的叶绿素含量如表 7-6 所示。由表 7-6 可知，互花米草不同层次叶片的叶绿素含量有一定的差别，测定植株 a、b、c、d 4 个位置叶片的叶绿素相对含量的平均值分别为 41.28、44.98、53.07、54.86，说明叶片由上往下呈递增趋势，即生长年限越长的叶片，其叶绿素含量越高。这种情况的产生与叶片的叶龄有关，顶部叶片虽已完全展开但尚未发育成熟，因而叶绿素含量较低。

表 7-6　互花米草叶片叶绿素的相对含量

植株编号	a	b	c	d	平均值	植株编号	a	b	c	d	平均值
1	44.20	48.47	50.37	53.90	49.24	13	34.97	36.87	51.43	54.87	44.54
2	41.77	58.07	56.93	56.77	53.39	14	36.93	36.97	48.50	55.20	44.40
3	41.90	47.10	51.37	58.50	49.72	15	44.57	52.10	62.70	61.83	55.30
4	37.17	44.73	57.12	59.23	49.56	16	33.70	37.63	59.77	49.93	45.26
5	56.00	47.53	55.00	52.30	52.71	17	51.57	57.97	62.50	56.97	57.25
6	50.33	50.27	52.67	50.63	50.98	18	39.87	41.63	48.07	50.27	44.96
7	33.37	41.33	49.07	50.27	43.51	19	40.70	44.83	55.37	62.53	50.86
8	40.37	48.33	55.93	57.53	50.54	20	35.80	38.53	43.73	50.30	42.09
9	35.63	43.37	52.53	51.03	45.64	21	41.50	44.33	51.97	56.77	48.64
10	37.10	40.80	43.70	46.07	41.92	22	51.30	41.70	47.97	57.40	49.59
11	34.07	36.57	53.03	60.20	45.97	23	46.23	52.20	55.83	61.03	53.82
12	35.70	33.90	42.43	43.27	38.83	24	45.90	54.27	65.70	59.93	56.45

注：数据来源于覃盈盈（2009）；a、b、c 和 d 分别表示植株顶部、中上部、中下部和下部的叶片，本章表和图同

二、气孔导度与光合有效辐射的关系

由图 7-22 可知，互花米草植株 a、b、c 和 d 4 个位置叶片的气孔导度与光合有效辐射的相关关系均为正相关，互花米草叶片气孔导度随着光合有效辐射的增强缓慢上升，不同部位叶片的气孔导度（Gs_a、Gs_b、Gs_c 和 Gs_d）与光合有效辐射（PAR）的相关性较高，均达到显著相关水平，相关系数 r 值分别为 0.7103、0.9380、0.8989 和 0.8297，幂函数拟合方程如下：

$$Gs_a=7.4899PAR^{0.5449}，r=0.7103$$

$$Gs_b=0.6272PAR^{1.0154},\quad r=0.9380$$

$$Gs_c=1.3838PAR^{0.8931},\quad r=0.8989$$

$$Gs_d=4.1219PAR^{0.6900},\quad r=0.8297$$

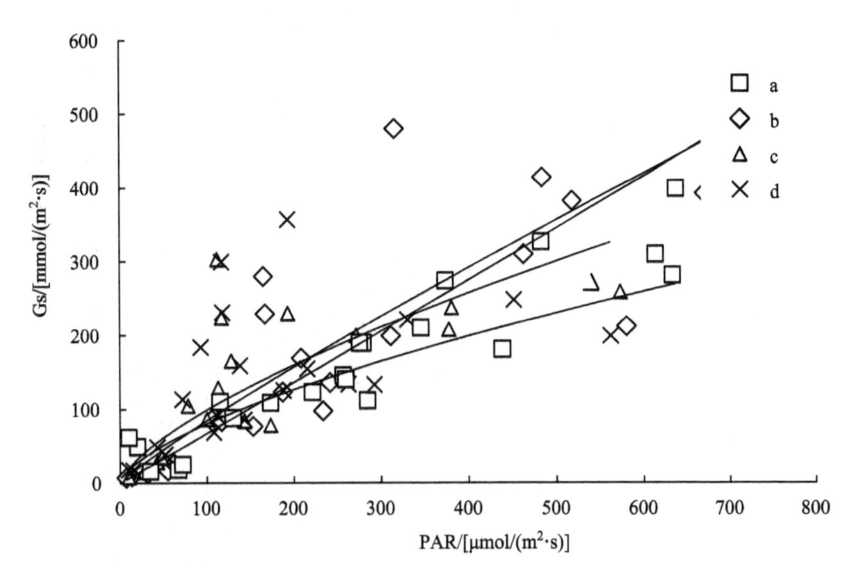

图 7-22　互花米草气孔导度（Gs）与光合有效辐射（PAR）的关系

三、气孔导度随时间变化的关系

由图 7-23 可知，在观测时间段内，互花米草植株 a、b、c 和 d 4 个位置叶片的气孔导度与时间的关系经拟合后符合负指数函数关系。15:00 以前，太阳辐射较高，气孔导度较大；

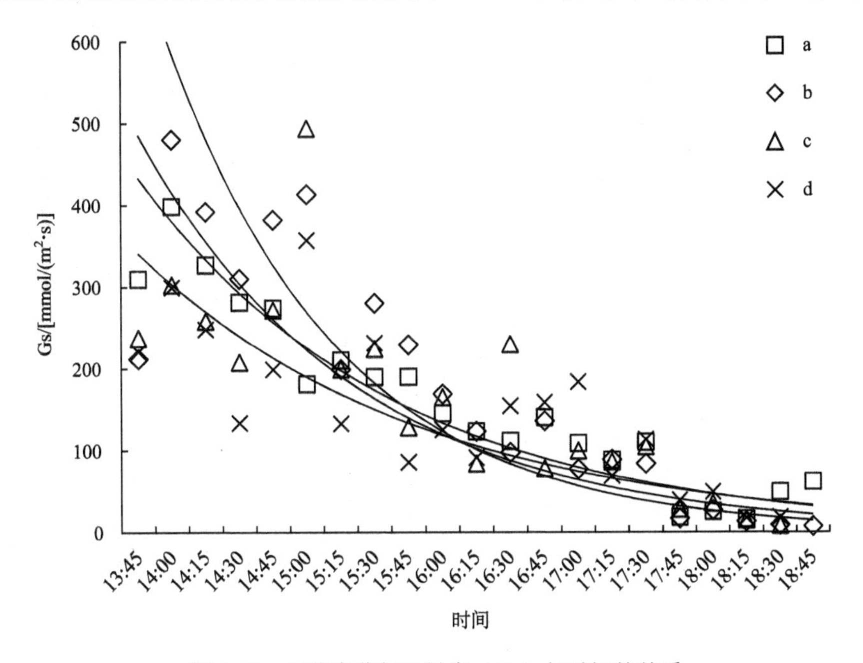

图 7-23　互花米草气孔导度（Gs）与时间的关系

15:00 以后，太阳辐射降低，气孔导度有所下降；17:00 以后，太阳辐射继续降低，气孔开度急剧减小，气孔导度也迅速下降；在 18:45 后基本上测不到气孔导度。互花米草植株 a、b、c 和 d 4 个位置叶片的气孔导度（Gs_a、Gs_b、Gs_c 和 Gs_d）与时间（T）的相关系数 r 分别为：0.8776、0.9160、0.8606 和 0.8127，指数函数拟合方程如下：

$$Gs_a=493.73e^{-0.1306T},\ r=0.8776$$

$$Gs_b=864.27e^{-0.1945T},\ r=0.9160$$

$$Gs_c=567.3e^{-0.1556T},\ r=0.8606$$

$$Gs_d=383.22e^{-0.1171T},\ r=0.8127$$

四、气孔导度与相对湿度的关系

由图 7-24 可知，互花米草气孔导度与相对湿度的关系经拟合后符合负指数函数关系，呈显著的负相关关系。在测量时段内，大气相对湿度分布范围是 48.8%～93.9%，其中在相对湿度为 50%～60%时，气孔导度最大，相对湿度大于 70%时，气孔导度值均分布在 100mmol/（m^2·s）以下。互花米草植株 a、b、c 和 d 4 个位置叶片的气孔导度（Gs_a、Gs_b、Gs_c 和 Gs_d）与相对湿度（RH）的相关系数 r 分别为：0.7382、0.9436、0.8949 和 0.7864，指数函数拟合方程如下：

$$Gs_a=2622.9e^{0.0492RH},\ r=0.7382$$

$$Gs_b=11\ 557e^{-0.1071RH},\ r=0.9436$$

$$Gs_c=43\ 468e^{-0.0928RH},\ r=0.8949$$

$$Gs_d=5622.8e^{-0.0604RH},\ r=0.7864$$

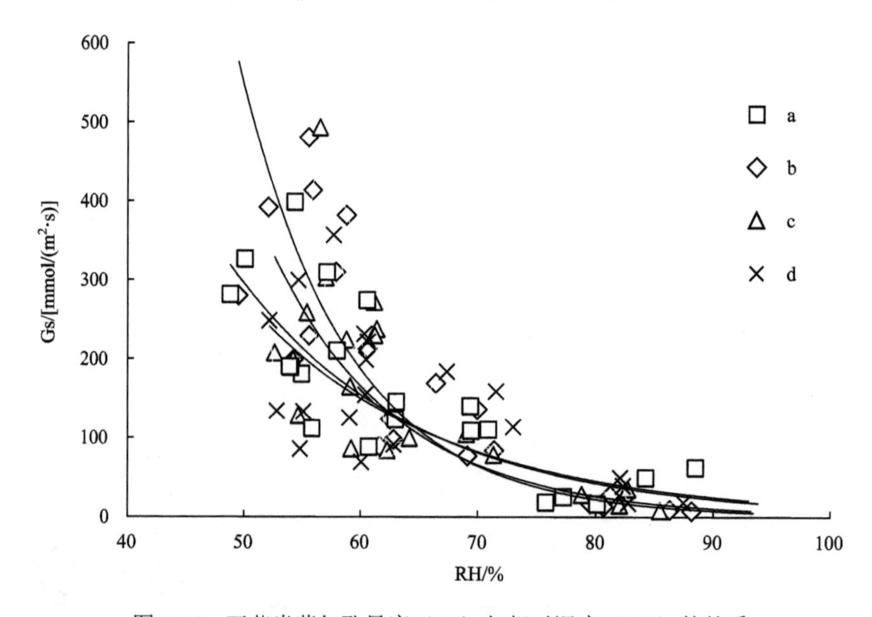

图 7-24　互花米草气孔导度（Gs）与相对湿度（RH）的关系

五、气孔导度与叶表温度的关系

图 7-25 是互花米草植株 a、b、c 和 d 4 个位置叶片气孔导度与叶表温度的变化情况，经拟合得出它们之间的关系符合幂函数方程。测量的叶表温度为 27.3～36.4℃。随着叶表温度的上升，相对湿度逐渐下降，叶片气孔导度随之增大，其中第 6 个植株叶片 c 在 15:00 叶表温度 36.4℃时，气孔导度达到了测量的最大值 493.33mmol/（$m^2 \cdot s$），此时叶 a、b、d 的气孔导度分别为 181mmol/（$m^2 \cdot s$）、413.33mmol/（$m^2 \cdot s$）、356.67mmol/（$m^2 \cdot s$）。互花米草植株 a、b、c 和 d 4 个位置叶片的气孔导度（Gs_a、Gs_b、Gs_c 和 Gs_d）与叶表温度（Tl）的相关系数 r 分别为：0.6978、0.9497、0.8982 和 0.8484，幂函数拟合方程如下：

$$Gs_a=2\times10^{-10}\,Tl^{7.8328},\quad r=0.6978$$

$$Gs_b=8\times10^{-23}\,Tl^{15.943},\quad r=0.9497$$

$$Gs_c=5\times10^{-19}\,Tl^{13.404},\quad r=0.8982$$

$$Gs_d=6\times10^{-14}\,Tl^{10.079},\quad r=0.8484$$

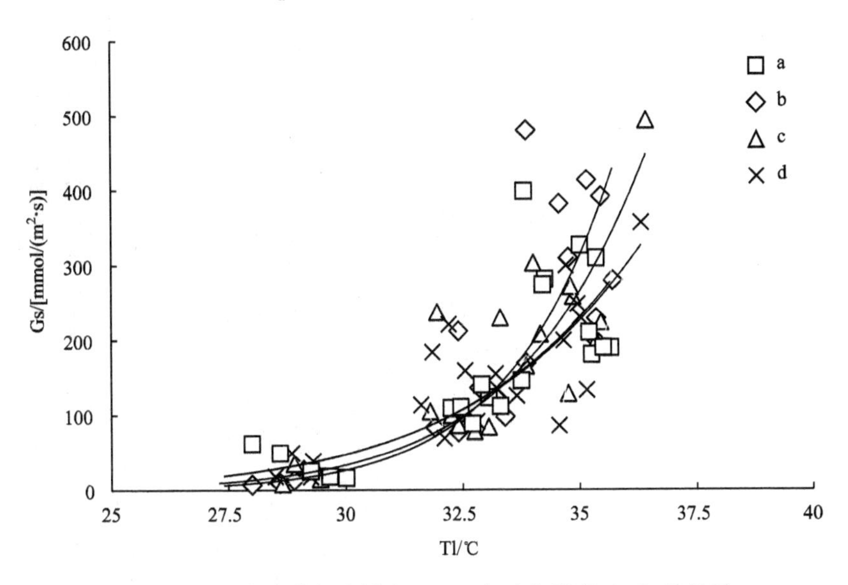

图 7-25　互花米草气孔导度（Gs）与叶表温度（Tl）的关系

环境因子对气孔导度的影响十分复杂，尤其是在自然条件下，环境因子均可以通过影响气孔运动改变叶片的代谢活动（徐惠风等，2003）。在环境因子有利时，植物会最大程度地调整自身机制积累物质与能量以满足生理活动的需要。就光合有效辐射而言，互花米草的气孔导度随着光合有效辐射的增强而迅速上升，与赵广琦等（2005）的研究结果一致。光合有效辐射的增强，使互花米草的光合速率迅速增大，积累的光合产物增多，由此增加互花米草植株的生物量。但是，当光合有效辐射到达某一临界值后，如果继续增强就会导致相对湿度下降和气温上升，迫使气孔部分关闭而降低气孔导度。就相对湿度而言，气孔对相对湿度能够直接作出响应属于普遍现象。从小气候的相对湿度看，它恰好有与气孔导度的趋势相反的变化，即随着湿度的增加气孔呈现关闭的趋势，这也在一定程度上说明高湿具有抑制气孔导度的作用。在野外，互花米草地上部分暴露于空气中和被海水浸淹的时间长短与植株在潮间带的位置及潮汐涨落密切有关。就气温而言，所测量的数据中，当气温高于 33℃时，所有叶片的气孔导度都在 100mmol/（$m^2·s$），说明叶表温度升高会导致气孔导度增大，从而有利于气孔与外界 CO_2 和水汽的交换，提高蒸腾速率，增加物质和能量的积累。这有别于有些植物由于叶表温度太高，空气过于干燥，气孔导度反而下降（何晖，2008）。就叶表温度而言，研究中测量的一株互花米草中下部叶片在 15:00 叶表温度 36.4℃时，气孔导度达到了最大值，此时的光合有效辐射为 753μmol/（$m^2·s$），相对湿度为 56.55%。此外，同一株互花米草不同位置叶片的气孔导度是不同的，在垂直方向上，中上部叶片的气孔导度要比顶部、中下部、下部的要高，大致呈现中上部＞顶部＞中下部＞下部的趋势，这是因为中部的叶片获得的光合有效辐射要比底部的多，同时温湿条件要比靠近顶部的叶片好，所以互花米草植株中部的叶片对整个植株的贡献较大。总之，各种环境因子对互花米草气孔的开闭存在着交互作用，由此影响互花米草的物质和能量积累，进而影响互花米草在海滩上的生长及扩张能力。

第六节 互花米草的叶水势

水势（water potential）可以用来度量植物在不同季节和不同环境条件下的水分状况或水分亏缺情况（李华祯等，2006；付爱红等，2008）。植物水势由于受土壤含水量、外界光照强度、气温、相对湿度、蒸腾情况等各种环境因素的影响，往往呈现不同的变化规律（佟长福等，2005；胡守忠等，2006），而叶水势作为叶片生理活动的基础，可直接反映植物体内的水分情况（Jongdeeb et al.，2002；胡继超等，2004；张鸣等，2008）。因此，研究互花米草叶水势日变化，分析叶水势与其他气象因子之间的关系，有助于进一步揭示互花米草的生理生态特性。

甘肖梅等于 2008 年 9 月初的晴天，在北海市山口红树林区选择泥沙质生境中生长的、处于成熟期且无病虫害和长势一致的互花米草植株为研究对象，以完全展开的上部叶为样本，样叶为 4 片，自 10:00～18:00，每个叶片每隔 1h 测定一次，同时使用手持式光量子计 LQM-50-3 和便携式露点温湿度计 3411WB（均为美国 SPECTNUM 公司生产）测定光量子通量密度（photon flux density，PFD）、温度、湿度，分别取平均值后用于分析。

一、叶水势日变化

由图 7-26 可知，互花米草叶水势（leaf water potential，LWP）日变化呈单峰型曲线。午间 12:00 左右水势急剧下降，达到一天最低值，其他时段水势较高，且变化缓慢。互花米草具极强的耐盐能力和营养繁殖能力，因此在我国沿海潮间带迅速蔓延。从生理学方面分析，互花米草属于真正的盐生植物，在长期适应高盐分环境过程中其体内积累了大量盐分，并通过盐腺体分泌出体外。已有研究表明，高的水分利用效率能够促进盐腺体盐分外泌活动，互花米草午间水势急剧降低，增大了其根部的吸水能力，水分利用效率提高，进一步促进盐分外泌，这是互花米草长期适应盐生环境的具体表现。另外，互花米草叶水势日变化与其土壤基质条件也有一定关系（甘肖梅等，2009）。

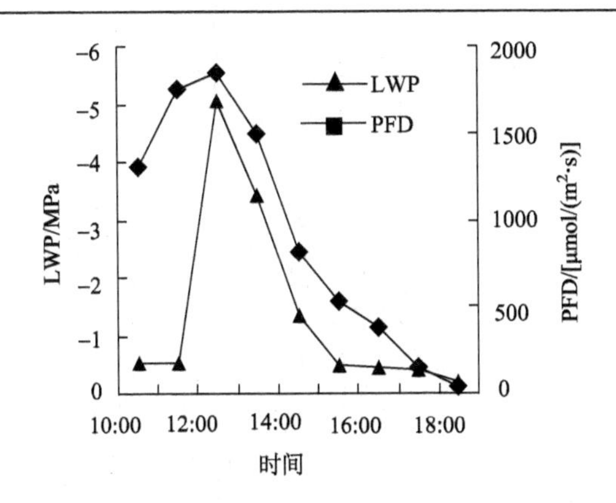

图 7-26　互花米草叶水势（LWP）与光量子通量密度（PFD）日变化

二、叶水势与光量子通量密度的关系

由图 7-26 可知，光照强度与叶水势的变化趋势大致相反，日出后，随着光量子通量密度的逐渐增大，气温随之升高，而相对湿度则持续减小，由于受各种环境因素的影响，互花米草蒸腾耗水量迅速增加，且此时潮水处于退潮状态，土壤含水量势必出现降低趋势，最终导致叶水势逐渐降低；至 12:00 左右时，叶水势达到一天中的最低值，此时光量子通量密度也达到一天中最大值。同时，由于互花米草属于积盐植物，积累在体内的盐分也会使叶水势降低，互花米草本身低的叶水势更拉大了植株与土壤水势的差值，因此互花米草叶水势日变化最低值可达–5.062MPa，这说明了互花米草也具有较强的抗旱能力。下午，随着光照强度的逐渐减弱，气温持续降低，湿度回升，潮水处于涨潮状态，土壤水势增大，互花米草叶片周围水汽压差距逐渐减小，因此互花米草叶水势经过了一个急剧的升高过程之后一直维持在较高水平。互花米草叶水势（LWP）与光量子通量密度（PFD）之间呈现显著的正相关关系（表 7-7，表 7-8）。

表 7-7　互花米草叶水势与各环境因子的简单相关系数

因子	Ta	RH	LWP
PFD	-0.953^{**}	-0.918^{**}	0.659^{*}
Ta		-0.965^{**}	-0.800^{**}
RH			-0.663^{*}

表 7-8　互花米草叶水势与各环境因子的偏相关系数

因子	PFD	Ta	RH
偏相关系数	0.794^{*}	-0.935^{**}	-0.851^{**}
t 检验	3.494	–7.456	–4.583

三、叶水势与气温的关系

由图 7-27 可知，互花米草叶水势也与气温的基本变化趋势相反，且气温与水势的相关性最大（表 7-7，表 7-8）。气温早晚均较低，中午 12:00 左右达到最高，互花米草叶水势则早晚较高，中午急剧下降。早上，随着气温的持续升高，互花米草蒸腾逐渐活跃，耗水量增加，互花米草叶水势逐渐降低，此举有利于加大植株吸水量，以满足蒸腾耗水；中午，叶水势则迅速降低，以适应高光照强度高温的不利环境。高温对互花米草生理活动有一定影响，但对于互花米草继续生长发育影响不大，高温胁迫可导致互花米草叶片盐分外泌，且在高温胁迫下，互花米草体内游离脯氨酸、可溶性碳水化合物等调节物质均可有效维持体内自由基平衡（鲍芳和石福臣，2007），互花米草的这些生理反应控制水势变化，可帮助其有效度过极端环境胁迫。下午，随着气温的持续降低，互花米草植物蒸腾光合等各项生理活动减缓，叶水势随之升高。

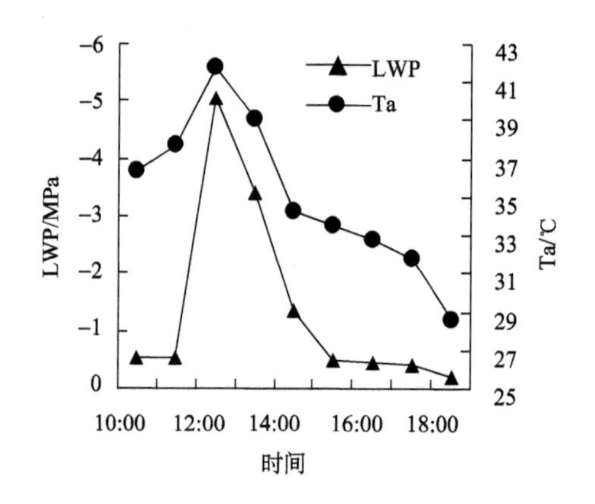

图 7-27　互花米草叶水势（LWP）与气温（Ta）日变化

四、叶水势与相对湿度的关系

由图 7-28 可知，滨海地区湿度变化较大，早晚湿度可达 90%左右，中下午则相对较低。在北海山口红树林区进行实验研究时，相对湿度在 12:00 左右达到最低值。互花米草叶水势变化趋势与湿度变化大致相同，均呈高—低—高的变化规律。早上，随着光照强度与气温的升高，湿度急剧降低，互花米草生理活动逐渐活跃，其中较显著的表现为根系吸水量增大、水分运输能力增强，所以叶水势处于较高水平；当光照强度与气温进一步升高时，

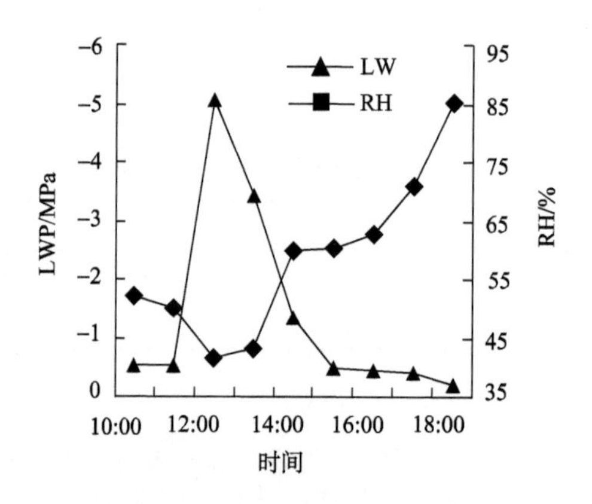

图 7-28　互花米草叶水势（LWP）与湿度（RH）日变化

湿度仍处于较低状态，大气水势急剧下降，此时植物各项生理活动仍较活跃，为应对午间的高光照强度与高温环境，互花米草叶片失水量增大，以达到降温目的，防止叶片灼伤，所以叶水势下降。下午，高光照强度与高气温逐渐向低光照强度与低气温环境转变时，湿度急剧增大，大气水势升高，虽解除了高光照强度和高气温的不利影响，但由于下午的环境条件对于植物生理活动仍不甚适宜，因此互花米草各项生理活动仍较缓慢，水分供求基本达到平衡状态，故叶水势较高，说明互花米草可根据环境变化迅速调整各种生理活动，水势调节能力强，从而确保其生存。

五、叶水势日变化与气象因子的关系模型

植物水势受各种气象因子的影响，采用多元回归分析可定量探讨气象因子对植物水势的影响情况。利用 SPSS13.0 统计软件进行多元线性回归分析，得出模型：LWP=59.304+0.003PDF−0.209RH−1.451T，复相关系数 R=0.965，F=22.777，P=0.002，达 0.01 显著水平。此方程更进一步印证了与互花米草水势有关的气象因子影响水势程度大小顺序为：气温＞湿度＞光照强度，互花米草有较强的适应特定干旱环境的能力，在各气象因子的影响下，互花米草通过调节叶水势，特别是在中午高光照强度高温环境下能够及时降低叶水势，增大根系吸水能力，以维持正常的生理活动，适应不利环境。

植物水势除受土壤水势及蒸腾作用影响外，还要受到各种气象因子的影响（曾凡江等，2002；田丽等，2008）。上述研究揭示了在泥沙质土壤环境中生长的互花米草叶水势与气象因子之间的关系。根据相关分析及多元回归分析可知，叶水势变化规律与气温及光量子通量密度的变化趋势一致，而与湿度变化规律相反，叶水势与光量子通量密度、气温、湿度的密切程度大小为：气温＞湿度＞光量子通量密度，可能的原因是气温可以直接引起互花米草体内渗透调节物质的迅速变化，从而影响水势变化，湿度则是通过影响大气水势，再间接影响叶水势，光量子通量密度则要通过影响气温与湿度的变化，从而影响叶水势。研究结果还表明，互花米草抗旱能力也较强，加上互花米草具有较强的耐盐、耐淹、营养繁殖等特性，使其可以在沿海滩涂迅速蔓延，因此应加快对互花米草生理生态学方面的研究，以期更深入揭示其生理活动规律，从根本上对其进行防除。

第七节　互花米草的繁殖生态

互花米草属于多年生根莲型克隆植物，具有有性繁殖和无性繁殖两种繁殖方式。有性繁殖通过开花、产生成熟的种子进行；由于种子能随海水漂流，而远距离传播和扩散，为入侵新生境奠定了基础；无性繁殖主要通过分蘖形成的无性分株、根状茎或断落的植株来完成，对于快速占领生境有重要意义（Metcalfe et al.，1986）。因此，研究互花米草的生长发育、繁殖策略、资源分配及繁殖方式对不同生境条件的响应，可为控制互花米草的快速扩散和有效管理提供理论依据和技术参考。

覃盈盈等（2008）以北海市山口红树林区的互花米草为研究对象，分析了互花米草在有性繁殖期（2007 年 6～11 月）的生物量分配及其动态变化，并对淤泥质、泥沙质和沙质 3 种不同生境中，互花米草种群个体有性繁殖即种子繁殖期内个体有性繁殖进程中花器形态特征、数目、种子产量构成因子进行了数量特征调查和测量，旨在揭示互花米草有性繁殖期花

器数目及种子产量构成因子的分配对策。测量指标生物量包括根、茎、叶、小穗、种子及全株生物量，结实器官包括种穗长、穗颈长、穗长、平均每穗长、第一小穗长、第二小穗长、小穗数、平均每穗种子数、第一小穗种子数、第二小穗种子数及风干带稃种子的百粒重。

一、繁殖器官生物量

由表 7-9 可知，相对于 6 月来说，互花米草各营养器官之间的生物量随时间的增加均有不同程度的增加。除 6 月各器官生物量大小顺序为：叶＞根＞茎外，其他 3 个时间段均为：茎＞叶＞根＞繁殖器官，繁殖器官的生物量均随着时间的增长而增长；小穗由 0.583g/株增长到 0.685g/株，种子生物量由 0.293g/株增长到 0.701g/株。在 6～7 月抽穗期，根生物量分配比例下降最为明显，而此时茎的生物量占比例最大。在 7～9 月，互花米草种群生长较好，但 10～11 月，生物量明显降低，这与其他关于互花米草的研究结果相一致（沈栋伟，2007）。

表 7-9　不同时期互花米草的生物量组成（单位：g/株）

时间	根	茎	叶	小穗	种子	繁殖器官	地上部分	全株
6 月 5 日	0.903	0.675	1.541	0	0	0	2.216	3.119
7 月 25 日	1.885	3.342	3.322	0.583	0	0.583	7.247	9.132
9 月 15 日	1.685	4.098	3.051	0.685	0.293	0.978	8.127	9.812
11 月 5 日	1.015	3.191	2.340	0	0.701	0.701	6.232	7.247

二、繁殖器官生物量动态

互花米草各器官生物量随时间变化趋势与个体全株生物量变化趋势一致。整个植株生理活性旺盛期在 6～9 月，个体生长发育快，个体生物量和各器官生物量累积速度也快。6 月 5 日～7 月 25 日，叶生物量增长量最大，为 0.036g/（d·株），繁殖器官生物量增长量为 0.012g/（d·株）；7 月 25 日～9 月 15 日，茎、小穗和种子的生物量呈现正增长，分别为 0.015g/（d·株）、0.002g/（d·株）和 0.006g/（d·株），而根和叶的生物量呈现负增长，分别为–0.004g/（d·株）和–0.005g/（d·株）；9 月 15 日～11 月 5 日，根、茎、叶的生物量呈现负增长，分别为–0.013g/（d·株）、–0.018g/（d·株）、–0.014g/（d·株），而种子呈现正增长为 0.008g/（d·株）。纵观 3 个时期，地上部分的增长量分别为 0.101g/（d·株）、0.017g/（d·株）、–0.037g/（d·株）；繁殖器官的增长量分别为 0.012g/（d·株）、0.008g/（d·株）、–0.005g/（d·株）。

由表 7-10 可知，6 月互花米草种群叶和茎的生物量占整体生物量比例较大，表明此时其叶面积总量大，茎粗壮，这些特点有利于植株同化足够的养分和种群进一步扩展。随着生长时间的增长，同时种群进入繁殖期，植株开始将能量更多地投入繁殖器官中，以利于种群完成繁殖。根生物量占全株生物量比例有下降趋势，从 6 月的 28.9%下降到 11 月的 14.0%，降幅高达 51.56%；茎生物量占全株生物量比例随年龄增加呈上升趋势，由 6 月的 21.7%上升到 11 月的 44.0%，增幅为 102.8%；叶的生物量随时间增长由于生理老化缓慢下降；小穗在 7 月和 9 月的时候占的比例分别为 6.4%和 7.0%，到了种子成熟期，种子占全株生物量的比例分别为 3.0%和 9.7%。总的来说，繁殖器官生物量占全株生物量的比例不大。

表 7-10　不同时期互花米草个体各器官生物量比例（%）

时间	根	茎	叶	小穗	种子	繁殖器官	地上部分
6月5日	28.9	21.7	49.4	0	0	0	71.1
7月25日	20.6	36.6	36.4	6.4	0	6.4	79.4
9月15日	17.2	41.8	31.1	7.0	3.0	10.0	82.8
11月5日	14.0	44.0	32.3	0	9.7	9.7	86.0

互花米草在繁殖后期，根、茎和叶生物量的增长率均出现负增长，这些变化是由互花米草自身的生命活动规律决定的。在出现时间上，根和叶最早，而茎的较晚。这说明随着根的凋零，营养物质的吸收减缓；叶逐渐枯萎，光合作用减弱，光合产物减少。根生物量和叶生物量的负增长共同导致茎生物量出现负增长。虽然，互花米草繁殖器官的生物量随着总生物量的增加而增加，但是繁殖器官生物量占总生物量的比例不大，而且是以减少其他器官生物量分配为代价。互花米草把吸收的大部分营养物质投资到地上部分——茎、叶的生长上，有利于植株对光资源的摄取和加强种群的竞争力。

种子生殖分配比例的多少直接影响下一代的生长发育和种群竞争力（Harper，1977；董宽虎和米佳，2006）。由表 7-10 可知，繁殖器官生物量占总生物量的比例仅 10%或以下，这与 An 等（2007）认为米草属植物主要依靠克隆繁殖的观点基本一致。在自然条件下，互花米草种子的散布受海浪、潮水等干扰，种子萌发受海水及土壤基质条件等影响较大，特别是红树林区的土壤，由于红树林的生物累积和循环旺盛，根系能大量沉积有机碎屑和黏粒，并具有强烈的生物积盐和酸化作用。

三、结实器官外部形状特征

由表 7-11 可知，在淤泥质、泥沙质和沙质 3 种不同生境中，沙质中生长的互花米草结实器官各形态因子均大于在淤泥质和泥沙质中。淤泥质、泥沙质和沙质生境中互花米草种穗长分别为 36.4～65.9cm、37.8～62.4cm 和 35～69.6cm；穗颈长分别为 12.6～37.4cm、14.9～34.7cm 和 17.5～39.3cm；第一小穗长分别为 3.9～19.9cm、3～9.9cm 和 4.8～17.3cm；第二小穗长分别为 5.6～13.8cm、3.8～12.7cm 和 7.5～17.5cm。经方差分析得出，3 种生境中的互花米草穗颈长、平均每穗长、第一小穗长、第二小穗长均有显著差异；淤泥质的种穗长与泥沙质的无显著差异，与沙质有显著差异；而穗长则是淤泥质和沙质的无显著差异，与泥沙质的有显著差异。

表 7-11　不同生境中互花米草结实器官外部形态特征（单位：cm）

指标	种穗长	穗颈长	穗长	平均每穗长	第一小穗长	第二小穗长
淤泥质	49.625±0.838[a]	23.085±0.635[a]	26.540±0.591[a]	10.284±0.221[a]	9.560±0.370[a]	10.137±0.241[a]
泥沙质	49.491±0.591[a]	24.767±0.482[b]	24.724±0.347[b]	9.355±0.176[b]	6.753±0.167[b]	8.546±0.169[b]
沙质	53.593±0.454[b]	26.502±0.644[c]	27.091±0.576[a]	13.347±0.241[c]	10.879±0.366[c]	12.955±0.280[c]

注：不同英文字母表示在 0.05 水平上差异显著，否则无差异，表 7-12 同

四、种子数量特征

由表 7-12 可知，互花米草的小穗数、第一小穗种子数是以淤泥质生境中的最多，而平均每穗种子数和第二小穗种子数则是以沙质生境中的最多。互花米草小穗数的最大值在淤泥质生境中为 13 枝，在泥沙质生境中为 12 枝，在沙质生境中为 9 枝；淤泥质、泥沙质和沙质生境中的平均每穗种子数分别为 14～42 粒、15～35 粒、21～43 粒；第一小穗种子数分别为 4～48 粒、3～34 粒、8～46 粒；第二小穗种子数分别为 8～50 粒、6～38 粒、18～48 粒。经方差分析得出，生长在淤泥质与泥沙质生境中的小穗数无显著差异，而二者均与沙质生境中的有显著差异；3 种生境中的平均每穗种子数均有显著差异；而淤泥质和沙质生境中的第一小穗种子数、第二小穗种子数无显著差异，二者与泥沙质生境中的有显著差异；饱满种子百粒重是淤泥质生境中的最大，其次是沙质生境，泥沙质生境最小，三者间均有显著差异。除了淤泥质生境中互花米草第二穗长与第二小穗种子数、沙质生境中的平均穗长与平均小穗种子数的相关系数外，其余各生境中的穗长与小穗数均呈显著相关。这说明穗长是对小穗种子数是有影响的；穗长越长，小穗数则越多（表 7-13）。

表 7-12　不同生境中互花米草结实器官数量特征

指标	小穗数/条	平均每穗种子数/粒	第一小穗种子数/粒	第二小穗种子数/粒	饱满种子百粒重/g
淤泥质	$7.300±0.312^{a}$	$29.583±0.830^{a}$	$29.033±1.392^{a}$	$30.500±1.110^{a}$	0.432±3.33E～06 ^{a}
泥沙质	$7.011±0.154^{a}$	$25.544±0.442^{b}$	$20.272±0.705^{b}$	$24.609±0.596^{b}$	0.358±4.05E～05 ^{b}
沙质	$5.482±0.167^{b}$	$32.071±0.691^{c}$	$28.107±1.116^{a}$	$32.393±0.829^{a}$	0.415±4.73E～05 ^{c}

表 7-13　穗长与小穗数相关系数

指标	第一穗长与第一小穗种子数	第二穗长与第二小穗种子数	平均穗长与平均小穗种子数	种穗长与小穗数
淤泥质	0.825^{**}	0.287	0.584^{**}	0.492^{**}
泥沙质	0.893^{**}	0.815^{**}	0.480^{**}	0.430^{**}
沙质	0.679^{**}	0.546^{**}	0.271	0.340^{**}

生殖生长是植物有性生殖的核心（韩碧文，2003），在不同的生境条件下互花米草的结实器官生殖生长形态各不相同。在山口红树林区淤泥质、泥沙质和沙质 3 种生境中，淤泥质土质肥沃而透气性不佳，沙质中的透气性较好，泥沙质的肥沃性和透气性处于二者之间，属于较优生境。研究发现，单株互花米草以泥沙质中的长势最好，沙质中生长的互花米草结实器官各形态因子均大于淤泥质和泥沙质，其中穗前总长达到了 53.59cm，穗颈长为 26.50cm，穗长为 27.09cm，平均每穗长 13.35cm，除了穗长和淤泥质无差异外，其余各形态因子均与其他两个生境中的有显著差异。3 种生境中第二小穗的长度均大于第一小穗，这与米佳和董宽虎（2007）认为当所处环境条件较好的群落，植株较高，植物表现为利用营养器官的生长来获得更多养分，从而提高个体在种群中的竞争力的结论一致。

植物个体的营养物质随生境条件不同而协调变化，这种变化提高了种群的生存能力，是在对环境长期适应中形成的（米佳和董宽虎，2007）。3 种生境中的互花米草结实器官的形态因子与数量特征呈负相关关系。结实器官的数量特征是淤泥质中的互花米草占优势，沙质的其次，泥沙质中的最低，且泥沙质中饱满的种子极少，淤泥质、泥沙质、沙质中饱满种子的百粒重均值分别为：0.432g、0.358g 和 0.415g，反映了互花米草在生境条件较好时为了保证个体在种群中的竞争力，营养生长相对旺盛，植株较高，此时分配给结实器官的营养物质相对较少，导致小穗的结实率下降；相反，当生境条件较差时，个体获得的营养物质有限，为繁衍后代，限制对营养器官的供应，将相对较多的营养分配给种子。另外，3 种生境中小穗顶部种子的饱满度远高于小穗底部的种子，这说明在顶端的小花授粉较容易，因此种子饱满程度高。

在一个稳定的群落中植物常常采取营养繁殖的方式来占据领地，而在干扰环境中植物常常采取种子繁殖的方式来扩大空间，繁荣种族（田青松，2002）。互花米草群落周围都生长有红树植物幼苗，二者的生态位相接近，但是由于互花米草的繁殖力强，而红树植物幼苗的生长缓慢，在二者的竞争中互花米草处于优势，从而使互花米草在红树林区中形成较稳定的群落。红树林区中，互花米草的繁殖与扩散主要通过克隆繁殖分蘖和根状茎快速生长，因此在互花米草的防治过程中，应是以抑制其营养生长和克隆繁殖为主，采取拔除、挖掘、在目标互花米草草丛周围挖环状沟等措施，控制其分蘖速度，同时抑制其地下茎向周围扩散。

第八章 广西河口湿地

河口湿地位于河流与海洋的交汇地带，兼有两者的性质。河口湿地不仅是各种自然生态过程的密集区域，而且是人类活动频繁密集的区域。河口湿地为许多湿地生物提供了良好的生存环境，同时具有防洪、净化水质、休闲娱乐、景观美学等价值。然而，由于受人为活动影响较大，特别是围垦造地、海堤修建、红树林砍伐、污染加剧等，河口湿地普遍出现自然面积减少、生态环境恶化、资源及生态功能退化等现象，成为生态环境条件变化最剧烈和生态系统最易受到破坏的地区之一。

第一节 河口湿地的定义

一、河口

苏联学者 И. В. 萨莫依洛夫（1958）认为河口（estuarine）是河流与其受水体结合的地段，受水体有海洋、湖泊、水库、干流等多种。Pritchard（1967）根据海洋物理学的概念认为，河口用于河流下游的潮汐河段只能是“历史地讲”，河口应是一个半封闭的海岸水体，与外海自由连通，并受陆地淡水所冲淡。Pritchard 所描述的河口，其内涵包括海湾和潟湖，而较之 И. В. 萨莫依洛夫河口研究领域要广阔（陈吉余和陈沈良，2002）。我国学者沈焕庭（1997）认为将上自潮流界，下迄河流泥沙扩散主边界作为河口区的范围较为适宜，其中潮流界至盐水入侵界为近口段，盐水入侵界至涨落潮流优势转换界为河口段，向下至河流泥沙扩散主边界为口外海滨段。

根据受水体的类型，河口可以划分为入海河口、入湖河口、入库河口、支流河口等类型（梁士楚等，2014）。其中，入海河口，也称潮汐河口或感潮河口，是河流与所流入海域之间的过渡区域，受径流、潮流和盐度三重影响。根据水动力特征和地貌形态的差异，从陆向海，可以把河口区分为近口段、河口段和口外海滨段。近口段位于河口区的上段，范围是从潮区界到潮流界之间的河段；这一河段是以径流作用为主，河水受潮汐涨落的影响，表现有一定潮差，河床内的水流表现是向海呈单一流向，在地貌上完全是河流形态。河口段是指从潮流界到口门的河段，以径流和潮流双向水流作用为主，即径流的下泄和潮流的上溯，水流变化复杂，河床不稳定，在地貌上表现为河道分汊、河面展宽，出现河口沙岛或沙洲。口外海滨段是指从口门到水下三角洲前缘坡折，以海水作用为主，除了潮流以外，还受波浪和靠近河口的海流的影响，在地貌上表现为水下三角洲或浅滩。

二、河口湿地

国内外学者对于入海河口湿地（estuarine wetland）的定义有所差异。例如，国外学者 Cowardin 等（1979）认为河口湿地是发生在河口系统中的湿地类型；我国学者王丽荣和赵焕庭（2000）认为河口湿地包括三角洲和前三角洲两大部分，其中三角洲又分为三角洲分流水道、三角洲和三角洲前缘滩地，前三角洲则是指水下三角洲，即陆上三角洲向海延伸的部分；唐小平和黄桂林（2003）认为河口湿地属于滨海湿地，可分为河口水域、三角洲/沙洲/沙岛、潮间沼泽和红树林4种类型；俞小明等（2006）认为河口湿地是指位于河流入海口的湿地；郭文等（2014）将河口湿地定义为海水回水上限至海口之间咸淡水河段、沿岸与河漫滩地形成的湿地。黄桂林等（2006）认为河口湿地具有以下几个特点：①从地质历史上看，河口湿地形成的历史并不久远，主要是河流与海洋在河流入海处相互作用而形成，这种相互作用（淤积、冲刷、断流等）使河口湿地的发育处于动态变化之中；②河口湿地是陆海相互作用的集中地带，其生态系统是融淡水生态系统、海水生态系统、咸淡水生态系统、潮滩湿地生态系统等为一体的复杂系统，各种过程（物理、化学、生物和地质过程）耦合多变，演变机制复杂，生态敏感脆弱；③河口湿地的地形地貌、沉积物的理化性质，以及水的深浅和盐度在时空上的变化使得河口湿地生境类型丰富，具有较高的生物多样性，并成为许多生物栖息和繁殖的场所；④河口湿地位于河流入海的三角洲地区，具备优越的区位、丰富的水资源、油气资源、港口资源及多样的湿地资源，具有非常重要的经济地位，因此受到人类活动影响较大。

第二节　入海河流及主要河口

广西滨海地区河流众多，流域面积在50km^{2}以上的河流123条，分别汇成22条干流独流入海，年径流总量约2.50×10^{10}m^3。北海市有大小河流93条，总长558km，流域总面积2324km^2；独流入海河流从东向西有洗米河、武留江、那交河、公馆河、南康江、福成河、三合口江、冯家江、七星江、南流江等；南流江是广西沿海规模最大的河流，河流长度287km，年径流量68.3亿m^3。钦州市境内水系发达，河道纵横交错，流域面积100km^{2}以上的河流有32条，其中直流入海的有25条，主要河流有钦江、茅岭江、大风江等，多年平均水资源量为104.2亿m^3。防城港市境内流域面积50km^{2}以上河流共50条，100km^{2}以上21条，独流入海的主要河流有防城河、茅岭江、北仑河、江平江等。这些入海河流的河口是红树林或盐沼草分布面积较大的区域。

一、洗米河口

洗米河口位于广西合浦县山口镇和广东廉江市高桥镇之间的交界处。洗米河发源于广西博白县，经过高桥镇之后，向南流，在广西境内流经山口镇的东边田、红坎岭等地，于新塘村流入英罗湾海域。

二、武留江口

武留江口位于合浦县山口镇新村。武留江是北海市合浦县山口镇境内的主要河流，发源于山口镇驻地西南3km处，流经武留村、大塘等地，在新村流入英罗湾海域，全长7km。

三、那交河口

那交河口位于合浦县山口镇山角村。那交河有龙潭河和白树河两条主要支流，其中龙潭河发源于大垌镇与松旺镇交界处的射广嶂北麓，白树河发源于龙潭镇那薄村。主河道总长为 88.26km，流域面积 120km^2。那交河在白沙镇那交村上大塘分为两个分支流入丹兜湾海域，因其干流流经合浦县白沙镇而又得名“白沙河”。

四、公馆河口

公馆河口位于合浦县公馆镇海山。公馆河发源于公馆镇北部的创村梅嶂，向南流，经麻老角村、海山等地，流入铁山港海域。干流长 26.3km，流域面积 92.8km^2，年均流量 2.34m^3/s。中、下游宽 20～40m，上、中游丘陵地带河床深 8～10m，水深 1～2m，下游沿海平原河水深约 0.6m。

五、南康江口

南康江口位于北海市铁山港区营盘镇青山头村。南康江发源于合浦县石康镇沙路口村东，南偏东流经南康镇，至营盘镇青山头村流入营盘港海域。干流长 31km，流域面积 181km^2，年均流量 4.57m^3/s。中游宽 20～40m。下游出海口呈喇叭状，涨潮时宽度约 1km。1980 年后修建青山头拦海堤，河水通过 12 孔涵闸出海，海堤内潮滩多数已被开垦为农田或养殖塘。

六、福成河口

福成河口位于北海市铁山港区营盘镇白龙村委白坪嘴。福成河发源于合浦县石康镇的鹤山村东，向南流经福成镇东，在营盘镇白龙村流入白龙港海域，干流长 29km，流域面积 161km^2，年均流量 4.2m^3/s。呈喇叭状，宽 1～2km。

七、三合口江口

三合口江口位于北海市银海区福成镇西村武刀墩。三合口江发源于合浦县斗鸡村岭脚下水塘，由乃沟江、江边漓江、黄家沟、连山沟、黄枝沟等 5 条支流汇合而成，因其在三合口村汇合而得名。汇合处以下为主干段，向南至福成镇西村流入西村港海域，出海口宽约 1600m。全长 20.5km，流域面积 95km^2，枯水径流量为 0.5m^3/s，多年平均径流量为 8.55×10^7m^3，是北海市水量较为丰富的江河之一。

八、冯家江口

冯家江口位于北海市银海区银滩镇沙虫寮。冯家江发源于北海海城区开江尾村，由 3 条自然冲沟汇成，流域面积 48km^2，流经冯家村、曲湾村、古城岭村至沙虫寮流入沙虫寮海域，因其流经冯家村而得名。河道长 11.0km，河岸面宽 150m，多年平均流量 1.369m^3/s，枯水径流量 0.2m^3/s，多年平均径流量 4.32×10^7m^3。

九、七星江口

七星江口位于北海市海城区高德镇高德港。七星江发源于北海市海城区高德镇翁山村委龙沟芦村，由两条冲沟汇成，流经七星江村、高阳村至高德港独流入海，因其流经七星江村而得名。长 4.5km，流域面积 14.5km^2。新中国成立前，七星江村筑有水陂 1 座，用于灌溉农田，1974 年改建水库，称为七星江水库，坝下游段俗称七星江。

十、龙头江口

龙头江口位于北海市海城区高德镇垌尾村。龙头江发源于北海市海城区高德镇军屯村，长 4.2km，流域面积 10km^2，枯水径流量为 0.10m^3/s，干旱断流，流经垌尾村等，独流入海。在龙头江中游建有一座以防洪为主的小（Ⅰ）型水库，即龙头江水库，水库坝址以上集雨面积 6.63km^2，总库容 2.06×10^6m^3，有效库容 9.4×10^5m^3。

十一、后沟江口

后沟江口位于北海市海城区高德镇草鞋墩。后沟江发源于北海高德镇新四村，由一条自然冲沟形成，流经吕屋村、田寮村等，经草鞋墩独流入海，长 3.8km。建有一座小（Ⅰ）型水库，即后沟江水库，库区流域面积 10.5km^2。库下游段长 2.5km，径流量 0.08m^3/s，枯水时断流。

十二、南流江口

南流江发源于容县大容山，向南流转向西南流，流经北流市、玉林市、博白县、浦北县、合浦县 5 个县（市），干流长 285km，流域面积 9232km^2。流域面积在 50km^2 以上的支流有 61 条，主要有定川江、丽江、合江、马江、武利江等。南流江自东向西分为 5 条较大的支流独流入海。

（一）乂陇江口

乂陇江口位于合浦县廉州镇烟楼村水儿码头。呈喇叭形，南北走向，长 3km，出海口宽 1.1km；水深 1～4m。乂陇江是南流江口东侧最大的支流，因其流经乂陇村而得名。

（二）针鱼墩江口

针鱼墩江口位于合浦县党江镇针鱼墩与三墩之间，因其地处针鱼墩而得名。呈喇叭状，最长 2km，出海口处宽 0.8km。

（三）木案江口

木案江口位于合浦县党江镇木案村与上竹头沙之间，因地处木案村而得名。呈喇叭形，最长 2.8km，出海口处宽约 1km，水深 1～3m。

（四）尕燕子江口

尕燕子江口位于合浦县党江镇七星岛与尕燕子村之间，因河口地处尕燕子村而得名。呈喇叭形，中间有牛睡沙，最长 4km，最宽达 900m，水深 1～3.5m。

（五）南流江干流河口

南流江干流河口位于合浦县西场镇鲎港江口与七星岛茅荒框之间，因是南流江干流出海段而得名。呈喇叭形，西南走向，长约 7.5km，两岸相距约 2500m，河床宽 510m，水深约 3.3m。最大流量 4860m^3/s，最小流量 20.3m^3/s，多年平均最小径流量为 16.49 亿 m^3，年

均输沙量约 1.15×10^6t。

十三、大风江口

大风江口位于北海市合浦县西场镇窖头大木城与钦州市钦南区犀牛脚镇沙角村之间，是合浦县与钦州市分界河，因河口为大风江出海段而得名。南北走向，呈 S 形出海，出海口处宽 4.1km。大风江，又名平银江，发源于灵山县伯劳镇万利村，西南流转向东南流，经灵山伯劳镇，钦南区那彭、沙埠、东场镇，于犀牛脚镇沙角村独流入海。干流长 139km^2，流域面积 1888km^2。流域面积在 50km 以上的支流有 11 条，主要有黄桐江、充包河、那丽河、丹竹江、打吊江、清香江、松木山河、长江、黄水江、白鹤江、九河等。年径流深 975mm，年径流量 18.40 亿 m^3。

十四、金鼓江口

金鼓江口位于钦南区犀牛脚镇金鼓村附近，因河口为金鼓江出海段而得名。金鼓江流域面积 115km^2，多年平均径流量约 1.5 亿 m^3，主要支流有望鸦江、玉垌根江、下埠江。其中，望鸦江属于感潮河流，落潮时向东南汇入金鼓江，平均流量约 0.6m^3/s；玉峒根江流域面积 24.96km^2，多年平均径流量约 3.24×10^7m^3；下埠江流域面积为 36.65km^2，多年平均径流量约 4.76×10^7m^3。

十五、钦江口

钦江口位于钦州市钦南区大番坡镇和康熙岭镇之间，茅尾海顶部。钦江发源于灵山县平山镇白牛岭，流经灵山县的平山、佛子、灵城、三海、檀圩、那隆、三隆、陆屋，钦州市的钦北区青塘、平吉镇，以及钦南区久隆、钦州、沙埠、尖山，于尖山的犁头咀、沙井流入茅尾海，因其流经钦州而得名。干流长 195km，流域面积 2391km^2。流域面积在 50km^2 以上的支流有 12 条，主要有田岭江、太平水、丁屋江、沙埠江、灵山河、大塘河、那隆江、旧州江、西屯河、新坪水、青塘河、三踏水等。年径流深 728mm，年径流量 17.40 亿 m^3。

十六、茅岭江口

茅岭江口位于钦州市钦南区康熙岭镇田寮屋和防城港市防城区茅岭镇茅岭村之间，东南出茅尾海，茅尾海因是茅岭江出海口而得名。茅岭江口自西北向东南延伸，长 3.3km，出海口宽约 1.8km，低潮时一般水深 0.3～2m，最大水深 3.3m。茅岭江发源于钦北区板城镇，西南流，经钦北区那香、新棠、长滩、小董、那蒙、大寺镇，钦南区黄屋屯、康熙岭镇，于防城港茅岭乡流入茅尾海，因其流经茅岭乡而得名。干流长 123km，流域面积 2909km^2。流域面积在 50km^2 以上的支流有 16 条，主要有板城江、那蒙江、大寺江、大直江等。年径流深 750～2000mm，年径流量 32 亿 m^3。

十七、防城江口

防城江口位于防城港市港口区与江山乡之间，因是防城江出海口而得名。河口长约 8km，宽 1.3～4km，从北向南，略呈椭圆形，主航道大潮时水深 5.94m，小潮时水深 3.55m，大潮时可上溯 8.5km。防城江发源于十万大山平隆隘东南流，经扶隆、那勤、大菉、华石、防城 5 个乡（镇），于防城镇针鱼岭流入防城港，因其流经防城而得名。干流长 84km，流域面积 895km^2。流域面积在 50km^2 以上的支流主要有老屋江、西江、大坝江、大菉江、那梭江、龙头石江、大王江等。年径流深 1600～2500mm，年径流量 18.3 亿 m^3。

十八、石角渡口

石角渡口位于防城港市防城区江山乡新基村石角与东兴市江平镇交东村蕃桃坪之间，因出海处是石角过江平的渡口而得名。该河口是江山乡的新禄江和江平镇的黄竹江两江汇流处，口内宽约 1km，纵深约 0.7km，口朝南，呈多角长方形，大潮时水深 5.3m，小潮时水深 3.3m，大潮时可上溯约 3km。

十九、江平江口

江平江口位于东兴市江平镇斑埃村和贵明村之间，因是江平江的出海口而得名。河口长 1.2km，宽 0.3～0.75km；呈喇叭状，口朝东南，大潮时水深 4.3m，小潮时水深 2.55m，大潮时，可上溯 4km。江平江发源于防城港市防城区那梭镇的东山和东兴市马路镇的大桥两处十万山南麓，至横隘会合，流经思勒，铜皮各村至江平街，再由江平街向东南流，经横江、贵明、班埃出白龙海。

二十、北仑河口

北仑河口位于东兴市竹山村与越南之间，因是北仑河的出海口而得名。河口长约 2km，宽 0.25～1.25km，从西向东南延伸张开。呈喇叭状，大潮时水深 5.2m，小湖时水深 2.8m，大潮可上溯 7.5km。北仑河是中国、越南的界河，发源于宁明县、防城区安望龙山东侧，向东流转东南流，经垌中、板八、那垌、那良 4 个乡（镇），至东兴分为东、南两支。南支为主流，入越南，过芒街后又分为东南和西南两支出海；东支为分流，仍为中、越界河，也称北仑河，绕过东兴市南端，向东流约 9km，近出海时又分为东和东南两水道，其中东南水道经越南出海，东水道至罗浮村汇合罗浮江，再流经竹山村出海。干流长 98km，流域面积约 1187km^2。中国境内流域面积在 50km^2 以上的支流有 5 条，即江口河、滩散河、黄关河、那良河和马路河。年径流深 1200～2500mm，年径流量 17 亿 m^3。

第三节　南流江口湿地

根据水文、地质和地貌特征来划分，南流江总江口至党江为近口段，其河床物质粗，分选差，成分复杂，边滩不发育；党江至口门为河口段，河流分汊，河口心滩（沙坝）发育；口门至水深大于 5m 处，属口外海滨段，潮间浅滩发育（中国海湾志编纂委员会，1998）。

一、地貌

根据成因和形态的分类原则，可将南流江河口区地貌划分为陆地地貌、岸滩地貌和水下地貌 3 种类型，以及古河口冲积三角洲、现代三角洲平原、沙质海岸、三角洲海岸、边滩、心滩和河口沙坝 7 个亚类型。

（一）陆地地貌

南流江口陆地地貌主要是古河口冲积三角洲和现代三角洲平原，它们无明显的界线，属南流江下游平原，地势较为平坦，略向海倾斜。大致以白沙—下洋—夙亚桥—望州岭为界。此界线以北为冲积平原，以南为三角洲平原。两平原东、西两侧与北海组、湛江组地层以陡坎相接触。冲积平原是在全新世早期即海侵初期南流江河流沿着合浦断陷盆地不断地摆动、冲刷、切割北海组、湛江组地层而形成。分布于石湾至总江口沿江一带，面积达 $50km^2$ 以上，平原上已被开垦为农田，三角洲平原是全新世后期距今 7000a 以来由河海混合堆积形成，分布于总江口至入海河口沿岸（高潮线）范围，面积达 $150km^2$，地势自东北向西南，高程由 3m 降到 0.5m。三角洲平原表层沉积物主要是沙质泥或泥质沙。整个三角洲平原全部被人工改造，主要开垦为稻田或养殖塘，沿江岸、海岸均有防波堤坝。

（二）岸滩地貌

南流江口海岸特征主要发育有沙质海岸和三角洲海岸。沙质海岸分布于河口东侧草头村至高德一带，长约 7km，该海岸线平直。在海岸两端、草头村和高德均形成有沙堤，如草头村沙堤，长 1800m，宽 150m，厚 2.8m，沙堤物质为粗中沙，以中沙为主，占 64.3%，其次为粗沙，占 20%，在沙堤后缘与北海组的海蚀陡崖间是宽约 300m 的海积平原。三角洲海岸主要分布于河口地带，由于南流江河口汊道河床密布，三角洲岸线破碎，汊道沿江和入海沿岸均有泥质岸，已被人工砌堤。在南流江入海口地区发育了长 17～22km，宽 3～5km 的潮滩，潮滩坡度平缓。根据沉积物特征可把潮滩划分为 3 个带，即上部淤泥带、中部泥质沙带和下部沙带。上部淤泥带沉积物为灰黑色，滩面生长有面积较大的盐沼草和红树林；中部泥质沙带，泥占 43%，沙占 56%。泥沙带表面发育波状层理，具有软体动物的搅动构造；下部沙带，沉积物为浅黄色、灰黄色的细沙。

（三）水下地貌

南流江口水下地貌类型主要有边滩、心滩和河口沙坝。其中，边滩、心滩分布于河口附近汊道内，随涨落潮汐周期性地露出水面。边滩和心滩呈线状、链状，也有舌状。干流江汊道河口段沿江心分布许多心岛，心岛上植物茂盛。河口沙坝在南流江各汊道河口都有发育，数量较多，但规模不大，大者长 1～2km，宽数百米；小者长数百米，宽十至数百米。沙坝的发育，使汊道水流分支入海。沙坝顺水流方向排列，有的在水下，仅大潮低潮时才露出，有的大部分时间露出，高潮时淹没。较高的沙坝顶部为泥质沙沉积，其上生长有盐沼草和红树林。

二、气候

（一）气温

南流江口年平均气温为 22.3～23.4℃，分布特点是南高北低、西高东低，季节变化也十分明显。春季气温开始回升，通常到 4 月中旬可达年平均值，夏季气温升至最高值附近；秋季气温开始下降。累年极端最高气温为 37.4℃，极端最低气温为–0.8℃。

（二）降水

南流江口年平均降水量为1700mm，集中在5～9月（占年降水量的85%），尤以6～8月最多，3个月降水量占全年降水量的59%。冬季降水量较少，月最少降水量出现在2月，为21.2～21.3mm。历年最多降水量为2076.9mm，历年最少降水量为906.5mm。

（三）风况

南流江口地区季风明显。冬季以北风为主，风向稳定，风力较大，风速在3.1～3.7m/s；夏季风向多变，风力稍弱，风速在2.7～3.3m/s；春秋季为季风转换期，风场复杂，风速较小。常年盛行风为N向，年平均风速3.0～3.1m/s，一年中以2月平均风速最大，达3.6～3.7m/s，4月、8月、9月最小，仅2.6～2.8m/s。

三、水文

（一）径流

南流江口多年年平均流量168.3m^3/s，最大年流量248m^3/s，最小年流量53.7m^3/s，最大流量4860m^3/s，最小流量6.8m^3/s，多年平均年径流总量53.13亿m^3，最大年径流量80.2亿m^3，最小年径流量16.94亿m^3；多年平均年径流深度809.4mm，最大年径流深度1216.6mm，最小年径流深度250.7mm。多年月平均流量最大值394.1m/s（8月），5～9月的月平均流量均超过200m/s，4、10月的月平均流量100～200m/s，其余各月流量均在100m/s以下。流量的季节变化，以夏季流量最大，达329.9m/s；春季次之，为145.5m/s；冬季最小，仅52.6m/s；秋季143.4m/s。

（二）潮汐

南流江口的潮汐性质判别系数大于4，即河口的潮汐为正规全日潮，主要日分潮（K_1、O_1、Q_1）振幅之和为主要半日分潮（M_2、S_2、N_2）振幅之和的3倍以上，日分潮占主导地位，其中O_1分潮振幅一般都在90cm以上，大者可达100cm。一年当中，全日潮的天数约占70%，其余则为半日潮或不规则半日潮。半日潮期间，相邻两高潮或两低潮的潮高一般不等，差值为0.3～1.0m；涨落潮历时也不相等，差值1～2h，说明该河口的潮汐存在日不等现象。南流江口外海区（北海港）的平均潮差为2.46m，最大潮差为5.36m。平均潮差的逐月变化以12月最大，达2.74m；3月最小，仅2.17m。自河口向上潮差增大，两汊道分别在坎角和木案头站达到最大值，随后逐渐减小。

（三）潮流

南流江口潮流平均流速一般在20～50cm/s，最大落潮流速100cm/s以上，最大涨潮流速不到90cm/s。河口附近浅滩一带流速较小，最大落潮流速65cm/s，最大涨潮流速44cm/s。

（四）波浪

南流江河口及其附近海面受亚热带季风的影响，其波浪主要由海面风产生的风浪和外海传递来的涌浪组合而成。平均波高为 0.28m，最大波高为 2.0m，以风浪为主。强浪向为 N 向，次强浪向为 NNW 和 NNE，常浪向为 NNE，次常浪向为 WSW。

（五）盐度

南流江口盐度的平面分布受径流、降水、浪、潮流等因素的影响，由河口外滨海至河口再向河流上游逐渐降低。在乐亚桥站盐度最大值仅 0.154，故乐亚桥及以上河段属淡水，南域站和陈屋站涨潮时的最高盐度分别为 3.16 和 2.27，所以这两处至乐亚桥河段属咸淡水界线。由于南流江大量淡水注入，河口及河口外浅海水域的表层盐度降低，在北海站一年平均盐度为 28，最大也只有 32.3。枯水季节，淡水注入较少，盐度较高，达 30～31，而洪水季节，表层盐度大大降低，最低盐度降到 3.9，说明南流江径流冲淡水扩散到北海港，甚至可达冠头岭外。

（六）水温

南流江口海区的水温年平均为 23.5℃，最高达 32℃，最低仅 10℃。河口附近水深较浅，水体温度受太阳辐射影响，温度变化也较大。一年内，夏季（6～9 月）海水温度最高，在 29℃以上，冬季的 1～2 月海水温度最低，仅 14～15℃。

四、湿地植物

（一）湿地植物

1. 浮游植物

南流江河口浮游植物计有 46 种，其中硅藻 44 种，甲藻 2 种，显然以硅藻占绝对优势。硅藻中又以角毛藻种类最多，达 15 种。浮游植物数量周年在 9.5×10^4 个/m^3 左右，在春、秋、冬季较高，夏季最低。主要优势种：春季有翼根管藻纤细变型、奇异棍形藻（*Bacillaria paradoxa*）、覆瓦根管藻等；夏季有丹麦细柱藻（*Leptocylindrus danicus*）、角藻属（*Ceratium*）等；秋季无明显优势种，拟弯角毛藻、翼根管藻纤细变型，洛氏角毛藻（*Chaetoceros lorenzianus*）、伏氏海毛藻尖刺拟菱形藻（*Pseudonitzschia pungens*）等种类数量稍高；冬季有菱形海线藻、尖刺拟菱形藻、佛恩海毛藻、洛氏角毛藻、拟弯角毛藻等（中国海湾志编纂委员会，1998）。

2. 盐生植物

南流江口常见的盐生湿地植物有 43 种，隶属 24 科 39 属（表 8-1），其中木本植物种类最多，有 22 种，占总种数的 51.16%；草本植物种类占优势，有 20 种，占 46.51%；藤本植物有 1 种，占 2.33%。从生长特点来看，以湿生种类最多，有 17 种，占总种数的 39.53%；挺水种类有 13 种，占 30.23%；半湿生种类有 7 种，占 16.28%；两栖种类有 6 种，占 13.95%。

表 8-1　南流江河口常见的盐生湿地植物

科	属	种	生活型	生长特点
卤蕨科 Acrostichaceae	卤蕨属 *Acrostichum*	卤蕨 *Acrostichum aureum*	多年生草本	湿生或者沼泽生
番杏科 Aizoaceae	海马齿属 *Sesuvium*	海马齿 *Sesuvium portulacastrum*	多年生草本	湿生，涨潮时可被海水完全淹没
藜科 Chenopodiaceae	碱蓬属 *Suaeda*	南方碱蓬 *Suaeda australis*	半灌木	湿生，涨潮时可被海水完全淹没
海桑科 Sonneratiaceae	海桑属 *Sonneratia*	无瓣海桑 *Sonneratia apetala*	乔木	挺水
使君子科 Combretaceae	榄李属 *Lumnitzera*	榄李 *Lumnitzera racemosa*	灌木或小乔木	挺水，有时湿生
红树科 Rhizophoraceae	木榄属 *Bruguiera*	木榄 *Bruguiera gymnorrhiza*	乔木或灌木	挺水
	秋茄树属 *Kandelia*	秋茄树 *Kandelia obovata*	乔木或灌木	挺水
	红树属 *Rhizophora*	红海榄 *Rhizophora stylosa*	乔木或大灌木	挺水
锦葵科 Malvaceae	木槿属 *Hibiscus*	黄槿 *Hibiscus tiliaceus*	灌木或小乔木	两栖
	桐棉属 *Thespesia*	桐棉 *Thespesia populnea*	灌木或小乔木	两栖
大戟科 Euphorbiaceae	海漆属 *Excoecaria*	海漆 *Excoecaria agallocha*	灌木或小乔木	挺水
豆科 Fabaceae	鱼藤属 *Derris*	鱼藤 *Derris trifoliata*	藤本	湿生
	水黄皮属 *Pongamia*	水黄皮 *Pongamia pinnata*	乔木或灌木	两栖
木麻黄科 Casuarinaceae	木麻黄属 *Casuarina*	木麻黄 *Casuarina equisetifolia*	乔木	半湿生
紫金牛科 Myrsinaceae	蜡烛果属 *Aegiceras*	蜡烛果 *Aegiceras corniculatum*	灌木或小乔木	挺水
夹竹桃科 Apocynaceae	海杧果属 *Cerbera*	海杧果 *Cerbera manghas*	乔木	两栖
菊科 Asteraceae	阔苞菊属 *Pluchea*	阔苞菊 *Pluchea indica*	灌木	两栖
白花丹科 Plumbaginaceae	补血草属 *Limonium*	补血草 *Limonium sinense*	多年生草本	湿生
草海桐科 Goodeniaceae	草海桐属 *Scaevola*	草海桐 *Scaevola sericea*	灌木	半湿生
旋花科 Convolvulaceae	番薯属 *Ipomoea*	厚藤 *Ipomoea pes-caprae*	多年生草本	半湿生
玄参科 Scrophulariaceae	假马齿苋属 *Bacopa*	假马齿苋 *Bacopa monnieri*	一年生草本	湿生
爵床科 Acanthaceae	老鼠簕属 *Acanthus*	老鼠簕 *Acanthus ilicifolius*	灌木	挺水
	水蓑衣属 *Hygrophila*	大花水蓑衣 *Hygrophila megalantha*	多年生草本	湿生
苦槛蓝科 Myoporaceae	苦槛蓝属 *Pentacoelium*	苦槛蓝 *Pentacoelium bontioides*	灌木	湿生
马鞭草科 Verbenaceae	海榄雌属 *Avicennia*	海榄雌 *Avicennia marina*	灌木或小乔木	挺水
	大青属 *Clerodendrum*	苦郎树 *Clerodendrum inerme*	灌木	两栖
	过江藤属 *Phyla*	过江藤 *Phyla nodiflora*	多年生草本	湿生
	豆腐柴属 *Premna*	伞序臭黄荆 *Premna serratifolia*	灌木或小乔木	半湿生
	牡荆属 *Vitex*	单叶蔓荆 *Vitex rotundifolia*	灌木	半湿生
石蒜科 Amaryllidaceae	文殊兰属 *Crinum*	文殊兰 *Crinum asiaticum* var. *sinicum*	一年生草本	半湿生
露兜树科 Pandanaceae	露兜树属 *Pandanus*	露兜树 *Pandanus tectorius*	灌木或小乔木	半湿生
莎草科 Cyperaceae	三棱草属 *Bolboschoenus*	扁秆荆三棱 *Bolboschoenus planiculmis*	多年生草本	挺水，涨潮时可被海水完全淹没
	莎草属 *Cyperus*	短叶茳芏 *Cyperus malaccensis* subsp. *monophyllus*	多年生草本	挺水，涨潮时可被海水完全淹没

续表

科	属	种	生活型	生长特点
莎草科 Cyperaceae	莎草属 *Cyperus*	粗根茎莎草 *Cyperus stoloniferus*	多年生草本	湿生，涨潮时可被海水完全淹没
	飘拂草属 *Fimbristylis*	锈鳞飘拂草 *Fimbristylis sieboldii*	多年生草本	湿生，涨潮时可被海水完全淹没
		细叶飘拂草 *Fimbristylis polytrichoides*	多年生草本	湿生，涨潮时可被海水完全淹没
		结壮飘拂草 *Fimbristylis rigidula*	多年生草本	湿生
		少穗飘拂草 *Fimbristylis schoenoides*	多年生草本	湿生
禾本科 Poaceae	黍属 *Panicum*	铺地黍 *Panicum repens*	多年生草本	湿生
	雀稗属 *Paspalum*	海雀稗 *Paspalum vaginatum*	多年生草本	湿生，涨潮时可被海水完全淹没
	芦苇属 *Phragmites*	芦苇 *Phragmites australis*	多年生草本	挺水
	米草属 *Spartina*	互花米草 *Spartina alterniflora*	多年生草本	挺水，涨潮时可被海水完全淹没
	鼠尾粟属 *Sporobolus*	盐地鼠尾粟 *Sporobolus virginicus*	多年生草本	湿生，涨潮时可被海水完全淹没

（二）红树林

南流江口红树林是广西北部湾湿地生态系统的重要组成部分，面积约 948.87hm^2，占广西红树林总面积的 10.81%。红树植物种类有蜡烛果、海榄雌、秋茄树、老鼠簕、海漆和无瓣海桑 6 种，红树林主要群落类型有蜡烛果群落、海榄雌群落、秋茄树群落、秋茄树+蜡烛果群落、无瓣海桑群落等。

（三）盐沼植被

南流江口的盐沼植被可以分为草丛盐沼和灌丛盐沼两大类型，其中草丛盐沼主要有卤蕨群落、海马齿群落、短叶茳芏群落、互花米草群落、盐地鼠尾粟群落、海雀稗群落、芦苇群落等，面积 171.47hm^2；灌丛盐沼主要有鱼藤群落、南方碱蓬群落等。

五、湿地动物

（一）浮游动物

南流江河口浮游动物计有 40 种，主要是桡足类 15 种和水母类 10 种。浮游动物年平均密度为 3608 个/m^3。高峰期出现在春季，为 13 202 个/m^3，低谷期出现在夏季，为 141 个/m^3，秋季为 382 个/m^3，冬季 707 个/m^3。主要优势种：春季有单囊美螅水母（*Clytia folleata*）、五角水母（*Muggiaea atlantic*）等；夏季有费氏莹虾（*Lucifer faxoni*）、圆唇角水蚤（*Labidocera rotunda*）等；秋季有汤氏长足水蚤（*Calanopia thompsoni*）等；冬季有锥形宽水蚤（*Temora turbinata*）、瘦尾胸刺水蚤（*Centropages tenuiremis*）等（中国海湾志编纂委员会，1998）。

（二）游泳生物

南流江河口游泳生物以鱼类、甲壳类为主，游泳生物的分布密度河口两侧高，达 4 万尾/km^2，东侧低，仅 8000 尾/km^2，平均 19 000 尾/km^2，生物量的分布与分布密度一致，在河口西区高，350kg/km^2，东边低，仅 40kg/km^2，平均 240kg/km^2。主要种类鱼类有刺鲳（*Psenopsis anomala*）、圆鳞斑鲆（*Pseudorhombus levisquamis*）、少鳞鱚（*Sillago japonica*）、双线舌鳎（*Cynoglossus bilineatus*）、线纹鳗鲶（*Plotosus lineatus*）、二长棘鲷（*Parargyrops edita*）等；甲壳类有日本蟳（*Charybdis japonica*）、远海梭子蟹（*Portunus pelagicus*）、长毛明对虾、沙栖新对虾（*Metapenaeus moyebi*）、近缘新对虾（*Metapenaeus affinis*）等；头足类有火枪乌贼（*Loliolus beka*）等。游泳生物数量的季节变化明显，春末至冬初是多种经济种类的索饵、产卵场所，生物种类较多，数量也较大，形成渔汛。而冬初至春末，因游泳生物到深海栖息越冬，河口区生物最低，种类少，仅以底栖鱼类为主（中国海湾志编纂委员会，1998）。

（三）底栖生物

南流江口底栖生物有 124 种，其中甲壳类 35 种，底栖鱼类 34 种，软体动物 32 种和多毛类 16 种。生物量和栖息密度在河口区分布均匀，平均生物量 29.15g/m^3，栖息密度为 123 个/m^3。在生物量的组成中，软体动物占其比例最大，为 17.7g/m^2，甲壳动物次之，为 9.7g/m^2，其他种类较低。而栖息密度组成与生物量不同，多毛类占比例最大，为 58 个/m^2，软体动物次之，为 47 个/m^2，底栖生物优势种为棒锥螺（*Turritella bacillum*），平均栖息密度 16 个/m^2，平均生物量 11.3g/m^2（中国海湾志编纂委员会，1998）。

（四）鸟类

根据周放等（2005）的研究资料，南流江口鸟类有 158 种，隶属 15 目 47 科 91 属（表 8-2），其中水鸟有 75 种，陆生鸟类有 83 种。就目而言，雀形目的种类最多，有 60 种，占总种数的 37.97%；其次是鸻形目的种类，有 33 种，占 20.89%；三是鹳形目的种类，有 18 种，占 11.39%；四是鹤形目的种类，有 11 种，占 6.96%。就科而言，鹭科和鹬科的种类最多，鹭科有 10 属 16 种，分别占总属数和总种数的 10.99%和 10.13%，鹬科有 6 属 16 种，分别占 6.59%和 10.13%；其次是鸫科的种类，有 7 属 11 种，分别占 7.69%和 6.96%；三是秧鸡科和鸭科的种类，秧鸡科有 7 属 9 种，分别占 7.69%和 5.70%，鸭科有 2 属 9 种，分别占 2.20%和 5.70%。就属而言，鸭科鸭属的种类最多，有 8 种，占总种数的 5.06%；其次是鹬科鹬属的种类，有 7 种，占 4.43%；三是鸥科鸥属的种类，有 6 种，占 3.80%；四是鸫科鸫属的种类，有 5 种，占 3.16%；其他的如鸻科鸻属和莺科柳莺属各有 4 种，各占 2.53%。

南流江口鸟类中，以冬候鸟为主，有 81 种，占总种数的 51.27%；留鸟有 35 种，占 22.15%；旅鸟有 30 种，占 18.99%；夏候鸟有 12 种，占 7.59%。受国家二级重点保护的种类有斑嘴鹈鹕、海鸬鹚、黄嘴白鹭、白琵鹭、黑脸琵鹭、雀鹰（*Accipiter nisus*）、松雀鹰（*Accipiter virgatus*）、灰脸鵟鹰（*Butastur indicus*）、普通鵟（*Buteo buteo*）、黑耳鸢（*Milvus lineatus*）、红隼（*Falco tinnunculus*）、小鸦鹃（*Centropus bengalensis*）、褐翅鸦鹃（*Centropus sinensis*）、鹰鸮（*Ninox scutulata*）、红角鸮（*Otus sunia*）和仙八色鸫（*Pitta nympha*）16 种，占总种

数的 10.13%；被列入《中日候鸟保护协定》所附名录中规定要保护的鸟类有 83 种，占该地区鸟类种数的 52.53%；被列入《中澳候鸟保护协定》所附名录中规定要保护的鸟类有 25 种，占 15.82%。被世界自然保护联盟（IUCN）列为濒危种的有黑脸琵鹭，易危种有黄嘴白鹭、小白额雁（*Anser erythropus*）、花脸鸭（*Anas formosa*）、黑嘴鸥（*Larus saundersi*）、仙八色鸫和黄胸鹀（*Emberiza aureola*），近危种有斑嘴鹈鹕、罗纹鸭（*Anas falcata*）和鹌鹑（*Coturnix coturnix*）。被列入《濒危野生动植物种国际贸易公约》（CITES）的种类有花脸鸭、牛背鹭、大白鹭（*Ardea alba*）、白鹭（*Egretta garzetta*）、针尾鸭（*Anas acuta*）、绿翅鸭（*Anas crecca*）、白眉鸭（*Anas querquedula*）、琵嘴鸭（*Anas clypeata*）等。

表 8-2　南流江河口湿地鸟类

种类及分类单元				居留情况				保护级别		
目	科	属	种	R	S	W	P	II	CJ	CA
䴙䴘目 Podicipediformes	䴙䴘科 Podicipedidae	䴙䴘属 *Podiceps*	凤头䴙䴘 *Podiceps cristatus*			+			+	
		小䴙䴘属 *Tachybaptus*	小䴙䴘 *Tachybaptus ruficollis*	+						
鹈形目 Pelecaniformes	鹈鹕科 Pelecanidae	鹈鹕属 *Pelecanus*	斑嘴鹈鹕 *Pelecanus philippensis*			+		+		
	鸬鹚科 Phalacrocoracidae	鸬鹚属 *Phalacrocorax*	海鸬鹚 *Phalacrocorax pelagicus*			+		+		
鹳形目 Ciconiiformes	鹭科 Ardeidae	鹭属 *Ardea*	大白鹭 *Ardea alba*		+				+	+
			苍鹭 *Ardea cinerea*			+				
			草鹭 *Ardea purpurea*				+		+	
		池鹭属 *Ardeola*	池鹭 *Ardeola bacchus*	+						
		麻鳽属 *Botaurus*	大麻鳽 *Botaurus stellaris*			+			+	
		牛背鹭属 *Bubulcus*	牛背鹭 *Bubulcus ibis*		+				+	+
		绿鹭属 *Butorides*	绿鹭 *Butorides striata*		+				+	
		黑鳽属 *Dupetor*	黑苇鳽 *Dupetor flavicollis*				+			
		白鹭属 *Egretta*	黄嘴白鹭 *Egretta eulophotes*				+	+		
			白鹭 *Egretta garzetta*		+					
			中白鹭 *Egretta intermedia*				+		+	
		鳽属 *Gorsachius*	栗头鳽 *Gorsachius goisagi*				+		+	
		苇鳽属 *Ixobrychus*	栗苇鳽 *Ixobrychus cinnamomeus*	+						
			紫背苇鳽 *Ixobrychus eurhythmus*				+		+	
			黄斑苇鳽 *Ixobrychus sinensis*	+					+	+
		夜鹭属 *Nycticorax*	夜鹭 *Nycticorax nycticorax*		+				+	
	鹮科 Threskiornithidae	琵鹭属 *Platalea*	白琵鹭 *Platalea leucorodia*			+		+	+	
			黑脸琵鹭 *Platalea minor*			+		+	+	
雁形目 Anseriformes	鸭科 Anatidae	鸭属 *Anas*	针尾鸭 *Anas acuta*			+			+	
			琵嘴鸭 *Anas clypeata*			+			+	+
			绿翅鸭 *Anas crecca*			+			+	

续表

种类及分类单元				居留情况				保护级别		
目	科	属	种	R	S	W	P	Ⅱ	CJ	CA
雁形目 Anseriformes	鸭科 Anatidae	鸭属 *Anas*	罗纹鸭 *Anas falcata*			+			+	
			花脸鸭 *Anas formosa*			+			+	
			绿头鸭 *Anas platyrhynchos*			+			+	
			斑嘴鸭 *Anas poecilorhyncha*			+				
			白眉鸭 *Anas querquedula*			+			+	+
		雁属 *Anser*	小白额雁 *Anser erythropus*			+			+	
隼形 Falconiformes	鹰科 Accipitridae	鹰属 *Accipiter*	雀鹰 *Accipiter nisus*			+		+		
			松雀鹰 *Accipiter virgatus*			+		+	+	
		鵟鹰属 *Butastur*	灰脸鵟鹰 *Butastur indicus*				+	+	+	
		鵟属 *Buteo*	普通鵟 *Buteo buteo*			+		+		
		鸢属 *Milvus*	黑耳鸢 *Milvus lineatus*				+	+	+	
	隼科 Falconidae	隼属 *Falco*	红隼 *Falco tinnunculus*	+				+		
鸡形目 Galliformes	雉科 Phasianidae	鹌鹑属 *Coturnix*	蓝胸鹑 *Coturnix chinensis*				+			
			鹌鹑 *Coturnix coturnix*			+			+	
鹤形目 Gruiformes	三趾鹑科 Turnicidae	三趾鹑属 *Turnix*	棕三趾鹑 *Turnix suscitator*				+			
			黄脚三趾鹑 *Turnix tanki*			+				
	秧鸡科 Rallidae	苦恶鸟属 *Amaurornis*	白胸苦恶鸟 *Amaurornis phoenicurus*	+						
		骨顶鸡属 *Fulica*	白骨顶鸡 *Fulica atra*			+				
		董鸡属 *Gallicrex*	董鸡 *Gallicrex cinerea*			+			+	
		水鸡属 *Gallinula*	黑水鸡 *Gallinula chloropus*			+			+	
		田鸡属 *Porzana*	红胸田鸡 *Porzana fusca*			+			+	
			小田鸡 *Porzana pusilla*			+			+	
		斑秧鸡属 *Rallina*	白喉斑秧鸡 *Rallina eurizonoides*				+			
		秧鸡属 *Rallus*	普通秧鸡 *Rallus aquaticus*			+			+	
			蓝胸秧鸡 *Rallus striatus*		+					
鸻形目 Charadriiformes	水雉科 Jacanidae	水雉属 *Hydrophasianus*	水雉 *Hydrophasianus chirurgus*		+					+
	彩鹬科 Rostratulidae	彩鹬属 *Rostratula*	彩鹬 *Rostratula benghalensis*			+			+	+
	反嘴鹬科 Recurvirostridae	长脚鹬属 *Himantopus*	黑翅长脚鹬 *Himantopus himantopus*			+			+	
	燕鸻科 Glareolidae	燕鸻属 *Glareola*	普通燕鸻 *Glareola maldivarum*				+		+	+
	鸻科 Charadriidae	鸻属 *Charadrius*	环颈鸻 *Charadrius alexandrinus*			+				
			金眶鸻 *Charadrius dubius*			+			+	
			铁嘴沙鸻 *Charadrius leschenaultii*			+			+	+
			蒙古沙鸻 *Charadrius mongolus*			+			+	+
		斑鸻属 *Pluvialis*	灰斑鸻 *Pluvialis squatarola*				+		+	+
		麦鸡属 *Vanellus*	凤头麦鸡 *Vanellus vanellus*			+			+	
	鹬科 Scolopacidae	滨鹬属 *Calidris*	黑腹滨鹬 *Calidris alpina*				+		+	+
			弯嘴滨鹬 *Calidris ferruginea*			+			+	

续表

种类及分类单元				居留情况				保护级别		
目	科	属	种	R	S	W	P	II	CJ	CA
鸻形目 Charadriiformes	鹬科 Scolopacidae	滨鹬属 *Calidris*	青脚滨鹬 *Calidris temminckii*			+			+	
		沙锥属 *Gallinago*	扇尾沙锥 *Gallinago gallinago*			+			+	
			针尾沙锥 *Gallinago stenura*			+				+
		漂鹬属 *Heteroscelus*	灰尾漂鹬 *Heteroscelus brevipes*				+		+	+
		塍鹬属 *Limosa*	斑尾塍鹬 *Limosa lapponica*			+			+	+
			黑尾塍鹬 *Limosa limosa*			+			+	+
		丘鹬属 *Scolopax*	丘鹬 *Scolopax rusticola*			+			+	
		鹬属 *Tringa*	鹤鹬 *Tringa erythropus*			+			+	
			林鹬 *Tringa glareola*			+			+	+
			矶鹬 *Tringa hypoleucos*			+			+	+
			青脚鹬 *Tringa nebularia*				+		+	+
			白腰草鹬 *Tringa ochropus*			+			+	
			泽鹬 *Tringa stagnatilis*			+			+	+
			红脚鹬 *Tringa totanus*				+		+	+
	鸥科 Laridae	鸥属 *Larus*	银鸥 *Larus argentatus*			+			+	
			普通海鸥 *Larus canus*			+			+	
			小黑背银鸥 *Larus fuscus*			+				
			红嘴鸥 *Larus ridibundus*			+			+	
			黑嘴鸥 *Larus saundersi*			+				
			灰背鸥 *Larus schistisagus*			+				
	燕鸥科 Sternidae	燕鸥属 *Sterna*	粉红燕鸥 *Sterna dougallii*	+						
鸽形目 Columbiformes	鸠鸽科 Columbidae	斑鸠属 *Streptopelia*	山斑鸠 *Streptopelia orientalis*			+				
			珠颈斑鸠 *Streptopelia chinensis*	+						
			火斑鸠 *Streptopelia tranquebarica*				+			
鹃形目 Cuculiformes	杜鹃科 Cuculidae	鸦鹃属 *Centropus*	小鸦鹃 *Centropus bengalensis*		+			+		
			褐翅鸦鹃 *Centropus sinensis*	+				+		
		凤头鹃属 *Clamator*	红翅凤头鹃 *Clamator coromandus*				+			
鸮形目 Strigiformes	鸱鸮科 Strigidae	鹰鸮属 *Ninox*	鹰鸮 *Ninox scutulata*				+	+		
		角鸮属 *Otus*	红角鸮 *Otus sunia*			+		+		
夜鹰目 Caprimulgiformes	夜鹰科 Caprimulgidae	夜鹰属 *Caprimulgus*	普通夜鹰 *Caprimulgus indicus*		+				+	
佛法僧目 Coraciiformes	翠鸟科 Alcedinidae	翠鸟属 *Alcedo*	普通翠鸟 *Alcedo atthis*	+						
		翡翠属 *Halcyon*	蓝翡翠 *Halcyon pileata*				+			
			白胸翡翠 *Halcyon smyrnensis*	+						
	蜂虎科 Meropidae	蜂虎属 *Merops*	栗喉蜂虎 *Merops philippinus*				+			
	佛法僧科 Coraciidae	三宝鸟属 *Eurystomus*	三宝鸟 *Eurystomus orientalis*				+		+	
䴕形目 Piciformes	啄木鸟科 Picidae	蚁䴕属 *Jynx*	蚁䴕 *Jynx torquilla*			+				

续表

种类及分类单元				居留情况				保护级别		
目	科	属	种	R	S	W	P	II	CJ	CA
雀形目 Passeriformes	八色鸫科 Pittidae	八色鸫属 *Pitta*	仙八色鸫 *Pitta nympha*				+	+	+	
	燕科 Hirundinidae	燕属 *Hirundo*	家燕 *Hirundo rustica*		+				+	+
	鹡鸰科 Motacillidae	鹨属 *Anthus*	红喉鹨 *Anthus cervinus*			+			+	
			树鹨 *Anthus hodgsoni*			+			+	
			田鹨 *Anthus richardi*			+			+	
		鹡鸰属 *Motacilla*	白鹡鸰 *Motacilla alba*	+					+	+
			灰鹡鸰 *Motacilla cinerea*			+				+
	山椒鸟科 Campephagidae	鸦鹃鵙属 *Coracina*	暗灰鹃鵙 *Coracina melaschistos*		+					
	鹎科 Pycnonotidae	鹎属 *Pycnonotus*	白喉红臀鹎 *Pycnonotus aurigaster*	+						
			红耳鹎 *Pycnonotus jocosus*	+						
			白头鹎 *Pycnonotus sinensis*	+						
	伯劳科 Laniidae	伯劳属 *Lanius*	栗背伯劳 *Lanius collurioides*	+						
			红尾伯劳 *Lanius cristatus*			+			+	
			棕背伯劳 *Lanius schach*	+						
	黄鹂科 Oriolidae	黄鹂属 *Oriolus*	黑枕黄鹂 *Oriolus chinensis*				+		+	
	卷尾科 Dicruridae	卷尾属 *Dicrurus*	发冠卷尾 *Dicrurus hottentottus*	+						
			黑卷尾 *Dicrurus macrocercus*	+						
	椋鸟科 Sturnidae	八哥属 *Acridotheres*	八哥 *Acridotheres cristatellus*	+						
		斑椋鸟属 *Gracupica*	黑领椋鸟 *Gracupica nigricollis*	+						
		椋鸟属 *Sturnus*	丝光椋鸟 *Sturnus sericeus*	+						
	鸫科 Turdidae	鹊鸲属 *Copsychus*	鹊鸲 *Copsychus saularis*	+						
		歌鸲属 *Luscinia*	红喉歌鸲 *Luscinia calliope*			+			+	
			蓝喉歌鸲 *Luscinia svecica*				+		+	
		矶鸫属 *Monticola*	蓝矶鸫 *Monticola solitarius*	+						
		红尾鸲属 *Phoenicurus*	北红尾鸲 *Phoenicurus auroreus*			+			+	
		石䳭属 *Saxicola*	黑喉石䳭 *Saxicola torquata*			+			+	
		鸫属 *Turdus*	乌灰鸫 *Turdus cardis*			+			+	
			灰背鸫 *Turdus hortulorum*			+			+	
			白腹鸫 *Turdus pallidus*			+				
		地鸫属 *Zoothera*	虎斑地鸫 *Zoothera dauma*			+			+	
			白眉地鸫 *Zoothera sibirica*				+		+	
	鹟科 Muscicapidae	蓝仙鹟属 *Cyornis*	海南蓝仙鹟 *Cyornis hainanus*		+					
		姬鹟属 *Ficedula*	鸲姬鹟 *Ficedula mugimaki*			+			+	
			红胸姬鹟 *Ficedula parva*			+				
		鹟属 *Muscicapa*	北灰鹟 *Muscicapa dauurica*			+			+	
			乌鹟 *Muscicapa sibirica*			+				
	王鹟科 Monarchinae	寿带属 *Terpsiphone*	紫寿带 *Terpsiphone atrocaudata*				+		+	
			寿带 *Terpsiphone paradisi*				+			

续表

种类及分类单元				居留情况				保护级别		
目	科	属	种	R	S	W	P	II	CJ	CA
雀形目 Passeriformes	扇尾莺科 Cisticolidae	扇尾莺属 *Cisticola*	棕扇尾莺 *Cisticola juncidis*	+						
		鹪莺属 *Prinia*	黄腹山鹪莺 *Prinia flaviventris*	+						
			褐头鹪莺 *Prinia subflava*	+						
	莺科 Sylviidae	苇莺属 *Acrocephalus*	厚嘴苇莺 *Acrocephalus aedon*			+			+	
			黑眉苇莺 *Acrocephalus bistrigiceps*			+				
		缝叶莺属 *Orthotomus*	长尾缝叶莺 *Orthotomus sutorius*	+						
		柳莺属 *Phylloscopus*	极北柳莺 *Phylloscopus borealis*			+			+	+
			褐柳莺 *Phylloscopus fuscatus*			+				
			黄眉柳莺 *Phylloscopus inornatus*			+			+	
			黄腰柳莺 *Phylloscopus proregulus*			+				
	绣眼鸟科 Zosteropidae	绣眼鸟属 *Zosterops*	暗绿绣眼鸟 *Zosterops japonicus*	+						
	山雀科 Paridae	山雀属 *Parus*	大山雀 *Parus major*	+						
	雀科 Passeridae	麻雀属 *Passer*	麻雀 *Passer montanus*	+						
	梅花雀科 Estrildidae	文鸟属 *Lonchura*	斑文鸟 *Lonchura punctulata*	+						
			白腰文鸟 *Lonchura striata*	+						
	燕雀科 Fringillidae	金翅雀属 *Carduelis*	金翅雀 *Carduelis sinica*	+						
	鹀科 Emberizidae	鹀属 *Emberiza*	黄胸鹀 *Emberiza aureola*			+			+	
			栗耳鹀 *Emberiza fucata*			+				
			小鹀 *Emberiza pusilla*			+			+	
			栗鹀 *Emberiza rutila*			+				
			灰头鹀 *Emberiza spodocephala*				+		+	
		凤头鹀属 *Melophus*	凤头鹀 *Melophus lathami*	+						

注：II. 国家二级重点保护动物；CJ.《中日候鸟保护协定》保护鸟类；CA.《中澳候鸟保护协定》保护鸟类；R. 留鸟；S. 夏候鸟；W. 冬候鸟；P. 旅鸟。表 8-6 同

第四节　大风江口湿地

大风江口位于北部湾顶端，地处钦州湾和廉州湾之间，实际上是一个脱离了河口性质的溺谷海湾。九河渡、青竹江、那彭江（主流）、排埠江、打吊江、丹竹江等树枝状港汊和支流使整个海湾呈指状溺谷型河口湾（中国海湾志编纂委员会，1993）。

一、地貌

大风江口地区地貌包括陆地地貌和水下地貌两大部分。

（一）陆地地貌

大风江口陆地地貌主要有低丘与残丘、基岩剥蚀台地、冲积-洪积台地、海滨沙堤和海积平原等类型。其中，基岩低丘广泛分布于大风江口地区北部，海拔通常为60～200m，它们主要由下古生界志留系细砂岩、石英砂岩、泥质粉砂岩、页岩构成，局部由下泥盆统石英砂岩、粉砂岩、页岩构成。基岩残丘仅见于大风江口西侧岭门岭、企山岭等地，由华力西期第二次花岗岩侵入体构成。基岩侵蚀剥蚀台地见于大风江西岸岭门岭—企山岭以北地区和东岸瓦窑坑—白坭坎—上龙秋井以北地区，海拔通常为20～60m，它们主要由下古生界志留系下统灵山群第三、四、五组细粒岩屑质砂岩、泥质粉砂岩、页岩构成，局部由中统合浦群和上统防城群细砂岩、细粒石英砂岩、泥质粉砂岩、页岩构成。冲积-洪积台地分布于大风江口东岸官井—老温垌—西场一带和西岸西炮台—白路—三娘湾村一带，海拔通常在20m以下，地形较为平缓，微向海方向倾斜。海滨沙堤主要分布于大风江口西侧沙角至海尾村沿海一带，且规模较大，成群出现，自北向南排列的主要沙堤有4条，沙堤与海积平原相间排列；东侧的海滨沙堤规模较小，数量也少，主要有上卸江-上刘屋沙堤和虾港道-大木城沙堤，它们均呈NW—SE向展布，沙堤长约2km，而宽仅有80～100m，其物质组成主要以灰白色、灰黄色中细粒石英砂为主。海积平原普遍分布于大风江口东西两侧的南部滨海地区，如东侧的大漏地、官井、贵初沟、大江、卸江、虾道港、大木城、三根村、下那隆等地，以及西侧的西炮台、大石头、大田坪、沙角、中三墩、苏屋村等地都有分布，且规模较大，一般长2～4km，宽1～2km，最长8～10km，最宽2～4km。这些海积平原主要是由人工堤坝或由人工堤坝和海滨沙堤共同保护下形成的，人为影响较为突出。海积平原表层沉积物主要由灰色、青灰色或灰黑色沙质淤泥或淤泥质沙和粉沙质淤泥组成。目前，大多数海积平原已被开辟改造成水稻田或养殖塘。

（二）水下地貌

大风江口水下地貌类型主要有潮间浅滩、潮流深槽、拦门浅滩等。其中，潮间浅滩和水下浅滩广泛分布于大风江口两侧高潮线至潮下带2.5m水深的堆积地区。由于大风江口形成呈近NS向狭长河口湾，自北向南逐渐增大，北部沙浪角附近宽约1.0km，至南部口门处宽度大于5km。整个河口湾水深较浅，水深小于2.5m的水下浅滩和潮间浅滩约占河口湾总面积的85%，潮间浅滩在北部、中部较窄小，一般宽300～500m；南部较宽，一般为1～3km，至口门处最宽达5～6km。潮间浅滩主要为沙滩和淤泥滩，分别占潮间浅滩总面积的33.4%和34.9%，其次为沙泥滩占26.7%；而岩滩和红树林滩所占面积甚少，分别为2.2%和2.9%。潮流深槽位于大风江口中、南部，北起沙环东边湾内，南至拦门浅滩。潮流深槽长约12km，宽为0.5～1.0km，水深5～10m，呈弯月形状延伸。其表层物质组成为粗沙质砾石或砾石质粗沙。拦门浅滩位于大风江口外，即潮流深槽南部末端以外一带水下浅滩，为封闭式河口拦门浅滩，向海倾斜，坡度为2/1000～1/100，东西长约18km，南北宽2～5km，大潮低潮时在–2m水深以内，沉积物以中细沙为主，细沙占70%以上，含有少量泥质。

二、气候

（一）气温

大风江口气温常年都较高，随季节变化明显。年平均气温 22.3～23.1℃，最冷月（1 月）平均气温 14.0～14.2℃，最热月（7 月）平均气温 28.3～29.4℃。上半年，气温逐月上升；下半年则逐月下降。历年极端最低气温为–0.8℃，极端最高气温为 37.4℃。

（二）降水

大风江口常年降水量为 1700～2100mm。每年 1～8 月，降水量逐月增加，其中 8 月是高峰月，月降水量 383.9～472.7mm；9～12 月降水量逐月递减，其中 12 月是降水量最少的月份，降水量不到 31mm。

（三）风况

大风江口多年平均风速约 3.2m/s，2 月平均风速最大，为 3.6m/s，9 月最小，为 2.7m/s。春、秋两季年平均风速大致相近，夏季风速（7 月）略高于秋季（10 月）。风向变化特征每年 9 月至翌年 3 月，受北方大陆干冷的气团控制盛吹偏北气流（冬季风），最多风向是 N—NE 风。从 4～8 月，在海洋暖湿气团的主宰下，盛行偏南气流（夏季风），多吹 SW—SSE 风。累年最多风向为 N 向，其频率占 18%。历年最大风速约 30m/s，其风向为 WSW，出现在 1971 年 6 月 28 日的台风期间。各方向的最大风速，除 WSW 外，其次为 S 向风，风速达 28m/s。

三、水文

（一）径流

大风江长约 100km，常水期的潮流界可深入河口 30 多千米，到达平艮渡；潮区界则可上溯 40 多千米。河流多年平均径流量为 5.9 亿 m^3，多年平均输沙量为 11.77 万 t。

（二）潮汐

大风江口潮汐性质判别系数为 4.43，即河口湾的潮汐属于正规全日潮。主要日分潮（K_1、O_1、Q_1）振幅之和与主要半日分潮（M_2、S_2、N_2）振幅之和的比值接近于 4，说明日分潮在该河口湾占主要地位。大风江口平均潮差为 2.95m，最大潮差为 4.98m。平均海面最高值出现在下半年的 10 月，其值为 54cm；最低值则出现在上半年的 2 月，其值为 30cm。最高值与最低值相差 24cm。

（三）潮流

大风江口平均涨潮流速为 28.4cm/s，平均落潮流速 42.3cm/s。最大涨潮流速 68.2cm/s，最大落潮流速 89.4cm/s。潮流流向与航道走向一致，涨潮期流向偏南，落潮期则偏北。

（四）波浪

大风江口口门处最大波高达 5.0m 以上，平均波高 0.3m，平均周期约 2s，最大周期 5s 左右。常浪向为东北偏北，强浪向为北向。

（五）盐度

大风江口盐度季节变化明显，夏季盐度最低，为 16.75；冬季较高，为 28.0；春、秋两季在 25.0 左右。

（六）水温

大风江口海水温度季节变化明显，夏季最高，约 31℃，冬季最低，约 15℃，春秋两季介于冬夏季之间。

四、湿地植物

（一）湿地植物

1. 浮游植物

大风江口现已知的浮游植物有 48 种，其中硅藻有 22 属 46 种。在这些种类中，以角毛藻属的种类最多，有 13 种，占浮游植物种数的 27.08%，其次是根管藻属的种类，有 7 种，占 14.58%。春季浮游植物数量最多，平均数量高达 5.5×10^6 个/m^3，以湾口的数量最大，达 9.9×10^7 个/m^3，向湾中部逐渐减少，为 1.1×10^7 个/m^3，主要种类为翼根管藻纤细变型、覆瓦根管藻、尖刺拟菱形藻等；夏季数量平均为 1.7×10^6 个/m^3，以湾口的数量较大，为 2.3×10^6 个/m^3，湾中部较低，为 9.9×10^5 个/m^3，主要种为菱形海线藻、拟弯角毛藻、丹麦细柱藻、有棘圆筛藻（*Coscinodiscus spinosus*）、骨条藻（*Skeletonema* sp.）等；秋季数量平均为 6.9×10^6 个/m^3，以湾口的数量最大，为 9.8×10^6 个/m^3，向湾中部逐渐减少，为 3.9×10^6 个/m^3，主要种为菱形海线藻、尖刺拟菱形藻、奇异棍形藻、佛恩海毛藻、骨条藻、拟弯角毛藻、洛氏角毛藻等；冬季数量最少，平均数量只有 6.4×10^5 个/m^3，以湾口的数量稍高，为 1.1×10^6 个/m^3，湾中部最低，仅 1.6×10^5 个/m^3，主要种为洛氏角毛藻、双突角毛藻、佛恩角毛藻等（中国海湾志编纂委员会，1993）。

2. 盐生植物

大风江口常见的盐生湿地植物有 25 种，隶属 17 科 24 属（表 8-3），其中木本植物种类最多，有 13 种，占总种数的 52.0%；草本植物种类占优势，有 11 种，占 44.0%；藤本植物有 1 种，占 4.0%。从生长特点来看，以挺水种类最多，有 10 种，占总种数的 40.0%；湿生种类有 8 种，占 32.0%；两栖种类有 4 种，占 16.0%；半湿生种类有 3 种，占 12.0%。

表 8-3　大风江河口常见的盐生湿地植物

科	属	种	生活型	生长特点
卤蕨科 Acrostichaceae	卤蕨属 *Acrostichum*	卤蕨 *Acrostichum aureum*	多年生草本	湿生或者沼泽生
藜科 Chenopodiaceae	碱蓬属 *Suaeda*	南方碱蓬 *Suaeda australis*	半灌木	湿生，涨潮时可被海水完全淹没
海桑科 Sonneratiaceae	海桑属 *Sonneratia*	无瓣海桑 *Sonneratia apetala*	乔木	挺水
红树科 Rhizophoraceae	秋茄树属 *Kandelia*	秋茄树 *Kandelia obovata*	乔木或灌木	挺水
锦葵科 Malvaceae	木槿属 *Hibiscus*	黄槿 *Hibiscus tiliaceus*	灌木或小乔木	两栖
	桐棉属 *Thespesia*	桐棉 *Thespesia populnea*	灌木或小乔木	两栖
大戟科 Euphorbiaceae	海漆属 *Excoecaria*	海漆 *Excoecaria agallocha*	灌木或小乔木	挺水
豆科 Fabaceae	鱼藤属 *Derris*	鱼藤 *Derris trifoliata*	藤本	湿生
木麻黄科 Casuarinaceae	木麻黄属 *Casuarina*	木麻黄 *Casuarina equisetifolia*	乔木	半湿生
紫金牛科 Myrsinaceae	蜡烛果属 *Aegiceras*	蜡烛果 *Aegiceras corniculatum*	灌木或小乔木	挺水
菊科 Asteraceae	阔苞菊属 *Pluchea*	阔苞菊 *Pluchea indica*	灌木	两栖
白花丹科 Plumbaginaceae	补血草属 *Limonium*	补血草 *Limonium sinense*	多年生草本	湿生
旋花科 Convolvulaceae	番薯属 *Ipomoea*	厚藤 *Ipomoea pes-caprae*	多年生草本	半湿生
爵床科 Acanthaceae	老鼠簕属 *Acanthus*	老鼠簕 *Acanthus ilicifolius*	灌木	挺水
马鞭草科 Verbenaceae	海榄雌属 *Avicennia*	海榄雌 *Avicennia marina*	灌木或小乔木	挺水
	大青属 *Clerodendrum*	苦郎树 *Clerodendrum inerme*	灌木	两栖
露兜树科 Pandanaceae	露兜树属 *Pandanus*	露兜树 *Pandanus tectorius*	灌木或小乔木	半湿生
莎草科 Cyperaceae	莎草属 *Cyperus*	茳芏 *Cyperus malaccensis*	多年生草本	挺水，涨潮时可被海水完全淹没
		短叶茳芏 *Cyperus malaccensis* subsp. *monophyllus*	多年生草本	挺水，涨潮时可被海水完全淹没
	飘拂草属 *Fimbristylis*	细叶飘拂草 *Fimbristylis polytrichoides*	多年生草本	湿生，涨潮时可被海水完全淹没
禾本科 Poaceae	雀稗属 *Paspalum*	海雀稗 *Paspalum vaginatum*	多年生草本	湿生，涨潮时可被海水完全淹没
	黍属 *Panicum*	铺地黍 *Panicum repens*	多年生草本	湿生
	芦苇属 *Phragmites*	芦苇 *Phragmites australis*	多年生草本	挺水
	米草属 *Spartina*	互花米草 *Spartina alterniflora*	多年生草本	挺水，涨潮时可被海水完全淹没
	鼠尾粟属 *Sporobolus*	盐地鼠尾粟 *Sporobolus virginicus*	多年生草本	湿生，涨潮时可被海水完全淹没

（二）红树林

大风江口红树林是茅尾海红树林自然保护区组成部分之一，红树林面积约 923.77hm^2。红树植物种类有蜡烛果、海榄雌、秋茄树、老鼠簕、海漆和无瓣海桑 6 种，红树林主要群落类型为蜡烛果群落、海榄雌群落等。

（三）盐沼植被

大风江口的盐沼植被可以分为草丛盐沼和灌丛盐沼两大类型，其中草丛盐沼主要有茳芏群落、短叶茳芏群落、互花米草群落、盐地鼠尾粟群落等，面积 9.23hm^2。灌丛盐沼主要有南方碱蓬群落，面积 0.42hm^2。

五、湿地动物

（一）浮游动物

大风江口现已知的浮游动物有 52 种，其中桡足类的种数最多，有 21 种，占浮游动物种数的 40.38%；水母类 13 种，占 25.0%；浮游幼虫 6 种，占 11.54%；毛颚动物 4 种；介形类 2 种；端足类 2 种；其他种类 4 种。浮游动物优势种为肥胖软箭虫（*Flaccisagitta enflata*）、亚强次真哲水蚤（*Subeucalanus subcrassus*）、圆唇角水蚤、刺尾纺锤水蚤（*Acartias pinicauda*）、锥形宽水蚤、球形侧腕水母等（中国海湾志编纂委员会，1993）。

（二）潮间带生物

大风江口潮间带生物现已知的有 33 种，隶属 21 科，其中多毛类 2 科 3 种，占总种数的 9.09%，软体动物 8 科 10 种，占总数的 30.30%，甲壳类种类最多，有 8 科 16 种，占总数的 48.48%；棘皮动物没有发现；其他类（鱼类）3 科 4 种，占总数的 12.12%。多毛类的主要种类有异足索沙蚕；软体动物的主要种类有珠带拟蟹守螺、毛蚶（*Scapharca kagoshimensis*）、拟箱美丽蛤（*Merisca capsoides*）、彩虹明樱蛤（*Moerella iridescens*）、渤海鸭嘴蛤（*Laternula marilina*）；甲壳类的主要种类有远海梭子蟹、近亲蟳（*Charybdis affinis*）、日本大眼蟹（*Macrophthalmus japonicus*）、日本囊对虾（*Marsupenaeus japonicus*）、沙栖新对虾、亨氏仿对虾（*Parapenaeopsis hungerfordi*）、蝎形拟绿虾姑（*Cloridopsis scorpio*）、黑斑口虾姑（*Oratosquilla kempi*）等（中国海湾志编纂委员会，1993）。

（三）底栖生物

大风江口现已知的底栖生物有 56 种，其中甲壳动物最多，共 18 种，占总种数的 32.1%；其次为多毛类和软体动物，均为 11 种（占 19.6%）；底栖鱼类 10 种（占 17.9%）；棘皮动物和其他生物最少，各为 3 种（占 5.4%）（中国海湾志编纂委员会，1993）。

（四）游泳生物

大风江现已知的鱼类有 53 种，隶属 9 目 26 科 47 属，均为硬骨鱼类（表 8-4）。其中，纯淡水鱼类 31 种，洄游性鱼类 1 种，其余为常见的河口或偶尔进入河口的海水鱼类 21 种。大风江的纯淡水鱼类中，鲤科鱼类最多，有 19 种，占纯淡水鱼类总种数的 61.3%。甲壳类主要有长毛明对虾、日本囊对虾、须赤虾（*Metapenaeopsis barbata*）、沙栖新对虾、日本蟳等，头足类有火枪乌贼等。

表 8-4　大风江口的鱼类

目	科	属	种
鲱形目 Clupeiformes	鲱科 Clupeidae	青鳞鱼属 *Harengula* Cuvier et Valenciennes	大眼青鳞鱼 *Harengula ovalis* Bennett
		鳓属 *Ilisha* Richardson	鳓 *Ilisha elongata* Bennett
		斑鰶属 *Konosirus* Jordan et Snyder	斑鰶 *Konosirus punctatus* Temminck et Schlegel
	鳀科 Engraulidae	小公鱼属 *Stolephorus* Lacepède	中华小公鱼 *Stolephorus chinensis* Günther
		棱鳀属 *Thryssa* Cuvier	赤鼻棱鳀 *Thryssa kammalensis* Bleeker
			中颌棱鳀 *Thryssa mystax* Bloch et Schneider
	宝刀鱼科 Chirocentridae	宝刀鱼属 *Chirocentrus* Cuvier	宝刀鱼 *Chirocentrus dorab* Forsskål
鳗鲡目 Anguilliformes	鳗鲡科 Anguillidae	鳗鲡属 *Anguilla* Shaw	日本鳗鲡 *Anguilla japonica* Temminck et Schlegel
鲤形目 Cypriniformes	鲤科 Cyprinidae	刺鳑鲏属 *Acanthorhodeus* Bleeker	越南刺鳑鲏 *Acanthorhodeus tonkinensis* Vaillant
		鳙属 *Aristichthys* Oshima	鳙 *Aristichthys nobilis* Richardson
		须鲫属 *Carassioides* Oshima	须鲫 *Carassioides cantonensis* Heincke
		鲫属 *Carassius* Jarocki	鲫 *Carassius auratus* Linnaeus
		鲮属 *Cirrhinus* Oken	鲮 *Cirrhinus molitorella* Cuvier et Valenciennes
		草鱼属 *Ctenopharyngodon* Steindachner	草鱼 *Ctenopharyngodon idellus* Valenciennes
		鲤属 *Cyprinus* Linnaeus	尖鳍鲤 *Cyprinus acutidorsalis* Wang
			鲤 *Cyprinus carpio* Linnaeus
		红鲌属 *Erythroculter* Berg	翘嘴红鲌 *Erythroculter ilishaeformis* Bleeker
			海南红鲌 *Erythroculter pseudobrevicauda* Nichols et Pope
		颌须鮈属 *Gnathopogon* Bleeker	银色颌须鮈 *Gnathopogon argentatus* Sauvage et Darby
		鳘属 *Hemiculter* Lacepède	鳘 *Hemiculter leucisculus* Basilewsky
		鲢属 *Hypophthalmichthys* Bleeker	鲢 *Hypophthalmichthys molitrix* Cuvier et Valenciennes
		鳊属 *Parabramis* Bleeker	鳊 *Parabramis pekinensis* Basilewsky
		麦穗鱼属 *Pseudorasbora* Bleeker	麦穗鱼 *Pseudorasbora parva* Temminck et Schlegel
		细鳊属 *Rasborinus* Oshima	细鳊 *Rasborinus lineatus* Pellegrin
		华鳊属 *Sinibrama* Wu	大眼华鳊 *Sinibrama macrops* Günther
		赤眼鳟属 *Squaliobarbus* Günther	赤眼鳟 *Squaliobarbus curriculus* Richardson
		似鲚属 *Toxabramis* Günther	银似鲚 *Toxabramis argentifer* Abbott
	鳅科 Cobitidae	泥鳅属 *Misgurnus* Lacepède	泥鳅 *Misgurnus anguillicaudatus* Canto

续表

目	科	属	种
鲇形目 Siluriformes	海鲇科 Ariidae	海鲇属 *Arius* Valenciennes	中华海鲇 *Arius sinensis* Lacepède
	胡子鲇科 Clariidae	胡子鲇属 *Clarias* Scopoli	胡子鲇 *Clarias fuscus* Lacepède
	鲇科 Siluridae	鲇属 *Silurus* Linnaeus	鲇 *Silurus asotus* Linnaeus
	鲿科 Bagridae	黄颡鱼属 *Pelteobagrus* Bleeker	黄颡鱼 *Pelteobagrus fulvidraco* Richardson
鲻形目 Mugiliformes	鲻科 Mugilidae	鲅属 *Liza* Jordan et Swain	鲅 *Liza haematocheila* Temminck et Schlegel
鳉形目 Cyprinodontiformes	胎鳉科 Poeciliidae	食蚊鱼属 *Gambusia* Poey	食蚊鱼 *Gambusia affinis* Baird et Girard
	鱵科 Hemiramphidae	鱵属 *Hyporhamphus* Cuvier	边鱵 *Hyporhamphus limbatus* Valenciennes
	颌针鱼科 Belonidae	柱颌针鱼属 *Strongylura* Sars	斑尾柱颌针鱼 *Strongylura strongylura* van Hasselt
合鳃鱼目 Synbranchiformes	合鳃鱼科 Synbranchidae	黄鳝属 *Monopterus* Lacepède	黄鳝 *Monopterus albus* Zuiew
鲉形目 Scorpaeniformes	鲬科 Platycephalidae	鲬属 *Platycephalus* Bloch	鲬 *Platycephalus indicus* Linnaeus
鲈形目 Perciformes	鮨科 Serranidae	花鲈属 *Lateolabrax* Bleeker	花鲈 *Lateolabrax japonicus* Cuvier et Valenciennes
	塘鳢科 Eleotridae	乌塘鳢属 *Bostrichthys* Lacepède	乌塘鳢 *Bostrichthys sinensis* Lacepède
	鱚科 Sillaginidae	鱚属 *Sillago* Cuvier	少鳞鱚 *Sillago japonica* Temminck et Schlegel
			多鳞鱚 *Sillago sihama* Forsskål
	鲷科 Sparidae	鲷属 *Sparus* Linnaeus	黄鳍鲷 *Sparus latus* Houttuyn
			黑鲷 *Sparus macrocephalus* Basilewsky
	丽鱼科 Cichlidae	罗非鱼属 *Tilapia* Smith	莫桑比克罗非鲫 *Tilapia mossambicus* Peters
			尼罗非鲫 *Tilapia nilotia* Uyeno et Fujii
	鰕虎鱼科 Gobiidae	舌鰕虎鱼属 *Glossogobius* Gill	斑纹舌鰕虎鱼 *Glossogobius olivaceus* Temminck et Schlegel
	弹涂鱼科 Periophthalmidae	大弹涂鱼属 *Boleophthalmus* Valenciennes	大弹涂鱼 *Boleophthalmus pectinirostris* Linnaeus
		弹涂鱼属 *Periophthalmus* Bloch et Schneider	弹涂鱼 *Periophthalmus cantonensis* Osbeck
		青弹涂鱼属 *Scartelaos* Swainson	青弹涂鱼 *Scartelaos viridis* Hamilton
	斗鱼科 Belontiidae	斗鱼属 *Macropodus* Lacepède	叉尾斗鱼 *Macropodus opercularis* Linnaeus
	鳢科 Channidae	鳢属 *Channa* Scopoli	斑鳢 *Channa maculata* Lacepède
	刺鳅科 Mastacembelidae	刺鳅属 *Mastacembelus* Scopoli	大刺鳅 *Mastacembelus armatus* Lacepède

注：数据来源于中国海湾志编纂委员会（1993）和何安尤等（2003）。根据《中国生物物种名录》（2016 版）（中国科学院生物多样性委员会，2016），表中的海南红鲌（*Erythroculter pseudobrevicauda*）、银色颌须鮈（*Gnathopogon argentatus*）分别订正为达氏鲌（*Culter dabryi*）、小银鮈（*Squalidus minor*）

第五节　北仑河口湿地

北仑河口是我国沿岸最西南端的一个入海河口，位于广西防城港市与越南海宁省交界处，东北岸为我国防城港市的东兴镇、松柏乡和江平镇，中越两国分界线以北仑河主航道中心线为界。北仑河口地理坐标为 21°28′N～21°36′N 和 107°57′E～108°08′E，即北岸西起东兴镇，东至竹山街到沥尾岛西岸，南岸西起东兴镇对岸的越南芒街，东南至越南茶古岛的东北角。河口区水域面积为 66.5km^2，其中，潮间浅滩面积 37.4km^2，潮下带和浅海面积 29.1km^2。河口区纵长约 11km，横宽约 7km（中国海湾志编纂委员会，1998）。

一、地貌

北仑河口近似一个喇叭状河口湾，西北面为陆岸所围，东南面为开阔的北部湾。河口区内分布有沙岛、海滨沙堤、潮间浅滩、潮流沙脊、潮流沟槽、拦门沙等（陈波和邱绍芳，2000）。

（一）沙岛

北仑河口沙岛主要有独墩岛、中间沙等，分布于河口主航道北侧。其中，独墩岛位于北仑河与罗浮江交汇处下游，呈 EW 向，成陆较早，岛长约 1.2km，宽约 0.2km，其表层物质主要由浅黄色、灰色细中沙物质组成；中间沙位于“五七”堤围与竹山村河段中，大致呈东南走向，目前已有一部分露出成陆，最低潮时露出的沙洲部分长 1.8km，宽 0.2～0.6km，表层物质多为中、细沙或粉沙质的沙层，高潮线以下的滩地长有稀疏的红树林，中间沙夏季遇到洪水及潮流作用，冲淤变化非常明显。

（二）海滨沙堤

北仑河口海滨沙堤分布在北岸白沙仔至榕树头，以及巫头沥尾岸段。其中，白沙仔至榕树头沙堤大致呈 EW 向延伸，长约 3.2km，宽 0.1～0.9km；沙层厚达 4～7m，其组成物质主要为灰白色、灰色、浅黄色中细沙。巫头沙堤长 4.0km，宽 0.5～1.8km。一般海拔 3～5m，沙层厚约 5.5m，其组成物质上部为灰白色、浅黄色中细石英砂，往下变为灰黑色、棕褐色粗中沙，底部为青灰色、灰黑色细沙。

（三）潮间浅滩

北仑河口潮间浅滩主要分布在竹山及其东面的红沙头，宽度 0.3～3.5km，最宽处位于榕树头至巫头南侧，形成一个沙嘴，向南伸展，宽达 5km。潮间浅滩较宽阔平坦，其面积约占该河口湾总面积的 60%（陈波等，2011）。浅滩物质多为浅黄色、浅灰色中沙和细中沙，局部有青灰色粉沙质淤泥。

（四）潮流沙脊

北仑河口的潮流沙脊在河口湾中部有两条，大致呈 NWW—SEE 向平行排列，宽 0.2～0.5km，长 1.0～1.5km，高潮时它被海水淹没，低潮时露出，当地称为大石头沙，组成物质主要为中沙。

（五）潮流沟槽

北仑河口潮流沟槽是北仑河口湾的涨落潮流通道。由于河口湾水深很浅，通道的下端较深，最大水深 5m，潮流沟槽的上端水深较浅，最大水深 3m，分别指向北仑河口、竹排江口至越南茶古岛北侧，潮流沟槽的平均宽度 200～300m，最宽处约 500m，底质多为中沙或含砾中粗沙。

（六）拦门沙

北仑河口拦门沙位于河口湾口门附近，宽 0.1～0.5km，长 1～1.5km，其主要物质由粗中沙组成。

二、气候

（一）气温

北仑河口多年平均气温为 22.4℃，1～7 月气温逐月上升；以 7 月为最热月，多年月平均气温为 27.9℃；从 8 月至翌年 1 月，气温逐月下降，其中以 1 月为最冷月，多年月平均气温为 14.7℃；极端最高气温为 37.8℃，极端最低气温为 0.9℃，年较差为 13℃。

（二）降水

北仑河口多年平均降水量为 2884.3mm，最大年降水量为 3827.7mm，最少年降水量为 2174.7mm。根据东兴气象站 1953～1980 年的资料统计，日降水量高于 100.0mm 的日数有 94d；日降水量高于 150.0mm 的日数有 64d，最大日降水量为 426.3mm。

（三）风况

北仑河口风的特点是夏季风风速大于冬季风风速。多年平均风速 1.8m/s，风速的月际变化缓和，峰谷平浅，风速的年振幅仅 0.5m/s。风向频率在一年当中，以静风频率最大，为 31%；NE 风次之，频率为 10%；WSW 风的频率最小，为 10%，多年平均大风（≥8 级）日数 6.6d，主要集中在夏、秋两季，夏季出现的大风日数占全年的 56%。

三、水文

（一）径流

北仑河年均径流量为 54.4 亿 m^3，多集中于洪季 4～10 月，尤以 6～8 月最甚，洪水季节径流量占全年 80%以上（陈波和邱绍芳，1999b）。据统计，北仑河年均输沙量为 22.2 万 t，最大输沙量为 40 万 t，多集中于夏季汛期。河口地区含沙量为 0.009～0.03kg/m^3，在一个月内大潮含沙量高于小潮含沙量，在一个潮周期内落潮含沙量大于涨潮含沙量；悬沙主要为土黄色的细粉沙，是河道底部泥沙在潮流和波浪作用下再悬浮的缘故（陈波和邱绍芳，2000）。

（二）潮汐

北仑河口的潮汐性质判别系数为 5.65，说明属全日潮型河口。平均海面为 0.37m，最高高潮位 2.95m，最低低潮位–1.97m，平均高潮位 1.38m，平均低潮位–0.63m，最大潮差 4.64m，平均潮差 2.04m，平均涨潮历时为 10h 左右，平均落潮历时约 8h。

（三）潮流

北仑河口落潮流速大于涨潮流速，最大落潮流速为 74cm/s，最大涨潮流速仅 58cm/s。最大涨潮流速出现在高潮前 2h 左右；最大落潮流速则出现在高潮后 4～5h；转流时间出现在高（低）潮附近。潮流的运动形式属往复流性质，主要分潮的长轴方向与航道走向一致，呈 NW—SE 向。余流流速较小，仅 10cm/s 左右，流向为 SSE 向。

（四）波浪

北仑河口附近水域年平均波浪高度为 0.53m，夏半年吹 S 向风时，涌浪出现机会较多，波能量较强，平均周期为 3～5s，平均波高为 0.6m；冬半年多吹 N 向风，波浪平均周期较短，一般为 2.2～3.8s，平均波高为 0.48m。一年内平均波高达到 1.2m，最大波高达到 3.3m 的波浪均出现在 SN 向，频率为 6.3%。

（五）盐度

北仑河口常年有江河径流注入，因此，海水盐度受降雨和径流的影响较大。冬、春两季盐度较高，夏、秋季则较低。平均盐度约 27，最高盐度 30，最低盐度仅 2 左右。

（六）水温

北仑河口海水温度具有年变化周期，夏季水温最高，冬季最低，春、秋季介于两者之间，最高水温约 33.0℃，最低水温为 10℃左右，平均水温 23.0℃。

四、湿地植物

（一）湿地植物

1. 浮游植物

北仑河口现已知的浮游植物共 30 种，其中硅藻 4 属 27 种；甲藻 3 属 3 种。在硅藻中，以角毛藻属的种类最多，共 20 种，占浮游植物种数的 66.7%；根管藻属 3 种，占 10%；圆筛藻属 2 种，占 6.7%；盒形藻属 2 种，占 6.7%。在甲藻中，只有角藻属、多甲藻属和鳍藻属各 1 种。春季以翼根管藻纤细变型、覆瓦根管藻、薄壁几内亚藻（*Guinardia flaccid*）等为主，其中以翼根管藻纤细变型的数量最多，为 5.2×10^6 个/m^3，其次为覆瓦根管藻，数量为 5.7×10^5 个/m^3。夏季以菱型海线藻的数量最大，为 1.7×10^5 个/m^3，其次是拟弯角毛藻，数量为 2.0×10^4 个/m^3。秋季以洛氏角毛藻的数量最多，为 3.5×10^5 个/m^3，其次是扁面角毛藻，数量为 2.0×10^4 个/m^3。冬季优势种的数量较少，变化不明（中国海湾志编纂委员会，1998）。

2. 盐生植物

北仑河口常见的盐生湿地植物有 26 种，隶属 17 科 25 属（表 8-5），其中木本植物种类最多，有 15 种，占总种数的 57.69%；草本植物种类占优势，有 10 种，占 38.46%；藤本植物有 1 种，占 3.85%。从生长特点来看，以挺水种类最多，有 12 种，占总种数的 46.15%；湿生种类有 7 种，占 26.92%；两栖种类有 5 种，占 19.23%；半湿生种类有 2 种，占 7.69%。

表 8-5 北仑河口常见的盐生湿地植物

科	属	种	生活型	生长特点
卤蕨科 Acrostichaceae	卤蕨属 *Acrostichum*	卤蕨 *Acrostichum aureum*	多年生草本	湿生或者沼泽生
藜科 Chenopodiaceae	碱蓬属 *Suaeda*	南方碱蓬 *Suaeda australis*	半灌木	湿生，涨潮时可被海水完全淹没
使君子科 Combretaceae	榄李属 *Lumnitzera*	榄李 *Lumnitzera racemosa*	灌木或小乔木	挺水，有时湿生
红树科 Rhizophoraceae	木榄属 *Bruguiera*	木榄 *Bruguiera gymnorrhiza*	乔木或灌木	挺水
	秋茄树属 *Kandelia*	秋茄树 *Kandelia obovata*	乔木或灌木	挺水
	红树属 *Rhizophora*	红海榄 *Rhizophora stylosa*	乔木或大灌木	挺水
锦葵科 Malvaceae	木槿属 *Hibiscus*	黄槿 *Hibiscus tiliaceus*	灌木或小乔木	两栖
梧桐科 Sterculiaceae	银叶树属 *Heritiera*	银叶树 *Heritiera littoralis*	乔木	两栖
大戟科 Euphorbiaceae	海漆属 *Excoecaria*	海漆 *Excoecaria agallocha*	灌木或小乔木	挺水
豆科 Fabaceae	鱼藤属 *Derris*	鱼藤 *Derris trifoliata*	藤本	湿生
木麻黄科 Casuarinaceae	木麻黄属 *Casuarina*	木麻黄 *Casuarina equisetifolia*	乔木	半湿生
紫金牛科 Myrsinaceae	蜡烛果属 *Aegiceras*	蜡烛果 *Aegiceras corniculatum*	灌木或小乔木	挺水
夹竹桃科 Apocynaceae	海杧果属 *Cerbera*	海杧果 *Cerbera manghas*	乔木	两栖
菊科 Asteraceae	阔苞菊属 *Pluchea*	阔苞菊 *Pluchea indica*	灌木	两栖
旋花科 Convolvulaceae	番薯属 *Ipomoea*	厚藤 *Ipomoea pes-caprae*	多年生草本	半湿生
爵床科 Acanthaceae	老鼠簕属 *Acanthus*	老鼠簕 *Acanthus ilicifolius*	灌木	挺水
马鞭草科 Verbenaceae	海榄雌属 *Avicennia*	海榄雌 *Avicennia marina*	灌木或小乔木	挺水
	大青属 *Clerodendrum*	苦郎树 *Clerodendrum inerme*	灌木	两栖
莎草科 Cyperaceae	三棱草属 *Bolboschoenus*	扁秆荆三棱 *Bolboschoenus planiculmis*	多年生草本	挺水，涨潮时可被海水完全淹没
	莎草属 *Cyperus*	茳芏 *Cyperus malaccensis*	多年生草本	挺水，涨潮时可被海水完全淹没
		短叶茳芏 *Cyperus malaccensis* subsp. *monophyllus*	多年生草本	挺水，涨潮时可被海水完全淹没
	飘拂草属 *Fimbristylis*	细叶飘拂草 *Fimbristylis polytrichoides*	多年生草本	湿生，涨潮时可被海水完全淹没
	水葱属 *Schoenoplectus*	钻苞水葱 *Schoenoplectus subulatus*	多年生草本	挺水
禾本科 Poaceae	雀稗属 *Paspalum*	海雀稗 *Paspalum vaginatum*	多年生草本	湿生，涨潮时可被海水完全淹没
	黍属 *Panicum*	铺地黍 *Panicum repens*	多年生草本	湿生
	鼠尾粟属 *Sporobolus*	盐地鼠尾粟 *Sporobolus virginicus*	多年生草本	湿生，涨潮时可被海水完全淹没

（二）红树林

北仑河口红树林面积 117.75hm^2。红树植物种类有木榄、秋茄树、红海榄、老鼠簕、榄李、海漆、蜡烛果和海榄雌 8 种。红树林主要群落类型为老鼠簕群落、蜡烛果群落、海榄雌群落、蜡烛果+海榄雌群落和海漆群落。

（三）盐沼植被

北仑河口的盐沼植被有草丛盐沼和灌丛盐沼两大类型，其中草丛盐沼主要有卤蕨群落、茳芏群落、钻苞水葱群落、锈鳞飘拂草、盐地鼠尾粟群落、海雀稗群落等，面积 14.99hm^2；灌丛盐沼主要有南方碱蓬群落。

五、湿地动物

（一）浮游动物

北仑河口现已知的浮游动物共有 36 种，其中水母类的种类最多，共 15 种，占浮游动物总种数的 41.7%；桡足类 12 种，占 33.3%；毛颚动物 4 种；幼虫类 3 种；介形类 1 种；枝角类 1 种。春季以单囊美螅水母、五角水母为主。其中以双刺唇角水蚤的数量最多，为 91.5 个/m^3，占总数量的 64.5%，奥氏胸刺水蚤（*Centropages orsinii*）数量为 45.8 个/m^3，占 32.5%。秋季以锥形宽水蚤、钳形歪水蚤（*Tortanus forcipatus*）和太平洋纺锤水蚤（*Acartia pacifica*）为主。其中以锥形宽水蚤的数量最多，为 215.6 个/m^3，占总数量的 89.7%。冬季以瘦尾胸刺水蚤为主（中国海湾志编纂委员会，1998）。

（二）游泳生物

北仑河口现已知的游泳生物有 46 种，其中鱼类 23 种，占总种类的 50%；头足类 3 种，占 6.5%；甲壳类 20 种，占 43.5%；优势种为小鳞鱚、多鳞鱚、远海梭子蟹、三疣梭子蟹（*Portunus trituberculatus*）等。游泳生物中，不少种类具有较高的经济价值，如鱼类有海鳗（*Muraenesox cinereus*）、鳙（*Aristichthys nobilis*）、小鳞鱚、二长棘鲷、双线舌鳎、圆鳞斑鲆等，头足类有金乌贼（*Sepia esculenta*）、火枪乌贼等，甲壳动物有锯缘青蟹、远海梭子蟹、长毛明对虾、日本囊对虾、近缘新对虾、沙栖新对虾等（中国海湾志编纂委员会，1998）。

（三）底栖生物

北仑河口现已知的底栖生物有 72 种，其中甲壳类的种类最多，共 28 种，占总种类的 38.89%；软体动物次之，共 24 种，占 33.33%；鱼类 14 种，占 19.44%；棘皮动物及其他类分别为 2 种和 4 种（中国海湾志编纂委员会，1998）。

（四）鸟类

马艳菊等（2011）对北仑河口（竹山和巫头）及其附近（谭吉和沥尾）的秋冬季水鸟

进行了调查，发现水鸟有 46 种，隶属于 5 目 9 科 25 属，其中䴙䴘目 1 种、鹳形目 8 种、雁形目 6 种、鹤形目 3 种、鸻形目 28 种（表 8-6）。这些水鸟是以冬候鸟为主，有 32 种，占总种数的 69.57%；留鸟有 4 种，占 8.70%；夏候鸟有 3 种，占 6.52%；旅鸟有 7 种，占 15.22%。受国家二级重点保护种类有岩鹭（*Egretta sacra*）1 种；被列入《中日候鸟保护协定》所附名录中规定要保护的鸟类有 34 种，占该地区鸟类种数的 73.91%；被列入《中澳候鸟保护协定》所附名录中规定要保护的鸟类有 16 种，占 34.78%。被世界自然保护联盟（IUCN）列为易危种的有青头潜鸭（*Aythya baeri*）。被列入《濒危野生动植物种国际贸易公约》（CITES）的种类有牛背鹭、大白鹭、白鹭、白眉鸭等。出现生境以红树林为主的水鸟有 4 种，主要为鹭类；出现生境以养殖塘为主的水鸟有 20 种，主要为鸻鹬类；以农田为主的水鸟有 5 种，主要为鹭类；以滩涂为主的水鸟有 27 种，主要为鸻鹬类；以沙滩为主的水鸟有 10 种，主要为鸥类。

表 8-6 北仑河口及其附近的秋冬季水鸟

种类及分类单元				居留情况				保护级别		
目	科	属	种	R	S	W	P	II	CJ	CA
䴙䴘目 Podicipediformes	䴙䴘科 Podicipedidae	小䴙䴘属 *Tachybaptus*	小䴙䴘 *Tachybaptus ruficollis*	+						
鹳形目 Ciconiiformes	鹭科 Ardeidae	鹭属 *Ardea*	大白鹭 *Ardea alba*		+				+	+
			苍鹭 *Ardea cinerea*			+				
		池鹭属 *Ardeola*	池鹭 *Ardeola bacchus*	+						
		牛背鹭属 *Bubulcus*	牛背鹭 *Bubulcus ibis*		+				+	+
		白鹭属 *Egretta*	白鹭 *Egretta garzetta*		+					
			中白鹭 *Egretta intermedia*				+		+	
			岩鹭 *Egretta sacra*				+	+	+	+
		苇鳽属 *Ixobrychus*	栗苇鳽 *Ixobrychus cinnamomeus*	+						
雁形目 Anseriformes	鸭科 Anatidae	鸭属 *Anas*	绿头鸭 *Anas platyrhynchos*			+			+	
			白眉鸭 *Anas querquedula*			+			+	+
		潜鸭属 *Aythya*	青头潜鸭 *Aythya baeri*			+			+	
			斑背潜鸭 *Aythya marila*			+			+	
			白眼潜鸭 *Aythya nyroca*			+			+	
		麻鸭属 *Tadorna*	赤麻鸭 *Tadorna ferruginea*			+			+	
鹤形目 Gruiformes	秧鸡科 Rallidae	苦恶鸟属 *Amaurornis*	白胸苦恶鸟 *Amaurornis phoenicurus*	+						
		骨顶鸡属 *Fulica*	白骨顶鸡 *Fulica atra*			+				
		水鸡属 *Gallinula*	黑水鸡 *Gallinula chloropus*			+			+	
鸻形目 Charadriiformes	反嘴鹬科 Recurvirostridae	长脚鹬属 *Himantopus*	黑翅长脚鹬 *Himantopus himantopus*			+			+	
		反嘴鹬属 *Recurvirostra*	反嘴鹬 *Recurvirostra avosetta*			+			+	

续表

种类及分类单元				居留情况				保护级别		
目	科	属	种	R	S	W	P	II	CJ	CA
鸻形目 Charadriiformes	鸻科 Charadriidae	鸻属 *Charadrius*	环颈鸻 *Charadrius alexandrinus*			+				
			金眶鸻 *Charadrius dubius*			+			+	
			铁嘴沙鸻 *Charadrius leschenaultii*			+			+	+
		斑鸻属 *Pluvialis*	灰斑鸻 *Pluvialis squatarola*				+		+	+
		麦鸡属 *Vanellus*	凤头麦鸡 *Vanellus vanellus*			+			+	
	鹬科 Scolopacidae	滨鹬属 *Calidris*	黑腹滨鹬 *Calidris alpina*				+		+	+
			弯嘴滨鹬 *Calidris ferruginea*			+			+	
			青脚滨鹬 *Calidris temminckii*			+			+	
		沙锥属 *Gallinago*	扇尾沙锥 *Gallinago gallinago*			+			+	
		塍鹬属 *Limosa*	黑尾塍鹬 *Limosa limosa*			+			+	+
		杓鹬属 *Numenius*	白腰杓鹬 *Numenius arquata*			+			+	+
			中杓鹬 *Numenius phaeopus*			+			+	+
		鹬属 *Tringa*	鹤鹬 *Tringa erythropus*			+			+	
			林鹬 *Tringa glareola*			+			+	+
			矶鹬 *Tringa hypoleucos*			+			+	+
			青脚鹬 *Tringa nebularia*				+		+	+
			白腰草鹬 *Tringa ochropus*			+			+	
			泽鹬 *Tringa stagnatilis*			+			+	+
			红脚鹬 *Tringa totanus*				+		+	+
		翘嘴鹬属 *Xenus*	翘嘴鹬 *Xenus cinereus*				+		+	+
	鸥科 Laridae	鸥属 *Larus*	黑尾鸥 *Larus crassirostris*			+				
			小黑背银鸥 *Larus fuscus*			+				
			红嘴鸥 *Larus ridibundus*			+			+	
			黑嘴鸥 *Larus saundersi*			+				
			灰背鸥 *Larus schistisagus*			+				
	燕鸥科 Sternidae	巨鸥属 *Hydroprogne*	红嘴巨燕鸥 *Hydroprogne caspia*			+			+	

第九章　广西珊瑚礁湿地

珊瑚礁湿地是地球上生产力最高、生物种类最丰富的湿地类型之一，被称为“热带海洋沙漠中的绿洲”“海洋中的热带雨林”（Jompa and Mccook，2002；陈国华等，2004；赵美霞等，2006）。世界珊瑚礁主要分布在热带和亚热带海域，大致在南、北两半球海水表层水温为20℃的等温线内或者南、北回归线之间。全球约110个国家拥有珊瑚礁资源，总面积约28.43km^2（张乔民等，2006）。珊瑚礁是许多海洋动物栖息、觅食、繁育、躲避敌害等重要场所，具有多种功能。珊瑚礁及与其密切关联的海洋动物不仅为人类经济和社会的发展提供了多种多用的生物资源，而且具有显著的生态功能和社会效益，如可提供海产品、药用、建筑材料、工艺品、观赏性鱼类等资源，同时具有防浪护堤、生态景观价值高、良好的科研和科普教育场所等功能或效益。因此，珊瑚礁湿地资源的开发、利用与保护已经引起国际社会的普遍关注，成为热点的研究问题之一。合理地开发利用珊瑚礁湿地资源，充分发挥珊瑚礁湿地资源的经济效益、生态效益和社会效益，保障珊瑚礁湿地资源的可持续利用具有特别重要的意义。

第一节　珊瑚礁湿地的定义

珊瑚礁湿地（coral reef wetland）是由珊瑚聚集生长而形成的湿地，包括珊瑚礁及其邻近水域。珊瑚，狭义上仅指“珊瑚虫”，是海洋中的一类小型腔肠动物，主要是珊瑚虫纲和水螅虫纲的种类；广义上是指由众多珊瑚虫及其分泌物和骸骨构成的组合体。珊瑚虫呈水螅型的个体，为中空的圆柱形，下端附着在物体的表面上，中央为一个具有消化功能的腔肠，腔肠上端为口道，口道外围有一圈或多圈可作一定程度伸展的触手（沈庆等，2008）。触手中有刺丝囊，囊中有含毒液的刺丝胞，因此触手具有防卫和捕食功能。通常，许多珊瑚虫聚合生长在一起，其消化腔可以相互连通。每个珊瑚虫底部的外胚层细胞能分泌石灰质物质，形成珊瑚的骨骼，由于这种骨骼是生长在体外，故被称为外骨骼。在珊瑚生长时，骨骼的表面为许多珊瑚虫体的肉质部分所包被，珊瑚虫死后，它们的骨骼就暴露出来，这就是俗称的“珊瑚”。珊瑚虫分泌的外骨骼，其化学成分主要为$CaCO_3$，以微晶方解石集合体形式存在，成分中还有一定数量的有机质，形态多呈树枝状，上面有纵条纹，每个单体珊瑚横断面有同心圆状和放射状条纹，通常颜色鲜艳美丽。因此，珊瑚具有较高的观赏价值，可以用作各式各样的装饰品，同时珊瑚还具有很高的药用价值。事实上，并不是所有的珊瑚都可以形成珊瑚礁，一般来说珊瑚可分为造礁珊瑚与非造礁珊瑚两大类。非造礁珊瑚一般多是单体，少数为小型的块状或枝状复体，这类珊瑚适应性强，特别是单体在低温和各种深度的环境中均能生存。造礁珊瑚和虫黄藻共生，具有分泌碳酸钙形成外骨骼的功能；珊瑚礁就是由造礁珊瑚及珊瑚藻、有孔虫、海绵、软体动物、棘皮动物等其他造礁生物经历长期生活、死亡后的骨骼逐渐堆积而形成的。造礁珊瑚及其他造礁生物分泌并不断堆积碳酸钙骨骼的速度可达每年每公顷 400～2000t（张乔民，2001）。

广西的珊瑚礁主要分布在北海市的涠洲岛和斜阳岛，防城港市的珍珠港也偶见有分布，其中涠洲岛的珊瑚礁面积最大，组成种类最多，发育比较好。

第二节　涠洲岛珊瑚礁生态环境

涠洲岛是广西沿岸海域最大的岛屿，位于北部湾东北部，地理坐标为 21°00′30″N～21°04′20″N 和 109°04′46″E～109°08′30″E，呈椭圆形，长 7.5km，宽 5.5km，全岛陆域面积 24.72km^2，岸线长 24.67km。涠洲岛是我国面积最大、发育最年轻、由火山喷发堆积而形成的岛屿，其分布的珊瑚礁地处北部湾珊瑚礁分布区的北缘，具有较高的科研价值。

一、地质地貌

涠洲岛位于喜山沉降带雷琼坳陷中的凸起构造上，露出地表和海底的基岩是更新世的火山岩系，由玄武质粉砂岩、砂岩、角砾岩和玄武岩组成（王国忠等，1987）。涠洲岛地势总体上呈现出西南高、东北低的特征。海岸地貌主要分为如下 4 个单元。①海积地貌区：分布在西岸石螺口、南岸南湾湾顶、东岸和北岸，岸上发育沙质海滩，部分岸段含少量砾石沉积，无泥质沉积。②海蚀地貌区：分布在西岸除石螺口以外地区、鳄鱼嘴和南岸东部，西岸海蚀作用最强，海蚀崖坍塌现象普遍，崖壁上可见现代海蚀穴和多级古海蚀穴；南湾内发育有古海蚀崖，整个南湾内缘发育半圆形呈近 90°直立的海蚀崖，活海蚀崖前发育现代海蚀平台，平台前为砾石沉积区。③珊瑚礁地貌：珊瑚礁从岸外–4～–2m深处开始发育，东、北岸规模最大，活体珊瑚生长带宽达 660m，礁平台宽达 2250m，西、南岸外未形成成熟礁坪。鳄鱼嘴海蚀平台的侵蚀坑内可见大量蜂巢珊瑚。④人工地貌：有码头、人工海堤、丁坝、港口和防波堤（林镇凯，2013）。对于珊瑚礁发育，梁文和黎广钊（2002b）根据珊瑚碎屑海滩岩的 ^{14}C 测年结果，指出在距今 7000a，涠洲岛造礁珊瑚生物首先在其北部后背塘、西牛角坑岸外生长发育形成珊瑚礁，其后距今约 4000a 以来，相继在其东部横岭、下牛栏和西南部竹蔗寮、滴水村岩外生长发育形成珊瑚礁。余克服等（2004）将涠洲岛珊瑚礁朝着外海方向划分为沙堤、海滩、礁坪和外礁坪珊瑚生长带等生物地貌带类型，珊瑚礁坪进一步分为内礁坪珊瑚稀疏带、中礁坪枝状珊瑚林带、外礁坪块状珊瑚带和礁前柳珊瑚带。

二、气温

通常，珊瑚生长的最低气温月平均为 13℃，最高气温月平均为 31℃。涠洲岛属南亚热带湿润季风气候，涠洲岛属南亚热带湿润季风气候，根据涠洲岛气象站 1981～2010 年气象观测资料统计分析，年平均气温为 23.3℃，最热月平均气温 29.0℃，最冷月平均最低为 15.5℃，历年极端最高气温 35.8℃，极端最低 2.9℃（廖秋香等，2012a）。

三、水温

根据涠洲岛海洋站 1960～1989 年海水温度资料进行统计，夏季多年各月平均水温为 29.25～30.35℃，冬季多年各月平均水温为 17.85～19.80℃；多年平均水温为 24.59℃，多年极端最高水温为35.0℃（出现在1963年7月8日），多年极端最低水温为12.3℃（出现在1968年2月25日）（黎广钊等，2004）。

四、光照

光照的强弱和时间长短是造礁珊瑚重要的生态因子之一（王国忠，2001）。光照能直接或间接地影响共生藻的存在、珊瑚骨骼外形与钙化速率，以及珊瑚营养能量获取的方式与途径（方力行，1989）。研究表明，光照可以通过两种机制影响珊瑚生长，一是光照有利于珊瑚共生藻的光合作用，促进珊瑚排出的CO_2被共生藻吸收，从而为珊瑚生长提供充足的O_2及生长所需要的物质；二是光照可以增加珊瑚周围溶液的过饱和度，加速了$CaCO_3$晶体的生长，促进珊瑚的钙化与生长（苏瑞侠和孙东怀，2003）。涠洲岛沿岸海域离大陆较近，受悬浮物影响，海水透明度与南海北部近岸浅海近似，小于10m，一般在2.55～6.0m。涠洲岛光照充足，多年平均日照总时数达2234h，是广西沿岸海域及岛屿区的日照时数最多的地区，日照百分率达51%。因此，涠洲岛沿岸海域光照和透明度适宜于浅水造礁珊瑚的生长、繁衍。

五、水深

海水透光率制约了现代珊瑚礁分布水深的下限。Wells（1956）认为造礁珊瑚生活的最大深度是90m，但是大多数生存不深于50m，尤其在20m以内的珊瑚生长最好。涠洲岛沿岸浅海的海水透明度小于10m，一般在2.55～6.00m；珊瑚主要分布于北部、东部、西南部沿岸水深在1～12.5m，尤以3～8m的近岸浅水区生长发育最好，而西部大岭海域，由于风蚀作用强烈，海岸与海底侵蚀活跃，不利于珊瑚生长，仅在近岸5m水深左右的基岩台阶上有个别珊瑚生长（王欣和黎广钊，2009）。

六、水化学

盐度是限制珊瑚分布的重要因素，造礁珊瑚能承受的盐度范围是27～42，生长最好的盐度是34～36。涠洲岛海区远离大陆，没有陆源淡水影响，pH较高，尤以春季较为明显，pH为8.16～8.30，秋季较春季低，pH为7.72～8.16；多年平均海水盐度32.0，最高为33.13，最低为31.4。海水溶解氧含量变化为5.4～8.69mg/L，平均73.1mg/L，其饱和度在90以上，全年无缺氧现象（王欣和黎广钊，2009）。

七、潮汐

潮汐限制了珊瑚生长空间的上限。涠洲岛的潮汐类型属于正规全日潮，平均潮差为2.35m，最大潮差为5.26m。

八、潮流

涠洲岛潮流以往复流为主，涨潮流向主要偏北，落潮流向偏南，潮流的旋转方向以顺时针为主。平均涨潮流速为19.5～34.7cm/s，平均落潮流速为28.4～48.6cm/s，最大涨潮流速为32.4～61.9cm/s，最大落潮流速为40.6～69.8cm/s。在流速上，表层流大于底层流，落潮流大于涨潮流。

九、波浪

由于波浪能驱动水体加速运动，促进海水中 O_2 和 CO_2 的交换，给珊瑚带来丰富的悬浮食物，并能冲刷掉礁面上的细粒沉积物，从而促进珊瑚的生长。但是，大的波浪会折断珊瑚的躯干和肢体，或将生长珊瑚的砾石翻动，使珊瑚体被碾碎或反扣在砾石下，或被碎屑物覆盖而死亡。涠洲岛区的波浪有风浪、涌浪及由风浪和涌浪组成的混合浪，其中以风浪为主。各月风浪出现频率为 98%～100%，涌浪和混合浪的频率较小，频率为 6%～35%。冬季浪向为北北东（NNE），夏季最多浪向为南南西（SSW）。

十、基底

由于珊瑚的浮浪幼体（planula）需要固着才能继续生长发育，因此珊瑚生长的好坏与基底条件密切相关。涠洲岛沿岸水下基底主要有基岩基底、珊瑚礁块基底、珊瑚沙砾屑基底 3 种类型。其中，较硬的基底如基岩、礁块及砾石等具备珊瑚生长的良好条件；浅海区的沙质、泥质基底松散不利于珊瑚的附着。局部区域的砾石、礁块上也会生长有零星或稀疏的珊瑚。涠洲岛沿岸北部为沙质基底，东部为礁石基底，西南部为礁石基底（黎广钊等，2004）。

第三节　涠洲岛珊瑚礁的分布及其变化

黄金森和张元林（1986）将涠洲岛珊瑚礁海岸沉积分为潮上、潮间和潮下 3 个环境，划定潮下带是造礁石珊瑚丛生带，组成种类有 21 属 45 种。莫永杰（1989）认为涠洲岛珊瑚海岸主要是造礁珊瑚所形成的岸礁，呈马蹄形分布于岛东、东北、北、西北、西南岸段平均水深 2.0～10.5m 处。根据其分布特征和地貌形态，可划分为珊瑚生长带和礁坪沉积带。其中，珊瑚生长带水深 3.5～10.5m，宽 60～650m，上部平缓，坡度 0.5°左右，下部变陡，坡度 1°～3°，活珊瑚盖度 20%～80%，优势种为蜂巢珊瑚（*Favia*）、菊花珊瑚（*Goniastrea*）、鹿角珊瑚（*Acropora*）、牡丹珊瑚等种类；礁坪沉积带水深 2～4m，宽 250～1025m 处，外缘与珊瑚生长带相接，内缘逐渐向潮滩过渡，底质以珊瑚遗体、贝壳及陆源碎屑为主，局部有活珊瑚零星分布。王国忠等（1987）调查得出涠洲岛珊瑚生长带分布于水深 3.5～10.5m 处，按照地形和珊瑚发育程度可划分为上、下两个部分。其中，上部水深 3.5～5.0m，宽 40～350m，坡度一般为 0.5°～0.6°，局部可达 5.6°；种类以块状蜂巢珊瑚、菊花珊瑚、扁脑珊瑚（*Platygyra*）等为主，局部为匍匐状和枝状的鹿角珊瑚，仅在东北岸外以叶状的牡丹珊瑚占优势；活珊瑚盖度 20%～80%，是珊瑚生长发育最好的地带。下部水深 3.5～5.0m，宽 20～300m，坡度较陡，多数为 1°～3°，局部可达 7°～15°；种类以匍匐状和枝状鹿角珊瑚为主，其次是块状的蜂巢珊瑚、菊花珊瑚、刺星珊瑚（*Cyphastrea*）等，东北岸以直径为 1～3m 的叶片状牡丹珊瑚占优势。此外，在礁坪沙砾沉积带上，有块状珊瑚零星分布，局部有高 60～90cm 的枝状珊瑚密集生长。根据广西海洋局 2001 年组织的调查研究，现代活珊瑚主要分布于涠洲岛西南和东北部水深 1～10m 处的珊瑚礁坪，活珊瑚的盖度在比较大面积的区域达到了 30%以上，高盖度的现代珊瑚礁主要分布区域为 1～5m 的水深（余克服等，2004）。王欣和黎广钊（2009）调查了涠洲岛珊瑚分布的水深范围及其优势种组成特征，如表 9-1 所示。其中，北部沿岸礁坪水深 0～5m 是以匍匐鹿角珊瑚（*Acropora palmerae*）、美丽鹿角珊瑚（*Acropora formosa*）为优势种群，珊瑚生长带水深 4.0～12.5m 是以佳丽鹿角珊瑚、交替扁脑珊瑚（*Platygyra crosslandi*）、标准蜂巢珊瑚（*Favia speciosa*）为优势种群，珊瑚平均盖度为 20%～40%，局部达 70%；东部沿岸礁坪水深 0～4m 优势种不明显，珊瑚生长带水深 4～11m 是以叶状牡丹珊瑚(*Pavona frondifera*)占优势，珊瑚盖度为 10%～20%，局部达 50%～60%；西南部沿岸礁坪水深 1～5m 是以直枝鹿角珊瑚、多枝鹿角珊瑚、叶状蔷薇珊瑚（*Montipora foliosa*）为优势种，珊瑚生长带水深 4～10m 是以标准蜂巢珊瑚、网状菊花珊瑚（*Goniastrea retiformis*）、十字牡丹珊瑚（*Pavona decussata*）为优势种，珊瑚盖度为 30%～80%；西部大岭沿岸只有角蜂巢珊瑚属、滨珊瑚属等种类零星分布。黄晖等（2009）采用国际上通用的定量方法截线样条法调查涠洲岛海域珊瑚的种类、分布、盖度等发现：南湾的活造礁石珊瑚分布水深为 1～3m，盖度 5.67%；西南部滴水丹屏的活造礁石珊瑚分布水深为 1～5m，盖度水深 1～3m 为 23%，3～5m 为 47.7%，平均 35.3%；北部北港的活造礁石珊瑚分布水深为 1～5m，盖度水深为 1～3m 为 2.67%，3～5m 为 63.7%，平均 33.2%；东北—东南海域，如公山、横岭、猪仔岭等，活造礁石珊瑚很少，盖度小于 1%。梁文等（2010b）根据 2007 年 10～11 月和 2008 年 4～5 月的样条调查，得出涠洲岛共有石珊瑚 10 科 22 属 46 种及 9 个未定种，西南部、东北部沿岸海域属种较多，有 8 科 13 属，珊瑚种群的生物多样性程度较高。涠洲岛活石珊瑚的平均盖度以西北部沿岸、东北部沿岸海域较高，东南部、北部、西南部次之，分别为 25.3%、24.58%、17.58%、12.1%、8.45%。涠洲岛的西南面和东南面沿岸海域长年受到船舶停靠和输运、过度捕捞、大规模挖礁、岸上及海上养殖等人为干扰胁迫，石珊瑚覆盖相对较低。

表 9-1　涠洲岛沿岸浅海珊瑚分布水深及优势种组成特征

分布岸段	礁坪			珊瑚生长带			
	宽/m	水深/m	优势种	宽/m	水深/m	优势种	活珊瑚盖度
北部沿岸	1025	0～5	块状珊瑚零星分布，局部有枝状珊瑚密集生长，匍匐鹿角珊瑚（*Acropora palmerae*）、美丽鹿角珊瑚（*Acropora formosa*）为优势种群	660	4.0～12.5	优势种为佳丽鹿角珊瑚（*Acropora pulchra*）、交替扁脑珊瑚（*Platygyra crosslandi*）、标准蜂巢珊瑚（*Favia speciosa*）	20%～40%（局部达 70%）
东部沿岸	475	0～4	有枝状和匍匐状鹿角珊瑚，如多枝鹿角珊瑚（*Acropora sarmentosa*）、普哥滨珊瑚（*Porites pukoensis*）等，优势种不明显	350	4～11	以叶状牡丹珊瑚（*Pavona frondifera*）占优势，常见种有标准蜂巢珊瑚、少片菊花珊瑚（*Goniastrea yamanarii*）、中华扁脑珊瑚（*Platygyra sinensis*）等	10%～20%（局部达 50%～60%）
西南部沿岸	215	1～5	以直枝鹿角珊瑚、多枝鹿角珊瑚、叶状蔷薇珊瑚（*Montipora foliosa*）为优势种	215	4～10	以标准蜂巢珊瑚、网状菊花珊瑚（*Goniastrea retiformis*）、十字牡丹珊瑚（*Pavona decussata*）为优势种	30%～80%（珊瑚枝高 40～85cm）

续表

分布岸段	礁坪			珊瑚生长带			
	宽/m	水深/m	优势种	宽/m	水深/m	优势种	活珊瑚盖度
西部大岭沿岸	20	±5	零星分布有角蜂巢珊瑚属（*Favites*）、滨珊瑚属（*Porites*）等种类	无	无	无	无

注：资料来源于王欣和黎广钊（2009）。根据《中国生物物种名录》（2016版）（中国科学院生物多样性委员会，2016）和《中国海洋生物名录》（刘瑞玉，2008），表中的普哥滨珊瑚（*Porites pukoensis*）和鹿角珊瑚（*Acropora prostrata*）应分别订正为团块滨珊瑚（*Porites lobata*）和多孔鹿角珊瑚（*Acropora millepora*）

第四节　涠洲岛珊瑚礁的种类组成

关于涠洲岛珊瑚礁的种类组成，由于调查的年代、站位、方法等不同，不同学者记载的种类数量有所差异，如黄金森和张元林（1987）记载21属45种，邹仁林等（1988）记载1964年和1984年对涠洲岛珊瑚群落进行两次调查发现的珊瑚种类分别为8科22属32种和8科23属35种，王敏干等（1998）记载19属17种和8个未定种，广西红树林研究中心（2006）记载12科16属33种，王欣（2009）记载7科15属24种等。近年来，比较系统的野外调查是在2007年10～11月和2008年4～5月进行，共发现10科22属46种和9个未定种。其中，角蜂巢珊瑚属、滨珊瑚属和蔷薇珊瑚属为优势类群，其属级重要值百分比分别为25.78%、17.47%和15.11%，其余属重要值百分比均低于9%的有15属，低于1%的有5属，说明涠洲岛珊瑚群落属级组成上的均匀度较高。在科级的组成上，蜂巢珊瑚科（Faviidae）、滨珊瑚科（Poritidae）、鹿角珊瑚科（Acroporidae）为优势类群，其科级重要值百分比分别为41.78%、24.91%和16.17%，其余7科的重要值百分比均低于9%（梁文等，2010a）。周浩郎和黎广钊（2014）整理的历年记录的涠洲岛珊瑚种类组成情况如表9-2所示。

表9-2　历年记录的涠洲岛珊瑚种类

科	属	种	1964年	1984年	1987年	1998年	2001年	2005年	2006年	2009年	2010年
铁星珊瑚科 Siderastreidae	沙珊瑚属 *Psammocora*	毗邻沙珊瑚 *Psammocora contigua*		+					+		
		深室沙珊瑚 *Psammocora profundacella*	+								
		沙珊瑚1 *Psammocora* sp. 1			+						
		沙珊瑚2 *Psammocora* sp. 2				+					
	假铁星珊瑚属 *Pseudosiderastrea*	假铁星珊瑚 *Pseudosiderastrea* sp.			+						
鹿角珊瑚科 Acroporidae	鹿角珊瑚属 *Acropora*	松枝鹿角珊瑚 *Acropora brueggemanni*		+							+
		伞房鹿角珊瑚 *Acropora corymbosa**							+		

续表

科	属	种	1964年	1984年	1987年	1998年	2001年	2005年	2006年	2009年	2010年
鹿角珊瑚科 Acroporidae	鹿角珊瑚属 *Acropora*	浪花鹿角珊瑚 *Acropora cytherea*		+		+					+
		花鹿角珊瑚 *Acropora florida*									+
		美丽鹿角珊瑚 *Acropora formosa*		+		+			+	+	+
		粗野鹿角珊瑚 *Acropora humilis*	+	+		+	+			+	+
		宽片鹿角珊瑚 *Acropora lutkeni*							+		
		多孔鹿角珊瑚 *Acropora millepora*	+	+			+	+	+	+	+
		匍匐鹿角珊瑚 *Acropora palmerae*				+	+				+
		霜鹿角珊瑚 *Acropora pruinosa*		+							+
		佳丽鹿角珊瑚 *Acropora pulchra*	+					+	+		
		隆起鹿角珊瑚 *Acropora tumida*							+		
		狭片鹿角珊瑚 *Acropora yongei*									+
		鹿角珊瑚 1 *Acropora* sp. 1				+					
		鹿角珊瑚 2 *Acropora* sp. 2					+				
		鹿角珊瑚 3 *Acropora* sp. 3					+				+
		鹿角珊瑚 4 *Acropora* sp. 4					+				+
		鹿角珊瑚 5 *Acropora* sp. 5			+						
	假鹿角珊瑚属 *Anacropora*	尖锥假鹿角珊瑚 *Anacropora tapera*	+								
		假鹿角珊瑚 *Anacropora* sp.			+						
	星孔珊瑚属 *Astreopora*	多星孔珊瑚 *Astreopora myriophthalma*	+								
	蔷薇珊瑚属 *Montipora*	指状蔷薇珊瑚 *Montipora digitata*							+		
		繁锦蔷薇珊瑚 *Montipora efflorescens*							+	+	+
		叶状蔷薇珊瑚 *Montipora foliosa*							+		
		浅窝蔷薇珊瑚 *Montipora foveolata*	+								
		鬃刺蔷薇珊瑚 *Montipora hispida*	+								

续表

科	属	种	1964年	1984年	1987年	1998年	2001年	2005年	2006年	2009年	2010年
鹿角珊瑚科 Acroporidae	蔷薇珊瑚属 *Montipora*	变形蔷薇珊瑚 *Montipora informis*				+					
		单星蔷薇珊瑚 *Montipora monasteriata*	+	+					+		
		膨胀蔷薇珊瑚 *Montipora turgescens*								+	+
		蔷薇珊瑚 1 *Montipora* sp. 1			+						
		蔷薇珊瑚 2 *Montipora* sp. 2							+		
菌珊瑚科 Agariciidae	厚丝珊瑚属 *Pachyseris*	标准厚丝珊瑚 *Pachyseris speciosa*							+		
	牡丹珊瑚属 *Pavona*	十字牡丹珊瑚 *Pavona decussata*	+	+		+	+	+	+	+	+
		叶状牡丹珊瑚 *Pavona frondifera*	+						+	+	+
		小牡丹珊瑚 *Pavona minuta*									+
		易变牡丹珊瑚 *Pavona varians*	+								
		牡丹珊瑚 1 *Pavona* sp. 1			+						+
		牡丹珊瑚 2 *Pavona* sp. 2		+							+
滨珊瑚科 Poritidae	角孔珊瑚属 *Goniopora*	柱状角孔珊瑚 *Goniopora columna*		+		+		+			+
		大角孔珊瑚 *Goniopora djiboutiensis*									+
		二异角孔珊瑚 *Goniopora duofasciata**	+				+		+	+	+
		斯氏角孔珊瑚 *Goniopora stutchburyi*					+			+	+
		角孔珊瑚 1 *Goniopora* sp. 1			+						
		角孔珊瑚 2 *Goniopora* sp. 2						+	+		
	滨珊瑚属 *Porites*	扁枝滨珊瑚 *Porites andrewsi**	+								
		澄黄滨珊瑚 *Porites lutes*		+		+	+	+	+	+	+
		普哥滨珊瑚 *Porites pukoensis**		+							
		滨珊瑚 1 *Porites* sp. 1			+						
		滨珊瑚 2 *Porites* sp. 2				+					+
木珊瑚科 Dendrophylliidae	陀螺珊瑚属 *Turbinaria*	漏斗陀螺珊瑚 *Turbinaria crater*									+
		优雅陀螺珊瑚 *Turbinaria elegans**	+						+		
		叶状陀螺珊瑚 *Turbinaria foliosa**							+		

续表

科	属	种	1964年	1984年	1987年	1998年	2001年	2005年	2006年	2009年	2010年
木珊瑚科 Dendrophylliidae	陀螺珊瑚属 *Turbinaria*	复叶陀螺珊瑚 *Turbinaria frondens*	+								+
		不规则陀螺珊瑚 *Turbinaria irregularis*		+							
		皱折陀螺珊瑚 *Turbinaria mesenterina*	+	+							+
		盾形陀螺珊瑚 *Turbinaria peltata*	+	+			+				+
		小星陀螺珊瑚 *Turbinaria stellulata*	+						+		
		波形陀螺珊瑚 *Turbinaria undata**	+								
		陀螺珊瑚 1 *Turbinaria* sp. 1			+						
		陀螺珊瑚 2 *Turbinaria* sp. 2							+		
枇杷珊瑚科 Oculinidae	盔形珊瑚属 *Galaxea*	稀杯盔形珊瑚 *Galaxea astreata*	+	+			+		+	+	+
		丛生盔形珊瑚 *Galaxea fascicularis*	+	+		+		+	+		+
		盔形珊瑚 *Galaxea* sp.			+						
裸肋珊瑚科 Merulinidae	刺柄珊瑚属 *Hydnophora*	腐蚀刺柄珊瑚 *Hydnophora exesa*							+		+
		刺柄珊瑚 *Hydnophora* sp.			+						
	裸肋珊瑚属 *Merulina*	阔裸肋珊瑚 *Merulina ampliata*									+
蜂巢珊瑚科 Faviidae	刺星珊瑚属 *Cyphastrea*	锯齿刺星珊瑚 *Cyphastrea serailia*	+	+			+			+	+
		刺星珊瑚 1 *Cyphastrea* sp. 1			+						
		刺星珊瑚 2 *Cyphastrea* sp. 2				+					
	双星珊瑚属 *Diploastrea*	同双星珊瑚 *Diploastrea heliopora*									+
	刺孔珊瑚属 *Echinopora*	宝石刺孔珊瑚 *Echinopora gemmacea*									+
		薄片刺孔珊瑚 *Echinopora lamellosa*					+				
		刺孔珊瑚 *Echinopora* sp.		+				+			
	蜂巢珊瑚属 *Favia*	黄癣蜂巢珊瑚 *Favia favus*				+					+
		翘齿蜂巢珊瑚 *Favia matthaii*	+			+			+		+
		帛琉蜂巢珊瑚 *Favia palauensis**								+	+

续表

科	属	种	1964年	1984年	1987年	1998年	2001年	2005年	2006年	2009年	2010年
蜂巢珊瑚科 Faviidae	蜂巢珊瑚属 *Favia*	罗图马蜂巢珊瑚 *Favia rotumana*		+							
		标准蜂巢珊瑚 *Favia speciosa*	+	+		+	+		+	+	+
		蜂巢珊瑚 1 *Favia* sp. 1			+						
		蜂巢珊瑚 2 *Favia* sp. 2		+				+			
	角蜂巢珊瑚属 *Favites*	秘密角蜂巢珊瑚 *Favites abidita*	+	+		+		+	+	+	+
		多弯角蜂巢珊瑚 *Favites flexuosa*					+			+	+
		海孔角蜂巢珊瑚 *Favites halicora*		+				+		+	+
		五边角蜂巢珊瑚 *Favites pentagona*								+	+
		角蜂巢珊瑚 1 *Favites* sp. 1			+						
		角蜂巢珊瑚 2 *Favites* sp. 2						+			+
	菊花珊瑚属 *Goniastrea*	粗糙菊花珊瑚 *Goniastrea aspera*		+		+					
		网状菊花珊瑚 *Goniastrea retiformis*		+							+
		少片菊花珊瑚 *Goniastrea yamanarii**	+							+	+
		菊花珊瑚 1 *Goniastrea* sp. 1			+						
		菊花珊瑚 2 *Goniastrea* sp. 2					+	+			
		菊花珊瑚 3 *Goniastrea* sp. 3		+							
	小星珊瑚属 *Leptastrea*	紫小星珊瑚 *Leptastrea purpurea*		+		+	+			+	+
		横小星珊瑚 *Leptastrea transversa*	+								
		小星珊瑚 *Leptastrea* sp.			+						
	圆菊珊瑚属 *Montastraea*	简短圆菊珊瑚 *Montastraea curta*									+
	扁脑珊瑚属 *Platygyra*	交替扁脑珊瑚 *Platygyra crosslandi*	+						+	+	+
		精巧扁脑珊瑚 *Platygyra daedalea*	+	+					+		
		中华扁脑珊瑚 *Platygyra sinensis*				+	+				
		扁脑珊瑚 1 *Platygyra* sp. 1			+						
		扁脑珊瑚 2 *Platygyra* sp. 2									+
		扁脑珊瑚 3 *Platygyra* sp. 3						+			+

续表

科	属	种	1964年	1984年	1987年	1998年	2001年	2005年	2006年	2009年	2010年
蜂巢珊瑚科 Faviidae	同星珊瑚属 *Plesiastrea*	多孔同星珊瑚 *Plesiastrea versipora*					+			+	+
		同星珊瑚 *Plesiastrea* sp.			+						
梳状珊瑚科 Pectiniidae	刺叶珊瑚属 *Echinophyllia*	粗糙刺叶珊瑚 *Echinophyllia aspera*					+		+	+	+
		刺叶珊瑚 *Echinophyllia* sp.		+	+	+					
杯形珊瑚科 Pocilloporidae	杯形珊瑚属 *Pocillopora*	杯形珊瑚 *Pocillopora* sp.				+					
石芝珊瑚科 Fungiidae	帽状珊瑚属 *Halomitra*	小帽状珊瑚 *Halomitra pileus*		+							
	足柄珊瑚属 *Podabacia*	壳形足柄珊瑚 *Podabacia crustacea*							+		+
		足柄珊瑚 *Podabacia* sp.	+		+						
	柱状珊瑚属 *Stylophora*	柱状珊瑚 *Stylophora* sp.				+					
裸肋珊瑚科 Merulinidae	刺柄珊瑚属 *Hydnophora*	腐蚀刺柄珊瑚 *Hydnophora exesa*	+	+						+	
	裸肋珊瑚属 *Merulina*	裸肋珊瑚 *Merulina* sp.			+						
褶叶珊瑚科 Mussidae	合叶珊瑚属 *Symphyllia*	菌状合叶珊瑚 *Symphyllia agaricia*							+		
		蓟珊瑚 *Scolymia* sp.				+					
	叶状珊瑚属 *Lobophyllia*	肋叶状珊瑚 *Lobophyllia costata**				+					
		赫氏叶状珊瑚 *Lobophyllia hemprichii*		+							
		叶状珊瑚 *Lobophyllia* sp.									+
	棘星珊瑚属 *Acanthastrea*	棘星珊瑚 *Acanthastrea echinata*		+							
		棘星珊瑚 *Acanthastrea* sp.				+					
种类数量			32	35	21	26	21	14	33	24	55

注：资料来源于周浩郎和黎广钊（2014）

*根据《中国生物物种名录》（2016版）（中国科学院生物多样性委员会，2016）、《中国海洋生物名录》（刘瑞玉，2008）等文献资料，表中的普哥滨珊瑚（*Porites pukoensis*）、伞房鹿角珊瑚（*Acropora corymbosa*）、二异角孔珊瑚（*Goniopora duofasciata*）、波形陀螺珊瑚（*Turbinaria undata*）、优雅陀螺珊瑚（*Turbinaria elegans*）、叶状陀螺珊瑚（*Turbinaria foliosa*）、扁枝滨珊瑚（*Porites andrewsi*）、帛琉蜂巢珊瑚（*Favia palauensis*）、少片菊花珊瑚（*Goniastrea yamanarii*）、肋叶状珊瑚（*Lobophyllia costata*）应分别订正为团块滨珊瑚（*Porites lobata*）、小枝鹿角珊瑚（*Acropora microclados*）、平角孔珊瑚（*Goniopora planulata*）、皱折陀螺珊瑚（*Turbinaria mesenterina*）、肾形陀螺珊瑚（*Turbinaria reniformis*）、复叶陀螺珊瑚（*Turbinaria frondens*）、柱状滨珊瑚（*Porites cylindrica*）、帛琉菊花珊瑚（*Goniastrea palauensis*）、中华角蜂巢珊瑚（*Favites chinensis*）、赫氏叶状珊瑚（*Lobophyllia hemprichii*）

第十章　广西滨海湿地退化特征及其驱动力

滨海湿地是处于海洋和陆地之间过渡地带的湿地类型，是世界生物多样性最丰富、生物量最高和最具价值的生态系统之一。滨海湿地既是一种重要的物质资源，也是一种重要的环境资源，它的变化不仅影响区域经济和社会的可持续发展，也影响区域乃至世界生态环境的变化。例如，滨海湿地可以提供各种动植物产品，在改善气候、稳固海岸线、抵御海洋灾害、控制海岸侵蚀、降解环境污染、提供野生动植物生境等方面具有重要作用，同时也为海水养殖业、盐业等发展提供重要的基础。随着滨海城市、工业、农业、海水养殖业、旅游业等的发展，许多自然滨海湿地被占用或开垦为人工湿地，原生生境大面积被破坏乃至消亡，环境污染加剧，湿地生产力日趋下降，沿海生境严重恶化等湿地退化现象日渐严重。因此，滨海湿地的动态变化及其生态安全状况直接影响沿海经济的发展和社会的进步，故对滨海湿地退化、生态恢复和重建的研究成为当前湿地科学领域热点之一。

第一节　滨海湿地退化的概念及其特征

一、滨海湿地退化的概念

关于湿地退化（wetland degradation）的概念，目前尚未形成统一的定论。国外学者或者相关机构主要从湿地功能的角度阐释湿地退化的含义，如美国 Minnehaha 流域管理委员会认为湿地退化是指由于人类活动影响引起湿地只能提供最小的功能和价值的变化，强调人类活动对湿地功能和服务价值造成的破坏；美国国家食物安全行动指南中将湿地退化认为是人类活动影响导致湿地一种或多种功能的减弱、受损或破坏，强调人为活动对湿地的作用和湿地退化主要是湿地功能的退化（崔保山和杨志峰，2006）；Bunn 等（1997）认为澳大利亚湿地退化的主要原因是水文情势改变、生境变化、污染物质、外来入侵种等。国内对湿地退化的定义则多侧重于湿地退化的动态过程，如张晓龙和李培英（2004）认为湿地退化是自然环境变化或者人类不合理利用导致的湿地生态系统结构破坏、功能衰退、多样性减少、生产力下降等一系列生态环境恶化的现象；章家恩和徐琪（1999）认为湿地退化主要是由于自然环境变化或者人类不合理开发利用所造成的湿地结构和功能简化、生产力和抗逆力低、生物多样性下降等。韩大勇等（2012）认为湿地退化是指在不合理的人类活动或不利的自然因素影响下使湿地生态系统的结构和功能不合理、弱化甚至丧失的过程，并引发系统的稳定性、恢复力、生产力及服务功能在多个层次上发生退化。在退化过程中，系统的结构和功能均发生改变，能量流动、物质循环与信息传递等过程失调，系统熵值增加，并向低能量级转化。

滨海湿地是湿地的主要类型之一，由于其所处的地理位置特殊，要受到陆地、海洋和人类活动的多重影响，是生态相对脆弱的区域。滨海湿地退化是指因自然环境变化或者人为干扰而造成滨海湿地受损或者破坏的过程，主要表现为滨海湿地的自然面积减少、景观破碎化、生态系统结构破坏、生态系统功能衰退或丧失、生物多样性减少、生物生产力下降、资源逐渐丧失等。滨海湿地退化是世界沿海各国普遍存在的生态环境问题，既是对环境变化的反应，也是对环境造成威胁。据估计，目前全世界湿地已经损失了约 50%，特别是在以水力文明为主的欧洲和居住全球 70%以上人口的海岸带，湿地损失率特别高（Mitsch and Gosselink，2000）。

二、滨海湿地退化的驱动力

引起滨海湿地退化的驱动力主要有自然因素和人为因素两大方面。其中，自然因素有气候变化、波浪、潮汐、海流、风暴潮、海平面上升、入海河流水文变化、外来种入侵等；人为因素有滩涂养殖、围填海、海岸工程、港口建设、生物资源过度利用、海沙开采、污染物排放、养殖污染等。

三、滨海湿地退化模式

滨海湿地退化是一种逆向演替过程，通常概括为滨海湿地物理退化、化学退化和生物退化 3 个方面（张绪良等，2004；裴艳，2013）。其中，滨海湿地退化的物理方面表现为湿地面积变化、景观格局变化等方面，如自然湿地面积减小、人工湿地面积增大、湿地景观破碎化等；滨海湿地退化的化学方面表现为温室气体排放增加、水体富营养化、赤潮灾害增强、底质和渔获物污染、含盐量变化等方面；滨海湿地退化的生物方面主要表现为生物多样性水平下降、净初级生产力降低、渔获量减小、植被退化演替等方面（图 10-1）。

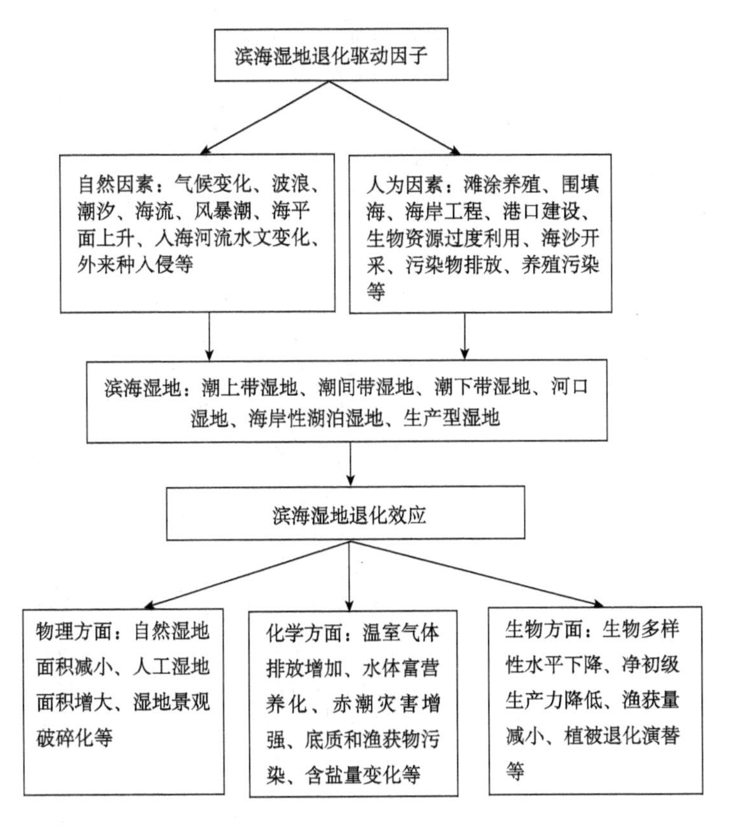

图 10-1　滨海湿地退化模式

四、滨海湿地退化程度评价

开展滨海湿地的退化评估，可为滨海地区生态环境建设和社会经济发展提供决策或者参考依据，具有重要的现实意义。滨海湿地退化的具体表征是多个方面的，如杨晨玲等（2014）从非生物、生物和功能 3 个方面，采用土壤污染、水污染、大气污染、生物量、物种多样性、优势度、大型底栖动物、鸟类、水质净化能力、栖息地、水文调节和物质生产功能 12 个指标来评价广西滨海湿地生态系统退化现状。要定性和定量地评价滨海湿地的退化状况，必须要有明确的评价指标，同时也便于采取相应的措施来科学地保护、修复或者重建受损的滨海湿地生态系统，实现区域经济与生态环境的协调发展。因此，建立一套合理的评价指标体系，能够正确地评估一定区域的滨海湿地退化状况，具有非常现实的指导意义。根据湿地退化程度，自然滨海湿地可以划分为未退化、轻度退化、中度退化、重度退化、极度退化和丧失 6 种退化等级；按照典型性、通用性、可量化、现实性、可操作性等原则，各个退化等级的主要评价指标及其特征如表 10-1 所示。

表 10-1　自然滨海湿地退化程度及其特征

主要评价指标		退化等级及其特征					
		未退化	轻度退化	中度退化	重度退化	极度退化	丧失
人为干扰	程度大小	很小	小	较大	大	极大	原有自然湿地特征丧失，成为陆地或者盐田、养殖塘等人工湿地
湿地面积	减少率/%	＜5	5～20	20～40	40～70	＞70	
湿地生境	自然性	自然为主	自然为主，人为干扰小	自然为主，人为干扰较大	具有一定自然性，人为干扰大	基本丧失，人为干扰极大	
	连续性	完整	较完整	轻度破碎化	中度破碎化	严重破碎化	
	稳定性	强	较强	较小	小	极小	
	自然岸线	稳定	较稳定	轻度侵蚀	中度侵蚀	严重侵蚀	
	水质	Ⅰ类	Ⅱ类	Ⅲ类	Ⅳ类	Ⅴ类或劣Ⅴ类	
	土壤	稳定	较稳定	轻度沙化	中度沙化	严重沙化	
	沉积物	清洁	较清洁	轻度污染	中度污染	严重污染	
	外来种侵占面积/%	＜5	5～20	20～40	40～70	＞70	
湿地植被	面积减少率/%	＜10	10～30	30～50	50～90	＞90	
	优势种盖度减少率/%	＜5	5～20	20～50	50～80	＞80	
	层次结构	稳定	轻度受损	中度受损	严重受损	基本不存在	
湿地动物	底栖动物减少率/%	＜5	5～20	20～40	40～70	＞70	
	水鸟减少率/%	＜10	10～30	30～50	50～80	＞80	

续表

主要评价指标		退化等级及其特征					
		未退化	轻度退化	中度退化	重度退化	极度退化	丧失
湿地功能	持续性	稳定	部分减弱	部分衰退或丧失	大部分丧失	几乎完全丧失	原有自然湿地特征丧失，成为陆地或者盐田、养殖塘等人工湿地
	栖息地	良好	较好	轻度恶化	中度恶化	严重恶化	
	食物链	复杂的网状结构	较复杂的网状结构	简单的网状结构	极简单的网状结构	几乎单链结构	
	生物多样性下降率/%	<5	5～20	20～50	50～70	>70	
	自净能力	强	较强	弱	较弱	极弱	
	生物生产力	高	较高	一般	较低	低	
	生态景观价值	高	较高	一般	较低	低	
湿地恢复	自然恢复能力	强，自然恢复时间短	较强，自然恢复时间较长	较弱，自然恢复时间长	弱，丧失自然恢复能力	极弱，不能恢复原貌	

第二节　红树林湿地退化特征及其驱动力

红树林湿地退化是指因自然环境变化或者人为干扰而造成红树林湿地受损或者破坏的过程。

一、红树林湿地退化特征

（一）自然红树林面积下降

自然红树林面积减少是红树林湿地退化最显著的特征之一，也是世界滨海湿地面临的主要问题之一。自 20 世纪 50 年代以来，在自然因素和人为干扰的双重驱动下，红树林遭受了较大的破坏，世界约 35%的红树林已经消失。中国的红树林面积变化呈现先减少后增加的趋势（表 10-2），如从 20 世纪 50 年代的 42 001hm^2 迅速减少到 2000 年的 22 024.9hm^2，后又快速增加到 2013 年的 34 472.14hm^2，这主要是由于 2000 年以后，中国政府更加重视湿地的保护和恢复工作，实施了一批红树林生态恢复和修复工程项目，主要采取人工造林的方式增加了红树林面积（但新球等，2016）。广西原有红树林面积约 24 000hm^2（范航清，2000），其面积变化和全国的一样，也是呈现先减少后增加的趋势（表 4-14，表 10-2），特别是近年来红树林面积保持相对的稳定且有一定增长（孟宪伟和张创智，2014；但新球等，2016）。例如，夏阳丽（2014）以 1960/1976 年、1990s 年、2001 年、2007 年和 2010 年的航空像片和高空间分辨率遥感像片为数据源，分析了 1960～2010 年广西主要海湾红树林斑块数量和面积变化情况（表 10-3），得出广西滨海红树林斑块 1960/1976 年有 720 个，红树林面积为 7996.8hm^2，红树林斑块数量 2010 年增加至 1265 个，红树林面积为 6529.7hm^2；1960～2010 年红树林斑块数量增加了 75.69%，年均增加率为 1.51%，而红树林面积减少了

18.35%，年均减少率为 0.37%。红树林斑块数量变化的主要原因有：①当地居民挖掘动物或过度放牧，造成部分红树林死亡或者斑块萎缩、破碎；②在红树林内修建码头、旅游设施等；③环境污染导致局部红树林死亡；④砍伐或围垦红树林；⑤自然灾害；⑥部分滩涂、次生裸地红树林自然生长或恢复等。根据 2011 年广西第二次湿地资源调查结果，广西的红树林面积为 8780.73hm^2（国家林业局，2015）；贾明明（2014）报道 2013 年广西沿海红树林面积为 8425hm^2。红树林面积的增加主要是由于建立了红树林自然保护区和人工种植红树林。

表 10-2　中国红树林分布面积变化（单位：hm^2）

资料来源	海南	广西	广东	福建	台湾	浙江	香港	澳门	合计
20 世纪 50 年代调查（国家海洋局，1996）	9 992	10 000	21 289	720					42 001
20 世纪 50 年代调查（国家海洋局，1996）	4 667	8 000	4 000	368					17 035
海岸带林业调查（国家海洋局，1996）	4 800	8 014	8 053	416					21 283
海岸带地貌调查（陈吉余，1995）	4 800	4 667	8 200	2 000	3 333				23 000
廖宝文等（1992）	4 836	6 170	4 667	416	120				16 209
范航清（1993）	4 836	5 654	3 813	250	300				14 853
林鹏等（1995）	4 836	4 523	3 813	260	120	8	85	1	13 646
何明海和范航清（1995）	4 836	5 654	3 526	360	120	8	85	1	14 590
张乔民等（1997b）	4 836	5 654	3 813	360	120	8	85	1	14 877
国家林业局 2001 年调查（国家林业局森林资源管理司，2002）	3 930.3	8 374.9	9 084	615.1		20.6			22 024.9
吴培强（2012）	4 891.2	6 594.5	12 130.9	941.9		19.9			24 578.4
贾明明（2014）	4 033	8 425	16 348	3 437	485	268			32 996
但新球等（2016）	4 736.05	8 780.73	19 751.23	1 184.02		20.11			34 472.14

注：资料来源于但新球等（2016）

表 10-3　1960～2010 年广西主要海湾红树林斑块数量和面积

海湾名称	面积/hm^2					斑块数量/个				
	1960/1976 年	1990s 年	2001 年	2007 年	2010 年	1960/1976 年	1990s 年	2001 年	2007 年	2010 年
北仑河口	90.0	87.4	93.9	83.9	87.2	12	18	24	33	38
珍珠港	1077.8	996.1	912.5	878.5	887.6	24	33	45	56	65
防城港西湾	331.0	264.2	232.3	153.4	146.3	21	37	24	27	28
防城港东湾	624.3	594.6	550.4	525.2	502.4	49	112	79	104	105
茅尾海	1055.4	1208.5	1208.0	1110.6	1182.7	55	94	133	198	193
金鼓江	665.9	205.3	180.9	152.0	133.8	68	43	63	125	125
铁州湾外湾	203.4	162.4	205.6	208.4	206.7	50	29	58	85	84
大风江	592.8	583.3	493.6	527.8	517.9	97	75	114	204	200
廉州湾	747.6	623.7	499.9	546.2	789.0	61	38	63	101	105
北海东岸	933.2	355.7	350.1	284.5	281.0	71	29	33	72	65
铁山港	1152.9	1018.8	927.3	986.6	1018.6	132	62	87	177	182

续表

海湾名称	面积/hm²					斑块数量/个				
	1960/1976 年	1990s 年	2001 年	2007 年	2010 年	1960/1976 年	1990s 年	2001 年	2007 年	2010 年
丹兜湾	316.4	478.9	497.8	529.0	555.1	48	18	33	46	47
英罗湾	206.1	184.9	197.1	214.0	221.4	32	21	18	28	28
研究区	7996.8	6763.8	6349.4	6200.1	6529.7	720	609	774	1256	1265

注：资料来源于夏阳丽（2014）

（二）红树林湿地物种多样性降低

红树林湿地不仅是红树植物及一些盐沼植物生长环境，而且也是许多其他湿地生物的生长发育、觅食、繁殖或者躲避敌害等的重要场所，如我国红树林湿地现已知的生物种类有 2895 种，包括真菌 136 种、放线菌 13 种、细菌 7 种、小型藻类 441 种、大型藻类 55 种、维管植物 37 种、浮游动物 109 种、底栖动物 873 种、游泳动物 258 种、昆虫 434 种、蜘蛛 31 种、两栖类 13 种、爬行类 39 种、鸟类 421 种和兽类 28 种（何斌源等，2007）。红树林湿地退化直接影响这些依赖于红树林生境的物种生长和繁衍，由此导致红树林湿地物种多样性的降低，引起相关食物链或食物网结构发生变化，甚至简单化，最终导致红树林湿地稳定性下降。例如，范航清等（1996）曾报道由于人为滥捕，英罗湾红树林区大型底栖动物和游泳动物的数量分别下降了约 60%和 80%，认为传统的捕获萎缩了生态食物网的通量，破碎了生境，威胁着种群的繁衍，为此建议对英罗湾红树林区滩涂施行封滩轮育，同时加强公众教育。

（三）红树林群落退化

红树林群落退化主要表现在群落盖度减少、群落高度矮化、组成种类单种或单优势种化、层次结构单层化、林木生长状况变差或者死亡、外来种入侵等方面。林木生长状况变差主要由虫害、附着动物增多，以及个体、树枝或呼吸根枯死等造成。广西红树植物群落学特征总体上呈现群落组织水平低、结构简单、抵御外界干扰能力差等特征（梁士楚，2000）。在利用过度、人为或自然改变红树林环境等干扰下，红树植物群落常发生逆向或次生演替。

二、红树林湿地退化的驱动力

（一）自然因素

1. 风暴潮

风暴潮（storm tide）是一种来自海上的自然灾害现象，是指由于强烈的大气扰动——如热带气旋、温带气旋或爆发性气旋等天气系统所伴随的强风和气压骤变所导致的海面异常升降的现象（冯士筰，1982；沙文钮等，2004）。若风暴潮和天文潮（通常指潮汐）叠加时恰好是强烈的低气压风暴涌浪形成的高涌浪与天文高潮叠加则会形成更强的破坏力，风暴潮又可称“风暴增水”“风暴海啸”“气象海啸”或“风潮”。风暴潮的影响主要表现在海岸侵蚀、海水入侵、破坏海堤、破坏建筑物、破坏生态系统、对污染物再分配等方面。

风暴潮灾害是广西的主要海洋灾害之一（表 10-4），登陆广西滨海地区的风暴潮主要是由台风引起的台风风暴潮，其成灾频率高、致灾强度大，造成的人员和经济损失惨重。虽然红树林枝叶繁茂和根系发达，具有良好的防风和消浪功能，但是强风及海浪的冲击也会造成红树林严重损害，如强风及伴随的海浪不仅使植株剧烈摇动、树叶大量脱落、枝条折断、主茎折断、地下根系损伤，甚至一些植株被连根拔起而造成局部红树林死亡。例如，1999 年 9 月，9910 号台风袭击深圳福田红树林自然保护区，一些人工种植的无瓣海桑林、海桑（*Sonneratia caseolaris*）林遭受到严重破坏，受损率达 35%～80%（陈玉军等，2000）；2001 年 7 月 2 日，受 0103 号热带风暴“榴莲”的影响，北海市平均最大风力 9 级、阵风 12 级，沿海乡镇共有长 37km 的 109 处海堤和 73 处护岸损坏，其中 22 处出现缺口，水利设施直接损失 9700 万元（梁思奇，2001；覃庆第和孔宁谦，2003），英罗湾内的红海榄乔木林中一些林木被连根拔起。

表 10-4　广西沿海较严重的风暴潮灾害

日期	地点	台风编号	风暴潮增水/m	文献来源
1891 年	北海	台风	2～3	欧柏清，1996b
1906 年	北海	台风	2.5	欧柏清，1996b
1934 年	北海、钦州	台风	2～3	欧柏清，1996b
1965 年 7 月	北海、钦州	6509	1.5～2	欧柏清，1996b
1969 年 9 月	北海	6908	1.03	纪燕新，2007
1971 年 6 月	北海	7109	2.33	纪燕新，2007
1971 年 7 月	北海、钦州、防城港	7113	0.47～1.23	李树华等，1992
1973 年 10 月	北海、钦州、防城港	7318	0.64～1.2	李树华等，1992
1974 年 6 月	北海、钦州、防城港	7406	0.88～1.52	李树华等，1992
1980 年 7 月	北海、钦州、防城港	8007	0.78～1.55	李树华等，1992；纪燕新，2007；陈波，2014
1983 年 7 月	防城港	8303	1.8～2	纪燕新，2007；陈波，2014
1984 年 9 月	北海、钦州、防城港	8409	1～2	欧柏清，1996；纪燕新，2007
1984 年 9 月	北海、钦州、防城港	8410	0.8～1.5	陈波，2014
1985 年 8 月	北海、钦州、防城港	8510	0.6～1	欧柏清，1996
1986 年 7 月	北海、钦州、防城港	8609	0.78～1.18	胡锦钦，1993；欧柏清，1996；纪燕新，2007
1992 年 6 月	北海、钦州、防城港	9204	0.56～1.02	胡锦钦，1993；班英华，1997；纪燕新，2007
1996 年 9 月	北海、钦州、防城港	9615	2.0	陈宪云等，2013
2001 年 7 月	北海、钦州、防城港	0103	1.12	陈宪云等，2013
2002 年 9 月	北海、钦州	0220	0.58	陈宪云等，2013
2003 年 7 月	钦州、防城港	0307	1.09	陈宪云等，2013
2003 年 8 月	北海、钦州、防城港	0312	1.79	陈宪云等，2013
2005 年 9 月	北海、钦州、防城港	0518	0.89	陈宪云等，2013
2007 年 7 月	北海、钦州、防城港	0703	0.98	陈宪云等，2013
2007 年 9 月	防城港	0714	0.51	陈宪云等，2013
2007 年 10 月	北海	0715	0.84	陈宪云等，2013

续表

日期	地点	台风编号	风暴潮增水/m	文献来源
2008 年 8 月	北海、钦州、防城港	0809	0.96	陈宪云等，2013
2008 年 9 月	北海、钦州、防城港	0814	1.46	陈宪云等，2013
2009 年 8 月	北海	0907	0.32	陈宪云等，2013
2009 年 9 月	北海	0915	0.84	陈宪云等，2013
2010 年 7 月	北海、钦州、防城港	1003	0.52	陈宪云等，2013
2012 年 8 月	钦州	1213	1.06	http://www.coi.gov.cn/gongbao/zaihai/
2014 年 7 月	北海、钦州、防城港	1409	2.19～2.88	http://www.coi.gov.cn/gongbao/zaihai/
2015 年 10 月	北海	1522	1.07	http://www.coi.gov.cn/gongbao/zaihai/

2. 低温

温度是控制红树植物生长发育及其地理分布范围的最重要环境因子之一（Tomlinson，1994；Duke et al.，1998），大部分红树植物自然分布于最冷月平均气温高于 20℃的滨海地区。红树植物在热带地区种类繁多，在亚热带地区种类急剧下降，而在 32°N 和 40°S 以上高纬度地区红树植物基本被盐生灌木和草本植物取代（Spalding et al.，1997）。不同的红树植物对温度的适应性和耐性不同，据此张娆挺和林鹏（1984）将红树植物划分为嗜热窄布种、嗜热广布种和抗低温广布种 3 个生态类群。例如，红树、红榄李、杯萼海桑（*Sonneratia alba*）、卵叶海桑（*Sonneratia ovata*）等种类属于嗜热窄布种，木榄、榄李、海漆等种类属于嗜热广布种，秋茄树、蜡烛果、海榄雌等种类属于抗低温广布种。

低温，特别是极端低温，严重影响红树植物的生长发育。不同种类红树植物对低温的敏感度、受害部位和受害程度有所不同，幼苗对低温的敏感度比成熟树的高，幼苗被低温损伤的程度比成熟树的高，抗低温广布种比嗜热窄布种更抗寒，乡土树种比引种的速生树种更抗寒。最近 10 年以来，广西红树林遭遇低温损害最严重的出现在 2008 年初，是 2008 年 1 月 10 日至 2 月 6 日遭遇的 50 年一遇罕见低温灾害。当时，广西连续 25d 日平均气温低于 8℃，为 1951 年以来持续时间最长的低温天气过程（高安宁等，2008）。极端气候给广西沿海各地红树林带来不同程度的寒害，出现不同程度的枯黄、落叶，甚至死亡的现象。受寒害程度较重的红树林面积有 2013.6hm^2，占广西红树林总面积的 24%。其中，北海市受害最为严重，占当地红树林总面积的 57%；其次是山口红树林生态自然保护区，占 23%；再次是钦州市，占 16%（孟宪伟和张创智，2014）。防城港和钦州的海榄雌近 30%的叶片枯黄，引种到防城港的无瓣海桑叶片全部枯黄（陈鹭真等，2010）。山口红树林生态自然保护区受害红树林面积约 119.5hm^2，其中永安核心区木榄植物受害严重，成熟树死亡率 12.0%以上，10 年生以下幼树死亡率接近 100%。2008 年初的低温寒害使钦州市红树林防浪护堤林枯死面积达 727hm^2，经济损失达 3050 万元。其中，2002～2007 年种植的无瓣海桑枯死面积达 560hm^2，经济损失达 2600 万元；2006 年种植的木榄、红海榄和海榄雌枯死面积达 67hm^2，损失 150 万元；天然红树林老鼠簕成熟林受损 100hm^2，损失 300 万元；红树林苗木损失 370 万株，直接经济损失 359 万元（蒋礼珍和黄汝红，2008）。

3. 有害生物

对广西红树林造成较大危害的生物类群有植物、动物和微生物，主要类型或种类有：外来入侵植物、攀援植物、浒苔、污损动物、钻孔动物、有害昆虫、病原微生物等。

（1）外来入侵植物

外来种是指因自然入侵、人类有意或无意引进等因素而出现在其自然分布范围之外的物种。外来种构成的危害主要有：①威胁生物多样性，②威胁人类健康，③威胁经济发展。对广西红树林造成较大影响的入侵植物主要有互花米草、无瓣海桑等种类。

i. 互花米草

由于互花米草具有耐盐、耐淹、抗逆性强、分蘖率和繁殖力强的特点，自然扩散速度极快，已在不少海域泛滥成灾。互花米草对红树林湿地的影响主要体现在：①对红树林生境的影响。互花米草入侵红树林后，会引起土壤发生退化，主要是土壤养分变化、底质淤高硬化速率加快等。例如，张祥霖等（2008）分析了互花米草入侵后红树林湿地不同植物群落的土壤养分状况，发现不同植物群落的土壤理化性质存在着明显的差异；土壤有机质、全氮、全磷、阳离子交换量，以及微生物生物量碳和氮的含量变化呈现：红树林＞红树林-互花米草群落＞互花米草群落＞光滩，土壤蔗糖酶、脲酶、磷酸酶、过氧化氢酶和多酚氧化酶等酶活性指标也表现出相似的变化趋势，互花米草入侵后土壤的各项养分指标均有明显下降，湿地土壤生态化学性质发生了明显的退化。互花米草茎秆密度大，其粗壮的茎秆和浓密的叶冠层，具有良好的促淤效果（陈宏友，1990；沈永明等，2006；任璘婧等，2014），如有研究得出互花米草群落的年沉积速率为（108.7±80.6）mm/a（Li et al.，2014）。互花米草这种高的促淤速率性能及其发达的地下横走茎和根系系统，有利于促进群落地表向上抬升和固结，从而具有良好的促淤造陆生态效益，但不利于红树植物胚轴的有效固着和生长发育。②对红树植物的影响。互花米草生长迅速，繁殖力强，对潮间带生境具有较高的适应性。互花米草的泛滥生长，不仅侵占了红树林湿地附近的宜林光滩，而且侵占了红树林的边缘地域或林中空隙地，造成了互花米草与红树林争夺生存空间的严峻问题。通常，互花米草呈带状或斑块状生长在红树林的边缘及红树林中的空隙，形成单种或单优种群落。例如，在合浦丹兜湾红树林区，互花米草呈带状或块状分布于红树林的前缘地带，平均株高 1.5～2.0m；在靠近海堤的潮滩内缘，也有成片的互花米草分布。在红树林稀疏生长的地方，互花米草主要以斑块状分布于红树林间隙中，平均高度为 1.3～1.5m，与红海榄、海榄雌、蜡烛果、木榄等混生。由于互花米草扩散迅速，已经严重地挤压了红树林周边生态空间，使红树林面积难以扩大。同时，互花米草高度可达 2m，而且盖度高，对其下层及周围矮小的红树植物和幼苗形成了较大的遮荫，从而对本土红树植物，特别是幼树和幼苗的生长、繁殖更新和扩散造成了不利的影响。实验表明，互花米草与本地红树植物木榄和蜡烛果混种时，互花米草和蜡烛果的叶面积和叶重都出现不同程度的增加，而木榄的这两个指标呈明显的下降趋势。在相同处理下，互花米草的比叶面积均显著大于木榄和蜡烛果两种红树植物，这意味着其单位质量叶面积更大，能够捕获更多的光能，有利于其碳同化的能力。混种时，互花米草的比叶面积有一定程度的下降，而蜡烛果和木榄的却有所增加，这可能是红树植物与互花米草竞争的一种应对机制。互花米草的株高和根长在与低密度的红树植物混种时有一定程度的增加，而这两种红树植物的株高在单种和混种时呈下降趋势，蜡烛果的根长在与互花米草混种时也出现增加的趋势，但随着互花米草混种比例的增大其增加的幅度下降。红树植物在与互花米草竞争过程中存在一定的内在变化机制利于其对抗互花米草带来的不利影响。互花米草对红树植物的竞争抑制作用可能存在一定的阈值，超过该阈值将会对红树植物产生较大的影响（段琳琳，2015）。③对红树林动物的影响。互花米草入侵红树林后对当地动物的种类组成、群落结构、生物多样性等都造成影响。例如，为了解互花米草入侵红树林的生态影响，赵彩云等（2014b）对北海市西村港的红树林湿地及周边互花米草湿地的大型底栖动物群落多样性和群落结构进行对比研究，结果表明：互花米草入侵红树林后改变了大型底栖动物物种组成、增加了大型底栖动物生物量、改变了大型底栖动物群落结构和生物多样性，互花米草密度是影响大型底栖动物物种变化的关键因子；互花米草群落入侵初期，其土壤中大型底栖动物的种类数量和生物量都较高，但随着互花米草群落的发展，大型底栖动物的种类数量和生物量都下降。

ii. 无瓣海桑

无瓣海桑是红树林中优良的乔木树种之一，自然分布于印度、孟加拉国、马来西亚、斯里兰卡等国的泥质滩涂，高 15～20m，胸径 25～30cm，最大胸径达 50～70cm（李云等，1998）。1985 年，我国从孟加拉国西南部的松达班（Sundarbans）首先引种无瓣海桑于海南东寨港，3 年后开花结实，并可自然繁殖。随后，无瓣海桑被引种到湛江、深圳、汕头、厦门、钦州、温州等地，目前已经成为我国东南沿海滩涂的主要造林树种之一（陈玉军等，2003）。无瓣海桑具有植株高大、生长迅速、高生产力、郁闭度大等特性，它能在短时间内郁闭成林，从而对生长速度较慢的乡土红树植物产生竞争和空间排挤，成为潜在的外来威胁之一。作为外来种，无瓣海桑是否会造成生物入侵并给滨海滩涂带来生态灾害，目前尚无定论（廖宝文，2004）。

广西的无瓣海桑是 1994 年由广西红树林研究中心首先从海南引种 1 株，栽种于山口红树林生态自然保护区英罗湾核心区；而较大规模的引种造林则是钦州市林业局于 2002 年 5 月从广东雷州市引种，在康熙岭镇标准海堤外滩涂上种植 26.7hm^2，成活率 85%以上（蒋礼珍和黄汝红，2008）；至 2007 年，钦州市无瓣海桑的人工林面积 193.3hm^2，平均胸径 15.1cm，最大胸径 25cm，平均树高 7.4m，最高树高 10m（黄李丛等，2013）。目前，除了钦州市外，无瓣海桑在北海市的冯家江口、西村港、南流江口及防城港市江山乡等地的潮滩都有人工种植。

（2）攀援植物

2014 年 4 月，北海市林业部门发现合浦县党江镇南流江口部分红树林被一种攀援植物覆盖，并导致成片红树林枯萎甚至死亡，对红树林湿地产生较大的危害。黄歆怡等（2015）进行了实地调查和鉴定，该攀援植物为红树林常见的伴生物种鱼藤。鱼藤，又名毒鱼藤、台湾鱼藤或三叶鱼藤，为豆科鱼藤属多年生攀援状灌木或木质藤本，在国外见于印度、马来西亚、澳大利亚等地，我国主要分布在福建、台湾、广东和广西。野外调查发现，鱼藤对南流江口红树林造成的危害特征明显：首先从外貌来看，因受鱼藤密集覆盖的影响，已经导致局部红树植物死亡，造成在连片生长的红树林中出现了一些林窗；此外，在红树林林冠上还覆盖有许多面积大小不等、颜色深绿的鱼藤斑块，并呈现扩大的趋势。其次，从群落类型来看，鱼藤危害现象主要出现在以蜡烛果为建群种、在多数高潮时林冠不被海水完全浸没的红树林中。通常，鱼藤攀援至蜡烛果的树冠之后，会产生大量的分枝和生长茂密的叶片，直至完全覆盖整个蜡烛果树冠，并向四周蔓延，逐渐与其他蜡烛果树冠上的鱼藤相连，从而形成面积相对较大的鱼藤斑块。随着时间的推移，被鱼藤覆盖的蜡烛果逐渐枯萎、死亡，并出现倒伏。蜡烛果倒伏现象通常是从鱼藤斑块中部开始，随着倒伏的蜡烛果个体越来越多，逐渐形成林窗。与倒伏的蜡烛果一起坠落地面的鱼藤，由于被海水长时间浸泡，首先是叶片逐渐枯黄、死亡和脱落，最后导致整个植株枯萎和死亡。但是，在林窗边缘的树冠上仍能看到有浓绿的鱼藤和枯萎的蜡烛果。蜡烛果为阳生树种，受鱼藤攀援覆盖的影响，蜡烛果的光合作用被严重抑制，植株因缺乏营养而逐渐枯萎，直至死亡。

鱼藤对红树林的危害目前只发现于少数地点，主要见于在自然海岸线或人工海堤附近生长的蜡烛果群落中。针对鱼藤对蜡烛果的危害程度，其危害等级及其划分特征如表 10-5 所示。

表 10-5　鱼藤对蜡烛果的危害等级及其特征

危害等级	危害特征
无危害	影响微小，蜡烛果正常生长
轻度危害	鱼藤攀附在蜡烛果树冠上，能清晰分辨出蜡烛果树冠，产生偏利于鱼藤的竞争
中度危害	鱼藤覆盖大半部蜡烛果，能依稀分辨出蜡烛果树冠，产生偏利于鱼藤的激烈竞争，蜡烛果生长受到较大抑制
重度危害	鱼藤完全覆盖蜡烛果，不能分辨出蜡烛果树冠，蜡烛果生长受到严重抑制、枯萎或者死亡

（3）浒苔

浒苔是指绿藻门石莼科（Ulvaceae）中浒苔属（*Enteromorpha*）植物，其主要分类特征是藻体绿色，中空呈管状；管状体壁由一层细胞构成；单条或有分枝，有些藻体可长达 1～2m；圆柱状或部分扁压，无柄；成熟时从基部细胞生出假根丝形成固着器，固着于基质上（王晗和王宏伟，2009）。浒苔属为世界性藻类，有 40 多种；我国有 12 种，常见的种类有条浒苔（*Enteromorpha clathrata*）、肠浒苔（*Enteromorpha intestinalis*）、扁浒苔（*Enteromorpha compressa*）、多毛浒苔（*Enteromorpha crinita*）、浒苔（*Enteromorpha prolifera*）、缘管浒苔（*Enteromorpha linza*）等（董美龄，1963；王文娟等，2009；赵素芬等，2013）。浒苔属藻类具有广温性、广盐性和适应环境能力强的特性，广泛分布于世界海洋、河口及海陆结合部的咸淡水交汇生境中，主要生长在潮间带的岩石或泥沙滩上，有时也可附生在大型海藻的藻体上。由于浒苔极容易生长繁殖，特别是在海水富营养化的区域常形成绿潮，引起海洋生态灾害。

2007 年年底，北海半岛南岸的禾沟及防城港西湾马正开等处人工红树林潮滩上发现有大量的浒苔覆盖包裹人工红树林幼树，致使 95%以上的幼树倒伏濒临死亡，危害相当严重（孟宪伟和张创智，2014）。2014 年 1 月，北海市海洋局工作人员在巡护时发现冯家江入海口附近沙滩和红树林中出现大量浒苔，部分浒苔覆盖在红树林的树枝上。根据林业部门统计，该区域受浒苔暴发影响的红树林面积约 142hm^2，其中 21hm^2 红树林受到浒苔的覆盖或者缠绕（蓝汝林，2014）。

（4）污损动物

红树林污损动物是指附着在红树植物上，并对红树植物产生不利影响的动物。污损动物是影响红树植物生长发育和群落扩展的重要因素之一，它们通常固定或半固定地附着在红树植物的树干、枝条、呼吸根、支柱根、叶片等器官上。污损动物对红树植物的危害有以下几方面：①绞杀幼苗和幼树。大量的污损动物附着在幼苗和幼树上，因质量过大造成幼苗和幼树不堪重负而折断、倒伏甚至死亡，如向平等（2006）报道，在藤壶危害严重的地方，秋茄树幼苗倒伏率达 30%以上。②使树干和枝条形态发生变化。污损动物的附着不仅增加了树干和枝条的负重，而且影响附着部位的正常生长，使树干和枝条表面凹凸不平、弯曲变形。③生理功能受阻。污损动物附着在红树植物上，厚度可超过 3cm 以上，盖度可达 100%，因此不仅造成叶片的光合作用、呼吸作用、蒸腾作用、泌盐作用等功能受阻甚至丧失，而且气生根、呼吸根、皮孔等器官的呼吸功能也受阻。叶片光合作用的减少，降低了有机物质的合成量，由此影响植株的生长发育，造成植株矮小、枯萎或者死亡。④一些污损动物则是通过啃食、分泌化学物质等方式直接影响红树植物。污损动物对红树植物幼苗和幼树的影响比较大，污损动物对红树植物危害程度受海水的盐度、流速、浸淹深度等因素影响。

广西红树林树上常见的大型污损动物有 25 种，隶属 3 门 4 纲 8 目 14 科 18 属（表 10-6）。其中，优势种是牡蛎科（Ostreidae）、小藤壶科（Chthamalidae）、藤壶科（Balanidae）等一些种类，如团聚牡蛎、白条地藤壶、红树纹藤壶、黑荞麦蛤等。

表 10-6　广西红树林大型污损动物的种类名录

门	纲	目	科	属	种
刺胞动物门 Cnidaria	珊瑚虫纲 Anthozoa	海葵目 Actiniaria	矶海葵科 Diadumenidae	纵条矶海葵属 *Diadumene* Stephenson	纵条全丛海葵 *Diadumene lineata* Verrill
软体动物门 Mollusca	腹足纲 Gastropoda	原始腹足目 Archaeogastropoda	蜑螺科 Neritidae	彩螺属 *Clithon* Montfrt	奥莱彩螺 *Clithon oualaniense* Lesson
				蜑螺属 *Nerita* Linnaeus	渔舟蜒螺 *Nerita albicilla* Linnaeus
					齿纹蜑螺 *Nerita yoldii* Récluz
				游螺属 *Neritina* Lamarck	紫游螺 *Neritina violacea* Gmelin
		中腹足目 Mesogastropoda	滨螺科 Littorinidae	拟滨螺属 *Littoraria* Gray	黑口拟滨螺 *Littoraria melanostoma* Gray
					粗糙拟滨螺 *Littoraria scabra* Linnaeus
			汇螺科 Potamididae	拟蟹守螺属 *Cerithidea* Swainson	珠带拟蟹守螺 *Cerithidea cingulata* Gmelin
					红树拟蟹守螺 *Cerithidea rhizophorarum* A. Adams
					中华拟蟹守螺 *Cerithidea sinensis* Philippi
			滩栖螺科 Batillariidae	滩栖螺属 *Batillaria* Benson	纵带滩栖螺 *Batillaria zonalis* Bruguiere
			蟹守螺科 Cerithiidae	锉棒螺属 *Rhinoclavis* Swainson	中华锉棒螺 *Rhinoclavis sinensis* Gmelin
		柄眼目 Stylommatophora	石磺科 Onchidiidae	石磺 *Onchidium* Buchanan	石磺 *Onchidium verruculatum* Cuvier

续表

门	纲	目	科	属	种
软体动物门 Mollusca	双壳纲 Bivalvia	贻贝目 Mytiloida	贻贝科 Mytilidae	荞麦蛤属 *Xenostrobus* Wilson	黑荞麦蛤 *Xenostrobus atratus* Lischke
		珍珠贝目 Pterioida	不等蛤科 Anomiidae	难解不等蛤属 *Enigmonia* Iredale	难解不等蛤 *Enigmonia aenigmatica* Holten
			硬牡蛎科 Pyconodntidae	拟舌骨牡蛎属 *Parahyotissa* Harry	覆瓦牡蛎 *Parahyotissa imbricata* Lamarck
			牡蛎科 Ostreidae	褶牡蛎属 *Alectryonella* Sacco	褶牡蛎 *Alectryonella plicatula* Gmelin
				齿缘牡蛎属 *Dendostrea* Swainson	缘牡蛎 *Dendostrea crenulifesa* Sowerby
				囊牡蛎属 *Saccostrea* Dollfus et Dautzenberg	团聚牡蛎 *Saccostrea glomerata* Gould
					棘刺牡蛎 *Saccostrea echinata* Quoy et Gaimard
		帘蛤目 Veneroida	棱蛤科 Trapeziidae	棱蛤属 *Trapezium* Megerle von Mühlfeld	纹斑棱蛤 *Trapezium liratum* Reeve
节肢动物门 Arthropoda	颚足纲 Maxillopoda	无柄目 Sessilia	小藤壶科 Chthamalidae	地藤壶属 *Euraphia* Conrad	白条地藤壶 *Euraphia withersi* Pilsbry
			藤壶科 Balanidae	纹藤壶属 *Amphibalanus* Pitombo	纹藤壶 *Amphibalanus amphitrite* Darwin
					网纹纹藤壶 *Amphibalanus reticulatus* Utinomi
					红树纹藤壶 *Amphibalanus rhizophorae* Ren et Liu

（5）钻孔动物

在海洋中，钻孔动物造成的危害很大，它们会穿凿木船、木质建筑、红树林、珊瑚礁、贝壳等。钻孔动物包括多孔动物、苔藓动物、环节动物的多毛类、软体动物的双壳类、节肢动物的甲壳类、棘皮动物等一些种类，其中以双壳类和甲壳类最为重要，危害也最大。就红树林而言，软体动物中的脊节铠船蛆（*Bankia carinata*）、裂铠船蛆（*Teredo manni*）等种类，以及甲壳动物的光背团水虱、有孔团水虱等种类都是常见的危害种类。在广西，防城港市北仑河口自然保护区、北海市南流江口和冯家江口等地的红树林区每年都有不少植株因团水虱危害而枯死。

（6）有害昆虫

随着滨海地区经济的迅速发展，红树林及其周边地区的人为活动增多，陆源污染物和沿海养殖废水已经造成一些区域红树林及其附近海域环境污染，同时人类一些不合理的开发利用，如围垦、资源过度利用等，导致红树林及其周边环境质量下降，生态平衡遭受破坏，害虫天敌大量减少，加上气候的异常变化，由此造成虫害屡屡暴发，对红树林造成严重的危害。据统计，危害广西红树林的害虫种类有 43 种，隶属 2 纲 6 目 23 科 39 属（表 10-7）；主要害虫为广州小斑螟、蜡烛果毛颚小卷蛾、小蓑蛾、蜡彩袋蛾、褐蓑蛾、白囊袋蛾、海榄雌蛀果螟、木麻黄胸枯叶蛾、黄枯叶蛾、无瓣海桑白钩蛾等。严重的病虫害不仅影响红树林的生长发育，还会造成红树林大面积死亡，导致红树林面积减少。

表 10-7 广西红树林的主要害虫

纲	目	科	种类	危害树种	危害部位	分布地点
昆虫纲 Insecta	直翅目 Orthoptera	螽蟖科 Tettigoniidae	双叶拟缘螽 *Pseudopsyra bilobata* Karny	海榄雌、无瓣海桑	叶	北海、钦州
	同翅目 Homoptera	蝉科 Cicadidae	黄蟪蛄 *Platypleura hilpa* Walker	海榄雌、秋茄树	茎	北海
		角蝉科 Membracidae	褐三刺角蝉 *Tricentrus brunneus* Funkhouser	无瓣海桑	叶	钦州
		象蜡蝉科 Dictyopharidae	伯瑞象蜡蝉 *Dictyophara patruelis* Stäl	海榄雌	叶	北海
		广蜡蝉科 Ricaniidae	三点广翅蜡蝉 *Ricania* sp.	海榄雌、秋茄树、黄槿、无瓣海桑	叶、芽、茎	北海、钦州、防城港
		绵蚧科 Monophlebidae	吹绵蚧 *Icerya purchasi* Maskell	海榄雌、蜡烛果、木榄	叶、嫩茎	北海
		盾蚧科 Diaspididae	考氏白盾蚧 *Pseudaulacaspis cockerelli* Cooley	秋茄树	叶	北海、防城港
			矢尖盾蚧 *Unaspis yanonensis* Kuwana	秋茄树	叶	防城港
			椰圆盾蚧 *Aspidiotus destructor* Signoret	秋茄树	叶、芽、嫩茎、果实	北海、钦州、防城港
			黑褐圆盾蚧 *Chrysomphalus aonidum* Linnaeus	秋茄树	叶	钦州
	半翅目 Hemiptera	盾蝽科 Scutelleridae	紫蓝丽盾蝽 *Chrysocoris stollii* Wolff	海榄雌	叶、芽、嫩茎、果实	北海、钦州、防城港
		红蝽科 Pyrrhocoridae	叉带棉红蝽 *Dysdercus decussates* Boisduval	黄槿	叶、茎、花、果实	防城港
	鞘翅目 Coleoptera	丽金龟科 Rutelidae	红脚绿丽金龟 *Anomala cupripes* Hope	无瓣海桑	叶	钦州
		象虫科 Curculionidae	绿鳞象甲 *Hypomeces squamosus* Fabricius	海榄雌	叶、芽、嫩茎、果实	北海、钦州、防城港
	鳞翅目 Lepidoptera	潜蛾科 Lyonetiidae	海榄雌潜叶蛾（种名待定）	海榄雌、蜡烛果	果实	北海、钦州、防城港
		木蠹蛾科 Cossidae	咖啡豹蠹蛾 *Zeuzera coffeae* Nietner	无瓣海桑、秋茄树	叶	钦州
		蓑蛾科 Psychidae	小蓑蛾 *Acanthopsyche subferalbata* Hampson	海榄雌、蜡烛果、秋茄树	叶、茎	北海、钦州、防城港
			蜡彩蓑蛾 *Chalia larminati* Heylaerts	海榄雌、蜡烛果、秋茄树、黄槿、木榄、红海榄	叶	北海、防城港
				蜡烛果、秋茄树、无瓣海桑	叶、茎	钦州
			茶蓑蛾 *Clania minuscula* Butler	无瓣海桑	叶、芽、嫩茎、果实	北海、钦州、防城港

续表

纲	目	科	种类	危害树种	危害部位	分布地点
昆虫纲 Insecta	鳞翅目 Lepidoptera	蓑蛾科 Psychidae	大蓑蛾 *Clania vartegata* Snellen 白囊蓑蛾 *Chalioides kondonis* Matsμmura	蜡烛果	叶、芽、嫩茎、果实	北海、钦州、防城港
			黛蓑蛾 *Dappula tertia* Templeton	无瓣海桑	叶	钦州
			褐蓑蛾 *Mahasena colona* Sonan	蜡烛果	叶	防城港
		刺蛾科 Limacodidae	丽绿刺蛾 *Latoia lepida* Cramer	蜡烛果、秋茄树	叶	钦州
			迹斑绿刺蛾 *Latoia pastorlis* Butler	无瓣海桑	叶	钦州
			红树林扁刺蛾 *Thosea* sp.	蜡烛果、无瓣海桑	叶	钦州
		卷蛾科 Tortricidae	蜡烛果毛颚小卷蛾 *Lasiognatha cellifera* Meyrick	蜡烛果	叶	北海、钦州、防城港
		螟蛾科 Pyralidae	海榄雌蛀果螟 *Dichocrocis* sp.	海榄雌	叶	北海、钦州、防城港
			广州小斑螟 *Oligochroa cantonella* Caradja*	海榄雌	叶、芽、嫩茎、果实	北海、钦州、防城港
			双纹白草螟 *Pseudcatharylla duplicella* Hampson	海榄雌	叶	北海
		枯叶蛾科 Lasiocampidae	柚木驼蛾 *Hyblaea puera* Cramer	海榄雌	叶	北海、防城港
			木麻黄胸枯叶蛾 *Streblote castanea* Swinhoe	无瓣海桑	叶	钦州
			黄枯叶蛾 *Trabala vishnou* Lefèbure	无瓣海桑	叶、芽、嫩茎、果实	钦州
		钩蛾科 Drepanidae	无瓣海桑白钩蛾 *Ditrigona* sp.	无瓣海桑	叶	钦州
		尺蛾科 Geometridae	海桑豹尺蛾 *Dysphania* sp.	无瓣海桑	叶	钦州
		夜蛾科 Noctuidae	同安钮夜蛾 *Ophiusa disjungens* Walker	无瓣海桑	叶	钦州
			细皮夜蛾 *Selepa celtis* Moore	无瓣海桑	叶	钦州
		毒蛾科 Lymantriidae	荔枝茸毒蛾 *Dasychira* sp.	无瓣海桑	叶	钦州
			大茸毒蛾 *Dasychira thwaitesi* Mooer	无瓣海桑	叶	钦州
			棉古毒蛾 *Orgyia postica* Walker	海榄雌、无瓣海桑	叶	北海、钦州
			双线盗毒蛾 *Porthesia scintillans* Walker	无瓣海桑	叶	钦州
蛛形纲 Arachnida	蜱螨目 Acarina	瘿螨科 Eriophyidae	木槿瘿螨 *Eriophyes hibisci* Nalepa	黄槿	叶、茎、果实	北海、钦州、防城港
			白骨壤斜瘿螨 *Acaralox marinae* Li, Lan et Wei	海榄雌	叶	北海、钦州、防城港

*昝启杰等（2009）通过测定其 mtDNA COⅡ基因序列认为是海榄雌瘤斑螟 *Ptyomaxia* sp.

根据 2004～2015 年《广西壮族自治区海洋环境质量公报》，山口红树林生态自然保护区和北仑河口自然保护区两个生态监控区近年来发生的红树林虫害情况如下。

i. 山口红树林生态自然保护区

2004 年 5 月，首先约有 40.0hm^2 的海榄雌林在一周之内迅速变黄枯萎、枯死，并迅速扩大到 106.2hm^2，主要分布在英罗湾核心区新村、丹兜湾实验区永安村和荣至那谭村一带，虫害面积分别为 13.1hm^2、40hm^2 和 53.1hm^2（许显倩，2004）；2005 年，主要红树植物海榄雌发生的广州小斑螟病害仍未得到有效防治，蜡烛果等其他红树植物也发生不同程度的虫害；2006 年，海榄雌发生广州小斑螟虫害面积约 86.7hm^2，主要分布在沙田、永安、白沙和武留江口，其中沙田和永安海榄雌单优群落分布区比较严重，面积约 23.3hm^2。2007 年，红树林虫害仍然是海榄雌的广州小斑螟虫害，虫害面积约 80.0hm^2，主要分布在沙田、永安、白沙和武留江口；2008 年，红树林虫害面积 264hm^2，其中约有 26.7hm^2 海榄雌林的虫叶率达 96%以上，受害极为严重；2009 年，红树林虫害面积较往年下降，红树林害虫主要是广州小斑螟和广翅腊蝉，虫害面积约 34.7hm^2，主要分布在丹兜湾的沙田、永安和武留江口 3 个林区；2010 年 9 月中下旬，红树林害虫主要是海榄雌林的尺蛾和蜡烛果群落的蜡烛果毛颚小卷蛾，虫害面积约 20.0hm^2，受害林区主要为那潭林区的海榄雌纯林及高坡和山角林区的蜡烛果群落；2014 年 4～6 月，红树林害虫主要是广州小斑螟和三点广翅蜡蝉，主要危害海榄雌，虫害面积约 55.7hm^2；2015 年，红树林害虫以柚木驼蛾为主，虫害通过治理得到有效控制。

ii. 北仑河口自然保护区

2004 年，红树林发生虫灾，造成较大面积海榄雌叶片枯黄；2006 年，红树林虫害仅在小范围发生，未对整体群落的生长造成不良影响；2007 年，没有发现明显的红树虫害；2008 年，没有大面积的红树虫害，早春发生了红海榄整株叶片枯黄脱落现象，到月初天气转暖时已抽出绿芽，逐渐恢复生长；2009 年 4～8 月，石角和竹山发生了小面积的红树虫害，主要害虫种类为广州小斑螟，虫害林区主要是石角和竹山红树林，危害的主要树种为蜡烛果；2010 年，红树林部分区域发生小面积虫害，虫害林区主要是石角林区和交东林区的小部分区域，侵害树种主要为海榄雌，病虫害发生时间为 5 月开始，到 6 月虫害较多，8 月仍有零星分布，受虫害影响的海榄雌植株生长减缓，叶片稀疏，植株开花挂果率极低（孙龙启，2014）；2014 年 3～6 月，竹山和石角部分红树林区域发生小面积虫害，主要害虫是广州小斑螟和袋蛾，危害树种主要是海榄雌和蜡烛果；2015 年，红树林害虫以柚木驼蛾为主，虫害通过治理得到有效控制。

除了生态监测区之外，其他区域的红树林也时有虫害发生。例如，2007 年，钦州市康熙岭暴发蜡烛果毛颚小卷蛾虫害，造成蜡烛果大面积受害，受害率达 100%，当年新芽顶梢被害率在 90.0%以上（秦元丽等，2010）；2008 年，合浦县红树林再次暴发大面积虫灾，受害面积 801.1hm^2，其中成灾面积 534.4hm^2，中度受害面积 203.4hm^2，轻度受害面积 63.3hm^2；2011 年，北海市、钦州市和防城港市红树林虫害发生面积达 775.7hm^2，且局部遭受了严重危害，重度受害面积约 50.9hm^2（李伟和罗杰，2013）。

（7）病原微生物

微生物既是红树林生态系统有机物的分解者，其中一些种类也是红树林的病原真菌。例如，周志权和黄泽余（2001）于 1996～1998 年对沿海的英罗湾、丹兜湾、钦州港、东场河口和北仑河口红树林区进行病原真菌的调查研究，共鉴定红树林病原真菌有 14 属 26 个种（菌株），其中主要是胶孢炭疽菌、拟盘多毛孢菌、交链孢菌和叶点霉菌（表 10-8）；这些红树林病原真菌分布的主要特点是：高潮地带的较低潮地带多，尤以河口最多；它们侵染寄主的部位主要集中在树冠上部，叶斑病最常见，枝梢病害次之，根茎部的病害很少；蜡烛果和海漆的病害种类最多，红海榄和老鼠簕最少。黄泽余和周志权（1997）于 1996～1997 年在北海、钦州和防城港滨海地区进行了红树林病害调查研究，发现 5 科 6 种红树植物受到炭疽病菌的侵染，这些炭疽病菌具有寄生专化性，主要导致叶斑，偶尔也危害枝梢、胚轴，引起枯萎，在不同树种上表现的症状不同。黄泽余和周志权（1998）调查发现广西滨海地区蜡烛果叶面上有 4 种煤污菌，它们分别是番荔枝煤炱菌（*Capnodium anona*）、杜茎山星盾炱（*Asterina maesae*）、撒播烟霉（*Fumago vagans*）和盾壳霉（*Coniothyrium* sp.）。煤污病目前只发现发生在河口内缘的蜡烛果，其他地方的蜡烛果尚未找到病株；通常，几种煤污菌一起着生在一叶斑上；蜡烛果煤污病具有明显的发病中心。刘永泉等（2009）报道茅尾海红树林在 1996～1997 年曾发生红树林病害，病菌侵染了 5 科 6 种红树植物，主要是病原真菌引起的叶部病害，如木榄赤斑病、海漆炭疽病等。庞林（1999）对合浦县山口红树林生态自然保护区的病虫害进行调查研究，认为锈病将致使红树林大面积成灾。锈病在我国东南沿海红树林区均有发生，对木榄、秋茄树和红海榄等红树科植物危害严重，对蜡烛果和海榄雌的危害较轻甚至不危害，该病主要危害叶片，同时也危害嫩枝、果柄和幼果。据调查，山口镇英罗湾 70%红树林幼苗已不同程度地受到锈病危害，其越冬方式和侵染规律目前还不清楚，有待进一步研究（蒋学建等，2006）。

表 10-8　广西红树林病原真菌名录

寄主植物		病原真菌	为害部位	危害程度
红树科 Rhizophoraceae	红海榄 *Rhizophora stylosa*	叶点霉菌 *Phyllosticta* sp.	叶	++
		海滨油壶菌 *Olpidium maritimum*	叶	+
	木榄 *Bruguiera gymnorrhiza*	胶孢炭疽菌 *Colletotrichum gloeosporioides*	叶、梢、胚轴	++
		土杉拟盘多毛孢菌 *Pestalotiopsis zahlbruckneriana*	叶	++
		交链孢菌 *Alternaria* sp.	叶	+
		叶点霉菌 *Phyllosticta* sp.	叶	+
		海滨油壶菌 *Olpidium maritimum*	叶	+
	秋茄树 *Kaudelia candel*	胶孢炭疽菌 *Colletotrichum gloeosporioides*	叶、梢、胚轴	+
		土杉拟盘多毛孢菌 *Pestalotiopsis zahlbruckneriana*	叶	+
		叶点霉菌 *Phyllosticta* sp.	叶	+
		围小丛壳菌 *Glomerella cingulata*	叶	+
		海滨油壶菌 *Olpidium maritimum*	叶	+
使君子科 Combretaceae	榄李 *Lumnitzera racemosa*	胶孢炭疽菌 *Colletotrichum gloeosporioides*	叶、梢	+
		拟盘多毛孢菌 *Pestalotiopsis* sp.	叶	+
		叶点霉菌 *Phyllosticta* sp.	叶	+
		多孢疔座霉菌 *Telimenia* sp.	叶	+
		立枯丝核菌 *Rhizoctonia solani*	根	+

续表

寄主植物		病原真菌	为害部位	危害程度
马鞭草科 Verbenaceae	海榄雌 *Avicennia marina*	胶孢炭疽菌 *Colletotrichum gloeosporioides*	叶、梢	+
		交链孢菌 *Alternaria* sp.	叶、梢	++
		尖孢镰刀菌 *Fusarium oxysporum*	根	+
		立枯丝核菌 *Rhizoctonia solani*	茎	+
		拟盘多毛孢菌 *Pestalotiopsis* sp.	叶	+
紫金牛科 Myrsinaceae	蜡烛果 *Aegiceras corniculatum*	胶孢炭疽菌 *Colletotrichum gloeosporioides*	叶	++
		紫金牛拟盘多毛孢菌 *Pestalotiopsis canangae*	叶	+++
		交链孢菌 *Alternaria* sp.	叶	+
		番荔枝煤炱菌 *Capnodium anona*	叶	++
		狭籽小箭壳孢菌 *Microxyphium leptospermi*	叶	+
		杜茎山星盾炱菌 *Asterina maesae*	叶	+
		盾壳霉菌 *Coniothyrium* sp.	叶	+
		撒播烟霉菌 *Fumago vagans*	叶	+
大戟科 Euphorbiaceae	海漆 *Excoecaria agallocha*	胶孢炭疽菌 *Colletotrichum gloeosporioides*	叶、梢	+++
		拟盘多毛孢菌 *Pestalotiopsis* sp.	叶	++
		叶点霉菌 *Phyllosticta* sp.	叶	+
		多孢疔座霉菌 *Telimenia* sp.	叶	+
		尖孢镰刀菌 *Fusarium oxysporum*	茎	+
		海滨油壶菌 *Olpidium maritimum*	叶	+
爵床科 Acanthaceae	老鼠簕 *Acanthus ilicifolius*	交链孢菌 *Alternaria* sp.	叶	++

注：资料来源于周志权和黄泽余（2001）；危害程度“+、++、+++”分别表示病株率 10%以下、10%～20%、20%以上，以及病叶率 5%以下、5%～10%、10%以上

4. 微地形变化

潮间带微地形的变化也是造成红树林退化的关键因素之一，如滩涂表面相对高程的变化直接导致红树林被海水淹没的深度和时间、污损动物和钻孔动物的危害程度等发生变化，由此直接影响红树植物的生长和分布（孙艳伟等，2015）。范航清（1996）为了解沙丘移动对红树林的危害，从 1992 年 4 月到 1995 年 7 月对北海市大冠沙红树林区一处于发育初期的沙丘进行跟踪观测，结果发现沙丘每年移动平均距离为 12.64m，沙丘面积在观测期间扩大了 2.44 倍，观测样地中的海榄雌 86%的植株因被沙丘埋没而死亡，沙丘移动引起海榄雌林生境分化和群落明显退失。

（二）人为因素

随着沿海经济的发展，海堤修建、港口和码头建设、围垦造地等开发利用，不仅严重破坏了海岸线的自然形态及其属性，也对潮间带红树林造成直接或间接的、或轻或重的损害。人为因素是造成广西红树林湿地退化的主要原因。

1. 海堤修建

海堤（sea dike）是为了防御潮汐或波浪对海岸的危害而修筑的堤防工程。修建海堤是围垦、围塘养殖、港口码头建设等开发必不可少的环节。截至 2000 年，广西滨海地区修建的海堤长约 898km，其中感潮河段 234km，挡浪堤段 664km（赵木林，2000）。在红树林分布岸段修建海堤对红树林造成的损害主要体现在如下几个方面：①海堤本身直接占用红树林林地。若以 70%海堤是红树林岸段和堤基宽度为 5m 计算，广西海堤本身直接占用红树林林地为 314.3hm^2。②部分红树林被围垦。为了施工方便和节约成本，部分海堤建设对局部急弯段进行裁弯取直，由此隔断了湾内红树林与外部海域正常水交换，红树林生境条件发生改变，最终导致海湾内的红树林生长衰退，甚至死亡；一些岸段则直接砍伐海湾内的红树林，将林地用于养殖等。③红树林生境遭到破坏。海堤建设干扰了海洋、河口的自然水动力过程，阻断了红树林应对海平面上升而向陆延伸的趋势，加剧了海岸侵蚀，降低了红树林潮滩的沉积速率等。④施工或维护过程中对红树林造成损害。过去，滨海地区曾利用红树林建筑海堤，如 20 世纪 60 年代中后期，防城修建的海堤外用石块砌成，夹层为一层泥土一层红树植物，其中木榄用得最多，蜡烛果则被扎成捆后铺垫，当地群众认为这种石-土-植物混合而成的海堤造价低，施工方便，而且可抗蚁害；对当地群众而言，在石块缺乏的情况下用红树林围堤就是就地取材、降低成本的方法，但对红树林的破坏是毁灭性的（伍淑婕，2006；伍淑婕和梁士楚，2008b）。如果海堤所在区域的道路交通不便，需要用船只运送材料，为了保障船只能在高潮时靠近海堤，则需要砍伐红树林开辟航道。在台风季节海堤出现险情时，抢修海堤通常是在海堤两侧就近挖取所需的泥土，由此造成堤前红树林遭受到破坏，出现林窗或者次生光滩，如合浦县山口镇英罗湾红树林区海堤抢险后造成堤前的红海榄群落遭受较大损害，出现平行于海堤的光滩。

北仑河口我国一侧目前已建成护岸工程海堤 15.8km，过去曾有红树林 3338hm^2，但是经过 20 世纪 50 年代以前海堤建设毁林、20 世纪 60～70 年代围海造田、80 年代乱砍滥伐及 90 年代末期毁林养虾等 4 个破坏高峰期后，面积锐减，1998 年的卫星遥感资料显示，在东兴沥尾西南端至越南万柱岛东北端连线的河口水域中，越南拥有红树林 1029.87hm^2，而我国仅有 30.55hm^2，只占该区域红树林总面积的 2.88%（陈波等，2011）。

2. 港口码头建设

近年来，由于港口码头的建设，一些岸段海岸线大幅度向海推进，围垦了红树林或因水动力条件改变而影响了红树植物的正常生长。例如，1990～2010 年广西沿海围海造地破坏红树林面积为 111.2hm^2，主要为港口码头和城镇住宅建设，如自 1992 年开建的钦州港，共破坏了红树林 46.4hm^2（吴培强，2012）；1988～1998 年，防城港建设占用红树林面积 114.74hm^2（陈凌云等，2005）。因此，港口码头建设是广西红树林退化或者消失的主要因素之一，如表 10-9 所示。

表 10-9　1955～2004 年广西沿海红树林破坏一览表（单位：hm^2）

年份	具体位置	围垦面积	毁坏红树林面积	主要用途
1955～1977	沙田镇南东侧	17.27	15.97	造地
1955～1977	沙尾村北西侧	136.86	136.86	盐田、农田
1955～1977	高丰榈南西侧	12.45	6.42	造地
1955～1977	营盘镇营盘港	621.54	7.36	造地、农田
1955～1977	竹林盐场	1184.03	45.28	盐田
1955～1977	大冠沙盐场	59.93	12.65	盐田
1955～1977	西场镇卸江村	162.38	6.43	农田
1955～1977	大石头	88.91	10.16	造地、农田
1955～1977	犀牛脚盐场	157.97	17.30	盐田
1955～1977	细环渡南侧	23.90	4.10	
1955～1977	新村南	69.71	35.26	盐田
1955～1977	金鼓村	30.77	27	养殖
1955～1977	丹寮村	46.50	3.24	养殖
1955～1977	沥尾、巫头岛一带	2086.67	380.06	农田、养殖、盐田等
1977～1988	大风江口	599.30	141.60	养殖
1977～1988	沙城南侧	169.72	82.57	盐田、养殖
1977～1988	红岸楼村南侧	119.16	67.18	盐田、养殖
1977～1988	白头头村北侧	54.35	11.66	农田
1977～1988	石头埠南 1km	47.64	25.62	
1977～1988	车路尾	103.80		水坝、农田
1977～1988	力份田西侧	89.72		水坝、农田
1977～1988	大山环	335.14	13.39	水坝、农田、养殖
1977～1988	新村东侧	34.95	10.01	盐田
1977～1988	大榄坪	590.01	379.81	农田、盐田等
1977～1988	秧地岭村北侧	86.23	40.91	养殖
1977～1988	茅墩北东侧	81.57	3.7	养殖
1977～1988	公车镇南	33.95	28.45	养殖
1977～1988	凤凰头村东侧	9.48	9.48	养殖
1977～1988	文东村	55.70	55.10	养殖
1977～1988	榕树头	11.96	11.96	养殖
1988～2004	防城港		114.74	港口
1988～2004	钦州港		16.39	港口
1988～2004	大风江白木村		48.81	养殖
1988～2004	金鼓江东岸		15.32	养殖
1988～2004	南流江口四股田		90.66	养殖

注：资料来源于黄鹄等（2005）

3. 围垦造地

围垦造地是指将红树林砍伐围垦为养殖用地、农田用地、盐业用地、建房用地、交通运输用地等，围垦造地是导致红树林大面积减少的主要原因。陈凌云等（2005）利用 ENVI（environment for visualizing images）图像处理软件对广西沿海红树林在 1955 年 10 月、1977 年 11 月、1988 年 10 月、1998 年 10 月和 2004 年 2 月 5 个时相遥感数据和图像进行解译和分析得出：广西红树林在 1955～1988 年呈衰减的趋势，共减少 4679.79hm^2，平均每年减少 141.81hm^2；1988～2004 年呈递增趋势，共增加 2395.05hm^2，平均每年增加 149.69hm^2，主要是人工红树林面积逐年提升。变化的原因主要是人为因素影响，人们为了造地与围海养殖，砍伐红树林，使红树林面积迅速衰减（表 10-10），如 1955～1977 年围垦红树林面积 802.10hm^2，其中江平巫头岛、山心岛和沥尾岛因造地等围垦红树林面积 380.06hm^2，钦州湾朱沙港岛北侧养殖围垦红树林面积 42.25hm^2，竹林盐场建设围垦红树林面积 45.28hm^2，北暮盐场榄子根分场建设围垦红树林面积 136.86hm^2。1977～1988 年钦州湾大榄坪围垦红树林面积 379.81hm^2。1988～1998 年金鼓江东岸养殖围垦红树林面积 15.32hm^2，南流江口西岸四股田村南部养殖围垦红树林面积 90.66hm^2，大风江白木村东养殖围垦红树林面积 48.81hm^2。珍珠港 1960/1976 年红树林面积为 1077.8hm^2，斑块数为 24 个，至 2010 年面积减少为 887.6hm^2，斑块数增加为 65 个，面积减少的主要原因是围垦、养殖塘和盐田建设（夏阳丽，2014）。吴培强（2012）采用卫星遥感调查与现场调查相结合的方法，分析 1990 年、2000 年和 2010 年 3 个时期的我国红树林状况及其年间变化，认为近 20a 来广西砍伐红树林用于养殖的面积为 244.1hm^2，主要分布区域为北海市的西场镇和钦州港岛群，其中西场镇东南边滩涂上近 90hm^2 的红树林被围垦为养殖塘；在钦州港岛群红树林湿地中，许多 1～2hm^2 的湾汊处红树林被当地群众围垦用于养殖。1991～2000 年合浦县山口镇约 56hm^2 红树林转为养殖塘（朱耀军等，2013）。

表 10-10　1955～2004 年广西沿海红树林面积增减变化（单位：hm^2）

时相	新增	减少	围垦减少	其他减少	净增（减）
1955～1977	1605.76	2668.26	802.10	1866.16	−1062.50
1977～1988	1548.68	5165.97	1390.75	3775.22	−3617.29
1988～1998	2759.83	1403.90	696.41	707.49	+1355.93
1998～2004	1557.41	518.29	310.56	207.73	+1039.12

注：资料来源于陈凌云等（2005）

围垦不仅毁灭性地破坏了红树林，而且由于盲目围垦，一些被围垦红树林林地得不到充分利用而造成资源的浪费，主要是因为淡水资源不足、水利工程等配套措施跟不上，盐土主要靠天然降水来淋洗来改良，因而垦区土地资源开发利用或经济效益受到影响，有些围垦土地至今仍闲置，如钦州金鼓江口的大榄坪原有约 700hm^2 红树林，1963 年遭到砍伐围垦，建成农用地，但一直没有得到有效开发利用。

4. 动植物资源过度利用

丰富的红树林资源成为当地群众的主要经济来源之一，但由于过度采摘、乱捕滥挖等不合理的利用行为，对红树林造成了较为严重的损害。就红树植物资源而言，如北海各市场每年销售的海榄雌果实（榄钱）约 62t，交易额为 19.29 万元，市郊大冠沙海榄雌果实年产量鲜重约 160t，每年从大冠沙的采摘量达鲜重 60t（邱广龙，2005）。海榄雌果实通常每年 5～9 月成熟，单株最大产量超过 50kg。采摘海榄雌果实，不仅会造成海榄雌的种子量大量减少，而且在采摘过程中还会折断枝条、践踏林下幼苗等，从而影响海榄雌的自然更新。就红树林动物资源而言，如山口镇英罗湾退潮时每天进入红树林及附近滩涂挖掘动物的人数平均在 100 人左右，滩涂被翻过一遍的时间，林外约 20d，林内约 45d。当地群众长年不断的挖掘活动，造成滩涂生境破碎化严重，同时人为挖掘活动也使滩涂土壤结构不断地发生变化，造成底栖动物的生境条件变化强烈，生境的稳定性差，极大地妨碍了海洋动物的正常生长发育，致使产量明显下降。弓形革囊星虫是广西红树林中的优势动物种类之一，广西沿海群众将之俗称“泥丁”，主要栖息在红树林下土壤；裸体方格星虫在红树林周边的沙质和沙泥质滩涂上产量比较高。由于这两种海洋动物味道鲜美，营养价值和经济价值高，成为沿海群众频繁挖掘的对象。当地群众在低潮时进入红树林内挖取泥丁，而且经常挖及红树植物的根部，由于根系周期性地受伤，造成整个红树林生长不良。另外，挖掘和人为活动的踩踏还危害了林下的幼苗和繁殖体库，致使红树林林下更新库严重受损，从而影响红树林的自然更新。例如，北海市郊大冠沙红树林区内 30%的区域遭到不停地挖掘，海榄雌林生长滞缓，出现矮化和稀疏化，甚至局部区域出现死亡现象（何琴飞等，2012）。

5. 环境污染

重金属、富营养化、油污等是造成红树林退化的重要因素。红树林生境具有潮流速度低、沉积物有机质含量高、阳离子交换量大、黏粒含量高、硫化物含量高、还原性强等特征，而有利于重金属的沉淀和固定，使得红树林成为重金属的“储存库”。但绝大部分的重金属是累积在沉积物中，植物体内的重金属含量只是总库存量的很小一部分（戴纪翠和倪晋仁，2009）。不同种类的红树植物对低浓度的重金属都具有一定的抗性，但能耐受的浓度值有所不同。当重金属浓度达到一定程度时，会对红树植物产生危害，例如，MacFarlane 和 Burchett（2002）在海榄雌土培实验中发现，当 Cu、Zn 分别为 380mg/kg、392mg/kg 时，其生物量是对照组的一半；Cu、Zn 浓度分别高达 800mg/kg、1000mg/kg 时，海榄雌不能萌发，但 Pb 对海榄雌幼苗的生长基本没影响。Chiu 等（1995）发现秋茄树可在 Zn 和 Cu 均为 400mg/kg 的土壤生长，但根、叶生长明显受到抑制。陈荣华和林鹏（1988）用 10mg/L 的 Hg 溶液浇灌秋茄树、蜡烛果和海榄雌幼苗时发现，秋茄树和蜡烛果胚轴的萌芽均受抑制或延迟；海榄雌在此浓度下虽仍能正常萌芽，但植株矮小，叶片小，只有侧根而无根毛，根尖黑色。一些红树林有害生物与海水富营养化密切相关，如海水富营养化可引起浒苔等大量繁殖，其覆盖红树植物，特别是幼苗，从而造成危害；邱勇等（2013）对海南东寨港红树林自然保护区中光背团水虱虫害区域的水质因子和光背团水虱的分布情况进行了调查，发现光背团水虱的水平分布与水温、盐度、pH、COD、DO 没有直接关系；影响团水虱水平分布的主要水质因子是：总氮质量浓度为0.356～0.605mg/L，总磷质量浓度为0.050～

0.054mg/L，浮游生物量为1.23～1.82mg/L。2014年，北海市冯家江入海口附近出现部分红树林死亡的现象主要是因受到浒苔的覆盖、团水虱钻孔等致死的，究其根源是海水富营养化为浒苔和团水虱的出现提供了条件。油污染对红树植物的影响主要体现在叶子脱落、变形、生长受阻、种子畸变、死亡等。溢油会随着海流和潮汐扩散到红树林区，而覆盖在红树植物表面，使光合作用、蒸腾作用、呼吸作用等生理功能受阻，导致红树植物缺氧、营养不良等，甚至死亡。例如，Duke（1997）应用航空像片评估了巴拿马加勒比海岸巴伊亚州拉斯米纳斯湾（Bahia Las Minas）在过去的30年里两次油污染对当地红树林造成的危害，第一次溢油发生在1968年，造成49hm^{2}红树林死亡；第二次溢油发生在1986年，造成69hm^{2}红树林死亡。美国佛罗里达州海湾浅滩上的大红树（*Rhizophora mangle*）幼苗50%的叶面积被油覆盖时会死亡，海榄雌幼苗叶表面和通气根被油覆盖50%以上也会死亡（Rutzler and Sterrer，1970）。近20a来，在广西海域发生的油污事件有2008年因中海油涠洲油田废弃管线残存油外溢造成的涠洲岛海域漂油污染、2009年北海船舶溢油、2009年和2011年台风影响期间出现的漂油等（陈圆，2014）。

6. 旅游

红树林旅游资源可以划分为如下几大类：①群落外貌，如红树林素有“海底森林”之称，涨潮时浩瀚海面上微露出随浪漂荡的绿色林冠，退潮时露出茂密的森林，构成了一幅独特的自然景观；②红树植物及其特征，如特殊的呼吸根（指状、膝状和笋状）、支柱根（拱状和板状）、胎生现象等；③红树林动物，如蟹类、鸟类、贝类、弹涂鱼等；④潮沟，如退潮时可在潮沟中步行进出红树林，涨潮时可在潮沟中泛舟等。目前，北海市英罗湾红树林区和大冠沙红树林区、钦州市的“七十二泾”岛群红树林区和康熙岭红树林区、防城港市珍珠湾红树林区等已建有游览设施，开展红树林旅游。随着人们对红树林认知度的不断提高，加上红树林独特的景观，已经促使有关部门对红树林旅游资源的开发力度不断加大，由此对红树林产生危害的现象呈现增加的趋势。旅游对红树林影响主要体现在：①旅游设施的修建占用了红树林林地，需要砍伐一些红树林，如北海市英罗湾红树林区的游览步道是在红树林及其潮沟中修建，而防城港市珍珠湾石角红树林区的游览步道完全在红树林中修建；②游船马力大、速度快和航次频繁，其穿梭于红树林中，船体经常撞击到红树林，造成树枝折断，游船引起的波浪冲刷使潮沟两侧边坡不断被侵蚀，甚至崩塌，造成红树植物根部外露，严重时因根基不稳倒伏而死亡；③环境污染，如游客随意丢弃的垃圾等对红树林生境造成的污染。

第三节　珊瑚礁湿地退化特征及其驱动力

珊瑚礁湿地退化是指因自然环境变化或者人为干扰而造成珊瑚礁湿地受损或者破坏的过程。由于自然环境的变化和人类活动的影响，世界珊瑚礁正面临着严重退化，如Wilkinson（2008）对世界珊瑚礁状况的评估指出：世界珊瑚礁减少了19%，处于紧急状态和受到威胁的珊瑚礁分别为15%和20%，相对健康状态的珊瑚礁为46%。

一、珊瑚礁湿地退化特征

（一）珊瑚白化

珊瑚白化（coral reef bleaching）是由于珊瑚失去体内共生的虫黄藻或者共生的虫黄藻失去体内色素而导致五彩缤纷的珊瑚变白的现象（李淑和余克服，2007；潘艳丽和唐丹玲，2009）。白化可导致珊瑚大量死亡，引起珊瑚礁生态系统严重退化。20 世纪 60 年代以来，涠洲岛珊瑚发生了多次白化现象，如汤超莲等（2010）报道 1998 年、2002 年、2003 年、2005 年和 2006 年发生过 5 次珊瑚热白化现象，周雄等（2010）报道 1963 年、1983 年、1984 年、1989 年和 2008 年出现珊瑚冷白化现象。

（二）珊瑚盖度下降

王文欢等（2016）分析了 1991～2010 年涠洲岛活珊瑚盖度的变化情况，认为总体上呈现快速下降的趋势，如北部活珊瑚盖度由 2005 年的 63.70%下降到 2010 年的 12.10%，东南部由 1991 年的 60.00%下降到 2010 年的 17.58%，西南部由 1991 年的 80.00%下降到 2010 年的 8.45%（表 10-11），珊瑚种群主要分布区域由原来的西南部、东南部、北部变为西北部、东北部和东南部，尤其是西南部区域变化最为明显。根据广西海洋局 2001 年组织的调查，珊瑚生长带枝状鹿角珊瑚茂盛生长，活珊瑚盖度 50%～60%，但如滴水村附近海域见到石珊瑚死亡或白化的现象非常严重，死亡的珊瑚占珊瑚盖度的 50%～90%（余克服等，2001）。

表 10-11　涠洲岛各地区活造礁石珊瑚盖度变化情况（%）

年份	北部	东北部	东部	东南部	西南部	西北部	平均值
1991	—	—	—	60.00	80.00	—	69.28
2005	63.70	—	—	—	35.30	—	47.42
2009	30.00	—	15.00	—	55.00	—	29.14
2010	12.10	24.58	—	17.58	8.45	25.30	16.21

注：资料来源于王文欢等（2016）

（三）生物多样性下降

从 20 世纪 90 年代末至今，涠洲岛珊瑚礁群落及其生物多样性总体上呈现衰退的趋势。从 20 世纪 60 年代至 90 年代末，涠洲岛鱼群数量、海参等比较多，但至 21 世纪初期，海参仅在部分断面零星出现，小型鱼群仅在部分断面发现，喜礁伴生生物数量相对减少（梁文等，2010）。根据陈刚等 2001～2009 年对珊瑚礁海域指标鱼类的定点调查，各调查站位每年获得的鱼类数量多数不足 10 条，最低为 0 条，超过 20 条的只有 3 个调查年份，说明了涠洲岛珊瑚礁海域目标鱼类整体和长期的低水平状况。1998 年因厄尔尼诺（ENSO）现象造成的珊瑚礁大量白化和死亡是涠洲岛珊瑚礁发育和演化的转折点。

二、珊瑚礁湿地退化的驱动力

导致珊瑚礁湿地退化的原因是多方面的，包括自然和人为两大因素。

（一）自然因素

1. 海水温度异常

海水温度异常是引起涠洲岛珊瑚礁湿地退化的主要自然因素。通常，适合珊瑚生长的水温为 18～30℃（Milliman，1974）或者 18～29℃（中国科学院中国动物志编辑委员会，2001），最适水温为 26～28℃（Veron，1993）、23～28℃（朱葆华等，2004）或者 25～29℃，最高极限温度为 36℃（Wells，1956），最低温度为 13℃（Coles and Fadlallah，1991；郑兆勇等，2012）。因此，海水温度的异常变化会对珊瑚产生不利影响。早在 1931 年，Yonge 和 Nicholls 就提到温度升高胁迫珊瑚失去虫黄藻而发生白化（bleaching）现象。海水温度的过高或过低都会导致珊瑚白化，即珊瑚失去体内共生的虫黄藻或者共生的虫黄藻失去体内色素而导致五彩缤纷的珊瑚变白的生态现象（李淑和余克服，2007）。例如，Goreau 和 Hayes（1994）分析 1979～1991 年世界珊瑚白化与 SST 之间的关系，得出除加勒比海外，珊瑚白化的临界 SST 为高于最热月平均值 1℃的温度；Wilkinson 等（1999）分析了 1998 年印度洋和澳大利亚海区珊瑚白化与 SST 的关系，得出珊瑚白化区的 SST 最高值为 30.5～35.5℃；Lough（2000）指出世界 47 个地点珊瑚白化的 SST 最高值平均为 30.3℃，变化范围是 28.1～34.9℃。时小军等（2008）通过实际资料分析，建议以西沙、南沙海洋站最热月平均 SST（31℃）作为南海珊瑚白化的温度上限。涠洲岛 SST 具有明显的季节变化，最高值出现于 7 月；最低值出现于 2 月；多年平均为 24.6℃，变化于 17.7～30.3℃；每年 5～10 月 SST 都在珊瑚生长和发育的最适宜温度范围内（表 10-12）；月平均 SST 均未≤13℃（郑兆勇等，2012）。

表 10-12　涠洲海洋站 1960～2011 年累年各月平均 SST（单位：℃）

月份	1	2	3	4	5	6	7	8	9	10	11	12	年平均
月平均	18.1	17.7	19.3	22.7	27.0	29.5	30.3	30.2	29.4	27.1	23.9	20.4	24.6
最高月均	21.0	20.5	22.9	25.6	28.7	30.8	31.2	31.1	30.5	28.5	26.1	24.2	26.8
最低月均	15.5	14.4	16.5	19.5	25.3	27.9	29.0	29.0	28.2	25.3	21.7	18.2	22.5
极端最高	24.4	25.2	25.6	31.7	33.9	34.3	35.0	34.4	33.2	32.3	29.7	26.3	30.5
极端最低	12.5	12.3	13.7	16.0	19.5	25.8	27.2	27.0	24.5	21.2	18.9	14.6	19.4

注：数据来源于郑兆勇等（2012）

然而，受世界或区域气候变化的影响，涠洲岛海域也发生因气候异常而导致珊瑚白化的现象。例如，陈琥（1999）报道了 1997～1998 年厄尔尼诺造成的海水升温导致了涠洲岛珊瑚礁大量白化和死亡的现象；汤超莲等（2010）分析了 1966～2010 年近 45a 涠洲岛因温度过高而产生的 5 次珊瑚白化（热白化）的最热月平均 SST 为 30.7℃、最热周平均 SST 为 31.5℃、最热日平均 SST 为 31.9℃和极端最高 SST 为 32.5℃（表 10-13）。而 Zou 等（1988）记述了 1964 年和 1984 年对涠洲岛海域珊瑚群落进行调查时发现海水低温致使珊瑚白化死亡的现象；周雄等（2010）分析了1960～2009年近50a涠洲岛因温度过低而产生的5次珊瑚白化（冷白化）的最冷月平均SST为15.1℃、最冷周平均SST为14.1℃、最冷日平均SST为13.5℃和极端最低SST为13.2℃（表10-14）。冷白化主要是因温度大幅度降低导致珊瑚的大面积死亡，造石珊瑚通常在16～17℃时就停止取食，13℃时则将全部死亡（邹仁林，2001）。

表10-13　涠洲岛典型珊瑚热白化年份的海面温度统计指标（单位：℃）

统计指标	1998年（8月）	2002年（7月）	2003年（7月）	2005年（7月）	2006年（7月）	平均
最热月平均SST	31.1	30.3	30.5	31.1	30.5	30.7
最热周平均SST	31.5	31.3	31.5	32.0	31.2	31.5
最热日平均SST	31.8	31.8	31.9	32.2	31.7	31.9
极端最高SST	32.9	32.3	32.5	32.6	32.2	32.5

注：数据来源于汤超莲等（2010）

表10-14　涠洲岛典型珊瑚冷白化年份的海面温度统计指标（单位：℃）

统计指标	1968年（2月）	1983年（1月）	1984年（2月）	1989年（2月）	2008年（2月）	平均
最冷月平均SST	15.0	16.0	14.7	15.5	14.4	15.1
最冷周平均SST	13.7	15.5	13.5	13.9	13.7	14.1
最冷日平均SST	13.2	14.5	13.1	13.6	13.3	13.5
极端最低SST	12.3	14.1	12.9	13.4	13.2	13.2

注：数据来源于周雄等（2010）

2. 病害

目前全世界已知的珊瑚疾病有30多种，主要类型有黑带病、黑斑病、白带病、白色瘟疫、白斑病、黄带病、珊瑚白化病等（黄玲英和余克服，2010）。这些珊瑚疾病会导致珊瑚大量死亡，致使活珊瑚盖度和生物多样性下降，对珊瑚礁生态系统产生破坏性的影响。根据2007～2008年的调查资料，北海市涠洲岛和防城港市白龙尾的活珊瑚在秋、春两个季度曾遭受病害，主要是白化病，其次是侵蚀病、白带病等。其中，白龙尾珊瑚的平均白化率为0.9%、平均白化病为0.23%，珊瑚死亡及白化病害状况相对较为严重；涠洲岛西南面、东北面、东南面沿岸珊瑚的平均白化率为0.12%、平均白化病为0.22%（范航清等，2015）。

3. 动物敌害

珊瑚的动物天敌较多，有硬骨鱼类、甲壳动物、刺皮动物、腹足动物、穿孔动物等种类，如长棘海星（*Acanthaster planci*）暴发时，可造成大面积珊瑚白化。动物天敌在掠食珊瑚活体过程中，使珊瑚组织受损或者枝条断裂。珊瑚损伤后，容易遭受病菌或者其他生物侵害而死亡。广西珊瑚的动物天敌主要是贝类和海星。海星通常数量较少，对珊瑚的危害不大。例如，涠洲岛和白龙尾都发生过活珊瑚遭受核果螺（*Drupa morum*）吞噬的现象；其中，涠洲岛遭危害的活珊瑚为滨珊瑚、角孔珊瑚、盔形珊瑚、扁脑珊瑚、蜂巢珊瑚、角蜂巢珊瑚、鹿角珊瑚、小牡丹珊瑚等，白龙尾遭危害的活珊瑚为南琉蜂巢珊瑚、翘齿蜂巢珊瑚、滨珊瑚等（范航清等，2015）。

4. 海藻覆盖

在涠洲岛珊瑚礁海区，由于褐藻春季快速繁殖和生长而大面积覆盖造礁珊瑚，在礁坪的靠岸侧和潮间带，以囊藻（*Valonia*）和网胰藻（*Hydroclathrus*）为主，而在礁坪和珊瑚生长带上部则以马尾藻（*Sargassum*）占优势（黎广钊等，2004）。这些褐藻在礁岩上和海底的盖度可高达 80%～90%（王国忠，2001），不仅占据了水体空间，同时因其遮挡作用致使与珊瑚共生的虫黄藻吸收不到充足的太阳光进行光合作用，而致使虫黄藻的光合效率和密度下降，最终造成活珊瑚因得不到生存所需要的 O_2 和营养物质而死亡，出现白化现象。然而，随着夏季来临，珊瑚礁区的褐藻会被西南海浪冲走，造礁珊瑚重获生机和自然恢复。涠洲岛珊瑚礁区褐藻的周期性快速繁殖和稠密生长会对珊瑚的正常生长和发育产生不利的影响。

（二）人为因素

1. 盗采珊瑚

珊瑚的形状千姿百态，有枝状、脑状、树状、鹿角状、片状等各式各样；常见的颜色有浅粉红、深红色、橙色、白色，少见黑色，偶见蓝色和紫色。因此，珊瑚作为工艺品材料有着悠久的历史，并享有很高的文化及商业价值。例如，珠宝类珊瑚，由于骨质紧密，经精工雕琢，可制成戒指、佛珠、项链、耳环、头饰，以及人像、花鸟虫鱼、珍禽异兽等精致工艺品，而且价值不菲，我国民间就习惯把珊瑚、珍珠、玛瑙和翡翠视为四大传世珠宝。在珊瑚的高价值诱惑下，一些人不惜铤而走险进行非法盗采，如 2001 年 1 月 2 日北海市渔政部门接到群众举报，在市区附近一个货运码头截获一批从涠洲岛偷运出来的活珊瑚，装在 30 多个泡沫箱、防渗箩筐和纤维编织袋里，有蓝色、粉红色、褐色等颜色的珊瑚，种类达 15 种之多。仅滴水村，每年偷采、偷运的珊瑚就超千吨（蒙蔚，2001）。

2. 过度或非法捕捞

过度捕捞鱼类、底栖动物及炸鱼、毒鱼等破坏性的捕鱼作业行为在涠洲岛时有发生，这些行为也是造成涠洲岛海域珊瑚礁死亡和珊瑚礁湿地退化的因素之一。过度或非法捕捞不仅会造成珊瑚礁海域鱼类生物多样性下降和资源量减少，而且也会使珊瑚或者藻类天敌的数量减少，导致珊瑚礁生态系统失衡。例如，藻类大量繁殖、长棘海星泛滥等将会导致大量珊瑚白化。

3. 海水污染

海水污染对珊瑚生长不利也是珊瑚礁湿地退化的主要原因之一。生活污水、工农业污水、养殖污水等排入珊瑚礁海域，不仅会使珊瑚容易遭受病害，而且由于海水中营养盐含量的增加，会促使藻类暴发和珊瑚的动物天敌增多；工程施工、乱采滥挖、水土流失、养殖饵料等会造成海水中碎屑颗粒的含量增加，导致海水浑浊，如南湾的网箱养殖和贝类吊笼养殖产生了大量的有机悬浮颗粒物（黎广钊等，2004），2001 年 5 月 13 日、6 月 9 日涠洲岛南部沿岸出现了海水浑浊的异常海水带，2002～2004 年和 2008 年涠洲岛海域出现了赤潮（梁文等，2010）。陈天然等（2013）研究发现，涠洲岛珊瑚礁出现了遭受大型生物和微型生物侵蚀的现象，大型侵蚀生物主要是：①双壳类，如 *Lithophaga* spp.等；②海绵，如 *Cliothosa* spp.和 *Cliona* spp.等；③藤壶；④蠕虫，如星虫和多毛类等。其中，双壳类 *Lithophaga* spp.占主导，特别是靠近人类活动密集、污染物排放集中、富营养化程度高的海域，这主要集中在岛的南部，其生物侵蚀强度也明显高于岛北部远离污染源、水质相对较好的海域。水体富营养化加剧，导致侵蚀生物数量明显上升，侵蚀强度增加，对涠洲岛珊瑚的生存、礁区碳酸钙的堆积乃至礁体的增长都极其不利。

另外，涠洲岛西北面的南海油田基地、输油管和储油库等对涠洲岛珊瑚礁存在着潜在的威胁，油气的泄漏与污染将会对珊瑚礁生态系统产生灾难性的影响。例如，涠洲岛 2008 年 8 月 16 日、8 月 23 日、8 月 27 日、11 月 3 日出现过 4 次油污影响事件，污染物主要为黑色油块，黏性较强，经鉴定为原油；油污出现在芝麻滩、鳄鱼山、滴水丹屏、石螺口等岸段，油污漂浮在海面、海滩上，近岸处附着在海蚀平台、海蚀崖、岩滩、沙滩的岩石、沙砾表面上，呈片状分布，造成在南湾区吊养的扇贝出现大量死亡现象（梁文等，2010）。

4. 近岸工程

涠洲岛油气终端、输油码头、输油管道的建设，不仅会因爆破等施工方式直接损毁珊瑚礁资源，也会因施工形成的建筑垃圾、粉尘和污水增加海水中悬浮物的浓度而间接影响珊瑚礁的生长。

5. 物理碰撞

珊瑚礁素有“海洋中的热带雨林”“海上长城”等美誉，珊瑚礁多姿多彩，把海底点缀得美丽无比，是一种观赏价值极高的旅游资源，同时孕育了丰富的生物多样性，因而也是极为重要的渔业资源。人为踩踏、船舶抛锚、拖网捕鱼等是造成涠洲岛珊瑚物理损伤的主要人为活动。

6. 采沙或珊瑚碎屑

过去，涠洲岛就地取材建房的历史十分悠久。建于 19 世纪、历时 10a 建成的涠洲岛天主教堂，所用材料主要是岛上特有的珊瑚石；岛民过去建的房子甚至猪圈，使用的也是珊瑚石。20 世纪 80 年代，岛上居民仍然使用珊瑚碎枝烧制为石灰，但现在已经禁止。近年来，石珊瑚碎屑作为水族箱的过滤物而被偷挖装船外运的现象时有发生。大量开挖海沙，破坏了珊瑚礁赖以生长的基底，使珊瑚礁生态系统退化。例如，在石螺口、北港水产站长达数千米的沙滩上，就有公开或半公开地挖掏筛选珊瑚碎枝。长期的滥挖滥采，使得沿岸沙堤坑坑洼洼，触目惊心，同时致使海岸防护林被海浪掀倒殆尽，海岸被侵蚀倒退近 100m，既危及岸边房屋，又毁坏了农田（蒙蔚，2001）。

第四节 海草床湿地退化特征及其驱动力

海草湿地退化是指因自然环境变化或者人为干扰而造成海草湿地受损或者破坏的过

程。世界各地海草的退化已经引起全世界的广泛关注。许多滨海地区包括北美洲、大洋洲、欧洲和非洲等都普遍存在海草退化的现象。

一、海草床湿地退化特征

（一）自然面积减少

20世纪以来，受自然因素和人类因素的影响，世界各地的海草面积都出现了急剧下降的现象，如澳大利亚至1992年主要由人为干扰导致的海草床面积减少超过45 000hm^2（Walker and McComb，1992），葡萄牙西海岸Mondego河口1986～1997年由诺氏大叶藻（*Zostera noltii*）占据的面积从150 000m^{2}减少到200m^2（Martins et al.，2005），Short和Willy-Echeverria（1996）估计全世界有90 000hm^{2}的海草床已经消失。根据联合国环境规划署（UNEP）2003年出版的《世界海草地图集》，全世界海草床的生态环境日益恶化，世界仅有的17.7万km^{2}的海草床在1993～2003年减少2.6万km^2，缩减约15%。我国沿海现有的海草床面积约8765.1hm^2，分布在海南、广西、广东、香港、台湾、福建、山东、河北和辽宁9个省（自治区、特别行政区），其中海南、广东和广西的分布面积分别占64%、11%和10%（郑凤英等，2013）。同世界其他国家一样，我国的海草床也处于严重的衰退之中。广西的海草床面积有957.74hm^2，主要分布在北海市的英罗湾、沙田、丹兜湾、铁山港、北暮盐场、竹林、古城岭、大冠沙、西村港和下村，钦州市的硫磺山、沙井、犀牛脚、大环和纸宝岭，防城港市的企沙、交东、下佳邦、贵明、山心、大冲口等海域（表5-11），自然面积也处于减少之中，如英罗湾海草床面积1994年为267hm^2，2000年为32hm^2，2001年为0.1hm^2；沙田淡水口海草床面积1994年为46.7hm^2，2001年仅剩0.1hm^2，2003年恢复到10hm^2（邓超冰，2002）。北暮盐场海草床面积2000年为20hm^2，2001年为5.3hm^2，而且长势较差，低矮稀疏，呈散状斑块分布（黄小平等，2007）。蓝文陆等（2013）通过2001～2011年现场调查和监测，结果发现合浦沙田镇附近的榕根山海草床面积，2001～2005年从13.3hm^{2}增加到17.1hm^2，但是2006年以后海草床的面积开始减少，至2011年已经减少到不足1hm^2，海草群落由矮大叶藻单优种群落变化为以贝克喜盐草为优势种的群落。合浦海草床历年面积变化情况如表10-15所示。

表10-15　合浦海草床面积的变化情况（单位：hm^2）

海草床名称	1987年（春）	1994年（秋）	1999年（冬）	2000年（夏）	2001年（夏）	2002年（春）	2002年（夏）
淀洲沙	200.0	20.0	13.3	133.3	14.3	27.8	82.2
北暮盐场	46.7	16.7	10.0	30.0	5.3	62.0	185.0
英罗湾	66.7	133.3	33.3	12.0	0.1	49.3	71.9
英罗湾口门外		133.3	1.3	20.0	3.3		
沙田淡水口		46.7	2.7	2.0	0.1	8.7	6.0
山寨九合井底		26.7	13.3	33.3	193.0	51.4	48.0
高沙头		33.3	13.3	133.3	0.2		
榕根山榄脚下					13.3	3.4	17.1

注：资料来源于黄小平等（2007）

（二）盖度降低

随着海草床自然面积的减少，海草的盖度也发生了变化。例如，2001 年榕根山矮大叶藻群落盖度高于 50%；2006～2009 年，夏季的矮大叶藻群落盖度变化为 10%～45%，除了 2007 年之外，海草盖度都相对较高，但到 2010 年矮大叶藻不仅个体数量少，而且盖度极低，冬季的矮大叶藻群落盖度变化相对较小，除了 2009 年冬季盖度较高之外，呈现逐年降低的趋势（蓝文陆等，2013）。广西主要海草床群落的盖度如表 10-16 所示。

表 10-16 广西主要海草种类和群落的盖度（%）

海草床名称	喜盐草	贝克喜盐草	矮大叶藻	海草群落	面积/m^2
北海铁山港沙背	7.0	0.0	0.0	7.0	2 831 192
北海北暮盐场外海	12.0	0.0	0.0	12.0	1 700 673
北海山口乌堤外海	15.0	0.0	0.0	15.0	941 118
北海铁山港下龙尾	25.0	0.0	0.0	25.0	791 299
北海铁山港川江	15.0	0.0	0.0	15.0	733 005
防城交东	0.0	2.0	20.0	22.0	416 096
北海沙田山寮	0.0	0.0	2.5	2.5	142 641
钦州纸宝岭	0.0	35.0	0.0	35.0	107 316
北海山口丹兜那交河	0.0	15.0	0.0	15.0	107 224

注：资料来源于范航清等（2015）

（三）生物多样性降低

海草床是生物圈中最具生产力的水生生态系统之一，是许多海洋动物重要的育苗场、觅食区和避难所，因此海草床海域通常具有较高的生物多样性。然而，由于海草床面积的减少，大量海草消失，因此造成以海草作为直接食物来源或重要栖息地和隐蔽保护场所的海洋动物随之减少，生物多样性呈现下降的趋势。例如，儒艮对海草植物的依赖性比较大，通常只主动进食海草，一头成年儒艮每天需进食 40～55kg 的海草（邱广龙等，2013c），因此海草床退化或丧失将直接导致儒艮的迁出或死亡。合浦县铁山港、沙田和英罗湾一带海域的海草床是儒艮主要的觅食场所和栖息地之一，1980 年海草床面积估计为 2970hm^2，至 2005 年仅为 540hm^2（韩秋影等，2007b），消失率为 81.8%。据记载，1958～1962 年，当时的沙田公社曾多次组织专业队围捕儒艮，5 年间共捕获儒艮 216 头；1976 年上海自然博物馆、复旦大学等科研单位，在当地政府的支持配合下，曾组织科研性的捕捉活动，当年共捕获儒艮 23 头；1997 年 11 月在铁山港海域发现有 3 头儒艮，2000 年以后只发现死亡个体和活体记录，甚至 2004 年仍有记录，但目前已经难觅其踪迹（张宏科，2013）。儒艮个体数量急剧减少，应与该海域海草床的快速退化有密切关系。

（四）生态服务功能降低

海草床具有物质生产、调节大气、营养物质循环、净化水质、维持生物多样性等多种生态功能，是保护海岸的天然屏障，在世界碳循环中也起着重要作用。海草床的退化严重地影响了其生态功能的发挥。例如，韩秋影等（2007a）评估了人类活动对合浦海草床服务功能价值的影响，发现合浦海草床生态服务价值从 1980 年的 48 159.06 万元减少到 2005 年的 13 501.11 万元，人类活动造成的合浦海草床经济价值的损失为 34 657.95 万元，价值损失率为 71.97%，而间接经济价值从 1980 年的 47 802.12 万元减少到 2005 年的 8691.29 万元，人类活动造成的间接经济价值损失为 39 110.83 万元，损失率高达 81.82%，说明合浦海草床主要服务功能已经受到了严重破坏。而作为直接经济价值的食物生产价值由 1980 年的 356.94 万元增加到 2005 年的 4809.82 万元，25 年间增加了近 12 倍，说明人类对合浦海草床的开发利用强度显著增强。损失的间接经济价值是海草床新增加食物产品价值的 8.78 倍，说明当地渔业经济的发展是以合浦海草床生态功能下降为代价的。

二、海草床湿地退化的驱动力

（一）自然因素

1. 气候变化

气候变化是导致海草床湿地退化的重要因素之一，主要体现在全球变暖和海平面上升两个方面。全球变暖会导致海水温度升高，影响海草的光合作用、呼吸作用等生理活动，一些海草床由于不能够适应海水温度升高而衰退（潘金华等，2012）。海平面上升使海草床生境水深增大，照射到海草的光照强度减弱，由此直接影响海草的光合作用甚至导致其死亡。

2. 台风

台风对海草床的影响主要表现在如下 5 个方面：①台风引起的风暴潮、台风浪直接冲刷海草，将海草连根冲刷起来，造成海草资源毁灭性的破坏；②台风将海草繁殖枝破坏，并导致海草种子库的流失，影响海草床的自然恢复功能；③台风将滩涂中的泥沙冲刷起来埋没海草，影响海草的生长，导致海草资源的破坏；④台风和风暴引起底质的松动和搅动，造成沉积物悬浮，局部海区光强在几周之内降为零，严重影响海草的生长，加速海草床的退化；⑤台风和风暴带来的大量降水注入海洋后，造成局部海区内盐度的剧降，影响海草的生长（邱广龙等，2014）。例如，1995～1998 年，厄尔尼诺事件给美国 Tampa 湾带来大量降水，导致氮输入量增加，其后果是湾内海草床面积的增长变慢（Johansson and Greening，2000）。

3. 动物取食

海草床是许多海洋动物的觅食场所，在海草床中取食海草的动物主要有儒艮、绿海龟、水鸟、鱼类、海胆和一些十足目动物等。不同动物对海草的取食部位不同，如海胆、鱼类、水鸟、绿海龟、儒艮等主要取食海草的叶片；虾、蟹、龙虾等十足类，有些取食叶片等新鲜的海草组织，有些取食海草叶上的藻类等附生生物，也有些取食海草的根和地下茎；一些动物取食还呈现出一定的季节性，如水鸟是海草重要的取食者，秋季或冬季迁徙到海草床区域时水鸟会以海草为食（王峰和周毅，2014）。动物取食是海草床中一种常见的干扰，草食作用对海草床湿地的形成、结构和功能有着重要的影响（Heck and Valentine，2006）。

适度取食会促进海草的生长，提高海草生产力（王峰和周毅，2014）；大量取食会对海草生长造成负面影响，尤其在海草床遭受干扰后的恢复阶段，过度取食则可能会造成海草床毁灭（邱广龙等，2014）。例如，儒艮取食会加剧海草床的空间异质化，改变海草植物的形态、有性繁殖及营养组成结构，改变海草群落的种类组成及演替序列，降低海草床内底栖动物群落的生物多样性与密度，提高海草床水体环境中的悬浮物含量（邱广龙等，2013c）。

4. 种间竞争

种间竞争也是引起海草床湿地退化的重要因素。例如，浮游藻类、附生藻类和大型底栖藻类与海草竞争光和营养盐，当水下光照强度下降时海草因补偿光照强度比藻类的高而受到的影响比较大（许战洲等，2009）；当氮、磷营养盐增加时，浮游藻类、附生藻类的增长速度比海草的快，从而对海草更加不利；穴居动物不仅与海草竞争底质空间，一些种类如美食蝼蛄虾（*Upogebia edulis*）还取食海草种子而损害海草的有性繁殖；奥莱彩螺（*Clithon oualaniense*）和棒锥螺繁殖迅速，在滩涂上成片堆积，侵占海草的生长场所，给海草造成很大的破坏（黄小平等，2007）。外来物种入侵对海草床湿地也造成了严重的危害。例如，互花米草侵入榕根山滩涂后快速繁殖扩散，不断侵占海草床的生境，使海草床破碎化，局部海草床已经消失（蓝文陆等，2013）。

（二）人为因素

1. 围海养殖

围海养殖包括插桩吊养贝类、围网养殖等。在海草床及其周围海域进行围海养殖，其中的挖掘、打桩、踩踏、废弃物等对海草床造成的危害相当大，甚至导致其消失（表 10-17）。例如，合浦淀洲沙滩涂的草场中有面积约 100hm^2 的插桩吊养贝类，在养殖范围内的海草已经绝迹，弃养后遗弃的断桩、废牡蛎壳遍地都是，使人难以插足（范航清等，2007）；在茅尾海、钦州湾等地海草床中插桩吊养贝类已致使海草生长稀疏，盖度非常低（邱广龙等，2014）。

表 10-17　各种渔业方式对海草的破坏情况

渔业方式	作业过程	破坏程度
耙螺	在滩涂表面 3cm 下拖刮、耙螺	耙断海草的根和茎，毁坏海草
挖沙（泥）虫、挖螺	将滩涂的泥沙崛起、翻开	泥沙流失，破坏海草的根、茎，毁灭海草
围网、电鱼（虾）	在滩涂上拖弋、打桩围网捕鱼虾	践踏海草，破坏海草及其生境
插桩养蚝	把水泥桩固定在滩涂上放养大蚝	占地，毁坏海草；断桩、废蚝壳改变生境
底（电）拖网	拖网在海底滩涂上拖拉	海草大面积连根拔起或折断其根和茎

注：资料来源于邓超冰（2002）

2. 耙螺、挖螺和挖沙虫

广西沿海多数海草床湿地是当地群众耙螺、挖螺、挖沙虫等传统渔业活动的重要场所。这些生产活动会将海草连根翻起，或耙断海草的根茎，对海草造成的破坏比较大（表 10-17）；

同时，挖松的滩涂泥沙容易随海水流动，造成海水浑浊或者泥沙覆盖海草，影响海草的生长。例如，在合浦海草床区域从事挖沙虫、挖螺的渔民主要集中在沙田镇和山口镇，约有1500人，其中挖沙虫约为1000人，挖螺约为500人（韩秋影等，2008）。

3. 底拖网捕鱼

底拖网作业对海草的破坏比较严重，如山口镇、沙田镇有浅海拖网船约400艘，主要在淀洲沙、高沙头、英罗湾一带10m以浅的海域作业，这些底拖网船在拖网作业时把海底的海草成片连根拖起，对海草造成毁灭性的破坏（范航清等，2007；李颖虹等，2007）。

4. 围网捕鱼

由于海草床及其附近海域的鱼类资源比较丰富，当地渔民在海草床内设置大范围的定置网，利用潮水的涨落围捕鱼类。在作业过程中，挖掘、打桩、围网、踩踏等都会对海草造成很大的影响。

5. 炸鱼、电鱼和毒鱼

炸鱼对海草床最具破坏力，不仅直接破坏海草，炸死海草床生物，而且也破坏了海草床的生态环境。毒鱼对海草床的破坏性也很大，如氰化物毒鱼不仅对海草和海草床鱼类等动物造成直接破坏，也污染了海草床的生态环境。电鱼会把海草床内连同幼小的鱼、虾和其他海洋动物电晕或电死，造成生物多样性下降。在炸鱼、电鱼和毒鱼时也会踩踏海草，影响海草的生长。

6. 人为污染

人为污染是海草床退化的重要因素，包括陆地和海上排放的污染，如工农业和生活污水、船舶油污、养殖饵料等会使海水富营养化，附生生物、浮游植物和悬浮物浓度增加及赤潮频繁暴发，由此导致海草床的光照强度减弱，光合作用降低，从而影响海草的生长发育，最终导致整个海草群落退化。

7. 航道和港口建设

开挖或疏浚航道和港口建设对海草床的影响主要有如下4个方面：①将海草连同泥沙一起挖掉，彻底被物理去除；②导致悬浮物质浓度增加，海草床的光照强度减弱或者悬浮物质沉降黏附在海草叶表面，影响海草的光合作用；③导致海草被泥沙覆盖而最终死亡；④改变了海底地形地貌和水动力条件，当风暴来袭时海草床受到的破坏更加严重。

8. 过度放牧

沿海居民都有在滩涂上放养鸭、鹅等家禽的习惯，过度放养家禽对海草的啃食、践踏及污染等都影响海草的生长发育。例如，榕根山海草床距岸线较近，长期在海草床滩涂放养鸭子可能是榕根山海草床矮大叶藻衰亡最主要和最直接的原因（蓝文陆等，2013）。

9. 船舶碰撞

船只停泊、船用螺旋桨、抛锚和起锚等都会对海草造成直接机械损害。

第五节 河口湿地退化特征及其驱动力

河口湿地退化是指因自然环境变化或者人为干扰而造成河口湿地受损或者破坏的过程。河口位于河流与海洋交汇地带，是具有重要生态服务功能的湿地类型，在食物供给、原料、水资源、维持生物多样性、降解污染物、旅游资源等方面起重要作用。由于河口管理混乱及对其不合理的开发利用，已经导致许多河口的作用过程及其生态功能退化，河口生态系统严重失衡。

一、河口湿地退化特征

（一）自然湿地面积减少

自然湿地面积大量减少是广西河口湿地退化最主要的特征。围垦、海堤修建、码头建设等是造成河口自然湿地面积减少的主要原因。例如，北仑河口我国一侧历史上曾有红树林 3338hm^2，经过 1949 年以前海堤建设毁林、20 世纪 60～70 年代围海造田、1980～1981 年滥砍滥伐、1997 年以后毁林养虾等破坏后减少为目前的 1066hm^2，原生红树林消失率 68% 左右（韩姝怡，2010）。

（二）生境退化

河口湿地生态环境退化主要表现为底质遭受侵蚀、水体泥沙含量减少、泥沙淤积发生变化、水体和底质污染等，由此会造成湿地内地形地貌变化、生境破碎化和生态环境质量下降。例如，北仑河口的地形地貌在近几十年来发生了较大改变，深槽、沙嘴、拦门沙等地形在形态、大小和布局上发生了较大的变化，主航道中心线明显向北侧偏移。这主要是由自然因素与人为作用两个方面造成的，自然因素主要为风、浪、潮及径流的共同作用，人为因素主要为海岸植被减少、沙洲围垦与人工挖沙及海岸防护设施年久失修等，两大类因素相互作用，致使北仑河口的岸滩发生演变（陈波等，2011）。

（三）生物多样性下降

河口区的各种湿地生境为生物提供了良好的栖息环境，同时入海河流携带的丰富有机物和营养元素为河口区生物提供了食物来源。因此，河口湿地退化将会使许多生物栖息环境丧失，从而造成生物多样性下降。例如，许铭本等（2015）于 2011 年 11 月调查了北仑河口竹山海域潮间带的大型底栖动物，共采集到大型底栖动物 63 种，其中软体动物 29 种，甲壳动物 18 种，多毛类 12 种，其他类 4 种；优势种为珠带拟蟹守螺、短指和尚蟹、智利巢沙蚕和艾氏活额寄居蟹等；平均生物量为 155.06g/m^2，平均密度为 343.8 个/m^2。而何祥英等（2012）于 2010 年 7 月调查包括竹山在内的北仑河口自然保护区红树林湿地的大型底栖动物时，共发现大型底栖动物 8 门 10 纲 46 科 106 种，其中软体动物 49 种，甲壳类 36

种，多毛类 10 种，其他类 11 种；优势种为珠带拟蟹守螺等；平均生物量是 103.09g/m^2，平均密度是 196 个/m^2。

（四）湿地植被退化

广西河口湿地植被主要有红树林及芦苇、茳芏、短叶茳芏、钻苞水葱、南方碱蓬等为建群种的盐沼群落，这些群落退化主要表现在群落面积减少、群落高度矮化、组成种类单种或单优势种化、层次结构单层化、生长状况差、外来种入侵等方面。例如，北仑河口上游的独墩岛是老鼠簕群落分布面积较大的区域之一，2005 年调查时的面积约 15hm^2（刘镜法，2005），目前独墩岛因修建防护堤其滩涂上的老鼠簕群落遭受严重的破坏，大部分已经消失。

二、河口湿地退化的驱动力

（一）自然因素

1. 海岸和水下侵蚀

波浪、潮汐、风暴潮、海平面上升等是导致滨海湿地损失的重要因素。随着入海河流携带泥沙量的减少和海洋水动力的加强，海岸侵蚀后退、水下岸坡遭受侵蚀、坡度变缓、河口水槽加深等成为滨海湿地的主要演化趋势。例如，从 20 世纪 70 年代初开始，北仑河入海口主航道深水线产生偏移，主流不断向我国一侧偏移，使原属于我国领土的约 8.7km^2 的河道中间沙洲成为争议之地。根据 1989 年国家海洋局组织的考察资料，和 1912～1934 年的测量资料相比，竹山镇附近原有的宽阔岸滩只剩很窄的一条，河床中出现了三块沙洲，深水区向我国一侧移动了约 500m。最大的偏移量达 2.2km，造成我国一侧海岸侵蚀严重，约 1.9km^2 滩涂、多个小岛及水下小沙洲等受到严重的破坏（沈焕庭和胡辉，1994）。由于北仑河口海岸地形的特殊性，海水产生横向环流，因此导致北仑河口北侧东岸海水侵蚀，南岸西岸泥沙堆积，加速北仑河口北侧侵蚀（韩姝怡，2010）。

2. 互花米草入侵

互花米草对河口湿地的危害是多方面的。例如，①互花米草对河口湿地自然环境产生的影响比较大。互花米草密集的茎秆和发达的地下根系有利于泥沙的快速淤积，从而使潮间带微地貌发生改变，同时互花米草还影响土壤的氧化还原电位、硫化物含量等。②互花米草侵占生境能力极强，造成生物多样性下降。互花米草的生态适应性和竞争力都极强，能迅速扩散并集中连片，形成单一优势植物群落，从而导致当地土著物种丧失原有的生存空间，引起土著物种的种类、数量和物种多样性改变。互花米草营养繁殖能力强，能快速侵占滩涂，侵入红树林，与土著生物竞争生长空间，严重威胁土著生物的生长和生存。在广西沿海，互花米草属于外来种，是 1979 年合浦县科委与南京大学合作，首先在山口镇山角海滩和党江镇沙蛹船厂海滩，分别引种了 0.67hm^2 和 0.27hm^2。目前，互花米草通过自然传播已从广西的东海岸向西海岸扩散至北海与钦州交界的大风江口，总面积达 602.27hm^2，其中南流江口 51.17hm^2、大风江东岸 3.33hm^2（潘良浩等，2016）。

3. 攀援植物危害

在南流江的干流河口、木案江河口等区域发现部分红树林被鱼藤覆盖后出现枯萎、死亡和林窗的现象，遭受危害的主要是蜡烛果群落。

（二）人为因素

1. 围垦

河口受潮流和径流的双重影响，造成河口湿地面积大幅度减少的主要原因是围垦。围垦是在河口边滩上筑堤圈围，因而被圈围的湿地与堤外海水的直接联系被阻隔，其湿地特征和性质随围垦目的而发生改变。围垦除了直接造成自然湿地面积减少、湿地植被毁灭性破坏、生物多样性下降等之外，河口围垦所引起的潮波变形、沿程水位抬高程度和河床冲淤变化会导致湿地生态环境发生变化，甚至造成湿地严重破坏。例如，南流江河口的西场、沙岗、南域、更螺、百曲、乾江等地主要有 6 个堤围，总面积为 316.8km^2，总长度为 179.6km；大风江口的堤坝长 30 多千米，围垦面积 66.67km^2；北仑河口的楠木山-竹山街堤坝，称为“五七”海堤，长约 4km，围垦面积 0.6km^2，大岭-巫头岛堤坝长约 2.5km，围垦面积 8.93km^2，称为“江平第一围垦区”，巫头岛-沥尾岛堤坝长约 1.5km，围垦面积 2.67km^2（中国海湾志编纂委员会，1998）。被侵占或者围垦的河口湿地主要用于农田、养殖场、盐田、城镇等建设。其间，红树林也遭受了较大的破坏，面积急剧减少，如大风江口九渡河围垦面积 599.3hm^2，其中红树林被围垦 141.6hm^2。

2. 堤防和港口码头工程

堤防工程能有效地保护现有的耕地和居民，港口码头工程能发挥巨大的经济效益，但其负面影响不可忽视，如堤防和港口码头不仅直接占用了湿地，而且由于堤防和港口码头改变了河口水域的水文及水动力条件，从而影响水域内的生态环境和生态功能，容易造成滩涂湿地萎缩和生物环境的变化。

3. 水利工程建设

河口流域水资源的开发利用对河口滩涂湿地的影响较大。例如，在流域的干流和支流上修建水库改变了天然输沙量和径流量，是造成河口滩涂湿地萎缩退化的重要原因之一。入海河口是河流的终点，河水及向岸而来的潮流和波浪携带的泥沙在河口区大量沉积而逐渐形成心滩、水下三角洲、沙洲、沙岛等湿地生态环境，因此入海河流来沙对河口湿地的形成和演替动态具有特别重要的作用。在流域内修建水库、岸堤等水利工程，对泥沙将产生拦截作用，由此导致入海河流携带泥沙量减少，造成岸滩湿地侵蚀加剧和淤涨变化。入海河流泥沙是形成滨海湿地的物质基础，河流携带泥沙量减少，同时也造成新生湿地的形成速率变小。广西 6 条主要入海河流所建的大、中型水库情况如表 10-18 所示。

表 10-18　广西入海六大河流所建的大、中型水库情况表

河流	大型水库	中型水库
北仑河	无	无
防城河	小峰水库	无
茅岭江	无	石梯水库
钦江	灵东水库	田寮水库、吉隆水库、京塘水库、大马鞍水库
大风江	无	长江水库、荷木水库
南流江	旺盛江水库、小江水库、洪潮江水库	大容山水库、苏烟水库、寒山水库、鲤鱼湾水库、铁联水库、共和水库、江口水库、罗田水库、茶根水库、凌青水库、温罗水库、充粟水库、火甲水库、解放水库、石康水库、六洋水库、东成水库

注：资料来源于广西大百科全书编纂委员会（2008a）

4. 污染物排放

生态环境污染也是河口湿地面临的较为严重的威胁。随着沿海经济的快速发展和人口的增加，工农业废水、生活废水、养殖废水等排入河口，会造成河口水体和底质污染，使水生生物受到危害。例如，甘华阳等（2012）发现大风江口中部湿地表层沉积物中总有机碳（TOC）、总氮（TN）和总磷（TP）含量对底栖生物的生态毒性效应处于危害级别；陈敏等（2012）于 2008 年对北仑河口海域海水铜、铅、锌、镉、砷、总铬、总汞、pH、无机氮、活性磷酸盐和油类等 11 项污染因子进行调查，结果发现北仑河口海域海水水质污染较为严重，主要发生在春季和夏季（表 10-19），Pb 和 Hg 为该海区的主要污染物，且海水存在富营养化问题（主要是氮），同时还有油类的污染威胁。

表 10-19　2008 年北仑河口海水水质的现状

时间	层位	内梅罗指数（P）	评价结果
3 月	表层	0.64	清洁
	底层	0.69	清洁
5 月	表层	6.46	严重污染
	底层	6.02	严重污染
8 月	表层	5.79	严重污染
	底层	4.48	严重污染
11 月	表层	1.92	中等污染
	底层	1.39	轻污染

注：资料来源于陈敏等（2012）

5. 滥捕滥挖

滥捕滥挖可造成河口生境破坏，特别是生境的破碎化，由此可导致河口湿地鸟类、鱼类、大型底栖动物等种类和生物量减少，生物多样性下降。

6. 河口挖沙

泥沙资源的滥采滥挖也是造成河口湿地退化的重要因素。随着流域基础设施建设发展

迅速，建设用沙的需求引发在河口水域非法挖沙的现象时有发生。大量的采沙减少了湿地的泥沙来源，引发了河口流态紊乱和湿地演变加快，造成滩涂湿地的萎缩。例如，茅岭江口、南流江口等都发现有非法挖沙的行为，造成了一些河岸或河堤崩塌。另外，挖沙船漏油或丢弃的其他废弃物又会污染河口水质。

第六节　滩涂湿地退化特征及其驱动力

滩涂湿地退化是指因自然环境变化或者人为干扰而造成滩涂湿地受损或者破坏的过程。滩涂退化会造成滩涂生态系统结构破坏、功能衰退、生物生产力下降、生物多样性减少和滩涂资源丧失。

一、滩涂湿地退化特征

（一）自然湿地面积减少

随着沿海经济的迅速发展和城市化进程加快，围垦、围海养殖、海堤建设、港口码头建设、城镇建设等对滩涂湿地侵占和开发利用速度加快，导致滩涂湿地面积减少，滩面宽度变窄。李英花等（2016）将广西海岸滩涂划分为已开发利用滩涂和未开发利用滩涂两大类型，以及渔业用海、填海造地用海、旅游娱乐用海和潮间带滩涂 4 种类型及养殖用海、工业用海、港口用海、路桥用海、城镇建设用海、其他填海用地、旅游娱乐用海、光滩、红树林沼泽和其他沼泽 10 种利用类型（表 10-20）。其中，工业用海、港口用海、路桥用海、城镇建设用海及其他填海用地等填海造地用海面积 6567hm^2，占总面积的 6.73%；滩涂围海养殖面积 7319hm^2，占 7.50%。

表 10-20　广西海岸滩涂主要利用类型和面积

一级类	二级类	标准类	面积/hm^2	比例/%
已开发利用滩涂	渔业用海	养殖用海	7 319	7.50
	填海造地用海	工业用海	3 772	3.86
		港口用海	974	1.00
		路桥用海	231	0.24
		城镇建设用海	132	0.14
		其他填海用地	1 458	1.49
	旅游娱乐用海	旅游娱乐用海	10 906	11.17
未开发利用滩涂	潮间带滩涂	光滩	61 693	63.21
		红树林沼泽	7 276	7.46
		其他沼泽	3 833	3.93
	合计		97 594	100

注：资料来源于李英花等（2016）

（二）生物多样性降低

沿海滩涂湿地是各种盐沼植物、鱼类、底栖动物、鸟类等生长发育和繁殖的场所，在自然状态下滩涂的生物物种丰富，多样性高。但是，随着滩涂围垦、围海养殖、滥捕滥挖等现象增多，生态环境遭到严重破坏，生物种类减少，生物多样性降低。例如，围垦后建造养殖塘进行人工养殖时，不论是海水养殖还是淡水养殖，养殖物种都比较单一。根据廉州湾潮间带平均生物量为73.22kg/m^{2}估算，围垦后滩涂生物每年损失量为5560t，其中经济种类生物量为250t。

（三）生态环境恶化

滩涂生态环境恶化主要表现在滩涂侵蚀、生境破碎化、微地形地貌变化、土壤理化性质异质性程度增高、沉积物结构变化、底质沙化、水质污染、底质污染等方面。随着滩涂生态环境的不断恶化，生物栖息地减少，生态自我修复能力减弱。

二、滩涂湿地退化的驱动力

（一）自然因素

1. 自然侵蚀

受潮流和波浪，特别是台风暴潮等的影响，滩涂表层泥沙被冲刷起来，并被海水搬运和重新沉积，由此不仅导致海岸线侵蚀后退，滩面下蚀，同时滩涂表面形态、沉积结构、基底物质组成等发生了变化，造成生态环境退化。北海银滩海岸自1976～2000年海岸平均蚀退250m，年平均岸线水平蚀退10.40m（黄鹄等，2011a）。

2. 海平面上升

海平面上升是影响滩涂湿地的主要因素之一。全球气候变暖、冰川融化、上层海水变热膨胀等原因导致全球性海平面上升，1993～2010年全球海平面平均上升速率为2.8～3.6mm/a。1980～2013年，我国沿海海平面上升速率为2.9mm/a；广西沿海相对海平面平均上升速率为2.2～2.4mm/a。海平面上升在海岸带主要表现为滩涂侵蚀和海岸沙坝向岸位移。

（二）人为因素

1. 围垦

滩涂围垦是滨海地区拓展陆域、缓解人多地少矛盾的最主要方式之一。滩涂围垦除了导致滩涂面积大幅度减少之外，滩面宽度变窄，同时潮滩高程、水沙动力条件、沉积物特征等多种环境因子的改变，对滩涂生态环境演变产生了重要影响。同时，在围垦吹填等施工过程中将会产生大量悬浮质，使一定范围水域固体悬浮物浓度升高，对该水域内浮游植物、浮游动物、游泳动物等产生不利影响，导致区域水生生物丰度、多样性的降低；施工船舶、机械与施工人员的污水、废水及固体废弃物的排放，直接影响邻近海域水质。过度围垦后，自然植被破坏，影响自然促淤，淤涨速率明显减慢。滩涂围垦开发利用主要以农业种植、水产养殖、盐业、林业等为主，兼顾工业园区、城镇、港口码头、旅游开发等。例如，防城港市2001～2012年填海面积7580.83hm^2，平均每年填海面积631.74hm^2，主要用于港口及码头建设（表10-21）（陈宪云和何小英，2014）。

表10-21　2001～2012年防城港市填海面积统计

年份	填海面积/hm^2	年份	填海面积/hm^2
2001	154.63	2007	454.93
2002	154.63	2008	462.53
2003	164.84	2009	467.87
2004	208.84	2010	962.02
2005	238.29	2011	1718.87
2006	452.29	2012	2141.09

注：资料来源于陈宪云和何小英（2014）

2. 海堤建设

海堤是防御潮汐和海浪特别是风暴潮的冲击、减轻灾害的重要工程措施。但是，海堤的修建也带来了一系列负面效应，特别是对生态环境的影响不能忽视。例如，海堤阻隔了水流动，使堤内外水交换受到很大阻碍，造成堤内湿地变干、萎缩等；堤外海域水动力发生了变化，改变了潮滩的淤积过程，引起滩涂湿地面积的变化和对生物多样性产生不利影响。广西沿海人工岸线长1280.21km，占海岸线总长的78.6%。人工岸线是人工建筑物形成的岸线，建筑物一般包括防潮堤、防波堤、码头、凸堤、养殖区和盐田等。人工岸线长度变化与人类活动密切相关，如自1970年以来，除防城港区外，北仑河口、钦州港口区、北海银海区、铁山港区和英罗湾区因虾塘、盐场围垦和港口工程导致的围填海面积逐渐增加，特别是在北仑河口、防城港西湾地区和钦州港口区增加得最为明显（表10-22）。

表10-22　广西沿海一些区段的虾塘、盐场、港口围填海面积和人工海堤长度

类型	年份	北仑河口	防城港区	钦州港区	北海银海区	铁山港区	英罗湾区
虾塘面积/km^2	1970	0.27	2.46	0	5.37	1.62	0
	1980	1.67	3.21	0	5.29	1.75	1.79
	1990	6.57	0	0.64	8.41	1.87	2.34
	1998	11.20	0	3.28	12.49	3.65	2.72
	2003	12.75	0	5.18	11.23	2.78	2.72
	2007	13.14	0	5.21	10.47	2.55	2.72
盐场面积/km^2	1970	0.25	0	0	11.67	4.69	0
	1980	0.02	0	0	11.67	4.69	0
	1990	0	0	0	11.67	4.69	0
	1998	0	0	0	11.67	4.69	0
	2003	1.93	0	0	11.67	4.69	0
	2007	1.93	0	0.61	11.67	4.69	0

续表

类型	年份	北仑河口	防城港区	钦州港区	北海银海区	铁山港区	英罗湾区
港口工程围填海面积/km^2	1970	0	0	0	0	0	0
	1980	0	0	0	0	0	0
	1990	0	0.47	0	0	0	0
	1998	0	2.42	1.37	0	0	0
	2003	0	1.69	1.11	0	1.04	0
	2007	0	2.23	0.46	1.00	1.61	0
海堤长度/km	1970	32.05	0	0	19.25	16.72	2.45
	1980	43.47	9.15	0	20.11	18.45	2.89
	1990	52.12	18.71	9.21	25.10	23.20	5.67
	1998	49.87	26.59	23.24	31.04	27.43	7.41
	2003	54.52	31.45	26.51	33.02	31.55	7.85
	2007	67.54	33.06	27.47	33.02	31.55	7.85

注：资料来源于孟宪伟和张创智（2014）

3. 围海养殖

围海养殖是滩涂开发的主要方式之一，广西沿海滩涂养殖是以贝类养殖为主，主要有翡翠贻贝（*Perna viridis*）、近江牡蛎（*Crassostrea ariakensis*）、文蛤、长肋日月贝（*Amusium pleuronectes* subsp. *pleuronectes*）、华贵类栉孔扇贝（*Mimachlamys nobilis*）、栉江珧（*Atrina pectinata*）、泥蚶（*Tegillarca granosa*）、毛蚶、大獭蛤（*Lutraria maxima*）、缢蛏、杂色鲍（*Haliotis diversicolor*）、方斑东风螺（*Babylonia areolata*）等。滩涂养殖对生态系统的影响主要包括如下几个方面：①滩涂养殖贝类污染自身养殖环境。贝类是一类滤食性的动物，可通过过滤水体摄取有机颗粒、浮游植物、污染物等，并产生生物沉降，实现有机物、污染物等由水体向底质搬运的过程，致使大量的有机物和营养盐被滞留在底质中，底质中微生物的还原作用随之加强，消耗水底溶解氧，使得水体处于缺氧或无氧状态，同时还会产生 H_2S 等恶臭气体，使水体水质变差，不仅污染自身养殖环境，也影响周边海域环境。②滩涂养殖会改变原有生物的生态环境。随着沿海滩涂养殖增多，大规模的围垦工程也在进行中，原有栖息生物的生态环境遭到破坏，对海洋生态系统构成巨大威胁。首先，这些工程建设会改变潮流方向，使水流不畅、流速减缓、悬浮物增加、透明度降低及加速内湾淤积，原来的岸线环境破坏后影响栖息于其中的生物，那些依靠水流滤食的底栖动物面临威胁，群落结构也发生变化。其次，围垦工程导致滩涂原有生物栖息面积大幅度减少，并引起局部潮间带发生冲淤变化，滩涂环境发生变化。③发展滩涂养殖可能会造成生物入侵。在滩涂养殖过程中，人为引进物种成为一大发展趋势，但这种行为可能对原有物种环境造成入侵，极易引发生态灾难。外来种会排除原有的关键种，改变当地物种的遗传多样性，从而导致群落组成结构和营养结构变化，引起生物多样性下降和生态环境衰退。④滩涂养殖可诱发赤潮。受饵料残渣、养殖生物排泄物等影响，滩涂养殖区发生富营养化的可能性高（刘斌等，2010）。此外，养殖贝类死亡会导致贝壳大量沉积，对滩涂造成污染；同时陆源污染物直接排入潮间带滩涂，使污染加剧等，这些因素都使滩涂养殖环境日趋恶化。

4. 过度捕捞

在滩涂上耙螺、挖螺、挖沙虫等是当地的传统渔业活动。然而，耙螺、挖螺和挖沙虫会将滩涂表层土壤挖松，造成滩涂表面形态结构发生改变，使生态环境遭到破坏。

5. 污染排放

南流江、大风江、钦江、茅岭江、防城江、北仑河等入海河流携带的大量营养物质为滩涂养殖生物提供了丰富的饵料，但也会携带大量的污染物进入滩涂海域，造成污染。滩涂环境污染物的主要来源如下：①工业污染；②农业污染；③生活污染；④养殖污染；⑤油污染等。据统计，2000 年广西近海海水养殖面积为 61 409.0hm^2，养殖废水量为 773 442 万 t，养殖废水产生的污染物 41 557.71t。污染物主要为有机物、无机氮、无机磷，其中有机物量最大，为 40 635.76t，占 97.78%；无机氮为 894.88t，占 2.15%；无机磷为 27.07t，占 0.07%（王运芳和廉雪琼，2003）。

6. 生物入侵

互花米草具有极强的适应性和繁殖能力，能够迅速在适宜的环境下定居和快速扩散，成为滩涂湿地的优势种群。具体表现为：①互花米草一旦定居成功，能迅速形成单优势种群落，其密集的地上茎及发达的地下横走茎和根系，使许多底栖动物丧失原有的生存空间，造成生物多样性下降；②滩涂湿地是许多水鸟栖息和觅食的重要场所，互花米草入侵滩涂后因其占据大面积滩涂而对水鸟造成不利影响；③互花米草具有强大的促淤功能，会造成滩面的逐年升高，甚至陆化，改变原有滩涂的生态功能。

第十一章 广西滨海湿地资源利用模式和保护管理

第一节 滨海湿地资源利用模式

一、滨海湿地资源类型

滨海湿地具有丰富的生物多样性和较高的生产力，发挥着重要的效益。根据湿地提供的产品和生态服务，滨海湿地效益可划分为功能、用途和属性三大类型，具体如表 11-1 所示。

表 11-1 滨海湿地效益

类型		对人类和自然的作用
功能	均化洪水	降低洪峰，滞后洪水过程，减少洪水造成的经济损失；地表径流承泻区
	补水	补给地下水，提高地下水位；向其他生态系统供水
	防止盐水入侵	控制地表盐化和避免海水从地下侵入造成水质恶化
	防止自然力侵蚀	降低风速，防风固沙；防止海岸侵蚀和抵御风暴潮袭击
	移出和固定营养物	吸收、固定、转化和降低土壤和水中的营养物含量
	移出和固定有毒物质	吸收、固定、转化和降低土壤和水中的有毒及污染物
	移出和沉淀沉积物	降低径流和潮流流速，促使泥沙沉积
	调节气候	提高湿度，增加降水
	野生生物栖息地	野生动物栖息、繁衍、迁徙停的歇地和越冬地
	维持自然系统和过程	维持各种自然系统过程的持续发展和泥炭积累
	海洋生物资源繁育地	鱼虾的繁育、索饵场所
	维持区域生态安全	维持区域生态健康和生态安全
	影响全球变化	温室气体的“源”与“汇”
用途	供水	直接提供生产、生活用水
	湿地植物产品	提供林业、芦苇、药材、农产品等
	湿地动物产品	野生动物、鸟类、鱼虾、蛤类等
	能源产品	泥炭燃料生产、水力发电
	水运	渔船的天然良港和避风场所
	休闲、旅游	休闲、旅游和摄影场所
	研究和教育用地	提供研究对象和同类典型生态系统代表，环境教育用地
	海水养殖与盐业	海水养殖和盐业生产的主要场所
属性	生物多样性	物种资源和基因库
	社会文化重要性	具有文化、历史、美学和荒野价值
	典型生态系统代表	海岸带独特的生态系统

注：资料来源于石青峰（2004）

广西滨海湿地资源类型众多，当地居民对其开发利用已经具有相当长的历史，主要的资源类型包括如下几个方面。

（一）生物资源

广西滨海湿地提供的生物资源丰富多样，包括动物资源和植物资源两大类型，可用作食用、药用、饲用、原材料等。

1. 食用资源

滨海湿地是具有较高生产力的生态系统，可为人类提供丰富的动植物产品，而且许多种类是经济价值高的食材。广西传统食用的滨海湿地动物种类主要有：①贝类，如近江牡蛎、泥蚶、文蛤、长竹蛏（*Solen strictus*）、缢蛏（*Sinonovacula constricta*）、广东毛蚶（*Scapharca guangdongensis*）、红树蚬等种类；②蟹类，主要是锯缘青蟹，其他种类有三疣梭子蟹等；③虾类，如刀额新对虾（*Metapenaeus ensis*）、长毛明对虾、宽沟对虾（*Melicertus latisulcatus*）、脊尾白虾（*Exopalaemon carinicauda*）等；④鱼类，如乌塘鳢、弹涂鱼、斑鰶、中华小公鱼、大眼青鳞鱼（*Harengula ovalis*）、边鱵、条鲾（*Leiognathus rivulatus*）、短吻鲾、鲻鱼、斑尾柱颌针鱼（*Strongylura strongylura*）等；⑤星虫类，如裸体方格星虫、弓形革囊星虫等是沿海当地群众挖捕的主要食用动物，其中裸体方格星虫（俗称沙虫）经济价值比较高，是广西沿海的名优特海产品之一。食用的滨海湿地植物主要是红树植物海榄雌的果实，俗称“榄钱”，是广西滨海地区的特色菜肴，当地群众经常采集作为蔬菜在市场上出售；木榄、秋茄树、红海榄等种类的胚轴去涩后，与米饭或面粉一起混合制成糕饼，过去用作救荒粮食，可以开发作为特色食品。

2. 药用资源

广西药用海洋动物目前已知的有 107 种，包括腔肠动物、节肢动物、软体动物、棘皮动物、鱼类、爬行动物、哺乳动物等类群（刘晖，1996）。作为药用的湿地植物种类也比较多，如民间用老鼠簕根煮水来治疗急慢性肝炎、肝脾肿大等疾病，用木榄胚轴治疗糖尿病，将榄李叶熬汁来治疗口疮，用露兜树果实煮水洗浴可以防病等。

3. 饲用资源

滨海湿地动物中，一些浮游动物及体型较小的动物常常是绝好的动物饲料。例如，枝角类、桡足类、沙蚕类、贻贝类、藤壶、拟蟹守螺等均可作为养殖鱼虾的新鲜蛋白饲料，以提高养殖产量。长期以来，沿海群众一直把红树林作为放养家禽的场所，它们的吃食为体型小的蟹类、贝类等，以提高产品品质。例如，在潮滩上放养鸭子不仅产蛋率高，而且蛋品质特优，群众称其为“红银蛋”；目前，“红树林海鸭蛋”已经成为沿海的名优土特产。

4. 原材料

湿地动物中，作为原材料的主要用于工艺品、珍珠插植等，如珊瑚可加工成精美的工艺品；合浦珠母贝，也称“马氏珠母贝”，用于人工养育珍珠。湿地植物，如芦苇、钻苞水葱、茳芏、短叶茳芏等富含纤维，可用作编织、造纸等原料；钦州湾茅尾海潮间带茳芏的分布面积达 45hm^2（潘良浩，2011）。

（二）土地资源

湿地对于人类生存和发展的作用，不仅在于湿地能够提供丰富的野生动植物等资源，而且在于人类可以通过湿地土地的开发利用，满足当地经济社会发展用地需求。

1. 建筑用地

滨海湿地是潜在的土地资源，围垦湿地是人类扩大土地利用面积的重要方式之一。在不影响生态环境的条件下，合理围垦湿地可以增加当地的海堤、港口码头、城镇等建设用地，为当地提供后备土地资源，缓解用地矛盾，协调人地关系，促进经济社会发展。

2. 养殖用地

围垦湿地建造养殖塘、在滩涂或浅海水域中围海养殖等是广西滨海湿地养殖的主要方式。海水养殖包括池塘养殖、滩涂养殖、网箱养殖或浮筏养殖等，养殖种类主要是虾类、蟹类、贝类、鱼类等。例如，网箱养殖主要分布在北海市的石头埠海区和沙田海区、钦州市的龙门港海区和钦州港海区、防城港市的珍珠湾海区，2009 年的养殖面积为 248hm^2，产量为 8550t（廖武雁，2010）。

3. 盐田

海水制盐是一种传统的湿地利用方式，也是重要的湿地利用模式之一。广西是我国海盐的主要产区之一，盐田分布在北海市、钦州市和防城港市滨海地区，目前主要有 7 座盐场，盐田总面积 4634hm^2，其中生产面积 2657hm^2，年生产能力为 162 216 t，年产量 114 714 t（表 11-2）。

表 11-2　广西滨海地区盐田情况表

地区名称	盐场名称	盐田总面积/hm^2	生产面积/hm^2	年产量/t	年生产能力/t
北海市	竹林盐场	957	628	45 806	80 000
	榄子根盐场	527	305	12 129	15 000
	北暮盐场	541	369	22 319	17 000
钦州市	犀牛脚盐场	725	358	8 100	15 000
防城港市	江平盐场	538	254	3 072	7 500
	企沙盐场	808	489	20 216	20 216
	江平盐场	538	254	3 072	7 500

（三）旅游资源

广西滨海湿地旅游资源的主要特征体现在如下两个方面：①湿地景观资源类型多，如根据第二章第四节，广西滨海湿地可划分为潮上带湿地、潮间带湿地、潮下带湿地、河口湿地、海岸性湖泊湿地和生产型湿地六大类，海岸性淡水沼泽湿地、盐渍湿地、基岩海岸湿地、沙石海滩湿地、淤泥质海滩湿地、盐水沼泽湿地、红树林湿地、浅海水域湿地、潮下水生层湿地、珊瑚礁湿地、河口水域湿地、三角洲湿地、沙洲湿地、沙岛湿地、海岸性咸水湖湿地、养殖塘湿地和盐田湿地 17 个基本湿地类型；②观赏湿地动植物种类丰富，许多种类具有较高的观赏价值，如红树植物中的胎生胚轴、呼吸根、支柱根等，湿地动物中的珊瑚、蟹类、水鸟、儒艮、海豚等。广西滨海地区目前已经开发利用的主要滨海湿地旅游资源如表 11-3 所示。

表 11-3　广西滨海湿地的主要旅游资源

景观类	景观组	景观（型）	代表性旅游景点
地文景观	综合地文旅游地	岩石性海岸型旅游地	冠头岭、涠洲岛、三娘湾、怪石滩
		沙滩砾石型海岸旅游地	银滩、侨港沙滩、三娘湾、白浪滩、金滩、玉石滩、天堂滩
	山石堆积与蚀余景观	奇特与象形山石	涠洲岛滴水丹屏
		岩壁与陡崖	涠洲岛
		海蚀地貌	涠洲岛、冠头岭
	自然变动遗迹	火山与熔岩	涠洲岛
		自然变动遗迹	涠洲岛
	岛礁	岛区	涠洲岛、斜阳岛
水域风光	综合水域旅游地	河口水域	南流江口、大风江口、钦江口、茅岭江口、防城江口、北仑河口
	天然湖泊与池沼	海岸性咸水湖	银滩潟湖、电白寮潟湖、外沙潟湖、高德潟湖
	波浪与潮汐	击浪现象	斜阳岛道遥台
		涌潮现象	三娘湾
生物景观	树木	红树林湿地	山口红树林、大冠沙红树林、党江红树林、七十二泾岛群红树林、珍珠湾红树林
	野生动物栖息地	水生动物、鸟类栖息地	三娘湾白海豚、巫头万鹤山鹭鸟、沙田儒艮
		珊瑚礁	涠洲岛珊瑚礁
		滨海湿地	山口红树林区湿地、北海滨海国家湿地公园、涠洲岛珊瑚礁国家级海洋公园、钦州湾湿地、茅尾海国家级海洋公园、北仑河口湿地

（四）水运资源

滨海湿地不仅是重要的水运通道，而且许多区域是船舶的天然良港和避风场所。例如，红树林潮沟不仅是渔船出海的航道，也是避风的重要场所；2001 年 7 月 2 日，第三号强热带风暴“榴莲”袭击北海，中心风力 12 级、风速达 34m/s 的狂风使北海市蒙受了惨重损失，当时近 60 艘渔船驶入英罗湾的红树林潮沟，安然地避过台风，但有 6 艘没来得及开进来的渔船在离红树林约 500m 处被台风打沉。

（五）科教资源

滨海湿地具有独特的生态特性，其丰富的动植物种类、多种多样的群落类型、珍稀濒危物种等都是重要的科学研究和文化教育资源。例如，中国鲎（*Tachypleus tridentatus*）、黑脸琵鹭、儒艮、中华白海豚等珍稀濒危湿地动物既有较高的观赏价值，也有重要的科研价值；山口红树林生态自然保护区、北仑河口自然保护区等已经建成科普教育基地。

二、滨海湿地资源利用模式

1. 传统利用模式

滨海湿地资源具有多种类型的服务功能，开发利用价值高。例如，伍淑婕（2006）评估广西红树林主要生态服务功能的总价值约 4.12×10^9 元，使用价值约 8.49×10^8 元，非使用价值 3.27×10^9 元；韩秋影等（2007a）评估 2005 年合浦海草生态系统的服务功能价值约 6.29×10^5 元/（$a\cdot hm^2$），其中间接利用价值约 4.47×10^5 元/（$a\cdot hm^2$），非利用价值约 1.54×10^5 元/（$a\cdot hm^2$），直接利用价值约 2.84×10^5 元/（$a\cdot hm^2$）；赖俊翔等（2013）评估广西近海海洋生态系统服务总价值为 6.52×10^{10} 元/a，其中调节服务价值最大，占 60.87%，其次为文化服务，占 27.74%，供给服务价值较小，占 11.38%。广西对于滨海湿地资源的传统利用主要包括如下几个方面：①红树林资源利用，如民间将红树植物用作药物、食物、饲料、薪炭、材料、原料等；②滩涂挖捕经济动物，如耙螺、挖螺、挖沙虫、挖泥丁等；③网捕，如拖网、电拖网等；④滩涂或浅水海域围海养殖，如插桩吊养贝类、围网养殖、网箱养殖等；⑤滩涂放牧，如退潮后在滩涂上放养鸭、鹅等家禽；⑥围垦，如圈围湿地用于建造盐田、养殖塘、耕地、码头港口、工业园、城镇用地等；⑦旅游开发，如开发红树林、海滩、珊瑚礁、近海水域等作为旅游景点。

2. 生态旅游模式

生态旅游是指当地自然环境和民众利益都不受损害的旅游活动。传统的旅游活动主要包括一般意义上的观光旅游、自然旅游，大多数是以消费享受和娱乐观光为目的；而生态旅游在旅游方式、旅游行为、旅游体验、旅游资源等方面与传统旅游有较大的区别，如在旅游方式方面，传统旅游注重个人的消费习惯，旅游者在活动中较为被动地接受导游员程式化安排，缺乏生态观测；而生态旅游则注重生态体验和观测，保护生态环境不受损害，旅游者行为主动。目前广西已经开展的滨海湿地生态旅游主要是红树林、珊瑚礁、鸟类、海豚等方面的观测活动，设施、形式和内容还比较单调。

3. 生态养殖模式

生态养殖是指根据食性互补、生态位互补等生态原理，采用相应的养殖技术和管理措施，实现不同养殖生物间互利共生、保持生态平衡、提高养殖效益的一种养殖方式，它是提高水产品产量和质量、保护水环境的重要手段。例如，在滩涂上围网养殖、在红树林中开沟围网养殖等。

4. 保护利用模式

通过建立自然保护区、湿地公园等形式，在尊重自然生态规律和保护的前提下对湿地资源进行科学和适度开发利用，从而实现更好的保护。目前，广西滨海地区已经建立的湿地自然保护区有山口红树林生态自然保护区、北仑河口自然保护区和茅尾海红树林自然保护区，湿地公园有北海滨海国家湿地公园、涠洲岛珊瑚礁国家级海洋公园和茅尾海国家级海洋公园。

第二节　滨海湿地资源保护管理

由于滨海湿地遭受破坏的现象日趋严重，国际湿地学术界、有关国际组织和各国政府都非常重视湿地保护与管理，如颁布了湿地保护的法律和法规、建立了湿地自然保护区、湿地公园等。

一、法律、法规和文件

早在1980年，广西壮族自治区人民政府就已经颁布了《广西壮族自治区海洋水产资源繁殖保护实施细则暂行规定》，将“重要或名贵的水生动物、植物”列入重点保护对象。广西壮族自治区人民政府颁布的法律、法规、管理条例或者规划中，与滨海湿地保护管理密切相关的有《广西壮族自治区森林和野生动物类型自然保护区管理条例》(1990)、《广西壮族自治区环境保护条例》(2005)、《广西壮族自治区野生植物保护办法》(2009)、《广西壮族自治区湿地保护条例》(2014)、《广西壮族自治区山口红树林生态自然保护区管理办法》(1994)、《广西壮族自治区北仑河口海洋自然保护区管理办法》(1994)、《广西壮族自治区合浦儒艮国家级自然保护区管理办法》(1998)、《广西壮族自治区海洋功能区划》(2005)、《广西壮族自治区湿地保护工程总体规划(2006-2030年)》(2006)等。相关行业主管部门和部分市(县)政府也制定了相应的规章、地方法规或者规范，如自治区林业厅组织编制的《广西壮族自治区红树林保护和发展规划》《广西壮族自治区沿海湿地保护和恢复规划》(2016)，北海市人民政府出台的《北海市红树林保护管理规定》(1999)、钦州市人民政府出台的《钦南区沿海国家特殊保护林带管理规定》(1997)等。

二、国际重要湿地

(一)山口红树林生态自然保护区

山口红树林生态自然保护区建于1990年，是我国首批(5个)国家级海洋类型保护区之一，1993年加入中国“人与生物圈”保护区网络，1994年被列入《中国重要湿地名录》，1997年与美国佛罗里达州鲁克利湾国家河口研究保护区建立姐妹保护区关系，2000年加入联合国教育、科学及文化组织“人与生物圈”计划，2002年被列入《国际重要湿地名录》。保护区位于北海市合浦县东南部沙田半岛的东西两侧，东以洗米河为界，西至丹兜湾，地理坐标为21°28′22″N～21°37′00″N和109°37′00″E～109°47′00″E，总面积8000hm^2，其中核心区面积824hm^2，缓冲区面积3600hm^2，实验区面积3576hm^2。保护区主要保护对象为红树林生态系统及其生物多样性，现有红树林面积818.8hm^2，主要群落类型有木榄群落、红海榄群落、秋茄树群落、蜡烛果群落、海榄雌群落、海漆群落等；组成种类有木榄、红海榄、秋茄树、蜡烛果、海榄雌、海漆、榄李、老鼠簕、水黄皮、海杧果、桐棉、黄槿、苦郎树等。保护区中，昆虫有297种，大型底栖动物有170种，鱼类有95种，鸟类有106种。

鸟类中，白琵鹭、黑脸琵鹭、凤头鹰（*Accipiter trivirgatus*）、松雀鹰、雀鹰、黑耳鸢、灰脸鵟鹰、燕隼（*Falco subbuteo*）、红脚隼（*Falco amurensis*）、红隼、小鸦鹃、斑头鸺鹠（*Glaucidium cuculoides*）、红角鸮等为国家重点保护种类。

（二）北仑河口自然保护区

北仑河口自然保护区的前身是 1983 年原防城县人民政府批准建立的山脚红树林保护区，1990 年晋升为自治区级海洋自然保护区，2000 年晋升为国家级自然保护区，2001 年 7 月加入中国"人与生物圈"保护区网络，2004 年 7 月加入中国生物多样性保护基金会自然保护区委员会，2008 年 2 月被列入《国际重要湿地名录》。保护区位于防城港市防城区和东兴市境内，地处我国大陆海岸线最西南端的沿海地带，东起防城区江山乡白龙半岛，南濒北部湾，西与越南交界，地理坐标为 21°31′00″N～21°37′30″N 和 108°00′30″E～108°16′30″E，总面积 $3000hm^2$，其中核心区面积 $1406.7hm^2$，缓冲区面积 $333.3hm^2$，实验区面积 $1260hm^2$。保护区主要保护对象为红树林、海草床和滨海过渡带生态系统，现有红树林面积 $1274hm^2$，主要群落类型有木榄群落、秋茄树群落、蜡烛果群落、海榄雌群落、老鼠簕群落、海漆群落等（梁士楚等，2004）；组成种类有木榄、红海榄、秋茄树、蜡烛果、海榄雌、海漆、榄李、老鼠簕、银叶树、水黄皮、海杧果、桐棉、黄槿、苦郎树等。保护区中，大型底栖动物有 124 种，鱼类有 34 种，鸟类有 194 种。大型底栖动物中，鸭嘴海豆芽（*Lingula anatina*）为中国古老海洋动物，属于中国一类保护海洋动物，圆尾蝎鲎（*Carcinoscorpius rotundicauda*）、中国鲎等为中国二类保护海洋动物；鸟类中，黄嘴白鹭、白琵鹭、凤头鹰、雀鹰、松雀鹰、灰脸鵟鹰、燕隼、红脚隼、红隼、小鸦鹃、红角鸮、鹰鸮等为国家重点保护种类。红树林外滩的海草床面积约 $50hm^2$，主要群落类型为贝克喜盐草群落、矮大叶藻群落等。

三、国家重要湿地

（一）钦州湾湿地

钦州湾位于广西沿岸中段，地理坐标为 21°33′20″N～21°54′30″N 和 108°28′20″E～108°45′30″E，是一个典型的"哑铃形"溺谷海湾，由内湾（又称茅尾海）、外湾（狭义上的钦州湾）及连通二者的鹰岭水道组成。海湾面积 $380km^2$，其中滩涂面积 $200km^2$，有钦江和茅岭江注入（中国海湾志编纂委员会，1993；王玉海等，2010）。钦州湾湿地现已知的湿地植物有 40 多种，常见种类有卤蕨、木榄、秋茄树、红海榄、老鼠簕、榄李、海漆、蜡烛果、海榄雌、无瓣海桑、海杧果、黄槿、苦郎树、厚藤、南方碱蓬、海马齿、伞序臭黄荆、茳芏、短叶茳芏、盐地鼠尾粟等。红树林面积 $3057hm^2$（刘秀等，2009），主要分布在茅尾海北部、西北部和金鼓江沿岸，在湾中部龙门群岛呈间断分布，整个钦州湾红树林岸线长约 100km（邓朝亮等，2004a），主要的群落类型有蜡烛果群落、海榄雌群落、秋茄树群落、无瓣海桑群落等。以茳芏、短叶茳芏、盐地鼠尾粟等为建群种的盐沼植被在潮间带上的分布面积也较大。钦州湾湿地物种多样性丰富，如中国海湾志编纂委员会（1993）记载浮游植物有 82 种，浮游动物有 83 种，潮间带生物有 122 种，底栖生物有 250 多种，游泳生物有 54 种。

（二）山口红树林区

山口红树林区位于北海市合浦县东南部，红树林主要分布在沙田半岛东侧的英罗湾和西侧的丹兜湾潮间带。山口红树林区于 1990 年建立为自然保护区，即山口红树林生态自然保护区。除红树植物和半红树植物之外，其他湿地植物有卤蕨、南方碱蓬、鱼藤、厚藤、露兜树（*Pandanus tectorius*）、文殊兰（*Crinum asiaticum* var. *sinicum*）、盐地鼠尾粟等。红树林外滩的海草床面积约 266hm^2，主要群落类型为二药藻群落、矮大叶藻群落和喜盐草群落。

（三）北仑河口湿地

北仑河口是我国沿岸最西南端的一个入海河口，西与越南交界。北仑河发源于十万大山东南坡，向东流至东兴镇附近分为两支汊流，一分支向南流入越南，主流继续向东行进，最终在我国松柏乡楠木山的南面流入北部湾，河口类型属潮汐型河口（中国海湾志编纂委员会，1998）。北仑河口湿地及其邻近的珍珠湾湿地是北仑河口自然保护区的组成主体。除红树植物和半红树植物之外，其他湿地植物有卤蕨、南方碱蓬、鱼藤、厚藤、草海桐、露兜树、芦苇、钻苞水葱、硬叶葱草（*Xyris complanata*）、薄果草、茳芏、贝克喜盐草、矮大叶藻等。

四、湿地自然保护区

广西滨海湿地自然保护区如表 11-4 所示。其中，合浦儒艮自然保护区、茅尾海红树林自然保护区、涠洲岛自然保护区和防城万鹤山鸟类自然保护区如下所述。

（一）合浦儒艮自然保护区

合浦儒艮自然保护区建于 1986 年，1992 年晋升为国家级自然保护区，是我国唯一的儒艮国家级自然保护区。保护区位于北海市合浦县东南部，东起山口镇英罗湾，西至沙田镇海域，海岸线全长 43km，范围为地理坐标（21°30′N，109°38′30″E）（21°30′N，109°46′30″E）（21°18′N，109°34′30″E）（21°18′N，109°44′E）四点连线内的海域，总面积 35 000hm^2，其中核心区面积 13 200hm^2，缓冲区面积 11 000hm^2，实验区面积 10 800hm^2。保护区的主要保护对象为儒艮、中华白海豚及其栖息地，江豚、中国鲎、海龟、文昌鱼等珍稀海洋动物，以及海草床、红树林等海洋生态系统。保护区属于浅海水域湿地，海草床见于英罗湾、九合井底、榕根山、定洲沙的沙背和下龙尾，海草种类有喜盐草、矮大叶藻、二药藻和贝克喜盐草 4 种。保护区及其邻近水域的软体动物有 215 种，虾蟹类有 93 种，鱼类有 178 种，鸟类有 59 种。鸟类中，黑鹳、白琵鹭等为国家重点保护种类。潮间带的红树林面积约 5hm^2，主要种类为秋茄树、蜡烛果等。

（二）茅尾海红树林自然保护区

茅尾海红树林自然保护区建于 2005 年，属林业部门管理的自治区级自然保护区。保护区位于钦州市钦南区境内的钦州湾，地理坐标为 21°38'N～21°57'N 和 108°27' E～108°44'E，由康熙岭、坚心围、七十二泾和大风江 4 个近海与海岸湿地片区组成，面积分别为 1836.7hm^2、754.8hm^2、192.7hm^2 和 679.8hm^2，总面积为 3464hm^2，其中核心区面积 1293.3hm^2，缓冲区面积 1166.0hm^2，实验区面积 1004.7hm^2。保护区主要保护对象为红树林生态系统及其生物多样性，现有红树林面积 2302.1hm^2，主要群落类型有蜡烛果群落、海榄雌群落、秋茄树群落、无瓣海桑群落、老鼠簕群落等；组成种类有卤蕨、木榄、秋茄树、红海榄、无瓣海桑、榄李、蜡烛果、海榄雌、老鼠簕、苦郎树等种类，其中无瓣海桑为人工引种等。保护区中，大型底栖动物有 186 种，鱼类有 27 种，昆虫有 46 种，鸟类有 92 种。鸟类中，海鸬鹚、黑翅鸢（*Elanus caeruleus*）、黑耳鸢、松雀鹰、灰脸鵟鹰、鹗（*Pandion haliaetus*）、红隼、褐翅鸦鹃、小鸦鹃、红角鸮等鸟类是国家重点保护物种。

（三）涠洲岛自然保护区

涠洲岛自然保护区建于 1982 年，其前身是涠洲岛鸟类自然保护区，属林业部门管理的自治区级自然保护区，兼属海洋与海岸生态系统类型自然保护区。保护区地处北海市西南的北部湾中部海域，地理坐标为 20°54′12″N～21°04′14″N 和 109°04′54″E～109°13′08″E，总面积为 2382.1hm^2，包括涠洲岛 2193.1hm^2 和斜阳岛 189.0hm^2，核心区面积 238.5hm^2，实验区面积 2143.6hm^2。保护区主要保护对象为迁徙候鸟和海岛生态系统。由于保护区处于亚洲东北部与东南亚、南洋群岛和澳大利亚之间的候鸟迁徙通道上，是沿太平洋海岸迁飞候鸟的重要中途停歇地，现已知的鸟类有 188 种，其中迁徙候鸟有 174 种，占鸟类总数的 92.6%，留鸟仅有 14 种，占 7.4%。候鸟中，旅鸟最多，有 117 种，占该区鸟类种数的 62.2%；冬候鸟 48 种，占 25.5%；夏候鸟 9 种，占 4.8%。黑鹳、中华秋沙鸭、黑脸琵鹭、白琵鹭、黄嘴白鹭、鹊鹞（*Circus melanoleucos*）、凤头鹰、松雀鹰、雀鹰、灰脸鵟鹰、普通鵟、红隼、斑嘴鹈鹕、褐鲣鸟（*Sula leucogaster*）、海鸬鹚、褐翅鸦鹃、小鸦鹃、黄嘴角鸮、领角鸮（*Otus lettia*）、雕鸮、鹰鸮、东方角鸮、仙八色鸫等是国家重点保护动物。海岛生态系统由沼泽湿地生态系统、木麻黄海岸防护林生态系统、农田生态系统等组成。维管植物有 311 种，其中蕨类植物有 10 种，裸子植物有 2 种，被子植物有 299 种；陆生野生脊椎动物有 220 种，其中两栖类有 7 种，爬行类有 16 种。

（四）防城万鹤山鸟类自然保护区

防城万鹤山鸟类自然保护区建于 1993 年，为县级保护区。保护区地处防城港市防城区附城乡鲤鱼江村，地理坐标为 21°40′23″N 和 108°18′21″E，总面积 78.5hm^2。根据防城各族自治县人民政府于 1993 年颁布的《防城各族自治县人民政府关于设立万鹤山鹭鸟自然保护区的通告》，保护区以万鹤山为中心，半径 500m 范围内区域确定为县级鸟类自然保护区。保护区鹭鸟有池鹭、白鹭、绿鹭、夜鹭（*Nycticorax nycticorax*）等 10 种，莺鸟在保护区数量最多时超过 3 万只。鹭鸟各种营巢树木共 12 种，其中主要为马尾松（*Pinus massoniana*）和三桠苦（*Melicope pteleifolia*），平均每株 8.3 巢，较多的达每株 10 巢。

表 11-4　广西湿地自然保护区基本情况

保护区类型	保护区名称	自然保护区位置	总面积/hm^2	主要保护对象	始建时间	级别
海洋与海岸生态系统类型	山口红树林生态自然保护区	北海市	8 000	红树林生态系统及其生物多样性	1990 年	国家级

续表

保护区类型	保护区名称	自然保护区位置	总面积/hm^2	主要保护对象	始建时间	级别
海洋与海岸生态系统类型	北仑河口自然保护区	防城港市	3 000	红树林、海草床和滨海过渡带生态系统	1983 年	国家级
	茅尾海红树林自然保护区	钦州市	3 464	红树林生态系统及其生物多样性	2005 年	自治区级
野生动物类型	合浦儒艮自然保护区	北海市	35 000	儒艮、中华白海豚及其栖息地，江豚、中国鲎、海龟、文昌鱼等珍稀海洋动物，以及海草床、红树林等海洋生态系统	1986 年	国家级
	涠洲岛自然保护区	北海市	2 382.1	迁徙候鸟和海岛生态系统	1982 年	自治区级
	防城万鹤山鸟类自然保护区	防城港市	78.5	鹭鸟及其栖息地	1993 年	县级

五、国家湿地公园

（一）北海滨海国家湿地公园

北海滨海国家湿地公园是国家林业局于 2011 年批准建设的，湿地公园位于北海市银海区，地理坐标为 21°9′23″N～21°28′52″N 和 109°9′23″E～109°13′59″E，包括鲤鱼地水库及其周边部分缓冲区域（人工湿地），园博园水系、冯家江及其沿岸 50～200m 缓冲区域（河流湿地），冯家江入海口至大冠沙海堤沿岸红树林及浅海区域（近海和海岸湿地），总面积 2009.8hm^2，划分为湿地生态保护保育区、恢复重建区、科普宣教展示区、合理利用区和管理服务区 5 个功能区。湿地类型包括近海和海岸湿地、河流湿地和人工湿地三大类和沙石海滩、淤泥质海滩、红树林、河口水域、永久性河流、库塘、运河输水河和水产养殖场 8 个湿地型，是以鲤鱼地水库、冯家江及潮间带红树林为主体，是典型的南部沿海“库塘-河流-近海”复合生态系统。湿地总面积 1827.0hm^2，占湿地公园总面积的 90.9%，其中近海与海岸湿地面积为 1647.4hm^2，占湿地总面积的 90.2%；河流湿地面积为 3.3hm^2，占湿地总面积的 0.2%；人工湿地面积为 176.3hm^2，占湿地总面积的 9.6%。现有红树林面积 184.3hm^2，主要类型有海榄雌群系、秋茄树群系、蜡烛果群系、无瓣海桑群系等，组成种类有红海榄、秋茄树、蜡烛果、海榄雌、拉关木、无瓣海桑、桐棉、黄槿、苦郎树等，其中拉关木和无瓣海桑为人工引种。其他的湿地植被有木麻黄群系、盐角草群系、南方碱蓬群系、海马齿群系、厚藤群系、盐地鼠尾粟群系等。大型底栖动物 66 种，鱼类有 31 种，鸟类有 151 种。

（二）钦州茅尾海国家级海洋公园

钦州茅尾海国家级海洋公园是 2011 年国家批准建立的首批 7 个国家级海洋公园之一，位于广西钦州市茅尾海海域，边界南连七十二泾群岛，西临茅岭江航道，北连茅尾海红树林自然保护区，东接沙井岛航道，总面积 3482.7hm^2，划分为重点保护区、生态与资源恢复区和适度利用区 3 个功能分区。其中，重点保护区面积为 578.7hm^2，占海洋公园总面积的

16.6%，严格保护红树林、盐沼生态系统及其海洋环境，控制陆源污染和人为干扰，维持典型海洋生态系统的生物多样性，保护典型海洋生态系统的生命过程与生态功能，为典型海洋生态系统的恢复与修复提供自然模式与种源；适度利用区面积为2183.0hm^2，占62.7%，在不破坏或较少影响海洋生态环境的前提下，开展海上观光旅游、休闲渔业、海上运动和渔业资源养殖增殖等，无公害、环境友好地利用和管理海洋资源与环境，促进生态环境与经济的和谐发展；生态与资源恢复区面积为721.0hm^2，占20.7%，为典型海域生态系统的自然扩展和人工恢复与修复提供适合的生境空间，修复和恢复物种多样性与天然景观，保护近江牡蛎天然母贝生境。

（三）涠洲岛珊瑚礁国家级海洋公园

涠洲岛珊瑚礁国家级海洋公园于2013年被批准成立，位于北海市南部海域，总面积2512.92hm^2，其中重点保护区1278.08hm^2，适度利用区1234.84hm^2。珊瑚礁主要分布于涠洲岛北面、东面、西南面，是广西沿海唯一的珊瑚礁群，也是广西近海海洋生态系统的重要组成部分，对于维护近海生物多样性、维持渔业资源、保护海岸线及吸引观光旅游具有重要的作用。涠洲岛现已知的珊瑚种类为10科22属55种，包括9个未命名种。

参 考 文 献

班英华. 1997. 北部湾风暴潮灾害分析. 人民珠江, (1): 22-23

鲍芳, 石福臣. 2007. 互花米草与芦苇耐盐生理特征的比较分析. 植物研究, 27(4): 421-427

曹军胜, 刘广全. 2005. 刺槐光合特性的研究. 西北农业学报, 14(3): 118-122, 136

曹磊, 宋金明, 李学刚, 等. 2013. 中国滨海盐沼湿地碳收支与碳循环过程研究进展. 生态学报, 33(17): 5141-5152

曹庆先, 范航清, 刘文爱. 2010a. 基于 ArcView GIS 的广西红树林虫害信息管理系统的构建. 广西科学院学报, 6(1): 27-31

曹庆先, 邱广龙, 范航清. 2012. 广西海草资源 GIS 信息管理平台研建. 湿地科学与管理, 8(1): 43-46

曹庆先, 徐大平, 鞠洪波. 2010b. 基于 TM 影像纹理与光谱特征的红树林生物量估算. 林业资源管理, (6): 102-108

曹庆先, 徐大平, 鞠洪波. 2011. 北部湾沿海 5 种红树林群落生物量的遥感估算. 广西科学, 18(3): 289-293

岑博雄. 2003. 北海涠洲岛生态旅游开发的基本思路. 旅游学刊, 18(2): 69-72

常涛, 吴志强, 黄亮亮, 等. 2014. 广西茅尾海红树林潮沟仔稚鱼种类组成及其多样性研究. 海洋湖沼通报, (4): 52-58

常涛, 吴志强, 黄亮亮, 等. 2015. 茅尾海红树林水域仔稚鱼群落结构及与主要环境因子关系. 应用海洋学学报, 34(2): 219-226

陈波. 1996. 廉州湾潮余流特征的初步分析. 广西科学, 3(4): 119-123

陈波. 1997. 广西南流江三角洲海洋环境特征. 北京: 海洋出版社

陈波. 1999. 廉州湾水流动力场对北海港域泥沙运移的影响. 广西科学, 6(2): 221-225

陈波. 2014. 北部湾台风暴潮研究现状与展望. 广西科学, 21(4): 325-330

陈波, 董德信, 邱绍芳, 等. 2011. 北仑河口海岸地貌特征与环境演变影响因素分析. 广西科学, 18(1): 88-91

陈波, 邱绍芳. 1999a. 谈北仑河口北侧岸滩资源保护. 广西科学院学报, 15(3): 108-111

陈波, 邱绍芳. 1999b. 北仑河口河道冲蚀的动力背景. 广西科学, 6(4): 317-320

陈波, 邱绍芳. 2000. 北仑河口动力特征及其对河口演变的影响. 湛江海洋大学学报, 20(1): 39-44

陈波, 邱绍芳, 葛文标, 等. 2001. 广西沿岸主要海湾潮流的数值计算. 广西科学, 8(4): 295-300

陈波, 邱绍芳, 刘敬合, 等. 2007. 廉州湾南流江水下三角洲大浅滩及潮流深槽形成原因分析. 广西科学院学报, 23(2): 102-105

陈波, 侍茂崇. 1996. 廉州湾潮流和风海流的数值计算. 广西科学, 3(3): 32-35

陈刚. 2001. 广西北海涠洲岛珊瑚礁健康调查(Reef Check)报告. 北海: 国家海洋局北海海洋环境监测中心站

陈刚. 2002. 广西北海涠洲岛珊瑚礁健康调查(Reef Check)报告. 北海: 国家海洋局北海海洋环境监测中心站

陈刚. 2003. 广西北海涠洲岛珊瑚礁健康调查(Reef Check)报告. 北海: 国家海洋局北海海洋环境监测中心站

陈刚. 2004. 广西北海涠洲岛珊瑚礁健康调查(Reef Check)报告. 北海: 国家海洋局北海海洋环境监测中心站

陈刚. 2005. 广西北海涠洲岛珊瑚礁健康调查(Reef Check)报告. 北海: 国家海洋局北海海洋环境监测中心站

陈刚. 2006. 广西北海涠洲岛珊瑚礁健康调查(Reef Check)报告. 北海: 国家海洋局北海海洋环境监测中心站

陈刚. 2007. 广西北海涠洲岛珊瑚礁健康调查(Reef Check)报告. 北海: 国家海洋局北海海洋环境监测中心站

陈刚. 2008. 广西北海涠洲岛珊瑚礁健康调查(Reef Check)报告. 北海: 国家海洋局北海海洋环境监测中心站

陈刚. 2009. 广西北海涠洲岛珊瑚礁健康调查(Reef Check)报告. 北海: 国家海洋局北海海洋环境监测中心站

陈刚, 赵美霞, 刘斌, 等. 2016. 基于 Reef Check 调查的涠洲岛珊瑚礁生态状况评价. 热带地理, 36(1): 66-71
陈国华, 黄良民, 王汉奎, 等. 2004. 珊瑚礁生态系统初级生产力研究进展. 生态学报, 24(12): 2863-2869
陈宏友. 1990. 苏北潮间带米草资源及其利用. 自然资源, (6): 56-59
陈琥. 1999. 涠洲岛珊瑚恢复令人欢喜令人忧. 沿海环境, (6): 29
陈吉余. 1995. 中国海岸带地貌. 北京: 海洋出版社: 71-77
陈吉余, 陈沈良. 2002. 河口海岸环境变异和资源可持续利用. 海洋地质与第四纪地质, 22(2): 2-7
陈坚, 范航清, 陈成英. 1993a. 广西英罗港红树林区水体浮游植物种类组成和数量分布的初步研究. 广西科学院学报, 9(2): 31-36
陈坚, 范航清, 黎建玲. 1993b. 广西北海大冠沙白骨壤树上大型固着动物的数量及其分布. 广西科学院学报, 9(2): 67-72
陈坚, 何斌源, 梁士楚. 1993c. 广西英罗港红树林区水体浮游动物的种类. 广西科学院学报, 9(2): 43-44
陈建华. 1986. 红树林人工造林经验初报. 钦州林业科技, (2): 22-27
陈俊仁, 冯文科. 1985. 南海北部 –20 米古海岸线之研究//中国第四纪研究委员会, 中国海洋学会. 中国第四纪海岸线学术讨论会论文集. 北京: 海洋出版社: 230-240
陈凌云, 胡自宁, 钟仕全, 等. 2005. 应用遥感信息分析广西红树林动态变化特征. 广西科学, 12(4): 308-311
陈鹭真, 王文卿, 张宜辉, 等. 2010. 2008 年南方低温对我国红树植物的破坏作用. 植物生态学报, 34(2): 186-194
陈敏, 蓝东兆, 任建业, 等. 2011. 北仑河口海域小型硅藻群落结构及其与环境因子的关系. 生态环境学报, 20(6-7): 1053-1062
陈敏, 蓝东兆, 任建业, 等. 2012. 2008 年广西北仑河口海域水质状况评价. 海洋湖沼通报, (1): 110-115
陈乃明, 樊东函. 2011. 提高红树林人工造林质量的对策. 广西林业科学, 40(2): 155-156
陈荣华, 林鹏. 1988. 汞和盐度对三种红树种苗生长影响初探. 厦门大学学报(自然科学版), 27(1): 110-115
陈森洲, 梁爽, 刘菁, 等. 2010. 北海山口, 大冠沙红树林放线菌的筛选与鉴定. 安徽农业科学, 38(30): 16784-16785, 16788
陈天然, 郑兆勇, 莫少华, 等. 2013. 涠洲岛滨珊瑚中的生物侵蚀及其环境指示意义. 科学通报, 58(17): 1574-1582
陈宪云, 陈波, 刘晖, 等. 2013. 广西沿海风暴潮灾害及防治对策. 海洋湖沼通报, (4): 17-24
陈宪云, 董德信, 郭佩芳, 等. 2015. 北仑河口北冲西淤形成与环境因素的影响分析. 海洋通报, 34(2): 175-180
陈宪云, 何小英. 2014. 防城港东湾纳潮量减弱及其影响分析. 广西科学, 21(4): 365-369
陈宪云, 刘晖, 董德信. 2013. 广西主要海洋灾害风险分析. 广西科学, 20(3): 248-253
陈燕珍, 陶毅明, 梁士楚, 等. 2007. 广西英罗港 3 种红树植物叶片保护酶的研究. 热带海洋学报, 26(4): 61-65
陈永宁. 2004. 广西合浦海草场生态系统及其可持续利用//广西环境科学学会. 科学发展观与循环经济学术论文集. 南宁: 广西环境科学学会: 112-116
陈玉军, 廖宝文, 彭耀强, 等. 2003. 红树植物无瓣海桑北移引种的研究. 广东林业科技, 19(2): 9-12
陈玉军, 郑德璋, 廖宝文, 等. 2000. 台风对红树林损害及预防的研究. 林业科学研究, 13(5): 524-529
陈圆. 2014. 广西北部湾海洋油污染影响与应急管理研究. 青岛: 中国海洋大学硕士学位论文
陈圆, 梁群. 2014. 对广西海洋生态保护与建设规划的探讨. 南方国土资源, (2): 42-44
陈圆, 张新德, 韦江玲. 2012. 广西近岸海域互花米草侵害与防控方法分析. 南方国土资源, 8: 20-22
陈作志, 蔡文贵, 徐姗楠, 等. 2011. 广西北部湾近岸生态系统风险评价. 应用生态学报, 22(11): 2977-2986

程胜龙, 尚丽娜, 张颖, 等. 2010. 两层次定量评价法在滨海旅游资源评价中的应用——以广西滨海为例. 热带地理, 30(5): 570-576

崔保山, 杨志峰. 2006. 湿地学. 北京: 北京师范大学出版社

代华兵, 李春干. 2014. 1960～2010 年广西红树林数量变化. 广西林业科学, 43(1): 10-16

戴纪翠, 倪晋仁. 2009. 红树林湿地环境污染地球化学的研究评述. 海洋环境科学, 28(6): 780-784

戴艳平. 2012. 广西北部湾滨海旅游资源的深度开发研究. 钦州学院学报, 27(1): 25-28

但新球, 廖宝文, 吴照柏, 等. 2016. 中国红树林湿地资源、保护现状和主要威胁. 生态环境学报, 25(7): 1237-1243

邓超冰. 2002. 北部湾儒艮及海洋生物多样性. 南宁: 广西科学技术出版社

邓超冰. 2003. 广西北部湾儒艮与栖息环境关系的初步分析研究//钟森荣. 广西环境科学学会 2002—2003 年度学术论文集. 南宁: 广西环境科学学会: 226-232

邓超冰, 廉雪琼. 2004. 广西北部湾珍稀海洋哺乳动物的保护及管理. 广西科学院学报, 20(2): 123-126

邓朝亮, 黎广钊, 刘敬合, 等. 2004a. 铁山港湾水下动力地貌特征及其成因. 海洋科学进展, 22(2): 170-176

邓朝亮, 刘敬合, 黎广钊, 等. 2004b. 钦州湾海岸地貌类型及其开发利用自然条件评价. 广西科学院学报, 20(3): 174-178

邓鸿飞. 1986. 北海市旅游资源及其开发利用研究. 热带地理, 6(2): 158-162

邓晓玫, 宋书巧, 郑洲. 2011. 那交河河口植被群落多样性特征研究. 市场论坛, 4: 14-17

邓艳, 吴耀军, 张文英, 等. 2012a. 无瓣海桑主要害虫绿黄枯叶蛾的取食行为研究. 中国森林病虫, 31(1): 15-17

邓艳, 张文英, 李德伟, 等. 2012b. 红树林自然保护区无瓣海桑主要害虫及其寄生性天敌种类调查研究. 西部林业科学, 41(5): 73-76

邓艳, 张文英, 吴耀军, 等. 2012c. 无瓣海桑害虫绿黄枯叶蛾的生物学特性. 安徽农业科学, 40(7): 4046-4048

邓业成, 骆海玉, 张丽珍, 等. 2012. 14 种红树植物对动物病原菌的抑菌活性. 海洋科学, 36(3): 37-41

丁东, 李日辉. 2003. 中国沿海湿地研究. 海洋地质与第四纪地质, 23(1): 109-112

丁振华, 吴浩, 刘洋, 等. 2010. 中国主要红树林湿地中甲基汞的分布特征及影响因素初探. 环境科学, 31(8): 1701-1707

董德信, 陈波, 李谊纯, 等. 2013. 北仑河口潮流特征分析. 海洋湖沼通报, (4): 1-7

董宽虎, 米佳. 2006. 白羊草种群繁殖的数量特征. 草地学报, 14(3): 210-213

董美龄. 1963. 中国浒苔属植物地理学的初步研究. 海洋与湖沼, 5(1): 46-51

段琳琳. 2015. 互花米草与两种本地红树植物竞争的生理生态机理研究. 桂林: 广西师范大学硕士学位论文

范航清. 1993. 成立中国红树林研究中心的必要性和中心任务. 广西科学院学报, 9(2): 122-129

范航清. 1995a. 广西沿海红树林养护海堤的生态模式及其效益评估. 广西科学, 2(4): 48-52

范航清. 1995b. 广西海岸红树林现状及人为干扰//范航清, 梁士楚. 中国红树林研究与管理. 北京: 科学出版社: 189-202

范航清. 1996. 广西海岸沙滩红树林的生态研究 Ⅰ: 海岸沙丘移动及其对白骨壤的危害. 广西科学, 3(1): 44-48

范航清. 2000. 海岸环保卫士——红树林. 南宁: 广西科学技术出版社

范航清, 何斌源. 2001. 北仑河口的红树林及其生态恢复原则. 广西科学, 8(3): 210-214

范航清, 陈光华, 何斌原, 等. 2005. 山口红树林滨海湿地与管理. 北京: 海洋出版社

范航清, 陈坚, 黎建玲. 1993a. 广西红树林上大型固着污损动物的种类组成及分布. 广西科学院学报, 9(2): 58-62

范航清, 程兆第, 刘师成, 等. 1993b. 广西红树林生境底栖硅藻的种类. 广西科学院学报, 9(2): 37-42
范航清, 何斌源, 韦受庆. 1996. 传统渔业活动对广西英罗港红树林区渔业资源的影响与管理对策. 生物多样性, 4(3): 167-174
范航清, 何斌源, 韦受庆. 2000. 海岸红树林地沙丘移动对林内大型底栖动物的影响. 生态学报, 20(5): 722-727
范航清, 黎广钊. 1997. 海堤对广西沿海红树林的数量, 群落特征和恢复的影响. 应用生态学报, 6(8): 240-244
范航清, 黎广钊, 周浩郎, 等. 2015. 广西北部湾典型海洋生态系统——现状与挑战. 北京: 科学出版社
范航清, 刘文爱, 钟才荣, 等. 2014. 中国红树林蛀木团水虱危害分析研究. 广西科学, 21(2): 140-146, 152
范航清, 彭胜, 石雅君, 等. 2007. 广西北部湾沿海海草资源与研究状况. 广西科学, 14(3): 289-295
范航清, 邱广龙. 2004. 中国北部湾白骨壤红树林的虫害与研究对策. 广西植物, 24(6): 558-562
范航清, 邱广龙, 石雅君, 等. 2011. 中国亚热带海草生理生态学研究. 北京: 科学出版社
范航清, 韦受庆, 陈坚. 1993c. 广西红树林区经济动物的行为生态及生态养殖的初步设计. 广西科学院学报, (2): 104-110
范航清, 韦受庆, 何斌源, 等. 1998. 英罗港红树林缘潮水中游泳动物的季节动态. 广西科学, 5(1): 45-50
范航清, 尹毅, 黄向东, 等. 1993d. 广西沙生红树植物—土壤相互作用及群落演替的研究. 广西科学院学报, 9(2): 1-7
方力行. 1989. 珊瑚学: 兼论台湾的珊瑚资源. 台北: 黎明文化事业股份有限公司
冯士筰. 1982. 风暴潮导论. 北京: 科学出版社
付爱红, 陈亚宁, 陈亚鹏. 2008. 塔里木河下游干旱胁迫下多枝柽柳茎水势的变化. 生态学杂志, 27(4): 532-538
甘华阳, 梁开, 林进清, 等. 2013. 北部湾北部滨海湿地沉积物中砷与镉和汞元素的分布与累积. 海洋地质与第四纪地质, 33(3): 15-27
甘华阳, 张顺之, 梁开, 等. 2012. 北部湾北部滨海湿地水体和表层沉积物中营养元素分布与污染评价. 湿地科学, 10(3): 285-298
甘肖梅, 李军伟, 李凤, 等. 2009. 广西合浦山口红树林互花米草成熟期叶水势初步研究. 安徽农业科学, 37(32): 15812-15814
甘肖梅, 杨红兰, 李军伟, 等. 2010. 互花米草成熟期光合作用日变化特征研究. 安徽农业科学, 38(1): 143-145, 149
高安宁, 陈见, 李艳兰, 等. 2008. 2008 年广西罕见凝冻灾害评估及思考. 灾害学, 23(2): 83-86
高蕴璋. 1981. 中国的红树林. 广西植物, 1(4): 9-11
高振会, 黎广钊. 1995. 北仑河口动力地貌特征及其演变. 广西科学, 2(4): 19-23
广西大百科全书编纂委员会. 2008a. 广西大百科全书(地理·上册). 北京: 中国大百科全书出版社
广西大百科全书编纂委员会. 2008b. 广西大百科全书(地理·下册). 北京: 中国大百科全书出版社
广西海洋开发保护管理委员会. 1996. 广西海岛资源综合调查报告. 南宁: 广西科学技术出版社
广西红树林研究中心. 2006. 涠洲岛海区珊瑚礁资源调查报告(内部资料)
广西红树林研究中心. 2009. 广西 908 专项珊瑚礁生态系统调查报告(内部资料)
广西土壤肥料工作站. 1993. 广西土种志. 南宁: 广西科学技术出版社
广西壮族自治区地方志编纂委员会. 1994. 广西通志·自然地理志. 南宁: 广西人民出版社
广西壮族自治区地名委员会办公室. 1992. 广西海域地名志. 南宁: 广西民族出版社
广西壮族自治区海岸带和滩涂资源综合调查领导小组. 1986a. 广西壮族自治区海岸带和滩涂资源综合调查报告. 第一卷(综合报告)(内部资料)
广西壮族自治区海岸带和滩涂资源综合调查领导小组. 1986b. 广西壮族自治区海岸带和滩涂资源综合调

查报告. 第四卷(海洋生物)(内部资料)
广西壮族自治区海岸带和滩涂资源综合调查领导小组. 1986c. 广西壮族自治区海岸带和滩涂资源综合调查报告. 第六卷(地貌, 第四纪地质)(内部资料)
广西壮族自治区海岸带和滩涂资源综合调查领导小组. 1986d. 广西壮族自治区海岸带和滩涂资源综合调查报告. 第七卷(植被和林业)(内部资料)
广西壮族自治区海洋局, 广西壮族自治区发展和改革委员会. 2011. 广西壮族自治区海岛保护规划(2011～2030 年)(内部资料)
广西壮族自治区海洋局. 2005. 广西壮族自治区 2004 年海洋环境质量公报. http://www.gxoa.gov.cn/gxhyj_haiyanggongbao[2017-1-8]
广西壮族自治区海洋局. 2006. 广西壮族自治区 2005 年海洋环境质量公报. http://www.gxoa.gov.cn/gxhyj_haiyanggongbao[2017-1-8]
广西壮族自治区海洋局. 2007. 广西壮族自治区 2006 年海洋环境质量公报. http://www.gxoa.gov.cn/gxhyj_haiyanggongbao[2017-1-8]
广西壮族自治区海洋局. 2008. 广西壮族自治区 2007 年海洋环境质量公报. http://www.gxoa.gov.cn/gxhyj_haiyanggongbao[2017-1-8]
广西壮族自治区海洋局. 2009. 广西壮族自治区 2008 年海洋环境质量公报. http://www.gxoa.gov.cn/gxhyj_haiyanggongbao[2017-1-8]
广西壮族自治区海洋局. 2010. 广西壮族自治区 2009 年海洋环境质量公报. http://www.gxoa.gov.cn/gxhyj_haiyanggongbao[2017-1-8]
广西壮族自治区海洋局. 2011. 广西壮族自治区 2010 年海洋环境质量公报. http://www.gxoa.gov.cn/gxhyj_haiyanggongbao[2017-1-8]
广西壮族自治区海洋局. 2012. 广西壮族自治区 2011 年海洋环境质量公报. http://www.gxoa.gov.cn/gxhyj_haiyanggongbao[2017-1-8]
广西壮族自治区海洋局. 2013. 广西壮族自治区 2012 年海洋环境质量公报. http://www.gxoa.gov.cn/gxhyj_haiyanggongbao[2017-1-8]
广西壮族自治区海洋局. 2014. 广西壮族自治区 2013 年海洋环境质量公报. http://www.gxoa.gov.cn/gxhyj_haiyanggongbao[2017-1-8]
广西壮族自治区海洋局. 2015. 广西壮族自治区 2014 年海洋环境质量公报. http://www.gxoa.gov.cn/gxhyj_haiyanggongbao[2017-1-8]
广西壮族自治区海洋局. 2016. 广西壮族自治区 2015 年海洋环境质量公报. http://www.gxoa.gov.cn/gxhyj_haiyanggongbao[2017-1-8]
广西壮族自治区林业厅. 1993. 广西自然保护区. 北京: 中国林业出版社
广西壮族自治区林业厅. 2011. 广西湿地资源调查报告(内部资料)
广西壮族自治区人大常委会法制工作委员会. 2015. 广西湿地保护与立法实践. 北京: 中国环境出版社
广西壮族自治区湿地资源调查队. 2000. 广西湿地资源调查研究报告(内部资料)
郭文, 官春芬, 穆宏强. 2014. 河口边滩湿地生态功能评价模型构建. 人民长江, 45(17): 1-5
郭志华, 张宏达, 李志安, 等. 1999. 鹅掌楸苗期光合特性的研究. 生态学报, 19(2): 164-169
国家海洋局. 1996. 中国海洋 21 世纪议程行动计划. 北京: 国家海洋局: 30-33
国家海洋局. 2005. 滨海湿地生态监测技术规程(HY/T 080-2005). 北京: 中国标准出版社
国家海洋局 908 专项办公室. 2006. 海洋灾害调查技术规程. 北京: 海洋出版社
国家林业局. 2008. 全国湿地资源调查技术规程(试行)(内部资料)
国家林业局. 2015. 中国湿地资源(广西卷). 北京: 中国林业出版社
国家林业局森林资源管理司. 2002. 全国红树林资源报告(内部资料)

韩碧文. 2003. 植物生长与分化. 北京: 中国农业大学出版社: 267-275
韩大勇, 杨永兴, 杨杨, 等. 2012. 湿地退化研究进展. 生态学报, 32(4): 1293-1307
韩秋影, 黄小平, 施平, 等. 2007a. 广西合浦海草床生态系统服务功能价值评估. 海洋通报, 26(3): 33-38
韩秋影, 黄小平, 施平, 等. 2007b. 人类活动对广西合浦海草床服务功能价值的影响. 生态学杂志, 26(4): 544-548
韩秋影, 黄小平, 施平, 等. 2008. 广西合浦海草示范区的生态补偿机制. 海洋环境科学, 27(3): 283-286
韩姝怡. 2010. 北仑河口海洋环境演变分析. 南宁: 广西师范学院硕士学位论文
韩小静. 2006. 广西山口红树林区鸟类群落的研究. 南宁: 广西大学硕士学位论文
何安尤, 周解, 朱瑜, 等. 2003. 大风江渔业自然资源调查. 广西水产科技, (4): 152-160
何本茂, 韦蔓新, 李智. 2012. 铁山港海草生态区水体自净能力与水、生、化之间的关系. 海洋环境科学, 31(5): 662-666
何斌, 温远光, 梁宏温, 等. 2002a. 英罗港红树植物群落不同演替阶段植物元素含量及其与土壤肥力的关系. 植物生态学报, 26(5): 518-524
何斌, 温远光, 刘世荣. 2001. 广西英罗港红树植物群落演替阶段的土壤化学性质. 广西科学, 8(2): 148-151, 160
何斌, 温远光, 袁霞, 等. 2002b. 广西英罗港不同红树植物群落土壤理化性质与酶活性的研究. 林业科学, 38(2): 21-26
何斌源. 1999. 广西两港湾红树林鱼类生态的比较研究. 海洋通报, 18(1): 28-35
何斌源. 2002a. 红树林污损动物群落生态研究. 广西科学, 9(2): 133-137
何斌源. 2002b. 红树林潮沟游泳动物的季节动态研究. 海洋通报, 21(6): 16-24
何斌源, 戴培建, 范航清. 1996. 广西英罗港红树林沼泽沉积物和大型底栖动物中重金属含量的研究. 海洋环境科学, 15(1): 35-41
何斌源, 邓朝亮, 罗砚. 2004. 环境扰动对钦州港潮间带大型底栖动物群落的影响. 广西科学, 11(2): 143-147
何斌源, 范航清. 2002. 广西英罗港红树林潮沟鱼类多样性季节动态研究. 生物多样性, 10(2): 175-180
何斌源, 范航清, 梁士楚. 1995a. 光因子对几种红树植物胚轴根萌发及生长的影响//范航清, 梁士楚. 中国红树林研究与管理. 北京: 科学出版社: 115-119
何斌源, 范航清, 梁士楚. 1995b. 红海榄海上育苗和移栽实验及其受害因子初探//范航清, 梁士楚. 中国红树林研究与管理. 北京: 科学出版社: 153-159
何斌源, 范航清, 莫竹承. 2001. 广西英罗港红树林区鱼类多样性研究. 热带海洋学报, 20(4): 74-79
何斌源, 范航清, 王瑁, 等. 2007. 中国红树林湿地物种多样性及其形成. 生态学报, 27(11): 4859-4869
何斌源, 赖廷和. 2000. 红树植物桐花树上污损动物群落研究. 广西科学, 7(4): 309-312
何斌源, 赖廷和. 2007. 广西沿海红海榄造林的宜林临界线. 应用生态学报, 18(8): 1702-1708
何斌源, 赖廷和, 潘良浩, 等. 2014a. 盐沼草-白骨壤混种减轻污损动物危害的生物防治效果研究. 广西植物, 34(2): 203-211
何斌源, 赖廷和, 王欣, 等. 2013a. 廉州湾滨海湿地潮间带大型底栖动物群落次级生产力. 生态学杂志, 32(8): 2014-2112
何斌源, 赖廷和, 王欣, 等. 2013b. 盐沼草对桐花树人工林污损动物危害的生物防治研究. 广西科学, 20(3): 185-192
何斌源, 莫竹承. 1995. 红海榄人工苗光滩造林的生长及胁迫因子研究. 广西科学院学报, 11(3, 4): 37-42
何斌源, 潘良浩, 王欣, 等. 2014b. 乡土盐沼植物及其生态恢复. 北京: 中国林业出版社
何东艳, 卢远, 黎宁. 2014. 近 20 年广西北部湾滨海湿地时空格局变化研究. 湿地科学与管理, 10(1): 37-41
何海鲲. 1996. 山口红树林资源的传统利用方式及管理对策. 中国生物圈保护区, 3(4): 18-23

何海鲲. 1997. 山口红树林保护区旅游资源及其生态旅游的初步设计. 中国生物圈保护区, 4(1): 27-31
何晖. 2008. 日光温室番茄气孔导度变化规律研究. 河南农业科学, (8): 104-108
何明海, 范航清. 1995. 我国红树林保护与管理的现状//范航清, 梁士楚. 中国红树林研究与管理. 北京: 科学出版社: 173-202
何琴飞, 范航清, 莫竹承, 等. 2012. 挖捕泥丁对红树植物白骨壤幼苗生长影响的模拟. 应用生态学报, 23(4): 947-952
何琴飞, 蒋燚, 刘秀, 等. 2011. 钦州湾不同类型红树林土壤因子调查与分析. 湿地科学与管理, 7(3): 45-48
何琴飞, 申文辉, 黄小荣, 等. 2013. 钦州湾不同立地类型红树林的生长评价. 中南林业科技大学学报, 33(3): 57-63
何如, 黄梅丽, 李艳兰, 等. 2010. 近 50 年来广西近岸及海岛的气候特征与气候变化规律. 气象研究与应用, 31(2): 12-15
何文珊. 2008. 中国滨海湿地. 北京: 中国林业出版社
何祥英, 苏搏, 许廷波, 等. 2012. 广西北仑河口红树林湿地大型底栖动物多样性的初步研究. 湿地科学与管理, 8(2): 45-48
贺强, 安渊, 崔保山. 2010. 滨海盐沼及其植物群落的分布与多样性. 生态环境学报, 19(3): 657-664
洪亮, 杨建, 解修超, 等. 2012. 广西红树林海洋微生物的分离及抗白色念珠菌的快速筛选. 西南农业学报, 25(1): 140-143
胡宝清, 毕燕. 2011. 广西地理. 北京: 北京师范大学出版社
胡继超, 姜东, 曹卫星, 等. 2004. 短期干旱对水稻叶水势、光合作用及干物质分配的影响. 应用生态学报, 15(1): 63-67
胡锦钦. 1993. 北部湾 9204 台风暴潮初步分析. 人民珠江, (5): 11-14
胡守忠, 乔冬梅, 史海滨, 等. 2006. 盐渍化地区 SPAC 系统不同界面能态研究. 干旱区资源与环境, 20(5): 177-183
胡霞, 莫创荣, 周云新, 等. 2013. 广西北部湾红树林生态承载力评价. 生态科学, 32(4): 480-486
黄承标, 温远光, 黄志辉, 等. 1999. 广西英罗湾红海榄和木榄两种红树群落小气候的初步研究. 热带亚热带植物学报, 7(4): 342-346
黄大林, 戴支凯, 莫刚, 等. 2013. 广西北部湾红树林土壤放线菌的筛选和抗菌活性研究. 时珍国医国药, 24(4): 857-859
黄德练, 吴志强, 黄亮亮, 等. 2013a. 广西钦州港红树林区鱼类物种多样性分析. 海洋湖沼通报, (4): 135-142
黄德练, 吴志强, 黄亮亮, 等. 2013b. 钦州港红树林鱼类群落时间变化格局及其与潮差等环境因子关系. 桂林理工大学学报, 33(3): 454-460
黄桂林, 何平, 侯盟. 2006. 中国河口湿地研究现状及展望. 应用生态学报, 17(9): 1751-1756
黄鹄, 陈锦辉, 胡自宁. 2007. 近 50 年来广西海岸滩涂变化特征分析. 海洋科学, 31(1): 37-42
黄鹄, 戴志军, 胡自宁, 等. 2005. 广西海岸环境脆弱性研究. 北京: 海洋出版社
黄鹄, 戴志军, 盛凯. 2011a. 广西北海银滩侵蚀及其与海平面上升的关系. 台湾海峡, 30(2): 275-279
黄鹄, 戴志军, 施伟勇, 等. 2011b. 强潮环境下的海滩剖面沉积特征——以春季广西北海银滩为例. 热带海洋学报, 30(4): 71-76
黄晖, 马斌儒, 练健生, 等. 2009. 广西涠洲岛海域珊瑚礁现状及其保护策略研究. 热带地理, 29(4): 307-312
黄金森, 张元林. 1986. 北部湾涠洲岛珊瑚海岸沉积//中国地质学会海洋地质专业委员会. 中国地质学会海洋地质专业委员会硫酸盐比较沉积学学术讨论会珊瑚礁论文集. 青岛: 中国地质学会海洋地质专业委员会: 21-25

黄金森, 张元林. 1987. 北部湾涠洲岛珊瑚海岸沉积. 热带地貌, 8(2): 1-3

黄李丛, 苏宏河, 唐丰利. 2013. 钦州市引种无瓣海桑现状及发展对策分析. 广东科技, (14): 188-189

黄玲英, 余克服. 2010. 珊瑚疾病的主要类型、生态危害及其与环境的关系. 生态学报, 30(5): 1328-1340

黄向青, 梁开, 陈太浩. 2013. 钦州湾—北海近岸水域表层沉积物重金属分布特征. 海洋湖沼通报, (1): 120-130

黄小平, 黄良民, 李颖虹, 等. 2006. 华南沿海主要海草床及其生境威胁. 科学通报, (S2): 114-120

黄小平, 黄良民, 李颖虹, 等. 2007. 中国南海海草研究. 广州: 广东经济出版社

黄小平, 江志坚, 范航清, 等. 2016. 中国海草的"藻"名更改. 海洋与湖沼, 47(1): 290-294

黄歆怡, 钟诚, 陈树誉, 等. 2015. 鱼藤对红树林植物的危害及管理. 湿地科学与管理, 11(2): 26-29

黄星, 辛琨, 王薛平. 2009. 我国红树林群落生境特征研究简述. 热带林业, 37(2): 10-12

黄泽余, 周志权. 1997. 广西红树林炭疽病研究. 广西科学, 4(4): 319-324

黄泽余, 周志权. 1998. 桐花煤污病的病原菌和病害发生特点初步观察. 广西科学, 5(4): 314-317

黄泽余, 周志权, 黄平明. 1997. 广西红树林真菌病害调查初报. 广西科学院学报, 13(4): 41-45

黄招扬. 2008. 广西海水晒盐工艺研究——以广西北海市铁山港区北暮盐场为例. 广西民族大学学报(自然科学版), 14(3): 41-46

纪燕新. 2007. 北部湾广西沿海风暴潮灾害及防灾减灾研究. 南宁: 广西大学硕士学位论文

贾明明. 2014. 1973~2013 年中国红树林动态变化遥感分析. 长春: 中国科学院东北地理与农业生态研究所硕士学位论文

简王华, 吴少良. 2000. 北海市浅海滩涂利用发展浅议. 广西师范学报(自然科学版), 17(1): 45-49

姜发军, 尹闯, 张荣灿, 等. 2013. 2010 年冬季广西北部湾近岸海域表层海水和沉积物中重金属污染现状及评价. 海洋环境科学, 32(6): 824-830

蒋高明, 朱桂杰. 2001. 高温强光环境条件下 3 种沙地灌木的光合生理特点. 植物生态学报, 25(5): 525-531

蒋国芳. 1997. 山口红树林区昆虫种类组成及其季节变动的初步研究. 广西科学院学报, 13(2): 11-17

蒋国芳, 洪芳. 1993. 山口红树林自然保护区昆虫的初步调查. 广西科学院学报, 9(2): 63-66

蒋国芳, 颜增光, 岑明. 2000. 英罗港红树林昆虫群落及其多样性的研究. 应用生态学报, 11(1): 95-98

蒋国芳, 周志权. 1996. 钦州港红树林昆虫群落及其多样性初步研究. 广西科学院学报, 12(3/4): 50-53

蒋隽. 2013. 广西典型区红树林生态系统价值评价. 南宁: 广西师范学院硕士学位论文

蒋磊明, 陈波, 邱绍芳, 等. 2008. 廉州湾三角洲泥沙运移与海洋动力条件的关系. 广西科学院学报, 24(1): 1-3

蒋礼珍, 黄汝红. 2008. 钦州红树林寒害调查及无瓣海桑耐寒性初探. 气象研究与应用, 29(3): 35-38

蒋学建, 罗基同, 秦元丽, 等. 2006. 我国红树林有害生物研究综述. 广西林业科学, 35(2): 66-69

蒋燚, 何琴飞, 刘秀, 等. 2011. 钦州湾沿海宜林滩涂立地类型划分. 造林实用技术, (5): 21-23

金则新, 柯世省. 2002. 浙江天台山七子花群落主要植物种类的光合特性. 生态学报, 22(10): 1645-1652

康浩, 石贵玉, 李佳枚. 2009. NaCl 胁迫对互花米草光合作用及其参数的影响. 广西科学, 16(4): 451-454

赖俊翔, 姜发军, 许铭本, 等. 2013. 广西近海海洋生态系统服务功能价值评估. 广西科学院学报, 29(4): 252-258

赖俊翔, 许铭本, 姜发军, 等. 2014. 北仑河口近岸海域生态健康分析与评价. 广西科学, 21(1): 77-83

赖廷和, 何斌源. 1998. 广西红树林区大型底栖动物种类多样性研究. 广西科学, 5(3): 166-172

赖廷和, 何斌源. 2007. 木榄幼苗对淹水胁迫的生长和生理反应. 生态学杂志, 26(5): 650-656

赖廷和, 邱绍芳. 1998. 广西英罗港红树林区沉积物和大型底栖动物中汞含量的初步研究. 广西科学院学报, 14(4): 27-31

蓝福生, 李瑞棠, 陈平, 等. 1994. 广西海滩红树林与土壤的关系. 广西植物, 14(1): 54-59

蓝福生, 莫权辉, 陈平, 等. 1993. 广西滩涂土壤资源及其合理开发利用. 自然资源, (4): 26-32

蓝锦毅. 2011. 港口建设对广西海洋生态环境影响分析及污染防治对策. 广西科学院学报, 27(2): 149-151
蓝汝林. 2014-4-2. 广西海洋局采取措施遏制红树死亡蔓延. 中国海洋报, 第 002 版
蓝文陆, 黎明民, 覃秋荣. 2013. 广西合浦榕根山小型海草床的群落演替及其保护和修复研究. 广西科学, 20(2): 176-180, 182
蓝文陆, 彭小燕. 2011. 2003～2010 年铁山港湾营养盐的变化特征. 广西科学, 18(4): 380-384, 391
雷富, 陈宪云, 许铭本, 等. 2013a. 广西茅尾海海水和表层沉积物中重金属污染的调查及评价. 广西科学院学报, 29(3): 176-180, 185
雷富, 陈宪云, 张荣灿, 等. 2014. 北部湾近岸海域夏季海洋环境质量评价. 广西科学, 21(1): 84-57
雷富, 张荣灿, 陈宪云, 等. 2013b. 夏季广西北部湾近岸海域海水和表层沉积物中重金属污染现状及评价. 海洋技术, 32(2): 94-100
黎广钊, 陈荣华, 梁文, 等. 1999a. 北海外沙潟湖全新世微体古生物群特征及其古地理意义. 东海海洋, 17(4): 29-38
黎广钊, 梁文, 刘敬合. 2001. 钦州湾水下动力地貌特征. 地理学与国土研究, 17(4): 70-74
黎广钊, 梁文, 农华琼, 等. 1999b. 北海外沙潟湖全新世硅藻、有孔虫组合与沉积相演化. 广西科学, 6(4): 311-316
黎广钊, 梁文, 农华琼, 等. 2004. 涠洲岛珊瑚礁生态环境条件初步研究. 广西科学, 11(4): 379-384
黎广钊, 叶维强, 庞衍军. 1988. 广西滨海砂矿特征及其富集条件. 海洋地质与第四纪地质, 8(3): 85-92
黎遗业, 黄新颖, 陈冬梅. 2008. 广西红树林湿地系统的生态开发与保护. 广西农业科学, 39(2): 248-251
李春干, 代华兵. 2015. 1960~2010 年广西红树林空间分布演变机制. 生态学报, 35(18): 5992-6006
李春干. 2003. 广西红树林资源的分布特点和林分结构特征. 南京林业大学学报(自然科学版), 27(5): 15-19
李春干. 2004. 广西红树林的数量分布. 北京林业大学学报, 26(1): 47-52
李丹. 2013. 两株滨海植物内生真菌次级代谢产物及其抗肿瘤活性研究. 青岛: 中国海洋大学硕士学位论文
李丹, 朱天骄, 顾谦群, 等. 2012. 黄槿内生真菌的次级代谢产物及其生物活性研究. 中国海洋药物杂志, 31(6): 17-22
李德伟, 吴耀军, 罗基同, 等. 2010. 广西北部湾桐花树毛颚小卷蛾生物学特性及防治. 中国森林病虫, 29(2): 11-14
李凤华, 赖春苗. 2007. 广西沿海地区环境状况及其保护对策探讨. 环境科学与管理, 32(11): 59-63, 108
李桂荣, 梁士楚. 2007. 广西湿地分类系统的研究. 玉林师范学院学报, 28(3): 75-79
李华祯, 姚保强, 杨传强, 等. 2006. 4 种经济树木水分生理及抗旱特性研究. 山东林业科技, (2): 6, 9-10
李惠芳. 2013. 广西北海滨海国家湿地公园红树林害虫综合治理策略浅析. 农业研究与应用, (5): 59-62
李佳枚, 石贵玉, 韦颖. 2011. 重金属镉对互花米草生长及生理特性的影响. 安徽农业科学, 39(4): 2174-2176, 2182
李开颜, 傅中平. 1999. 北海市大陆海岸旅游地质特征及开发建议. 广西地质, 12(3): 63-65
李丽凤, 刘文爱, 莫竹承. 2013. 广西钦州湾红树林群落特征及其物种多样性. 林业科技开发, 27(6): 21-25
李丽凤, 刘文爱. 2013. 广西竹山红树林群落及种群分布格局研究. 林业资源管理, (4): 72-76
李乃芳, 叶维强. 1988. 广西犀牛脚海岸特征的初步研究. 海洋科学, (3): 20-24
李萍, 刘保良, 陈旭阳. 2011. 广西北海市廉州湾养殖区营养盐分布与富营养化的研究. 科技传播, (9): 75-76
李森, 范航清, 邱广龙, 等. 2009. 广西北海竹林三种海草种群生物量和生产力研究. 生态科学, 28(3): 193-198
李莎莎, 孟宪伟, 葛振鸣, 等. 2014. 海平面上升影响下广西钦州湾红树林脆弱性评价. 生态学报, 34(1): 2702-2711
李世玲, 任黎秀. 2008. 北海银滩旅游度假区景观生态规划研究. 广东农业科学, (6): 113-115

李淑, 余克服. 2007. 珊瑚礁白化研究进展. 生态学报, 27(5): 2059-2069
李树华. 1986. 钦州湾潮汐和潮流数值计算. 海洋通报, 5(4): 27-32
李树华, 陈文广, 刘敬合, 等. 1992. 广西沿海台风暴潮动力分析. 热带海洋, 11(4): 48-55
李树华, 夏华永, 陈明剑. 2001a. 广西近海水文及水动力环境研究. 北京: 海洋出版社
李树华, 夏华永, 梁少红, 等. 2001b. 广西重点港湾的潮流和余流. 广西科学, 8(1): 74-79
李婷婷, 莫创荣, 姚焕玫, 等. 2009. 基于能值分析的广西沿海红树林生态效益. 生态经济, (1): 364-367
李伟, 罗杰. 2013. 广西北部湾红树林虫害综合治理基础设施建设可行性分析. 内蒙古林业调查设计, 36(4): 95-98, 140
李武峥. 2008. 山口红树林保护区互花米草分布调查与评价. 南方国土资源, (7): 39-41
李相林, 周放, 孙仁杰. 2006. 北仑河口国家级自然保护区冬季鸟类多样性水平梯度研究. 广西科学, 13(4): 305-309
李相林. 2007. 北仑河红树林保护区鸟类集群研究. 南宁: 广西大学硕士学位论文
李信贤. 2005. 广西海岸沙生植被的类型及其分布和演替. 广西科学院学报, 21(1): 27-36
李信贤, 温光远, 温肇穆. 1991a. 广西海滩红树林主要建群种的生态分布和造林布局. 广西农学院学报, 10(4): 82-89
李信贤, 温远光, 何妙光. 1991b. 广西红树林类型及生态. 广西农学院学报, 10(4): 70-81
李星群, 文军. 2007. 广西红树林自然保护区资源保护现状与对策. 林业调查规划, 32(6): 59-62
李秀存, 杨澄梅. 1997. 充分利用气候资源发展北海海盐生产. 广西气象, 18(4): 38-41
李学杰, 万荣胜, 林进清. 2010. 应用遥感方法分析北部湾滨海湿地的分布. 南海地质研究, (1): 28-36
李阳. 2014. 对加强广西红树林生态系统保护工作的思考. 南方国土资源, (11): 45-46
李英花, 覃漉雁, 曹庆先, 等. 2016. 广西北部湾经济区海岸滩涂开发利用和管理. 泉州师范学院学报, 34(2): 14-19
李颖虹. 2004. 广西合浦海草床生态特征, 服务功能及保护研究. 广州: 中国科学院南海海洋研究所博士学位论文
李颖虹, 黄小平, 许战洲, 等. 2007. 广西合浦海草床面临的威胁与保护对策. 海洋环境科学, 26(6): 587-590
李永强. 2011. 北部湾(广西段)潮间带大型底栖动物的调查研究. 青岛: 青岛理工大学硕士学位论文
李云, 郑德璋, 陈焕雄, 等. 1998. 红树植物无瓣海桑引种的初步研究. 林业科学研究, 11(1): 39-44
李兆华, 付其建. 2010. 北海市滨海旅游资源的开发与保护. 广西职业技术学院学报, 3(1): 71-74
李兆华, 秦成, 王晓丽. 2006. 广西滨海旅游资源开发现状与对策研究. 广西师范学院学报(自然科学版), 23(1): 80-84
李珍, 王开发, 王永吉, 等. 2002. 红树林孢粉-气候因子转换函数恢复古环境的可行性初探. 海洋科学进展, 20(3): 73-78
李珍, 张玉兰. 2012. 全新世广西英罗湾红树林千年尺度的演替过程//中国海洋湖沼学会, 中国科学院海洋研究所. 中国海洋湖沼学会第十次全国会员代表大会暨学术研讨会论文集. 青岛: 中国海洋湖沼学会: 23
梁静娟, 庞宗文, 詹萍. 2006. 红树林海洋细菌的分离鉴定及其活性物质初步分析. 热带海洋学报, 25(6): 47-51
梁士楚. 1993. 广西的红树林资源及其开发利用. 植物资源与环境, 2(4): 44-47
梁士楚. 1995. 广西英罗湾红树植物幼苗生长关系的研究. 广西科学院学报, 11(3, 4): 48-53
梁士楚. 1996a. 白骨壤幼苗形态特征及其生物量. 应用生态学报, 7(4): 344-348
梁士楚. 1996b. 广西英罗湾红树植物群落的研究. 植物生态学报, 20(4): 310-321
梁士楚. 1998. 红树植物木榄幼苗的分形生态研究Ⅰ. 形态和生物量的分形维数. 广西科学, 5(4): 318-320

梁士楚. 1999. 广西红树林资源及其可持续利用. 海洋通报, 18(6): 77-83
梁士楚. 2000. 广西红树植物群落特征的初步研究. 广西科学, 7(3): 210-216
梁士楚. 2001. 广西北海海岸沙生白骨壤种群分布格局研究. 广西科学, 8(1): 57-60, 69
梁士楚. 2011. 广西湿地植物. 北京: 科学出版社
梁士楚, 董鸣, 王伯荪, 等. 2003a. 英罗港红树林土壤粒径分布的分形特征. 应用生态学报, 14(1): 11-14
梁士楚, 董鸣, 王伯荪. 2003b. 红树植物木榄种群分布格局关联维数的研究. 海洋科学, 27(6): 51-54
梁士楚, 范航清, 何斌源. 1993. 广西海岸白骨壤群落的数量分析. 广西科学院学报, 9(2): 94-97
梁士楚, 蒋潇潇, 李峰. 2008. 广西英罗港红树植物木榄种群年龄结构的研究. 海洋学研究, 26(4): 35-40
梁士楚, 李瑞棠, 梁发英. 1996. 广西英罗湾红树植物幼苗矿质元素含量的初步研究. 广西植物, 16(4): 363-366
梁士楚, 刘镜法, 梁铭忠. 2004. 北仑河口国家级自然保护区红树植物群落研究. 广西师范大学学报(自然科学版), 22(2): 70-76
梁士楚, 罗春业. 1999. 红树林区经济动物及生态养殖模式. 广西科学院学报, 15(2): 64-68
梁士楚, 莫竹承, 葛文标. 1995. 广西曲湾红树植物种群分布格局的研究//范航清, 梁士楚. 中国红树林研究与管理. 北京: 科学出版社: 85-93
梁士楚, 覃盈盈, 李友邦, 等. 2014. 广西湿地与湿地生物多样性. 北京: 科学出版社
梁士楚, 王伯荪. 2002a. 红树植物木榄种群高度结构的分形特征. 植物生态学报, 26(4): 408-412
梁士楚, 王伯荪. 2002b. 红树植物木榄种群植冠层结构的分形特征. 海洋通报, 21(5): 26-31
梁士楚, 王伯荪. 2003. 广西英罗港红树林区木榄群落土壤粒径分布的分形特征. 热带海洋学报, 22(1): 17-22
梁士楚, 张炜银. 2001. 广西英罗港红树植物群落的非线性排序. 广西植物, 21(3): 228-232
梁思奇. 2001. 筑起生态防御大堤——北海红树林抗御台风“榴莲”的启示. 瞭望新闻周刊, (32): 42-43
梁维平, 黄志平. 2003. 广西红树林资源现状及保护发展对策. 林业调查规划, 28(4): 59-62
梁文, 黎广钊. 2002a. 广西红树林海岸现代沉积初探. 广西科学院学报, (8): 131-134
梁文, 黎广钊. 2002b. 涠洲岛珊瑚礁分布特征与环境保护的初步研究. 环境科学研究, 15(6): 5-7, 16
梁文, 黎广钊. 2003. 北海市滨海旅游地质资源及其保护. 广西科学院学报, 19(1): 44-48
梁文, 黎广钊, 范航清, 等. 2010a. 广西涠洲岛珊瑚礁物种生物多样性研究. 海洋通报, 29(4): 412-417
梁文, 黎广钊, 范航清. 2010b. 广西涠洲岛造礁石珊瑚属种组成及其分布特征. 广西科学, 17(1): 93-96
梁文, 黎广钊, 刘敬合. 2001. 南流江水下三角洲沉积物类型特征及其分布规律. 海洋科学, 25(12): 34-36
梁文, 张春华, 叶祖超, 等. 2011. 广西涠洲岛造礁珊瑚种群结构的空间分布. 生态学报, 31(1): 39-46
廖宝文. 2004. 外来红树植物无瓣海桑生物学特性与生态环境适应性分析. 生态学杂志, 23(1): 10-15
廖宝文, 张乔民. 2014. 中国红树林湿地的分布面积与树种组成. 湿地科学, 12(4): 435-439
廖宝文, 郑德璋, 郑松发. 1992. 我国东南沿海防护林的特殊类型——红树林. 广东林业科技, (1): 30-33
廖秋香, 尤明双, 刘旭. 2012a. 涠洲岛近海近 30 年气候变化特征浅析. 气象研究与应用, 33(S1): 140-141
廖秋香, 尤明双, 刘旭. 2012b. 涠洲岛旅游气候资源的评价及利用. 贵州气象, 36(2): 38-39, 51
廖武雁. 2010. 广西近岸海水网箱养殖现状与发展对策. 现代农业科技, (18): 308-309
廖振林, 刘菁, 陈建宏, 等. 2010. 广西北海红树林土壤放线菌的分离与鉴定. 安徽农业科学, 38(23): 12693-12694, 12702
林宝荣. 1985. 广西防城湾全新世海侵及防城河三角洲的演变. 海洋与湖沼, 16(1): 83-93
林慧娜, 傅娇艳, 吴浩, 等. 2009. 中国主要红树林湿地沉积物中硫的分布特征及影响因素. 海洋科学, 33(12): 79-82
林鹏. 1997. 中国红树林生态系. 北京: 科学出版社
林鹏, 陈德海, 肖向明, 等. 1984. 盐度对两种红树植物叶片糖类含量的影响. 海洋学报, 6(6): 851-855

林鹏，傅勤. 1995. 中国红树林环境生态及经济利用. 北京：高等教育出版社
林鹏，胡继添. 1983. 广西的红树林. 广西植物, 3(2): 95-102
林鹏，尹毅，卢昌义. 1992. 广西红海榄群落的生物量和生产力. 厦门大学学报(自然科学版), 31(2): 199-202
林鹏，尹毅，卢昌义. 1993. 广西红海榄红树林群落的 K、Ca、Mg 积累和循环. 植物学报, 35(9): 703-709
林镇凯. 2013. 涠洲岛海岸地貌特征、塑造过程和开发利用研究. 南京：南京师范大学硕士学位论文
凌常荣. 2003. 广西钦州七十二泾旅游区旅游资源分析与评价. 广西大学学报(哲学社会科学版), 25(6): 52-55
刘斌，陶莹，党晓霞. 2010. 滩涂养殖对海洋生态系统的影响. 创新, (1): 58-60
刘超，胡文佳，陈明茹，等. 2013. 山口红树林区稚幼鱼多样性及其对渔业资源的补充作用. 厦门大学学报(自然科学版), 52(2): 273-280
刘晖. 1996. 广西药用海洋动物资源及其应用. 广西科学院学报, 12(3, 4): 54-60
刘敬合，黎广钊，陈美邦，等. 1992. 广西沿海水下地貌及其沉积物特征. 热带海洋, 11(1): 52-57
刘敬合，黎广钊，农华琼. 1991. 涠洲岛地貌与第四纪地质特征. 广西科学院学报, 7(1): 27-36
刘敬合，黎广钊. 1992. 廉州湾海底及周边地貌特征. 广西科学院学报, 8(1): 68-76
刘敬合，黎广钊. 1993. 广西沿岸港湾口门潮流三角洲的地貌特征. 海洋科学, 2: 56-59
刘敬合，叶维强. 1989. 广西钦州湾地貌及其沉积特征的初步研究. 海洋通报, 8(2): 49-57
刘镜法. 2002. 广西的银叶树林. 海洋开发与管理, (6): 66-68
刘镜法. 2005. 北仑河口国家级自然保护区的老鼠簕群落. 海洋开发与管理, 1: 41-44
刘镜法，良思，梁士楚. 2006. 广西北仑河口国家级自然保护区综合价值的研究. 海洋开发与管理, (2): 89-95
刘亮，范航清，李春干. 2012. 广西西端海岸四种红树植物天然种群生境高程. 生态学报, 32(3): 690-698
刘亮，吴姗姗. 2015. 珊瑚礁环境质量变化的价值评估——以涠洲岛为例. 海洋通报, 34(2): 215-221
刘伦忠，莫竹承. 2001. 钦州市红树林保护与管理现状及对策. 林业资源管理, (5): 38-41
刘瑞玉. 2008. 中国海洋生物名录. 北京：科学出版社
刘文爱，范航清. 2010a. 广西红树林害虫的危险性评价. 安徽农学通报, 16(24): 104-106
刘文爱，范航清. 2010b. 危害广西红树植物秋茄的 4 种主要盾蚧调查研究. 安徽农学通报, 16(22): 95-96
刘文爱，范航清. 2011a. 广州小斑螟幼虫和蛹空间分布型的研究. 中国森林病虫, 30(6): 25-27, 37
刘文爱，范航清. 2011b. 危害广西红树林的四种蓑蛾的发生和传播规律初探. 应用昆虫学报, 48(6): 1850-1855
刘鑫. 2012. 应用遥感方法的广西铁山港区海岸线变迁分析. 地理空间信息, 10(1): 102-106
刘秀，蒋焱，陈乃明，等. 2009. 钦州湾红树林资源现状及发展对策. 广西林业科学, 38(4): 259-260
刘永泉，凌博闻，徐鹏飞. 2009. 谈广西钦州茅尾海红树林保护区的湿地生态保护. 河北农业科学, 13(4): 97-99, 102
柳娟，张宏科，覃秋荣. 2008. 2006 年夏季广西合浦海草示范区海水水质模糊综合评价. 海洋环境科学, 27(4): 335-337
卢昌义，尹毅，林鹏. 1994. 红海榄红树林下落叶分解的动态. 厦门大学学报(自然科学版), 33(增刊): 56-61
陆道调，温远光. 1999. 红树林立木生长及其灰色预测. 防护林科技, (4): 4-7
陆健健. 1996. 中国滨海湿地的分类. 环境导报, (1): 1-2
陆明. 2008. 香港湿地生态旅游对广西红树林湿地生态旅游的启示. 市场论坛, (2): 93-95
陆温，韦绥概，覃爱枝，等. 2000. 广西山口红树林自然保护区蝶类资源考察报告. 广西科学, 7(2): 150-153
罗万次，苏搏，刘熊，等. 2014. 北仑河口附近海域冬季海洋环境质量评价. 广西科学院学报, 30(2): 107-111, 119

罗旋. 1986. 两广沿海红树林潮滩盐土及其利用研究. 土壤通报, 17(30): 118-121
骆耐香, 陈森洲, 徐雅娟, 等. 2009. 广西防城港红树林根系土壤放线菌的分离和培养. 贵州农业科学, 37(12): 130-131
骆耐香, 陈森洲, 袁桂峰, 等. 2010. 广西沿海地区红树林根系土壤中放线菌的分离与鉴定. 基因组学与应用生物学, 29(2): 310-313
吕彩霞. 2003. 中国海岸带湿地保护行动计划. 北京: 海洋出版社
马艳菊, 苏搏, 蒙珍金. 2011. 广西北仑河口国家级自然保护区秋冬季水鸟调查. 广西科学, 18(1): 73-78
蒙蔚. 2001. 涠洲珊瑚资源破坏严重. 海洋信息, 169(3): 19
蒙珍金, 覃盈盈. 2009. 珍珠湾海域水环境状况与评价. 安徽农业科学, 37(30): 14845-14847
孟宪伟, 张创智. 2014. 广西壮族自治区海洋环境资源基本现状. 北京: 海洋出版社
孟祥江, 朱小龙, 彭在清, 等. 2012. 广西滨海湿地生态系统服务价值评价与分析. 福建林学院学报, 32(2): 156-162
米佳, 董宽虎. 2007. 白羊草种群生殖分蘖株数量特征分析. 草地学报, (1): 55-59
莫大同. 1994. 广西通志(自然地理志). 南宁: 广西人民出版社
莫莉萍, 周慧杰, 刘云东, 等. 2015. 广西红树林湿地土壤有机碳储量估算. 安徽农业科学, 43(15): 81-84
莫秋霜. 2011. 北海防护林场红树林良种繁育初探. 绿色科技, 9: 78-79
莫权芳, 钟仕全. 2014. 基于 Landsat 数据的铁山港区红树林变迁及其驱动力分析研究. 科学技术与工程, 14(23): 8-14
莫永杰. 1987. 广西沿海港湾式海岸地貌. 海洋通报, 6(1): 27-30
莫永杰. 1988a. 北海半岛海岸地貌的发育. 热带地理, 8(1): 34-38
莫永杰. 1988b. 广西钦州湾潮滩沉积特征. 海洋湖沼通报, (4): 46-49
莫永杰. 1988c. 涠洲岛珊瑚岸礁的沉积特征. 广西科学院学报, 4(2): 54-59
莫永杰. 1989. 涠洲岛海岸地貌的发育. 热带地理, 9(3): 243-248
莫永杰. 1990. 广西溺谷湾海岸地貌特征. 海洋通报, 9(6): 57-60
莫竹承. 2002. 广西红树林立地条件研究初报. 广西林业科学, 31(3): 122-127
莫竹承, 范航清, 何斌源. 2001. 海水盐度对两种红树植物胚轴萌发的影响. 植物生态学报, 25(2): 235-239
莫竹承, 范航清. 2001a. 木榄和秋茄的种间化感作用研究. 广西科学, 8(1): 61-62
莫竹承, 范航清. 2001b. 红树林造林方法的比较. 广西林业科学, 30(2): 73-75
莫竹承, 范航清, 刘亮. 2010. 广西海岸潮间带互花米草调查研究. 广西科学, 17(2): 170-174
莫竹承, 何斌源, 范航清. 1999. 抚育措施对红树植物幼树生长的影响. 广西科学, 6(3): 231-234
莫竹承, 何琴飞, 刘文爱, 等. 2012. 互花米草和 2 种乡土红树林树种的生境适应性试验. 广西科学, 19(1): 80-83
莫竹承, 梁士楚, 范航清. 1995. 广西红树林造林技术的初步研究//范航清, 梁士楚. 中国红树林研究与管理. 北京: 科学出版社: 248-365
宁世江, 邓泽龙, 蒋运生, 等. 1996a. 广西沿海西部山心、巫头和沥尾岛植被类型初步研究. 广西植物, 6(1): 35-47
宁世江, 邓泽龙, 蒋运生. 1995. 广西海岛红树林资源的调查研究. 广西植物, 15(2): 139-145
宁世江, 蒋运生, 邓泽龙, 等. 1996b. 广西龙门岛群桐花树天然林生物量的初步研究. 植物生态学报, 2(01): 57-64
宁耘. 2009. 广西沿海地区生产总值(GDP)与入海污染物变化趋势分析. 环境科学与管理, 34(11): 168-170
宁耘, 柳娟, 张宏科. 2009. 广西铁山港海域海草资源现状及保护对策. 环境科学与技术, 32(12D): 414-416
欧柏清. 1996a. 钦江等河口的开发利用与对策. 珠江现代建设, (2): 19-22
欧柏清. 1996b. 广西沿海风暴潮灾害. 人民珠江, (4): 11-13

潘金华, 江鑫, 赛珊, 等. 2012. 海草场生态系统及其修复研究进展. 生态学报, 32(19): 6223-6232
潘良浩. 2011. 广西茅尾海茳芏生物量研究. 安徽农业科学, 39(22): 13481-13483
潘良浩, 史小芳, 范航清. 2015. 茳芏(*Cyperus malaccensis*)生物量估测模型. 广西科学院学报, 31(4): 259-263
潘良浩, 史小芳, 陶艳成, 等. 2016. 广西海岸互花米草分布现状及扩散研究. 湿地科学, 14(4): 464-470
潘良浩, 韦江玲, 陈元松, 等. 2012. 茅尾海茳芏及沉积物有机碳、全氮、全磷分布特征与季节动态. 湿地科学, 10(4): 467-473
潘文, 李元跃, 陈攀, 等. 2012. 广西红树植物桐花树种群遗传多样性分析. 广西植物, 32(2): 203-207
潘艳丽, 唐丹玲. 2009. 卫星遥感珊瑚礁白化概述. 生态学报, 29(9): 5076-5080
潘荫昶, 庞润福. 2001. 自然旅游资源的保护和开发利用——涠洲岛火山海滩景区规划. 广西土木建筑, 26(3): 161-163
庞林. 1999. 我区红树林面临锈病和松毛虫的危害. 广西林业, (4): 33
裴艳. 2013. 浅谈辽河三角洲滨海湿地退化与保护建议. 现代农业, (3): 87-88
彭在清, 孟祥江, 吴良忠, 等. 2012. 广西北海市滨海湿地生态系统服务价值评价. 安徽农业科学, 40(9): 5507 -5511
亓发庆, 黎广钊, 孙永福. 2003. 北部湾涠洲岛地貌的基本特征. 海洋科学进展, 21(1): 41-49
秦汉荣, 闭正辉, 许政, 等. 2016. 广西红树林蜜源植物桐花树蜜蜂利用调查研究. 中国蜂业, 67: 40-42
秦元丽, 罗基同, 李德伟, 等. 2010. 桐花树毛颚小卷蛾抗逆性的研究. 林业科学, 29(1): 8-9
庆宁, 林岳光. 2004. 广西防城港东湾红树林污损动物的种类组成与数量分布特征. 热带海洋学报, 23(1): 64-68
邱广龙. 2005. 红树植物白骨壤繁殖生态研究与果实品质分析. 南宁: 广西大学硕士学位论文
邱广龙, 范航清, 李宗善, 等. 2013a. 濒危海草贝克喜盐草的种群动态及土壤种子库研究——以广西珍珠湾为例. 生态学报, 33(19): 6163-6172
邱广龙, 范航清, 周浩郎, 等. 2013b. 基于 SeagrassNet 的广西北部湾海草床生态监测. 湿地科学与管理, 9(1): 60-64
邱广龙, 范航清, 周浩郎, 等. 2014. 广西潮间带海草的移植恢复. 海洋科学, 38(6): 24-30
邱广龙, 周浩郎, 覃秋荣, 等. 2013c. 海草生态系统与濒危海洋哺乳动物儒艮的相互关系. 海洋环境科学, 32(6): 970-974
邱绍芳, 陈波, 何碧娟. 2003. 广西沿岸两大入海河口区域的环境变化与水流动力影响分析. 海洋湖沼通报, 3: 24-29
邱勇, 李俊, 黄勃, 等. 2013. 影响东寨港红树林中光背团水虱分布的生态因子研究. 海洋科学, 37(4): 21-25
任璘婧, 李秀珍, 杨世伦, 等. 2014. 崇明东滩盐沼植被变化对滩涂湿地促淤消浪功能的影响. 生态学报, 34(12): 3350-3358
萨莫依洛夫 И. В. 1958. 河口演变过程的理论及其研究方法. 谢金赞, 潘长江, 杨郁华, 等译. 北京: 科学出版社
沙文钰, 杨支中, 冯芒, 等. 2004. 风暴潮、浪数值预报. 北京: 海洋出版社
沈栋伟. 2007. 互花米草基因型多样性及其与入侵能力的关系. 上海: 华东师范大学硕士学位论文
沈焕庭. 1997. 对发展我国河口学的基本思考. 上海: 华东师范大学河口海岸研究所(内部资料)
沈焕庭, 胡辉. 1994. 北仑河口中方一侧综合整治研究报告. 北京: 国家海洋局(内部资料)
沈庆, 陈徐均, 关洪军. 2008. 海岸带地理环境学. 北京: 人民交通出版社
沈永明, 张忍顺, 杨劲松, 等. 2006. 江苏沿海滩涂互花米草及坝田工程促淤试验研究. 农业工程学报, 22(4): 42-47

石福臣, 鲍芳. 2007. 盐和温度胁迫对外来种互花米草生理生态特性的影响. 生态学报, 27(7): 2733-2741
石贵玉, 康浩, 宜丽娜, 等. 2012. NaCl 胁迫对互花米草细胞膜和光响应曲线特征参数的影响. 广西植物, 32(1): 101-106
石贵玉, 梁士楚, 黄雅丽, 等. 2013. 互花米草幼苗对重金属镉胁迫的生理响应. 广西植物, 33(6): 812-816
石洪华, 王保栋, 孙霞, 等. 2012. 广西沿海重要海湾环境承载力评估. 海洋环境科学, 31(1): 62-66
石莉. 2002. 中国红树林的分布状况、生长环境及其环境适应性. 海洋信息, (4): 14-18
石青峰. 2004. 我国滨海湿地退化与可持续发展对策研究. 青岛: 中国海洋大学硕士学位论文
石雅君. 2008. 两种海草植物与土壤的关系及其叶片不同发育阶段元素含量和热值的研究. 南宁: 广西大学硕士学位论文
时小军, 刘元兵, 陈特固, 等. 2008. 全球气候变暖对西沙、南沙海域珊瑚生长的潜在威胁. 热带地理, 28(4): 342-345, 368
史海燕, 刘国强. 2012. 广西北海涠洲岛珊瑚礁海域生态环境现状与评价. 科技创新与应用, (14): 11-12
舒晓莲, 李一琳, 杜寅, 等. 2009. 广西涠洲岛鸟类自然保护区的鸟类资源. 动物学杂志, 44(6): 54-63
舒英杰, 周玉丽, 郁继华. 2006. 茄子 Pn 日变化及光合“午休”的生理生态子分析. 中国农学通报, 22(9): 225-228
宋庆安, 童方平, 易霭琴, 等. 2006. 虎杖光合生理生态特性日变化研究. 中国农学通报, 22(12): 71-76
苏瑞侠, 孙东怀. 2003. 南海北部滨珊瑚生长的影响因素. 地理学报, 58(3): 442-451
隋淑珍, 张乔民. 1999. 华南沿海红树林海岸沉积物特征分析. 热带海洋, 18(4): 17-23
孙和平, 业治铮. 1987. 广西南流江三角洲沉积作用和沉积相. 海洋地质与第四纪地质, 7(3): 1-13
孙龙启. 2014. 广西近海生态系统健康评价. 厦门: 厦门大学硕士学位论文
孙艳伟, 廖宝文, 管伟, 等. 2015. 海南东寨港红树林急速退化的空间分布特征及影响因素分析. 华南农业大学学报, 36(6): 111-118
覃海宁, 刘演. 2010. 广西植物名录. 北京: 科学出版社
覃玲玲. 2011. 北部湾经济区建设背景下广西红树林湿地保护与发展. 安徽农业科学, 39(23): 14086-14088, 14102
覃庆第, 孔宁谦. 2003. 0103 号台风“榴莲”特征分析. 海洋预报, 20(1): 20-24
覃秋荣, 龙晓红. 2000. 北海市近岸海域富营养化评价. 海洋环境科学, 19(2): 43-45
覃延南. 2007. 广西红树林保护措施评价. 广西林业, (5): 10-11
覃盈盈. 2009. 红树林生境中互花米草的生态学研究. 桂林: 广西师范大学硕士学位论文
覃盈盈, 甘肖梅, 蒋潇潇, 等. 2009b. 红树林生境中互花米草气孔导度的动态变化. 生态学杂志, 28(10): 1991-1995
覃盈盈, 蒋潇潇, 李峰, 等. 2008. 山口红树林区互花米草有性繁殖期的生物量动态. 生态学杂志, 27(12): 2083-2986
覃盈盈, 蒋潇潇, 李峰, 等. 2009a. 互花米草在不同生境中的形态可塑性与生物量分配. 海洋环境科学, 28(6): 657-659
覃盈盈, 梁士楚. 2008. 外来种互花米草在广西海岸的入侵现状及防治对策. 湿地科学与管理, 4(2): 47-50
覃盈盈, 梁士楚. 2009. 红树林保护区中互花米草结实器官数量特征研究. 安徽农业科学, 37(8): 3516-3517
谭宗琨, 欧钊荣, 何鹏. 2008. 原生态环境下广西涠洲岛近 50 年气候变率的分析. 自然资源学报, 23(4): 591-598
汤超莲, 李鸣, 郑兆勇, 等. 2010. 近 45 年涠洲岛 5 次珊瑚热白化的海洋站 SST 指标变化趋势分析. 热带地理, 30(6): 577-581, 586
汤超莲, 周雄, 郑兆勇, 等. 2013. 未来海平面上升对涠洲岛珊瑚礁的可能影响. 热带地理, 33(2): 119-123, 140

唐小平, 黄桂林. 2003. 中国湿地分类系统的研究. 林业科学研究, 16(5): 531-539
滕红丽, 杨增艳, 范航清. 2008. 广西滨海生态过渡带的药用植物及其可持续利用研究. 时珍国医国药, 19(7): 1586-1587
田丹, 梁士楚, 陈婷, 等. 2011. 广西英罗港不同红树林群落土壤 CO_2 和 CH_4 通量对气温变化的响应. 生态环境学报, 20(11): 1614-1619
田丽, 王进鑫, 庞云龙. 2008. 不同供水条件下气象因素对侧柏和刺槐叶水势的影响. 西北林学院学报, 23(3): 25-28
田青松. 2002. 锡林郭勒典型草原四种禾草植物繁殖生态学. 呼和浩特: 内蒙古农业大学博士学位论文
佟长福, 郭克贞, 史海滨, 等. 2005. 环境因素对紫花苜蓿叶水势与蒸腾速率影响的初步研究. 农业工程学报, 21(12): 152 -155
童春富. 2004. 河口湿地生态系统结构、功能与服务——以长江口为例. 上海: 华东师范大学博士学位论文
王爱军, 陈坚. 2016. 厦门滨海湿地退化机制及可持续发展. 海洋开发与管理, (11): 184-186
王伯荪, 张炜银, 昝启杰, 等. 2003. 红树植物之诠释. 中山大学学报(自然科学版), 42(3): 42-46
王大鹏, 程胜龙, 施坤涛, 等. 2014. 广西北部湾滩涂养殖生态环境压力评价. 海洋湖沼通报, (2): 59-66
王大鹏, 何安尤, 张益峰, 等. 2012. 北海营盘新珍珠贝养殖区浮游植物现状调查. 水生态学杂志, 33(1): 42-46
王道波, 周晓果. 2011. 银滩东区村民参与红树林生态旅游开发的现状及建议. 安徽农业科学, 39(6): 3454-3455, 3457
王迪, 陈丕茂, 马媛. 2011. 钦州湾大型底栖动物生态学研究. 生态学报, 31(16): 4768-4777
王峰, 周毅. 2014. 海草床中的海草-草食动物相互作用. 生态学杂志, 33(3): 843-848
王刚. 2013. 沿海滩涂保护法律问题研究. 青岛: 中国海洋大学博士学位论文
王国忠. 2001. 南海珊瑚礁区沉积学. 北京: 海洋出版社
王国忠, 吕炳全, 全松青. 1987. 现代碳酸盐和陆源碎屑的混合沉积作用——涠洲岛珊瑚岸礁实例. 石油与天然气地质, 8(1): 15-26
王国忠, 全松青, 吕炳全. 1991. 南海涠洲岛区现代沉积环境和沉积作用演化. 海洋地质与第四纪地质, 11(1): 69-82
王晗, 王宏伟. 2009. 辽宁沿海浒苔属的调查研究. 安徽农业科学, 37(6): 2676-2678, 2710
王继栋, 董美玲, 张文, 等. 2006a. 红树林植物榄李的化学成分. 中国天然药物, 4(3): 185-187
王继栋, 董美玲, 张文, 等. 2006b. 红树林植物桐花树的化学成分. 中国天然药物, 4(4): 275-277
王继栋, 董美玲, 张文, 等. 2006c. 中国广西红树林植物海漆的化学成分研究. 天然产物研究与开发, 18: 945-947, 967
王继栋, 董美玲, 张文, 等. 2007. 红树林植物海杧果的化学成分研究. 天然产物研究与开发, 19: 59-62
王俊峰, 冯玉龙, 梁红柱. 2004. 紫茎泽兰光合特性对生长环境光强的适应. 应用生态学报, 15(8): 1373-1377
王俊杰, 刘珏, 石铁柱, 等. 2016. 1990～2015 年广西廉州湾红树林遥感动态监测. 森林与环境学报, 36(4): 455-460
王开发, 张玉兰, 李珍. 1998. 广西英罗湾红树林表土沉积的孢粉学研究. 沉积学报, 16(3): 31-37
王丽荣, 赵焕庭. 2000. 中国河口湿地的一般特点. 海洋通报, 19(5): 47-54
王敏干, 王丕烈, 麦海莉. 1998. 广西北部湾涠洲岛珊瑚初步调查. 南宁: 广西海洋局(内部资料)
王倩. 2006. 广西北海水域中华白海豚种群数量、分布动态及保护对策研究. 合肥: 安徽师范大学硕士学位论文
王倩, 杨光, 吴孝兵, 等. 2006. 广西合浦儒艮国家级自然保护区及邻近水域鱼类种数及保护对策. 应用生态学报, 17(9): 1715-1720

王卿, 安树青, 马志军, 等. 2006. 入侵植物互花米草——生物学、生态学及管理. 植物分类学报, 44(5): 559-588
王伟伟, 宋少峰, 曹增梅, 等. 2013. 日本大叶藻生态学研究进展. 海洋湖沼通报, (4): 120-124
王文欢, 余克服, 王英辉. 2016. 北部湾涠洲岛珊瑚礁的研究历史、现状与特色. 热带地理, 36(1): 72-79
王文娟, 赵宏, 米锴, 等. 2009. 大型绿藻浒苔属植物研究进展. 齐鲁渔业, 26(10): 3-5
王欣. 2009. 北部湾涠洲岛珊瑚礁区悬浮物沉降与珊瑚生长关系的研究. 南宁: 广西大学硕士学位论文
王欣, 黎广钊. 2009. 北部湾涠洲岛珊瑚礁的研究现状及展望. 广西科学院学报, 25(1): 72-75, 80
王雪, 罗新正. 2013. 海平面上升对广西珍珠港红树林分布的影响. 烟台大学学报(自然科学与工程版), 26(3): 225-230
王玉海, 王崇浩, 刘大滨, 等. 2010. 钦州湾水道稳定性的初步研究. 水运工程, (8): 76-80
王运芳, 廉雪琼. 2003. 广西海水养殖对近岸海域生态环境的影响. 广西环境科学学会 2002-2003 年度学术论文集. 南宁: 广西环境科学学会: 252-255
王志高. 2008. 防城沿海红树林区鸟类群落研究. 南宁: 广西大学硕士学位论文
王宗兴, 孙丕喜, 姜美洁, 等. 2010. 钦州湾秋季大型底栖动物多样性研究. 广西科学, 17(1): 89-92
韦蔓新, 范航清, 何本茂, 等. 2013. 广西铁山港红树林区水体的营养水平与结构特征. 热带海洋学报, 32(4): 84-91
韦蔓新, 何本茂. 1989. 广西北海港近岸海水环境污染状况初探. 海洋通报, 8(2): 86-92
韦蔓新, 何本茂. 2003. 钦州湾近 20a 来水环境指标的变化趋势Ⅱ: 油类的分布特征及其污染状况. 海洋环境科学, 22(2): 49-52
韦蔓新, 何本茂. 2004. 钦州湾近 20a 来水环境指标的变化趋势Ⅲ: 微量重金属的含量分布及其来源分析. 海洋环境科学, 23(1): 29-32
韦蔓新, 何本茂. 2006. 钦州湾近 20a 来水环境指标的变化趋势Ⅳ: 有机污染物(COD)的含量变化及其补充, 消减途径. 海洋环境科学, 25(4): 48-51
韦蔓新, 何本茂. 2008. 钦州湾近 20a 来水环境指标的变化趋势Ⅴ: 浮游植物生物量的分布及其影响因素. 海洋环境科学, 27(3): 253-257
韦蔓新, 何本茂. 2009. 钦州湾近 20a 来水环境指标的变化趋势Ⅵ: 溶解氧的含量变化及其在生态环境可持续发展中的作用. 海洋环境科学, 28(4): 403-409
韦蔓新, 何本茂. 2010. 钦州湾近 20a 来水环境指标的变化趋势Ⅶ: 水温, 盐度和 pH 的量值变化及其对生态环境的影响. 海洋环境科学, 29(1): 51-55
韦蔓新, 何本茂, 赖廷和. 2003. 北海半岛近岸水域无机氮的变化特征. 海洋科学, 27(9): 69-73
韦蔓新, 何本茂, 黎广钊, 等. 2011. 北海珍珠养殖区与非养殖区海域水体氮含量的分布及其与环境因子的关系. 台湾海峡, 30(2): 181-188
韦蔓新, 何本茂, 李智, 等. 2012a. 广西铁山港海草生态区各种形态N的含量变化及其相互关系. 海洋环境科学, 31(1): 51-56
韦蔓新, 何本茂, 李智, 等. 2012b. 广西铁山港海草生态区无机 N 的季节变化规律及其相关性分析. 海洋环境科学, 31(3): 400-404
韦蔓新, 赖廷和, 何本茂. 2002. 钦州湾近 20a 来水环境指标的变化趋势Ⅰ: 平水期营养盐状况. 海洋环境科学, 21(3): 49-52
韦蔓新, 黎广钊, 何本茂, 等. 2005. 涠洲岛珊瑚礁生态系中浮游动植物与环境因子关系的初步探讨. 海洋湖沼通报, (2): 34-39
韦蔓新, 童万平, 何本茂, 等. 2000. 北海湾各种形态氮的分布及其影响因素. 热带海洋, 19(3): 59-66
韦受庆, 陈坚, 范航清. 1993. 广西山口红树林保护区大型底栖动物及其生态学的研究. 广西科学院学报, 9(2): 45-57

韦绥概, 张永强, 陆温, 等. 2000. 广西红树林蜘蛛群落研究. 蛛形学报, 9(1): 33-37
魏玉珍, 张玉琴, 赵莉莉, 等. 2010. 广西山口红树林内生放线菌的分离, 筛选及初步鉴定. 微生物学通报, 37(6): 823-828
温远光. 1999. 广西英罗港5种红树植物群落的生物量和生产力. 广西科学, 6(2): 142-147
温远光, 刘世荣, 元昌安, 等. 2002. 广西英罗港红树植物种群的分布. 生态学报, 22(7): 1160-1165
温肇穆. 1987. 广西红树林植物化学元素含量的初步研究. 热带林业科技, (2): 9-24
翁毅, 蒋丽. 2008. 旅游开发活动对沙坝-潟湖景观稳定性的影响分析——以广西北海银滩沙坝-潟湖景观为例. 海岸工程, 27(1): 47-55
吴黎黎, 李树华. 2010. 广西滨海湿地生态系统的恢复与保护措施. 广西科学院学报, 26(1): 62-66
吴培强. 2012. 近20年来我国红树林资源变化遥感监测与分析. 青岛: 国家海洋局第一海洋研究所: 20-48.
吴培强, 张杰, 马毅, 等. 2013. 近20年来我国红树林资源变化遥感监测与分析. 海洋科学进展, 31(3): 406-414
伍时华. 2000. 北海市气候资源的开发利用及防灾减灾对策. 广西气象, 21(4): 29-31, 58
伍淑婕. 2006. 广西红树林生态系统服务功能及其价值评估. 桂林: 广西师范大学硕士学位论文
伍淑婕. 2007. 广西红树林生态系统服务功能分类体系研究. 贺州学院学报, 23(2): 122-125
伍淑婕, 梁士楚. 2008a. 广西红树林湿地资源非使用价值评估. 海洋开发与管理, (2): 22-28
伍淑婕, 梁士楚. 2008b. 人类活动对红树林生态系统服务功能的影响. 海洋环境科学, 27(5): 537-542
席世丽, 曹明, 曹利民, 等. 2011. 广西北海红树林生态系统的民族植物学调查. 内蒙古师范大学学报(自然科学汉文版), 40(1): 63-67, 73
夏鹏, 孟宪伟, 丰爱平, 等. 2015. 压实作用下广西典型红树林区沉积速率及海平面上升对红树林迁移效应的制衡. 沉积学报, 33(3): 551-560
夏鹏, 孟宪伟, 印萍, 等. 2008. 广西北海潮间带沉积物中重金属的污染状况及其潜在生态危害. 海洋科学进展, 26(4): 471-477
夏阳丽. 2014. 1960～2010年广西红树林景观空间结构动态分析. 南宁: 广西大学硕士学位论文
向平, 杨志伟, 林鹏. 2006. 人工红树林幼林藤壶危害及防治研究进展. 应用生态学报, 17(8): 1526 -1529
肖胜蓝, 雷晓凌, 佘志刚, 等. 2011. 广西山口8种红树林内生真菌的分离鉴定及抗菌活性菌株的筛选. 热带作物学报, 32(12): 2259-2263
谢瑞红, 周兆德. 2005. 红树林生态系统及功能研究综述. 华南热带农业大学学报, 11(4): 48-52
谢伟东, 朱栗琼, 招礼军, 等. 2013. 广西三种主要海草的茎叶解剖结构研究. 广西植物, 33(1): 25-29
谢文海, 谢积慧, 阮桂文, 等. 2013. 广西北海不同生境海岸贝类群落调查. 玉林师范学院学报(自然科学), 34(2): 69-77
邢永泽, 周浩郎, 阎冰, 等. 2014. 广西沿海不同演替阶段红树群落沉积物粒度分布特征. 海洋科学, 38(9): 53-58
徐海鹏, 任明达, 严润娥. 1999. 广西银滩地区土地退化与防治研究. 水土保持研究, 6(4): 41-48
徐惠风, 刘兴土, 金研铭, 等. 2003. 沼泽植物泽泻气孔导度日变化的研究. 生态科学, 22(3): 218-221
徐惠风, 刘兴土, 徐克章. 2004. 乌拉苔草光合速率日变化及日同化量. 湿地科学, 2(2): 128-132
徐娜娜. 2011. 喜盐草的克隆性及其种群遗传效应与生态影响. 上海: 华东师范大学博士学位论文
徐石海, 杨凯, 郭书好, 等. 2003. 珊瑚 *Acropora pulchra*(Brook)的化学成分研究. 天然产物研究与开发, 15(2): 109-112
许大全, 李德耀, 沈允钢, 等. 1984. 田间小麦叶片光合作用“午睡”现象研究. 植物生理学报, 10(3): 269-276
许大全, 沈允钢. 1997. 植物光合作用效率的日变化. 植物生理学报, 23(4): 410-416
许亮, 周放, 蒋光伟. 2012. 广西山口红树林保护区海陆交错带夏季鸟类多样性调查. 四川动物, 31(4):

655-659
许铭本, 赖俊翔, 张荣灿, 等. 2015. 北仑河口北岸潮间带大型底栖动物生态特征及潮间带环境质量评价. 广东海洋大学学报, 35(1): 57-61
许文龙, 黄春华, 郭庆元, 等. 2012. 广西防城港市近 55 年温度变化特征及突变分析. 安徽农业科学, 40(30): 14886-14888
许显倩. 2004. 拯救红树林——广西山口红树林病虫害防治始末. 南方国土资源, (6): 12-13
许战洲, 罗勇, 朱艾嘉, 等. 2009. 海草床生态系统的退化及其恢复. 生态学杂志, 28(12): 2613-2618
颜增光, 蒋国芳, 张永强. 1998. 广西英罗港红树林蜘蛛群落初步研究. 广西科学院学报, 14(4): 5-7
杨晨玲, 李军伟, 田华丽, 等. 2014. 广西滨海湿地生态系统退化评价指标体系研究. 湿地科学与管理, 10(1): 53-56
杨桂山, 施雅风, 张琛. 2002. 江苏滨海潮滩湿地对潮位变化的生态响应. 地理学报, 57(3): 325-332
杨继镐, 唐俊, 何盛烈. 1994. 广西北海市海岸砂土和潮滩盐土的特性与林木化学成分及其相互关系. 土壤通报, 25(4): 158-162
姚贻强, 李桂荣, 梁士楚. 2009. 广西防城港红树植物木榄种群结构的研究. 海洋环境科学, 28(3): 301-304
姚贻强, 梁士楚, 李桂荣, 等. 2008. 广西红树林优势种群生态学研究. 生态环境, 17(3): 1082-1085
叶富良, 张健东, 王成, 等. 1993. 广西防城沿海鱼类初步调查. 湛江水产学院学报, 13(2): 10-14
叶维强. 1989. 广西钦州湾潮坪沉积的初步研究. 广西科学院学报, 5(2): 59-67
叶维强, 黎广钊, 庞衍军. 1988. 北部湾涠洲岛珊瑚礁海岸及第四纪沉积特征. 海洋科学, (6): 13-17
叶维强, 黎广钊, 庞衍军. 1990. 广西滨海地貌特征及砂矿形成的研究. 海洋湖沼通报, (2): 54-61
叶维强, 庞衍军. 1987. 广西红树与环境的关系及其护岸作用. 海洋环境科学. 6(3): 32-38
尹毅, 范航清, 苏相洁. 1993. 广西白骨壤群落的生物量研究. 广西科学院学报, 9(2): 19-24
尹毅, 林鹏. 1992. 广西英罗湾红海榄群落凋落物研究. 广西植物, 12(4): 359-363
尹毅, 林鹏. 1993a. 红海榄红树林的氮、磷积累和生物循环. 生态学报, 13(3): 221-227
尹毅, 林鹏. 1993b. 广西红海榄红树群落的能量研究. 厦门大学学报(自然科学版), 3(21): 100-103
余克服, 蒋明星, 程志强, 等. 2004. 涠洲岛 42 年来海面温度变化及其对珊瑚礁的影响. 应用生态学报, 15(3): 506-510
余克服, 黎广钊, 梁群, 等. 2001. 涠洲岛-斜阳岛珊瑚礁自然保护区(拟建)综合考察报告. 南宁: 广西海洋局(内部资料)
俞小明, 石纯, 陈春来, 等. 2006. 河口滨海湿地评价指标体系研究. 国土与自然资源研究, (2): 42-44
喻国忠. 2007. 漫谈广西主要土壤. 南方国土资源, (3): 39-40
袁婷, 王成芳, 费超, 等. 2012. 杨叶肖槿叶挥发油成分的分析. 中国实验方剂学杂志, 18(3): 48-51
袁秀珍. 1998. 北海涠洲岛潮间带底栖贝类调查. 生物学通报, 33(6): 11-13
恽才兴, 蒋兴伟. 2002. 海岸带可持续发展与综合管理. 北京: 海洋出版社
昝启杰, 任竹梅, 李后魂, 等. 2009. 用 mtDNA COⅡ基因序列确定我国北部湾红树植物白骨壤虫灾虫源. 自然科学进展, 19(2): 1380-1385
曾春阳, 莫祝平, 韦立权, 等. 2013. 广西钦州市红树林造林研究. 林业调查规划, 38(6): 85-87, 91
曾凡江, 张希明, 李小明. 2002. 柽柳的水分生理特性研究进展. 应用生态学报, 13(5): 611-614
曾广庆. 2010. 广西沿海地区资源环境影响及对策研究. 环境与可持续发展, (4): 40-42
曾洋, 周游游, 胡宝清. 2012. 广西海岸带典型土壤理化分析及农业开发利用建议. 资源与环境科学, (9): 308-310
张伯虎, 陈沈良, 刘焱雄. 2011. 广西钦州湾海域表层沉积物分异特征与规律. 热带海洋学报, 30(4): 66-70
张桂宏. 2009. 广西沿海地区潮汐特性分析. 人民珠江, (1): 29-30
张宏科. 2013. 广西合浦儒艮国家级自然保护区生物多样性现状及保护对策. 科协论坛, (10): 136-137

张景平, 黄小平, 江志坚. 2010. 广西合浦不同类型海草床中大型底栖动物的差异性研究. International Conference on Remote Sensing(ICRS): 44-49
张良建, 庾太林, 韩增超, 等. 2013. 北仑河口国家级自然保护区两栖爬行动物调查. 广西师范大学学报(自然科学版), 31(1): 112-118
张鸣, 张仁陟, 蔡立群. 2008. 不同耕作措施下春小麦和豌豆叶水势变化及其与环境因子的关系. 应用生态学报, 19(7): 1467-1474
张乔民. 2001. 关注珊瑚礁. 人与生物圈, (1): 1
张乔民, 施祺, 余克服, 等. 2006. 华南热带海岸生物地貌过程. 第四纪研究, 26(3): 449-455
张乔民, 隋淑珍, 张叶春, 等. 2001. 红树林宜林海洋环境指标研究. 生态学报, 21(9): 1427-1437
张乔民, 于红兵, 陈欣树, 等. 1997a. 红树林生长带与潮汐水位关系的研究. 生态学报, 17(3): 258-265
张乔民, 张叶春, 孙淑杰. 1997b. 中国红树林和红树林海岸的现状与管理//中国科学院海南热带海洋生物实验站. 热带海洋研究(五). 北京: 科学出版社: 143-151
张娆挺, 林鹏. 1984. 中国海岸红树植物区系研究. 厦门大学学报(自然科学版), 23(2): 232-240
张善德. 1987. 广西北海市涠洲岛地质考察. 焦作矿业学院学报, (8): 67-74
张少峰, 宋德海, 张春华, 等. 2014. 广西廉州湾海水DIN、DIP、COD污染物浓度数值模拟. 钦州学院学报, 29(8): 1-5
张文英, 邓艳, 吴耀军, 等. 2012. 红树林植物无瓣海桑主要害虫迹斑绿刺蛾生物学特性研究. 植物保护, 38(4): 68-71
张祥霖, 石盛莉, 潘根兴, 等. 2008. 互花米草入侵下福建漳江口红树林湿地土壤生态化学变化. 地球科学进展, 23(9): 975-981
张晓龙, 李培英. 2004. 湿地退化标准的探讨. 湿地科学, 2(1): 36-41
张晓龙, 刘乐军, 李培英, 等. 2014. 中国滨海湿地退化评估. 海洋通报, 33(1): 112-119
张绪良, 于冬梅, 丰爱平, 等. 2004. 莱州湾南岸滨海湿地的退化及其生态恢复和重建对策. 海洋科学, 28(7): 49-53
张志忠. 2007. 水文条件对我国北方滨海湿地的影响. 海洋地质动态, 23(8): 10-13
章家恩, 徐琪. 1999. 退化生态系统的诊断特征及其评价指标体系. 长江流域资源与环境, 8(2): 215-220
赵彩云, 李俊生, 宫璐, 等. 2014a. 广西北海市滨海湿地互花米草入侵对大型底栖动物的影响. 湿地科学, 12(6): 733-738
赵彩云, 柳晓燕, 白加德, 等. 2014b. 广西北海西村港互花米草对红树林湿地大型底栖动物群落的影响. 生物多样性, 22(5): 630-639
赵广琦, 张利权, 梁霞. 2005. 芦苇与入侵植物互花米草的光合特性比较. 生态学报, 25(7): 1604-1611
赵焕庭, 王丽荣. 2000. 中国海岸湿地的类型. 海洋通报, 19(6): 72-82
赵美霞, 余克服, 张乔民. 2006. 珊瑚礁区的生物多样性及其生态功能. 生态学报, 26(1): 186-194
赵木林. 2000. 浅析广西标准海堤建设的形势及其加快发展的对策. 广西水利水电, (3): 26-28
赵素芬, 刘丽丝, 孙会强, 等. 2013. 湛江海域浒苔属 *Enteromorpha* 种类的形态与显微结构. 广东海洋大学学报, 33(6): 1-8
郑斌鑫, 李九发, 曾志, 等. 2012. 北仑河口潮流和余流特征分析. 台湾海峡, 31(1): 121-129
郑大雄. 2010. 浅析防城港近岸海域生态环境的保护. 广东化工, 37(11): 215-216, 218
郑逢中, 林鹏, 卢昌义, 等. 1996. 广西英罗湾红海榄林凋落物动态及能流量. 厦门大学学报(自然科学版), 35(3): 417-423
郑凤英, 邱广龙, 范航清, 等. 2013. 中国海草的多样性、分布及保护. 生物多样性, 21(5): 517-526
郑文教, 连玉武, 郑逢中, 等. 1995a. 广西英罗湾红海榄红树群落锰镍元素的累积和循环. 厦门大学学报(自然科学版), 34(5): 829-834

郑文教, 连玉武, 郑逢中, 等. 1996. 广西英罗湾红海榄林重金属元素的累积及动态. 植物生态学报, 20(l): 20-27

郑文教, 林鹏. 1992. 广西红海榄群落的氯钠动态. 植物学报, 34(5): 378-385

郑文教, 林鹏, 薛雄志, 等. 1995b. 广西红海榄红树林 C, H, N 的动态研究. 应用生态学报, 6(11): 17-22

郑兆勇, 李广雪, 谢健, 等. 2012. 全球气候变暖对涠洲岛珊瑚生长的影响. 海洋环境科学, 31(6): 888-892

郑兆勇, 汤超莲, 陈天然, 等. 2011. 涠洲岛海洋站 1960－2010 年 DHW 变化趋势分析. 热带地理, 31(6): 549-553

中国海湾志编纂委员会. 1993. 中国海湾志(第十二分册). 北京: 海洋出版社

中国海湾志编纂委员会. 1998. 中国海湾志(第十四分册). 北京: 海洋出版社

中国科学院生物多样性委员会. 2016. 中国生物物种名录. 2016 版. 北京: 科学出版社

中国科学院中国动物志编辑委员会. 2001. 中国动物志(无脊椎动物, 第二十三卷). 北京: 科学出版社

中国科学院中国植物志编辑委员会. 1992. 中国植物志(第 8 卷). 北京: 科学出版社

中国植被编辑委员会. 1980. 中国植被. 北京: 科学出版社

中华人民共和国国家质量监督检验检疫总局, 中国国家标准化管理委员会. 2009. 中华人民共和国国家标准——湿地分类(GB/T 24708–2009). 北京: 中国标准出版社

周放, 房慧伶, 张红星, 等. 2002. 广西沿海红树林区的水鸟. 广西农业生物科学, 21(3): 145-150

周放, 房慧伶, 张红星. 2000. 山口红树林鸟类多样性初步研究. 广西科学, 7(2): 154-157

周放, 韩小静, 陆舟, 等. 2005. 南流江河口湿地的鸟类研究. 广西科学, 12(3): 221-226

周放, 王颖, 邹发生, 等. 2010. 中国红树林区鸟类. 北京: 科学出版社

周浩郎, 黎广钊. 2014. 涠洲岛珊瑚健康评估. 广西科学, 30(4): 238-247

周浩郎, 黎广钊, 梁文, 等. 2013. 涠洲岛珊瑚健康及其影响因子分析. 广西科学, 20(3): 199-204

周浩郎, 张俊杰, 邢永泽, 等. 2014. 广西红树蚬的分布特征及影响因素分析. 广西科学, 21(2): 147-152

周倩. 2014. 钦州市水资源现状分析与对策. 人民珠江, (4): 53-55

周锐. 2014. 广西英罗湾近百年来红树林海岸带变迁及红树林群落演替. 上海: 华东师范大学硕士学位论文

周善义, 蒋国芳. 1997. 广西英罗港红树林区蚁科昆虫记述. 广西科学, 4(1): 72-73

周雄, 李鸣, 郑兆勇, 等. 2010. 近 50 年涠洲岛 5 次珊瑚冷白化的海洋站 SST 指标变化趋势分析. 热带地理, 30(6): 582-586

周志权, 黄泽余. 2001. 广西红树林的病原真菌及其生态学特点. 广西植物, 21(2): 157-162

朱葆华, 王广策, 黄勃, 等. 2004. 温度、缺氧、氨氮和硝氮对 3 种珊瑚白化的影响. 科学通报, 49(17): 1743-1748

朱同兴, 冯心涛, 于远山, 等. 2005. 广西北海现代海岸沉积作用. 沉积与特提斯地质, 25(4): 66-70

朱耀军, 郭菊兰, 武高洁, 等. 2013. 近 20 年来英罗湾红树林景观过程及周边土地利用/覆盖变化. 北京林业大学学报, 35(2): 22-29

庄军莲, 何碧娟, 许铭本. 2009. 广西钦州茅尾海潮间带生物生态特征. 广西科学, 16(1): 96-100

庄军莲. 2011. 广西涉海工程项目建设对海洋环境的影响分析. 广西科学院学报, 27(2): 152-155, 158

邹仁林. 1998. 造礁石珊瑚. 生物学通报, 33(6): 8-10

邹仁林. 2001. 中国动物志: 造礁石珊瑚. 北京: 科学出版社

邹仁林, 宋善文, 马江虎. 1975. 广东和广西沿岸浅水石珊瑚的二新种. 动物学报, 21(3): 241-243

Adam P. 1990. Salt Marsh Ecology. Cambridge: Cambridge University Press

Aioi K, Nakaoka M. 2003. The seagrass of Japan. *In*: Green E P, Short F T. World Atlas of Seagrasses. Berkley: University of California Press

An S Q, Gu B H, Zhou C F, et al. 2007. Spartina invasion in China: implications for invasive species management and future research. Weed Research, 47: 183-191

Benjamin K J, Walker D I, McComb A J, et al. 1999. Structural response of marine and estuarine plants of *Halophila ovalis*(R. Br.)Hook. f. to long-term hyposalinity. Aquatic Botany, 64: 1-17

Boorman L A. 1995. Sea level rise and the future of the British coast. Coastal Zone Topics: Process, Ecology and Management, 1: 10-13

Brock M A. 1979. Accumulation of proline in a submerged aquatic halophyte, *Ruppia* L. Oecologia, 51: 217-219

Bunn S E, Boon P I, Brock M A, et al. 1997. National Wetlands R & D Program: Scoping Review. Canberra: Land and Water Resources Research and Development Corporation

Chiu C Y, Hsiu F S, Chen S S, et al. 1995. Reduced toxicity of Cu and Zn to mangrove seedlings(*Kandelia candel*(L.)Druce)in saline environments. Botanical Bulletin of Academia Sinica, 36: 19-24

Coles S L, Fadlallah Y H. 1991. Reef coral survival and mortality at low temperatures in the Arabian Gulf: New species-specific lower temperature limits. Coral Reefs, 9(4): 231-237

Cook C D K. 1990. Aquatic Plant Book. Netherland: SPB Academic Publishing

Cowardin L M, Carter V, Golet F C, et al. 1979. Classification of wetlands and deepwater habitats of the United States. Washington: US Fish and Wildlife Service

Davis J H. 1940. The Ecology and Geologie Role of Mangrove. Florida: Washington Publication

den Hartog C. 1970. The Seagrass of the World. Amsterdam: North-Holland Publication

Dickson T E, Broyer T C. 1993. Effect of aeration, water supply and nitrogen source on growth and development of tupalo gum and bald cypress. Ecology, 53: 626-634

Duarte C M. 1991. Seagrass depth limits. Aquatic Botany, 40: 363-377

Duke N C. 1997. Large-scale damage to mangrove forests following two large oil spills in Panama. Biotropica, 29: 2-14

Duke N C, Ball M C, Ellison J C. 1998. Factors influencing biodiversity and distributional gradients in mangroves. Global Ecology and Biogeography, 7: 27-47

Eallonardo A S J, Leopold D J. 2014. Inland salt marshes of the Northeastern United States: stress, disturbance and compositional stability. Wetlands, 34: 155-166

Field D W, Reyer A J, Genovese P V, et al. 1991. Coastal wetlands of the United States. Washington: US Fish and Wildlife Service

Florida Natural Areas Inventory. 1990. Guide to the Natural Communities of Florida. Tallahassee, Florida

Franquar G D, Sharkey T D. 1982. Stomatal conductance and photosynthesis. Annual Review of Plant Physiology, 33: 317-345

Goreau T J, Hayes R L. 1994. Coral bleaching and ocean "Hot Spots". Ambio, 23: 176-180

Green E P, Short F T. 2003. World Atlas of Seagrasses. California: University of California Press

Harper J L. 1977. The Population Biology of Plants. London: Academic Press

Hatton T J, Walker J, Dawes W R, et al. 1992. Simulations of hydroecological responses to elevated CO_2 at the catchment scale. Australian Journal of Botany, 40: 679-696

Heck J K L, Valentine J F. 2006. Plant-herbivore interactions in seagrass meadows. Journal of Experimental Marine Biology and Ecology, 330: 420-436

Hillman K, McComd A J, Walker D I. 1995. The distribution, biomass and Primary production of the seagrass *Halophila ovalis* in the Swan/Canning Estuary, Western Australia. Aquatic Biology, 51: 1-54

Johansson J O R, Greening H S. 2000. Seagrass restoration in Tampa Bay: a resource based approach to estuarine management. *In*: Bortone S A. Seagrasses: Monitoring, Ecology, Physiology, and Management. Florida: CRC Press

Jompa J, Mccook L J. 2002. The effects of nutrients and herbivory on competition between a hard coral(*Porites cylindrica*)and a brown alga(*Lobophora variegata*). Limnology and Oceanography, 47: 527-534

Jongdee B, Fukai S, Cooper M. 2002. Leaf water potential and osmotic adjustment as physiological traits to improve drought tolerance in rice. Field Corps Research, 76: 153-163

Kennish M J. 2001. Coastal Salt Marsh Systems in the US: A Review of Anthropogenic Impacts. Journal of Coastal Research, 17: 731-748

Kuo J, Shibuno T, Kanamoto Z, et al. 2001. *Halophila ovalis*(R. Br.)Hook. f. from a submarine hot spring in southern Japan. Aquatic Botany, 70(4): 329-335

Larkum A W D, Orth R J, Duarte C M. 2006. Seagrasses: Biology, Ecology and Conservation. The Netherlands: Springer

Lee K S, Park S R, Kim Y K. 2007. Effects of irradiance, temperature, and nutrients on growth dynamics of seagrasses: a review. Journal of Experimental Marine Biology and Ecology, 350(1): 144-175

Len Mckenzie. 2008. Seagrass Educators Handbook. Seagrass-Watch HQ/DPI and F, 2008: 1-20

Levenson H. 1991. Coastal systems: On the margin. Coastal Wetlands. New York: American Society of Civil Engineers

Li X Z, Ren L J, Liu Y, et al. 2014. The impact of the change in vegetation structure on the ecological functions of salt marshes: the example of the Yangtze estuary. Regional Environmental Change, 14: 623-632

Long S P. 1983. Saltmarsh Ecology. Bishopbriggs: Blackie & Son

Lough J M. 2000. 1997–1998: Unprecedented thermal stress to coral reefs. Geophysical Research Letters, 27: 3901-3904

MacFarlane G R, Burchett M D. 2002. Toxicity, growth and accumulation relationships of copper, lead and zinc in the grey mangrove *Avicennia marina*(Forsk.)Vierh. Marine Environmental Research, 54: 65-84

Macnae W. 1966. Mangroves in eastern and southern Austrian. Australian Journal of Botany, 14: 67-104

Macnae W. 1969. A general account of the fauna and flora of mangrove swamps and forest in Indo west pacific region. Advances in Marine Biology, 6: 73-103

Martins I, Neto J M, Fontes M G, et al. 2005. Seasonal variation in short term survival of *Zostera noltii* transplants in a declining meadow in Portugal. Aquatic Botany, 82: 132-142

Metcalfe W S, Ellison A M, Bertness M D. 1986. Survivorship and spatial development of *Spartina alterniflora* Loisel. (Gramineae)seedlings in a New England salt marsh. Annals of Botany, 58: 249-258

Milliman J D. 1974. Recent Sedimentary Carbonates Part 1: Marine Carbonates. New York: Springer-Verlag

Mitsch W J, Gosselink J G. 2000. Wetlands. New York: John Wiley & Sons

Nakaoka M, Toyohara T, Matsumasa M. 2001. Seasonal and between-substrate variation in mobile epifaunal community in a multispecific seagrass bed of Otsuchi Bay, Japan. Marine Ecology, 22(4): 379-395

Pennings S C, Callaway R M. 1992. Salt marsh plant zonation: the relative importance of competition and physical factors. Ecology, 73: 681-690

Pritchard D W. 1967. What is an estuary: physical viewpoint. *In*: Lauf G H. Estuaries. Washington: American Association for the Advancement of Science Publication, 83: 3-5

Rutzler K, Sterrer W. 1970. Oil pollution damage observed in tropical communities along the Atlantic seaboard of Panama. Bioscience, 20: 222-224

Seaman M T, Ashton P J, Williams W D. 1991. Inland salt waters of southern Africa. Hydrobiologia, 210: 75-91

Shaw S P, Fredine C G. 1956. Wetlands of the United States. Their Extent and Their Value to Waterfowl and Other Wildlife. US Fish and Wildlife Service Circular, 39: 67

Shin H, Choi H K. 1998. Taxonomy and distribution of *Zostera*(Zosteraceae)in eastern Asia, with special reference to Korea. Aquatic Botany, 60: 49-66

Short F T, Polidoro B, Livingstone S R, et al. 2011. Extinction risk assessment of the world's seagrass species. Biological Conservation, 144: 1961-1971

Short F T, Willy-Echeverria S. 1996. Natural and human-induced disturbance of seagrasses. Environment Conservation, 23: 17-27

Short F, Carruthers T, Dennison W, et al. 2007. Global seagrass distribution and diversity: a bioregional model. Journal of Experimental Marine Biology and Ecology, 350: 3-20

Snedaker S C, Snedaker J G. 1984. The mangrove ecosystem: Research methods. Paris: UNESCO

Spalding M, Blasco F, Field C. 1997. World mangrove atlas. Okinawa: International Society for Mangrove Ecosystems

Tansley A G, Fritsch F E. 1905. Sketches of vegetation at home and abroad. Ⅰ. The flora of the Ceylon littoral. The New Phytologist, 4: 27-55

Tomlinson P B. 1994. The Botany of Mangroves. Cambridge: Cambridge University Press

Victorian Department of Sustainability and Environment. 2005. Flora Information System. Victoria: Viridians Biological Databases

Walker D I, McComb A J. 1992. Seagrass degradation in Australia costal waters. Marine Pollution Bulletin, 25: 191-195

Walsh G E. 1974. Mangrove: a Review, Ecology of Halophytes. New York and London: Academic Press

Wells J W. 1956. Scleractinia. *In*: Moore R C. Treatise on Invertebrate Paleontology. Part F. Kansas: University of Kansas Press: 328-444

WERG(Wetland Ecosystems Research Group). 1999. Wetland Functional Analysis Research Program. London: College Hill Press

Wilkinson C. 2008. Status of coral reefs of the world: 2008. Townsville: Australian Institute of Marine Science

Wilkinson C, Linden O, Cesar H, et al. 1999. Ecological and socioeconomic impacts of 1998 coral mortality in the Indian Ocean: an ENSO impact and a warming of future change. Ambio, 28: 188-196

Woodroffe C D. 2002. Coasts: Form, Process and Evolution. Cambridge: Cambridge University Press

Wu Z Y, Raven P H, Hong D Y. 2006. Flora of China, 22. Beijing: Science Press; St. Louis: Missouri Botanical Garden Press

Wu Z Y, Raven P H, Hong D Y. 2010. Flora of China, 23. Beijing: Science Press; St. Louis: Missouri Botanical Garden Press

Yonge C M, Nicholls A G. 1931. Studies on the physiology of corals. Ⅳ. The structure, distribution and physiology of the zooxanthellae. Scientific Report Great Barrier Reef Expedition, 1: 135-176

Zieman J C. 1982. The ecology of the seagrasses of south Florida: a community profile. Washington: US Fishand Wild Life Service

Zou R L, Zhang Y L, Xie Y K. 1988. An ecological study of reef corals around Weizhou Island. *In*: Xu G Z. Brian Mortor. Proceedings on Marine Biology of South China Sea. Beijing: China Ocean Press: 201-211